2019 年 10 月，水利部副部长蒋旭光到南水北调中线工程白河倒虹吸调研
（水利部南水北调工程管理司　供稿）

2019 年 10 月 25 日，水利部南水北调工程管理司司长李鹏程率队参加在北
京东城区前门商业街举办的郧阳区第三届农产品展销会（水利部南水北调工程
管理司　供稿）

2019 年 11 月 21 日，水利部南水北调工程管理司一级巡视员李勇检查指导北延应急供水工程开工准备情况并带队协调征地事宜，聊城市有关部门及临清市政府主要领导参加会议（郝清华　供稿）

2019 年 4 月，水利部南水北调工程管理司副司长袁其田检查叶县段防汛准备工作（赵发　供稿）

2019 年 6 月，河南省委常委、省委统战部部长孙守刚检查南水北调穿漳河工程防汛工作（周彦军　供稿）

2019 年 10 月 17 日，水利部南水北调工程管理司、规划计划司、水库移民司、南水北调规划设计管理局到北延应急供水工程现场进行现场察看，南水北调东线总公司副总经理高必华陪同（史经纬　郝清华　供稿）

2019 年 7 月 1 日，河南省副省长武国定观摩南水北调中线沁河倒虹吸工程防汛抢险应急演练并讲话（赵良辉　供稿）

2019 年 10 月 18 日，南水北调中线水源公司对淅川县宋岗码头进行地质灾害治理完成后的现场巡查（班静东　供稿）

2019 年 1 月，南水北调中线水源公司技术人员在雪天开展日常工程巡查工作（班静东　供稿）

2019 年 5 月 16 日，南水北调东线山东干线有限责任公司组织开展南水北调聊城段 2019 年防汛应急演练活动（李新强　供稿）

2019 年 7 月 30—31 日，曹雪玲总工带领南水北调东线山东干线有限责任公司、中水北方勘测设计研究有限责任公司到北延工程项目现场进行查勘（史经纬　曹杰　供稿）

2019 年 3 月 13 日，南水北调中线工程南阳湍河渡槽开始退水（卢卓　供稿）

2019 年 5 月，南水北调中线工程向许昌饮马河生态补水（徐展　供稿）

2019 年 7 月，南水北调焦作城区段绿化带青少年活动中心鸟瞰图（赵耀东　供稿）

2019 年 8 月，南水北调中线工程生态补水后的许昌市临颍黄龙湿地公园（董志刚　供稿）

2019 年 10 月，南水北调焦作城区段绿化带政二街桥夜景（张沛沛　供稿）

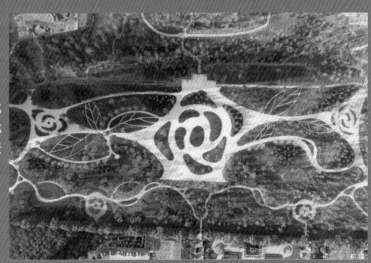

2019 年 10 月，南水北调中线工程焦作城区段绿化带"锦绣四季月季园"全景（张沛沛　供稿）

2019 年 10 月 17 日，丹江口库区 2019 年鱼类增殖放流活动（班静东　供稿）

2019 年 11 月 28 日，北延应急供水工程开工建设动员大会在山东临清召开，施工标段进行土方作业（冯伯宁 曹杰 王敏羲 供稿）

2019 年 11 月 28 日，北延应急供水工程开工建设动员大会在山东临清召开，水利部副部长蒋旭光、山东省副省长于国安出席动员会并作重要讲话（冯伯宁 曹杰 王敏羲 供稿）

河北段滹沱河倒虹吸（图片来源：水利部网站）

中国南水北调工程
建设年鉴 2020

China South-to-North Water Diversion Project
Construction Yearbook

《中国南水北调工程建设年鉴》编纂委员会　编

中国水利水电出版社
www.waterpub.com.cn
·北京·

图书在版编目（CIP）数据

中国南水北调工程建设年鉴. 2020 / 《中国南水北
调工程建设年鉴》编纂委员会编. -- 北京：中国水利水
电出版社，2020.12
ISBN 978-7-5170-9351-0

Ⅰ. ①中… Ⅱ. ①中… Ⅲ. ①南水北调—水利工程—
中国—2020—年鉴 Ⅳ. ①TV68-54

中国版本图书馆CIP数据核字(2021)第039320号

书　　名	中国南水北调工程建设年鉴 2020 ZHONGGUO NANSHUIBEIDIAO GONGCHENG JIANSHE NIANJIAN 2020
作　　者	《中国南水北调工程建设年鉴》编纂委员会　编
出版发行	中国水利水电出版社 （北京市海淀区玉渊潭南路1号D座　100038） 网址：www. waterpub. com. cn E-mail：sales@waterpub. com. cn 电话：(010) 68367658（营销中心）
经　　售	北京科水图书销售中心（零售） 电话：(010) 88383994、63202643、68545874 全国各地新华书店和相关出版物销售网点
排　　版	中国水利水电出版社微机排版中心
印　　刷	北京印匠彩色印刷有限公司
规　　格	184mm×260mm　16开本　29印张　562千字　22插页
版　　次	2020年12月第1版　2020年12月第1次印刷
印　　数	0001—2000册
定　　价	**360.00元**

《中国南水北调工程建设年鉴》
编纂委员会

《中国南水北调工程建设年鉴》
编纂委员会办公室

主　　任：胡昌支

副 主 任：孙永平　李志弦　李　亮

成　　员：汪　敏　梁　祎　李丽艳　谷洪磊　蔡喆伟　薛腾飞

编　辑　部

主　　任：李丽艳

副 主 任：王若明

责任编辑：李　康

特约编辑：（按姓氏笔画排序）

马　云	王九大	王乃卉	王文元	王晓森
牛文钰	尹杰杰	邓　妍	丛　英	朱树娥
刘　军	关　炜	孙　月	孙庆宇	孙桂珍
杨乐乐	李庆中	李　青	李楠楠	李福生
李　慧	余　洋	谷洪磊	沈子恒	沈东亮
宋佳祺	张利达	张爱静	张莹雪	张　霞
陆　旭	陈文艳	陈　东	郑艳霞	单晨晨
赵　彬	郝　毅	胡景波	柳　晗	宫　烁
姚文锋	耿新建	倪效欣	徐妍琳	高媛媛
唐梅英	曹俊启	盛　晴	章　佳	梁　祎
彭竞君	蒲　双	雷淮平	廖小永	薛腾飞

编 辑 说 明

　　一、《中国南水北调工程建设年鉴》(以下简称《年鉴》)是由水利部南水北调工程管理司主管的专业年鉴,是逐年集中反映南水北调工程建设、运行管理、治污环保及征地移民等过程中的重要事件、技术资料、统计报表的资料性工具书,自 2005 年起每年编印一卷。

　　二、《中国南水北调工程建设年鉴 2020》拟全面记载 2019 年南水北调工程前期工作、建设管理、运行管理、质量安全、征地移民、生态环保和重大技术攻关等方面的工作情况。《年鉴》编纂委员会对《年鉴》2020 年卷编写框架进行了调整,调整后的《年鉴》包括 13 个专栏:综述、特载、政策法规、综合管理、东线一期工程、中线一期工程、东线二期工程、中线后续工程、西线工程、配套工程、党建工作、统计资料、大事记。另有重要活动剪影。

　　三、《年鉴》所载内容实行文责自负。年鉴内容、技术数据及是否涉密等均经撰稿人所在单位把关审定。

　　四、《年鉴》力求内容全面、资料准确、整体规范、文字简练,并注重实用性、可读性和连续性。

　　五、《年鉴》采用中国法定计量单位。技术术语、专业名词、符号等力求符合规范要求或约定俗成。

　　六、《年鉴》中中央国家机关和国务院机构名称、水利部相关司(局)和直属单位、有关省(直辖市)南水北调工程建设管理机构、各项目法人单位等可使用约定俗成的简称。

　　七、《年鉴》中南水北调沿线各流域机构名称均使用简称,具体是:长江水利委员会简称长江委;黄河水利委员会简称黄委;淮河水利委员会简称淮委;海河水利委员会简称海委。

　　八、限于编辑水平和经验,《年鉴》难免有缺点和错误。我们热忱希望广大读者和各级领导提出宝贵意见,以便改进工作。

《中国南水北调工程建设年鉴》编辑部

2020 年 12 月

专　栏

目　　录

叁 政策法规

肆 综合管理

Contents

壹　综述

2019 年中国南水北调发展综述

一、工程概况

南水北调工程是实现我国水资源优化配置、促进经济社会可持续发展、保障和改善民生的重大战略性基础设施，工程从长江下游、中游、上游，规划了东、中、西三条调水线路，干线总长 4350km，规划调水总规模 448 亿 m³。这三条调水线路与长江、淮河、黄河、海河相互连接，构建起中国水资源"四横三纵、南北调配、东西互济"的总体布局。

在习近平新时代中国特色社会主义思想指引下，水利部门认真贯彻落实习近平总书记生态文明思想、"节水优先、空间均衡、系统治理、两手发力"的治水思路和在中线工程正式通水时的重要批示精神，坚持"水利工程补短板、水利行业强监管"的水利改革发展总基调，推动南水北调各项工作取得实效。

东、中线一期工程全面通水 5 年来，工程质量可靠，运行安全平稳，供水水质稳定达标，经受住了特大暴雨、台风、寒潮等极端天气考验，未发生任何安全事故和断水事件，累计供水量超 300 亿 m³，直接受益人口超 1.2 亿人，对支撑沿线地区生产生活和生态用水发挥了重大作用，经济、社会、生态等效益显著。

（一）南水北调东线工程

东线工程以长江下游扬州江都水利枢纽为起点，利用京杭大运河及与其平行的河道逐级提水北送，并连接起调蓄作用的洪泽湖、骆马湖、南四湖、东平湖，出东平湖后分两路输水：一路向北，穿黄河输水到天津；另一路向东，通过济平干渠、胶东输水干线经济南输水到烟台、威海、青岛。规划调水规模 148 亿 m³。东线一期工程于 2013 年 11 月 15 日通水，输水干线全长 1467km，抽水扬程 65m，年抽江水量 88 亿 m³，向江苏、山东两省 17 个大中城市 90 多个县（市、区）供水，补充城市生活、工业和环境用水，兼顾农业、航运和其他用水。

（二）南水北调中线工程

中线工程将丹江口大坝加高 14.6m 后，从丹江口水库引水，沿黄淮海平原西部边缘开挖渠道，经唐白河流域西部过长江流域与淮河流域的分水岭方城垭口，在郑州以西李村附近穿过黄河，沿京广铁路西侧北上，基本自流到北京、天津，规划调水规模 130 亿 m³，分二期建设。中线一期工程于 2014 年 12 月 12

日通水，输水干线全长 1432km，多年平均年调水量 95 亿 m³，向华北平原北京、天津、河北、河南等 4 省（直辖市）24 个大中城市的 100 多个县（市、区）提供生活、工业用水，兼顾农业和生态用水。

（三）南水北调西线工程

按照总体规划，西线工程主要解决涉及青海、甘肃、宁夏、内蒙古、陕西、山西等 6 省（自治区）黄河上中游地区和渭河关中平原的缺水问题。具体方案正在深入研究论证中。

二、东、中线一期工程通水效益

东、中线一期工程全面通水以来，初步构筑了我国南北调配、东西互济的水网格局，有力保障了受水区饮水安全，补充了受水区地下水，改善了受水区生态环境，提升了沿线防汛抗旱能力，促进了经济社会的可持续发展，发挥了显著的经济、社会和生态效益。

（1）改变供水格局，水资源配置得到优化。南水北调东、中线工程从根本上改变了北方广大地区、黄淮海平原的供水格局，40 多座大中城市、260 余个县（区）用上了南水，成为许多城市供水新的生命线，直接受益人口超 1.2 亿人。南水的到来有效提高了受水区城市供水保证率，确保了这些城市供水安全。

（2）改善供水水质，人民群众获得感、幸福感、安全感不断增强。按照"三先三后"原则要求，东线强力推进治污工作，江苏、山东两省将水质达标纳入县（区）考核，实施精准治污，实现水质根本好转，创造了治污奇迹，通水以来工程水质稳定在地表水水质Ⅲ类标准，沿线群众饮水质量显著改善。中线全面做好水源地水质保护各项工作，湖北、河南、陕西三省联动协作，制定水污染治理和水土保持规划，推进产业转型升级，探索生态补偿机制，夯实了水源地水质保护基础，丹江口水库和中线干线供水水质稳定在地表水水质Ⅱ类标准及以上，中线干线输水的过程中 80% 以上水质监测断面是Ⅰ类水。

（3）修复生态环境，促进沿线生态文明建设。东、中线一期工程的建成，有效增加了华北地区可利用水资源。通过置换超采地下水，实施生态补水，限制开采地下水等综合措施，使河湖、湿地面积明显扩大，有效遏制了地下水水位下降和水生态环境恶化趋势，促进了沿线生态文明建设。

（4）优化产业结构，推动受水区高质量发展。受水区实行区域内用水总量控制，加强用水定额管理，带动发展高效节水行业，淘汰限制高耗水、高污染产业，使受水区节水水平达到全国先进水平，有效提高了用水效率和效益。深入开展治污工作，关停并转一大批污染企业，加快了产业结构调整步伐。通过实行"两部制"水价，依据成本核定水价，有力推动受水区水价改革，为工程良性运行创造了条件，同时进一步提升节约用水意识，促进了节水型社会建设。

（5）拉动内需、扩大就业，保障经济社会协调发展。建设期间，南水北调工程投资平均每年拉动我国国内生产总值增长率提高约 0.12 个百分点，对经济增长的影响通过乘数效应进一步扩大。工程建设高峰期参建单位超过 1000 家，有近 10 万建设者在现场施工，加上相关行业的带动作用，每年增加数十万个就业岗位。工程通水后为保障京津冀协同发展、雄安新区建设等重大国家战略的实施提供了可靠的水资源保障。以 2016—2018 年全国万元 GDP 平均需水量 73.6 m^3 计算，南水北调为北方增加的近 300 亿 m^3 水资源，可为受水区约 4 万亿元 GDP 的增长提供优质水资源支撑。

三、社会效益

南水北调工程有效缓解我国北方地区水资源短缺问题，从根本上改变了受水区供水格局，改善了城市用水水质，促进了受水区社会发展和城市化进程，已逐步成为沿线大中型城市生活用水的主力水源。

（一）供水范围及受益人口

（1）供水范围。南水北调东、中线一期工程直接受水城市 41 个，其中，东线 17 个、中线 24 个。东线一期工程受水城市为江苏省 6 个、山东省 11 个；中线受水城市为河南省 13 个、河北省 9 个、北京市及天津市。

（2）受益人口。南水北调东、中线总受益人口超 1.2 亿人。其中东线一期工程总受益人口超 6900 万人，中线一期工程总受益人口超 5800 万人。

（二）供水量持续增长

截至 2019 年年底，南水北调东、中线一期工程累计调水量为 303.88 亿 m^3，受水区各省（直辖市）累计分水 276.01 亿 m^3。

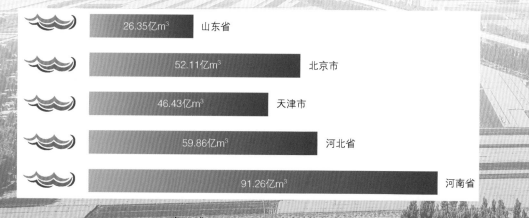

26.35亿m³	山东省
52.11亿m³	北京市
46.43亿m³	天津市
59.86亿m³	河北省
91.26亿m³	河南省

南水北调工程受水区分水量

东线一期工程累计向山东省调水 40.5 亿 m³，累计净供水量为 26.35 亿 m³。2019 年 4—6 月，实施了东线一期北延应急试通水工作，累计供水 5717 万 m³。

中线一期工程累计调水量为 263.38 亿 m³，累计供水 249.65 亿 m³。湖北省引江济汉工程为汉江兴隆以下河段和东荆河提供可靠的补充水源，累计补水 195.44 亿 m³。

入河北3739万m³

入天津1978万m³

东线一期北延应急试通水

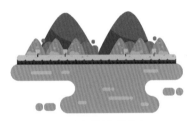
向汉江中下游补水
153.88亿m³

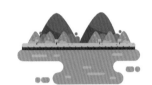
向长湖、东荆河补水
36.18亿m³

向荆州古城护城河、庙湖、后港水厂补水
5.38亿m³，其中向荆州古城护城河补水
2.61亿m³

引江济汉补水

时间	调水量/亿m³	供水量/亿m³
2014—2015	20.27	18.66
2015—2016	38.43	37.19
2016—2017	48.48	45.15
2017—2018	74.58	69
2018—2019	71.32	69.16
2019—2020	10.3	10.5

中线一期工程 2014—2020 年累计调水量和供水量

（三）供水格局改善

1. 东线工程

东线一期工程打通了长江干流向北方调水的通道，构建了长江水、黄河水、当地水优化配置和联合调度的骨干水网，使长江经济带与江苏、山东两大经济强省互连互通，对促进国家主体功能区规划实施、提高国土空间承载力等发挥了积极作用；同时有效缓解了苏北、胶东半岛和鲁北地区城市缺水问题，使济南、青岛、烟台等大中城市基本摆脱缺水的制约，确保了城市供水安全，维护了社会稳定，改善了城镇居民的生活用水质量，惠及沿线百姓，为地区经济社会发展注入了新的动力。

东线工程渠道与公路、铁路纵横捭阖

东线一期工程沿线地区在加大水污染治理的同时，促进了产业结构不断优化升级，经济社会高质量发展，山东省内造纸厂由700多家压减到10家，产业规模却增长了2.5倍、利税增长了3倍；节水型社会建设进展加快，促进了沿线"以水定城"理念的落实，加快了水生态文明城市建设。

2. 中线工程

中线一期工程使北京、天津、石家庄等北方大中城市基本摆脱了缺水制约，有力保障了京津冀协同发展、雄安新区建设等重大国家战略实施。

在北京，南水占主城区供水量的70％多，实现了"一纵一环"输水线路、本地水与外调水相互调剂使用的新格局。

在天津，南水已成为14个主城区居民的供水水源，实现了引江水和引滦水双保障。

在河南，37个市（县）已用上南水，其中郑州中心城区自来水80％以上为南水，以中线供水、引黄等供用水工程为基础，打造了"一纵三横、六区一网"的多功能现代水网。

在河北，石家庄、邯郸、保定、衡水等城市的主城区南水供水量占75％以上，部分城市全部用上南水，构筑了"一纵四横"，引江水、黄河水、本地水三水联调新格局。

中线穿黄工程

（四）工程移民稳定发展

　　党中央、国务院高度重视南水北调移民工作，在中央统一部署下，河南、湖北两省坚持以人民为中心的发展理念，统筹谋划、周密部署、超前实施，圆满完成了丹江口库区 34.5 万移民搬迁任务，实现了"四年任务、两年完成"的工作目标。

　　丹江口库区移民采取外迁为主、省内安置的方式，既保证库区自然生态环境良性循环，为库周农村提供可持续发展机会，又减少外迁对移民的文化、语言、民俗和生活习性等方面的影响，让移民更快安居乐业。

　　丹江口库区移民实现了"搬得出、稳得住、能发展、可致富"的目标，生活水平比搬迁前大幅度提升。

移民搬迁前居住环境

移民新区居住环境

对移民进行大棚种植技术培训

移民成为工厂员工

移民接受家政服务岗前培训

移民学生搬入现代化的新校园

（五）文化遗产保护

南水北调工程穿越了中国历史上众多重要的文化区域，为保护文物，南水北调工程为重要文物"让路""改线"。东、中线一期工程共涉及文物710处，其中，东线101处，包括地面文物8处、地下文物93处；中线609处，包括地面文物37处、地下文物572处。在工程沿线考古调查工作中，新发现大量文物点，河北磁县东魏元祐墓、赞皇西高北朝家族墓地，河南新郑望京楼夏商时期城址、寿光双王城盐业遗址群、高青陈庄周城址均入选2019年度"全国十大考古发现"，实现了工程建设和文物保护互利共赢的良好局面。

湖北省遇真宫顶升施工

河北省赞皇西高墓地出土的
北朝青釉龙柄鸡首壶

河南省新郑胡庄墓地出土
的战国铜敦

通过增加水量、改善水质、提升区域水环境、提高通航能力等方式，千年京杭大运河被注入活的灵魂，焕发新的生机，并成功申报世界文化遗产；湖北遇真宫顶升迁移，实现了文物保护与开发利用的双赢。

四、经济效益

南水北调工程从根本上改变了受水区供水格局，提高了大中城市供水保障率，为经济结构调整（包括产业结构、地区结构调整）创造了机会和空间，有效促进了受水区产业结构调整和经济发展方式转变，经济效益显著。

（一）交通航运提档升级

南水北调工程持续调水稳定了航道水位，改善了通航条件，延伸了通航里程，增加了货运吨位，大大提高了航运安全保障能力，促进了当地经济发展。东线一期工程建成后，京杭大运河黄河以南航段从东平湖至长江实现全线通航，1000～2000吨级船舶可畅通航行，新增港口吞吐能力1350万t，成为中国仅

东线工程提高了梁济运河通航能力

次于长江的第二条"黄金水道"。湖北省引江济汉工程和兴隆水利枢纽工程累计新增航道268.92km，改善航运458.4km，经整治，兴隆—汉川段基本达到1000吨级通航标准；丹江口—兴隆段基本解决了出浅碍航、航路不畅或航道水流条件较差等状况。

中线兴隆水利枢纽改善了航运条件

江苏省结合河道疏浚扩挖，提高了金宝航道、徐洪河等一批河道的通航标准和通航等级。

山东省京杭运河韩庄运河段航道已由三级航道提升到二级航道，南四湖—东平湖段工程调水与航运结合实施后，京杭运河通航从济宁市延伸到东平湖，黄河南岸直接通航至长江，区域水运能力大幅提升。

湖北省引江济汉工程干渠全长67.23km，一线横贯荆州、荆门、仙桃、潜江4市，使往返荆州和武汉的航程缩短了200多千米；兴隆水利枢纽工程及局部航道整治工程，使汉江通航能力从之前的300～500吨级船舶提升至1000吨级以上，大大改善了航运条件。

（二）水资源支撑效益显著

（1）南水北调工程支撑国家重大战略实施。黄淮海流域总人口4.4亿人，国内生产总值约占全国的35%，在国民经济格局中占有重要地位，黄淮海流域的大部分地区是南水北调工程受水区，南水北调工程正在为京津冀协同发展、雄安新区建设、黄河流域生态保护和高质量发展等重大战略实施及城市化进程推进提供可靠的水资源保障。

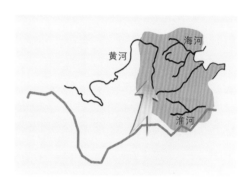

黄淮海流域示意图

（2）南水北调工程支撑GDP增长。以2016—2018年全国万元GDP平均需水量73.6m^{3}计算，南水北调工程已累计向北方调水300亿m^3，为我国北方地区约4万亿元GDP的增长提供了优质水资源支撑。

南水北调工程为雄安新区建设提供了可靠的水资源保障

（三）经济拉动作用明显

南水北调东、中线一期工程批复总投资达 3082 亿元，工程建设创造了众多就业岗位，促进了社会稳定和群众收入的增长，刺激了消费需求。工程建成运行后，又带动了工程运行管理、维修养护、备品备件更新等相关产业和企业的集聚与发展，继续拉动着地方经济社会发展。

南水北调工程建设期，直接拉动国内生产总值增长，带动了土建施工、金属结构及机电设备制造安装、水土保持、信息自动化、污水处理等多个重要的产业领域发展，增加了工程机械、建筑材料、电气电子元器件、园林苗木等产品的需求，还进一步刺激了相关上游产业和关联产品的生产发展。经国家有关权威研究机构评估，南水北调工程建设期投资平均每年拉动国内生产总值约 0.12 个百分点，工程投资对经济增长的影响通过乘数效应进一步扩大。

安居乐业，其乐融融

精准调度，一丝不苟

建设期间，东、中线一期工程参建单位超过 1000 家，建设高峰期每天有近 10 万建设者在现场进行施工，加上上下游相关行业的带动作用，每年增加了数十万个就业岗位。

此外，中线陶岔渠首工程、兴隆水利枢纽工程、丹江口水利枢纽工程均已发挥发电效益，为地方经济发展提供绿色能源，截至 2019 年 10 月底，累计发电量达 170.92 亿 kW·h，收入达 38.09 亿元，其中陶岔渠首工程发电量为 1.69 亿 kW·h，收入为 0.54 亿元；兴隆水利枢纽工程发电量为 11.06 亿 kW·h，收入为 3.48 亿元；丹江口水利枢纽发电量为 158.17 亿 kW·h，收入为 34.07 亿元。

五、生态效益

南水北调工程为沿线城市提供了充足的生态用水，河湖、湿地等水面面积明显扩大，区域生物种群数量明显增加，有效地保护了生物多样性并为解决华北地区地下水超采问题提供了重要水源，随着后续工程不断推进，工程生态环境效益将进一步扩大与凸显。

（一）地下水水位止跌回升

东、中线一期工程通水以来，有效缓解了城市生产生活用水挤占农业用水、超采地下水的问题，沿线受水区通过水资源置换，压采地下水、向中线工程沿线河流生态补水等方式，有效遏制了地下水位下降的趋势，地下水位逐步回升。2019 年 1 月 1 日，受水区地下水水位平均埋深 9.90m，较 2018 年 1 月 1 日回升 0.04m。截至 2019 年 12 月底，东、中线一期工程累计生态补水 28.76 亿 m³，北京等部分地区地下水水位明显回升。

（二）河湖水量逐步增加

东线一期工程向山东省东平湖、南四湖分别进行应急生态补水 2.81 亿 m³，为济南市小清河补水 2.4 亿 m³，向济南市保泉补源 0.58 亿 m³。江苏省利用东线一期工程向骆马湖补水，运行期间骆马湖水位由 21.87m 上升至 23.10m。

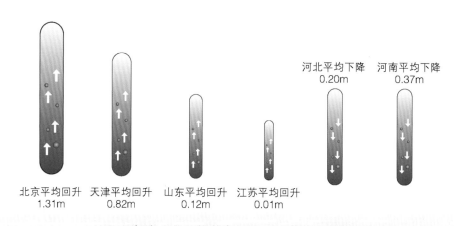

北京平均回升 1.31m　　天津平均回升 0.82m　　山东平均回升 0.12m　　江苏平均回升 0.01m　　河北平均下降 0.20m　　河南平均下降 0.37m

2019 年南水北调沿线各地地下水位变化情况

骆马湖碧波荡漾

中线一期工程多次向沿线开展生态补水，累计补水总量为 25.95 亿 m³，其中，华北地区地下水超采综合治理河湖地下水回补试点回补量为 8.52 亿 m³，白洋淀淀区水位升高 0.4m，水面面积扩大 47.18km²。北京市南水北调调蓄设施增加水面面积 550hm²。密云水库蓄水量自 2000 年以来首次突破 26 亿 m³。河北省 12 条天然河道得以阶段性恢复，瀑河水库新增水面面积 370 万 m²。河南省焦作市龙源湖、濮阳市引黄调节水库、新乡市共产主义渠、漯河市临颍县湖区湿地、邓州市湍河城区段、平顶山市白龟湖湿地公园、白龟山水库等河湖水系水量明显增加。

（三）河湖水质明显提升

东线一期工程建设期间，通过治污工程及湖区周边水污染防治措施的实施，南四湖区域水污染治理取得显著成效。通水后，南四湖流域由于江水的持续补充，水面面积有效扩大，水质明显改善，输水水质一直稳定在Ⅲ类。

中线一期工程华北地下水回补试点河段，通水期间水质普遍得到改善，上游河段水质多优于Ⅲ类水质，中下游河段水质改善1~2个类别。通过地下水回补，试点河段恢复了河流基本功能，改善了河流水体水质，效果明显。北京市利用南水向城市河湖补水，增加了水面面积，城市河湖水质明显改善。天津地表水质得到了明显好转，中心城区4条一级河道8个监测断面由补水前的Ⅲ~Ⅳ类改善到Ⅱ~Ⅲ类。

封装水样 开展突发事件应急演练

（四）水生态环境修复改善

东、中线一期工程全面通水5年来，通过向沿线部分河流、湖泊实施生态补水，沿线城市河湖、湿地等水面面积明显扩大，生态和环境得到有效修复，区域生物种群数量增加，多样性明显恢复。

东线一期工程先后通过干线工程引长江水、引黄河水向南四湖、东平湖补水2亿多立方米，极大改善了南四湖、东平湖的生产、生活、生态环境，避免了因湖泊干涸导致的生态灾难；补水后南四湖水位回升，下级湖水位抬升至最低生态水位，湖面逐渐扩大，鸟类开始回归。在南四湖栖息的鸟类达到200多种，数量15万余只，绝迹多年的小银鱼、毛刀鱼等再现南四湖，其支流白马河发现了素有"水中熊猫"之称的桃花水母；中华秋沙鸭、黑鹳等珍稀鸟类来兴隆水域安家落户。

中华秋沙鸭

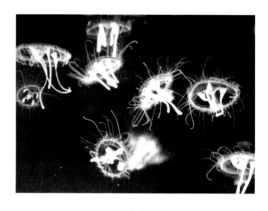

桃花水母

2018 年 9 月至 2019 年 8 月，中线一期工程实施的华北地下水超采综合治理河湖地下水回补试点工作，累计向滹沱河、滏阳河、南拒马河 3 条试点河段补水 8.52 亿 m³，最大形成长 477km 的水生态带，最大水面面积达 46km²，区域水生态环境显著改善，同时中线水源区通过补偿工程也大大改善了当地的区域生态环境。

中线一期工程向潮白河水源地补水

（五）资源环境承载力提高

南水北调工程通过跨流域调水，有效增加了黄淮海平原地区的水资源总量，结合节水挖潜措施，归还以前不合理挤占的农业和生态环境用水，区域用水结构更加合理，区域水资源及环境的承载能力明显增强。

东平湖优美的生态环境

中线工程通过退水闸向沿线河流实施生态补水

存补有序，显著增加水资源战略储备

北京市按照"节、喝、存、补"的原则，在充分发挥水厂消纳南水能力的同时，向大宁水库、十三陵水库、怀柔水库、密云水库等河湖补水，北京市的水资源储备显著增加。天津市构建了"一横一纵"、引滦引江双水源保障的供水新格局，形成了引江、引滦相互连接、联合调度、互为补充、优化配置、统筹运用的城市供水体系。

（六）水源保护及污染防治卓有成效

南水北调对水源区和沿线地区投资数百亿元进行水污染治理和生态环境建设。

陕西省先后实施了两期丹江口库区及上游水污染防治和水土保持工程，累计完成小流域综合治理562条，治理水

山清水秀的十堰市

中线工程焦作市区段渠道

土流失面积 12574km²。

湖北省十堰市实施"截污、清污、减污、控污、治污"五大工程，原本劣 V 类水质得到显著改善，官山河、犟河、剑河和神定河水质平均值已达到国家"水十条"考核标准。治理水土流失面积 5836km²，森林覆盖率达 64.72%。

生态优美的丹江口库区

2014 年以来，河南省水源区及干渠沿线各县（区）共关闭或停产整治工业和矿山企业 200 余家；封堵入河市政生活排污口 433 个，规范整治企业排污口 27 个；拆除库区内养殖网箱 5 万余个，累计治理水土流失面积达 2704km²。

水源区陕西、湖北、河南三省先后实施了丹江口库区及上游水污染防治和水土保持工程，建成了大批工业点源污染治理、污水垃圾处理、水土流失治理等项目，治理水土流失面积 2.1 万 km²。通过东线治污工程及湖区周边水污染防治措施的实施，南四湖区域水污染治理取得显著成效，黑臭的南四湖"起死回生"，跻身全国水质优良湖泊行列。

江苏、山东两省把节水、治污、生态环境保护与调水工程建设有机结合起来，建立"治理、截污、导流、回用、整治"一体化治污体系，安排 5 大类 426 项治污项目，其中工业点源治理 214 项、城镇污水处理及再生利用 155 项、流域综合整治 23 项、截污导流 26 项、垃圾处理 8 项。后续又分别制定了补充治污方案，共安排 514 项治污项目，完成情况良好。在东线沿线经济发达地区，强力治污攻坚，突出执法监管，严格环保准入，重点挂牌督办，"一河一策"精准治污，建设截污导流工程，实施船舶污染防治，推进退渔还湖，打击河道非法采砂，有效治理了沿线水域污染。

南四湖清淤疏浚

南四湖生物多样性明显恢复

东线济平干渠沿线生态
景观带

17

贰　特载

重 要 会 议

南水北调工程专家委员会座谈会在北京召开

近日，南水北调工程专家委员会座谈会在北京召开。会议对 2018 年专家委工作进行了总结，座谈研讨了 2019 年专家委工作要点。水利部副部长蒋旭光出席会议并讲话。

蒋旭光首先代表水利部党组和部长鄂竟平向专家委全体委员、专家表达衷心感谢和亲切问候。他指出，从南水北调工程开工建设到通水运行十几年来，作为南水北调工程的高层次咨询机构，专家委充分发挥了权威性强、客观公正、地位超脱的独特作用，以高度的责任感、使命感在南水北调重大关键问题咨询把关、质量检查、专题调研等方面开展了大量卓有成效的工作，为南水北调工程的建设质量、安全运行、移民征迁、水质保护等方面作出了不可替代的突出贡献。特别是在过去一年，专家委坚决贯彻中央改革精神，克服了一系列困难，主动作为，按照"稳中求进、提质增效"总思路，认真做好南水北调技术咨询工作；与此同时，围绕新一届水利部党组有关部署和要求，拓展咨询领域，开展了以"调水工程发挥生态功能"为主题的系列调研，全年共完成各类咨询活动 21 项，工作成效值得肯定，在工作中体现出了负责、严谨、敬业、科学的精神和高超的专业水平及务实作风。

蒋旭光强调，2019 年专家委要紧紧围绕部党组"水利工程补短板、水利行业强监管"的水利改革发展总基调，以南水北调中线总干渠停水检修、工程验收、后续工程前期工作、工程运行安全和运行管理水平提升等内容为年度工作重点，继续发扬优良传统，以问题为导向，发挥在重大关键技术问题上把脉问诊、分析研判、建言献策、解决问题的重要作用，努力为新时期水利改革发展作出新贡献。

会上，专家委秘书处汇报了 2018 年专家委工作情况及 2019 年工作打算，传达了 2019 年全国水利工作会议精神，交流了近期南水北调工作有关情况。专家委主任、副主任及部分委员代表参加座谈会并发言。

水利部办公厅、水库移民司、监督司、南水北调工程管理司、调水管理司、南水北调工程设计管理中心、南水北调工程建设监管中心、南水北调中线干线工程建设管理局、南水北调东线总公司、专家委秘书处负责同志参加了会议。

（摘自水利部网站，略有删改）

南水北调验收工作领导小组2019 年第一次全体会议在北京召开

2019 年 3 月 14 日，水利部副部长、部南水北调东、中线一期工程验收工作领导小组组长蒋旭光主持召开领导小组 2019 年第一次全体会议，全面贯彻"节水优先、空间均衡、系统治理、两手发力"的治水思路，遵循"水利工程补短板、水利行业强监管"的水利改革发展总基调，总结 2018 年南水北调验收工作，分析当前面临的形势，审议《2019 年南水北调工程验收工作要点》，部署 2019 年重点工作。

蒋旭光充分肯定了 2018 年南水北调验收工作，深入分析了当前验收工作面临的形势和任务，指出验收工作强度越来越大，问题协调、过程控制越来越难，困难和矛盾更加突出，要深刻领会、坚决贯彻落实水利部党组对验收工作的部署和要求，全面把握新时期水利事业改革发展总基调，切实增强南水北调验收工作的使命感、责任感和紧迫感，高度重视，全力以赴，强推工作取得进展。

蒋旭光强调，2019 年是机构改革后南水北调验收工作全面提速的关键之年，要坚持目标引领、问题导向，以"最大决心、最强力度、最实措施、最硬监管"攻坚克难、狠抓落实，全力做好 2019 年南水北调验收各项工作。一是站位要高。南水北调工程举世瞩目，要牢固树立"四个意识"，把南水北调验收作为一项重大政治任务，高效优质完成好。二是目标要清。各单位要对标验收目标，以问题为导向，按职责分工分兵把口、主动担当、谋事干事，对本单位负责的工作作出整体安排，确保工作全覆盖。各项工作进度只能超前，不能滞后。三是责任要明。要明确领导小组成员单位、省（直辖市）水利（水务）厅（局）、项目法人各个层次的验收职责，逐级明确责任人，构建纵向到底、横向到边完整的责任体系网络。四是力度要大。各单位要主动对接、齐抓共管、形成合力，保障验收各项工作协同高效推进。五是重点要盯。要前移管理关口，对制约验收的风险点进行梳理布控，着力抓住、抓牢、盯紧重点、要点，重点突破。六是监管要严。要加强验收工作的过程控制，强化验收监管，明确纪律要求，加强考核奖惩，严肃问责。七是作风要实。各单位要积极主动、担当负责、不推诿不扯皮，认真践行"忠诚、干净、担当，科学、求实、创新"新时代水利精神，坚决整治形式主义、官僚主义，树立务实工作作风，扎实推进验收工作。八是流程要优化。在严格执行国家有关法律法规和技术标准的前提下，进一步优化验收流程、保证质量、捋顺管理、提高效率、规范行为。

水利部南水北调东、中线一期工程验收工作领导小组全体成员参加了会议。（摘自水利部网站，略有删改）

水利部召开南水北调工程验收工作推进会

2019 年 4 月 16 日，水利部副部长、部南水北调验收工作领导小组组长蒋旭光出席南水北调工程验收工作推进会并讲话。会议遵循"水利工程补短板、水利行业强监管"的水利改革发展总基调，总结2018年南水北调验收工作，研判工作形势，分析风险和挑战，指出存在的问题，明确2019年工作任务，提出工作要求。水利部总工程师、验收工作领导小组副组长刘伟平作会议总结，水利部总经济师、验收工作领导小组副组长张忠义主持会议。

蒋旭光在肯定2018年南水北调验收工作成效的同时指出，当前南水北调验收工作面临着时间紧、任务重、责任大、问题多、机构新等困难和挑战，各单位必须高度重视，主动担当作为，齐抓共管，有力推动验收工作全面提速，高质量完成2019年各项验收任务。

蒋旭光强调，2019年南水北调验收工作要坚持"稳中快进、保质提效"，在完成28个设计单元完工验收、36个水保验收、37个环保验收、1个消防验收、21个征移验收、12个档案验收、30个完工决算的基础上，协调解决制约验收的突出问题，实现进一步突破，保障后续验收工作顺利开展。

蒋旭光要求，为实现2019年度工作目标，必须提高站位、统一认识、自觉行动，各单位要加强领导、勇于担当、主动作为，强化协调协同，力戒形式主义、官僚主义，廉洁干事，务求实效。一是目标要明，围

绕验收目标全力提速。二是责任要清，确保优质，进一步加强验收组织领导，各验收主持单位强化验收组织，各项目法人履行好具备验收条件的责任主体职责，对工作不力的严肃追责。三是力度要大，要敢于直面困难，想方设法破解难题，动真碰硬，有效利用法律、经济、行政、监管等措施，确保验收目标实现。四是重点要盯，坚持问题导向，强化协调，上下联动合力攻坚。要以验收为契机，推动重点遗留问题解决，加快尾工建设，圆满收官。五是监管要严，加强监管，强力推进，失责必究。六是程序要优，科学规范、依法依规做好验收，切实提高验收工作质量。

会上，水利部各有关司局和南水北调沿线各省（直辖市）水利（水务）厅（局）、建设管理单位共同讨论了验收中的具体问题，逐项确定了解决方案和路径。

刘伟平在会议总结中指出，会议对南水北调验收全面提速作出了部署，各单位要切实统一思想、提高认识，按照会议精神进一步明确目标、细化任务，落实责任、主动担当，加强协调、强化监管、严肃问责，善做善成。

水利部南水北调验收领导小组全体成员，南水北调沿线各省（直辖市）水利（水务）厅（局）负责同志，南水北调各项目法人、项目管理单位负责同志参加会议。

（摘自水利部网站，略有删改）

水利部召开南水北调工程管理工作会议

2019年6月4—5日,水利部在河南郑州召开南水北调工程管理工作会议。水利部副部长蒋旭光出席会议并讲话。水利部总工程师刘伟平主持会议,总经济师张忠义出席。

蒋旭光指出,2018年南水北调工作取得显著成效:在抓好工程安全平稳运行的基础上,着力增加供水水量、提升供水水质、扩大供水范围、积极进行生态补水,东、中线年度调水85.48亿 m^3,超额完成调水任务。东线水质持续稳定保持地表水Ⅲ类水质以上,中线水质一直优于Ⅱ类。同时,加速推进工程验收,稳步做好财务决算,大力推动运行管理标准化和规范化建设,加快配套工程建设,各项工作稳步推进。东、中线一期工程全面通水近5年来,调水量突破250亿 m^3,惠及沿线1亿多人口,持续发挥着不可替代的社会、生态和经济效益。

蒋旭光指出,新时期给南水北调工作提出了新任务、新要求。当前供水需求发生明显变化,生态效益提升任重道远,水价政策完善水费收缴还需努力,尾工建设和配套工程尚未完成,工程验收任务艰巨,工程监管体系仍需完善。要清醒认识当前工作所面临的形势,及时破解难题,化解矛盾,攻坚克难,全面做好南水北调工程管理工作。

针对下一阶段重点工作,蒋旭光要求,要深入贯彻"节水优先、空间均衡、系统治理、两手发力"的治水思路,按照"水利工程补短板、水利行业强监管"的水利改革发展总基调,全面推进南水北调工程建设管理工作提档升级。一是强基固本、严守底线,在保障工程安全和供水安全方面提档升级;二是多措并举、统筹推进,在充分发挥综合效益方面提档升级;三是强化管理、提质增效,在运行管理规范化和标准化方面提档升级;四是科技引领、协同创新,在信息化、智能化、现代化方面提档升级;五是强化责任、狠抓落实,在完成验收与决算、尾工建设、健全水价体系任务方面提档升级;六是改革创新、谋划长远,在激发企业活力、建立现代企业制度方面提档升级;七是依法行政、敢于问责,在强化南水北调运行监管方面提档升级;八是强化宣传、注重文化,在营造良好舆论环境和打造南水北调品牌方面提档升级。

蒋旭光强调,完成以上任务,一定要提高政治站位,全面从严治党,切实加强组织建设、作风建设,敢于担当,勇于负责,务求实效,大力弘扬新时代水利行业精神,着力加强廉政建设,为完成新时期南水北调工作任务提供支撑与保障。

会议期间,与会代表考察了中线干线穿黄工程和郑州市贾鲁河综合治理工程。

水利部有关司局,有关流域机构和直属单位,沿线各省(直辖市)水

利（水务）厅（局），各项目法人和湖北省十堰市郧阳区负责同志参加会议。 （摘自水利部网站，略有删改）

南水北调工程专家委员会召开"十一五""十二五"国家科技支撑计划南水北调工程科研成果总结及推广技术咨询会

2019年9月26日，南水北调工程专家委员会在北京组织召开"十一五""十二五"国家科技支撑计划南水北调工程科研成果总结及推广技术咨询会，参会的有专家委员会部分委员和特邀专家，南水北调工程管理司、南水北调规划设计管理局、南水北调中线干线工程建设管理局、南水北调中线水源有限责任公司、南水北调东线总公司、南水北调东线江苏水源有限责任公司、南水北调东线山东干线有限责任公司、清华大学、天津大学的代表。与会专家和代表听取了情况汇报，审阅了相关资料，经充分讨论，形成了咨询意见。

专家委员会主任陈厚群任专家组组长，副主任宁远、张野、汪易森参加会议。

（摘自水利部网站，略有删改）

南水北调工程验收工作领导小组召开全体会议

2019年12月4日，水利部副部长蒋旭光主持召开水利部南水北调东、中线一期工程验收工作领导小组2019年第二次全体会议，听取南水北调验收年度工作汇报，分析研判验收工作态势、研究措施，部署2020年度南水北调验收工作。

会议认为，领导小组各成员单位按照验收领导小组2019年第一次会议提出的年度工作要点，以"最大决心、最强力度、最实措施、最硬监管"狠抓落实，高度协同、精心组织、细化管理，有关地方水利机构和项目法人验收组织体系得到完善并有效运转。完工验收、财务决算、专项验收等工作进展顺利，年初确定重点工作基本完成，年度计划有望超额完成。

会议审议通过了2020年南水北调工程验收工作要点，要求各成员单位对照2020年工作任务，按职能分工细化任务，建立台账，加强协同配合，进一步加大力度推进工作，争取在圆满完成2020年验收计划的基础上有新突破。加强验收工作质量监管，采取有效的约束激励措施促进责任落实，保障验收工作质量。强化验收遗留问题处理，对处理情况进行督促检查。进一步梳理变更索赔等难点问题，加快尾工及遗留问题处理，系统施策、专题推进。加强南水北调东、中线一期工程竣工验收方案编制研究，尽快提出工作成果。提前谋划南水北调后续工程验收的准备，将有关工作要求落实到建设期。发挥南水北调工程作为社会主义制度优越性典型案例应有的作用，做好验收信息宣传工作。

水利部总工程师刘伟平、总经济师张忠义，南水北调工程验收工作领导小组成员参加会议。

（摘自水利部网站，略有删改）

河北省召开南水北调引江水利用工作会议

2019年2月21日，河北省南水北调引江水利用工作会议在石家庄召开，河北省委常委、常务副省长袁桐利出席会议并讲话，副省长时清霜主持会议，省、市发展改革、财政、住房城乡建设、水利部门的主要负责同志和南水北调工程受水区各市常务副市长、各县常务副县长参加会议。

袁桐利指出，党中央、国务院非常关心河北地下水超采综合治理工作，在政策、资金、水源等方面给予了大力支持。各地各部门要坚持以习近平新时代中国特色社会主义思想为指导，认真落实省委、省政府决策部署，把用足用好引江水作为解决地下水超采问题、推动可持续发展的一项重大政治任务，切实高度重视，强化责任担当，扎实开展工作，确保取得实效。

袁桐利要求，受水区各市、县要聚焦扩大城镇生活和工业用水量，畅通供水管网，及时关停自备井，加快水源切换，进一步增加引江水消纳量。要坚持问题导向，采取有效措施，着力降低南水北调配套工程融资

成本、运行成本和管理成本，用好城市基础设施配套费，降低供水企业成本、减轻群众负担。要主动保障国家战略重点工程用水需求，推进重点工业企业江水直供，稳步实施建制镇、农村连片区域集中生活水源置换工程，多渠道消纳引江水。要加强组织领导，创新管理体制，搞好宣传引导，严格责任考核，确保引江水利用工作顺利开展。

时清霜在主持会议时强调，各地各部门要把用足用好引江水摆在重要位置，党政主要领导要亲自上手，分管负责同志要精心谋划推动；要开展水务一体化改革试点，逐步实现引江水和当地水合理配置、统一管理、科学调度；要利用各类媒体广泛宣传，深入挖掘推广一批加快江水利用的好经验、好案例，为工作开展营造良好的社会环境；要加强督导考核，对不担当、不作为的依法依纪严肃追责问责。

（河北省水利厅供稿，摘自水利部网站，略有删改）

2019年河南省全省水利工作会议在郑州召开

2019年1月24日，河南省全省水利工作会议在郑州召开，水利厅党组书记刘正才作主题讲话，厅长孙运锋作总结讲话，厅党组副书记、副厅长（正厅级）王国栋主持会议。郑州市水务局等8个单位作交流发言，与

会代表分6个组讨论。

刘正才指出，2018年"四水同治"成为全省战略，治水布局更加清晰合理，推动"四水同治"实施的十大水利工程已有2项开工，河南省实施"四水同治"加快水利现代化步伐的做法，受到国务院第五次大督查通报表扬，成为国务院办公厅向水利部推荐的两个典型经验之一。全省全口径水利投资规模达345亿元，纳入中央直报系统项目投资完成率98.8%，位居全国前列。

刘正才要求，2019年要突出抓好9项重点工作。一要推进河长制湖长制，加快从"有名"向"有实"转变。二要加快实施"四水同治"。抓紧编制"四水同治"总体规划和专项规划，抓好十大水利工程建设、十条河流流域生态建设试点及其他水利工程建设。三要强化行政监督管理，持续加大暗查暗访、追责问责力度。四要增强灾害防御能力。汛前准备、监测预警、优化水工程调度，守住灾害防御底线。五要发展民生水利。打好水利扶贫攻坚战，继续实施农村饮水安全巩固提升工程，推进水生态文明建设，完成水、大气、土壤污染防治攻坚战年度任务。六要提高南水北调工程效益。加快推进新增供水工程建设，力争实现受益人口增加100万、总量突破2000万的目标。强化运行管理，确保工程安全平稳高效运行和供水安全。七要做好征地移民工作。继续抓好出山店、前坪等项目征地移

民工作，开展移民后期扶持，壮大移民村集体经济，增加移民收入。八要加强行业能力建设，提高水文监测能力，健全完善水利政策法规体系，抓好新技术转化推广应用及科技人才培养引进，加快构建安全实用智慧高效的水利信息系统。九要激发水利发展活力。以水利投融资、水权水价水市场、"放管服"等改革事项为重点，持续深化水利改革，激发水利发展活力动力。

河南省水利厅领导，各省辖市、直管县（市）水利（水务）局和南水北调办主要负责人，厅机关副处级以上干部，厅属各单位党政主要负责人，省重点水利项目建设单位主要负责人，省水利投资集团有限公司、省水利勘测设计研究有限公司、省水利勘测有限公司主要负责人，厅老干部代表参加会议。　　（河南省水利厅）

南水北调政策研究

2019年河南省法学会南水北调政策法律研究会年会暨论坛在南阳召开

2019年11月21—23日，河南省法学会南水北调政策法律研究会2019年年会暨论坛在南水北调干部学院召开，会议由河南省法学会南水北调政策法律研究会副会长李国胜主持，省法学会南水北调政策法律研究会副会长、常务理事、理事及省南水北调建管局部分干部职工80余人参加年会暨论坛。南阳市南水北调工程

运行中心主任靳铁拴致辞。增补南水北调政策法律研究会 3 名副会长、9 名常务理事、10 名理事，改选秘书长，河南省法学会南水北调政策法律研究会会长李颖作 2019 年度工作报告。

李颖在工作报告中要求，坚持把学习贯彻习近平新时代中国特色社会主义思想作为重点学习，深化"不忘初心、牢记使命"主题教育成果。发挥南水北调研究会人才智库优势开展新课题研究。发挥研究会学术资源优势，开展政策研究、举办论坛、法治实践和南水北调文化交流。

论坛组织观看反映南水北调工程移民精神的情景剧《丹水情》，邀请河南财经政法大学、南水北调干部学院 3 位教授，分别以"'我'眼中的南水北调精神""生态补偿制度创新——以南水北调中线工程沿线为例""南水北调精神及时代价值"为主题进行交流讨论。（河南省水利厅）

2019 年江苏南水北调工作会议召开

2019 年 4 月 25 日，江苏省水利厅召开 2019 年全省南水北调工作会议，研究分析江苏南水北调工作面临的形势，进一步部署落实 2019 年工作任务，推动江苏南水北调工作高质量发展。江苏省水利厅党组成员、省南水北调办副主任郑在洲出席会议并讲话。

郑在洲充分肯定了 2018 年全省南水北调工作取得的成绩。2018 年江苏省南水北调工作紧紧围绕中心工作，加快扫尾，规范管理，强化监管，圆满完成了各项目标任务，年度向省外调水量首次突破 10 亿 m³，水量水质实现双达标；金湖站等 3 项工程获得中国水利工程优质（大禹）奖。

郑在洲强调，2019 年江苏省南水北调工作要坚持围绕"补短板、强监管、提质效"的江苏省水利工作总基调，着力抓好 8 个方面工作。一是以工程验收为重点，全力推进扫尾建设，完成 1.16 亿元建设投资。二是以效益发挥为中心，做好年度调水运行，确保完成年度向省外调水 8.44 亿 m³ 任务。三是以"补短板"为手段，提升管理能力和水平。四是以"强监管"为抓手，严守安全生产底线。五是以水质达标为底线，提升协调监督质效。六是以省内外双保障为前提，做好二期工程规划。七是以科学高效为目标，完善运行管理机制。八是以全面从严为导向，持续推进党风廉政建设。

会议通报了江苏省各市 2019 年南水北调工作目标任务、2018—2019 年度南水北调工程向省外调水运行情况、江苏南水北调东线二期工程规划有关情况及江苏省南水北调工程 2018 年度建设管理与运行管理目标考核结果。徐州市水务局、淮安市水利局、省骆运管理处、江苏水源公司宿迁分公司作会议

交流发言。　　（江苏省南水北调办）

重 要 讲 话

水利部党组成员、副部长蒋旭光在南水北调工程管理工作会议上的讲话（2019 年 6 月 4 日）

同志们：

本次会议是省级机构改革全部完成以后，召开的第一次南水北调工作会议。会议的主要任务是：以习近平新时代中国特色社会主义思想为指导，全面落实全国水利工作会议精神，紧紧围绕"水利工程补短板、水利行业强监管"的水利改革发展总基调，按照鄂竟平部长在全国水利工作会议上提出的"南水北调工程建设运行提档升级"总要求，总结工作，分析形势，明确目标，落实责任，努力开创南水北调工作的新局面。

下面，我讲四点意见。

一、2018 年以来的工作回顾

机构改革以来，在水利部党组的坚强领导下，在水利部各司局、流域管理机构、沿线各省（直辖市）水利（水务）厅（局）及运行管理单位的共同努力和大力支持与配合下，南水北调工程管理工作稳步推进，取得了显著成效。开创了供水量再创新高、供水效益显著增强、生态功能作用日益凸显的崭新局面。所做主要工作有以下 6 个方面。

（一）严守安全底线，确保工程平稳运行。南水北调工程管理工作坚决落实党中央、国务院决策部署，坚持底线思维，着力防范化解重大风险，强化安全供水工作，联合流域管理机构，继续保持对工程监管高压严管，持续做好工程运行飞检、稽察、安全大检查等工作，推动工程保护范围和管理范围划定。今年汛前，协调各有关流域管理机构和水行政主管部门明确南水北调工程防汛责任人、联系人，督促工程管理单位排查梳理工程防汛重点部位，明确责任人和防范措施，压实各级责任人的职责。会同有关流域机构和有关单位，以明察暗访等不同形式，开展了汛前防汛检查，为有效应对暴雨洪水考验，确保工程平稳运行和供水安全奠定了基础。组织南水北调穿、跨、邻接建设项目专题调研，强化对项目施工和运行监管。督导河北、河南加快推动左岸防洪影响处理工程建设，除重大设计变更及由于文物保护更改方案的 5 条沟道外，确保剩余未完工沟道在汛前全部建成。

部机关各有关司局和流域机构主动担当作为、协同配合，加大工作力度。长江委全面落实防汛责任制，做好雨情、水情监测和预报，强化防汛应急值守与调度，推进丹江口水库划界工作，组织开展水流产权试点和水行政执法；黄委积极做好东线跨汛期调水及东平湖调蓄等工作；淮委编制了东线一期工程水量调度监督管理方案和安全运行监管工作计划，落实监管责任，积极配合推动做好南水北调东线北延应急调水工作，同时做好南水北调代管工程运行管理等工作；海委组织编制了《南水北调东线一期北延应急试通水方案》，积极配合保障应急试通水顺利实施。沿线各省（直辖市）水利（水务）厅（局）高度重视，边改革、边磨合、边抓工作，项目法人和有关单位围绕安全生产工作目标，讲政治、顾大局、勇担当，确保了供水目标，实现了工程平稳运行。

（二）完善验收工作体系，加速推进工程验收。为适应机构改革带来的变化，按照部党组要求，2018年成立南水北调工程验收领导机构和工作机构，强调以最大的决心、最强的力度、最实的措施、最硬的监管，把验收工作落到实处，明确验收标准体系，优化验收流程，完善新的验收机制。建立尾工项目台账，严把投资关口，开展督导检查，促进工程早日达效。各司局着眼大局，深度协同，坚持问题导向，高效快速地解决了一系列验收制约因素。各省市和项目法人对验收高度重视，不等不靠、积极推进，为下一步验收工作全面提速奠定了基础。

2018年专项验收和设计单元完工验收均100%完成任务。截至目前，644项专项验收已完成509个；155个设计单元完工验收已完成58个。

（三）扎实推进财务决算，确保建设资金安全。组织制定了完工财务决算工作计划，落实各项目法人责任，按要求开展工程造价审核，加快合同收口，全面清理财务决算资料，提高决算编报质量，实现通过决算全面总结工程建设成果的目标。截至目前，175个完工财务决算已核准89个。逐步理顺南水北调工程资金供应职责和完成过渡性资金还本付息。配合国家发展改革委完成南水北调中线一期主体工程运行初期水价政策执行情况评估分析，研究中线水价校核及有关问题的意见。经国务院同意，中线水价仍按2014年公布的水价执行，在受水区足额缴纳基本水费的基础上，生态供水价格由供需双方参照现行供水价格协商确定，即明确生态供水要收费。

2018年，在受水区相关省（直辖市）、项目法人的共同努力下，南水北调东中线水价政策落实和水费收缴工作取得显著成效，为保障工程良性运行提供了经济支撑。据统计，2018年东、中线共收缴水费85.54亿元（中线75.28亿元、东线公司10.26亿元），累计收取水费254.17亿元，占应收水费总额的349.9亿元的72.6%，较2017年年底的水费收缴率（66.6%）提高6个百分点。

（四）稳步推动运行管理标准化、规范化建设。开展督导，实地查看标准化中控室、闸站、水质监测站和运行安全管理标准化八大体系、四大清单建设进展，督促有关单位按照总体规划确定的目标，持续推进标准化、规范化建设，不断提升工程运行管理水平。印发进一步推进运行管理规范化、标准化建设工作通知，明确了工作目标和任务。开展试点建设，并及时进行推广研究，从创建南水北调工程运行管理标准体系提升到开展团体标准编制试点。

（五）加快推进配套工程建设，努力提高供水能力。加大配套工程督导力度，大部分省市配套工程建设任务基本完成。目前，北京大兴支线、河西支线、团九二期、亦庄调节池扩建等关键工程正在加紧建设。预计到6月底，天津王庆坨水库工程将具备储水条件，武清供水工程和宁汉支线工程具备通水条件。河北省积极做好南水北调向雄安新区供水工作，目前正在编制项目可研，计划年内开工，2020年年底完工。

（六）全力以赴，助力郧阳打赢脱贫攻坚战。湖北省十堰市郧阳区是南水北调中线工程核心水源区，贫困程度深，返贫概率高，脱贫任务重，是水利部6个定点扶贫县市中困难最大的。部党组高度重视扶贫工作，部领导亲自挂帅指导定点扶贫工作，将定点扶贫工作列为重点工作纳入督办考核。南水北调司和防御司、调水司作为郧阳区定点扶贫组长、副组长单位，咬定目标，把握政策，开拓担当，精准施策，精准发力，制定工作组联系机制，印发三年工作实施方案及工作计划，有序推进实施水利定点扶贫八大工程。各成员单位积极主动作为，落实八大工程任务分工，完成年度各项工作。助力郧阳区圆满完成2018年年度脱贫任务，实现脱贫7307户24074人，出列重点贫困村15个，减贫工作取得了决定性进展。

一分耕耘一分收获，南水北调工程管理工作取得了丰硕的成果和骄人业绩。供水量持续增加，水质稳定达标，直接受益人口超过1亿人。南水已逐步成为沿线大中型城市不可或缺的主力水源，北京市城市用水量75%以上为南水。同时，北京市按照"节、喝、存、补"的原则，做足节水，用好南水，目前密云水库蓄水已接近26亿m³，创21世纪以来最高值。天津市城区供水近100%为南水，通过引江、引滦双水源保障了天津供水安全。河北省政府印发《关于用足用好南水北调引江水的意见》，有效推动了江水利用及相关工作。河南省积极扩大生态补水，抓住机遇多引、多蓄、多用南水。江苏省累计调水约40亿m³。山东省调水量首次突破10亿m³，特别是在保证胶东半岛抗旱供水方面发挥了不可或缺的重要作用。

经过各方共同努力，东线年度调水到山东10.88亿m³，中线年度调水74.6亿m³，东、中线合计完成年调水量的124%，超额完成了年度调水任务。水质方面，东线工程持续稳定保持Ⅲ类水标准，中线工程水质一直优于Ⅱ类。东、中线一期工程全面通水尚不足5年，已累计调水量突破

250 亿 m³，供水量以及供水效益持续发挥，其达效速度和工程效益已远超美国加州调水和世界上其他国家的调水工程。东、中线一期工程全面通水近 5 年的事实证明，党中央、国务院兴建南水北调工程是一项具有前瞻性、基础性和战略性的英明决策。

特别令人欣喜的是，自 2018 年以来，南水北调工程的生态效益不断凸显。2018 年 4—6 月利用丹江口水库汛期弃水向受水区 30 条河流实施生态补水，累计补水 8.65 亿 m³，包括白洋淀在内的河湖水量明显增加、水质明显提升。天津中心城区 4 个河道监测断面水质由补水前的Ⅲ～Ⅳ类改善到Ⅱ～Ⅲ类。白洋淀监测断面入淀水质由补水前的劣Ⅴ类提升为Ⅱ类。河南郑州补水河道基本消除了黑臭水体，安阳市安阳河、汤河水质由补水前的Ⅳ类、Ⅴ类水质提升为Ⅲ类水，水质改善特别明显。

自 2018 年 9 月始，水利部、河北省联合开展华北地下水超采综合治理河湖地下水回补试点工作，向滹沱河、滏阳河、南拒马河三条试点河段实施补水，至今已补水 7.3 亿 m³，累计形成水面约 40km²，三条河重现生机。目前，此项工作仍在持续，即将进入常态化补水阶段。

更为令人关注的是，今年 4 月 21 日，南水北调东线一期工程北延应急试通水开始引水。5 月 10 日，水头抵达天津九宣闸，截至目前，已调入天津 800 多万 m³。5 月 23 日，胡春华副总理视察天津九宣闸，高度评价了南水北调工程。深入挖掘潜力，进一步拓宽扩大南水北调工程综合效益，助力华北地下水超采综合治理，为生态文明建设提供更大的帮助，产生更大的效益，是水利部和各流域机构、有关省（直辖市）水利（水务）厅（局）、项目法人、工程管理单位共同的使命和责任。

南水北调工程经济、社会和生态效益的显著发挥，在社会上产生了良好反响，受水区广大人民群众通过水质的变化，切身感受到南水的优质可口；生态补水区域的人民群众，重新置身于儿时清水环绕的北国水乡，感受南水北调生态补水带来的河清岸绿，获得感和幸福指数显著增强，对南水北调这项民心工程的认可度不断提升，对这项民生工程的依赖度也与日俱增。作为水利工作者，我们的工作能为人民群众生活水平提升，为生态环境修复保护，为国家经济社会平稳有序发展做贡献，并取得好的效果，这是我们最大的理想，也是对我们工作最大的褒奖。

这些成绩的取得，源于党中央、国务院领导的关怀与重视，源于水利部党组的坚强领导，源于部机关相关司局、相关流域机构和直属单位、沿线省（直辖市）水利（水务）厅（局）及各项目法人、各管理单位的共同努力。

在此，受鄂竟平部长的委托，我代表水利部党组向大家的辛苦付出表示衷心的感谢和诚挚的敬意！

二、当前面临的形势与任务

水利部党组深入贯彻落实习近平新时代中国特色社会主义思想和党的十九大精神，深入系统地学习贯彻习近平总书记"3·14"重要讲话精神，积极践行"节水优先、空间均衡、系统治理、两手发力"的治水思路，深刻总结我国治水成就和经验教训，深入分析我国治水主要矛盾发生的根本性变化和当前面临的新老水问题，提出了水利改革发展总基调。这是当前做好南水北调工程管理工作，也是做好各项水利工作必须牢牢把握的原则和主线。

对南水北调工程管理工作来说，深入领会落实好总基调，必须要着重把握好"补短板、强监管"的必要性和紧迫性，必须要集中力量解决好尚存的不平衡、不充分问题，必须要依靠必要的工程措施和有效的科技手段实现强有力的监管。我们要认真分析当前面临的机遇挑战，明确形势与任务，这样才能深入领会"补"与"强"的深刻内涵，准确把握中心任务和重点工作，继续开创南水北调工作新局面。

概括起来，南水北调工作当前还面临 8 个方面的情况变化与挑战：

（一）工程定位发生变化，充分发挥工程效益的期盼不断增强。全面通水四年多来，南水北调工程带来的综合效益超过预期，沿线人民群众对南水的需求愈发强烈，工程由原规划的补充水源变为部分城市供水不可或缺的重要水源，"替补"跃升为"主力"，使工程成为京津等华北地区赖以生存的新"母亲河"。前几年，全国"两会"代表委员针对南水北调工程的建议提案多为呼吁加快工程建设、保护库区生态等方面的内容，今年建议提案数量与往年相当，但关注的主题十分趋同，有 2/3 以上的建议提案都是建言尽快提升和扩大南水北调工程效益方面的内容。全国政协把提升南水北调工程效益的提案作为重点提案办理，下周还要组织委员赴天津、河北进行为期 5 天的现场调研，重视程度由此可见。代表委员的建议提案，是人民群众意愿的表达和期盼，既是责任使命和机遇，也给我们的工作带来了很大的挑战和压力。既然是"主力"就不能轻易下场休息，既然是"主力"就要承担更多期盼。我们不能躺在供水 250 多亿 m^3 的功劳簿、成绩单上睡大觉，而是要开动脑筋想办法，采取综合措施，促使南水北调东中线工程效益充分发挥。同时，各方应在后续工程建设上下功夫，加快后续工程建设进度。

（二）用水需求发生明显变化，供需矛盾亟待破解。就中线来说，2018—2019 年度京、津、冀、豫 4 省（直辖市）用水计划建议累计达到 94.5 亿 m^3，大大超过了丹江口水库可调水量，中线工程运行 5 年来第一次出现用水计划建议超可调水量的情况，而且随着华北地下水超采综合治理工作的深入推进，压力更大，都为今后水量调度工作提出了更高的要求。东线二期、中线二期、中线调蓄水库、引江补汉等后续工程项目亟待推进，以缓解当前和今后一段时期面临的供需矛盾。不但如此，由于供水需求的持续加大，原来规划中确定的停水维修养护的时间难以保证，给工程安全有序供水带来了很大的压力和挑战。

（三）生态文明建设任重道远，生态效益持续发挥和扩大面临艰巨任务。南水北调工程通水以来，生态效益显著发挥，特别是向北方 30 条河流补水、华北地区地下水回补试点以及东线北延应急试通水的成功实践。南水北调工程在推进生态文明、建设美丽中国进程中的作用凸显的同时，也面临着新的任务。南水北调工程在华北地区地下水超采治理、大运河文化带建设、东线生态廊道建设和其他生态修复环境保护等方面将承担更多、更重要的任务，面临更大的压力。

（四）水费收缴、水价政策还未到位，良性运行机制亟待建立。2018年，在受水区相关省（直辖市）、项目法人的共同努力下，南水北调东中线水价政策落实和水费收缴工作取得显著成效，为保障工程安全平稳运行提供了经济支撑。但是，东中线水费收缴不平衡、部分省拖欠水费情况严重的问题尚未得到解决，截至去年年底，累计水费收缴率还有三成左右的欠账，拖欠额度超过 122 亿元。水费

是工程运行维护和偿还贷款的唯一来源，亏欠水费，工程就难以得到正常维护，工程良性运行的机制也难以建立，工程安全运行也必将受到影响。特别是水费和水价收缴的体系尚未形成，有地方到现在还没有进入到正常的收费体系中来，两部制水价未得以执行。相关省要采取措施，尽快建立水费收缴体系，制定科学良性的水费收缴机制，实现良性循环，促进工程的长治久安。

在生态补水价格确定方面，国家发展改革委关于中线供水价格的文件中，明确了在受水区足额交纳基本水费的基础上，南水北调东、中线生态补水水价由供需双方协商确定的原则。希望中线建管局、东线总公司尽快与相关省（直辖市）就生态补水价格问题进行磋商，取得成效。

（五）尾工和配套工程尚未完成，安全系数亟待提升。东中线部分管理设施、自动化系统的尾工还未完成，部分省配套工程体系建设还需进一步完善，供水效益还未能充分发挥。东线一期工程保护范围和管理范围划定工作尚未全部完成，工程保护还需加力。防洪影响处理工程还有不少硬骨头，防汛隐患一直未消除，形势依然严峻。有些需要纳入左岸防洪影响处理工程的沟道还需尽早提出处理方案，保障工程安全和人民生命财产安全。除工程风险外，我们还面临着外部舆论环境的风险。关于南水北调的负面网络舆情时有发生，管控不好就

会造成大量传播，这些不实信息和言论诋毁工程效益，妄谈工程上马就是失败，在不明情况的网友间传播，在一定程度上影响了南水北调工程的形象，必须时刻提高警惕，认真疏导，科学应对。

（六）工程验收任务艰巨，面临困难和挑战。验收是必须履行的基建程序，能否按期保质完成验收目标，关乎是否及时完成建设任务，也关乎工程的信誉和形象，关乎党和政府的公信力。南水北调工程举世瞩目，中央领导关怀，部党组高度重视，验收后门已经关死，不容有失。现在看来，越是留在后面的问题，涉及的情况就越复杂，协调和过程控制就越困难。按我们的计划台账，高峰期一年要有近40个设计单元验收，必须要有时不我待的紧迫感，动用一切可用力量、采取切实管用的硬措施才能完成任务。

（七）管理环境发生明显变化，许多工作处于转型磨合期。机构改革后，为南水北调工程建设管理工作提供了很好的环境和条件。同时，由于机构的变动，从部里到各省、市、县都发生了变化，职责调整了、职能转变了，逐渐形成新的工作定位、工作机制，与其他行业、其他部门的关系和界限需要厘清，多项工作处于调整期、磨合期、适应期，需高度关注。比如，国家防总划转至应急管理部，水利部和应急部的职能界限亦得以明确，但在实际操作中，仍有大量的工

作要做，南水北调防汛协调联动机制也还需要磨合。再如，省（直辖市）水利（水务）厅（局）体系也发生了变化，南水北调工程管理体系发生了变化，南水北调处室跟其他处室职能界限及良性协调配合机制的形成，也还需要一个过程。

（八）原有监管体系发生变化，新的体系正在建立。鄂竟平部长在今年的全国水利工作会议上指出，水利行业强监管，要坚持以问题为导向，以整改为目标，以问责为抓手，从法制、体制、机制入手，建立一套务实管用的监管体系。在建设期和运行初期，南水北调工程探索实施了"三位一体""三查一举"监管机制，综合采取多种手段强化监管，特别是持之以恒地开展专业飞检、特定飞检，这些具有南水北调特色的高压监管组合拳，确保了质量可靠和安全运行。现在，南水北调工程质量监管格局发生变化，昔日的长板面临变短的风险，急需建立新的、强有力的监督管理体系。

从以上这八个方面分析看，南水北调工作既有好的经验，成熟的做法，也展现了非常好的前景。但从另一方面看，我们也面临着新的压力、新的条件和新的变化。随着经济社会的发展，社会主要矛盾、治水主要矛盾、南水北调工程的地位和作用的变化，我们的工作思路必须及时加以调整和转变，适应新的条件和情况。坚持以问题为导向，以目标为引领，正

确认识南水北调工程管理工作所面临的形势和任务，以及破解难题的重要性和紧迫性，提出我们的解决方案，这是时代赋予我们的历史使命，也是我们必须要完成好的工作任务。

三、下一阶段重点工作安排

今年是新中国成立70周年，是全面建成小康社会的关键之年，也是南水北调东、中线一期工程全面通水5周年。我们要按照全国水利工作会议上明确的"在南水北调建设运行上提档升级"的要求，全面做好南水北调工程管理工作。具体说，要在八个方面"提档升级"。

（一）强基固本、严守底线，在保障工程安全和供水安全方面提档升级。

安全是南水北调工程运行管理的基础和底线，没有安全，效益无从谈起，没有安全，一切归零。

1. 抓牢防汛工作不松懈。防汛工作即将进入关键期，防汛体系正在磨合，各工程管理单位务必要坚持底线思维，强化风险和责任意识，从讲政治的高度，充分认识做好南水北调工程防汛工作的极端重要性，坚决克服麻痹思想和侥幸思想，按照防大汛、抗大洪、抢大险、救大灾的要求，早准备、早部署、早落实，压实各级防汛责任，落实好各项防汛措施，负责担当、动态精准、全力以赴做好今年南水北调工程防汛各项工作，确保工程安全度汛。各有关流域机构和水行政主管部门要按照水利部统一部署，进一步健全南水北调工程防汛工作机制，将南水北调工程防汛工作纳入本辖区防汛工作体系，合力保障工程安全度汛。

2. 持续做好运行安全重点工作。抓紧开展中线停水检修研究评估工作；及时排查治理安全隐患，抓紧建立风险管理和隐患排查治理双防控机制，从源头上杜绝重特大安全事故发生；加强救援能力和应急队伍建设，不断强化教育培训和应急实战演练；不断强化人防、物防、技防建设，加强警务室、安保公司等队伍建设和协同配合，不断提高工程安防、反恐水平；深入组织开展运行安全教育培训，切实提高工作人员的业务素质、自我保护意识与防护技能；继续加强冰期输水管理，全力做好输水保障工作。

3. 切实提高网络安全等级和应急处置能力。网络安全关系国家安全，没有网络安全就没有国家安全。今年3月，委内瑞拉最大的古里水电站因遭到网络攻击而发生重大事故，导致该国遭遇历史上最大规模的停电，沉重打击了交通、供水等公用事业的运行。当前，中美贸易战愈演愈烈，美国政府对华为等高科技公司的打压更是导致贸易战严重升级，形势非常严峻。南水北调各运行管理单位要把确保网络安全作为当前工作的重中之重，特别是工程闸控系统更是要把安全工作放在首位，做好安全防护、实时监测和应急处置，坚决防范网络安全重大风险，坚决遏制网络安全重大事故。

（二）多措并举、统筹推进，在充分发挥综合效益方面提档升级。

在发展的道路上，我们要登高望远，提前考虑谋划"十四五"规划，做好相关工作，以历史的眼光、发展的眼光建设和运行南水北调工程，使其发挥更大效益。

1. 完成年度水量调度计划。按照2018—2019年度水量调度计划，东线一期工程已圆满完成向山东省调水8.44亿 m³；中线一期工程全年要完成调水 66.56亿 m³。

2. 充分发挥工程生态效益。在完成供水计划的基础上，进一步在输水调度、水量分配、运行管理等方面研究拓展和增值的空间，力争多调水、多供水、多补水，加强南水北调工程生态补水常态化研究，开展中线退水闸生态补水升级改造研究，持续开展丹江口水库洪水资源化利用，积极探索在水资源优化配置等方面更好地发挥南水北调工程的作用。

3. 加快推进后续工程。加快东线一期北延应急供水工程建设，力争早开工、早供水。抓紧开展东线二期工程、中线引江补汉水源工程和沿线调蓄工程前期工作，持续深化西线工程前期论证，为早日开工创造条件。

（三）强化管理，提质增效，在运行管理规范化、标准化方面提档升级。

经过探索，大家形成共识，水利工程运行管理的质量保证需要标准化，规范化。要有法可依，按规矩来管理，而不是人治。要继续强化督导检查，促进东线、中线工程按照既定目标持续推进标准化、规范化建设，不断提升工程运行管理水平；适时开展运行管理标准化建设及推广研究，形成大型调水工程规范运行的标准、方案，打造国际调水工程运行管理样板。南水北调司要牵好头，各项目法人和工程管理单位以及有任务的各省（直辖市）水利（水务）厅（局），都要做好相关工作，加速推进工程的规范化和标准化工作的进程。要相互借鉴、与时俱进、逐步完善，真正做到提档升级。

（四）科技引领、协同创新，在信息化智能化现代化方面提档升级。

南水北调工程是科学技术发展到一定阶段的成果，在工程设计、建设和运行过程中形成了一大批科技进步成果，许多技术成果在国内外都是领先的。现阶段，要着重做好三项工作。一是做好工程信息化建设。南水北调工程规划设计标准之初，就制定了远程控制信息化，目前实施情况总体良好。但是按照部党组的要求，信息化的标准越来越高，特别是信息安全方面，要求越来越严。我们要在过去基础上，进一步加大对信息化智能化的投入，争取更多的成果，进一步增强实用性。二是加强南水北调科技工作。要指导运行管理单位认真总结以往经验，开展南水北调工程技术总结，加大资金投入，提升科技攻关能力，以科技创新带动关键技术突破。与此同时，要会同国内外一流科研院所，积极吸收和借鉴先进技术，在一些重大科技需求上取得突破，提升运行管理的科技含量和技术保障，坚持以实用引领，在实用上下功夫，着力解决现实中工程存在问题，尽快形成长距离跨流域调水的技术标准和管理标准，更好地发挥工程效益和大国重器的作用。三是做好南水北调报奖工作。要指导运行管理单位认真总结以往经验，开展南水北调工程技术总结，积极申报国家科技进步奖。要加强统筹形成合力，实现南水北调科技成果最大化。

（五）明确责任、建章立制，在完成水费缴纳、尾工和验收任务方面提档升级。

水费是工程运行和维护的保障，如期足额缴纳水费是用水方必须履行的法律责任；尾工建设和配套工程建设是评判工程建设圆满完成、供水效益全面发挥的重要指标，务必按期保质完成；验收和完工财务决算，是南水北调工程向党和国家提交答卷的重要环节，更是当前工作的重点和难点。

1. 要及时足额缴纳水费。受水区相关省（直辖市）要进一步完善南水北调工程水费收缴保障机制，严格执行两部制水价政策，及时足额向工程管理单位缴纳水费，保障工程安全平稳运行。当前，受水区相关省（直辖

市）和东、中线工程管理单位，要协调配合，共同做好南水北调工程生态补水价格协商确定工作，保障工程良性运行和生态补水工作的顺利开展，促进工程效益充分发挥。

2. 推进尾工和配套工程建设。要建立尾工项目台账，开展督导检查，跟踪尾工建设情况，督促项目法人加快建设进度，促进工程早日达效。要督促河北省、河南省、江苏省加快推进配套工程建设，促进建设任务全面完成。

3. 按计划推进验收和完工财务决算工作。各责任单位要高度重视、毫不松懈、主动担当、齐抓共管，按照既定部署，把验收和完工决算工作有条不紊、一以贯之地盯到底抓下去，高质量完成 2019 年各项验收任务。在保证完成 28 个设计单元完工验收、36 个水保验收、37 个环保验收、1 个消防验收、12 个档案验收、30 个完工决算的基础上，要进一步明确责任、建好台账、控好时间、抓好质量，力争取得新进展、新突破。充分发挥监督问责机制的作用，确保按期保质完成。

（六）改革创新、谋划长远，在激发企业活力、建立现代企业制度方面提档升级。

南水北调是一个整体，无论是东线、中线，还是正在规划的西线工程，都是南水北调总体规划的有机组成，都是形成"四横三纵"水网不可或缺的重要一极。水利部正在推进公

司制改革，努力在完善现代企业制度上下功夫，希望各工程管理单位和项目法人以此为契机，深化改革，要以建好管好南水北调工程、增强企业发展活力为中心，科学设置组织架构和管理层级，构建产权清晰、权责明确、政企分开、管理科学的现代企业制度，确保国有资产保值增值，实现南水北调工程良性持续发展。水利部各司局和各省（直辖市）水利（水务）厅（局）也要支持，为企业改革创造条件。

（七）依法行政、敢于问责，在强化南水北调运行监管方面提档升级。

南水北调工程管理的监管模式发生重要变化，我们要直面问题，及时调整完善，尽快形成强监管的法制体制机制。

1. 强化依法行政能力。依法行政是现代市场经济条件下的必由之路，要依据现有水利法律法规和规范性文件做好南水北调工程保护和管理工作。相关司局、流域机构要协同配合，指导督促运行管理单位做好南水北调工程管理范围和保护范围划定工作，运行管理单位也要切实负起责任，提高划定效率，真正做到有效保护。要进一步加强穿、跨、邻接建设项目的管理，在确保工程安全、水质安全的前提下，服务地方经济建设。

2. 适时启动条例修改工作。《南水北调工程供用水管理条例》自2014年2月16日公布实施以来，对南水北调东、中线一期工程平稳运行发挥了

积极作用。机构改革后，《条例》与新时期、新任务、新要求不相适应的问题日益凸显，修改相应条款适应新形势、新任务十分必要和迫切。相关司局和单位要按照鄂竟平部长的批示精神，认真组织做好这项工作。

3. 全方位加强运行安全监督管理。按照综合监管与专业监管相结合、多管齐下、标本兼治的原则，推动构建有关司局、流域机构、事业单位、地方水利部门共同参与的南水北调工程运行安全监管体系；把检查、稽查、飞检作为日常监督和过程管控的重要手段，进一步规范检查要求、量化检查内容，不断夯实工程运行安全基础；加大运行安全约谈、警示、事故通报力度，强化督导，推动责任落实，督促整改，按照"四不放过"原则严肃问责。

（八）强化宣传、善于引导，在营造良好舆论环境和打造南水北调品牌方面提档升级。

鄂竟平部长高度重视水利宣传工作，两个月来两次主持召开专题会议进行研究，把宣传工作摆在突出位置来抓。他认为目前宣传工作的力度、分量与水利改革发展需求还不适应，与部党组的要求还存在差距，要求把宣传工作研究透、摆布好，下功夫加强。南水北调宣传工作也要按此要求继续加强，为打造南水北调工程品牌营造良好的舆论环境。

1. 做好新中国成立70周年和全面通水5周年的宣传。紧扣新中国成

立 70 周年和工程全面通水 5 周年等重要节点，做好专题策划，形成系统合力，创新报道方式，突出亮点特色，展示工程风采与形象，宣传工程效益，营造良好社会氛围。

2. 做好舆情监控、引导工作。加强舆情队伍建设，做到舆情工作"一日一报""专事专报"，使舆情监控真正成为发现问题的"显微镜"和"晴雨表"。要注重舆论引导，及时针对负面舆情进行有力回应，消除不良影响。

3. 打造南水北调品牌。南水北调工程的建设与运行的历程，形成了弥足珍贵的精神资产和独有的核心价值理念，在战略决策、工作作风、工程质量、工程面貌、科技含量、管理经验手段等诸多方面形成了特色的、高附加的、可推广识别的、值得永久铭记的南水北调品牌，需要我们从思想的高度、特有的定位、创新的理念等诸多方面去挖掘、去传承、去塑造。这是南水北调事业发展到今天赋予我们的历史责任，也是我们应该传递下去的时代接力棒。要针对建设、运行、管理、技术创新、生态等方面进行深入的品牌研究，通过品牌建设，实现品牌战略，进而把南水北调工程运行管理得更好，把南水北调经验传承推广的更好。

4. 拓展宣传模式。要采取多种形式，在做好主流媒体宣传的同时，特别利用好新媒体的宣传。最近《中国南水北调工程》丛书出版，共 9 卷近 900 万字，全面总结、发掘、记载、

宣传南水北调，凝聚了南水北调工程建设者管理者的智慧与心血。我们要充分利用好宣传好该丛书，真正发挥以用促编、以编为用的作用。

说到这里，我还要重点强调一下水利定点扶贫工作。定点扶贫工作任务，是党中央交给水利部的政治任务，必须要不折不扣地完成好。在水利部 6 个定点扶贫县（区）中，郧阳区的脱贫任务最重，剩余未脱贫人口数量占 6 个县未脱贫人口总数的 53%。全区贫困发生率为 35.52%，比湖北省高出 20.82%，贫困程度深、脱贫任务重。截至 2018 年年底，尚有存量贫困人口 13320 户 37153 人、重点贫困村 33 个，计划 2019 年全部脱贫出列、全区摘帽，2020 年与全省、全国同步建成全面小康社会。2018 年 9 月以来，根据定点扶贫年度工作计划，帮扶组各单位高度重视，细化落实工作实施方案并有序推进八大工程，扶贫工作进展良好。但是，郧阳区距离脱贫出列、全区摘帽还有不少硬骨头要啃，还有诸多领域需要支持和帮助。在交流发言阶段，郧阳区的负责同志将要介绍相关情况。在座各有关单位都有责任、有义务支持脱贫攻坚工作，希望能与郧阳区积极做好工作对接，携手同心，共同助力郧阳区早日实现脱贫工作目标。

四、几点要求

（一）提高政治站位。当前要以"不忘初心、牢记使命"主题教育为契机，进一步提高对水利工作和南水

北调工作的责任心、使命感和担当精神，把我们的思想统一到中央的精神要求上来。树牢"四个意识"，坚定"四个自信"，坚决做到"两个维护"，勇于担当作为，扎扎实实地做好南水北调工作，按照统一的部署、统一的步调，把工作做深、做细、做透。

（二）加强队伍建设。要按照讲政治、专业好、能力强、作风硬、工作实的要求，把队伍建设好。要立足长远，在干部培训、年轻干部交流锻炼、干部监督、专业人才培养上下功夫，努力打造一支过得硬、能干事、能干成事的干部队伍。

（三）加强作风建设。第一，就是要担当负责，要有敢试敢闯敢为天下先的干事创业精神。第二，要求真务实，空谈误国、实干兴邦。求真务实是做好一切工作的重要法宝，是适应新形势、认识新事物、完成新任务的根本思想武器。在工作中不讲虚话、假话、空话，要说实话、办实事、求实效，扎扎实实地把南水北调工程管理各项工作做好、做实。

（四）弘扬行业精神。"忠诚、干净、担当，科学、求实、创新"是新时代水利精神，是部党组经过多次研究，在全国水利工作会议上提出来的。我们要深刻理解其内涵，真正把行业精神融入我们的血液中，在工作中践行。

（五）加强廉政建设，全面从严治党。各单位部门要坚持把党风廉政建设与工程管理工作同部署、同推进、同考核，做到两手抓、两手硬。领导干部要带头廉洁自律，做到守土有责，做到尽心、尽力、尽责。确保在工程建设、项目管理、资金管理、干部管理等领域不出问题。在实际工作中严格按照中央八项规定办事，要按党纪国法办事，廉洁从政，把廉政建设这项工作做好。

同志们，新时代呼唤新作为，我们重任在肩、责无旁贷。让我们更加紧密地团结在习近平同志为核心的党中央周围，积极践行"节水优先、空间均衡、系统治理、两手发力"的治水思路，紧紧围绕"水利工程补短板、水利行业强监管"的总基调，锚定使命任务，坚持问题导向，推动各项工作在继承中发展、在发展中创新，努力开创南水北调工程管理工作新局面，以优异的成绩向新中国成立70周年和南水北调东、中线工程全面通水5周年献礼！

谢谢大家！　　（南水北调司供稿）

水利部党组成员、副部长蒋旭光在南水北调东线一期工程北延应急供水工程开工建设动员大会上的讲话（2019年11月28日）

国安副省长，同志们：

大家上午好！

今天，在南水北调东线北延应急供水工程开工之际，受鄂竟平部长和部党组委托，我谨代表水利部向全体参建人员致以诚挚的问候，向长期关心支持水利事业和南水北调工程建设的山东省各级党委政府、社会各界人士和广大干部群众表示衷心的感谢！

党的十八大以来，习近平总书记多次就治水兴水发表重要讲话，明确提出"节水优先、空间均衡、系统治理、两手发力"的治水思路，为解决"四大水问题"指明了方向，提供了根本遵循。华北地区是我国北方经济规模最大、最具活力的地区之一，但随着经济社会持续发展，地区人口产业快速集聚，用水需求大幅增加，地下水超采亏空十分严重，"四大水问题"尤为突出。为此，国务院领导同志高度重视。今年年初，水利部等四部委联合印发《华北地区地下水超采综合治理行动方案》，统筹提出了华北地区地下水超采综合治理的总体思路、治理目标、重点举措和保障措施。南水北调东线北延应急供水工程作为落实《华北地区地下水超采综合治理行动方案》的重要补水水源工程，在国家各部委、沿线各省市的通力协作下得以顺利开工建设。

北延应急供水工程是贯彻新时期治水思路的重要实践，是落实党中央国务院治水兴水决策部署的具体举措。该工程建成后，可有效向河北、天津地下压采地区供水，置换农业用地下水，缓解华北地下水超采状况。相机向衡水湖、南运河、南大港、北大港等河湖湿地补水，改善生态环境，还可以为向天津市、沧州市城市生活应急供水创造条件。这些巨大的效益对于缓解海河流域水资源短缺局面，保障京津冀协同发展水安全，推动地区高质量发展具有重要意义。

同志们，北延应急供水工程是一项水资源配置工程，更是一项造福沿线百姓的民心工程，因此，特别希望参建各方要认真落实"水利工程补短板、水利行业强监管"水利改革发展总基调，坚持高标准、高质量的建设目标，精心组织实施，强化监管。一是强抓质量，要始终牢固树立质量第一的意识，强化项目法人的首要责任和勘察设计、施工单位的主体责任，确保工程质量经得起自然和历史的检验。二是狠抓进度，要建立健全组织领导和协调推进机制，制定科学合理的施工措施，强化分析研判能力，确保工程顺利建成。三是严抓安全，要严格落实安全生产主体责任，加大工程建设期间的安全隐患排查力度，紧盯安全问题不放松，确保工程安全、资金安全、干部安全和生产安全。四是推动绿色创新，要高度重视生态环境保护，严格落实文明施工措施；注重重大技术创新，强化信息化建设，切实形成一批有亮点、可推广的典型经验成果。在工程建设中要切实落实中央关于根治农民工欠薪的要求，保障农民工工资按时发放。

我相信，在各有关部门和地方各级党委政府以及社会各界的支持下，在参建各方的共同努力下，一定能把东线一期北延应急供水工程建设成优质工程、精品工程，早日发挥效益，早日造福人民群众。

　　谢谢大家。　　　　　　（冯伯宁）

重 要 事 件

《华北地区地下水超采综合治理行动方案》印发实施

　　为深入贯彻落实习近平总书记关于生态文明建设和保障国家水安全的重要讲话精神，着力解决华北地下水超采问题，按照国务院领导的指示，水利部会同有关部门和地方，研究制定了《华北地区地下水超采综合治理行动方案》，提出华北地区地下水超采综合治理的总体思路、治理目标、重点举措和保障措施。经国务院同意，2019年1月，水利部、财政部、国家发展改革委、农业农村部联合印发了该方案。

　　方案以京津冀地区为治理重点，坚持问题导向，按照近远结合、综合施策、突出重点、试点先行的原则，通过采取"一减一增"综合治理措施（"一减"即通过节水、农业结构调整等措施，压减地下水超采量；"一增"即多渠道增加水源补给，实施河湖地下水回补，提高区域水资源水环境承载能力），系统推进华北地区地下水超采治理，逐步实现地下水采补平衡，降低流域和区域水资源开发强度，切实解决华北地区地下水超采问题，为促进经济社会可持续发展提供

水安全保障。

　　下一步，水利部将会同相关部门，组织有关省（直辖市）加快实施行动方案，整体推进华北地区地下水超采治理，保障区域水安全和生态安全。　　（摘自水利部网站，略有删改）

《中国南水北调工程》丛书出版座谈会在京召开

　　2019年5月28日，水利部在北京召开《中国南水北调工程》丛书出版座谈会。受水利部部长、丛书编委会主任鄂竟平委托，水利部副部长、丛书主编蒋旭光出席会议并讲话。他强调，要进一步提高政治站位，充分发挥丛书在践行中央新时代治水思路和水利改革发展总基调中的重要作用，积极扩大丛书的社会影响，使之成为社会了解、理解、支持南水北调与水利工作的桥梁和纽带，成为推动"水利工程补短板、水利行业强监管"的重要参考。中宣部出版局、国家文物局负责同志出席会议并讲话。

　　蒋旭光指出，书是时代的生命，作为"十二五""十三五"国家重点图书出版规划项目，《中国南水北调工程》丛书的编纂在各方的大力支持下，历时7年的艰苦努力已经编纂完成，并由中国水利水电出版社出版发行。这既是南水北调事业中的一件盛事，也是文化和出版领域的一件大事。今年是新中国成立70周年，是

南水北调工程全面通水 5 周年，丛书的出版恰逢其时，意义重大。

蒋旭光充分肯定了《中国南水北调工程》丛书的编纂工作。丛书内容翔实，是系统展示南水北调工程成果的精品力作。丛书不仅全方位反映了东、中线一期工程各项成果、经验，也客观展现了南水北调工作中遇到的各种困难和挫折，内容涵盖规划设计、经济财务、建设管理、科学技术、质量监督、工程移民、环保治污、文物保护、精神文明等工作的方方面面，共 9 卷。丛书科学权威，是全面总结南水北调工程成就的文化宝鼎。丛书由各司局直接参与南水北调工作的机关各司局，工程建设各项目法人、参建单位专家、相关技术人员等近 700 人参与编纂工作，高水平顾问团队和专家组进行统筹把关，出版社专业编辑团队密切配合，保证了丛书内容的准确、科学、权威。丛书规范实用，是进一步推进南水北调后续和运行管理工作的重要参考。丛书既如实反映了工程在新理念、新技术、新设备、新工艺等方面取得的成果，也对相关实践经验成果进行了总结与提炼。丛书凝聚正能量，是诠释新时代水利精神的重要载体。丛书重点体现工程广大建设者和沿线广大干部群众、广大科技工作者的巨大付出和无私奉献，是全体南水北调人对新时代水利精神的最好诠释。

蒋旭光就进一步发挥好丛书的作用提出要求。进一步提高政治站位，充分发挥丛书在践行中央新时代治水方针、落实水利改革发展总基调中的重要作用；充分发挥精品带动作用，生动形象地讲好南水北调和水利故事；狠抓发行推广，做好丛书后续开发利用工作，助推南水北调和水利文化发展。

水利部有关司局和单位负责同志，《中国南水北调工程》丛书各分支编纂机构代表、专家组专家代表、编委会办公室成员代表，南水北调工程沿线职工代表参加了座谈会。

（摘自水利部网站，略有删改）

水利部举办南水北调工程
验收工作培训班

为落实水利部党组对南水北调验收工作的部署要求，进一步统一认识、提升水平、保证质量、提高效率，水利部南水北调司结合南水北调工程验收总体计划，于 2019 年 4 月 23—25 日在河南省许昌市举办南水北调工程验收工作培训班，对南水北调工程验收主持单位和项目法人的业务骨干进行集中培训。

培训主要内容是工程验收和财务决算，共设 7 个课程 24 个学时。为了保证培训成效，对培训的课程进行了精心设置，在工程技术层面请国务院南水北调建委会专家委副主任、原国务院南水北调办总工程师汪易森授课；在验收的管理理论层面，由验收标准撰写人唐涛授课；在验收工作管理组织方面，由南水北调司、设管中心和中线建管局具体负责编制计划、组织验收和决算的管理人员讲解工作要点、标准、方法和注意事项。培训突出强调"稳中快进、保质提效"的要求，力求验收工作人员适应高标准、严要求、快节奏验收工作，保证验收行为规范性。

各有关单位高度重视，积极选派业务骨干参加培训。参训学员珍惜机会，认真听课、勤于思考、积极发言，严格遵守作息制度、学习纪律和生活纪律，体现了务实、创新精神。展现了良好的精神风貌。通过培训，达到了统一认识、提升水平的目的，尤其是对新承担验收工作人员起到了提高水平、进入角色的促进作用，为今后扎实推进验收工作全面保质加速打下了基础。

（摘自水利部网站，略有删改）

水利部举办南水北调工程供用水管理条例培训班

水利部南水北调司于2019年6月18—20日在江苏省扬州市江都水利枢纽举办南水北调工程供用水管理条例培训班，旨在进一步加强《南水北调工程供用水管理条例》宣贯工作，解读条例内容，充分发挥条例作用，依法保障南水北调工程平稳运行。南水北调司领导参加了开班仪式并作动员讲话。

培训班严格执行培训管理的各项

要求，周密制定培训方案，精心选择授课专家，确保培训工作见成效、有收获。培训方式包括讲授式、体验式、研讨式等教学形式。培训内容主要包括依法治国和依法行政、条例解读、条例执行及作用、典型案例解析，以及工程现场教学、分组交流研讨等，共设8项课程24个学时。南水北调司领导全程参加了培训班。

各参训单位高度重视，积极选派业务骨干参加培训。通过本次培训，学员们普遍反映政策理论水平有新提高，法律业务知识有新拓展，依法行政能力有新提升。水利部机关有关司局，沿线流域管理机构、省（直辖市）水利（水务）厅（局），各项目法人及运行管理单位有关部门的负责同志共53人参加了本次培训。

（摘自水利部网站，略有删改）

南水北调漕河段和北拒马河暗渠工程通过完工验收
蒋旭光任验收委员会主任委员

2019年7月25—26日，水利部在河北省保定市对南水北调中线一期漕河段工程、北拒马河暗渠工程进行了设计单元工程完工验收。水利部副部长、南水北调东、中线一期工程验收工作领导小组组长蒋旭光任验收委员会主任委员。

验收委员会成员查看了漕河段工程、北拒马河暗渠工程现场，听取了工程建设管理、运行管理、质量监督、技术性初步验收工作报告，查阅了工程验收资料，认为漕河段工程、北拒马河暗渠工程 2 个设计单元工程已按照批准的设计内容建设完成，符合国家和行业有关技术标准的规定，工程质量合格，同意漕河段工程、北拒马河暗渠工程通过设计单元工程完工验收。

蒋旭光指出，漕河段工程、北拒马河暗渠工程是京石段工程的关键性项目。工程建设和运行管理中，在沿线各级地方政府和有关部门的支持帮助下，项目法人组织各参建单位精心施工、严格管理，克服多项施工难题，经受住多次暴雨洪水考验，保证了工程建设进度和质量，确保如期通水、安全平稳运行。自 2008 年中线京石段应急通水至 2019 年 6 月，通过漕河段工程累计向京津冀供水 108.6 亿 m³，北拒马河暗渠工程累计向北京供水 63.7 亿 m³ 并向北拒马河下游生态补水 0.6 亿 m³。工程社会效益、生态效益、经济效益显著，为京津冀地区经济社会可持续发展提供了重要基础支撑。

蒋旭光强调，要充分认识到南水北调工程对支撑与保障京津冀协同发展、华北地下水超采治理、雄安新区建设等的重大意义，切实管理好、维护好、运行好工程。认真落实验收委员会提出的意见和建议，加大协调力度，认真分析研究，落实具体措施，以良好的形象面貌和综合效益迎接中线一期工程全线竣工验收。切实做好

工程运行管理工作，要细化防汛预案，落实防汛措施，确保度汛安全；要深入推进工程运行管理规范化、标准化建设，打造调水工程运行管理标杆；要不断积累运行经验，掌握工程运行规律，完善运行调度；要采取切实有效措施和手段，提升信息安全防护能力和水平，守牢信息安全底线；要做好工程巡查和机电维护工作，发现问题及时整改；要高度重视冰期输水安全，在管用、实效、精准上下功夫，提高冰期输水安全保障能力；要加强水质监测，确保水质安全；要注重对运行管理人员的培训，加强培训能力建设，提升培训的针对性、实效性。加强组织领导，保质提效加快工程验收。2019 年是南水北调验收工作全面提速的关键年，项目法人要以目标为引领、以问题为导向，加强组织领导，充实验收力量，严格落实责任制，完善体制机制，紧盯关键问题，消除制约因素，切实履行好完工验收条件准备的主体责任，保障验收工作顺利开展。各有关部门和单位要切实做好监管、支撑、保障、服务工作，进一步推进验收工作提效增速。

验收委员会由水利部南水北调东、中线一期工程验收工作领导小组成员，北京市水务局、河北省水利厅、质量监督机构的代表，特邀专家组成。工程建设、设计、监理、施工等单位的代表参加了完工验收。

（摘自水利部网站，略有删改）

南水北调工程高光亮相 70 周年成就展 东、中线工程全面通水入选"150 个新中国第一"

2019 年 9 月 24 日,"伟大历程 辉煌成就——庆祝中华人民共和国成立 70 周年大型成就展"在北京展览馆开展,南水北调亮相成就展。截至 9 月 30 日,近 30 万人参观了南水北调展区,一睹了南水北调工程沿线城市、市民的福祉和变化。

南水北调东中线工程全面通水被列入"150 个新中国第一",集中展示了南水北调工程建设成就及通水运行效益,展现南水北调作为战略工程、民生工程、生态工程,在提升人民群众幸福感、获得感,缓解北方缺水紧缺局面,发挥国家重大战略性基础设施的重要作用。

84 岁的吴忠国老人驻足在南水北调展区前久久不愿离去,他说:"这个水好!过去我们喝地下水,没有现在南水北调工程送来的水好喝。感觉喝上这个水,身体更健康啦。"

家住官园的 70 多岁的牛大妈和谭大妈,看着展区屏幕上南水北调工程的画面时止不住地感叹:"小时候北京的水多、水好,冬天滑冰,夏天游泳。后来水少了,水质也不好了。家里的水壶一个月清理一次水垢。是南水北调调来的南水,又让北京漂亮起来了。看着护城河里清清的水,两岸鲜艳的花,我们感觉活得有劲儿了。"

"我以前只在地理课本上了解过南水北调工程,今天通过观看视频,让我更直观地感受到南水北调工程所发挥的效益和给我们生活带来的便捷。"首都师范大学研究生王媛媛说。

北京丰台区的唐女士说道:"现在环境变化太大了,饮用水水质变好了,水碱减少了,生态环境变美了。我们不仅要感谢丹江口库区移民百姓的付出与贡献,还要记住工程的运行管理者,更要珍惜千里迢迢调来的南水。"

展览分为序、屹立东方、改革开放、走向复兴、人间正道等五个部分。南水北调在第四部分"走向复兴"区域,从 9 月 24 日开始对外开放。

(苟优良　闫智凯)

蒋旭光检查南水北调中线工程安全运行加固措施落实情况

2019 年 9 月 26—27 日,水利部党组成员、副部长蒋旭光一行检查了南水北调中线保定管理处、西黑山管理处国庆期间工程安全运行加固措施落实情况。

蒋旭光先后检查了河北段岗头隧洞进口闸、石渠段左岸边坡风险点加固、漕河渡槽、管理处中控室、天津段西黑山进口闸、西黑山中控室等,全面了解各管理处节日期间确保工程安全运行的加固方案,存在的安全运行薄弱环节,采取的强化措施,与地方公安部门联动配合等情况。

蒋旭光详细询问了工程运行管理情况、节日期间各单位值班人员安排、巡查安排、闸站电力保障、突发事件应急处置措施等。现场检查了工作人员对闸站设备的操作能力和发生火灾的处置程序等，叮嘱工作人员要思想重视、注重细节、增强能力、适应需要。

检查中，蒋旭光强调，节日期间各项工作要更加认真细致。一要合理安排值班人员。管理单位领导要率先垂范，带头在岗，按不同专业岗位配置值班人员，做到专业问题专人处理。二要将加固方案落到实处。严格按方案要求，落实水质检测、设备巡查、工程巡查的人员和频次。细化工作职责，压实主体责任。三要加强风险隐患排查。对工程重要设施和关键部位全面排查、举一反三、不留死角，让安全隐患无处遁形，将工程风险消除于萌芽状态。四要提高应急处置能力。突发事件重在预防、要在处置，对各种突发事件应急预案要了如指掌，对处置程序要熟练运用。五要与地方公安部门建立联动机制。做到联系畅通、巡查配合、优势互补、联合执法，确保工程安全平稳运行。

检查期间，蒋旭光还对正在开展的第二批"不忘初心、牢记使命"主题教育活动进行了督导，对认真贯彻中央要求、切实做好相关工作提出了要求。

水利部南水北调工程管理司、南水北调规划设计管理局、督查办负责同志参加检查。

（摘自水利部网站，略有删改）

南水北调东线一期工程北延应急供水工程开工

2019 年 11 月 28 日，南水北调东线一期工程北延应急供水工程在山东临清正式破土动工。工程建成后，每年可向京津冀地区增加供水 4.9 亿 m^3，其中利用北延应急供水水源置换河北和天津深层地下水超采区农业用水 1.7 亿 m^3，缓解华北地下水超采状况。

水利部副部长蒋旭光、山东省副省长于国安出席工程开工动员会并讲话。

北延应急供水线路经东线一期工程山东境内小运河输水至邱屯枢纽，分东、西两条线路输水入南运河后，继续向下游输水至九宣闸。东、西线全长 695km。工程建设概算总投资 47725 万元，总工期 21 个月，计划于 2021 年完工。

"一渠南水润北国"。南水北调工程是我国重要的民生工程、生态工程、战略工程，东线一期工程建成以来，工程质量和水质都经受住了检验，实现了供水安全，对支撑工程沿线地区生产生活和生态用水发挥了重大作用。然而，水资源短缺且时空分布不均仍是我国经济社会发展主要瓶颈之一，华北地下水超采和亏空的问题尤为突出，水生态修复任务很重。习近平总书记多次就治水兴水发表重要讲话，明确提出"节水优先、空间均衡、系统治理、两手发力"的治水思路，为解决四大水问题指明了方向，提供了根本遵循。为深入贯彻落实习近平生态文明思想和保障国家水安全，着力解决华北地下水超采问题，水利部会同有关部门制定了《华北地区地下水超采综合治理行动方案》，南水北调东线一期工程北延应急供水工程列入行动方案中。

蒋旭光在讲话中指出，北延应急供水工程是贯彻新时代治水思路的重要实践，是落实党中央国务院治水兴水决策部署的具体举措。

蒋旭光强调，北延应急供水工程是一项造福沿线百姓的民心工程，参建各方要认真落实"水利工程补短板、水利行业强监管"的水利改革发展总基调，坚持高标准、高质量的建设目标，精心组织实施，强化监管。一是强抓质量。始终牢固树立质量第一的意识，强化项目法人的首要责任和勘察设计、施工单位的主体责任，确保工程质量经得起自然和历史的检验。二是狠抓进度。建立健全组织领导和协调推进机制，制定科学合理的施工措施，强化分析研判能力，确保工程顺利建成。三是严抓安全。严格落实安全生产主体责任，加大工程建设期间的安全隐患排查力度，紧盯安全问题不放松，确保工程安全、资金安全、干部安全和生产安全。四是推动绿色创新。高度重视生态环境保护，严格落实文明施工措施，注重重大技术创新，强化信息化建设，切实形成一批有亮点、可推广的典型经验成果。此外，在工程建设中要切实落实中央关于根治农民工欠薪的要求，保障农民工工资按时发放。

山东省副省长于国安表示，山东省将认真贯彻落实党中央、国务院决策部署，在水利部的大力支持下，加快推进山东段工程，同时结合实施山东省水安全保障规划和重点水利工程建设，科学谋划南水北调后续工程，不断提高水资源支撑经济社会发展能力。

在开工现场，施工单位代表表示，要以最强团队、最高标准、最严措施，组织施工，管控风险，按期履约，杜绝质量安全事故，建设精品工程。

据悉，2019年4月21日，经水利部统筹协调，通过南水北调东线一期工程现有输水线路和部分原有的引黄线路，向河北、天津北延应急供水共5700万 m³ 取得成功。

北延应急供水工程建成后，通过向北京、河北、天津供水，可置换农业用地下水，缓解华北地下水超采状况；相机向衡水湖、南运河、南大港、北大港等河湖湿地补水，改善生态环境，还可为天津市、沧州市城市生活应急供水创造条件。这些巨大的效益对于缓解海河流域水资源短缺局面，保障京津冀协同发展水安全，推动地区高质量发展具有重要意义。

（张存有　张小俊）

南水北调中线工程丹江口水库移民安置通过总体验收

2019 年 12 月 7 日，南水北调中线工程丹江口水库移民安置通过总体验收。水利部副部长、南水北调中线工程丹江口水库移民总体验收委员会主任委员蒋旭光指出，南水北调中线工程丹江口水库移民安置验收，标志着南水北调中线工程丹江口水库移民搬迁阶段的结束，也标志着丹江口水库移民工作开启新篇章、新征程。

蒋旭光指出，南水北调中线丹江口水库移民搬迁安置涉及河南、湖北两省 34.5 万人。党中央、国务院对此高度重视，习近平总书记多次作出重要指示批示，十分关心南水北调移民工作。李克强总理对南水北调移民工作给予充分肯定。各有关部门从维护移民根本利益出发，在政策制定、规划审查、监督指导、问题协调等方面发挥积极作用，河南、湖北两省省委、省政府顺应广大移民早搬迁早发展的期盼，将丹江口水库移民工作作为全局工作的重中之重，举全省之力，全方位加强领导，全领域重点保障，全社会倾力支持。到 2012 年年底，丹江口水库移民搬迁安置工作"四年任务、两年完成"，圆满实现了"平安、顺利、和谐"搬迁和"不伤、不亡、

不漏一人"的目标，创造了新中国乃至世界工程建设移民安置的奇迹。

蒋旭光指出，南水北调丹江口水库移民工作伟大实践取得了宝贵经验。一是党委政府坚强领导，是移民顺利搬迁的重要保证。二是集中力量办大事，是移民搬迁安置的制度保障。三是无私奉献牺牲精神，是移民顺利搬迁的不竭力量。四是科学规划、政策集成，是移民妥善安置的坚实基础。五是精心组织、攻坚克难，是移民顺利搬迁的有力保障。六是创新发展、持续完善，是移民安稳的思想保障。

蒋旭光强调，在下一步工作中，要深入学习党的十九届四中全会精神，贯彻落实习近平总书记"节水优先、空间均衡、系统治理、两手发力"的治水思路，践行"绿水青山就是金山银山"的理念，按照国务院南水北调后续工程工作会议精神，落实"水利工程补短板、水利行业强监管"的水利改革发展总基调，及时调整工作思路，坚持问题导向，积极作为，妥善解决移民后续问题，高度重视移民信访稳定工作，大力支持移民发展生产和就业增收，把南水北调中线工程丹江口水库移民的事情办好，为移民安稳发展、全面建成小康社会，为确保一泓清水永续北送作出新的更大的贡献。

验收委员会现场查看了河南、湖北两省丹江口水库移民安置、文物保护和档案管理情况，听取了地方政府、项目法人等相关情况汇报，认为

丹江口水库移民安置规划任务已完成，库区文物保护项目全面完成，移民档案管理达到规范要求，一致同意南水北调中线工程丹江口水库移民安置通过总体验收。

水利部相关司局，河南、湖北两省人民政府，国家文物局，国家档案局等单位代表及特邀专家参加验收。

（摘自水利部网站，略有删改）

南水北调东、中线一期工程全面通水5周年有关情况发布会

国务院新闻办公室于2019年12月12日（星期四）上午10时举行新闻发布会，请水利部副部长蒋旭光、水利部规划计划司司长石春先、水利部南水北调工程管理司司长李鹏程介绍南水北调东、中线一期工程全面通水5周年有关情况，并答记者问。

（摘自国新网，略有删改）

南水北调东线年度调水结束6年累计调水超40亿 m³

2019年5月28日凌晨2点，随着江苏、山东省界的台儿庄泵站最后一台机组停止运行，江苏省南水北调工程第6个年度向省外调水任务圆满完成，累计向山东省供水量达8.44亿 m³；同时，据环保部门监测数据表明，调水水质符合国家考核要求，顺利实现调水水量与水质的双达标。

江苏南水北调工程自2013年通水以来，已连续6年执行向山东省调

水任务，累计调水40.04亿 m³，为山东水生态文明建设和经济社会可持续发展作出积极贡献。

江苏省水利厅多次召开会议，研究落实年度调水工作任务，确保圆满完成本年度向山东调水任务。江苏省南水北调办充分发挥统筹、组织、协调等职能，会同省生态环境厅、交通运输厅、农业农村厅和江苏水源公司、省电力公司等单位，全面落实调水期间工程安全运行、水质协调保障、危化品船舶禁运管控、河湖养殖污染防治、泵站用电保障等工作，切实加强调水运行监督检查，保障调水工作顺利开展。

（摘自《新华日报》2019年5月29日第1版，略有删改）

江苏省南水北调工程启动2019—2020年度向山东调水工作

根据水利部下达的南水北调东线工程2019—2020年度水量调度计划和江苏省委、省政府关于年度向省外调水的工作部署，按照南水北调新建工程和江水北调工程"统一调度、联合运行"的原则，江苏省南水北调工程于2019年12月11日起，开始向山东省调水。

按照计划，2019—2020年度江苏将向山东调水7.03亿 m³。综合考虑江苏、山东两省河湖水情、工情，经协商沟通，2019—2020年度调水分两阶段实施。其中第一阶段从2019年

12月11日开始，预计2020年1月中旬结束，由江都水利枢纽江都东闸引长江水入里下河地区，启用宝应站抽江水入里运河，经金宝航道、入江水道三河段、洪泽湖、徐洪河、房亭河等河湖，沿途启用金湖站、洪泽站、泗洪站、睢宁二站、沙集站、邳州站等6个梯级泵站抽水入骆马湖，最后经中运河由台儿庄站抽水出江苏；第二阶段预计从2020年春节后开始，至5月初结束。

据统计，江苏省南水北调工程自2013年建成通水以来，至本次调水运行前，已向山东省调出优质水超40亿 m^3，为缓解山东省尤其是胶东半岛水资源短缺作出了积极贡献。

（江苏省南水北调办供稿）

江水进京总量突破50亿 m^3

截至2019年9月5日22时23分，北京累计接收丹江口水库来水达到50亿 m^3，水质始终稳定在地表水环境质量标准Ⅱ类以上，全市直接受益人口超过1200万人。

50亿 m^3 的进京江水中，有33.7亿 m^3 用于自来水厂供水，占入京水量的近70%；向密云、怀柔、大宁、十三陵等本地大中型水库存蓄江水5.9亿 m^3，其余向城市河湖补水以及回补地下水。

作为南水北调工程最早的受益城市，2008年9月至2014年4月间，北京已利用先期建成的中线京石段应急供水工程从河北调水16.06亿 m^3。自2014年年底中线一期工程全线通水以来，年调水量较此前每年2亿～3亿 m^3 已大幅增加，工程稳步达效。截至2019年9月5日，本年度进京水量9.50亿 m^3，超计划调水2500万 m^3。在各部门的密切配合、共同努力下，南水北调来水始终达标，稳定在地表水Ⅱ类水平。

江水进京后替代密云水库向城区自来水厂供水，在每年减少出库水量6亿 m^3 的同时，还通过新修建的密云水库调蓄工程累计向水库输送南水近4.5亿 m^3，助力水库蓄水量增至26.78亿 m^3，提高了本市水资源战略储备。2019年5月以来，9座水厂日均取用南水260万 m^3，占城区供水总量的70%以上，超过1200万市民直接受益。

北京市已经建成一条沿西四环和东、南、北五环的输水环路，加上向城市东部、西部输水的支线工程及密云水库调蓄工程，共同构建了"地表水、地下水、外调水"三水联调、环向输水、放射供水、高效用水的安全保障。

地下水位持续回升。2014年年底以来，北京市平原地区地下水位持续下降的趋势基本得到遏止，且从2016年起实现止跌回升，至2018年累计回升2.72m，储量增加13.9亿 m^3。其中2016年回升0.52m，储量增加2.7亿 m^3，2017年回升0.26m，储量增加1.3亿 m^3，2018年回升1.94m，储量增加 9.9 亿 m^3。截至 2019 年 7 月末，全市平原区地下水埋深平均为 23.44m；与 2018 年同期相比，地下水位回升 1.08m，地下水储量增加 5.5 亿 m^3。　　　（孙桂珍）

南水北调中线工程 5 年累计调水 258 亿 m^3

截至 2019 年 12 月 3 日，南水北调中线工程已累计向河南、河北、天津、北京等 4 省（直辖市）调水超 258 亿 m^3，惠及沿线 24 个大中城市，直接受益人口 5859 万人。

在北京，城区"南水"占自来水供应量的 73%。南水占北京市主城区的自来水供水量的 73%。北京采取水资源战略储备措施，将南水反向输送到密云水库，密云水库蓄水量已超 26 亿 m^3；在天津，14 个区居民全部喝上"南水"，"南水"已成为天津供水的"生命线"；在河南，受水区 37 个市（县）全部通水，郑州中心城区自来水 80% 以上为南水，鹤壁、许昌、漯河、平顶山主城区用水全部为南水。河北石家庄、保定、沧州、衡水、邢台、邯郸等市 80 个县（市、区）用上南水。

南水北调中线工程通水入京以来，北京市地下水位曾经连续 16 年下降。2014 年年底中线通水以来，北京市地下水进入了快速恢复期。4 年来，南水北调来水成为京城的供水主力，怀柔、平谷等应急水源地得以休养生息。2018 年，北京市还在中心城区完成了

近 300 眼自备井置换工作，相当于每天减采地下水 8 万 m^3。截至 2019 年 12 月，北京市应急水源地地下水位最大升幅达 18.2m，平原地区地下水水位回升 2.88m。此外，天津市地下水位平均累计回升 0.17m，河北省浅层地下水位回升 0.58m，河南省受水区浅层地下水位平均升幅达 1.1m。

在水质方面，通水后，南水北调中线建管局建立了健全水质安全风险防范体系，建设水质监测实验室，设置水质自动监测站开展常规监测，同时建立水质科技创新体系；从源头治理防治水源污染，开展干渠绿化，成立水上清漂和岸上护水队伍等。自 2014 年 12 月通水以来，中线总干渠水质稳定达到或优于地表水 Ⅱ 类标准，满足供水要求。　　（孙桂珍）

北京累计投入 30 亿元"反哺"南水北调中线水源区

2014 年北京市开展南水北调对口协作工作以来，已累计安排资金 30 亿元，实施对口协作项目 900 个，用于支持南水北调中线水源区河南、湖北两省发展建设，促进当地经济社会发展。

根据北京市南水北调对口协作工作实施方案，2014—2020 年，北京每年安排南水北调对口协作资金 5 亿元，用于支持水源区建设发展。北京市 16 区分别与河南、湖北两省 16 个县（市、区）建立对口协作关系，结

对开展交流合作活动。

6年来，北京围绕"保水质、强民生、促转型"的工作主线，与河南、湖北两地共计开展900个对口协作项目，协助水源区在水质保护、精准脱贫、民生保障、产业转型等多方面取得积极成效。北京各区还累计额外支持资金2亿元，用于结对的县（市、区）发展。

结合水源区实际情况，北京加大帮扶水源区发展生态型特色产业，助力当地群众脱贫致富。如推进水源区高效种养业和绿色食品业发展，支持建设特色产业基地，并打造"栾川印象""渠首印象"等一批绿色农产品品牌。　　　　　　（孙桂珍）

备战汛期！南水北调中线干线工程河北段举行防汛演练

"报告指挥部，本地区普降暴雨，上游水库水位急剧上涨，南沙河倒虹吸河道水位已超过警戒水位，且还在持续上涨……""加强险情巡查处置，随时报告现场情况。"随着应急抢险现场指挥部指挥长、南水北调中线建管局河北分局局长田勇下达指令，各抢险分队立即赶往现场处置险情。这是6月27日南水北调中线干线南沙河倒虹吸工程2019年防汛联合演练的现场上的一幕。

本次演练由河北省水利厅、南水北调中线建管局、邢台市和沙河市水利部门联合举办，南水北调中线建管局工程维护中心、河北分局和各管理处有关负责人，邢台市防办、邢台市水务局、沙河市防办、沙河市水务局主要负责人现场观摩演练。

模拟汛情为邢台地区普降暴雨，朱庄水库水位急剧上涨，南沙河河道水位已超过警戒水位且持续上涨，洪水冲刷南水北调中线干线南沙河倒虹吸南段进口裹头，南水北调中线建管局河北分局沙河管理处现场值守人员巡查时发现险情。南水北调中线建管局河北分局在防汛演练现场成立了应急抢险现场指挥部，设置了工程抢险组、技术保障组、信息发布组、协调保障组等4个工作组。随着指令的下达，演练活动正式开始，近100人的防汛应急分队立即投入抢险战斗，演练设定了倒虹吸裹头冲刷破坏抢险、导流堤渗漏抢护、导流堤吸水膨胀袋子堤修筑和多功能应急车及应急餐车等设备操作共四个科目，按照河北分局防汛突发事件应急响应流程图，针对信息报告、应急响应、先期处置、应急抢险等关键环节逐一检验，历时1小时，演练科目全部按原计划完成。

南水北调中线建管局副局长戴占强到场观摩演练并指出，南水北调中线工程是国家战略基础设施，关乎沿线几千万人民群众生活用水安全，必须保证汛期工程安全运行和供水安全。戴占强表示，本次联合演练演练科目设置合理，现场组织有序，通过演练畅通了内外各方面协调联动机制，检验了防汛应急预案，提高了防汛抢险处置能力，达到了演练的预期的效果。同时他还从提高政治站位、强化预警响应、坚持底线思维等三方面对做好 2019 年中线工程防汛工作提出具体要求。

河北省水利厅副厅长罗少军表示，南水北调工程防汛任务艰巨，在河北省防汛抗旱指挥部的统一指挥下，南水北调中线建管局河北分局及各管理处全面落实防汛抢险的责任、预案、队伍、物料，已建立起与沿线地方各级防办、水利、应急管理部门的汛情、水情、工情信息共享联动机制，为南水北调工程安全度汛安全提供了保障。下一步，要针对演练发现的问题，及时加以改进，确保防汛抢险演练取得实实在在的效果。

据了解，南沙河倒虹吸工程位于邢台市与沙河市之间的南沙河河道，是南水北调中线工程大型河渠交叉建筑物之一，西部山区发生大暴雨及上游朱庄水库泄洪流量加时易形成峰高量大的洪水，引发险情，因此该工程是南水北调中线工程河北段的防汛工作的重点区域之一。

（胡景波，摘自河北新闻网，略有删改）

山东干线公司圆满完成水利部 2018—2019 年度调水任务 及省内应急调水任务

2019 年 7 月 7 日，2018—2019 年度山东段调水任务全部完成，从江苏、山东省界调水 8.44 亿 m³，向济南、青岛等 11 个地市净供水约 5.34 亿 m³。根据山东省政府安排，2019 年 6 月起南水北调山东段工程与省胶东调水工程联合调度，持续向胶东 4 市应急供水 6300 万 m³。南水北调山东段工程安全平稳运行，水质稳定达标，工程效益不断扩大。　　（邓妍）

山东干线公司顺利完成南水北调 东线一期北延应急试通水 向河北天津供水任务

根据水利部北延应急试通水水量调度计划，2019 年 4 月 21 日启动南水北调东线一期北延应急试通水工作。本次应急试通水利用南水北调东线一期工程现有输水线路，沿小运河至邱屯枢纽、六分干、七一·六五河至大屯水库节制闸，沿六五河向下游输水，最终通过马厂减河到达天津北大港水库。6 月 21 日结束，共输水 6868 万 m³。　　（邓妍）

南水北调东线一期工程北延应急 供水工程在山东临清开工

2019 年 11 月 28 日，南水北调东线一期工程北延应急供水工程在山东省临清市开工。北延应急供水工程是落实《华北地区地下水超采综合治理行动方案》的重要举措，工程建成后可有效向河北省、天津市供水，置换农业用地下水，缓解华北地区地下水超采状况；相机向衡水湖、南运河、南大港、北大港等河湖湿地补水，改善生态环境，还可为向天津市、沧州市城市生活应急供水创造条件。　　　　　　　　（邓妍）

中线水源公司圆满完成丹江口库区 2019 年鱼类增殖放流站放流活动组织工作

2019 年 10 月 17 日，由中线水源公司承办的丹江口水库 2019 年鱼类增殖放流活动圆满完成，81.25 万尾优质鱼苗被放归到丹江口水库。长江委党组成员、副主任吴道喜出席放流活动并致辞，生态环境部长江局、农业农村部长江办及丹江口市政府领导出席活动并讲话。

此次放流的鱼苗种类主要包括四大家鱼、三角鲂、黄尾密鲴、中华倒刺鲃等 13 个种类，苗种规格为 4～

15cm。鱼苗由丹江口水库鱼类增殖放流站人工培育，全部通过了检疫检测。放流过程中，公证人员对全程进行了公证。　　　　　　（米斯）

南水北调中线水源工程丹江口水库移民安置顺利通过国家验收

2019 年 12 月 5—7 日，水利部组织对南水北调中线工程丹江口水库移民安置进行总体验收。验收委员会现场查看了河南、湖北两省丹江口水库移民安置、文物保护和档案管理情况，听取了地方政府、项目法人等相关情况汇报，认为丹江口水库移民安置规划任务已完成，库区文物保护项目全面完成，移民档案管理达到规范要求，一致同意南水北调中线工程丹江口水库移民安置通过总体验收（终验）。

（米斯）

重 要 文 件

水利部重要文件一览表

序号	文 件 名 称	文 号	发布时间
1	水利部关于下达南水北调工程 2019 年一般公共预算和重大水利工程建设基金资金支出计划的通知	水财务〔2019〕186 号	2019 年 6 月 17 日
2	水利部关于印发南水北调中线一期工程 2019—2020 年度水量调度计划的通知	水南调函〔2019〕197 号	2019 年 10 月 31 日

（南水北调司）

沿线各省（直辖市）重要文件一览表

序号	文 件 名 称	文 号	发布时间
1	河北省人民政府办公厅关于用足用好南水北调引江水的意见	冀政办字〔2019〕20 号	2019 年 2 月 28 日

续表

序号	文 件 名 称	文号	发布时间
2	河北省南水北调工程水量调度计划编制与执行管理办法（试行）	冀水〔2019〕34号	2019年5月30日
3	河北省南水北调受水区城镇供水水源保障应急预案（试行）	冀水调管〔2019〕53号	2019年8月29日
4	河北省南水北调工程供水运行应急预案（部门预案）（试行）	冀水南调〔2019〕74号	2019年12月23日
5	关于编报我省南水北调受水区供水配套工程2019年度工程验收计划的通知	豫调建建〔2019〕3号	2019年1月14日
6	关于编制《河南省南水北调受水区供水配套工程维修养护定额标准》的请示	豫调建〔2019〕5号	2019年11月25日
7	关于加快河南省南水北调受水区供水配套工程合同变更索赔处理工作的通知	豫调建投〔2019〕23号	2019年3月26日
8	关于交纳南水北调水费的通知	豫调建财〔2019〕81号	2019年12月16日
9	江苏省南水北调办公室关于印发《南水北调里下河水源调整工程卤汀河工程（泰州）征迁安置完工验收意见》的通知	苏调办〔2019〕1号	2019年1月7日
10	江苏省南水北调办公室关于加强南水北调一期工程征迁安置结余资金使用管理的通知	苏调办〔2019〕2号	2019年1月10日
11	江苏省南水北调办公室关于做好江苏南水北调工程2018—2019年度第二阶段向省外供水有关工作的通知	苏调办〔2019〕3号	2019年2月13日
12	江苏省南水北调办公室关于我省南水北调新建工程2019年度汛前检查暨运行管理监督检查有关情况的通报	苏调办〔2019〕10号	2019年4月8日
13	江苏省水利厅 江苏省财政厅关于做好江苏省南水北调水费征收工作的通知	苏水办〔2019〕13号	2019年5月27日

项目法人单位重要文件一览表

序号	文 件 名	文号	发文日期
1	关于中线水源工程技术标准体系修订工作的报告	中水源工〔2019〕19号	2019年3月21日
2	关于印发《中线水源公司2019—2020年度丹江口水库水质异常应急监测预案》的通知	中水源移〔2019〕27号	2019年4月3日

续表

序号	文 件 名	文 号	发文日期
3	关于印发中线水源工程验收进度计划的通知	中水源发〔2019〕35号	2019年4月12日
4	关于南水北调东、中线一期工程完工财务决算编报计划意见的报告	中水源财〔2019〕38号	2019年4月19日
5	关于印发《南水北调中线水源公司员工绩效考核管理试行办法》的通知	中水源人〔2019〕118号	2019年9月18日
6	关于印发《南水北调东线山东干线有限责任公司绩效考核管理办法（修订稿）》的通知	鲁调水企综字〔2019〕1号	2019年2月11日
7	关于印发《南水北调山东干线公司值班管理办法（试行）》的通知	鲁调水企综字〔2019〕9号	2019年4月19日
8	关于印发《南水北调东线山东干线有限责任公司泵站（水库）主机组大修管理办法（试行）》	鲁调水企机电字〔2019〕1号	2019年1月24日
9	关于印发《干线公司党委理论学习中心组学习制度》的通知	鲁调水企党字〔2019〕10号	2019年7月5日

考察调研

水利部部长鄂竟平调研河南省"四水同治"工作

2019年3月27日，水利部党组书记、部长鄂竟平一行到河南省调研指导"四水同治"工作。河南省副省长武国定，省水利厅、郑州市、焦作市领导陪同调研。

鄂竟平一行到人民胜利渠渠首工程、武陟县龙泽湖中水回用工程、大沙河焦作城区段水生态治理工程、南水北调焦作城区段生态保护工程和郑州市贾鲁河综合治理生态修复工程、北龙湖湿地工程现地调研，实地察看黄河水水质、含沙量，了解"四水同治"工作实施情况。

鄂竟平对"四水同治"工作、生态水系规划建设、河长制工作和生态修复工程建设给予充分肯定。希望进一步创新"高效利用水资源、系统修复水生态、综合治理水环境、科学防治水灾害"的"四水同治"治水思路，从节水、引水、调蓄、生态等方面谋划实施水资源系统调配和水生态治理修复工程，着力满足人民群众日益增长的优美水生态环境需要，为郑州国家中心城市建设提供可靠的水资源安全战略保障。

水利部副部长蒋旭光到南水北调中线建管局检查指导工作

2019年3月12日，水利部副部长蒋旭光到南水北调中线建管局听取近期工作汇报，指导下一步工作。

蒋旭光听取了中线建管局关于近

期工作开展情况以及下一步工作安排的汇报。他指出，去年以来中线建管局以机构改革为契机，全力推进重点工作取得新突破，圆满完成全年各项工作任务，实现了"稳中求进、提质增效"的工作目标。

蒋旭光指出，今年是新中国成立70周年、南水北调中线工程通水5周年，社会各界对中线工程的关注度会不断加强，中线建管局保供水、上水平的任务更加艰巨。要按照"水利工程补短板、水利行业强监管"的水利改革发展总基调，进一步提高自身站位，提升标准要求，在全行业树标杆、做典型，真正做到建设水平、运行水平、管理水平经得起历史的检验，经得住国家和人民的检验。

蒋旭光要求，做好下一步工作，必须坚持目标引领，坚持问题导向，坚持党建和业务两手抓，做到系统谋划、重点突破、务实发展。要切实抓牢防洪度汛、水质保护、信访维稳、信息安全等工作；加快验收和决算，推进建设收尾工作；提高中线生态定位，做好生态补水工作；抓好体制改革，提高规范化、信息化水平，抓好经济财务工作，加强文化和品牌建设。要切实加强党的建设，继续深化对习近平总书记治水重要讲话精神的学习，加大干部交流，着力培养青年干部，加强作风建设，坚决反对形式主义、官僚主义，严守党的纪律和中央八项规定，确保廉洁从业。

蒋旭光强调，要处理好党建和业务、政府和市场、主业和经营、体制改革和当前工作、以我为主和服务地方等五个关系。在水利部党组的坚强领导下，要继续凝心聚力、开拓创新、锐意进取，在新的起点上奋力推进中线事业改革发展新跨越，向新中国成立70周年交出满意答卷！

水利部监督司、南水北调工程管理司、调水管理司有关负责同志陪同听取汇报，中线建管局班子成员及相关业务部门负责人参加汇报会。

水利部副部长蒋旭光调研北京市南水北调工程

2019年3月13日，水利部副部长蒋旭光带队到北京城市副中心、南水北调中线惠南庄泵站及PCCP工程沿线调研城市副中心供水保障及水生态环境、南水北调中线北京段工程运行管理等情况。北京市政府副秘书长陈蓓，市水务局局长潘安君、副局长刘光明陪同调研。

调研组首先来到北京城市副中心行政办公区，潘安君围绕城市副中心规划建设，就供水保障、水环境、水生态、海绵城市建设等方面进行了详细汇报，蒋旭光详细询问了区域内供水、河湖开挖、治理和水生态、水环境建设等情况，要求扎实做好城市副中心供水保障，进一步推进水环境系统综合治理工作，努力促进城市副中心水安全保障、水生态环境的有效提升。

随后，调研组前往位于房山区的南水北调中线惠南庄泵站、PCCP工程一号连通井、西甘池隧洞了解工程供水运行管理、沿线工程保护、水质监测等情况。在了解到工程沿线存在占压安全隐患时，蒋旭光强调，在用足、用好南水北调中线来水的同时，要依据《南水北调供用水管理条例》和《北京市南水北调工程保护办法》对工程沿线加强管理，研究相关管理措施、保障条件等，切实保障安全。蒋旭光详细询问了PCCP管段运行情况，强调要切实加强工程运行管理，强化问题导向、底线思维，采取措施补上短板，完善工程体系，落实责任，严格监管，加强技术保障。近期要认真做好防汛准备工作，从严从难制订预案，抓好实施，做好防大汛、抢大险准备，确保安全。

最后，蒋旭光充分肯定了北京市水务局在保障城市供水安全、优化水资源配置、加强南水北调工程管理、强化水生态保护、深化水环境治理等各项工作中取得的成绩，要求继续深入贯彻落实习近平生态文明思想和"3·14"重要讲话精神，认真总结经验，进一步履行好首都治水管水新使命。

水利部副部长蒋旭光赴湖北省调研定点扶贫工作

2019年3月27—28日，水利部副部长蒋旭光带队赴湖北省十堰市郧阳区、丹江口市就定点扶贫及相关工作进行调研。

在郧阳区，蒋旭光一行深入南化塘、谭家湾、杨溪铺、柳陂等乡镇，实地察看袜业、香菇扶贫产业园、青龙泉社区、龙韵新村等脱贫攻坚项目，入户走访部分贫困户脱贫成效，看望水利部派驻贫困村第一书记，听取基层干部群众意见建议，了解水利部定点扶贫郧阳区的脱贫攻坚工作推进情况。在丹江口市，蒋旭光察看了浪河镇浪河水厂、移民安置点和丹江口大坝，详细了解农村安全饮水、丹江口水库水质、丹江口库区及上游水污染防治等工作情况。

蒋旭光强调，要深入学习贯彻习近平总书记关于扶贫工作的重要论述，认真贯彻中央脱贫攻坚的决策部署和中央单位定点扶贫工作推进会精神，以高度的紧迫感、责任感和使命感，坚决打好定点扶贫脱贫攻坚战。要精准把握政策，围绕"两不愁、三保障"扶贫标准，既不降低标准，也不吊高胃口，确保工作取得实效。要突出工作重点，着力抓好产业扶贫、基础设施等方面项目建设，扎实做好农村安全饮水、水污染防治等工作，努力提高脱贫攻坚工作质量和水平。要加强沟通对接，挂职扶贫干部要继续发挥桥梁和纽带作用，做好沟通协调和服务工作，为定点扶贫工作尽职尽力。要切实转变作风，力戒形式主义、官僚主义，扎实推进水利扶贫各项政策落地生根。

水利部财务司、水旱灾害防御司、南水北调工程管理司，水利部长江委，湖北省水利厅，十堰市及郧阳区、丹江口市有关负责同志参加调研。

水利部副部长蒋旭光到长江委专题调研南水北调工作

2019年4月2日，水利部副部长蒋旭光到长江委专题调研南水北调工作并进行座谈。长江委主任马建华主持座谈会，长江委领导胡甲均、仲志余出席座谈会。

蒋旭光在认真听取有关情况汇报后，肯定了长江委在南水北调工程建设中所做的工作和取得的成绩，认为充分体现了长江委各有关单位工作中的政治站位、科学态度、务实作风和技术实力。他强调，水利工作进入新时代，长江委作为南水北调中线工程技术总负责单位，要深入贯彻落实习近平总书记治水重要论述精神和"共抓大保护、不搞大开发"重要指示精神，按照水利部党组"水利工程补短板、水利行业强监管"的水利改革发展总基调，结合工作实际，认真抓好贯彻落实，取得实实在在的工作成果。

蒋旭光强调，南水北调中线一期工程通水4年多来，200多亿 m³ 清泉惠及沿线人民，目前已成为受水区部分城市的主力水源，这对中线工程运行管理提出了新的更高标准和要求。

长江委要按照防控风险要求，围绕安全目标进一步做好工作，加大技术保障力度，确保今年防汛安全、供水安全、运行安全。要积极践行生态优先、绿色发展理念，充分发挥工程的生态功能，既要保证供水安全、枢纽安全，又要确保生态安全。要加强水情预测预报工作，科学调度、精准施策，协调好各项用水需求，统筹兼顾，突出重点，确保南水北调工程充分发挥效益，缓解北方广大地区水资源短缺局面。要加大监管力度，坚持以问题为导向、以整改为目标、以问责为抓手，切实保障南水北调中线工程安全稳定运行。要强化协调、积极推动，坚决贯彻落实水利部党组对验收工作的部署要求，全力做好南水北调中线水源工程尾工建设及验收相关工作。要扎实做好相关前期工作，完善南水北调供水体系，提高供水保证率，为国家经济社会发展、人民群众生活水平提高和生态环境保护做贡献。

马建华从水旱灾害防御、水利规划计划、三峡和南水北调中线工程建管等方面，汇报了长江委2018年以来的有关工作。他表示，长江委将以习近平新时代中国特色社会主义思想为指导，深入贯彻新时期治水思路，积极践行水利改革发展总基调，在水利部党组的坚强领导下，扎实做好治江工作和长江委改革发展各项工作，不辜负水利部党组的重托与期望。

会上，长江委水资源局汇报了南

水北调中线近期调水形势及应对措施，水旱灾害防御局汇报南水北调中线一期工程水量调度应急预案编制情况，南水北调中线水源公司汇报了丹江口大坝加高建设情况及工程验收工作有关安排。

水利部有关司局、南水北调中线建管局，长江委有关部门和单位负责人参加座谈。

水利部副部长蒋旭光赴天津调研南水北调东线一期北延应急试通水工作

2019年5月17日上午，水利部副部长蒋旭光及有关司局负责同志一行赴天津调研南水北调东线一期北延应急试通水工作，现场察看新、旧九宣闸和南运河节制闸，在天津市水务局召开专题座谈会，梳理有关工作情况，分析存在问题，并对试通水工作提出明确要求。水利部有关司局、黄河水利委员会、海河水利委员会、山东省水利厅、河北省水利厅、天津市水务局、南水北调东线总公司、山东干线公司有关负责同志一同调研或参加座谈。

蒋旭光强调，南水北调东线一期北延应急试通水，是贯彻落实习近平生态文明思想和"3·14"重要讲话精神，推动华北地区地下水超采综合治理，体现水利生态建设的性质定位，展示南水北调工程良好形象，落实"水利工程补短板、水利行业强监管"工作总基调的重要举措。试通水启动以来，各有关单位按照水利部党组要求，齐心协力、攻坚克难，圆满完成了第一阶段任务。下一步，要切实提高政治站位，从生态文明建设的高度全力抓好各项工作。加强组织领导，各单位主要领导要亲自关心过问，分管领导要靠前指挥，强化责任落实，本着顾全大局、互谅互让原则，协调好、团结好、协作好，切实形成工作合力。加强调度协调，要动态分析和研判试通水过程中的问题，在原实施方案的基础上进一步优化完善，提高方案科学化水平，加强协调、统一调度，确保完成既有调水量。加强调水管理，各有关单位要严格落实任务分工，加强调水秩序监管，严格管控偷水、抢水、架泵等行为；河北省、天津市要进一步细化收水方案，强化调水过程管理，维护良好的调水秩序。加强水量水质监测，要完善水量计量手段，提高计量精确性，加大河道清淤、漂浮物打捞等工作力度，加密水质监测频次，确保水面干净、水质良好。加强安全管理，要切实强化安全意识，加大调水沿线地区安全管护力度，全力保障工程安全，坚决杜绝溺水等安全事故发生。加强评估宣传，要做好此次试通水总结评估，加大宣传力度，营造良好的社会氛围，为南水北调东线二期工程论证实施打下良好基础。加强监督工作，要加强对此次试通水的调度、管理、效果、影响的监督，尤其是对整个输水过程的监督，始终保证监督队伍在场，用好问责利器，倒逼各项工作落实。

蒋旭光要求，各单位要按照分工方案，履职尽责、狠抓落实，切实完成好此次试通水任务，向水利部党组交一份圆满的答卷，也向沿线人民，特别是天津和河北人民交一份满意的答卷。

水利部副部长蒋旭光检查南水北调中线工程安全运行加固措施落实情况

2019年9月26—27日，水利部党组成员、副部长蒋旭光一行检查了南水北调中线保定管理处、西黑山管理处国庆期间工程安全运行加固措施落实情况。

蒋旭光先后检查了河北段岗头隧洞进口闸、石渠段左岸边坡风险点加固、漕河渡槽、管理处中控室、天津段西黑山进口闸、西黑山中控室等，全面了解各管理处节日期间确保工程安全运行的加固方案，存在的安全运行薄弱环节，采取的强化措施，与地方公安部门联动配合等情况。

蒋旭光详细询问了工程运行管理情况、节日期间各单位值班人员安排、巡查安排、闸站电力保障、突发事件应急处置措施等。现场检查了工作人员对闸站设备的操作能力和发生火灾的处置程序等，叮嘱工作人员要思想重视，注重细节，增强能力，适应需要。

检查中，蒋旭光强调，节日期间各项工作要更加认真细致。一要合理安排值班人员。管理单位领导要率先垂范，带头在岗，按不同专业岗位配置值班人员，做到专业问题专人处理。二要将加固方案落到实处。严格按方案要求，落实水质检测、设备巡查、工程巡查的人员和频次。细化工作职责，压实主体责任。三要加强风险隐患排查。对工程重要设施和关键部位全面排查、举一反三、不留死角，让安全隐患无处遁形，将工程风险消除于萌芽状态。四要提高应急处置能力。突发事件，重在预防，要在处置。对各种突发事件应急预案要了如指掌，处置程序要熟练运用。五要与地方公安部门建立联动机制。做到联系畅通，巡查配合，优势互补，联合执法，确保工程安全平稳运行。

检查期间，蒋旭光还对正在开展的第二批"不忘初心、牢记使命"主题教育活动进行了督导，对认真贯彻中央要求、切实做好相关工作提出了要求。

水利部南水北调司、南水北调规划设计管理局、督查办负责同志参加检查。

水利部副部长蒋旭光在湖北调研指导郧阳区脱贫攻坚，并出席中国生态文明论坛十堰年会

2019年11月14—16日，水利部党组成员、副部长蒋旭光赴湖北省调

研指导郧阳区脱贫攻坚工作，出席中国生态文明论坛十堰年会并发表演讲。

蒋旭光一行实地察看了郧阳区刘洞镇沿河安置区袜业车间、高朋针织公司、骆庄村袜业包装车间、丹江河堤治理防洪工程，谭山镇唐城村汽车坐垫编织扶贫作坊，白桑关镇高源村小流域治理。调研中，蒋旭光对郧阳区脱贫攻坚工作给予充分肯定，他指出，郧阳区在水利部 6 个定点扶贫县（区）中脱贫任务最重，水利部党组高度重视郧阳定点扶贫工作，按照定点扶贫年度工作计划、三年工作方案，选派优秀干部到郧阳挂职，积极开展定点扶贫工作。在湖北省、十堰市两级政府的支持下，在定点扶贫各成员单位的共同努力下，郧阳区委、区政府精心组织、大力推动，水利定点扶贫"八大工程"有序实施，取得了明显成效。蒋旭光指出，郧阳区即将迎来国家和湖北省精准扶贫考核验收，脱贫攻坚工作已进入最后冲刺阶段，时间紧、任务重、压力大，要统筹谋划好各项工作，要围绕"水利工程补短板、水利行业强监管"的水利改革发展总基调，提前谋划好 2020 年水利扶贫项目和"十四五"郧阳区水利发展规划，水利部会继续加大对郧阳定点扶贫支持力度，助推郧阳打好打赢精准脱贫攻坚战。蒋旭光强调，郧阳区要认真贯彻落实十九届四中全会精神、党中央关于脱贫攻坚的重大决策部署和中央单位定点扶贫工作推进会精神，强化责任担当，以问题为导向，狠抓扶贫政策落地，对标对表补齐水利扶贫工作短板，确保如期高质量打赢水利扶贫攻坚战。

蒋旭光在调研郧西县水生态治理项目时指出，作为南水北调中线核心水源区，要进一步压实各级河长责任，围绕加强水资源保护、水域岸线管理、水污染防治、水环境治理、水生态修复等工作任务，不折不扣地把全面推行河长制各项工作落实到位，确保一库清水永续北送。

蒋旭光出席了中国生态文明论坛十堰年会并在高峰论坛上发表演讲。他阐述了水利部贯彻落实习近平生态文明思想和治水重要论述精神，积极转变治水思路和方式，确立了"水利工程补短板、水利行业强监管"的水利改革发展总基调，水资源管理所做的工作和取得的成效；介绍了南水北调东、中线一期工程总体情况及在生态文明方面发挥的突出效益；表达了对水源区人民在移民、水质保护方面所做的工作和牺牲奉献的敬意；提出要继续支持水源区发展与保护，实现水源保护与经济社会发展双赢。

水利部水资源司、防御司、南水北调司负责同志参加调研，湖北省水利厅、十堰市委负责同志参加调研。

水利部副部长陆桂华到南水北调中线建管局调研指导工作

2019 年 2 月 12 日下午，水利部副部长陆桂华到南水北调中线建管局调研指导工作。

陆桂华首先来到南水北调中线工程总调度中心大厅，看望慰问运行调度人员，并考察输水调度工作。随后，召开座谈会。中线建管局局长于合群代表班子汇报了中线工程运行管理工作，党组书记刘春生，副局长刘宪亮、戴占强、李开杰，总工程师程德虎，总会计师陈新忠等局领导班子成员参加了座谈。

陆桂华充分肯定了中线工程运行管理工作和取得的显著社会、经济、生态效益。他指出，南水北调中线工程是缓解我国华北地区水资源严重短缺、优化水资源配置的重大战略性基础设施。通水4年来，中线工程运行平稳，水质稳定达标，为京津和沿线城市提供了重要的水源保障，工程地位越来越重要，工程效益越来越凸显，充分表明中央决策建设南水北调工程是英明正确的。

陆桂华强调，随着受水区经济社会发展和人民生产生活对中线工程的依赖程度越来越高，中线工程已经由规划时的补充水源逐渐成为京津和沿线许多城市的主要水源。中线建管局要深刻认识工程定位发生的根本性变化，从政治高度和保障大局出发，牢牢践行"节水优先、空间均衡、系统治理、两手发力"的治水思路，补齐供水保障短板，加强工程运行监管，确保供水安全，为受水区经济社会发展提供可靠的水资源保障。一是切实抓好运行管理工作。要落实工程管理单位运行安全主体责任，持续做好工程安全防范和水量调度工作，不断提升工程运行管理水平，充分发挥工程能力，实现工程效益最大化。二是切实提高供水保障能力。要抓紧开展雄安调蓄水库项目前期工作，配合推进中线沿线调蓄工程和中线引江补汉水源工程前期工作，统筹水资源调度使用，增强供水网络调节能力，提高受水区供水保障程度。三是切实做好科技创新工作。中线工程在建设规模、供水规模、受益人口上在世界调水工程领域首屈一指，开创了多项国内或世界第一，填补了国内国际多项技术空白。要认真总结技术成果，积极参与有关技术评选，加强技术推广。同时，要针对运行期工程管理需要，做好工程技术需求研究和成果转化应用，开展技术攻关，加强科技协作，为确保中线工程不间断供水，实现运行管理提档升级，提供技术保障。

水利部调水司、国科司有关负责同志陪同调研。

水利部副部长陆桂华视察南水北调工程东线泗阳站

2019年8月22日下午，水利部副部长陆桂华视察了南水北调工程东线泗阳站工程。宿迁市委书记、江苏省水利厅副厅长、南水北调东线江苏水源有限责任公司董事长等负责同志全程陪同。

在泗阳站，陆桂华视察了泵站主副厂房、电机层及中控室等地，详细了解了工程管理、安全调水以及工程效益等方面的情况；同时就水生态文明建设、水利工程补短板、水利行业强监管等系统水利工作进行现场调研。其间，荣迎春向陆桂华一行介绍了东线工程概况、工程效益等情况，并简要汇报了泵站人员结构、工程调水流量、自动化监控系统以及工程精细化管理等方面经验做法。

泗阳县委，江苏省水利厅水资源处、省河道管理局及省骆运水利工程管理处有关负责同志参加调研。

水利部副部长陆桂华调研
江苏省水利工作

2019年8月22—23日，水利部副部长陆桂华一行赴江苏省调研水生态文明建设、南水北调东线调水等相关水利工作。

陆桂华一行实地察看了宿迁市骆马湖大控制三角区、三台山森林公园生态修复工程、马陵河综合整治工程、南水北调泗阳站、清晏园国家水情教育基地、淮安区萧湖水系连通工程等。

陆桂华充分肯定了江苏省在抗旱抗台抗洪、水生态文明建设、南水北调调水管理等方面所取得的成效和积累的经验。他强调，要深入学习贯彻落实习近平生态文明思想和治水重要

讲话，认真领会中央"节水优先、空间均衡、系统治理、两手发力"新时代治水思路的深刻内涵，进一步转变发展理念，加大水生态修复与水环境治理力度，切实改善城乡水环境，扎实做好南水北调沿线水污染防治工作，确保南水北调水质安全。

水利部南水北调司司长李鹏程
赴郧阳区调研慰问

2019年1月29—31日，水利部南水北调司司长李鹏程带队赴湖北省郧阳区慰问贫困党员、群众及学生，传递水利部党组对贫困群众的关怀，向基层扶贫干部、水利部挂职干部致以诚挚的敬意和新年的祝福。水利部调水司、南水北调中线建管局及郧阳区区委、区政府负责同志参加。

李鹏程一行先后深入南化塘镇罗堰村、柳陂镇黎家店村、城关镇堰河村、桃花沟村部分贫困户、困难党员和学生家中，了解困难党员群众生产生活及春节年货准备情况，鼓励树立信心，不等不靠，拓宽增收渠道，争取早日实现脱贫致富，并为贫困户、困难党员、贫困学生送去慰问金、慰问品和新春祝福。

调研慰问期间，李鹏程一行还到南化塘镇制袜企业调研扶贫车间运营情况。李鹏程对袜业扶贫工厂带动贫困户就业增收模式给予了肯定，要求郧阳区政府做实基础工作，灵活运用金融手段，将扶贫产业精准到村、

到户。

在座谈会上，李鹏程听取了郧阳区政府关于2019年脱贫攻坚工作汇报。他指出，郧阳区要充分利用水利行业优势，做好山洪灾害防治工程、农村饮水巩固提升工程等水利扶贫项目的申请工作；进一步强化产业引领，注重引进外向型企业，整合镇、村平台，发挥好企业和平台对精准扶贫的带动作用；进一步加强扶贫扶智工作，充分发挥本地技术人才，做好技能培训，提升贫困群众自我发展能力。

为做好此次慰问活动，水利部南水北调司组织水利部定点扶贫郧阳区工作组成员单位开展了向郧阳区"送温暖、献爱心"活动，各单位干部职工共捐款15.1万元；水利部直属机关党委还筹集拨付1.5万元资金用于慰问郧阳区贫困党员。在郧阳区委、区政府的协助下，此次慰问活动共慰问困难党员30名、贫困户36名、贫困学生140户。

水利部南水北调司司长李鹏程一行赴天津进行专项调研

2019年7月11日上午，水利部南水北调司司长李鹏程一行赴天津，就南水北调集团公司组建事宜、生态补水相关问题与天津市水务局开展专项调研，并召开座谈会。

会上，调研组介绍了南水北调集团公司组建背景、基本情况、生态补水水价等相关事宜，双方就公司统筹规划、运行体制机制、管理章程、生态水价确定原则等方面进行了充分研究沟通。

张志颇指出，南水北调司来津当面沟通调研，反映出极高的政治站位和务实的工作作风，天津市水务局原则上同意组建南水北调集团公司，建议一是进一步加强顶层设计，完善运行管理体制，强化国家层面统筹协调，既能最大程度发挥南水北调工程战略性基础性功能作用，按时保质保量向沿线区域供应水资源，又能实现公司的可持续发展；二是考虑生态水价、调度水量等生态供水方面问题，建立科学合理的生态水价机制，改善和保障供水水质，强化社会公益性，确保实现南水北调工程的社会效益、生态效益和经济效益。

李鹏程一行对天津市水务局提出的问题建议一一作出解答，强调南水北调工程是为北方尤其是为北京、天津、河北、河南等省（直辖市）服务的战略性基础性工程，将广泛听取各省（直辖市）的意见建议，在充分交流沟通的基础上作出科学合理安排，切实提高国有资本配置的质量和效率，建好、管好南水北调工程，为促进经济社会可持续发展提供水安全保障。

水利部南水北调司检查兴隆枢纽防汛工作

2019年4月17日，水利部南水

北调司司长李鹏程一行赴兴隆水利枢纽检查指导防汛度汛工作。

李鹏程一行完成对引江济汉工程防汛工作检查后，对兴隆水利枢纽防汛组织体系、防汛物资准备情况及水毁修复工程进行了检查，并对备用柴油发电机等重要设施进行了启动测试。

随后，李鹏程在兴隆水利枢纽管理局组织召开了湖北省南水北调工程防汛座谈会。李鹏程对湖北省南水北调工程汛前准备工作给予了充分肯定，他强调，一是要高度重视防汛工作；二是要注重防汛抢险的方式方法，做到"防有预""抢有度"；三是要加强与海事、地方政府的沟通协调。他指出，2019年正值机构改革第一年，也是新中国70周年华诞，一定要确保工程安全度汛，为祖国添彩。

水利部南水北调司调研十堰水污染防治和水土保持工作

2019年5月21日，水利部南水北调司司长李鹏程一行赴湖北省十堰郧阳区调研南水北调水污染防治和水土保持工作。

李鹏程一行来到茶店镇污水处理厂、镇垃圾填埋厂、神定河下游人工快渗、十堰市水质保护宣教基地"五河"治理展示馆等地，实地查勘神定河段治污及水质保障工作，详细了解水污染防治和水土保持"十三五"规划实施情况。

李鹏程要求，要深入贯彻落实习近平总书记生态文明思想，总结经验，深入研判新形势、新问题，切实抓好南水北调生态保护工作，把水质保护视为第一要务。要加强管理，优化调度，做好汛期水污染防治工作，确保水质持续稳定达标；要制定目标，完善体系，扎实推进水质达标工作开展；要做好长远规划，研究水质管理长效机制，保障南水北调水质安全。

调研过程中，李鹏程肯定了郧阳区南水北调水污染防治和水质保障工作取得的成绩。他指出，十堰市为确保一库清水永续北送做出了积极有效的努力，水污染防治及水质保护成效显著，成绩让人振奋。

水利部南水北调司调研兴隆枢纽

2019年3月19日，水利部南水北调司副司长袁其田一行赴兴隆枢纽现场，调研湖北省机构改革后南水北调工程管理工作安排及工程建设运行情况。

袁其田一行抵达工程现场，检查了泄水闸、电站运行管理工作和生态绿化情况，了解湖北省机构改革后南水北调工程管理工作安排。兴隆枢纽管理局负责人向袁其田汇报了兴隆枢纽管理局转隶湖北省水利厅后所承担的兴隆水利枢纽、汉江中下游部分闸站改造和汉江中下游局部航道整治三个设计单元的项目法人职责和目前相关工作的开展情况。

针对当前南水北调工程管理工作及兴隆水利枢纽建设运行工作，袁其田提出三点要求：一是要牢牢把握"水利工程补短板、水利行业强监管"的水利工作重心，尽快适应新形势，转变工作职能，突出"补、强"二字，全力抓好南水北调工程建设项目管理；二是要提高政治站位，转变工作思路，尽快融入大水利，大力弘扬"忠诚、干净、担当，科学、求实、创新"的新时代水利精神；三是加大《湖北省南水北调工程保护办法》的宣传和落实，从南水北调中线工程通水5周年上做文章，挖掘先进典型，突出工程效益，努力打造南水北调工程品牌。

水利部南水北调司调研引江济汉工程

2019年3月19—20日，水利部南水北调司副司长袁其田赴引江济汉工程现场进行了调研。

在现场调研了进口泵站、进水节制闸，拾桥河左岸节制闸，高石碑出水闸等枢纽建筑物的运行管理情况及沙洋段高边坡渠道加固工程施工情况后，袁其田在引江济汉工程管理局沙洋分局拾桥河管理所与工程管理人员进行了座谈。

对于现场调研情况，袁其田表示了充分肯定。他说，此处调研总体感受良好，全程倍感欣慰：工程运行持续平稳，工程形象焕然一新，员工面貌意气风发，无一不在彰显管理水平的显著进步。

就如何做好结构改革后新形势下各项工作，袁其田提出了五点要求：一是提高政治站位，融入全国大水利格局，积极转变思路，深入思考问题，细致谋划工作，适应新形势，作出新业绩；二是强化法人意识，积极主动发挥主体作用。深入思考并处理好党建和业务、政府和市场、主业和副业、企业发展和服务地方等4组关系，全面提升标准化现代化管理水平，把先进管理经验推介出去；三是强化品牌意识，努力打造引江济汉品牌形象。埋头干活的同时还要抬头看路、回望来路，以新中国成立70周年和南水北调中线全面通水5周年为契机，认真策划，精心组织，把工程建设、管理的经验与人物宣传好，把工程的形象和南水北调人的面貌展示好；四是抓好《湖北省南水北调工程保护办法》宣贯，不断提高依法行政和依法履职能力；五是重视深化引江济汉工程生态功能研究，设置课题，组织专家，深入研究，形成理论成果，为推进生态文明、美丽中国贡献智慧。

水利部调研河南省南水北调受水区地下水压采和地下水超采区综合治理试点工作

2019年5月31日至6月5日，

水利部南水北调规划设计管理局副局长尹宏伟带队对河南省南水北调受水区地下水压采和地下水超采区综合治理试点工作进行调研。调研组分压采组和试点组分别到南水北调受水区鹤壁市、焦作市和地下水超采区综合治理试点兰考县、滑县、内黄县进行调研。调研组认为，河南省委、省政府高度重视南水北调受水区地下水压采及地下水超采区综合治理试点工作，通过制定政策方案，完善相关制度，落实切实可行的措施，强化监督检查等综合施策，圆满完成受水区地下水压采总体任务，年度试点工作进展总体向好。但是还存在个别市（县）配套水厂进度缓慢、南水北调指标实际消纳能力不够、地下水监测不到位等问题。

调研组指出，要适度扩大供水范围，采取综合措施用足用好南水北调水，提高过境水、地表水利用量。要通过地下水超采治理、南水北调受水区水源置换、"城乡集中式饮用水地下水水源置换专项行动"、水资源税改革等工作，巩固和提升地下水超采区治理成效。

江苏省委书记娄勤俭巡查水利建设

2019 年 9 月，江苏省委书记娄勤俭现场巡查大运河苏北段、洪泽湖、淮河入海水道、邵伯湖等河道及水利工程。他强调，进入新时代，要深入贯彻习近平总书记关于系统治水的重要论述，把治水兴水摆在经济社会发展的基础性、战略性、先导性位置，守护江苏河湖安澜，以实际成效践行初心使命，让水资源更好地服务发展、造福人民、润泽江苏。

位于淮河入海水道和大运河交汇处的淮安水利枢纽，建有水（涵）闸、泵站、船闸、水电站等水利工程26 座，核心区工程密度世所罕见，承担着南水北调、分泄洪水、灌溉排涝、航运发电等综合功能，在抗御今年苏北地区 60 年一遇干旱中起到了重要作用。娄勤俭登上桥头堡三楼平台，察看立交工程及大运河、总渠通航情况。娄勤俭强调，南水北调工程是解决我国北方水资源严重短缺问题的重大战略性工程，我们要提高政治站位，积极实施好相关工程，坚决完成好调水任务，有力有效地服务国家发展大局。

周汉奎调研指导引江济汉工程管理局工作

2019 年 10 月 23 日，湖北省水利厅党组书记、厅长周汉奎赴荆州调研指导省引江济汉工程管理局工作。

周汉奎仔细查看了荆堤大闸、进水节制闸、进口泵站等引江济汉进口段重要建筑物，了解工程调度及防汛抗旱等情况，随后组织引江济汉工程管理局党委班子成员在荆州分局召开了座谈会。

会上，周汉奎听取了引江济汉工

程管理局负责人关于机构设置、人事编制、工程运管、党的建设等方面情况介绍，对现阶段工程标准化建设成效和综合效益发挥情况给予充分肯定。

周汉奎强调，引江济汉工程是一项投资大、任务重的民生工程，引江济汉人要不忘初心，牢记使命，不断提高管理水平，更好发挥工程效益。他要求，一是要提升精神区位。要力度不减巩固深化、充分运用主题教育成果，用事业凝聚人心，提高干部职工的责任意识以及创造力、战斗力，共同描绘引江济汉美好蓝图。二是要强化运行管理。要坚持一切从实际出发，切忌纸上谈兵，在日常工程运行管理工作中不断细化、优化规章制度和操作规程，明确岗位职责，提高办事效率与执行力。三是要推进改革创新。要弘扬新时代水利精神，在人才培养、信息化建设、优化水资源配置等方面多动脑筋，深入思考，创新工作方式方法，走出一条具有引江济汉特色的运管道路。四是要加强班子建设。要坚持民主集中制，讲团结、顾大局，心往一处想、劲往一处使；要坚持全面从严治党，积极争创红旗党支部，充分发挥党员先锋模范带头作用和党支部战斗堡垒作用；要重视党风廉政建设，牢记只有履职尽责、干事创业的权力，勇于担当、敢于负责；要关心干部，善于做干部思想工作，掌握思想动向，及时排忧解难，在全局形成良好的工作氛围。

文章与专访

开启水利改革发展新征程——专访水利部部长鄂竟平

◇我国治水的主要矛盾已经发生深刻变化。新水问题常态化、显性化成为新时代治水主要矛盾和矛盾的主要方面。老水问题将长期化，并伴有突发性、反常性、不确定性等特点，对人民群众的生命财产安全具有直接、重大威胁

◇准确把握当前水利改革发展所处的历史方位，清醒认识我国治水主要矛盾的深刻变化，加快转变治水思路和方式，将工作重心转到"水利工程补短板、水利行业强监管"上来。这是当前和今后一个时期水利改革发展的总基调

◇把调整人的行为、纠正人的错误行为贯穿始终，全面加强水利行业监管，使水资源水生态水环境真正成为刚性约束

完成全面建立河长制、湖长制目标任务，河长制、湖长制的组织体系、制度体系、责任体系初步形成；部署开展全国河湖"清四乱"专项行动，持续改善河湖面貌；组织开展全国河湖采砂专项整治行动，处理长江违法采砂案件884起；首次在全国水利行业大范围采取"四不两直"方式开展小型水库暗访督查，对省级水利

部门进行约谈通报……2018年以来，水利部认真落实中央决策部署，加快水利改革发展的步伐，一项项水利工作开创出了崭新局面。

"必须坚持以习近平新时代中国特色社会主义思想为指导，积极践行'节水优先、空间均衡、系统治理、两手发力'的治水思路。"近日，水利部部长鄂竟平接受《瞭望》新闻周刊记者专访时说，要准确把握当前我国水利改革发展所处的历史方位，清醒认识治水主要矛盾的深刻变化，加快转变治水思路和方式，将工作重心转到"水利工程补短板、水利行业强监管"上来。"这是当前和今后一个时期水利改革发展的总基调。"

一、治水矛盾呈现重大新变化

《瞭望》：当前我国水安全面临什么样的形势和任务？

鄂竟平：随着我国经济社会不断发展，水安全中的老问题仍有待解决，新问题越来越突出、越来越紧迫。

从老问题看，我国历史上的水问题主要是降水时空分布不均带来的洪涝干旱灾害，治水的主要任务是除水害、兴水利，与大自然作斗争，主要是依靠工程手段、科技手段来改变自然、征服自然。经过长期不懈努力特别是大规模水利工程建设，我们战胜了多次特大洪水和严重干旱，为经济社会发展提供了有力支撑。但也要看到，我国自然地理和气候特征决定了水旱灾害将长期存在，并伴有突发

性、反常性、不确定性等特点。与之相比，水利工程体系仍存在一些突出问题和薄弱环节，必须通过"水利工程补短板"进一步提升我国水旱灾害防御能力。

从新问题看，由于人们长期以来对经济规律、自然规律、生态规律认识不够，发展中没有充分考虑水资源、水生态、水环境承载能力，造成水资源短缺、水生态损害、水环境污染的问题不断累积、日益突出，已成为常态问题。比如，有的缺水地区用水浪费现象严重；有的地方无序开发水资源、侵占水域岸线导致河道断流、湖泊萎缩、生态功能下降；有的地方长期超采地下水，带来严重的生态问题和安全隐患……解决这些问题，必须依靠"水利行业强监管"来调整人的行为、纠正人的错误行为，促进人与自然和谐发展。

习近平总书记在党的十九大报告中指出，中国特色社会主义进入新时代，我国社会主要矛盾已经转化为人民日益增长的美好生活需要和不平衡不充分的发展之间的矛盾。新时代标定了水利事业新方位。经过新中国成立以来特别是改革开放以来的快速发展，我国治水的主要矛盾已经从人民群众对除水害兴水利的需求与水利工程能力不足的矛盾，转变为人民群众对水资源水生态水环境的需求与水利行业监管能力不足的矛盾。其中，前一矛盾尚未根本解决并将长期存在，而后一矛盾已上升为主要矛盾和矛盾

的主要方面。

《瞭望》：水利部提出了"水利工程补短板、水利行业强监管"的水利改革发展总基调，在您看来，这一总基调提出的背景和原因是什么？

鄂竟平：当前我国综合国力显著增强，人民生活水平不断提高，对美好生活的向往更加强烈、需求更加多元，已经从低层次上"有没有"的问题，转向了高层次上"好不好"的问题。就水利而言，过去人们的需求主要集中在防洪、饮水、灌溉；现阶段人们对优质水资源、健康水生态、宜居水环境的需求更加迫切。相较于人民群众对水利新的更高需求，水利事业发展还存在不平衡、不充分的问题。

不平衡主要体现在4个方面：一是经济社会发展与水资源供给能力不平衡，水资源供需矛盾突出；二是生活生产生态用水需求与水资源水环境承载能力不平衡，水资源需求的结构性矛盾突出；三是水资源开发利用与其他生态要素保护不平衡，开发与保护矛盾突出；四是水利基础设施在区域、城乡布局不平衡，东中西部和城乡水利矛盾突出。

不充分也体现在四个方面：一是水资源节约利用不充分；二是水资源配置不充分；三是水量调度不充分；四是水市场发育不充分。

这些不平衡不充分的问题，既有自然条件、资源禀赋、发展阶段制约等方面的原因，需要继续完善水利工程体系，提高防洪、供水、生态等综合保障能力；更重要的是长期以来人们认识水平、观念偏差和行为错误等方面的原因。

贯彻落实"节水优先、空间均衡、系统治理、两手发力"的治水思路，必须把调整人的行为、纠正人的错误行为贯穿始终，全面加强水利行业监管，使水资源水生态水环境真正成为刚性约束。这也正是水利部提出"水利工程补短板、水利行业强监管"总基调的原因所在。

二、更深、更细、更实强化行业监管

《瞭望》："水利行业强监管"重点在哪些方面加强监管？又如何实现强监管？

鄂竟平：加强行业监管，是新形势新任务赋予水利工作的历史使命，也是一项涉及面广、触及矛盾深、工作量大、政策性强的系统工程。既要对水利工作进行全链条的监管，也要突出抓好关键环节的监管；既要对人们涉水行为进行全方位的监管，也要集中用力重点领域的监管。就当前来看，要重点抓好6个方面的监管：江河湖泊、水资源、水利工程、水土保持、水利资金、行政事务工作。

关于江河湖泊的监管，就是以河长制湖长制为抓手，以推动河长制从"有名"到"有实"为目标，全面监管"盛水的盆"和"盆里的水"，既管好河道湖泊空间及其水域岸线，又管好河道湖泊中的水体。以"清四乱"为重点，集中力量解决乱占、乱采、乱堆、乱建等问题，打造基本干净、整洁的河湖。同时，压实河长湖长主体责任，建章立制、科学施策、靶向治理，统筹解决水多、水少、水脏、水浑等问题，维护河湖健康生命。

关于水资源的监管，要落实"节水优先"的方针，按照"以水定需"原则，体现水资源管理"最严格"要求，全面监管水资源的节约、开发、利用、保护、配置、调度等各环节工作。抓紧制定完善水资源监管标准，推进跨省和跨地市重要江河流域水量分配，明确区域用水总量控制指标、江河流域水量分配指标、生态流量管控指标、水资源开发利用和地下水监管指标，建立节水标准定额管理体系，加强水文水资源监测，强化水资源开发利用监控，整治水资源过度开发、无序开发、低水平开发等各种现象。

关于水利工程的监管，在抓好水利工程建设进度、质量、安全生产等方面监管的同时，以点多面广的中小水库、农村饮水等工程为重点，加大对工程安全规范运行的监管。抓好水利工程建设监管，压实项目法人、参建各方和项目主管部门责任，强化对工程各环节的监管，全面提升工程建设质量。同时，健全水利市场监管机制，推行"双随机、一公开"动态化监管模式，引导水利建设市场良性发展。抓好水利工程运行管理监管，完善水利工程运行管理制度和技术标准。

关于水土保持的监管，要全面监管水土流失状况和生产建设活动造成的人为水土流失情况。建立完备的水土保持监管制度体系，完善相关技术标准。充分运用高新技术手段开展监测，实现年度水土流失动态监测全覆盖和人为水土流失监管全覆盖，及时发现并查处水土保持违法违规行为，有效遏制人为水土流失。

关于水利资金的监管，要以资金流向为主线，实行对水利资金分配、拨付、使用的全过程监管。加大财务专项监督检查力度，扩大引入第三方、运用信息化手段等方式，及时发现并查处问题，严厉打击截留、挤占、挪用水利资金等行为。

关于行政事务工作的监管，要将党中央、国务院作出的重大决策部署，水利部党组作出的重要决定安排，水利政策法规制度作出的规范性要求，水利改革发展中的重点任务及其他需要贯彻落实的重要工作，全面纳入监管范围，逐一细化任务分工，明晰责任边界，强化压力传导，建立完善约束激励机制。引导广大水利干部职工想担当、敢担当、会担当，对责任不落实、履职不到位，不作为、慢作为、乱作为的严肃追责问责。

具体实施强监管，要坚持以问题为导向，以整改为目标，以问责为抓手，从法制、体制、机制入手，建立一整套务实高效管用的监管体系。

从法制入手，就是要建立完善水利监管的法律法规、部门规章、实施办法等制度体系，明确监管内容、监管人员、监管方式、监管责任、处置措施等，使水利监管工作有法可依、有章可循，使法规制度长牙、带电、有威慑力。

从体制入手，就是要建立统一领导、全面覆盖、分级负责、协调联动的监管队伍。水利部成立了水利督查工作领导小组，对督查工作实行统一领导。在各流域机构设立监督局（处），组建督查队伍，按照水利部统一部署，承担片区内的监督检查具体工作。各省也要建立相应的督查队伍，形成完整统一、上下联动的督查体系。

从机制入手，就是要建立内部运行的规章制度，确保监管队伍能够认真履职尽责，顺利开展工作。运用信息化手段，搭建覆盖水利各业务领域的信息互通平台，实行问题清单管理，实现发现问题、认证问题、整改督办、责任追究的有效衔接和闭环运行。突出"严、实、细、硬"的监督特色，注重选拔勤勉敬业、高度负责、能力突出、作风过硬的同志参与监管工作，引导全行业重视监管、支持监管、配合监管。

2019年，将重点围绕节约用水、河湖管理、小水库安全度汛、水生态环境保护、农村饮水安全巩固提升和运行管护、水利脱贫等方面加强监管，集中力量打好攻坚战。

三、全力全面补齐水利工程短板

《瞭望》：我国水利工程建设成就举世瞩目。在您眼中，水利工程还有哪些短板，如何补齐？

鄂竟平：当前，我国基本建成了较为完善的江河防洪、农田灌溉、城乡供水等水利工程体系，但是仍存在一些突出问题和薄弱环节。要重点补好以下几个方面的短板。

一是防洪工程。加强病险水库除险加固、中小河流治理和山洪灾害防治，推进大江大河河势控制，开展堤防加固、河道治理、控制性工程、蓄滞洪区等建设，完善城市防洪排涝基础设施。

二是供水工程。大力推进城乡供水一体化、农村供水规模化标准化建设，尤其要把保障农村饮水安全作为脱贫攻坚的底线任务。确保按期完成大型和重点中型灌区配套改造任务，积极推进灌区现代化改造前期工作。深入开展南水北调东中线二期和西线一期等重大项目前期论证，在满足节水优先的基础上开工一批引调水工程和重点水源、大型灌区等重大节水供水工程。

三是生态修复工程。深入开展水土保持生态建设，加快推进坡耕地整治、侵蚀沟治理、生态清洁小流域建设和贫困地区小流域综合治理。加强重要生态保护区、水源涵养区、江河源头区生态保护，推进生态脆弱河流和洞庭湖、鄱阳湖等重点湖泊生态修复，实施好长江等流域重大生态修复工程。大力实施华北地区地下水超采区综合治理，逐步实现采补平衡。

四是信息化工程。加强水文监测站网、水资源监控管理系统、水库大坝安全监测监督平台、山洪灾害监测预警系统、水利信息网络安全建设，推动建立水利遥感和视频综合监测网，以水利信息化驱动水利现代化。

（来源：《瞭望》新闻周刊 2019 年第 8 期，记者：李亚飞）

将南水北调打造成一流的民生工程、绿色工程、幸福工程——专访水利部南水北调司司长李鹏程

2019 年，南水北调工程管理工作深入贯彻党的十九大精神，认真践行习近平总书记"节水优先、空间均衡、系统治理、两手发力"的治水思路和治水重要论述，以扎实开展"不忘初心、牢记使命"主题教育为抓手，紧紧围绕水利改革发展总基调，在抓好工程平稳运行基础上，着力在保障工程供水安全、提升工程运行管理水平、做好水量调度工作、加快工程验收和配套工程建设等方面提档升级，各项工作均取得新进展。日前，本刊记者专访了水利部南水北调工程管理司司长李鹏程。

中国水利：请您结合南水北调工程管理工作，谈谈学习习近平总书记在黄河流域生态保护和高质量发展座谈会上的重要讲话精神的认识和体会。

李鹏程：2019 年 9 月 18 日，习近平总书记在黄河流域生态保护和高质量发展座谈会上发表重要讲话，发出了"让黄河成为造福人民的幸福河"的号召，为新时代黄河流域生态保护和高质量发展擘画了崭新的宏伟蓝图。从南水北调工程管理工作角度来说，学习贯彻总书记重要讲话精神，就是要深入学习贯彻党的十九届四中全会精神，把生态保护和高质量发展牢记在心，早日将南水北调工程打造成为一流的民生工程、绿色工程、幸福工程。具体来说要抓好以下几个关键：一是要充分发挥中国特色社会主义制度的巨大优势，不断探索建立和健全完善世界一流的管理制度体系，从根本上确保这项世界最大的水利工程各项管理工作规范化、标准化、制度化，为同类工程树立样板。二是要共同抓好安全运行，协同推进工程建设和管理。南水北调工程管理工作涉及多个司局单位、项目法人、沿线省份及各线各层级垂直管理单位，是一项系统性工作，需要健全完善联席联动机制，统筹协调，协同做好各项工作，一手抓安全运行，确保工程持续、安全、平稳地将优质南水调到北方，一手抓后续工程建设，为保障国家水安全提供坚强支撑。三是要充分发挥工程的综合效益。南水北调工程的出发点、落脚点，就是要不断满足人民群众对美好生活特别是优质用水的需求，我们将通过不断地补齐短板、加强监管，更好地发挥工程经济、社会和生态效益，让工程永续

造福民族、造福人民。

中国水利：2019年是落实"水利工程补短板、水利行业强监管"的水利改革发展总基调开局之年。请结合2019年南水北调工程管理工作主要任务，谈谈如何补短板、强监管。

李鹏程：2019年，我们认真贯彻落实水利改革发展总基调，大力推进南水北调工程补短板、强监管各项工作，在工程运行规范化标准化建设、安全运行管理、工程验收等方面提档升级，取得了长足进展。一是强化工程运行管理，供水安全提档升级。稳步实施调水计划，截至2019年12月31日，东、中线一期工程累计调水量达303.64亿m^3。超额完成华北地下水超采综合治理河湖地下水回补试点阶段补水任务，累计向华北地区10条河段补水12.23亿m^3。顺利完成东线一期工程北延应急试通水，调出水量6868万m^3，完成计划的130%。构建新形势下工程防汛工作体系，督促流域管理机构、地方水利部门、工程管理单位落实汛期防汛责任，确保安全度汛。全力做好新中国70华诞安全管理工作，先后印发《水利部南水北调司关于切实加固庆祝新中国成立70周年期间南水北调工程运行安全管理工作的通知》和《水利部南水北调司关于进一步加强南水北调工程运行安全管理工作的紧急通知》并督促落实，确保大庆期间工程平稳运行。二是扎实推进技术经济工作和工程验收提档升级。扎实推进完工财务

决算，协调解决遇到的问题，目前已核准决算32个，超计划2个。组织做好水价水费有关工作，认真研究制定促进生态补水价格工作方案，督促指导供需双方推进生态补水价格协商工作，中线工程有关单位已完成签订生态补水价格协议。目前，年度水费收缴率达91.9%，同比提高3.4%。协调做好工程建设资金供应保障工作，已下达投资计划资金基本到账。修订完工验收工作导则，完善验收工作体系，建立专项协调机制，加强督办督促，加快验收进度。截至目前累计完成31个设计单元工程完工验收，超计划3个。超额完成定点帮扶"八大工程"任务指标，协助投入帮扶资金2186.33万元，帮助引入资金2637万元，助力湖北郧阳实现脱贫摘帽。三是力促尾工和配套工程建设，工程达效提档升级。督促相关省（直辖市）推进配套工程建设。尾工项目按预定进度计划推进，配套工程建设任务大部分完成。积极协调南水北调东线一期工程北延应急供水工程开工建设，召开现场动员会。推动两个范围划定，落实保护范围管理职责。加强穿跨邻接项目监管，2019年已备案管理33项。开展中线左岸防洪影响处理问题调研，协调推进有关工作。开展南水北调品牌规划研究，提出品牌战略规划基本思路。积极协调推动集团公司组建有关工作。四是夯基固本，综合服务保障能力提档升级。认真协调组织做好新中国成立70周年大型展

览布展及中央媒体专题宣传工作，稳步推进南水北调全面通水 5 周年宣传组织策划和方案落实工作，在国新办成功举办工程全面通水 5 周年新闻发布会，社会反响良好。抓好人才队伍建设，加大条例宣传贯彻力度。组织推进重点领域战略研究项目"新时期南水北调工程战略功能及发展研究"。落实党建工作责任，集中整治形式主义、官僚主义，深入开展"不忘初心、牢记使命"主题教育，南水北调人的作风进一步优化，干事创业的精神头更足，面貌焕然一新。

中国水利：南水北调东中线一期工程全面通水已满 5 周年，工程的社会、生态和经济效益如何？

李鹏程：南水北调东、中线一期工程的建成通水，初步构筑了我国南北调配、东西互济的水网格局。截至目前，工程累计调水总量超 300 亿 m³，经济、生态、社会等综合效益发挥显著。第一，改变供水格局，水资源配置得到优化。南水北调东、中线工程从根本上改变了受水区供水格局，提高了受水区 40 多座大中城市供水保证率，直接受益人口超 1.2 亿人，从原规划的补充水源逐步成为沿线城市生活用水的主力水源。在北京，城市用水量 73.3% 以上为南水，中心城区供水安全系数由 1.0 提升至 1.2；天津 14 个行政区居民用上了南水，南水成为天津供水新的"生命线"；河南省 59 个县（区）受益，其中多个城市主城区用水 100% 为南水；河北

省 90 多个县（区）受益；江苏省 50 个县（区）共 4500 多万亩农田灌溉保证率得到提高；山东省形成 T 形骨干水网布局，有力缓解了胶东半岛干旱缺水的严峻局面。以中线为例，其连年超额完成年度调水目标，沿线 4 省份供水量和需水量逐年增加，直接受益人口持续攀升。第二，改善供水水质，人民群众获得幸福感增强。按照"三先三后"原则要求，一方面，全面做好中线水源地水质保护各项工作，鄂豫陕 3 省联动协作，制定水污染治理和水土保持规划，推进高污染产业转型升级，探索生态补偿机制，夯实了水源地水质保护基础；另一方面，强力推进东线治污。江苏省融节水、治污、生态为一体，关停沿线化工企业 800 多家；山东省在全国率先实施最严格地方标准，取消行业排放"特权"，开展"治、用、保"综合治理。通水 5 年来，丹江口水库和中线干线供水水质稳定在 Ⅱ 类标准及以上，东线工程水质稳定在 Ⅲ 类标准。沿线群众饮水质量显著改善，北京市自来水硬度由过去的 380mg/L 降至 130mg/L，河北 500 多万人告别了长期饮用高氟水、苦咸水的历史。经过多年帮扶发展，40 多万工程移民逐步实现了身安、心安、业安，生活水平总体高于搬迁前水平。人民群众获得感、幸福感持续增强。第三，倒逼产业转型，推动受水区高质量发展。通水 5 年来，北京、天津、石家庄等大中型城市基本摆脱缺水制约，有力

保障了京津冀协同发展、雄安新区建设等重大国家战略实施。以 2016—2018 年全国万元 GDP 平均需水量 73.6 m^3 计算，南水北调工程已累计向受水区调水超 300 亿 m^3，为受水区约 4 万亿元 GDP 增长提供了优质水资源支撑。实行区域内用水总量控制，加强用水定额管理，带动高效节水行业发展，淘汰限制高耗水、高污染行业，提高了用水效率和效益。通过实行"两部制"水价，依据成本核定水价，有力推动受水区水价改革，促进节水型社会建设。第四，修复生态环境，促进沿线生态文明建设。为充分发挥工程生态效益，自 2017 年起，中线工程已连续 3 年利用丹江口水库汛期弃水向沿线受水区 30 余条河道生态补水，累计补水近 26 亿 m^3。为解决华北地区地下水超采问题，2018 年 9 月利用南水北调中线、当地水库、再生水等水源开展为期一年的河湖地下水回补试点工作，截至试点结束，南水北调中线工程累计补水 8.52 亿 m^3；于 2019 年 4—6 月实施了东线一期北延应急试通水工作，累计从六五河节制闸调出水量 6868 万 m^3，取得了明显效果。目前东线一期北延应急供水工程已正式开工，工程建成后将为华北地区生态环境改善提供更为有力的水资源支撑。东、中线一期工程还带动了沿线生态带建设，目前中线工程沿线形成一条长达 1200 多千米、宽几十米至数百米的生态景观带。

中国水利：请您谈谈 2020 年南水北调工程管理工作思路、措施及重点任务。

李鹏程：国务院召开南水北调后续工程工作会议后，南水北调迎来了新的重大历史机遇。2020 年是南水北调各项工作的重要节点，是后续工程前期工作加快推进和多个项目开工的关键期，是验收工作的攻坚期，是脱贫攻坚的决战决胜阶段，责任大、担子重。我们将认真贯彻落实十九届四中全会精神和习近平总书记在黄河流域生态保护和高质量发展座谈会上的重要讲话精神，按照"节水优先、空间均衡、系统治理、两手发力"的治水思路、新时期水利改革发展总基调和 2020 年全国水利工作会议安排部署，以问题为导向，以目标为引领，采取更加有力的措施，补齐短板、加强监管，牢记使命、勇于担当，确保优质高效完成各项工作任务，促进南水北调各项工作稳中快进、提质增效。一是确保东中线一期工程安全平稳运行，发挥工程综合效益。增强风险意识，绷紧安全弦，组织工程运行安全评估，做到问题早发现、早整改，及时消除隐患，确保工程安全运行。加强东、中线一期工程水量调度管理，科学制定并落实好 2019—2020 年度水量调度计划，在确保安全平稳供水前提下，完成年度供水目标。其中，东线一期工程完成向山东省调水 7.03 亿 m^3；中线一期工程完成调水 70.84 亿 m^3。做好停水检修研究后续相关工作，推动《南水北调中线干线工程安全鉴定管理办法》研究工作，确保工程检修有法可依，工程运行高效安全。做好生态补水相关工作。持续开展丹江口水库洪水资源化利用，按照《华北地区地下水超采综合治理行动方案》及水利部统一部署，推进生态补水常态化，深化华北地区地下水超采治理行动，规范生态补水水费机制。二是推进验收、决算、尾工及配套工程建设，为东、中线一期工程按期竣工验收奠定基础。推动南水北调一期工程尾工建设，为竣工验收打下坚实基础。进一步加强穿跨邻接项目管理，推动保护范围划定，做好保护范围管理工作。加速推进验收工作，精心组织、主动协调，保进度、保质量，确保如期完成 2020 年设计单元完工验收、财务决算任务。配合做好东线北延工程和东中线扫尾工程资金供应保障工作。督促落实生态补水交费工作，持续跟踪水费收缴工作。三是一手抓集团公司组建，一手抓后续工程建设，为东中线二期工程开工建设做好准备。以集团公司组建为契机，完善相关管理体制机制，加快研究后续工程建设管理体制，为后续工程尽快开工做好准备。按照国务院专题会议部署要求，根据工作方案和时间节点安排，协调推进后续工程建设相关事宜。加强组织协调，强化进度、质量、安全管理，确保完成东线北延应急供水工程年度建设目标。四是强化党建引领、推动科技创新，打造南水北调工程品牌形象，凝练总结南水北调精神。进一步推进全面从严治党，深度推进党建业务融合，深化"不忘初心、牢记使命"主题教育，学深一层、落在实处、作出表率。组织制定宣传工作要点并抓好落实，营造良好舆论环境。不断巩固提升风清气正的政治生态，营造干事创业的浓厚氛围，打造求实担当的干部队伍。做好工程信息化建设，加强南水北调科技工作，实现成果最大化。加强南水北调品牌研究，进一步提升工程品牌形象和影响力。着手凝练南水北调精神，夯实南水北调人共同奋斗的精神基础。加强协调协作，继续巩固深化郧阳定点帮扶成果，确保打赢脱贫攻坚战，圆满完成党中央交办的政治任务。

（来源：《中国水利》杂志　2019年第 24 期，记者：王慧　袁凯凯）

叁　政策法规

南水北调法治建设

【宣贯培训】 2019 年 6 月 18—20 日，水利部南水北调司在江苏省扬州市举办《南水北调工程供用水管理条例》培训班，旨在进一步加强《南水北调工程供用水管理条例》宣贯工作，解读条例内容，充分发挥条例作用，依法保障南水北调工程平稳运行。培训班严格执行培训管理的各项要求，周密制定培训方案，精心选择授课专家，确保培训工作见成效、有收获。培训方式包括讲授式、体验式、研讨式等教学形式。培训内容主要有依法治国和依法行政、条例解读、条例执行及作用、典型案例解析，以及工程现场教学、分组交流研讨等，共设 8 项课程 24 个学时。各参训单位高度重视，积极选派业务骨干参加培训。水利部机关有关司局，沿线流域管理机构、省（直辖市）水利（水务）厅（局），各项目法人及运行管理单位有关部门的负责同志共 53 人参加了本次培训。 （薛腾飞）

【执行情况调研】 2019 年 7 月 15—19 日，水利部南水北调司副司长袁其田带队调研《南水北调工程供用水管理条例》执行情况。调研组先后奔赴河南、河北、江苏、山东等 4 省南水北调工程沿线，察看了郑州市贾鲁河综合治理生态修复工程、中线禹州段工程、蔺家坝泵站、双王城水库等工程，调研了槐河倒虹吸上下游河道采砂情况、滹沱河生态补水情况，与河南省水利厅、河北省水利厅、山东省水利厅、中线建管局及相关分局，东线总公司、江苏水源公司、山东干线公司等单位进行了座谈。调研中，各地各单位普遍认为，《南水北调工程供用水管理条例》作为国务院针对南水北调工程的专门立法，是规范南水北调工程供用水管理、运行管理的基本依据，标志着南水北调工程供用水管理步入了法制化、规范化的轨道。各地各单位积极采取有效措施，宣传贯彻《南水北调工程供用水管理条例》的有关规定，确保《南水北调工程供用水管理条例》的有效实施。《南水北调工程供用水管理条例》对工程平稳运行、安全供水发挥了十分重要的作用。 （薛腾飞）

【法治宣传活动】 4 月 15 日，南水北调东线总公司积极开展法治宣传活动，将网络安全法、反恐怖主义法纳入员工培训课程，教育引导公司员工准确把握网络安全法、反恐怖主义法的精神实质。利用公司 OA 办公网络及时向公司全体员工推送网络安全知识、安全软件，要求公司员工及时下载并安装网络安全软件、网络漏洞补丁等。 （冯伯宁）

南水北调政策研究

【重大课题】 2019 年，南水北调东

线总公司与清华大学、河海大学、中国科学院、中国水科院、生态环境部环境规划院等高等院校和科研院所合作开展了"南水北调东线一期工程水质提升工作大纲""南水北调东线后续工程研究""南水北调东线一期工程通水五年经验总结""南水北调东线一期工程供水成本信息系统建设前期建模指标普查"等多项科研课题，研究方向涉及工程管理、生态保护、环境治理、水利信息化等多个领域。

2019年，东线总公司参与承担国家重点研发计划"水资源高效开发利用"专项"南水北调工程运行安全检测技术研究与示范"项目研究工作。

2019年，东线总公司作为申报单位之一，成功获批了国家重点研发计划"智能机器人"专项"大直径长引水隧洞水下监测机器人系统"项目。

（刘梅）

【主要成果】 2019年，东线总公司完成论文15篇，在中国水利学会年会上进行了交流。获得实用新型专利1项，名称为"一种利用碳纤维阻值变化监测建筑结构健康状况的装置"（专利号：ZL 2018 2 2243365.3）。 （刘梅）

肆　综合管理

概　述

【运行管理】　2019年，南水北调东、中线一期工程迎来全面通水5周年，南水北调司以努力打造南水北调工程运行管理品牌为抓手，以点带面开展运行管理标准化建设试点工作，不断提升运维管理水平，运行管理标准化建设稳步推进，取得积极成效。2019年，中线工程完成标准化闸站296座，标准化水质自动监测站12座，标准化中控室44个，组织开展智慧中线建设，运行管理信息化水平显著提高，在公安部组织的攻防演练中取得了较好成绩；东线工程江苏段初步完成九个泵站的"8S"标准化建设工作，安全生产标准化创建工作正在全面推进；山东干线公司通过了水利部水利安全生产标准化一级达标单位评审；东线总公司在东线工程全线试行"南水北调东线泵站、水闸、河道（渠道）、平原水库规范运行管理标准（试行）"四个标准。　（孙畅　杨乐乐）

【综合效益】

1. 超额完成年度水量调度计划　东线向山东省调水8.44亿m³，圆满完成2018—2019调水年度任务；中线调水71.32亿m³，完成年度计划的107.2%。东线连续6年完成调水任务，中线已不间断安全供水1800余天，东中线累计调水达300亿m³，直接受益人口由2018年年底的1亿人扩大到2019年年底的1.2亿人。水质方面，东线水质持续稳定保持Ⅲ类水标准，中线水质持续优于Ⅱ类。

2. 开展生态补水，生态效益显著　利用汛期弃水和计划内富余调水量组织生态补水，超额完成华北地下水超采综合治理河湖地下水回补试点阶段补水任务，中线一期工程累计向华北地区10条河段补水12.16亿m³，补水河流生态功能得到恢复。顺利完成东线一期工程北延应急试通水，六五河节制闸累计调出水量6868万m³，华北地区生态面貌显著改善。

（孙畅　杨乐乐）

【水质安全】　南水北调东线在2018—2019年度调水期间，共对东线一期工程沿线27个断面进行监测。其中，江苏境内2个断面（自动监测站），主要监测水温、pH值、溶解氧、电导率、浊度、氨氮、高锰酸盐指数共7项指标；山东境内25个断面，主要监测水温、pH值、溶解氧、高锰酸盐指数、化学需氧量、氨氮、总磷、总氮、氟化物、石油类、硫酸盐、氯化物、电导率、浊度共14项指标。本年度调水期间，江苏段共监测87批次，获取数据1218组；山东段共取样监测17批次，获取数据2744组。结果表明，江苏境内断面水质在年度调水期间均满足或优于地表水Ⅲ类水标准；山东境内部分断面除个别监测指标在部分时段偶有超标外，其他各项指标均达到或优于地表水Ⅲ类水质标准。南水北调东线一期工程本年度调水运行期间，水质稳定，并持续向好，满足调水水质要求。

为保障南水北调中线水质安全，及时掌握南水北调中线干线工程输水期间水质状况及变化趋势，按照原国务院南水北调办批复的《南水北调中线干线水质监测方案》要求，2018—2019年输水年度每月对总干渠30个固定监测断面开展常规监测一次，监测指标为《地表水环境质量标准》(GB 3838—2002)24项基本项目与补充项目硫酸盐指标。2018—2019供水年度水质监测结果显示，全线各断面监测指标数值稳定，总干渠水质稳定达到或优于地表水Ⅱ类标准，满足供水要求。　　　　　　　(孙畅　杨乐乐)

【东、中线一期工程水量调度】

1. 制订南水北调东线一期工程2019—2020年度水量调度计划　2019年8月2日，水利部办公厅发文要求有关单位开展南水北调东线一期工程2019—2020年度水量调度计划编制工作。

8月19日，南水北调东线总公司报送了东线一期工程运行状况分析的报告；8月20日，江苏省水利厅报送了江苏省南水北调东线一期工程2019—2020年度水量调度计划建议；8月30日，山东省水利厅报送了山东省南水北调东线一期工程2019—2020年度水量调度计划建议。9月5日，淮河水利委员会依据东线总公司报送

的东线一期工程运行管理状况及江苏、山东两省报送的年度用水计划建议和《南水北调东线一期工程水量调度方案(试行)》，编制完成《南水北调东线一期工程2019—2020年度水量调度计划(送审稿)》。

9月17日，水利部调水局组织专家对年度水量调度计划进行了审查。会后会同淮河水利委员会等有关单位，根据专家意见修改完善了年度水量调度计划，并于9月19日将审查意见和修改后的年度水量调度计划报部。水利部于9月29日批复下达了东线一期工程2019—2020年度水量调度计划。

2. 制订南水北调中线一期工程2019—2020年度水量调度计划　2019年8月28日，水利部办公厅发文要求有关单位开展南水北调中线一期工程2019—2020年度水量调度计划编制工作。

9月19日，湖北省水利厅报送了湖北省用水计划建议；9月30日，长江水利委员会报送了中线一期工程2019—2020年度可调水量。

9月20日，汉江水利水电(集团)有限责任公司和南水北调中线水源公司报送了丹江口水库运行管理状况的报告；9月23日，南水北调中线干线工程建设管理局报送了中线一期总干渠工程运行管理状况报告。

9月20日至10月8日，河北、天津、河南、北京4省(直辖市)水利(水务)厅(局)陆续报送了本省

（直辖市）2019—2020 年度用水计划建议。

10 月 18 日，长江水利委员会依据相关各省（直辖市）报送的用水计划建议、丹江口水库可调水量、中线一期总干渠工程运行管理情况、丹江口水库运行管理情况和《南水北调中线一期工程水量调度方案（试行）》，编制完成《南水北调中线一期工程 2019—2020 年度水量调度计划（送审稿）》。

10 月 22 日，水利部调水局组织专家对年度水量调度计划进行了审查。会后会同南水北调司与长江水利委员会，根据专家意见修改完善了年度水量调度计划，并于 10 月 23 日将审查意见和修改后的年度调度计划报水利部。水利部于 10 月 31 日批复下达了中线一期工程 2019—2020 年度水量调度计划。　　　　（张爱静）

2019 年，南水北调司科学编制年度水量调度计划。深入调研东、中线沿线省（直辖市）水量需求有关情况，加强与长江委、调水局、中线建管局、东线总公司等单位，以及北京、天津、河北、河南、江苏、山东等省（直辖市）的沟通交流，组织编制了南水北调东、中线一期工程 2019—2020 年度水量调度计划，并按规定及时印发实施。（孙畅　杨乐乐）

3. 南水北调东线一期工程 2018—2019 年度水量调度计划执行情况　南水北调东线一期工程向山东省调水工作于 2018 年 12 月 25 日启动，2019 年 5 月 28 日台儿庄泵站停止抽

水，6 月 14 日鲁北段工程完成年度调水任务，6 月 29 日胶东干线工程完成年度调水任务。

南水北调东线一期工程 2018—2019 年度水量调度计划抽江 55.14 亿 m³（其中江苏省为 45 亿 m³，山东省为 10.14 亿 m³），入山东省 8.44 亿 m³，向山东省净供水 5.22 亿 m³，调水时间为 2018 年 10 月至 2019 年 5 月。

东线一期工程 2018—2019 年度实际调入山东省 8.44 亿 m³，入南四湖下级湖 8.34 亿 m³，入南四湖上级湖 7.79 亿 m³，入东平湖 7.12 亿 m³，向胶东干线调水 5.60 亿 m³，向鲁北供水 0.85 亿 m³。截至 2019 年 6 月 29 日，累计向山东省各受水市供水 5.32 亿 m³，其中枣庄 3450 万 m³、济宁 1620 万 m³、德州 1501 万 m³、聊城 4495 万 m³、济南 5523 万 m³、滨州 2200 万 m³、东营 500 万 m³、潍坊 3713 万 m³、青岛 21600 万 m³、烟台 5100 万 m³、威海 3500 万 m³。

4. 南水北调东线一期北延应急试通水　2019 年 4—6 月，水利部组织实施东线一期北延应急试通水工作，利用东线一期现有工程条件和供水能力，将南水北调东线水通过南运河输水至天津九宣闸，通过马厂减河到达天津北大港水库，以验证东线一期北延应急供水的可行性，为下一步实施东线一期北延应急供水做好准备。

南水北调东线一期北延应急试通水利用原有引黄济津渠道，从山东东平湖水库引水至天津九宣闸，全长约

487km。试通水于 4 月 21 日正式启动，截至 6 月 25 日结束，累计从六五河节制闸调出水量 6868 万 m³，过河北省第三店水量 5717 万 m³，入天津市九宣闸水量 1978 万 m³。试通水的成功实施，证明了东线一期工程具备利用现有工程向河北、天津应急供水的能力。

（张爱静）

2019 年 4 月 21 日，启动南水北调东线一期工程北延应急试通水，截至 6 月 25 日，累计从六五河节制闸调出水量 6868 万 m³，超额完成计划的 130%。进入河北境内水量达 3739 万 m³，向天津供水 1978 万 m³，圆满完成了应急试通水调水任务，验证了东线一期北延应急供水的可行性。

（孙畅　杨乐乐）

5. 南水北调中线一期工程 2018—2019 年度水量调度计划执行情况　南水北调中线一期工程 2018—2019 年度水量调度计划陶岔渠首枢纽供水量 66.56 亿 m³（其中正常供水 60.82 亿 m³，河北省试点河段生态补水 5.74 亿 m³）；向受水区各省（直辖市）供水 54.11 亿 m³，其中北京市 11.19 亿 m³、天津市 10.96 亿 m³、河北省 15.00 亿 m³（含试点河段生态补水 5.00 亿 m³）、河南省 21.96 亿 m³。

实际中线一期工程 2018—2019 年度陶岔供水量 71.27 亿 m³（其中，正常供水 61.36 亿 m³，生态补水 8.44 亿 m³）；向受水区各省（直辖市）正常供水 58.30 亿 m³，其中北京

11.53 亿 m³、天津 11.02 亿 m³、河北 13.01 亿 m³、河南 22.74 亿 m³，分别完成年度计划供水量的 103.0%、100.5%、130.1% 和 103.6%，4 省（直辖市）总体完成率为 107.8%。

（张爱静）

确保年度水量调度计划顺利执行。2019 年年初印发《进一步加强东、中线一期工程水量调度监督管理工作的通知》，规范年度水量调度计划管理，强化流域机构对南水北调工程水量、水质监管工作力度。上半年丹江口水库蓄水形势紧张时，适时召开水量调度协调会，按照总量不变、月度计划滚动调整的原则，加强冰期调度，调增天津市 0.85 亿 m³ 供水，有力保障了天津市城市供水安全；汛期来水形势好转后，及时通过实时滚动会商机制，研判水情，优化调度，为河北增供 3 亿 m³ 城市用水，有效缓解了河北省夏季用水高峰期的用水需求。截至 2019 年年底，东、中线一期工程累计调水量为 304.03 亿 m³，其中东线调水 40.65 亿 m³，中线调水 263.38 亿 m³。东线一期工程圆满完成 2018—2019 调水年度向山东省调水 8.44 亿 m³ 的任务。中线一期工程 2018—2019 调水年度向北方调水 71.32 亿 m³（陶岔渠首），完成计划的 107.2%，北京、天津、河北、河南 4 省（直辖市）实际累计年用水量连续 5 年增长。水质方面，东线工程持续稳定保持Ⅲ类水标准，中线工程水质一直优于Ⅱ类。（孙畅　杨乐乐）

6. 南水北调中线一期工程 2018—2019 年度生态补水情况　2018 年 9 月，水利部、河北省人民政府联合发文部署开展华北地下水超采综合治理河湖地下水回补试点工作。根据工作安排，中线一期工程于 9 月 13 日开始向河北省滹沱河、滏阳河和南拒马河试点河段实施生态补水。截至 2019 年 6 月 23 日，累计向试点河段地下水补水 7.45 亿 m³，完成了《华北地下水超采综合治理河湖地下水回补试点方案（2018—2019 年）》要求的补水任务 5.5 亿～7.5 亿 m³。之后，中线一期工程继续向试点河段地下水补水，2018—2019 年度累计向试点河段补水 9.35 亿 m³。

2019 年 8 月 7—31 日，按照水利部工作安排，中线工程利用丹江口水库富余水量向河南省生态补水 0.61 亿 m³，向河北省生态补水 0.95 亿 m³（纳入试点河段地下水补水）。

2019 年 9 月 13—30 日，结合丹江口水库水情，生态补水再次启动，向河南省生态补水 0.88 亿 m³，向河北省生态补水 0.99 亿 m³（纳入试点河段地下水补水）。

综上，2018—2019 年度累计完成生态补水 10.84 亿 m³。超额完成华北地下水超采综合治理河湖地下水回补试点阶段补水工作任务。认真落实《华北地下水超采综合治理河湖地下水回补试点方案（2018—2019 年）》及《华北地下水超采综合治理河湖地下水回补试点工作实施方案》有关要求，通过南水北调中线一期工程向滹沱河、滏阳河、南拒马河 3 条试点河段实施补水。7 月 2 日，补水达 7.54 亿 m³，提前 2 个月完成实施方案明确的补水任务上限；至 8 月 31 日试点工作结束，累计补水达 8.52 亿 m³，完成计划的 114%，滹沱河、滏阳河、南拒马河一度形成长 477km，最大水面约 46km² 的水生态带，试点河段重现生机。试点结束后，补水范围扩大至 10 条河段，累计补水 12.39 亿 m³。截至 2019 年年底，南水北调东、中线一期工程累计向北京、天津、河北、山东和河南等省（直辖市）生态供水 28.76 亿 m³。

同时，充分利用丹江口库区汛期富余水量，加强洪水资源化研究。加强实时沟通会商、科学调度，利用汛期丹江口水库富余水量，共增加供水 2.66 亿 m³，其中正常供水 1.32 亿 m³，生态补水 1.34 亿 m³。

（孙畅　杨乐乐　张爱静）

7. 东、中线一期工程受水区地下水压采评估　根据《国务院关于南水北调东中线一期工程受水区地下水压采总体方案的批复》（国函〔2013〕49 号）要求，经商国家发展改革委、财政部、自然资源部等部门，水利部于 5 月下旬至 6 月下旬组织专家对天津、河北、山东、河南等省（直辖市）2018 年度受水区地下水压采成效进行了评估（江苏省、北京市分别于 2015 年、2017 年完成近期压采目标），评估结果纳入实行最严格水资源管理制度考核。

根据评估，截至 2018 年年底，受水区累计压采地下水 19.07 亿 m^3，占《总体方案》近期压采量目标的 86.3%。其中，北京 2.36 亿 m^3、天津 0.73 亿 m^3、河北 9.13 亿 m^3、江苏 0.35 亿 m^3、山东 1.99 亿 m^3、河南 4.51 亿 m^3，分别占近期压采量目标的 108.8%、119.6%、62.7%、350.0%、86.9%、190.2%。2018 年度，天津、河北、山东、河南等省（直辖市）受水区城区压采地下水 3.84 亿 m^3，均超额完成了年度压采计划，其中天津 640 万 m^3（完成率为 320%），河北 27390 万 m^3（完成率为 119.1%），山东 3761 万 m^3（完成率为 102.8%），河南 6647 万 m^3（完成率为 105.9%）。

自 2015 年开始评估至 2018 年年底，受水区城区累计封填自备井 19944 眼，其中，北京 759 眼、天津 839 眼、河北 6739 眼、江苏 1169 眼、山东 2851 眼、河南 7587 眼。2018 年，天津、河北、山东、河南等 4 省（直辖市）城区受水区城区封填井 4314 眼，均超额完成了年度封填井计划，其中，天津 257 眼（完成率为 100%），河北 1844 眼（完成率为 275.2%），山东 839 眼（完成率为 140.3%），河南 1374 眼（完成率为 127.6%）。

在评估基础上，编写完成了《水利部等 4 部门关于 2018 年度南水北调东中线一期工程受水区地下水压采情况的报告》，以水资管〔2019〕412 号文由水利部等 4 部委联合上报国务院。报告已经国务院主要领导圈阅。

（高媛媛　李佳　王仲鹏）

8. 年度水量调度计划执行情况调研及监督检查　2019 年，南水北调司、调水局会同有关单位于 1 月 10—11 日、1 月 14—15 日、3 月 12—15 日、5 月 21—24 日、5 月 29—30 日、6 月 24—27 日、8 月 7—9 日、9 月 23—27 日，先后 8 次对东、中线一期工程 2018—2019 年度水量调度计划执行情况和 2019—2020 年度用水计划建议编制有关情况进行了监督检查，重点检查了东、中线年度水量调度计划执行情况、工程运行情况、下一步水量调度工作安排、工程冰期输水情况及生态补水实施情况和补水效果等。监督检查期间与有关单位进行了座谈并交换意见。

9. 南水北调水资源统一管理系统建设工作　南水北调水资源统一管理系统总投资 350 万元，3 年（2016—2018 年）建设完成，2019 年进入运行维护阶段。2019 年 8 月 28 日，完成了 2018 年度合同验收工作；11 月 7 日，完成了项目的自验工作。

该系统现已部署在国家水资源管理系统平台，经授权可通过水利部网站登录访问。南水北调工程有关信息基本上均可在该系统查询，包括工程信息、水库湖泊信息、年度水量调度计划、调水信息、各受水区供水信息、水量转让、应急事件处置等。有关管理人员可通过该系统获得水量调度的各种统计信息，包括年度及通水以来的累计调水量、各受水区累计供水量、各口门（断面）累计供水量、历年供水量等。有关单位可通过该系统会商制定、调整年度水量调度计划。

（张爱静）

2019年，在南水北调司领导下，各相关单位以确保完成年度水量调度计划、生态补水为目标，规范和强化南水北调工程水量调度工作，强化逐月滚动精准调度、动态监管工作，建立生态补水长效机制，加强协调沟通，全面提升水量调度管理水平，东、中线一期工程运行安全平稳，水质稳定达标，全面超额完成水量调度计划，经济、社会和生态效益显著提升。

（孙畅 杨乐乐）

【东线二期工程规划】 东线二期工程利用一期工程，扩大规模，向北延伸，从江苏省扬州市附近的长江干流取水，利用京杭大运河以及与其平行的河道输水，连通洪泽湖、骆马湖、南四湖、东平湖，经泵站逐级提水进入东平湖后，向北穿黄河后经位临渠、临吴渠、小运河、七一·六五河、南运河至九宣闸，再通过管道向北京和廊坊北三县供水。供水范围涉及北京市、天津市、河北省、安徽省、江苏省、山东省等省（直辖市）。

东线二期工程供水目标为：补充北京、天津、河北、山东、安徽等省（直辖市）输水沿线的城乡生活、工业、生态环境用水；向白洋淀等重要湿地生态供水，为其他河湖、湿地生态补水创造条件。实施南水北调东线二期工程，可进一步完善我国水资源配置格局，提高南水北调供水保障能力，缓解华北地区和山东半岛水资源供需矛盾，保障北京、天津等重要区域的供水安全，改善区域生态环境。

（陈悦云）

【引江补汉工程规划】 引江补汉是南水北调中线工程的后续水源工程，从长江三峡库区引水入汉江，提高汉江流域的水资源调配能力，增加中线工程北调水量、汉江中下游水量和引汉济渭工程调水量，提升中线工程供水保障能力，为输水沿线城市供水创造条件，并相机向中线受水区进行生态补水。

引江补汉工程规划拟从三峡库区取水，采取自流引水的输水方式，向北经湖北秭归县、兴山县、保康县、谷城县、丹江口市自流至丹江口大坝下游入汉江。

（陈悦云）

投 资 计 划 管 理

【投资计划情况】

1. 投资计划总体情况 截至2019年年底，水利部和原国务院南水北调办累计下达南水北调东、中线一期工程投资计划2704.7亿元。按照投资来源划分，中央预算内投资

254.2 亿元，中央预算内专项资金（国债）106.5 亿元，南水北调工程基金 215.4 亿元，国家重大水利工程建设基金 1652.7 亿元，贷款 475.9 亿元。按照投资用途划分，工程建设投资 2524 亿元，前期工作投资 21 亿元，文物保护工作投资 10.9 亿元，待运行期管理维护费 10.9 亿元，中线一期工程安全风险评估费 0.8 亿元，丹江口大坝加高施工期电量损失补偿 1.1 亿元，过渡性资金融资费用 136 亿元。截至 2019 年年底，南水北调东、中线一期工程可研内建设内容已基本批复完毕并安排投资。

2. 年度投资计划管理　2019 年，投资计划管理工作的基本思路是合理有序地保障南水北调一期工程尾工建设投资需求，确保工程顺利收尾。主要措施是加快审查并安排独立费用和一般变更价差投资，有序安排中线干线河南段压覆矿产资源补偿、中线干线安防系统、丹江口初期大坝缺陷检查与处理等专题投资。

（1）下达 2019 年投资计划。国家发展改革委下达水利部南水北调东、中线一期工程 2019 年度投资计划 9.2 亿元，水利部分两批分解下达项目法人 2019 年度投资计划 26 亿元（含往年结转投资计划 16.8 亿元）。按照投资来源划分，2019 年水利部分解下达投资 26 亿元全部为国家重大水利工程建设基金。按照用途划分，分别用于东、中线一期工程价差投资 10.9 亿元、中线一期丹江口库区移民

安置 5.9 亿元、中线一期干线工程安防系统建设 4.9 亿元、中线一期总干渠河南段压覆矿产资源补偿 3.9 亿元、中线一期丹江口初期大坝缺陷检查与处理 0.3 亿元、中线一期丹江口库区地质灾害防治工程紧急项目等尾工 0.1 亿元。

（2）组织项目法人梳理项目投资需求，编报 2020 年投资建议计划。根据项目法人反映情况，初步设计工程建设内容基本完成，已下达投资计划基本满足尾工需求，2020 年不需安排投资。

（王熙）

【投资控制管理】　2019 年严控新增投资审批。对照南水北调工程价差报告编制办法，严格审查价差投资，批复东线山东干线工程、东线江苏水源工程、中线陶岔渠首枢纽工程、中线汉江中下游治理工程 36 个设计单元工程独立费用价差和东线山东干线工程、中线陶岔渠首枢纽工程、中线丹江口大坝加高工程、中线汉江中下游治理工程 21 个设计单元工程一般变更价差共计 7.4 亿元。

为全面、系统掌握南水北调东、中线一期工程初步设计审批和投资安排情况，加强投资控制，2019 年委托长江勘测规划设计研究有限责任公司对南水北调东、中线一期工程可行性研究阶段和初步设计阶段批复的项目建设内容和投资规模进行了整理和对比分析，提出了评估分析报告。评估结论是南水北调东、中线一期工程初

步设计阶段批复的建设内容和规模与可行性研究报告基本一致，概算控制在国家批复的总投资规模内。（王熙）

【专题专项】 2019 年对 2 项专题专项提出答复意见，分别是南水北调中线干线（北京段）惠南庄—大宁段工程增设调压设施、南水北调中线一期（陶岔渠首至古运河南段）工程局部边坡不稳定弃渣场加固方案。（王熙）

【其他工作】 为深入贯彻落实好中央财经委员会第三次会议及习近平总书记一系列重要指示精神，大力提升我国地质灾害防治能力，自然资源部会同国家发展改革委、财政部、生态环境部、住房城乡建设部、交通运输部、水利部、农业农村部、应急部等部门，共同研究制定并印发了《地质灾害综合治理和避险移民搬迁工程实施方案（2019—2021 年）》。水利部加强与相关部门的沟通协调，湖北、河南两省编制的《丹江口库区（湖北）地质灾害防治规划》和《丹江口库区（河南）地质灾害防治规划》内容已纳入上述实施方案。 （王熙）

资金筹措与使用管理

【水价政策落实】 2019 年，水利部进一步加大南水北调工程水费收缴协调力度，中线建管局、东线总公司切实履行水费收缴主体责任，受水区相关省（直辖市）水利部门积极协调落实资金，多措并举完善水费收缴机制，水费收缴率逐步提高。同时，南水北调司还督促指导中线建管局与京、津、冀、豫 4 省（直辖市）水利部门、中线水源公司商谈签订了生态补水合同，约定了生态补水价格等事宜。

1. 中线水价政策落实 2019 年，中线建管局履行主体责任，多措并举推进水费收缴工作，取得了积极进展，全年共收取水费 75.18 亿元，占年度应交水费 77.07 亿元的 97.6%，同比增加 1 个百分点。除天津略有欠交外，北京、河北、河南均足额交纳当年水费，同时河北、河南还分别补交部分往年水费。截至 2019 年年底，中线建管局累计收取水费 282.34 亿元，占累计应收水费 343 亿元的 82.3%，较 2018 年的 77.9% 提高了 4.4%。2019 年 1 月，南水北调司印发了《关于建立南水北调工程水费收缴情况报告机制的通知》（南调经函〔2019〕2 号），要求中线建管局、东线总公司定期报告水费收缴情况。2019 年 4 月，国家发展改革委印发《国家发展改革委关于南水北调中线一期主体工程供水价格有关问题的通知》（发改价格〔2019〕634 号），明确中线水价暂不校核调整，待中线工程决算后，再开展成本监审，并制定运行期水价。

2. 东线水价政策落实 2019 年，东线总公司履行主体责任，多措并举推进水费收缴工作，取得了积极进展，全年共收取水费14.36亿元，占年度应交水费17.48亿元的82.1%，同比增加27.1%。截至2019年年底，东线总公司累计收取水费61.37亿元（均为山东省交纳水费），占累计应收水费80.69亿元的76.1%，较2018年的71.6%提高了4.5%。由于东线工程管理模式尚未明确，东线总公司与江苏省受水单位的供水合同商谈工作仍在进行中，目前尚未签订。江苏省南水北调办向江苏水源公司拨付水费3.51亿元。2019年5月底，江苏省水利厅、财政厅联合印发了关于南水北调水费征收工作通知，明确了受水区6地级市基本水费的征收额度、责任及方式。江苏省水费收缴工作取得了积极进展。

3. 中线工程生态补水水价政策落实 根据《国家发展改革委关于南水北调中线一期主体工程供水价格有关问题的通知》（发改价格〔2019〕634号），在上游来水充裕、正常生产生活供水得以保障的前提下，在受水区足额交纳基本水费的基础上，中线生态补水价格由供需双方参照现行供水价格协商确定。2019年4月，根据《水利部办公厅关于印发华北地区地下水超采综合治理行动方案实施方案和2019年重点工作安排的通知》（办规计〔2019〕58号）要求，南水北调司启动指导供需双方协商确定南水北调生态补水水价的有关工作，拟定了工作方案，明确了工作目标、计划安

排和责任分工。4月，南水北调司发函督促供需双方抓紧研究并共同做好中线生态补水价格协商工作，并指导中线建管局依据现行水价政策和工程供水实际情况，研究测算生态补水价格方案。2019年7月，南水北调司组织开展了专项调研，宣传贯彻生态补水价格政策，强调生态补水要收费，并听取相关单位意见，协调推进生态补水价格协商工作。9月，南水北调司印发了促进生态补水价格工作方案通知，就梳理价格方案、拟订合同、签订合同时间节点等提出具体要求。11月，南水北调司先后两次印发催办单，督促有关单位，抓紧推进商定生态补水价格，并签订生态补水合同。在此过程中，根据鄂竟平部长批示要求和蒋旭光副部长专题办公会部署，南水北调司认真组织并协调推进供需双方协商确定南水北调中线工程生态补水价格工作，适时跟踪指导中线建管局与有关单位谈判进展，加强与相关单位负责同志的沟通协调，推进价格商谈和签订合同等工作。中线建管局与北京、天津、河北、河南4省（直辖市）水利部门、中线水源公司等生态补水供需各方，切实履行主体责任，结合现行水价政策和工程供水实际，就生态补水价格、水费、水量等关键问题进行了多轮合同谈判。地方水利部门逐步提高认识，树立了生态补水应缴费的意识，努力争取地方发展改革委、财政部门支持，并加快推进履行报请省（直辖市）政府审批

程序。2019 年 11—12 月，在有关方面的共同努力下，中线建管局陆续与北京、天津、河北、河南 4 省（直辖市）水利部门、中线水源公司签订了生态补水合同，约定了生态补水价格等事宜。根据合同约定，中线工程生态补水价格分别为：中线水源 0.025 元/m^3，河南南阳段 0.04 元/m^3、黄河南 0.07 元/m^3、黄河北 0.12 元/m^3、河北 0.21 元/m^3、北京 0.95 元/m^3、天津 0.75 元/m^3，占现行中线两部制水价政策中计量水价的 38.9%～78.5%。

4. 东线北延应急试通水水价政策落实　2019 年 4 月，根据《水利部办公厅关于做好南水北调东线一期北延应急试通水工作的通知》（办南调〔2019〕83 号）确定的"试通水费用拟按六五河节制闸断面原水费和六五河节制闸以北管理措施费两部分组成，具体费用及支付方式由东线总公司与有关省（直辖市）和单位协商确定"的原则，南水北调司启动督促指导东线北延应急试通水费用商谈有关工作，并致函有关方面抓紧研究并共同做好东线北延应急试通水费用商谈工作。7 月，南水北调司组织开展了专项调研，听取有关单位和地方对协商东线北延应急试通水费用的意见，分析存在的难点和问题，研究推进下一步工作的建议。9 月，南水北调司印发通知，就梳理试通水价格方案、拟订合同、签订合同时间节点等提出具体要求。在此过程中，南水北调司适时督促指导有关单位推进东线北延

应急试通水费用谈判，并加强与相关单位负责同志的沟通协调。东线总公司和天津市、河北省水利部门切实履行主体责任，就试通水费价格、水量等问题进行了多轮谈判。两省（直辖市）水利部门也积极争取地方发展改革委、财政部门的支持。12 月，东线公司与天津市水务局签订了东线北延应急试通水供水协议，约定了水量、水价、交费时间及方式等内容，其中北延试通水水量为 1978 万 m^3，天津（九宣闸）水价为 1.39 元/m^3。此外，东线总公司与河北省的商谈工作也取得了积极进展。　　　　（沈子恒）

【资金筹措供应】

1. 一般公共预算落实情况　2019 年，依据水利部年度部门预算和南水北调工程建设用款需要，财政部共拨付一般公共预算 8.60 亿元（其中对应原南水北调工程基金 8.23 亿元），用于南水北调中线干线工程建设。

2. 国家重大水利工程建设基金落实情况　2019 年 4 月 22 日，财政部印发了《财政部关于调整部分政府性基金有关政策的通知》（财税〔2019〕46 号），明确自 2019 年 7 月 1 日起，将国家重大水利工程建设基金（以下简称"重大水利基金"）征收标准降低 50%，征收期限延长至 2025 年 12 月 31 日。同时，明确自 2020 年 1 月 1 日起，缴入中央国库的重大水利基金，根据国务院批复的相关规划，统筹用于南水北调工程和三峡后续工作

等。具体资金分配根据基金年度实际征收情况，以及国务院批复的南水北调工程和三峡后续工作相关规划的资金落实情况等统筹安排。2019年，北京、天津、河北、河南、山东、江苏、上海、浙江、安徽、江西、湖北、湖南、广东、重庆等14个南水北调和三峡工程直接受益省份（以下简称"14个省份"）征收的重大水利基金上缴中央国库，其中按75%的分配比例可安排用于南水北调工程建设的重大水利基金为127.85亿元（含增值税返还资金19.66亿元），同比减少约21.4%。截至2019年年底，14个省份累计上缴中央国库，其中按75%的分配比例可安排用于南水北调工程建设的重大水利基金为1773.74亿元（尚未扣除分摊用于三峡公益性资产运行维护费的基金规模）。2019年，财政部拨付用于南水北调工程的重大水利基金为102.21亿元，其中，直接用于南水北调主体工程建设44.42亿元，用于偿付南水北调工程过渡性融资贷款利息0.55亿元，用于偿还过渡性资金融资贷款本金57.24亿元。截至2019年年底，财政部累计拨付用于南水北调工程的重大水利基金（含利用一般公共预算弥补的基金收入48.34亿元）为1699.87亿元，其中，直接用于南水北调主体工程建设896.71亿元，用于偿付南水北调工程过渡性融资贷款利息、印花税及其他相关费用支出170.77亿元，用于偿还过渡性资金融资贷款本金620.07亿元，直接拨付河北、河南两省用于地方负责实施的中线干线防洪影响处理工程12.32亿元。

3. 南水北调工程过渡性资金融资工作情况 2019年，依据财政部批复水利部的部门预算和已签订的融资借款合同，水利部共偿还相关金融机构过渡性资金借款本金57.24亿元，支付借款利息0.55亿元。截至2019年年底，水利部和原国务院南水北调办累计偿还过渡性资金借款本金620.07亿元。至此，南水北调工程过渡性融资贷款全部偿还完毕。 （沈子恒）

【资金使用管理】

1. 资金到位情况 2019年，根据投资计划和工程建设进度及用款需要，南水北调东、中线一期主体工程共到账工程建设资金53.02亿元，其中一般公共预算8.60亿元（其中对应原南水北调工程基金8.23亿元）、重大水利基金44.42亿元。按项目法人划分：中线水源公司10.98亿元，中线建管局35.23亿元，东线总公司4.79亿元，湖北省汉江兴隆枢纽管理局0.51亿元，湖北省引江济汉工程管理局1.38亿元，淮委建设局0.13亿元。截至2019年年底，南水北调东、中线一期主体工程累计到账工程建设资金25686904万元（不含地方负责组织实施项目、南水北调工程过渡性融资费用和财政贴息资金，下同）。其中，中央预算内资金（含国债专项）3605986万元、南水北调工程基金2154200万元，重大水利基金15167819万元（含南水北调工程过渡性资金6200710万元），银团贷款4758899万元。各项目法人的累计到账资金情况分别为：东线总公司3356617万元（其中江苏水源公司1156156万元、山东干线公司2177882万元），安徽省南水北调项目办37493万元，中线建管局15564033万元，中线水源公司5489284万元，湖北省汉江兴隆枢纽管理局450448万元，湖北省引江济汉工程管理局711868万元，淮委建设局60161万元（陶岔渠首枢纽工程，不含电站）。此外，调水局（原设管中心）累计到账17000万元。

2. 年度决算和预算工作

（1）2018年度决算工作。根据财政部的要求，水利部机关组织编制了2018年部门决算报表、固定资产投资报表、政府采购信息统计报表、国库集中支付年度结余资金申报核批表等，并于2019年3—4月报送财政部。

（唐浩）

（2）2019年度预算工作。2019年，南水北调工程建设资金列入水利部机关预算管理。4月，财政部正式下达了水利部2019年部门预算。根据财政部下达的2019年部门预算，水利部按照《中华人民共和国预算法》的相关规定，将2019年预算分解下达至部机关。水利部机关严格按照预算批复的范围和投资计划，经南

水北调司审核同意后，向财政部报送直接支付申请并拨付项目法人工程建设资金。8月底，水利部机关组织做好南水北调工程建设预算调整工作。根据《水利部关于调剂2019年预算的通知》（水财务〔2019〕282号）和《水利部关于调剂2019年预算的通知》（水财务〔2019〕428号），调减政府性基金项目"南水北调工程过渡性资金融资贷款利息、印花税及其他相关费用支出"结余资金13689.89万元，调减政府性基金项目"东、中线一期工程待分解投资"的中线一期陶岔渠首枢纽工程价差资金1314万元至项目执行单位淮河水利委员会治淮工程建设管理局。12月，水利部财务司协调财政部做好南水北调工程建设项目法人南水北调东线总公司和南水北调中线干线工程建设管理局的预算户头申请工作，进一步理顺预算管理关系。12月，按照财政部下达的2020年部门预算"一下"控制数，水利部机关组织编制并向财政部报送涉及南水北调的相关预算"二上"。

（侯佳良）

【资金监管】　鉴于南水北调工程已进入建设扫尾和竣工验收准备阶段，各单位年度资金使用量均很少，且各单位全部致力于完工财务决算编制工作，为提高南水北调工程资金监管效率，减少各单位配合审计工作量，节约财政预算资金，自2019年起水利部转变资金监管方式，不再组织对上

年度工程建设和征地移民资金进行年度审计，改为通过开展完工财务决算审计方式实施资金监管。此外，根据2018年12月17日蒋旭光副部长研究南水北调工程经济财务工作会议精神及水利部部长专题办公会会议纪要（第111期），水利部监督司负责南水北调资金监管工作。　　（沈子恒）

【完工项目财务决算】　2019年，水利部南水北调司组织各关单位，全面推进南水北调东、中线一期工程完工财务决算，加强组织领导，细化落实工作责任，建立专项协调机制，加快决算编报进度、提高决算编报质量。按照《南水北调工程竣工完工财务决算编制规定》中确定的"先审计、后核准"原则，南水北调司委托中介机构对各单位编报的完工财务决算进行审计，并督促各单位按中介机构审计意见抓好整改、修订完善完工财务决算。依据中介机构提交的审计结果，水利部全年共核准东、中期一期工程完工财务决算32个，较2018年增加4个，详见表1。截至2019年年底，累计核准完工财务决算117个，占决算总数178个的65.7%。

表1　　2019年度南水北调东、中线一期工程完工财务决算核准情况统计

序号	工程项目名称	核准文号	核准日期	备注
一	**中线建管局**			
1	膨胀岩（潞王坟）试验段工程	办南调〔2019〕129号	2019年6月11日	
2	北汝河渠倒虹吸工程	办南调〔2019〕141号	2019年6月28日	
3	洺河渡槽工程	办南调〔2019〕142号	2019年6月28日	
4	中线京石段漕河渡槽防洪防护工程	办南调〔2019〕143号	2019年6月28日	
5	高邑县至元氏县段工程	办南调〔2019〕144号	2019年6月28日	
6	温博段工程	办南调〔2019〕155号	2019年7月10日	
7	白河倒虹吸工程	办南调〔2019〕156号	2019年7月11日	
8	膨胀土（南阳）试验段工程	办南调〔2019〕208号	2019年9月30日	
9	石门河倒虹吸工程	办南调〔2019〕217号	2019年10月22日	
10	北拒马河暗渠穿河段防护加固工程及PCCP管道大石河段防护加固工程	办南调〔2019〕224号	2019年10月31日	
11	中线干线测量控制网	办南调〔2019〕225号	2019年10月31日	
12	澧河渡槽工程	办南调〔2019〕233号	2019年11月17日	
13	鲁山北段工程	办南调〔2019〕234号	2019年11月17日	
14	保定市境内1段工程	办南调〔2019〕235号	2019年11月17日	
15	焦作1段工程	办南调〔2019〕245号	2019年12月3日	

续表

序号	工程项目名称	核准文号	核准日期	备注
16	镇平县段工程	办南调〔2019〕246 号	2019 年 12 月 8 日	
17	淅川县段工程	办南调〔2019〕247 号	2019 年 12 月 9 日	
18	永年县段工程	办南调〔2019〕248 号	2019 年 12 月 9 日	
19	邢台市段工程	办南调〔2019〕249 号	2019 年 12 月 9 日	
20	鲁山南 2 段工程	办南调〔2019〕255 号	2019 年 12 月 22 日	
21	郑州 1 段工程	办南调〔2019〕260 号	2019 年 12 月 24 日	
22	叶县段工程	办南调〔2019〕261 号	2019 年 12 月 24 日	
23	荥阳段工程	办南调〔2019〕259 号	2019 年 12 月 24 日	
二	东线总公司			
24	东线苏鲁省际工程管理设施工程	办南调〔2019〕216 号	2019 年 10 月 22 日	
三	江苏水源公司			
25	洪泽站工程	办南调〔2019〕128 号	2019 年 6 月 11 日	
26	骆马湖水资源控制工程	办南调〔2019〕130 号	2019 年 6 月 11 日	
27	金宝航道工程	办南调〔2019〕140 号	2019 年 6 月 28 日	
28	江苏省文物保护工程	办南调〔2019〕238 号	2019 年 11 月 20 日	
29	南四湖下级湖抬高蓄水位影响处理工程（江苏境内）	办南调〔2019〕250 号	2019 年 12 月 9 日	
四	山东干线公司			
30	韩庄运河水资源控制工程	办南调〔2019〕127 号	2019 年 6 月 11 日	
31	济南市区段工程	办南调〔2019〕184 号	2019 年 8 月 16 日	
五	淮委建设局			
32	陶岔渠首枢纽工程	办南调〔2019〕236 号	2019 年 11 月 17 日	

1. 制订完工决算编报计划　为加快推进南水北调东、中线一期工程完工财务决算工作，确保按期实现 2022 年完成完工验收、2025 年完成竣工验收的目标，南水北调司结合南水北调工程投资计划下达、已编制完工财务决算、完工验收计划等情况，对完工财务决算工作进行了全面梳理，在征求各单位意见的基础上，2019 年 5 月制定印发了完工财务决算编报计划表，明确了 2019—2021 年各单位完工决算编报任务及相关要求。

2. 推进完工财务决算工作　2019 年，南水北调司多措并举推进完工财务决算各项工作。

（1）督促各单位倒排决算编报进度，细化实施方案，将工作细化到事、时间细化到月、责任明确到具体部门和人员。

（2）督促各单位加快推进合同收口，妥善处理工程项目合同价款结算、变更索赔等事项，开展工程项目造价审核，为按时编报完工财务决算奠定基础。

（3）及时组织对各单位编报的决算进行初审，委托中介机构对具备审计条件的决算进行审计。

（4）适时督促各单位抓好决算审计整改，协调解决问题，指导修订完善决算。

（5）及时审核各单位修订重报的完工财务决算和中介机构审计报告，并依据审计结果及时办理决算核准手续。

（6）建立月报和催办单机制，督促各单位推进决算编报和审计整改。

（7）10月，组织召开完工财务决算工作推进会，总结工作，交流经验和做法，分析存在的问题，部署推进下一阶段工作。

3. 调整委托审计方式　根据财政部《关于促进政府采购公平竞争优化营商环境的通知》（财库〔2019〕38号）要求，水利部组织对2017年原国务院南水北调办招标建立的"南水北调工程内部审计中介机构备选库"进行了清理，明确不再从中选择中介机构承担完工财务决算审计任务，改为分批通过政府采购方式选择中介机构承担决算审计任务。2019年11月，针对南水北调中线沙河市段等5个项目完工财务决算，水利部南水北调司

委托招标代理机构分成4个包开展了审计中介机竞争性磋商采购，并委托成交的中介机构开展审计。

4. 完善南水北调工程财务决算系统　为规范南水北调工程完工财务决算管理，提高编制南水北调工程竣工财务决算自动化水平，2017—2018年原国务院南水北调办委托北京久其软件股份有限公司（以下简称"久其公司"）完成了南水北调工程财务决算系统软件需求分析和软件的开发、集成和测试及试运行。2019年，南水北调司组织有关项目法人试用财务决算系统，并委托久其公司承担财务决算系统安全测试、系统培训、系统维护等系统运维工作。

5. 组织开展竣工决算问题研究　根据南水北调司的工作安排，水利部调水局与南水北调江苏水源合作开展了南水北调工程东中线一期工程竣工财务决算有关问题研究，梳理分析了竣工财务决算前需解决的主要问题，提出了解决问题的路径与建议。

（沈子恒）

【企业财务管理】　结合机构改革后的实际情况，水利部组织对原国务院南水北调办《关于印发企业财务管理的若干意见的通知》（国调办经财〔2017〕174号）进行了修订，于2019年3月15日印发了《水利部关于南水北调工程企业财务监管的意见》（水财务〔2019〕91号）。

（沈子恒）

建 设 与 管 理

【工程进度管理】

1. 配套工程建设 2019年以来，根据原国务院南水北调办和国家发展改革委《关于印发南水北调配套工程建设督导工作方案的通知》（国调办建管〔2017〕131号）要求，通过督导南水北调工程受水区各省（直辖市）配套工程建设，建立配套工程季报制度，配套工程建设进展显著，除河北、江苏两省外，其他省（直辖市）建设任务基本完成。河北省、江苏省配套工程建设情况如下：

（1）河北省。2019年，河北省7个直供水项目，5个已建成，2个在建；2座水厂建设项目，1座建成通水，1座完成可研批复。

（2）江苏省。2019年，宿迁市尾水导流工程完成投资0.71亿元，占年度计划的118%；累计完成投资4.46亿元，占概算总投资的82.4%。郑集河输水扩大工程完成投资5.4亿元，占年度计划的108%；累计完成投资7亿元，占概算总投资的84%。

2. 尾工建设 2019年以来，根据《水利部办公厅关于做好2019年南水北调工程尾工建设工作的通知》（办南调函〔2019〕445号）要求，通过督导、现场调研、召开座谈会等方式，加快推进南水北调尾工建设，顺利完成2019年（办南调函〔2019〕445号）要求的建设任务。

3. 北延应急供水工程 南水北调东线一期工程北延应急供水工程是缓解华北地下水超采状况、改善生态环境的重要标志性工程，是国务院领导关心、部党组重视、各方关注的项目。工程在各方大力支持下，于2019年11月28日正式开工建设。截至2019年年底，已完成临时征地16.67hm²，土石方开挖5000m³。 （牛文钰）

【工程技术管理】

1. 南水北调品牌建设方面 组织开展南水北调建设品牌和运行品牌研究，完成两份高质量的品牌研究报告，开展顶层设计和框架搭建，明确品牌建设方向和实施步骤，为后续品牌研究及凝练南水北调精神提供支撑。

2. 国家科技进步奖申报方面 组织编制《南水北调工程申报国家科学进步奖工作方案》，开展科技进步奖申报内部协调工作，建立月报和季度会商制度，推动科技创新，为树立南水北调大国重器形象铺垫道路。

3. 南水北调新时期战略功能研究方面 全过程指导参与内部研讨、资料收集分析、专家咨询、受水区和水源区现场调研与考察等，取得阶段性成果，为南水北调后续工程战略性规划提供思路和方向。 （牛文钰）

【安全生产】 2019年，南水北调工程坚持践行"水利工程补短板、水利行业强监管"水利改革发展总基调，

以问题为导向，着重"补短板"，持续"强监管"，不断提升南水北调工程综合效益发挥。通过扎实开展各项工作，各项工作不断取得新成效。

（1）以全力做好新中国成立70周年期间安全管理加固工作为核心，以关键节点、重要节假日为重点，防汛工作、运行安全生产、应急处置工作等按计划有序展开。

（2）构建防汛体系，持续推动南水北调工程涉及的四大流域管理机构和7省（直辖市）水行政主管部门联防联动；创新监管方式，将南水北调工程安全运行监管工作纳入四大流域管理机构和水行政主管部门辖区各级安全运行监管工作体系，借助流域机构力量、形成合力。

（3）全面加强敏感期安全加固，确保安全；构建安全监管体系，持续强化推进落实责任主体，强化检查、督查和飞检，做到了东、中线无死角、全方位检查、监管，全面落实安全监管责任。

（4）加强穿跨邻接项目管理。为加强穿跨邻接项目监督管理，确保南水北调中线干线工程安全（含工程结构安全、水质安全和调水运行安全），依据《南水北调工程供用水管理条例》等法规，结合工作实际，在之前《穿跨邻接南水北调中线干线工程项目监督管理办法》组织编制基础上进行了再次修订，并开展了两次专项检查和抽查。根据备案制度，截至2019年12月31日，全年备案33项，累计备案416项。

（5）关于保护范围项目管理。为确保南水北调中线干线工程运行安全和水质安全，开展"摸查、检查、整改、复查"四阶段工作，制定方案、开展调研检查、跟踪督促整改，截至2019年年底专项检查共发现230个问题，河北已完成整改48项，总体整改率约32%，河南已完成整改54个，总体整改率约70%。 （牛文钰）

【验收管理】 2019年是南水北调工程验收工作全面提速的关键之年。水利部党组、部领导高度重视，亲自部署、亲自推动，高压严管强推验收工作。2019年3月14日，水利部副部长、南水北调验收工作领导小组组长蒋旭光主持召开领导小组2019年第一次全体会议，分析面临的形势，部署2019年重点工作。4月16日，水利部组织召开南水北调工程验收工作推进会，蒋旭光就扎实做好2019年各项验收任务进行部署，强调工作要求。12月4日，蒋旭光主持召开领导小组2019年第二次全体会议，分析研判工作态势，研究措施，进一步落实和总结年度工作，部署2020年重点工作。

1. 目标清晰、分工明确 水利部印发的《2019年南水北调工程验收工作要点》明确任务和分工：南水北调司负责牵头完成28个完工验收、30个财务决算、37个环保专项验收、1个消防专项验收；办公厅、调水局负责完成 12 个档案专项验收；规计司指导验收涉及的设计、变更、投资等工作；建设司加强对有关市场主体不良行为记录信息的应用，保障验收顺利推进；财务司就财务决算等工作联系有关部委；水保司指导督促完成 36 个水保专项验收；移民司负责督促完成 21 个征移专项验收，加强推进库区移民安置项目验收；监督司、河湖中心负责完成相应的质量监督工作；水规总院负责技术支撑工作。

2. 压实责任、主动作为　年度验收工作目标和分工明确后，按照工作进度只能超前、不能滞后的工作要求，水利部南水北调验收工作领导小组各成员单位、省（直辖市）水利（水务）厅（局）、项目法人对标验收目标，以问题为导向，分兵把口、主动担当、谋事干事，压实责任，逐级明确责任人，构建纵向到底、横向到边完整的责任体系网络。

3. 高效协同、系统发力　水利部南水北调验收工作领导小组各成员单位构建协同工作机制，主动对接、齐抓共管合力破解难题，与有关单位面对面沟通，上下联动合力攻坚。省（直辖市）水利（水务）厅（局）、项目法人，围绕验收目标，完善组织领导和协调机制，强化沟通协调，形成合力，大力推进验收准备和实施，保障验收各项工作协同高效推进。

4. 强化措施、加强监管　前移管理关口，对制约验收的风险点进行梳理布控，着力抓住、抓牢、盯紧重点、要点，重点突破；深入一线，现场办公，专项协调验收关键事项，研究措施，强推进度；加强协调调度，面对困难，动真碰硬，有效利用法律、经济、行政、监管等措施，研究解决验收问题，想方设法破解难题。强化验收监管，加强过程控制，明确纪律要求，加强考核奖惩，研究制定验收工作质量管理措施，开展验收条件核查，保证验收工作质量，确保验收目标实现。

5. 优化程序、科学规范　适应机构改革后南水北调工程验收工作新变化、新要求，进一步优化验收流程、保证质量、捋顺管理、提高效率、规范行为，在遵守法律法规和国家技术标准的框架下，修订完善完工验收工作导则。进一步规范验收管理，组织培训全系统验收业务骨干、提升整体业务水平。

6. 作风扎实、真抓实干　各单位认真践行"忠诚、干净、担当，科学、求实、创新"新时代水利精神，树立务实工作作风，坚决杜绝形式主义、官僚主义，积极主动、担当负责、不推诿不扯皮，扎实推进验收工作。

7. 验收任务、超额完成　在各方共同努力下，2019 年按计划高质量超额完成验收任务，为后续工作奠定了坚实基础。

（1）专项验收。2019 年计划完成 107 个专项验收（其中水保 36 个、环保 37 个、消防 1 个、征迁 21 个、档案 12 个），实际完成 115 个，超额 8 个（其中水保 1 个、环保 1 个、消防 3 个、征迁 1 个、档案 2 个），年度计划完成率为 107%。累计完成 615 个，占水保、环保、消防、征移、档案 5 类专项验收总数 644 个的 95%，大头落地，其中：征迁专项验收全部完成。

（2）完工验收。设计单元工程完工验收 2019 年计划完成 28 个，实际完成 31 个，超额 3 个，年度计划完成率 111%。累计完成 82 个（东线 52 个、中线 30 个），占总数 155 个（东线 68 个，中线 87 个）的 53%，任务过半。

（陈良骥）

征 地 移 民

【工作进度】 2019 年，南水北调征地移民工作以推进征地移民专项验收为重点，落实信访稳定责任制，确保了征地移民安稳发展和工程平稳运行。

1. 丹江口库区移民

（1）移民验收工作。2019 年，南水北调工程丹江口水库移民安置验收作为水利部督办考核事项，提前谋划部署，严格按照节点要求督促进度，积极协调国家文物局、国家档案局等有关部门，于 12 月初成立由水利部副部长蒋旭光为主任的验收委员会，河南、湖北两省人民政府相关负责同志担任副主任委员，进行现场查看，入户与移民群众座谈，召开验收大会

讨论通过移民安置验收报告，顺利完成南水北调中线工程完工阶段丹江口水库移民安置验收。

2019 年 12 月 12 日，在国务院新闻办就南水北调东、中线一期工程全面通水 5 周年有关情况举行的发布会上，蒋旭光向全社会介绍了丹江口水库移民的成功经验。主要包括：①党委政府的坚强领导，是移民顺利搬迁安置的重要保证；②集中力量办大事，是移民搬迁安置的制度保障；③无私奉献，是移民顺利搬迁的不竭动力、力量源泉；④科学规划、政策集成，是移民妥善安置的坚实基础；⑤精心组织，是移民顺利搬迁的有力保障；⑥创新发展、持续完善，是移民安稳的机制保障。

（2）地质灾害防治。根据自然资源部的统一安排，完成丹江口水库地灾综合治理方案编报，纳入自然资源部牵头编制的地质灾害综合治理方案，拟由自然资源部、发展改革委、财政部、水利部等 6 部委印发实施。

（3）移民后续帮扶规划。为解决移民发展问题，河南、湖北两省立足实际编制了丹江口水库移民遗留问题处理及后续帮扶规划，2019 年，发展改革委、财政部、水利部等部门对规划所需资金渠道问题进行了多次研究。

2. 干线征迁 征迁安置专项验收全部完成。南水北调东、中线一期干线工程沿线有关省依据《南水北调干线工程征迁安置验收办法》规定和南

水北调工程完工验收计划，组织开展市、县自验、征迁档案验收、编制征迁财务决算，推进征迁安置专项验收。2019年完成了东线江苏泗洪站工程，中线天津干线河北段、邯石段工程和湖北引江济汉工程征迁安置专项完工验收工作。至2019年年底，南水北调东、中线一期干线工程征迁安置专项验收全部完成，为工程完工验收创造了积极条件。（逄智堂　盛晴）

【调查评估】　组织开展南水北调丹江口水库移民发展和安稳情况第三方评估。南水北调丹江口水库移民搬迁至今，仍然存在收入水平偏低、发展缓慢、个别信访问题突出等问题，移民安稳发展仍面临较大困难。水库移民司委托长江勘测规划设计研究有限责任公司和中水东北勘测设计研究有限责任公司分别承担湖北、河南两省南水北调丹江口水库移民发展和安稳情况第三方评估课题，通过调查两省丹江口水库农村移民2018年的收支与生活状况、就业创业开展情况、外迁移民融入安置区以及信访维稳等内容，持续跟踪了解移民安置效果、后续发展以及社会稳定情况，并做出客观、公正的评价，提出意见和建议，为决策提供技术支持。　（逄智堂）

【管理和协调】　协调开展丹江口库区移民验收工作。自2019年4月起，召集河南、湖北两省水利厅及项目法人等相关单位明确任务、责任和时限，研究提出移民安置验收工作方案，细化实化工作措施，督促两省提交移民安置技术性验收问题整改报告、档案整改报告和完工财务决算报告等材料。与国家档案局沟通协调，理顺档案验收程序。经复核整改情况，确认具备开展终验条件。2019年12月组织开展验收，成立了南水北调中线工程丹江口水库移民总体验收委员会，水利部副部长蒋旭光为主任委员，水利部相关司局，河南、湖北两省人民政府，国家文物局，国家档案局等单位代表及特邀专家参加验收。验收委员会经现场查看河南、湖北两省丹江口水库移民安置、文物保护和档案管理情况，听取地方政府、项目法人等相关情况汇报，认为丹江口水库移民安置规划任务已完成，库区文物保护项目全面完成，移民档案管理达到规范要求，一致同意南水北调中线工程丹江口水库移民安置通过总体验收，标志着南水北调中线工程丹江口水库移民搬迁阶段的结束。

（逄智堂）

【移民帮扶】　6月初，湖北省十堰市郧阳区遭受10年一遇特大暴雨，丹江口库区和移民安置区损失严重，面对库区移民生产生活造成严重影响。为处理郧阳区突发暴雨灾害，水利部从南水北调中线一期工程丹江口水库移民特殊预备费中列支1000万元，用于郧阳区南水北调丹江口水库移民恢复生产生活设施，降低灾害带来影响。

（逄智堂）

【信访维稳】　2019年，丹江口水库移民群众到京来信来访主要涉及企业补偿问题，均发函核实处理，督促地方做好信访稳定工作。同时，积极配合做好有关移民安置方面的信息公开、政策咨询等工作，未发生重大影响的群体性事件和极端上访事件，矛盾问题显著降低，进一步维护了库区、安置区社会稳定。　（逢智堂）

【定点扶贫】　2019年，水利部完成定点扶贫郧阳"八大工程"年度工作计划，超额完成中央定点扶贫责任书目标任务，助力郧阳区全年脱贫12777户36079人、出列贫困村33个，累计减贫48100户162539人、出列贫困村85个，存量贫困人口降至356户952人，贫困发生率由35.63%降至0.21%，顺利通过湖北省脱贫摘帽验收。

1. 领导高度重视，研究部署并调研指导扶贫工作　水利部党组高度重视定点扶贫郧阳区工作，将其作为中央交办的一项重要政治任务来抓，部领导多次研究部署并调研指导郧阳区脱贫攻坚工作。鄂竟平部长1月17日听取郧阳区主要负责同志关于年度脱贫攻坚工作情况汇报并作出指示要求；9月14日就郧阳区"6·5""8·3""8·5"特大暴雨山洪灾害作出批示，要求支持郧阳区防汛抢险救灾工作；11月21日在郧阳区汇报材料上作出批示，要求相关司局对郧阳区工作予以支持。蒋旭光副部长1月17日组织召开2019年定点扶贫郧阳区工作会，对年度定点扶贫工作进行全面安排部署；3月26—29日赴郧阳区调研，实地查看扶贫产业项目并走访慰问罗堰村贫困户，要求郧阳区切实落实脱贫攻坚主体责任，确保2019年脱贫摘帽；9月14日批示要求支持郧阳特大暴雨山洪灾害的防汛抢险救灾工作；10月25日会见郧阳区主要负责同志，听取特大暴雨山洪灾害灾后重建工作汇报，同日，蒋旭光副部长、张忠义总经济师赴北京市前门商业街调研指导第三届郧阳特色农产品展销会；11月14—16日赴郧阳区调研指导脱贫攻坚工作，实地察看扶贫产业车间和水利项目，要求郧阳区统筹谋划好各项工作和郧阳区水利发展规划，巩固提升脱贫攻坚成果。魏山忠副部长10月31日会见十堰市主要负责同志和郧阳区主要负责同志，听取十堰市、郧阳区脱贫攻坚工作情况汇报，并对郧阳区脱贫攻坚情况汇报作出批示。中纪委监委驻水利部纪检组5月21—22日组织赴郧阳区调研地方党委政府履行脱贫攻坚主体责任、定点扶贫年度计划执行、农村饮水安全、水利部驻村干部履职及水利系统干部在扶贫领域廉洁自律和作风建设等情况，并就有关工作提出了要求。

2. 落实工作责任，深入一线推进扶贫工作　为深入贯彻落实中央关于进一步加强中央单位定点扶贫工作的指导意见，根据部党组关于中央脱贫攻坚专项巡视反馈意见整改方案，水利部定点扶贫三年工作方案（2018—2020）和《水利部定点扶贫责任书（2019）》承诺事项的有关要求，水利部南水北调司在征求工作组各成员单位意见基础上，于2月20日印发了定点扶贫郧阳区2019年工作计划，细化了"八大工程"年度目标任务、责任单位和有关工作要求。各成员单位精心制定了实施方案，把各项任务落到实处。2019年，工作组各成员单位围绕年度目标任务，切实落实工作责任，相关负责同志多批次带队赴郧阳区进行调研指导督促，帮助解决实际问题，有力保证了定点扶贫"八大工程"的全面推进。据统计，2019年部相关司局及直属单位司局级以上领导带队赴郧阳开展调研督办活动达42批次215人次，针对郧阳区实际，解决了一批长期想解决而解决不了的困难和问题，有力推动了郧阳区年度脱贫攻坚任务的完成。

3. 强化工作措施，高质高效实施"八大工程"

（1）水利行业倾斜支持工程。湖北省水利厅牵头，按照郧阳区省级以上水利投资高于全省县级平均水平20%以上的要求，多次召开专题会议研究落实水利行业倾斜支持项目，在部相关业务司局和单位的支持下，2019年安排郧阳区中央和省级水利资金28011万元（其中中央投资7501万元），重点倾斜支持农村饮水、中小河流治理、水土保持、重点山洪沟治理、汉江堤防加固、小型水利维修养护等6类9个水利项目。

（2）贫困户产业帮扶工程。调水司牵头，按照组织筹集产业帮扶资金120万元帮助300个贫困户发展产业的目标，5月，中线建管局、汉江集团、中线水源公司、中水淮河公司共捐资120万元并拨付到郧阳区财政账户支持产业帮扶；7月份调水司组织赴郧阳区进行专题督办，郧阳区围绕袜业兜底产业，采取"技能培训＋扶贫工厂（车间）＋贫困户就业"模式，帮扶730个贫困户在袜业产业就业增收。

（3）贫困户技能培训工程。长江委负责，按照完成50个以上贫困户劳动力就业技能培训并积极帮助就业的目标，召开主任专题办公会，研究制定实施方案，全年共筹集投入帮扶资金79.3万元。郧阳区具体组织开展贫困户培训39期，共培训819人。中线建管局吸纳郧阳区贫困户从事安保就业32人。

（4）贫困学生勤工俭学帮扶工程。水利工程协会牵头，商郧阳区制定了勤工俭学帮扶实施方案，会同长江委、淮委、水规总院和水科院筹集帮扶资金30万元，组织100名贫困学生暑期回郧阳区开展勤工俭学活动，帮助贫困学生人均增加收入2900元。

（5）水利建设技术帮扶工程。水规总院牵头，组织中国水科院、调水局、河湖中心、节水中心、中水淮河公司等单位赴郧阳区调研指导，研究确定了 2019 年 14 项技术帮扶工作，并组织专家团队多次分赴郧阳区调研、召开专题会议、开展技术咨询指导，特别是联合湖北省水利厅、湖北省水利设计院对"十三五"郧阳水利规划实施情况进行评估，指导编制"十四五"郧阳水利发展规划。

（6）专业技术人才培训工程。中国水科院牵头，创新帮扶方式，拓展帮扶深度，组织专家团队多次赴郧阳区开展专项技术指导，进行多项水利专业技术培训。

1）选取了 40 名郧阳区贫困户家庭应届高中毕业生输送到湖北水利水电职业技术学院进行"订单"式培养。

2）人事司实施贫困地区水利人才两年提升计划，组织对郧阳区 360 名村支部书记进行水利业务培训。

3）河湖中心组织开展了郧阳区河湖长制工作培训，共 570 名各级河湖长和河湖长制工作人员参加了培训。

4）长江委组织为郧阳区水利系统培训 50 名水利专业技术人员。

5）中国水科院组织开展 50 人的水利专业技术人才培训。

（7）贫困村党建促脱贫帮扶工程。防御司牵头，协调落实贫困村党建促脱贫帮扶工程各项工作。

1）淮委、中水淮河公司、长江委先后支持资金共 20 万元，与罗堰村开展了支部共建活动。

2）水利部直属机关党委拨付党费 35 万元，支持 7 个贫困村基层党组织活动场所修缮、党员教育设施更新。

3）4 月，汉江集团在长江大学举办郧阳区贫困村党支部书记和创业致富带头人培训班，共 68 人参加了培训。

（8）内引外联帮扶工程。移民司牵头，组织开展形式多样的帮扶工作，建立起了与北京市东城选派到郧阳区挂职干部、郧阳区选派到水利部挂职干部、水利部选派到郧阳区挂职干部三位一体、各司其职、组团作战、协同发力的对口支援工作联系机制。

1）协调北京市东城区与郧阳区对口协作，引进帮扶资金 2637 万元。

2）督促郧阳区配合北京尤迈慈善基金会开展医疗扶贫，全年远程诊疗 13 人次，远程培训医护人员 600 余人。

3）湖北省水利厅支持 500 万元用于罗堰村至南化塘镇交通路修整工程建设。

4）积极开展消费扶贫，中国水科院、中线建管局、中线水源公司、汉江集团、中水淮河公司等单位购买郧阳区农产品 53.3 万元。

5）借助南水北调对口协作平台，帮助协调郧阳区相关龙头企业入驻北京市消费扶贫双创中心，参加北京世界园艺博览会和北京第七届农业嘉年华，进驻中国名优食品推广中心，开展郧阳味道美食节进京（东城区）展演活动，在京举办第三届郧阳特色农产品北京展销会，累计帮助销售郧阳区农产品 1232.15 万元。

（9）"8＋N"创新工作。

1）部机关相关司局、湖北省水利厅积极行动，研究支持郧阳区"6·5""8·3""8·6"特大暴雨山洪灾害救灾资金 1800 万元。

2）移民司协调北京市扶贫支援办于 9 月赴郧阳区专题调研对口支援，将郧阳区纳入全国对口支援三峡库区平台予以支持，11 月郧阳区首次组队参加第十二届支洽会。

3）9 月协调浙江省发展改革委、湖北省水利厅邀请湖北浙商共 54 家企业赴郧阳区进行投资考察。

4）中国水科院接收郧阳区 2 名技术人员学习进修、参加项目科研，组建专家团队为汉江绿谷创建国家水利风景区和国家水土保持科技示范园提供技术支持，帮助编制完成《神定河郧阳段河流水质改善与生态修复技术方案》。

5）长江委设计院帮助编制神定河管网评估和完善报告。

6）移民司、三峡司协调民进水利支部赴郧阳区开展"10·17"扶贫日活动，并为罗堰村捐赠图书 500 余册。

4. 坚持立行立改，切实抓好反馈意见整改

（1）中央脱贫攻坚专项巡视反馈问题整改情况。根据部党组关于中央脱贫攻坚专项巡视反馈意见整改方案及责任分工，南水北调司积极配合部扶贫办落实与定点扶贫郧阳区有关问题的整改，涉及 4 条具体问题 8 项具体整改措施落实。

（2）2018 年度定点扶贫工作考核反馈意见整改情况。针对国务院扶贫办、中央国家机关工委对水利部 2018 年度定点扶贫工作考核反馈意见，按照部扶贫办确定的责任分工，南水北调司组织涉及定点扶贫郧阳区的 2 项 6 条事项整改落实。

5. 统筹协调各方，研究支持郧阳区请求事项　按照部扶贫办的统一部署，南水北调司积极协调相关司局和有关部委，认真研究支持郧阳区在水利部定点扶贫工作座谈会上提出的有关请求支持事项。

6. 全面超额完成年度定点扶贫责任书指标任务　在相关司局和工作组各成员单位的共同努力下，2019 年中央定点扶贫郧阳区责任书确定的各项指标任务全面超额完成。

（1）投入帮扶资金 2186.33 万元，完成计划任务 120 万元的 18.3 倍。

（2）帮助引进帮扶资金 2637 万元，完成计划任务 2000 万元的 131％。

（3）培训基层干部 471 名、基层技术人员 144 名，分别完成计划任务 20 名和 50 名的 23.5 倍、288％。

（4）积极开展消费扶贫，购买郧阳区农产品 53.3 万元，完成计划任务 30 万元的 177.7％。

（5）帮助郧阳区销售农产品

1232.15 万元，完成计划任务 1000 万元的 123.2%。

（6）组织勤工俭学学生 100 名，完成计划任务 50 名的 200.0%。此外，帮助郧阳区开展招商引资活动，邀请 54 家浙商企业赴郧阳进行投资考察，并积极指导推进相关项目在郧阳区落地。　　　　　（沈子恒）

监 督 稽 察

【运行监管】　根据《水利部南水北调司关于抓紧对南水北调中线干线工程保护范围管理专项检查发现问题进行整改的通知》（南调建函〔2019〕4号）要求，水利部南水北调规划设计管理局于 2019 年 11 月 18—22 日，会同中线建管局组成检查组对南水北调中线干线工程保护范围管理专项检查发现问题的整改情况进行了复查。本次复查重点围绕整改任务较重的河南、河北两省开展，分两个检查组对两省南水北调工程保护范围管理专项检查发现问题（河北 151 项、河南 79 项）的整改情况进行复查。另外，根据《关于加强对南水北调工程保护范围内非法采砂问题进行重点巡查、检查的通知》（南调便函〔2019〕185号）要求，对南水北调中线工程保护范围的非法采砂问题开展了整改情况检查。2019 年 12 月 2 日，南水北调规划设计管理局向水利部南水北调司报送了复查报告。　　　（孙庆宇）

【质量监督】　（1）召开质量监督工作座谈会。为继续做好南水北调东、中线一期工程质量监督工作，在有关省（直辖市）南水北调工程质量监督站机构改革完成后，河湖保护中心于 2019 年 9 月 6 日在北京及时组织召开了 2019 年南水北调工程质量监督工作座谈会。有关省（直辖市）南水北调工程质量监督站负责人参加座谈会，座谈会特邀水利部监督司和南水北调司有关负责人出席指导。座谈会就做好今后一个时期的质量监督工作进行了全面安排和部署，确保各省（直辖市）南水北调工程质量监督站一如既往的做好后续有关质量监督工作。

（2）编制设计单元工程完工验收质量监督报告。河湖保护中心高度重视验收工作，按照《水利部办公厅关于印发南水北调东、中线一期工程设计单元工程完工验收计划图表的通知》的时限要求及 2019 年验收工作部署，全年共编写完成北拒马河暗渠等 13 个设计单元工程完工验收质量监督报告。根据验收工作进度，按时向设计单元工程完工验收技术性初步验收委员会和完工验收委员会提交了北拒马河暗渠等 11 个设计单元工程共计 22 份质量监督报告，均审议通过，保障了验收工作的顺利进行。此外，及时组织编写提交了 285 座桥梁的竣工验收质量监督意见，确保了桥梁顺利竣工移交。

（3）配合验收开展相应的工程质量检测。为做好后续东、中线一期工程整体竣工验收质量评价准备工作和深入查找南水北调东、中线一期工程运行安全隐患，消除运行安全风险，河湖保护中心于7—9月组织对中线工程运行时间较长的京石段易县、涞涿段部分渠道和东线工程中运行风险较大的东湖水库、双王城水库及东线10座泵站供配电系统开展了无损检测工作。通过无损检测，未发现影响运行安全的严重质量缺陷和隐患；同时，也为做好后续南水北调东、中线一期工程整体竣工验收质量评价积累了科学依据。

（4）开展专项巡查。7月中下旬，针对中线工程膨胀土和高地下水渠段重点部位，河湖保护中心组织开展了2组次的专项巡查。编写完成专项巡查报告并上报水利部南水北调司，发现较为突出的质量和运行安全隐患9处，提请运管单位密切关注和监测，确保工程运行安全。

（宋海波　常跃　李昂）

【运行监督】

1. 运行监督工作综述　理顺监管职能，持续强化运行监督。2019年是全面贯彻落实水利改革发展总基调的开局之年，也是水利行业"强监管"元年，按照"以问题为导向、以问责为抓手，开展清单式监督"的水利监督工作思路，监督司积极探索"监督

司牵头综合监督、督查办履行专职监督、业务司开展专业监管、工程管理单位执行日常监管"的监督机制，在南水北调工程监管模式、监管队伍发生明显变化的情况下，着力强化各单位各部门的协调配合，推动综合监督、专业监督与日常监管紧密协作，形成新形势下南水北调工程齐抓共管、常盯严管的监督格局。

（1）编制工作方案，统筹安排年度工作。按照《水利部2019年督查检查考核年度计划》相关要求，监督司研究编制了《2019年南水北调工程运行监管工作方案》，统筹安排全年综合督查工作，覆盖南水北调东中线工程。方案确定部本级督查队伍组织实施8批次，监管中心组织实施1批次，东线总公司组织实施2批次。同时，要求部本级督查队伍、中线建管局和东线总公司不定期开展特定飞检和常规飞检。各监督检查单位（部门）积极落实各项监督检查工作任务，如期提交成果报告。

（2）深入监督检查，有效防范工程隐患。全年紧盯重要时期、重点项目、关键部位的运行监督，应用侧扫声呐探测、水下蛙人摸查等科技手段，排查中线渠道水下损坏情况及实体隐患；关注周边环境影响，对北京段、天津段混凝土搅拌站、物资仓库等占压情况开展监督检查；结合南水北调工程"四不两直"监督的成功经验，组织开展特定飞检、常规飞检、专项稽察、专项复查、专题调研等32

组次，对工程管理单位严重违规行为实施责任追究，为南水北调工程安全运行和提档升级发挥积极作用。

（3）丰富监督手段，推动重点任务落地生根。按照《水利部督办事项考核初评办法》相关要求，以督办考核事项为抓手，通过节点考核、过程跟踪、现场抽查等方式，对中线供水量、防汛设备及物资储备等情况抽查督办，对系统性、典型性问题实行动态监管，推动工程管理单位建立成果报送、问题整改机制，不断提高标准化、规范化建设水平。

（李笑一　李青）

2. 强化重大项目、重点隐患和重要时期的监督检查

（1）中线干线工程渠道重点部位水下损坏情况专项稽察。水利部监督司组织对中线干线工程渠道重点部位开展水下损坏情况专项稽察，对发现的问题责令及时整改。

（2）南水北调工程保护范围管理监督检查。水利部监督司针对北京、天津段工程保护范围内占压问题开展实地检查，检查发现天津段混凝土搅拌站、物资仓库等占压箱涵问题，一定程度上可能给南水北调设施安全和正常运行带来影响，检查组当场责令整改，并要求工程管理单位督促整改。

（3）中线穿黄 A 洞停水检修及北京段 PCCP 管道检修监督检查。按照"特殊项目、特殊管理"的原则，水利部监督司对穿黄 A 洞维修加固项目

开展 4 批次检查，现场发现排空高架作业安全带锁扣不牢固等安全隐患，检查组及时指出并督促及时整改；对北京段 PCCP 管道停水检修及增设调压塔等有关事宜进行座谈调研，定期跟踪土石方开挖和阀井拆除进展，推动工程有序实施。

（4）"两期四节"暗访督查。水利部监督司高度重视元旦、春节、五一、国庆等重要节假日和敏感时期的工程运行管理工作，坚持开展特殊时期的运行监督，加强工程运行冰期和汛期等关键节点的暗访飞检，确保重要时期工程运行安全。庆祝新中国成立 70 周年期间，按照南水北调工程"防风险、保安全、迎大庆"的加固措施要求，监督司对南水北调中线干线黄河以南段 4 个现地管理处加固措施落实情况开展实地暗访，督促各层级管理单位加强风险隐患排查，提高岗位责任意识和反恐意识，确保敏感时期工程安全运行。

（李青　吴小海　朱吉生）

3. 开展运行管理问题"回头看"督查检查发现的问题及时整改，是提高运行管理水平、体现监管成效的重要途径。5—6 月，水利部监督司以"四不两直"方式对南水北调中线河北、河南段干线工程存量问题开展专项复查，共复核河北分局磁县、邯郸、永年、邢台、高元，河南分局新郑、郑州、穿黄等 16 个现地管理处，同时对穿跨越工程监管情况进行现场抽查。复查后对部分整改到位的存量

问题登记销号，同时对消防系统、防汛物资仓库防火等级不足、个别桥梁引道塌陷等问题督促整改，并就下一步更好地完成问题整改、破解工程管理遇到的难题提出意见建议。11月，水利部监督司对丹江口大坝加高工程相关问题进行复查，经设计院分析论证，工程整体安全可控，但应加强安全观测。通过狠抓问题整改落实，督促工程管理单位落实主体责任，推动以点带面、举一反三，形成常抓不懈的监管效应。

（李青　吴小海　朱吉生）

【举报受理和办理】　2019年，河湖保护中心坚持"举报电话24小时电话录音或人工接听"，共接收来信息63项，其中有效举报事项16项，涉及运行管理4项、工程质量1项、水质环境8项、征地移民3项。

2019年举报信息较2018年呈下降趋势，且主要集中在中线，中线的举报信息类型主要为水质环境。

（张霞　马兆龙）

【专项稽察】　2019年，河湖保护中心对南水北调东、中线一期工程组织实施专项稽察（复查）3组次。

2019年，在明确原南水北调工程建设监管中心更名为水利部河湖保护中心的前提下，仍先后组织开展专项稽察（复查）3组次。为督促专项稽察发现问题的整改落实，对南水北调东、中线一期及湖北省境内工程2015—2018年专项稽察发现且未经复查的801个问题逐一进行了复核；对中线干线工程防汛准备情况进行了专项稽察，共发现56个问题，并提出了有关意见和建议。

（高立军）

【制度建设】　为强化水利行业监管，履行水利监督职责，规范水利监督行为，在"水利工程补短板、水利行业强监管"水利改革发展总基调引领下，监督司持续健全完善水利监督"2＋N"制度体系。2019年陆续印发《水利监督规定（试行）》《水利督查队伍管理办法（试行）》《水利部特定飞检工作规定（试行）》《水利工程建设质量与安全生产监督检查办法（试行）》《水利工程合同监督检查办法（试行）》《水利工程运行管理监督检查办法（试行）》等，使新时期的南水北调工程监督工作有规可依、有则可据、有章可循。

（李笑一　李青）

【部领导特定"飞检"】　特定"飞检"是水利部部领导带队对水利行业实施的监督检查。重点关注管理薄弱、工作协调难度大或存在较多敏感性、复杂性、重大性问题的领域。2019年蒋旭光副部长带队开展南水北调工程特定"飞检"8组次，重点针对工程安全运行、防汛准备、科技教育试验项目、东线北延应急试通水、国庆期间工程安全稳定运行等方面，覆盖中线干线20个管理单位。通过深入一线检查，掌握基层现状，即时责任追究，在水利系统起到示范警示作用，带动南水北调工程各级负责人主动关注和解决本辖区重点、难点问题，有效提升了南水北调工程运行管理水平。

（姚亮　许国峰　陈宪超）

技　术　咨　询

【专家委员会工作】　2019年，根据机构改革职能调整情况与实际工作需要，原国务院南水北调工程建设委员会专家委员会调整设立为南水北调工程专家委员会（以下简称"专家委员会"），专家委员会的服务和日常管理工作由原南水北调工程建设监管中心移交至水利部南水北调规划设计管理局。2019年度，专家委员会紧紧围绕水利部党组"水利工程补短板、水利行业强监管"的水利改革发展总基调，履职尽责、担当实干。全年共开展技术咨询、专题研究、专项调研等活动22项（其中技术咨询15项、专题研究5项、专项调研2项），另有综合工作9项，充分发挥了专家委员会权威、客观、公正的独特作用，为南水北调工程运行安全、优化调度等重点工作作出了积极贡献。

（陈阳　冯晓波　杨阳　程向旭）

【咨询活动】　2019年，专家委员会针对南水北调工程运行安全、科研成果推广等先后开展了"十一五""十二五"国家科技支撑计划南水北调工程科研成果总结及推广、中线一期穿黄工程穿黄隧洞结构安全复核报告、南水北调工程安全稳定运行检测技术标准和评估方案等咨询活动共计15次。

（陈阳　冯晓波　杨阳　程向旭）

【珠江三角洲水资源配置工程及东深供水工程专题调研】　为交流借鉴国内供水工程的管理理念和技术难题解决经验，专家委员会于2019年10月赴广东粤海珠三角供水有限公司、广东粤港供水有限公司，对珠江三角洲水资源配置工程及东深供水工程进行调研。通过此次调研，了解了两个工程的水环境影响及处理措施，交流了主要技术难题及解决方案，学习了先进的管理理念，对南水北调东、中线一期工程运行管理及后续工程规划、设计、建设等工作提供借鉴。

（陈阳　杨阳　程向旭）

【专项课题】　（1）南水北调中线干线工程渠道重点部位水下损坏情况专项检查。中线干线工程自2014年12月正式通水以来，尚未进行停水检修，经过5年的连续运行，由于汛期、冰期的破坏，在各类检查中发现部分渠道水下部位存在衬砌板破损、逆止阀损坏、密封胶脱落等问题，一定程度上造成工程运行安全隐患。为全面了解南水北调中线干线工程渠道水下衬砌板、逆止阀等损坏情况，为工程停水检修提供数据分析支撑，专家委员会开展了水下损坏情况专项检查。利用侧扫声呐探测和水下蛙人摸查等方式，基本摸清了渠道水下损坏的整体状况，为分析研判中线干线工程是否需要全线停水检修决策提供了技术支撑。

（2）南水北调工程创新性成果梳理与总结。为全面梳理南水北调工程在规划设计、关键技术研究、工程建设管理、环保治污、运行管理、效益发挥等方面取得的创新性成果，对南水北调工程的科技创新情况、科技创新成果及科技创新点进行总结提炼，专家委员会开展了此专项课题研究，积极引导和推动南水北调后续工程科技创新。

（3）南水北调东线一期工程山东段两湖三站联合调度、经济稳定运行研究。为对南水北调工程开展梯级泵站联合调度、优化运行进行研究，专家委员会在已经完成的邓楼泵站现场测试基础上，继续完成长沟、八里湾泵站及输水渠道水力特性测试，提高泵站现场运行参数测量的准确性、精确性和可靠性。建立梯级泵站联合调度、优化经济运行数学模型，为南水北调东线工程梯级泵站全面智慧化运行管理奠定基础。

（4）南水北调中线洺河渡槽结构安全及耐久性研究。洺河渡槽在建设过程中，部分槽身竖墙出现空鼓裂缝，随后采取了化学灌浆和补强等工程措施进行了处理，鉴于运行期荷载、环境条件复杂，加之材料劣化，有必要对工程处理措施的有效性和耐久性进行针对性的分析。为此，专家委员会组织开展了此专项课题研究，拟通过建立洺河渡槽三维数值模型

（分槽段），分析洺河渡槽修复加固方案的有效性和耐久性，研究输水情况下洺河渡槽结构安全及耐久性。2019年年底签订合同，预期研究成果将为洺河渡槽的运行提供技术参考。

（5）专家委员会工作管理系统建设。为更好地对专家委员个人信息、专家委员会工作情况、工作过程资料及工作成果进行信息化管理，为专家委员会工作提供信息化平台，专家委员会开展了专家委员会工作管理系统的建设，2019年年底已有初步成果，系统建成后将使专家委员会的管理工作提档升级。

（陈阳 冯晓波 杨阳 程向旭）

【工程检测】 （1）南水北调中线干线易县、涞涿段部分填方渠段输水倒虹吸进出口周边回填部位密实度检测。2019年7月15日至8月6日，河湖保护中心采用3种无损探测方法，对南水北调中线干线的厂城、七里庄、马头沟、坟庄河等4座倒虹吸进出口存在局部沉降部位下的土方工程及基础进行了无损探测，累计完成60km的瞬变电磁、探地雷达、高密度等无损检测测线，探查出10个缺陷，并向中线建管局等相关单位提交检测报告。

（2）南水北调东线一期工程运行管理安全评估项目。2019年8月16日至11月22日，河湖保护中心对全部45项重点工程的51项设计单元进行了全面评估，评估内容包括工程建

设及运行期的设计、投资、质量、安全、合同、验收、档案、遗留问题、决算、维护、检测等多方面内容；并对其中 15 项工程开展了检测抽查，共编制总报告 1 份，专项评估报告 52 份，检测报告 15 份。（岳松涛 李鑫）

【工程档案专项验收】 2019 年，水利部南水北调规划设计管理局共完成 14 个设计单元的工程档案专项验收。

（1）南水北调中线一期工程辉县段设计单元工程档案专项验收。2018 年 9 月 26—29 日，南水北调工程设计管理中心（后并入水利部南水北调规划设计管理局，以下简称"调水局"）对南水北调中线一期辉县段设计单元工程档案进行了专项验收前的检查评定，并提出了该设计单元工程档案检查评定意见。2019 年 4 月 8—11 日，调水局开展了该设计单元工程档案专项验收，并形成了《南水北调中线一期工程辉县段设计单元工程档案专项验收意见》。4 月 22 日，水利部办公厅以办档函〔2019〕516 号文印发了该设计单元工程档案专项验收意见。

（2）南水北调中线一期工程郑州 1 段设计单元工程档案专项验收。2019 年 1 月 15—18 日，调水局对南水北调中线一期郑州 1 段设计单元工程档案进行了专项验收前的检查评定，并提出了该设计单元工程档案检查评定意见。5 月 22—24 日，调水局开展了该设计单元工程档案专项验

收，并形成了《南水北调中线一期工程郑州 1 段设计单元工程档案专项验收意见》。6 月 3 日，水利部办公厅以办档函〔2019〕673 号文印发了该设计单元工程档案专项验收意见。

（3）南水北调中线一期工程天津市 1 段设计单元工程档案专项验收。2016 年 10 月 28—31 日，调水局对南水北调中线一期天津市 1 段设计单元工程档案进行了专项验收，经验收组现场评议，天津分调度中心工程档案尚不能反映工程建设全过程，需整改后再开展相应复查工作。根据整改完成情况，2019 年 6 月 10—11 日，调水局组织专家对天津分调度中心工程档案进行了专项复查，在原验收评议意见的基础上，形成了《南水北调中线一期工程天津市 1 段工程档案专项验收意见》。6 月 20 日，水利部办公厅以办档函〔2019〕743 号文印发了该设计单元工程档案专项验收意见。

（4）南水北调中线一期工程汉江中下游泽口闸改造设计单元工程档案专项验收。2018 年 9 月 17—19 日，调水局对南水北调中线一期工程汉江中下游泽口闸改造设计单元工程档案进行了专项验收前的检查评定，并提出了该设计单元工程档案检查评定意见。2019 年 7 月 22—24 日，调水局开展了该设计单元工程档案专项验收，并形成了《南水北调中线一期工程汉江中下游泽口闸改造设计单元工程档案专项验收意见》。8 月 13 日，水利部办公厅以办档函〔2019〕946

号文印发了该设计单元工程档案专项验收意见。

（5）南水北调中线一期工程汉江中下游其他闸站改造设计单元工程档案专项验收。2018年9月19—21日，调水局对南水北调中线一期工程汉江中下游其他闸站改造设计单元工程档案进行了专项验收前的检查评定，并提出了该设计单元工程档案检查评定意见。2019年7月24—26日，调水局开展了该设计单元工程进行了档案专项验收，并形成了《南水北调中线一期工程汉江中下游其他闸站改造设计单元工程档案专项验收意见》。8月13日，水利部办公厅以办档函〔2019〕945号文印发了该设计单元工程档案专项验收意见。

（6）南水北调中线干线工程调度中心土建项目设计单元工程档案专项验收。2019年8月11—13日，调水局对南水北调中线干线工程调度中心土建项目设计单元工程档案进行了专项验收，并对验收中发现的问题提出了整改要求。8月23日，调水局组织专家组对整改情况进行了复核，经讨论形成了《南水北调中线干线工程调度中心土建项目设计单元工程档案专项验收意见》。8月27日，水利部办公厅以办档函〔2019〕986号文印发了该设计单元工程档案专项验收意见。

（7）南水北调中线一期工程新乡和卫辉段设计单元工程档案专项验收。2019年3月27—29日，调水局对南水北调中线一期工程新乡和卫辉段设计单元工程档案进行了专项验收前的检查评定，并提出了该设计单元工程档案检查评定意见。8月13—16日，调水局开展了该设计单元工程档案专项验收，并形成了《南水北调中线一期工程新乡和卫辉段设计单元工程档案专项验收意见》。8月23日，水利部办公厅以办档函〔2019〕978号文印发了该设计单元工程档案专项验收意见。

（8）南水北调中线一期工程潮河段设计单元工程档案专项验收。2019年4月24—26日，调水局对南水北调中线一期工程潮河段设计单元工程档案进行了专项验收前的检查评定，并提出了该设计单元工程档案检查评定意见。9月3—6日，调水局开展了该设计单元工程档案专项验收，并形成了《南水北调中线一期工程潮河段设计单元工程档案专项验收意见》。9月12日，水利部办公厅以办档函〔2019〕1045号文印发了该设计单元工程档案专项验收意见。

（9）南水北调东线一期工程洪泽站设计单元工程档案专项验收。2018年8月20—22日，调水局对南水北调东线一期工程洪泽站设计单元工程档案进行了专项验收前的检查评定，并提出了该设计单元工程档案检查评定意见。2019年9月23—25日，调水局开展了该设计单元工程档案专项验收，并形成了《南水北调东线一期工程洪泽站设计单元工程档案专项验收意见》。10月9日，水利部办公厅以办办档函〔2019〕1120号文印发了该设计单元工程档案专项验收意见。

（10）南水北调东线一期工程泗洪站设计单元工程档案专项验收。2018年8月22—24日，调水局对南水北调东线一期工程泗洪站设计单元工程档案进行了专项验收前的检查评定，并提出了该设计单元工程档案检查评定意见。2019年9月25—27日，调水局开展了该设计单元工程档案专项验收，并形成了《南水北调东线一期工程泗洪站枢纽设计单元工程档案专项验收意见》。10月9日，水利部办公厅以办档函〔2019〕1121号文印发了该设计单元工程档案专项验收意见。

（11）南水北调中线一期工程临城县段设计单元工程档案专项验收。2019年5月14—17日，调水局对南水北调中线一期工程临城县段设计单元工程档案进行了专项验收前的检查评定，并提出了该设计单元工程档案检查评定意见。11月28—30日，调水局开展了该设计单元工程进行了档案专项验收，并形成了《南水北调中线一期工程临城县段设计单元工程档案专项验收意见》。12月17日，水利部办公厅以办档函〔2019〕1428号文印发了该设计单元工程档案专项验收意见。

（12）南水北调中线一期工程郑州2段设计单元工程档案专项验收。2019年7月2—5日，调水局对南水北调中线一期工程郑州2段设计单元

工程档案进行了专项验收前的检查评定，并提出了该设计单元工程档案检查评定意见。12月8—10日，调水局开展了该设计单元工程档案专项验收，并形成了《南水北调中线一期工程郑州2段设计单元工程档案专项验收意见》。12月17日，水利部办公厅以办档函〔2019〕1429号文印发了该设计单元工程档案专项验收意见。

（13）南水北调中线一期工程邢台县和内丘县段设计单元工程档案专项验收。2019年6月18—21日，调水局对南水北调中线一期工程邢台县和内丘县段设计单元工程档案进行了专项验收前的检查评定，并提出了该设计单元工程档案检查评定意见。12月26—28日，调水局开展了该设计单元工程档案专项验收，并形成了《南水北调中线一期工程邢台县和内丘县段设计单元工程档案专项验收意见》。2020年1月7日，水利部办公厅以办档函〔2020〕10号文印发了该设计单元工程档案专项验收意见。

（14）南水北调中线一期工程邯郸市至邯郸县段设计单元工程档案专项验收。2018年8月14—17日，调水局对南水北调中线一期工程邯郸市至邯郸县段设计单元工程档案进行了专项验收前的检查评定，并提出了该设计单元工程档案检查评定意见。2019年12月29—31日，水利部调水局开展了该设计单元工程档案专项验收，并形成了《南水北调中线一期工程邯郸市至邯郸县段设计单元工程档

案专项验收意见》。2020 年 1 月 7 日，水利部办公厅以办档函〔2020〕11 号文印发了该设计单元工程档案专项验收意见。（陈嘉旭　闫津赫　易文越）

重大专题与关键技术

【南水北调工程运行安全检测技术研究与示范项目】　"南水北调工程运行安全检测技术研究与示范"项目于 2018 年 8 月在科技部正式立项，2019 年，水利部南水北调规划设计管理局参照"工程项目管理"和"水利行业强监管"的管理模式，研究制定了 2019 年度工作方案，实行项目经理负责制。全年组织开展工程调研 5 次，督导检查、飞检 16 次，编制研究进展旬报 20 期，组织专题培训 1 次，召开项目协调会 2 次、专家咨询会 6 次。2019 年，组织编制完成南水北调建筑物检测技术标准草案，初步建立南水北调工程检测技术体系；研发线性工程双目成像无人机、拖曳式电磁感仪、渠道水下防渗检测 3 套智能检测装备样机，初步实现从天空、地面、水下对渠堤表观和内部缺陷快速诊断目的；研发 PCCP 放空检测装备样机，断丝检测技术指标达到任务书要求，有望突破国外技术垄断；初步搭建监测检测预警处置集成系统，已实现预警处置实时化功能；共计发表论文 40 篇，申请发明专利 35 项，取得软件著作权 4 项，出版专著 1 部，完成了 2019 年度全部研究任务和考核指标。　　（李楠楠　田野　孟路遥）

国际交流与合作

【国际交流】　2019 年，来自湄公河国家、哈萨克斯坦、塞内加尔等 10 个访问团参观南水北调中线干线工程建设管理局及有关水利设施，就调水工程建设、管理、运行、维护等工作进行交流。

（1）2019 年 1 月，塞内加尔水利和环卫部秘书长（副部长级）迪埃尔诺·李率团访华。期间，代表团访问南水北调中线干线工程建设管理局，就调水工程建设、管理、运行、维护等工作进行交流，参观南水北调中线工程总调中心，并赴湖北调研南水北调中线水源工程。

（2）2019 年 3 月，世界银行水务全球发展局代表团访问南水北调中线干线工程建设管理局，参观南水北调中线工程总调中心，并调研团城湖调节池工程。

（3）2019 年 3 月，澜湄水资源合作联合工作组越方组长、越南自然资源与环境部国家湄委会司长黎德忠率团访华。期间，代表团调研南水北调团城湖调节池工程。

（4）2019 年 5 月，朝鲜气象水文局局长金大建一行率团访华，举行中朝水文工作会谈。期间，代表团调研南水北调团城湖调节池工程。

（5）2019年7月，湄公河委员会秘书处首席执行官哈达访华。期间，代表团调研南水北调团城湖调节池工程。

（6）2019年9月，泰国自然资源与环境部水资源厅副厅长安提瓦一行率团访华，期间，代表团调研南水北调惠南庄泵站工程。

（7）2019年9月，荷兰基础设施与水管理部水利交通和环境总司代表团访问南水北调中线干线工程建设管理局，参观南水北调中线工程总调中心，并调研团城湖调节池工程。

（8）2019年10月，哈萨克斯坦生态、地质和自然资源部副部长格罗莫夫率代表团访华，参加中哈利用和保护跨界河流联合委员会第十七次会议。期间，代表团调研南水北调惠南庄泵站工程。

（9）2019年12月，老挝自然资源与环境部部长宋玛·奔舍那部长率团来华出席澜湄水资源合作部长级会议。会前，叶建春副部长、黄委主任岳中明陪同宋玛部长调研南水北调中线穿黄工程、南水北调河南分调度中心。

（10）2019年12月，澜湄水资源合作部长级会议在北京召开。鄂竟平部长与湄公河五国部长共同访问南水北调中线干线工程建设管理局，参观南水北调中线工程总调中心。

（彭竞君）

（11）11月24日至12月14日，

南水北调东线总公司组织调度运行管理和信息技术培训团，赴英国开展了为期21天的培训，团长为东线总公司副总经理胡周汉。此次培训采用课堂教学与实地考察相结合，培训内容涉及水文建模与河流数据监控、水质建模与优化、水利工程信息系统等专业领域，实地考察了英国水文和生态中心、西门子水务技术公司、ESI水务咨询有限公司、泰晤士河拦洪大坝、Crossness污水处理站、Veolia水技术公司、Advision咨询公司、英国皇家地质勘测协会、英国皇家环保协会、西门子水资源行业软件公司等机构。通过培训和技术交流，对调水工程的运行管理、水资源调度信息化技术应用、水资源建模及生态综合保护利用等有了更深刻认识。

（刘梅 冯伯宁）

新闻宣传

【北京市新闻宣传】（1）以《北京水务报》为主要载体，充分发挥内聚能量、外展形象、振奋人心的宣传作用。2019年，《北京水务报》以党建工作为引领，业务工作为支撑，基层典型为动能，增加原创采写、专题策划，强化新闻性和可读性，宣传南水北调利国利民工程形象。全年出报36期，172版，增刊9个。在宣传效果上努力实现新突破，不断提高政治站位，在"不忘初心、牢记使命"主题教育和建党98周年之际集中宣传展示全市水务系统各级党组织开展主题教育情况，得到北京市委主题教育巡回指导组的高度评价。

（2）继续与中央和北京市媒体保持密切沟通，提升北京水务强有力的社会联动影响作用。与中央电视台北京站、北京电视台保持良好合作机制，确保做到重要事件、活动及时报送选题。2019年度累计播发新闻38条。南水进京5周年之际，《新闻联播》《焦点访谈》等栏目组和新华社均进行了深入报道。

（3）利用微博微信等新媒体，提高政治站位和敏感度，将水务宣传工作推入新阶段。2019年，"水润京华"微博和微信公众号，全年发布微博2200余条，其中单条微博《市区日供水量突破历史最高值》最高阅读量60.3万；发布微信557条。微信推文《五周年！50万米高空看南水北调》《一滴水珠的逆流奋斗》引发竞相转载。

（4）提升舆情监测与危机应对的处置水平，正面引导舆论维护水务整体形象。2019年，人民网舆情监测平台共提供各类舆情信息745539条。提供预警信息总计1304条。北京市属媒体为报道主力，人民日报、新华社等中央媒体也对北京水务、南水北调予以关注，人民网、新华网等国家重点新闻网站的相关报道引发了包括凤凰网、新浪网等商业门户网站的广

泛关注。

（5）北京水务网站创新管理，打造高水平展现北京水务风采的基础性平台。2019年，北京水务网站创新管理，不断引领提升投稿质量，明确稿件发布程序，完善稿件审核审批制度，建立稿件保密性审查制度，全年共发布稿件近8000篇。与2018年相比，网站稿件的数量和质量均有所提升。

（6）加强通讯员队伍管理，提升宣传队伍的整体业务素质。注重加强与通讯员的联系沟通，组织开展2019年北京市水务系统通讯员培训，实现宣传资源整合。通讯员微信工作群实现精细化管理，提高了工作效率与宣传质量。北京市水务基层单位的通讯稿发布数量、质量实现了突破。其中，季度宣传总量从千余篇突破3000篇。

（7）充分发挥普法宣传效能作用，增强民众水利工程保护意识。严格落实"谁执法谁普法"责任制要求，积极做好普法宣传工作。结合"世界水日""中国水周"等专题活动，组织专业人员进企业、进乡村、进校园、进社区开展法制宣传，提高公众尊崇宪法、依法保护水利工程意识。同时在工程沿线采取流动普法宣传形式，发放宣传材料、解答公众咨询，有效增强群众对南水北调工程的了解和认识。

（8）以庆祝新中国成立70周年为契机，全力以赴做好北京水务70

年成就展。为庆祝新中国成立70周年，北京市水务局积极筹备、精心策划，成功举办了北京水务70年成就展。配合拍摄国庆献礼片《鱼儿的旅程》公益广告，生动展现南北协作、鱼水情深。

（孙桂珍）

【天津市新闻宣传】　2019年，南水北调宣传工作紧紧围绕天津市水务局中心任务大力开展南水北调宣传工作，组织制定并印发了《天津市2019年〈南水北调工程供用水管理条例〉宣贯工作方案》，结合"世界水日""中国水周"，组织开展南水北调法律法规进社区进校园活动，组织有关单位集中开展宣贯活动，并圆满完成配合全国政协开展天津市南水北调中线工程发挥综合效益调研工作。参加水利部南水北调司组织召开的综合管理工作暨科技管理工作会议。完成《迢迢南水润泽津门——天津南水北调》丛书的编纂工作，2019年由中国电力出版社出版发行。制定南水北调中线向天津供水5周年宣传工作方案，组织实施南水北调中线向天津供水5周年系列宣传活动，报请天津市政府召开南水北调中线向天津供水5周年新闻发布会，为做好通水5周年宣传工作奠定坚实基础。12月12日，天津电视台在南水北调东、中线一期工程全面通水5周年之际，以"保供水保生态"为题在《天津新闻》中予以宣传报道。全年在多家新闻媒体刊发（播发）天津市南水北调新闻，其中，

12月15日，《人民日报》刊发了《喜看南水润津沽》；12月14日，《光明日报》刊发了《"第二条运河"清流惠津城》；另外，在《天津日报》《城市快报》《今晚报》《中国水利报》等报刊刊发了数篇天津市南水北调文章。水利部网站、津云、政务网开设了"南水北调中线通水5周年"专题，宣传南水北调工程重大意义和综合效益。

（丛英）

【河北省新闻宣传】　2019年，河北省南水北调宣传工作，立足南水北调工作实际，紧紧围绕江水切换、生态补水、饮水安全提升、灌溉水源置换、河湖生态环境改善等方面，进行全方位、多形式、广角度的宣传报道，进一步增强宣传的针对性、时效性、科学性。通过讲好南水北调故事，打造南水北调品牌，加深群众对南水北调的了解，拉近群众与南水北调的关系，强化群众对南水北调的关切，不断提升南水北调影响力，有效彰显其作为大国重器发挥的巨大综合效益。

（1）组织多家新闻媒体，对《河北省南水北调工程供水运行应急预案（部门预案）（试行）》《关于用足用好南水北调引江水的实施意见》《河北省南水北调工程水量调度计划编制与执行管理办法（试行）》《河北省南水北调受水区城镇供水水源保障应急预案（试行）》等重要文件进行宣传报道，对南水北调政策文件进行广

泛解读，提升群众对南水北调工程认知。

（2）组织多家新闻媒体，及时对南水北调受水区农村生活水源置换、农村灌溉水源置换、高氟区改水降氟巩固提升等农民关切事件进行新闻报道，通过宣传南水北调工程通水带来的巨大效益，提升群众对南水北调工程满意度，促进受水区用足用好引江水。

（3）组织多家新闻媒体，对利用引江水进行生态补水工作进行宣传报道，通过河畅、水清、岸绿、景美、人和的河湖生态环境改善，体现南水北调利民工程的重要作用。

（4）组织多家新闻媒体，对南水北调中线建管局河北分局和河北省水利厅在南水北调中线干线南沙河倒虹吸工程南段进口举行的 2019 年防汛联合演练进行宣传报道。

（5）组织多家新闻媒体，积极开展《南水北调工程在河北有多美》《情系南水北调——写在南水北调中线通水五周年之际》《一渠通南北 江水润燕赵》《滹沱河畔 江水浇出稻米香》等系列报道，众多媒体纷纷转载。

（6）与长城新媒体联合推出《南水润燕赵 汇泽你我他》视频直播访谈，畅谈南水北调通水以来的河北变化，深刻诠释了"南水北调工程功在当代，利在千秋"，营造了良好的舆论氛围。

（胡景波）

【河南省新闻宣传】　2019 年，河南省南水北调建管局处在机构改革期。

（1）加强意识形态宣传教育。把意识形态工作与业务工作同部署、同落实。结合党风廉政建设开展意识形态宣传教育，坚持集中学习与自学相结合，坚持读原文、学原著，深入领会党中央、国务院和省委、省政府的政策、方针和路线，贯彻落实国家各项决策部署，时刻与党中央保持一致。

（2）开展对外宣传。结合工作实际，编写宣传工作要点，以实施四水同治、充分发挥南水北调综合效益贯彻落实为要点，围绕重点工作、重大进展及涌现出来的典型人物和先进事迹，加大宣传报道力度。在中线工程通水 5 周年之际，在《河南日报》第七版以"天河出中原 千里润北国"为题进行整版报道，宣传南水北调工程供水效益、生态效益和社会效益，为工程运行通水营造良好的社会舆论氛围。

（薛雅琳）

【湖北省新闻宣传】　湖北省水利厅围绕南水北调工程通水 5 周年主题，组织了一系列新闻发布、专题采访、专版宣传、展览展示、新媒体推送、公益广告等多种形式的宣传活动。专门制定南水北调中线工程全面通水 5 周年宣传工作方案，落实水利部副部长蒋旭光"早、深、细、实、准"的宣传工作要求。新华社、《人民日报》、中央电视台《焦点访谈》、《经济日报》、《光明日报》、《经济参考报》等先后刊发稿件。

2019 年 9 月 25 日，在南水北调中线汉江中下游治理工程正式建成运行 5 周年前夕，湖北省政府新闻办召开"南水北调中线工程通水 5 周年"专题新闻发布会，湖北省水利厅党组成员刘文平出席会议并介绍南水北调中线一期汉江中下游四项治理工程建成通水 5 年来的总体情况并回答记者提问。9 月 30 日，在《湖北日报》发布专刊《南水北调铸伟业 玉汝于成惠民生》；12 月 12 日在《湖北日报》发布专刊《一泓清水惠泽京津冀豫》。

12 月 12 日，在湖北卫视作了"南水北调通水五周年 十堰：第五个'生态文明日'400 多件档案照片见证世纪工程""南水北调通水五周年 老照片里的新故事""南水北调通水五周年 南水成为京津冀供水新生命线""南水北调通水五周年 再访'火焰山'崖壁栽树有新招""南水北调通水五周年 环保人士尤林：从'挑刺'到'表扬'""南水北调通水五周年 移民肖明玉：从捕鱼人到讲鱼人"系列现场报道。12 月 16 日，在湖北卫视作了"南水北调通水五周年 南水北上重现河北小江南"专题报道。

（郑艳霞　朱树娥）

【山东省新闻宣传】

1. 加强领导，完善制度　围绕"水利工程补短板、水利行业强监管"工作总基调和山东省水利厅党组决策部署，拟制印发 2019 年全省水利宣传工作要点和落实工作方案，山东省水利厅机关各处室、厅直单位分别明确一名宣传舆情工作联络员，建立起宣传工作月调度、季会商、半年讲评培训、年终考评等制度，初步构建起全覆盖的宣传舆情工作信息网。

2. 紧扣中心、突出重点　围绕学习贯彻习近平总书记新时代治水思路，结合"不忘初心、牢记使命"主题教育，做好全国水利工作会议、"世界水日"、"中国水周"、水安全保障规划推进实施、灾后重建工程建设攻坚、春秋季抗旱、河湖清违、南水北调东中线工程全面通水 5 周年、颁布节水行动方案等重要节点的舆论宣传引导，积极协调中央和省级主要媒体策划报道，刊发原创性有影响力的稿件近 100 篇（条），被大众网、中国新闻网、齐鲁网等省级以上新媒体平台转载 400 余次，取得了良好社会效果。

3. 完善平台、丰富形式　充分发挥《中国水利报》、中国水利网、《中国水利》杂志、水利部网站、厅门户网站、水利部官微、水利厅官微等行业主阵地作用，对"山东水利网"门户网站进行重新改版，进一步改进内外网栏目设置，完善网站功能，加强管理维护；切实发挥新媒体平台时效快、传播广、形式新等特点，与大众网签订政务微博、微信合作协议，全年发布水利有关信息 1000 余条，全方位宣传报道全省水利事业发展新成效。

4. 面向基层、打牢基础　积极配

合水利部完成相关调研、信息采集和水情教育规划中期评估工作。与山东省委宣传部、省教育厅、省文化厅、省史志办联合发起组织开展山东省历史著名水利工程、治水人物及传说调查和资料有奖征集活动，得到社会各界的广泛关注，征集来稿100余篇，在《大众日报》专栏刊发优秀文章26篇，集结成《水越千年韵齐鲁》作品集。"世界水日""中国水周"期间，协调组织各级水利部门开展宣传活动，制作的5部节水公益广告片在山东卫视、公共频道、少儿频道、农科频道及全省16市和百余家县级电视台黄金时间多天连播，累计播放4000余次，覆盖人口超1亿人次。

5. 及时预判、快速反应　认真落实"实事求是、快速反应、公开透明、妥善处理、主动发声"工作要求，制定《水利舆情监测与处置工作预案》，建立网络舆情应急处置小组；与水利部宣传教育中心签订舆情监控合作协议，密切关注网上舆情动态；根据势态发展适时通过网络舆情系统，监测网站、微博、微信、贴吧、论坛等涉及水利方面的信息，及时预判虚假不良信息可能产生的负面影响；报告厅舆情处置工作领导小组的同时，视情及时报告山东省网信部门，防止涉虚假不良信息形成负面舆情，给水利工作造成严重的负面影响。2019年，编印舆情周报16期、月报1期。《问政山东》及"回头看"网络舆情平稳，社会反响良好。

6. 多措并举，加强协调　山东省水利厅党组一直非常重视《中国水利》报刊订阅工作，专门作出安排部署，竭尽全力、千方百计积极做好报刊发行工作。建立每周小结、半月提醒、月度重点调度制度，确保完成年度订阅量。依据《记者站管理办法》和《特约记者管理办法》，积极组织特约记者、通讯员业务培训，山东站不断加强自身能力建设。按山东省新闻出版广电局要求，报送2019年记者站年审材料。组织记者站4名工作人员，赴北京参加报社组织的2019年新闻采编人员考试，全部合格。

7. 提高站位，集中宣传　全面贯彻落实水利部南水北调东中线一期工程全面通水5周年宣传工作专题会议部署要求，提高政治站位，落实工作责任，加强工作协调，细化宣传方案，通过开展专题策划、制作专题片及节目、强化融媒体传播、做好权威信息发布、加强推广推送等创新报道方式，推出系列全方位、多角度、立体式的新闻报道，集中宣传南水北调工程作为大国重器在社会经济生态等方面发挥的巨大综合效益。全力配合中央主流媒体山东采访活动，在《大众日报》、《光明日报》、《经济日报》、新华网等报纸、电视、网站、微信公众号和微博平台，全方位刊发南水北调工程东、中线通水5周年相关专题报道。《中国南水北调报》等南水北调媒体矩阵同步推出了专题报道。积极协调山东主流媒体，聚焦南水北调工程山东沿线各市重点工程，宣传工程在服务乡村振兴、新旧动能转换、水安全保障体系建设中的巨大作用。制作南水北调专题片《初心·使命》《创新·担当》，分上、下两集共计 20 分钟，在山东卫视循环播放。协调与山东电视台融媒体、大众网、齐鲁晚报壹点网、齐鲁网等外部网络媒体，陆续对南水北调工程东中线全面通水 5 周年活动进行了全面深入的宣传报道。

（赵新 郑洪霞）

【江苏省新闻宣传】 2019 年，江苏省南水北调办公室精心准备、重点策划，在《光明日报》《中国水利报》《中国科技报》《现代快报》等中央和省级主流媒体刊发信息稿件共计 20 余篇，聚焦南水北调这一战略工程、民生工程、生态工程，大力宣传工程发挥的综合效益和取得的显著成效。

（1）落实上级要求，唱响"主旋律"。配合做好南水北调东中线一期工程全面通水 5 周年宣传。配合《人民日报》刊发专题报道《千里水脉润北方》，配合新华社刊发专题报道《南水浩荡润天下》；在《中国水利报》刊发《水至福来 泽被苏鲁》等调研报道 1 篇、专题报道 2 篇；《现代快报》以《一滴水珠的逆流奋斗》为题，刊发短视频动画宣传片；还分别在《光明日报》《中国科技报》等媒体刊发专题报道。

（2）开展常态宣传，弹好"协奏曲"。江苏省南水北调办围绕工程建设、运行管理、污水治理、移民征迁等重点工作，联络省级主流媒体刊发优质稿件 10 余篇。其中在《新华日报》以《黄金水道，江水这样往高处流》为题刊发专题报道，突出展现南水北调工程集中力量办大事、提升群众幸福感的时代使命。会同江苏省水利厅信息中心在江苏交汇点新闻客户端、江苏水利微信公众号等新媒体渠道刊发图文稿件。围绕 2019—2020 年度第一阶段向省外调水工作刊发新闻稿件 10 余篇。

（3）更新形象现场，讲好"新故事"。联合江苏广播电视总台启动江苏南水北调工程宣传片修编工作。

（宋佳祺）

【南水北调中线干线工程建设管理局新闻宣传】 2019 年，宣传中心以南水北调品牌建设中心，紧抓新中国成立 70 周年、东中线全面通水 5 周年、中线输水突破 200 亿 m³ 等 3 个重点，从媒体宣传、公益广告、展览展示、品牌项目、组织活动、形象专题片等 6 个维度，实现了全方位、立体化传播，讲好了南水北调故事，营造了良好的舆论氛围，提供了有效的智力支撑。

1. 圆满完成新中国成立 70 周年宣传任务 2019 年，宣传中心负责承担国家重大展览"伟大历程 辉煌成就——庆祝中华人民共和国成立 70 周年大型成就展"南水北调工程展区设计布置任务；协调配合中央电视台拍摄公益广告片《共和国脊梁——南水北调》，播出电视宣传片《新中国第一——南水北调工程》；与北京电视台合作，联合拍摄宣传片《南水北调中线工程——一滴水的努力》；组织水利70年展、水利部阳光走廊南水北调成就展等5次展览。

2. 圆满完成全面通水5周年宣传报道任务　全力配合完成国新办召开的通水5周年新闻发布会保障任务；协调配合中央电视台新闻联播、焦点访谈、东方时空、中国国际电视台高频次集中报道南水北调通水5周年成就，协调中央电视台在通水5周年期间重点播报《共和国脊梁——南水北调》公益广告；组织人民日报、新华社等15家中央媒体集中采访报道中线通水5周年；首次组织协调沿线5省（直辖市）电视台联动拍摄电视专题片"饮水思源感恩传递——南水北调中线通水五周年特别报道"。

3. 大力开展中线工程通水200亿 m^3 宣传报道　协调央视新闻联播报道中线输水突破200亿 m^3 消息；《人民日报》、新华社及地方等26家媒体刊发中线输水突破200亿 m^3 发挥的巨大效益。

4. 加大新媒体创新力度　微信公众号"信语南水北调"共发布195篇，总阅读量超过38万，微博"博言南水北调"共发布236篇，总阅读量超过194.5万；"信语南水北调"与知名自媒体"星球研究所"联合推出《南水北调，"难"！》推文，全网

阅读量高达500万次，受到中宣部关注和肯定。

5. 加强传媒阵地宣传力度　《中国南水北调报》全年出版35期报纸，发行42万份；编辑出版《回望——我亲历的南水北调》一书，记录南水北调的历史；南水北调手机报围绕一些南水北调系统突发的重大新闻事件，能够以短视频和H5的形式，迅速传播，形成了独有的传播渠道。

6. 组织开展各类宣传活动　负责组织中线迎祖国70华诞庆通水5周年"我和我的祖国共成长"系列活动。该活动在穿黄工程成功举办现场，全局职工积极参与，激发了员工爱国爱岗情怀；组织南水北调大讲堂、公众开放日、全国中小学生研学实践等品牌活动410场，2万多人次参与；组织开展第一届南水北调公民大讲堂志愿服务项目大赛及论坛，穿黄和惠南庄基地被教育部考评为年度优秀。

7. 拓展强化外宣工作　协助英国广播公司（BBC）和美国探索频道（Discovery）拍摄纪录片《奇迹工程——南水北调》；与中国网合作向国际推广南水北调信息，南水北调信息在美国等15个国家落地。共发布新闻、组图和视频等各类稿件41篇，通过脸书视频直播3次，累计覆盖用户超过200万人次。　（王乃卉）

【南水北调东线总公司新闻宣传】

1. 开展年度调水工作安全运营宣传　CCTV-13新闻频道、《经济日

报》、《中国政协报》、《中国水利报》等10余家中央媒体，以及中国网、新浪、搜狐等50余家网络媒体，全面报道了南水北调东线一期工程顺利完成2018—2019年度向山东省调水任务，南水北调东线一期工程2019—2020年度调水工作全线启动。

2. 开展北延应急试通水顺利完成宣传　CCTV－13新闻频道、新华社、人民网、央广网、《中国水利报》等20余家中央媒体，腾讯、新浪、今日头条等80余家网络媒体，深度报道了南水北调东线首次供水津冀，加快华北地下水超采综合治理。

3. 开展北延应急供水工程开工建设宣传　CCTV－1新闻联播、CCTV－13新闻频道、CCTV－4中文国际、《人民日报》、新华社、人民网、《经济日报》、《光明日报》等30余家中央媒体，山东电视台省级媒体，新京报网、澎湃、新浪等100余家网络媒体，持续报道了南水北调东线北延应急供水工程开工情况。此外，开工现场无人机、摄像机360度拍摄，后期进行了宣传片制作。

4. 开展国庆70周年系列主题活动宣传　"献礼祖国70年"升国旗仪式现场拍摄及宣传片制作；"最美奋斗者"于涛先进人物典型事迹报道，《于涛——做最好的自己》新媒体长图设计。摄制并在新华网、人民网投放南水北调东线工程效益视频航运篇与农业篇制播经验，新华视频点击量46万次与42万次，并在抖音投放视频四支。

5. 开展东线通水6周年综合效益报道　《经济日报》、《法制日报》、环球网等10余家权威媒体开展走访纪实，采用图文、全景VR、视频等多种媒介形式，报道南水北调东线通水6周年，一项工程多种效益。澎湃、腾讯、新浪等30余家网媒纷纷转载。

2019年累计在100余家媒体发布350余次，其中，CCTV－1新闻联播、CCTV－13新闻频道、CCTV－4中文国际等中央电视台频道（节目），收视率达到7.3%；新华社、《人民日报》、《中国水利报》、《经济日报》、《光明日报》、《中国政协报》、人民网、央广网等30余家中央媒体，累计触达3500万用户；新京报网、环球网、澎湃、腾讯网、今日头条等70余家主流网媒，累计点击次数达1000余万次，覆盖全国受众达到亿级人次。通过媒体传播，南水北调东线工程百度搜索指数持续增长，单日资讯指数（阅读、评论、转发、点赞）最高达到49757次，大众对东线工程的关注量与关注度日益增加。（冯伯宁）

【南水北调东线江苏水源有限责任公司新闻宣传】　江苏水源公司党委高度重视宣传工作，要求紧紧围绕年度工作目标思路讲好水源故事、树立水源形象、打造水源品牌。

1. 加强意识形态管理，完善宣传工作体系　2019年，公司从顶层设计、资源整合、机构职能等方面对宣传工作进行优化调整，由党群工作部负责指导宣传工作，设立科技信息中心负责公司日常宣传工作，各单位都明确了宣传工作分管领导和宣传员，形成公司—分子公司—基层站所三级横向到边、纵向到底的宣传工作网络。进一步完善新闻信息报送把关制度，做好采编各环节管理，各类宣传报道由部门专门人员负责扎口，杜绝问题信息垃圾信息，每季度通报各部门（单位）宣传信息发布情况，考核结果计入年度党建综合考核。同时，修订《江苏水源公司信息宣传管理办法》，进一步规范信息报送工作、规范日常宣传资料及宣传平台管理，确保意识形态领域安全。

2. 注重统筹谋划，突出抓好重点热点 2019年上半年围绕年度第二阶段调水，策划了中国水周、公司改革发展连连看、调水运行站站行等专题，并根据时间节点发布"南水北调'520'三行诗""南水北调妈妈"等专题。主题教育期间，在公司网站设立"不忘初心、牢记使命"专题，全过程反映了学习教育、调查研究、检视问题、落实整改等重点措施开展情况。2019年是新中国成立70周年大庆，公司组织江苏省水利摄影协会赴工程沿线拍摄的工程最新照片和视频并制成画册，组织拍摄了庆祝新中国成立70周年5分钟宣传片，协助水利部、东线总公司拍摄《我和我的祖国》《共和国脊梁》宣传片，并在门户网站开辟大型网络展厅，全方位宣传南水北调东线江苏段工程建设、调水运行、经营管理、科研技术方面的突出成就。大力宣扬先进，树立公司先进典型活动，在线上和线下设立公司8位劳模人物展，营造赶超先进、干事创业的良好氛围。2019年年底，是东线通水6周年和东中线全面通水5周年，根据水利部统一部署，加强与主流媒体联系，发布了系列报道，通过公司网站、微信公众号发布各类信息50多篇，形成了一定的宣传声势。

3. 突出拓宽渠道，全方位提升影响力 在做好日常宣传基础上，努力拓展宣传渠道，重点加强对上、对外宣传，全年在《新华日报》、交汇点发布新闻4篇，在《中国水利报》发表2篇，在《南水北调报》、南水北调网发布35篇，在江苏省国资委网站、国资微信、国资党建共发布新闻共91篇，采用量比2018年增长68%。结合庆祝新中国成立70周年，在江苏省委机关报《新华日报》刊发"铭记初心 勇担使命 确保一江清水北送"整版面专题报道。组织人民网记者赴东线江苏段深入采访，在人民网江苏频道首页刊载《江苏：南水北调东线担当 一泓清水源源北上》报道。交汇点新闻刊载《累计抗旱抽水45亿 m^3 江苏水源公司全力保障苏北抗旱与省外调水》报道，江苏新闻广播同步作了报道。通过内刊形式，向江苏省委报送南水北调工程抗旱抽水情况，省委副书记任振鹤对此作出重要批示。

4. 加强平台建设，打造宣传主阵地　2019 年公司网站发布新闻 885 篇，微信发布 421 篇，微信公众号总关注用户达 1289 人。进一步优化门户网站栏目设置，及时、准确发布公司动态、领导活动、重大工作进展以及分子公司重要特色活动等。强化内容审核把关，提高信息发布质量，门户网站已经初步打造成为公司信息公开发布主阵地。微信公众号充分发挥时效快、范围广、影响大特点，重点发布公司重要会议、重要活动和特色做法成效等，建成展示公司形象的特色窗口。

（尹子茜）

【南水北调东线山东干线有限责任公司新闻宣传】　2019 年，山东省南水北调宣传工作认真贯彻落实省水利厅、山东干线公司党委关于加强宣传信息工作的部署要求，始终坚持紧紧围绕工程调度运行与南水北调事业改革发展中心工作，把握正确舆论导向，不断探索创新宣传报道形式，大力宣传南水北调工程效益，讲好南水北调故事，为山东省南水北调事业良性健康发展提供舆论支持和社会保障。围绕新中国成立 70 周年和南水北调全面通水 5 周年和东线通水 6 周年，持续推动山东省南水北调宣传工作创新发展，达到较好宣传引导效果。

1. 突出工作重点，持续抓好常态宣传

（1）聚焦中心任务宣传。坚持推进党纪国法、时事政治、业务技能、道德文明等方面的学习内容，重点宣传水利部党组重大决策部署、国家和山东省有关南水北调工作的系列会议精神，加强对重要活动的宣传报道。对 2018—2019 年度调水工作全程跟踪报道，及时准确宣传节点信息，2019 年 4—6 月，根据水利部和东总的统一部署，对东线一期北延应急试通水工作进行了系列报道。

（2）适时组织新闻媒体进行专题报道。2019 年 6 月上旬，配合《青岛晚报》媒体开展南水北调东线工程全线实地采访活动；6 月 21 日，配合东线总公司和水利部宣教中心组织的新闻媒体记者赴山东德州北延应急试通水宣传采访工作；10 月 23—24 日，配合《中国南水北调报》记者进行采访杜森、韩宗凯活动。11 月 7—8 日，配合东线总公司和水利部宣教中心组织的宣传活动进行宣传报道。

（3）多点发力，重视日常信息发布和投稿工作。将《中国南水北调报》和中国南水北调网站作为山东省南水北调工程面向全国宣传报道的重要窗口，积极组织投稿；继续与《齐鲁晚报》社合作每月编发 1 期《南水北调·山东》报纸，截至 2019 年年底已出版 16 期；山东南水北调网站全年发布信息近 500 条，江水润齐鲁微信公众号及时更新 199 篇消息。及时报送相关新闻稿件 100 余条，在《中国南水北调报》、《大众日报》、《齐鲁晚报》、山东电视台发布 70 余条重大节点消息,发出山东南水北调声音,使社会各界对南水北调工程意义有一个更加全面、清晰、直观的认识。

(4)做好日常拍摄工作。对重要活动进行照片、录像资料拍摄,用于信息宣传和留存档案。为工程宣传工作提供了优秀素材,也为档案保存提供了更加翔实全面的影像资料等。

2.积极做好南水北调全面通水5周年、东线一期通水6周年宣传工作

(1)全面贯彻水利部《水利部办公厅关于印发南水北调东中线一期工程全面通水五周年宣传工作方案的通知》(办南调函〔2019〕1282号)和山东省委宣传部《南水北调全面通水五周年东线一期通水六周年宣传报道方案》等文件要求和水利厅安排部署,深入贯彻落实党的十九届四中全会精神、习近平总书记生态文明思想、"节水优先、空间均衡、系统治理、两手发力"的治水思路和习近平总书记在南水北调工程全面通水时的重要指示,聚焦战略工程,民生工程、生态工程,大力宣传南水北调工程发挥的综合效益和取得的显著成效,突出展示南水北调工程这一重大基础设施的战略地位和作用,彰显党中央、国务院决策建设南水北调工程的英明和正确,结合自身宣传工作实际,积极做好南水北调东线一期工程山东段宣传工作。

(2)配合水利部、山东省委宣传部、山东省水利厅等组织的媒体采访报道,开展"南水北调工程行"深度采访活动及省主要省级媒体新闻单位进行"南水北调全面通水5周年东线一期通水6周年"专题专栏报道活动。

(3)组织开展系列活动。于2019年11月28日、29日在山东卫视播出由山东电视台制作的南水北调两集专题片《初心·使命》和《创新·担当》,全面反映工程概况,通水以来经济效益、社会效益、生态效益发挥和工程管理、安全生产、科技创新、党建风采等内容;利用自身新媒体平台与外部网络媒体,对南水北调活动进行及时宣传报道,播放反映南水北调工程沙画宣传片、由山东干线公司员工演唱的《我和我的祖国》MV、专题片等视频;各现场管理局根据自身工程实际,开展进村庄、进校园、进社区等宣传活动,邀请部分人大代表、政协委员和市民代表及沿线中小学生走进工程现场,展示山东南水北调工程通水6周年来的发展成果;开展社区"双报到"工作,与社区一起举办文艺汇演,在大屯水库工程现场举办健步走活动,宣传南水北调工程重大意义和工程效益。

3.持续加强两个《条例》的贯彻宣传工作

(1)在"世界水日""中国水周"期间开展多种形式的宣传活动,推进《南水北调工程供用水管理条例》《山东省南水北调条例》宣贯工作。2019年"世界水日"当天在济宁市举办大

型节水护水宣传活动，"中国水周"期间，公司机关和沿线各管理局的党员志愿者开展了悬挂宣传标语，摆放宣传展牌，发放由干线公司统一设计印发的宣传材料等活动，多渠道、多角度宣传报道南水北调工程的经济社会综合效益。

（2）突出重点群体加强科普宣传。以工程沿线中小学生为主要目标群体，以提高学生的安全意识为目的，公司统一设计、印制漫画形式的安全教育宣传本，图文并茂地宣传南水北调工程知识、重大意义和安全防范措施，在暑假前发放给工程沿线中小学生，以提高学生的安全为目的，向学生和家长进行《条例》宣贯。

4. 拓展宣传平台，做好山东南水北调宣传

（1）制作以沙画形式介绍南水北调山东段工程的视频，全面展示南水北调历史和山东段工程现状。

（2）制作微电影《守望者》展现一线员工吃苦耐劳、勇于奉献的优秀社会形象，着力打造南水北调精神丰碑。

（3）在纪念"五四"运动100周年之际，配合拍摄"五四精神，传承有我"视频，在微信、网站等平台展播。

（4）与山东电视台继续进行战略合作，制作专题片和公益广告，并在山东卫视播出。

（5）与山东大学合作进行企业理念识别系统（MIS）和企业行为识别系统（BIS）设计，以体现"负责、务实、求精、创新"的南水北调精神，积极推进山东省南水北调文化建设。

（丁晓雪　于颖莹）

【南水北调中线水源有限责任公司新闻宣传】　2019年，中线水源公司开展了"丹心筑梦　清泉永续"中华人民共和国成立70周年暨南水北调通水5周年图片展，通过线上和线下形式，全面回顾展示了中线水源工程建设和通水5年来工程运行管理成就。开展了"圆梦南水北调 奋进新时代"文艺作品征集活动，收集作品52幅，涵盖了绘画、篆刻、摄影和文学作品。在《中国水利年鉴》《长江年鉴》上刊发介绍南水北调中线水源工程通水5年来运行管理工作宣传文章。完成了《人民长江报》南水北调中线水源工程通水5周年专版宣传采访活动，刊发专版《丹心护水泽北方 铁军聚力显担当》。配合新华社完成了《通水5周年之际 探访南水北调中线工程丹江口水利枢纽》拍摄采访、《一江清水向北流》现场直播；配合中央电视台完成了南水北调公益广告的拍摄，已播出。配合《人民政协报》、天津电视台完成了采访拍摄工作。在长江水利网和长江委信息网上开设了通水5周年专栏。12月12日，通水5周年之际，推出了《五度观中线》快闪。加强了新媒体专题宣传活动，在"长江之鉴"微信公众号上推出了"中线水源人的十二时辰""丹江口水源地，你真skr宝藏水库""源

来如此"通水5周年专题宣传，在"长江水利"公众号上推出了《挂图作战 南水北调中线水源工程验收全面推进》《丹江口水库开展鱼类增殖放流活动》《神秘而伟大》等，扩大了中线水源工程影响力。在库区征地移民通过验收之际，推出了《移山回海 有源相伴》，对公司负责的征地移民工作进行了系统的回顾和总结。2019年，公司有5篇文章登上"学习强国"长江号，其中《源来如此》点击率超过26万。首次对丹江口大坝和库区进行了航拍。　　（班静东）

【湖北省引江济汉工程管理局新闻宣传】　2019年，湖北引江济汉工程管理局围绕发扬"忠诚、干净、担当、科学、求实、创新"的新时代水利精神，把握"水利工程补短板、水利行业强监管"的水利改革发展总基调，聚焦法人履职、工程运行、效益发挥，积极与湖北省水利厅宣传中心、《湖北日报》、《中国南水北调报》等主流媒体联系，全年共投稿227篇，其中在《中国水利报》《湖北日报》《中国南水北调报》等社会媒体发表文章30余篇，保持了热度。植树节、全民国家安全教育日、节能减排周、全国低碳日等重要时间节点，均制作了宣传教育网络版刊物，形成了亮点。启动了一系列重点宣传项目，航

拍了全线工程，拍摄了"我和我的祖国"音乐视频、"我与宪法"公益片、引江济汉工程通水5周年宣传片，配合湖北省水利厅南水北调处完成了《湖北日报》整版报道的采写刊发、湖北南水北调中线工程展板制作设计等宣传工作，获得了好评。（朱树娥）

【湖北省汉江兴隆水利枢纽管理局新闻宣传】　2019年，湖北省汉江兴隆水利枢纽管理局根据水利部南水北调司《关于印发2019年南水北调宣传工作要点的通知》要求，编制了《兴隆管理局2019年南水北调宣传计划》，并按计划逐步推进宣传工作。全年在湖北省水利厅门户网站编发新闻47篇；派员参加了《中国南水北调工程建设年鉴》编纂培训会，完成《中国南水北调工程建设年鉴2019》编纂工作；配合中央电视台、湖北省科普作家协会、《湖北画报》摄制组和《湖北日报》记者开展现场采访和拍摄，配合《湖北日报》刊发专版文章《南水北调铸伟业 玉汝于成惠民生——写在湖北南水北调四项治理工程建成运行五周年》，在《湖北日报》上登载了船闸通航6周年新闻报道1篇；制作完成了兴隆现场迎新中国成立70周年暨南水北调通水5周年图片展，取得了较好的宣传效果。

（郑艳霞　朱树娥）

伍　东线一期工程

<h1 style="text-align:center">概　述</h1>

【工程管理】　南水北调东线第一期工程从江苏省扬州市附近的长江干流引水，通过13级泵站逐级提水，利用京杭运河以及与其平行的输水河道输水，经洪泽湖、骆马湖、南四湖和东平湖调蓄后，分两路输水，一路向北，调水过黄河，经小运河接七一·六五河到大屯水库，另一路向东到东湖和双王城水库，并与现有引黄济青输水渠相接。调水线路总长1466.50km，其中长江至东平湖段长1045.36km，黄河以北段长173.49km，胶东输水干线长239.78km。

南水北调东线一期工程包括调水工程和治污工程，治污工程由地方管理单位管理，调水工程由运行管理单位管理。

（1）东线总公司管理工程2项，为苏鲁省际调度运行管理系统工程和苏鲁省际管理设施专项工程。

（2）江苏水源公司管理工程20项，包括三阳河、潼河工程，宝应站工程，淮阴三站工程，淮安四站工程，淮安四站输水河道工程，刘山站工程，解台站工程，泗阳站工程，刘老涧二站工程，皂河二站工程，泗洪站工程，金湖站工程，洪泽站工程，邳州站工程，睢宁二站工程，金宝航道工程，江苏调度系统工程，江苏管理设施专项工程，蔺家坝站工程，南

四湖水资源监测工程（江苏省境内）。

（3）山东干线公司管理工程24项，包括穿黄工程，胶东干线东平湖至济南段工程，韩庄运河段水资源控制工程，万年闸泵站工程，韩庄泵站工程，长沟泵站工程，邓楼泵站工程，八里湾泵站工程，梁济运河段工程，柳长河段工程，济南市区段工程，明渠段工程，东湖水库工程，陈庄输水线路工程，双王城水库工程，小运河段工程，七一·六五河工程，大屯水库工程，山东调度运行系统工程，山东管理设施专项工程，台儿庄泵站工程，潘庄引河闸工程，二级坝工程，南四湖水资源监测工程（山东省境内）。

（4）淮委建设局代管工程4项，包括姚楼河闸工程，杨官屯闸工程，大沙河闸工程，骆马湖水资源控制工程。

同时，按照《关于将南水北调东线一期工程中央投资（资产）委托南水北调东线总公司统一管理的通知》（水财务〔2019〕122号）要求，水利部授权东线总公司统一管理南水北调东线一期工程，负责工程中央投资（资产）监管职责。（姚培培　李院生）

【运行调度】　为确保2019年调水工作顺利完成，南水北调东线总公司强化调水组织工作，根据水情和工情，合理关切苏鲁两省、流域机构等单位在调水时间、调水线路和调水量上的有关诉求，充分协商，规范月水量调

度方案的制定、实施和监督,增强月水量调度方案的可行性和严肃性;依据水雨情变化滚动修正月方案,及时下达水量调度运行指令;按时报送、分析水量监测数据,及时总结调度中存在的问题,提出解决方案,不断优化泵站运行计划和湖库调蓄方案;制定泵站、水闸、渠道和平原水库等工程的标准化评价标准,推进运行管理标准化建设,加强工程防汛预案编制、防汛检查及问题整改、应急演练,确保东线工程运行安全规范,调度科学有序。

调水线路从长江干流江苏扬州段三江营引水,经运西线输水,通过宝应、金湖、洪泽、泗洪、睢宁和邳州等泵站逐级提水连通洪泽湖、骆马湖等调蓄湖泊,利用台儿庄泵站抽水至山东省。南水北调水入山东省经南四湖调蓄后输水至鲁南、鲁北和胶东半岛,累计向山东调水 9.5 亿 m³。

(邵文伟)

【经济财务】　根据水利部文件精神,南水北调东线工程后续投资计划直接下达东线总公司,由东线总公司分别下达江苏水源公司、山东干线公司。2019 年,东线总公司下达江苏水源公司、山东干线公司年度资金支出计划并拨付年度建设资金总计 51524.87 万元,其中江苏境内工程 19338 万元,全部为国家重大水利工程建设基金;山东境内工程 32186.87 万元,其中一般公共预算 1812.87 万元,国家重大水利工程建设基金 30374 万元。

2019 年 3 月,下达 2019 年度预算并向水利部报备,同时要求各单位严格预算执行、强化预算执行监控;2019 年 7 月,完成 2019 年度第一次预算事项调整工作;2019 年 8 月,完成 2019 年上半年度预算执行情况分析;2019 年 9 月,将北延应急试通水服务费列入 2019 年度预备费使用范围,并将 2019 年度预算调整情况向水利部报备。

(王馨悦)

【工程效益】　南水北调工程是事关国计民生的重大战略性基础设施。东线一期工程建成通水以来,累计调水入山东省 40.5 亿 m³,改善了受水区水资源配置格局,在提高沿线城市供水保证率、保障居民生活和城市工业用水、修复和改善生态环境、应急抗旱排涝等方面取得巨大社会、经济和生态效益,为保障经济社会可持续发展发挥了重大作用。

1. 社会效益　南水北调东线一期工程直接受水城市 17 个,其中江苏省 6 个、山东省 11 个。受益人口超 6900 万人。东线一期工程打通了长江干流向北方调水的通道,构建了长江水、黄河水、当地水优化配置和联合调度的骨干水网,将长江经济带与江苏、山东两大经济强省互连互通,对促进国家主体功能区规划实施、提高国土空间承载力等发挥了积极作用,同时有效缓解了苏北、胶东半岛和鲁北地区城市缺水问题,使济南、青岛、烟台等大中城市基本摆脱缺水的制约,确保了城市供水安全,维护了社会稳定,改善了城镇居民的生活用水质量,惠及沿线百姓,为区域经济发展注入了新的活力。

2. 经济效益 南水北调东线工程从根本上改变了受水区供水格局,提高了大中城市供水保证率,为经济结构调整包括产业结构、地区结构调整创造了机会和空间,有效促进了受水区产业结构调整和经济发展方式转变,经济效益显著。

南水北调东线工程持续调水稳定了航道水位,改善了通航条件,延伸了通航里程,增加了货运吨位,提高了航运安全保障能力,促进了当地经济发展。东线一期工程建成后,京杭大运河黄河以南航段从东平湖至长江实现全线通航,成为中国仅次于长江的第二条"黄金水道"。

南水北调东线工程支撑国家重大战略实施,为黄淮海流域发展、京津冀协同发展、雄安新区建设、黄河流域生态保护和高质量发展等重大战略实施及城市化进程推进提供可靠的水资源保障。

3. 生态效益 南水北调工程为沿线城市提供了充足的生态用水,河湖、湿地等水面面积明显扩大,区域生物种群数量和多样性明显增加,并为解决华北地下水超采问题提供了重要水源,随着后续工程不断推进,工程生态环境效益将进一步扩大与凸显。

(1)河湖水量逐步增加。东线一期工程累计向东平湖、南四湖实施生态补水超3亿 m^3,为济南市小清河补水2.4亿 m^3,向济南市保泉补源0.58亿 m^3。江苏省利用东线一期工程向骆马湖补水、运行期间骆马湖水位由21.87m上升至23.10m,升高了1.23m。

(2)河湖水质明显提升。东线一期工程建设期间,通过治污工程及湖区周边水污染防治措施的实施,南四湖区域水污染治理取得显著成效。通水后,南四湖流域由于江水的持续补充,水面面积有效扩大,水质明显改善,输水水质一直稳定在Ⅲ类。

(3)水生态环境修复改善。东线一期工程累计向南四湖、东平湖补水3亿多立方米,极大改善了南四湖、东平湖的生产、生活、生态环境,避免了因湖泊干涸导致的生态灾难,补水后南四湖水位回升,下级湖水位抬升至最低生态水位,湖面逐渐扩大,鸟类开始回归。

(4)资源环境承载力提高。南水北调东线工程调水,有效增加了黄淮海平原地区的水资源总量,结合节水挖潜措施,归还以前不合理挤占的农业和生态环境用水,区域用水结构更加合理,区域水资源及环境的承载能力明显增强。

(5)水源保护及污染防治卓有成效。江苏、山东两省把节水、治污、生态环境保护与调水工程建设有机结合起来，建立"治理、截污、导流、回用、整治"一体化治污体系。

（郭建邦 陈绍军）

【创新发展】 2019 年，南水北调东线总公司以"节水优先、空间均衡、系统治理、两手发力"的治水思路为指引，按照"水利工程补短板、水利行业强监管"的水利改革发展总基调，重点聚焦工程目标实现、建设管理、运行管理、水质保障、水价及水费收缴、管理体制等方面，开展了"南水北调东线工程通水运行 5 年来经验教训总结"项目研究工作。

该研究系统梳理总结了 2013 年工程开工建设到通水运行 5 年来积累的成功经验和做法，同时，对工程建设和运行管理方面暴露的问题进行了系统梳理，并提出了针对性对策建议。研究成果可为南水北调一期工程运行管理提档升级提供积极帮助，为南水北调二期工程规划建设提供有力参考。

（刘志芳 滕海波）

江 苏 段

【工程管理】 2019 年，江苏省南水北调办根据南水北调新建工程和江水北调工程"统一调度、联合运行"的原则，统筹省外供水与省内用水，加强沟通、协调、会商，不断完善工程管理体制和运行机制，工程效益稳步发挥。

1. 完善体制机制

（1）进一步完善"省政府统一领导、省水利厅和省南水北调办统筹组织与协调、省水利厅统一调度、江苏水源公司及省水利厅厅属管理单位具体管理新老工程、省各有关部门和沿线地方政府各负其责"的江苏省南水北调工程管理体制。

（2）继续强化调水出省的部省之间、成员单位之间、省市之间的协调会商、巡查检查、水质保障、应急处置、信息共享等工作机制。

（3）建立"受益区负担、省财政奖补"的南水北调水费征缴机制。5月份，经江苏省政府同意，江苏省水利厅、江苏省财政厅联文印发了水费征收文件。受水区 7 市 2019 年度南水北调 3.51 亿元基本水费全部到位。

2. 加强工程运行监管

（1）加强调水工程日常监管。在汛前、汛后以及调水运行准备阶段、运行阶段等重要时段，组织有关专家，组建专门工作组赴工程一线开展监督检查 10 余次，认真排查工程隐患，梳理存在问题，督促运行管理单位对相关问题认真落实整改。

（2）加强尾水导流工程监管。协调省级财政专项资金落实截污导流、尾水导流工程年度省级维修养护经费 300 余万元，组织运行管理培训，沿线工程管理单位参训人数达 50 余人次。

（3）加强安全生产监管。督促江苏水源公司继续推广标准化创建、泵站电缆集中整治等工作，启动开展安全生产标准化达标创建工作，持续学习借鉴省属水利工程管理的先进经验和良好做法，不断提升工程运行管理规范化水平，夯实工程安全运行的基础。

（4）加强江水北调用水管理。协调江苏省水利厅、江苏省财政厅继续在省级水利工程维修养护经费中对南水北调新建河道和里下河水源调整工程灌区配套工程的维修养护进行补助，协调南水北调新建泵站积极参与省内抗旱、排涝运行，认真做好江苏南水北调工程向省外调水期间省内输水干线沿线的监测监控等工作。

（薛刘宇）

【建设管理】 江苏南水北调一期工程包括调水工程和治污工程，总投资约267亿元，其中调水工程投资约134亿元，治污工程总投资约133亿元、分两阶段实施。工程自2002年开工建设，2013年5月建成试通水，8月通过原国务院南水北调办组织的全线通水验收，11月正式投入运行，实现了江苏省委、省政府确定的"工程率先建成通水，水质率先稳定达标"的总体目标。

2019年，江苏南水北调工程建设主要包括一期调水工程扫尾工程和第二阶段新增治污工程中的宿迁尾水导流工程等。截至2019年年底，调水工程累计完成投资133.1亿元，占总投资的99.3%；南水北调治污规划确定的第一阶段102个治污项目已全面建成，实际完成总投资70.2亿元；江苏省政府批复的第二阶段新增治污项目已经基本完成，其中由江苏省南水北调办组织实施的4个尾水导流工程已完成3项，宿迁市尾水导流工程正在实施。具体进展如下：

（1）调度运行管理系统工程。做好水质自动监测站合同验收准备，数据中心机房工程及计算机网络标段正开展试运行，进行工程监控与视频监视系统工程、信息采集系统编织招标，完成水质实验室设备安装，年度完成投资5000万元，总累计完成投资49193万元。

（2）管理设施专项工程。南京管理设施和徐州、扬州、淮安二级机构管理设施通过装饰工程合同项目验收，三级机构已完成所有建设内容，扬州二级机构管理设施装饰工程正在施工，年度完成投资204万元，总累计完成投资44505万元。

（3）南四湖水资源监测工程。完成土建施工全部建设内容并通过合同项目验收，设备标已完成设备安装进入试运行，年度完成投资466万元，总累计完成投资1996万元。

（4）宿迁市尾水导流工程。完成90.2km压力管道铺设和22处顶管施工等，年度完成投资7100万元，总累计完成投资44600万元。 （薛刘宇）

【运行调度】 按照南水北调新建工程和江水北调工程"统一调度、联合运行"的原则，江苏省水利厅、江苏省南水北调办在江苏省政府统一领导下，统筹调配省内水资源，充分发挥洪泽湖、骆马湖调蓄功能，进行各类水资源的优化配置，灵活启用南水北调新建工程和江水北调工程，在保障省内用水的同时全力保证向省外供水。

根据水利部下达的南水北调东线工程2018—2019年度水量调度计划和江苏省委、省政府关于年度向省外调水的工作部署，江苏省结合洪泽湖、骆马湖实际水情，分两阶段实施2018—2019年度南水北调东线江苏段向山东调水工作。

1. 第一阶段　2018—2019年度南水北调东线江苏段向山东第一阶段调水工作于2018年12月25日开机，2019年1月24日停机，累计调水出江苏省1.6亿 m^3。经宝应站、金湖站、抽水入洪泽湖，由泗洪站抽水出洪泽湖，经徐洪河至邳州站，由邳州站抽水经房亭河、中运河入骆马湖，经中运河—韩庄运河线由山东境内台儿庄站调水出江苏省。

2. 第二阶段　2018—2019年度南水北调东线江苏段向山东第二阶段调水工作于2019年2月20日启动、2019年5月15日停机，累计调水出江苏省6.84亿 m^3。2月20日至4月3日，调度洪泽湖以北徐洪河线泗洪站、睢宁二站、沙集站、邳州站等工程向骆马湖调水，经中运河—韩庄运河线由山东境内台儿庄站调水出省。4月3日9时至9日9时根据计划安

排停机，9日9时，调度南水北调运西线的宝应站、金湖站、洪泽站、泗洪站、睢宁二站、沙集站、邳州站等7座泵站开机，至5月15日结束。

2018—2019年度累计向山东调水8.44亿 m^3，据统计，江苏南水北调工程自2013年正式通水以来，已累计向江苏省外调水约40.04亿 m^3，为缓解北方水资源短缺状况作出了积极贡献。

（薛刘宇）

【工程效益】　2019年，在江苏省政府统一领导下，江苏省水利厅、江苏省南水北调办按照南水北调新建工程和江水北调工程"统一调度、联合运行"的原则，统筹组织南水北调工程向省外调水和投入省内抗旱翻水，工程效益显著发挥。

1. 向省外调水方面　面对调水启动时间历年最晚、省外泵站抽水较慢等不利因素，通过"强化组织统筹、强化调度优化、强化运行管理、强化水质保障、强化协作联动、强化信息沟通"，分两阶段组织南水北调新建工程和江水北调工程向省外调水。累计调水出省8.44亿 m^3。经江苏省生态环境部门监测，调水水质持续稳定达到地表水Ⅲ类标准，部分区段达到Ⅱ类标准。

2. 省内抗旱方面　面对苏北地区60年一遇的气象干旱，南水北调宝应站、金湖站、洪泽站、淮安四站、淮阴三站、刘老涧二站、泗洪站、刘山站、解台站等泵站根据江苏省水利厅

的调度指令开机运行，有效缓解了淮北地区旱情。　　　　　　（薛刘宇）

【科学技术】　2019 年，江苏省南水北调办积极推进南水北调相关科学研究，多项研究课题进展顺利，科研成果显著。

（1）推进课题结题。"南水北调江苏省后续工程水量配置及工程布局研究"课题顺利通过验收，"南水北调尾水导流工程生态湿地净化尾水效果及不同季节最大水环境承载能力研究"课题完成研究内容并申请验收。

（2）积极开展新研究。"南水北调东线二期工程对苏北地区水资源调配格局影响分析及苏北地区供水工程体系完善对策研究"立项并开展研究。　　　　　　　　（薛刘宇）

【征地移民】　截至 2019 年年底，江苏南水北调调水工程共计永久征用土地 3133hm²，其中需要办理用地手续 2720hm² 全部通过国家批复；临时征用土地 2200hm²，全部复垦退还原有群众使用；拆迁各类房屋 63.6 万 m²，搬迁人口 2.22 万人，生产安置人口 1.66 万人。

1. 征迁安置扫尾和验收　针对泗洪站工程征迁安置临时用地复垦等难题，在实施方案变更批复后，完成了利民河闸下引河开挖、征迁补偿资金结算、临时用地复垦等工作，在当地群众中反响良好。组织完成泗洪站工程征迁安置财务决算审计和完工验收工作，至此，由江苏省南水北调办负责的江苏境内 27 个设计单元工程征迁安置完工验收全部完成。此外，完成水利部交办的江苏省境内 11 座南水北调新建泵站工程管理范围和保护范围划定方案，已经江苏省政府同意后向社会公告。

2. 征迁信访稳定

（1）调水期间，按照江苏省政府部署要求，江苏省南水北调办积极会同江苏省政府有关部门、江苏水源公司联合建立运行维稳机制，根据调水运行方案和调度方案成立工作组，及时了解调水期间沿途各市、县因征迁安置可能发生的矛盾和问题，认真排查重点地段，特别是对往年调水期间发生影响地方进行重点预防和控制。

（2）信访方面，2019 年共接到江苏省纪委、省政府工作平台等渠道转来咨询投诉信件 3 件，多渠道跟踪、督促、督查信访问题解决情况，均及时得到妥善处理，相关当事人表示理解并不再信访。全年特别是新中国成立 70 周年和东、中线全面通水 5 周年等重要时期，均未发生个体和群体上访事件。　　（王其强　宋佳祺）

【环境保护】

1. 截污（尾水）导流工程建设
2019 年，江苏南水北调截污（尾水）导流工程建设总体进展有序，扫尾工程建设任务全面完成并及时推进验收，在建工程进展顺利。全年完成了徐州截污导流补充完善工程方面单位工程暨合同项目完成验收、宿迁尾水导流工程施工 01 标、03 标单位工程暨合同项目完成验收；年内宿迁市尾水导流工程完成投资 0.7 亿元，累计完成投资 4.46 亿元，完成 90.2km 压力管道铺设和 22 处顶管施工。

2. 调水干线水质保障　江苏省生态环境厅每月发布 15 个国控断面的水质监测与评价结果，并在调水期间加密监测频次，监测数据表明，2019 年度江苏南水北调输水干线调水水质全部达到国家考核标准。江苏省生态环境厅、江苏省南水北调办强化对干线水质情况的监管，对个别水质波动断面联合开展现场督查，发现问题及时通报地方政府并跟踪督促落实整改。江苏省交通运输厅在调水前提前发布危化品船舶禁航公告，调水期间严格落实航运监管相关规定，定期开展巡航检查、联防联控和应急值班等工作，保障了输水干线水环境稳定。江苏省南水北调办、江苏省交通运输厅充分沟通、主动作为，妥善解决了安徽省危化品运输船舶穿越洪泽湖水域的问题。江苏省住房和城乡建设厅督促指导南水北调沿线各地加大投入，加快推进城镇污水处理厂配套管网建设，从源头控制干线污染源。同时，强化对污水处理设施的运行监管，开展城镇污水处理厂运行管理考核，充分发挥设施污染物减排效益。江苏省农业农村厅严格渔业行政执法监管，严厉打击电毒炸鱼等非法捕捞行为，对湖区草害实施长效管理，推

广渔业养殖用水循环再利用，协调地方政府清理取缔高宝邵伯湖、骆马湖等水域的非法养殖，规范围网养殖行为，优化调整养殖结构，推广渔业生态养殖，保障湖泊水生态环境。

（聂永平）

【工程验收】　2019 年，江苏省南水北调办会同江苏水源公司、南水北调江苏质量监督站，根据各设计单元工程具体情况，编制了年度完工验收计划。验收中，严守验收程序、严把验收质量。全年共组织完成皂河二站、洪泽站 2 个设计单元工程的完工验收。截至 2019 年年底，南水北调东线一期江苏境内工程中，由江苏省负责组织完工验收的 34 个设计单元工程已有 29 项通过完工验收，完工验收完成率达 85.3%。　（薛刘宇）

【工程审计与稽察】　2019 年，水利部组织对江苏省境内洪泽站、骆马湖水资源控制、里下河水源调整、泗洪站、南四湖下级湖抬高蓄水位影响处理、文物保护 6 个设计单元工程开展财务决算复核审计，省、市、县各级机构积极配合，及时提供相关资料，认真解答审计提出的有关问题。对审计提出的问题，江苏省南水北调办及时召集相关单位，分清责任，落实整改。年内 6 个项目的征迁资金审计复核及整改工作全部完成。同时，江苏省南水北调办还组织完成了泗洪站设计单元工程征迁安置完工财务决算审计。　（王其强）

【创新发展】 2019 年，江苏省南水北调办和江苏水源公司认真贯彻落实"水利工程补短板、水利行业强监管"工作要求，积极探索管理体系、管理能力、管理方式创新。

1. 加强"10S"标准化管理 在泗洪站成功试点的基础上，再新增 5 座泵站完成标准化建设，江苏水源公司编制完成《大型泵站工程巡检作业指导书》。

2. 进一步完善管理方式 截至 2019 年年底，江苏水源公司直接管理宝应站、洪泽站、泗洪站、解台站 4 座南水北调新建泵站，直接管理大汕子枢纽工程 1 座；同时，不断提升委托管理质量，以量化考核为手段，以过程考核为合同金额兑现依据，对工程委托管理管理合同条款和考核细则全面修订，工程管理效果进一步提升。

（宋佳祺）

山 东 段

【工程管理】 2019 年，认真做好穿跨越项目事中事后监管工作，办理穿跨越南水北调工程项目监管事项 14 项，完成长平滩区护城堤工程、邓楼节制闸拆除、小清河复航、小清河综合治理工程方案向水利部报备工作。

1. 维修养护 2019 年 1 月，召开加快推进 2018 年度工程日常维修养护合同计量支付工作会议。2019 年

3 月，完成 2019 年度工程日常维修养护 2 标段、3 标段合同签订。2019 年 5 月，完成 2019 年度工程日常维修养护 1 标段合同签订。2019 年 5 月，编写完成"十四五"水利改革发展规划工程维修养护部分内容。2019 年 5 月 30 日，组织对运行期工程造价咨询单位年度考核工作。2019 年 7 月 16—18 日，祝令德总工带队赴南水北调中线局，调研学习工程维修养护标准制定的先进经验。2019 年 7 月、9 月，召开修订土建工程维修养护标准会议。

2019 年 11 月 13 日，召开 2018 年工程日常维修养护合同项目（1~3 标段）完工验收会议。2019 年 11 月 15 日，下达编制 2020 年工程日常维修养护计划通知。

2. 安全管理

（1）安全生产目标管理。印发了《关于 2019 年安全生产总体目标和年度目标的通知》，明确了 2019 年安全生产总体目标、年度量化指标和全年安全生产工作计划、培训计划等，突出了"水利工程补短板、水利行业强监管"的水利改革发展总基调，更加符合实际。突出了以落实标准化管理要求保工程安全的工作思路。根据各级安全生产目标，逐级签订安全生产责任书，明确了各级各部门各岗位安全生产目标和责任，以实现安全生产责任无缝隙全覆盖。

（2）安全生产会议。2019 年召开重要会议及重大部署 21 项。其中每季度召开安全生产会议，传达学习安

全生产会议和文件精神，总结安全生产工作情况，研究安全生产重大问题，部署安全生产工作任务。

（3）安全生产投入。组织编制了2019年安全生产专项费用使用计划，落实了费用使用计划，专款专用，保障了安全生产投入；结合公司千分制考核，对公司各单位的安全生产投入进行了检查。

（4）法律法规和安全管理制度及标准化建设。

1）狠抓安全生产标准化管理制度、安全规程以及应急预案的学习和贯彻落实。

2）研究编制公司质量管理体系《管理手册》《质量体系程序文件》；组织编制完成了《工程管理表格（试行）》；编制完成了统一整合 ISO 9000质量体系、运行管理标准化、安全生产标准化、水利部工程管理考核、公司千分制考核等标准化体系考核工作方案。

3）制定了2019年度运行管理标准化工作实施方案，并开展了工程永久标识系统标准化试点工作，按照工程永久标识系统，完成了试点单位长沟泵站工程设施设备标识标牌项目。

（5）教育培训与宣传工作。2019年5月31日和6月26日，山东干线公司举办了2期安全生产培训班，近200人参加了培训。邀请国内水利安全生产资深专家授课，对风险分级管控与隐患排查治理双重预防体系建设相关政策要求及框架层级、水利工程

管理单位双重预防体系建设要点等内容进行了详细的讲解。9月，公司组织安全生产管理人员赴扬州市参加东线总公司举办的应急管理培训班，配合东线总公司在台儿庄举办工程运行管理标准化培训班，对工程规范运行管理标准进行宣贯和培训。2019年6月，制定了6类16项具体的安全生产宣传教育活动的工作方案。

1）开展安全发展主题宣讲活动。公司、各管理局、管理处先后开展了"一把手"谈"水利安全生产强监管""安全生产大讲堂"等活动，主题讲座27场，到90所中、小学开展安全生产大讲堂活动，受教育人数2.8万人，悬挂安全生产横幅260条，观看警示教育片30场，发放安全生产宣传练习册13万本。

2）开展了安全宣传咨询日活动。在济南市遥墙办事处稼轩广场举办了"安全生产月"宣传咨询日活动，近200人参加活动。

3）公司437人参加了全国水利安全生产知识网络竞赛，参赛率86%，总成绩在全国企业排名第106名，山东省企业排名第3名。

4）11月，水利部办公厅公布了《关于公布水利安全生产标准化成果展评活动获奖名单的通知》，山东干线公司荣获三等奖，同时是山东省唯一获得全国水利安全生产标准化成果奖的单位，获奖成果《"上善若水，人水和谐"安全生产标准化建设工作纪实》为标准化等级证书延期换证提

供了重要的考核依据。

（6）风险分级管控和隐患排查治理。

1）2019年，公司组织开展了危险化学品隐患排查治理、消防安全专项检查、防汛度汛专项检查、泵站机组大修安全专项检查、电气防雷接地专项检查等活动。共发现一般安全隐患310个，无重大安全隐患，及时整改，建立台账，2019年12月31日前全部完成整改。做到问题整改"五落实"（责任人、措施、资金、期限和应急预案）。

2）公司严格落实水利部、山东省水利厅等上级单位关于风险分级管控和隐患排查治理双重预防体系建设要求，制定了2019年度《安全风险分级管控和隐患排查治理工作实施方案》，不断深入推进双重预防体系建设工作，与安全生产专业咨询机构签订了合作协议，依据有关标准规范，深入开展风险分级管控和隐患排查治理双重预防体系建设工作。在东昌府渠道、台儿庄泵站、八里湾泵站、穿黄河工程和双王城水库5个试点单位工程现场，开展了风险分级管控和隐患排查治理双重预防体系建设工作，12月19日通过专家验收合格。

（7）应急管理。

1）组织开展全省、全国"两会"及春节、国庆节等期间的重要会议、敏感时段和重大活动期间的安全运行与保障工作。成立了新中国成立70周年庆祝活动安保维稳工作领导小组，印发了"两会"、重点节日及"新中国成立70周年庆祝活动"期间工程安全运行与保障工作方案，安排部署了"迎大庆、保平安消防安全专项检查活动""迎接新中国成立70周年安全生产专项整治行动""未成年防溺水行动"等专项活动，深入开展安全生产检查，强化安保反恐、信访维稳等工作，切实加强输水安全管理，强化节假日值班值守和应急管理工作措施，保障了重要时期的安全运行。

2）为确保迎接新中国成立70周年大庆活动期间安全稳定，为现场管理单位配备了反恐器材柜、头盔、防刺背心、防割手套、盾牌、钢叉、橡胶棍、强光手电、催泪喷射器、拒马等反恐器材，加强了安保力量，确保了工程安全。

3）2019年，公司组织开展了由山东省南水北调局、东昌府区政府及有关单位联合开展的防汛应急处置演练；公司各单位共开展了防汛抢险应急演练、消防应急演练、火灾逃生、消防电梯逃生演练、地震逃生、触电急救演练、反恐演练、溺水救援演练、反事故停机演练、治安突发事件应急演练等演练66场次，参演人员达1252人次。

4）修订印发《防汛物资储备管理制度》，储备必要的应急和防汛物资，修订完善应急预案。

5）9号台风"利奇马"防汛期间，公司高度重视、周密部署、措施得当、反应快速、调度有力，多次召开防汛防台风会议，严阵以待，做好迎防台风"利奇马"准备，及时发布启动和终止公司防汛防台风二级响应通知，保证了干线工程汛期安全，并协助地方抗洪抢险、排除涝水，充分发挥了干线工程的综合功能，取得了良好的社会效益。

（8）防汛工作。

1）5月，修订印发《防汛物资储备管理制度》，储备必要的应急和防汛物资，修订完善应急预案。

2）公司组织开展了汛前、汛期安全隐患排查治理工作，进行了3批次督导检查，检查发现30余项问题，均已整改验收。

3）3月26—29日，水利部南水北调司防汛检查组副巡视员朱涛一行9人来山东检查干线工程防汛工作，检查了大屯水库、东昌府渠道、穿黄河工程、长沟泵站工程防汛准备情况。4月16—17日，淮河水利委员会来检查山东干线工程防汛工作。4月25日，水利部副部长魏山中一行检查了二级坝泵站防汛工作。7月22—23日，黄河水利委员会副主任牛玉国一行来山东检查防汛工作，先后检查了邓楼泵站、柳长河输水渠道、八里湾泵站、穿黄两岸、济平干渠、大屯水库、东线北延节点等工程。

（9）迎战9号台风"利奇马"。8月9日，山东干线公司党委书记、董事长、总经理瞿潇主持召开防汛防台风视频会议，传达了全省防汛视频会议精神、水利厅对全省防汛防台风工作的安排部署，要求公司上下严阵以待，密切跟踪关注天气变化情况，做好防范9号台风"利奇马"的准备，同时安排公司常务副总经理刘世学赴潍坊双王城水库、公司副总经理秦璞赴枣庄工程现场，做好"利奇马"过境的现场指挥协调工作；8月10日，公司党委书记、董事长、总经理瞿潇再次主持召开了防台风紧急会议，发布了《关于启动公司防汛防台风二级响应的紧急通知》，要求公司各部门、各单位立即进入迎战"利奇马"的应急响应状态中；9号台风"利奇马"过境山东期间，水利部、山东省水利厅、东线总公司各级领导对南水北调工程安全高度重视，公司每日编发一次专报，报告现场情况，同时还随时通过电话、短信、微信等方式及时向部领导汇报有关情况。南水北调胶东干渠破堤行洪期间，山东省防汛防台抗旱指挥部要求每2个小时报告一次信息，包含抢险工程进度、分洪流量、水位变化，以及南水北调与小清河、胶东调水工程联合调度等情况，值班值守人员夜以继日，及时调度情况、编报信息，为山东省防汛防台抗旱指挥部科学指挥、及时调度，提供了有力保障。8月19日，随着9号台风"利奇马"防范及影响应急工作结束，下达了《关于终止公司防汛防台风二级响应的通知》。9月6日，公司召开了防汛暨第三季度安全生产会议，会议对入汛以来的防汛工作进行了总结，9号台风"利奇马"防汛期间，公司高度重视、周密部署、措施得当、反应快速、调度有力，多次召开防汛防台风会议，严阵以待，做好迎防台风"利奇马"准备，及时发布启动和终止公司防汛防台风二级响应通知，保证了干线工程汛期安全，并协助地方抗洪抢险、排除涝水，充分发挥了干线工程的综合功能，取得了良好的社会效益。

3. 安全监测

（1）完成泵站、穿黄及部分重点渠道建筑物变形观测网建设工作。《南水北调东线一期工程山东段泵站、穿黄及重点渠道建筑物变形观测网项目》作为一期实施项目共建设了37处节点工程。2019年年初完成连续独立观测2次的任务；4月，数据交由国家测绘局大地测量数据处理中心解算；9月，完成合同验收，工程质量全部合格。该项目共完成了59个基准点，104个工作基点、27个临时工作基点、536个观测点的建设改造任务，完成一等水准线路长度700余千米，二等水准线路长度60多千米。一期项目的建设不仅解决了泵站、水库等重点建筑物变形观测参考基准问题，也为后续工程的开展提供了经验积累和起算标准。

（2）完成安全监测内观改造项目测压管疏通等工作。完成内观设施改造项目部分测压管清洗、设备到货安装等工作，已完成雷达水位计安装7处、电子水尺安装1处、新增测压管22处、渗压计更换23处、测压管疏通233处、MCU检测及蒸发雨量站维护等。

（3）完成2019年度变形观测仪器年检工作。对于有强制检定要求的测绘仪器，公司定期组织开展仪器年检，已经完成连续5年的年检工作。2019年完成了电子水准仪20台、水准尺20对、全站仪7台的年度检定工作。

（4）完成变形观测网复测工作。按照合同要求，变形观测网建设完成后，每年要复测一次，该工作由监理服务单位承担。2019年复测任务已完成。二级坝及东湖水库的变形观测工作按照频次要求正常进行。

（5）完成穿黄河工程隧洞及滩地埋管检修方案的审查及验收工作。该方案由中水北方勘测设计研究有限责任公司承担，3月完成编制，4月组织专家进行了方案审查，6月完成合同验收工作。

（6）完成重点项目关键部位安全监测指标研究项目的验收工作。安全监测监控指标研究，能为工程安全预警提供依据，实用价值较大，具有较强的研究意义。该课题由南瑞集团有限公司承担，历时3个月，于2008年12月5日提交了初步报告，2019年5月，完成合同验收工作。

（7）其他工作。完成二级坝泵站2013年、2015年委托变形观测合同验收工作；完成2019年度安全监测预算审核工作；完成剩余渠道及建筑物变形观测网的现场勘察工作等。

4. 尾工建设

（1）2019 年 3 月 13 日，按照水利部南水北调司《山东干线公司 2019 年尾工计划》文件要求，上报《关于 2019 年尾工建设计划节点目标的报告》。

（2）尾工建设项目主要包括调度运行管理系统工程、南四湖水资源监测工程。2019 年完成施工投资 2558.06 万元，按照《水利部办公厅关于做好 2019 年南水北调工程尾工建设工作的通知》（办南调函〔2019〕445 号）文件要求的建设目标全部完成。

（黄国军　林云　常青　房玉龙）

【运行调度】

1. 年度水量计划　2018 年 9 月 30 日，水利部印发了《水利部关于印发南水北调东线一期工程 2018—2019 年度水量调度计划的通知》（水南调函〔2018〕143 号），批复山东省 2018—2019 年度南水北调工程各分水口门供水合计 5.223 亿 m^3，山东省 2018—2019 年度省界调水量为 8.44 亿 m^3，调水时段为 2018 年 10 月至 2019 年 5 月。

根据 2018—2019 年度水量调度计划，各关键节点计划调水量：入山东境内 8.44 亿 m^3，入南四湖下级湖 8.13 亿 m^3，入南四湖上级湖 7.58 亿 m^3，出上级湖 6.94 亿 m^3，入东平湖 6.82 亿 m^3，入鲁北干线 1.03 亿 m^3，入胶东干线 5.58 亿 m^3。

2. 年度调水实施情况

（1）工程运行情况。山东段工程年度调水自 2018 年 11 月 1 日启动，至 2019 年 6 月 29 日完成年度调水任务。2018—2019 年度南水北调山东段工程三大段全部投入运行，其中，鲁南段运行时间为 2018 年 12 月至 2019 年 6 月，胶东段运行时间为 2018 年 11 月至 2019 年 6 月，鲁北段运行时间为 2018 年 11 月至 2019 年 6 月。

南水北调山东境内 7 级大型梯级泵站顺利实现联合调度运行，泵站运行平稳，安全可靠，状态良好。南水北调胶东干线运行期间渠道及其建筑物工程运行安全。穿黄隧洞、鲁北干线在保证沿线分水的前提下，还顺利完成北延试通水任务，工程运行高效有序。大屯水库、双王城水库、东湖水库 3 座水库全年不间断持续运行，水库大坝及建筑物工程运行安全。

鲁南段工程 2018 年 12 月 6 日启动，至 2019 年 6 月 3 日结束。韩庄运河段 2018 年 12 月 25 日开始运行，至 2019 年 5 月 28 日完成年度计划停止运行，江苏、山东省界台儿庄泵站共完成从骆马湖调水入山东 8.44 亿 m^3，韩庄泵站完成调水入下级湖 8.34 亿 m^3；南四湖段 2018 年 12 月 25 日开始运行，至 2019 年 6 月 1 日完成年度计划停止运行，二级坝泵站完成调水入上级湖 7.79 亿 m^3；南四湖至东平湖段 2018 年 12 月 6 日启动，至 2019 年 6 月 3 日完成年度计划停止运行，八里湾泵站完成调水入东平湖 7.12 亿 m³。

鲁北干线调水分为两阶段,其中第一阶段 2018 年 11 月 2 日至 2019 年 1 月 31 日,第二阶段 2019 年 3 月 25 日至 6 月 14 日结束,累计从东平湖引水 0.85 亿 m³。

胶东干线自 2018 年 11 月 1 日启动,至 2019 年 6 月 29 日结束,期间持续运行,累计从东平湖引水 5.60 亿 m³。

2018—2019 年度,大屯水库完成入库水量 2909 万 m³;东湖水库完成入库水量 1102 万 m³;双王城水库完成入库水量 1903 万 m³。2018 年 10 月 1 日至 2019 年 10 月 1 日,三座水库持续向德州、济南、潍坊供水。

(2)水量调度。

1)工程关键节点实际调水量。2018—2019 年度调水实际完成水量:台儿庄泵站从江苏调水 8.44 亿 m³,入南四湖下级湖 8.34 亿 m³,入南四湖上级湖 7.79 亿 m³,调入东平湖 7.12 亿 m³,向鲁北干线调水 0.84 亿 m³,向胶东干线调水 5.60 亿 m³。

2)各受水市实际供水情况。2018—2019 年度,累计向各受水市供水 5.49 亿 m³,各受水市供水量分别为:枣庄 3450 万 m³,济宁 1620 万 m³,德州 2129 万 m³,聊城 4495 万 m³,济南 5782 万 m³,滨州 2200 万 m³,东营 500 万 m³,潍坊 4592 万 m³,青岛 21600 万 m³,烟台 5100 万 m³,威海 3500 万 m³。

(3)应急调水。

1)北延应急试通水。北延应急试通水山东南水北调工程线路利用山东省南水北调东线一期工程现有输水线路鲁北干线从东平湖出湖闸引水,经小运河、六分干、七一·六五河工程输水至六五河节制闸出南水北调工程,利用山东省南水北调鲁北干线输水线路 184km,南水北调大屯水库参与应急试通水联合调度。

北延应急试通水向华北地区的河北、天津供水,实现向天津境内补水约 2000 万 m³、向河北境内补水约 1700 万 m³ 的目标。计划从东平湖引水 6325 万 m³,六五河节制闸调出水量 5296 万 m³,计划试运行时间为 2019 年 4 月 21 日至 6 月 15 日。

4 月 21 日 10 时正式启动北延应急试通水工作,6 月 20 日分别关闭穿黄出湖闸、六五河节制闸。经过连续 62 天的联合调度运行,北延应急试通水工作超计划水量和运行时间超额完成。实际完成从东平湖引水量 7822 万 m³,六五河节制闸调出水量 6868 万 m³。

由于北延应急试通水与鲁北干线年度水量调度计划联合调度同时执行,调水期间东平湖出湖闸最大流量为 30m³/s,市界节制闸下泄最大流量为 27.78m³/s,大屯水库六五河节制闸下泄最大流量为 17.94m³/s。

2)向济南市小清河及华山湖补水。应济南市要求,2018 年 9 月 24—30 日,南水北调济平干渠调引东平湖湖水向小清河方向华山湖应急补水，调水水量为 783 万 m^3。

（王其同　邵军晓）

【工程效益】

1. 供水效益情况　2018—2019 年度完成省界调水量 8.44 亿 m^3，完成供水量 5.49 亿 m^3，南水北调已经成为山东省不可或缺的供水水源，有效缓解胶东地区干旱缺水情况。

2. 航运效益　2018—2019 年度南水北调调水期间，对航运用水进行了有效补充，保障了韩庄运河以及南四湖地区内河航运未受影响，没有发生断航。

3. 生态补水效益　2018—2019 年度为济南市保泉补源及长清湖补水共计 2974 万 m^3，缓解了调水期间济南市地下水位的下降趋势，改善了长清湖湖区水质和生态环境。

（王其同　邵军晓）

【科学技术】　（1）2017 年度山东省省级水利科研与技术推广项目"调水工程建设运行管理关键技术研究"完成全部研究任务，于 2019 年 12 月通过山东省水利厅验收。

（2）2019 年度山东省省级水利科研与技术推广项目"同步电机轴承油冷技术研究""梯级泵站集中控制技术及相关标准研究"完成项目立项及启动工作，并按照任务书要求完成年度任务。

（3）组织申报了 2020 年度山东省省级水利科研与技术推广项目"高效电机在大型泵站工程中的关键技术与应用研究"。

（4）2019 年 10 月 22—24 日，山东干线公司组织参加在湖北宜昌召开的中国水利学会 2019 学术年会南水北调专场会，会前认真组织论文撰写、投稿及初审工作，此次年会共投稿 54 篇，录用论文 44 篇，其中 5 篇被推荐为优秀论文。投稿数量和质量得到了东线总公司的好评；公司全体职工积极参与，结合业务工作，提交高质量的论文，提高了公司整体学术水平。

（5）2019 年 12 月 9—10 日，山东干线公司总工祝令德带队参加山东省水利科技工作座谈会。会上将公司科技工作开展情况作了详细汇报，介绍了南水北调东线一期工程山东段在建设和运行管理过程中应用的先进技术、取得的科研成果及今后面临的技术难题等；会前对会议汇报材料做了充分准备，会议发言取得良好的效果。

（任泽俭　焦璀玲）

【征地移民】　为充分维护南水北调干线工程沿线群众的合法权益，有力保障干线工程的正常运行，2019 年度新批复了南水北调干渠淄博段渗水影响处理及穿黄河东平县魏河排涝治理 2 个影响项目，其中南水北调干渠淄博段渗水影响处理补偿方案的批复化解了长达 6 年之久的信访积案。济南市区段工程完工财务决算顺利通过水利部审计核准。编制完成文物保护专项工程完工决算报告并上报水利部。

（黄国军）

【工程验收】 2019年验收工作按计划完成。2019年9月26日，督导山东干线公司完成了穿黄河工程项目法人验收工作；10月30日，配合水利部完成穿黄河工程设计单元完工验收工作。2019年4月19日，主持完成了东湖水库设计单元工程建成阶段验收，为东湖水库济南市扩容增效工程的实施创造了条件。

1. 设计单元工程完工验收情况 南水北调东线山东段工程共54个设计单元工程，已全部建设完成。截至2019年12月，46个设计单元工程已通过完工验收，完成数量占同期计划100%，占总数的85.2%。其余8个设计单元工程验收情况为：二级坝泵站、调度运行管理系统、管理设施3个设计单元工程完成了通水验收，梁济运河段、柳长河段、济南市区段3个设计单元工程完成了完工验收技术性初步验收，东湖水库工程完成了完工验收技术性初步验收和建成阶段验收，南四湖水资源监测工程完成了各标段合同项目完成验收。

2. 专项验收情况

（1）消防专项验收。13个设计单元工程需进行消防验收，完成12个设计单元工程的消防验收工作。

（2）工程档案专项验收。31个设计单元工程需进行工程档案验收，完成28个设计单元工程的工程档案验收工作。调度运行系统、管理设施、南四湖水质监测3个设计单元工程正在进行档案整理工作。

（3）征迁安置专项验收。完成29个设计单元工程征迁安置验收工作。

（4）水土保持、环境保护专项验收。完成8项水土保持及8项环境保护专项验收工作。

3. 项目法人验收情况 29个设计单元工程需开展项目法人验收工作，已完成22个设计单元工程，占总数75.9%。二级坝泵站、济南市区段、梁济运河段、柳长河段、南四湖水资源监测、调度运行管理系统、管理设施专项7个设计单元工程尚未进行项目法人验收工作。

4. 安全评估及补充安全评估工作情况 11个设计单元工程需进行安全评估工作，已全部按计划完成。根据《南水北调设计单元工程完工验收工作导则》及有关工作要求，需对10个设计单元工程进行补充安全评估。现已完成台儿庄泵站、韩庄泵站、长沟泵站、邓楼泵站、八里湾泵站、大屯水库、双王城水库、东湖水库、穿黄河工程9个设计单元工程补充安全评估工作。二级坝泵站工程补充安全评估工作基本完成。

5. 完工财务决算情况 山东干线公司负责30个设计单元工程的完工财务决算编报工作，已编制完成并经核准26个设计单元工程。山东文物保护专项工程完工财务决算已编制完成并上报，南四湖水质监测工程、管

152

理设施专项、调度运行管理系统 3 个设计单元工程完工财务决算编制工作正在按计划推进。 （于锋学）

【工程审计与稽察】

1. 工程审计

（1）2019 年 1 月 22 日，根据《审计署济南特派办关于 2019 年国家重大政策措施跟踪审计项目有关协调事项的函》要求，山东干线公司配合山东省水利厅提供了重大项目推进及国家有关政策落实情况。

（2）2019 年 3 月 12 日至 7 月 20 日，根据《关于开展南水北调东线一期工程济南—引黄济青段济南市区段输水工程完工财务决算审计的通知》（南调便函〔2019〕30 号）要求，中审华会计师事务所（特殊普通合伙）和华寅工程造价咨询有限公司联合体，对南水北调东线一期工程济南—引黄济青段济南市区段输水工程完工财务决算进行了审计，对重要事项进行了必要的延伸和追溯。7 月 25 日，山东干线公司向水利部报送了《关于报送〈南水北调工程完工财务决算〉（南水北调东线一期济南—引黄济青段济南市区段输水工程）的报告》（鲁调水企财字〔2019〕6 号）。8 月 16 日，收到《水利部办公厅关于核准南水北调东线一期工程济南—引黄济青段济南市区段输水工程完工财务决算的通知》（办南调〔2019〕184 号）。

2. 工程稽查

（1）工程运行质量管理监督检查工作。

1）定期组织开展自查自纠工作。管理处每月开展一次自查自纠，管理局每季度开展一次自查自纠，公司每月督促自查问题的整改落实，并开展不定期抽查工作。

2）根据 5 月份山东省水利厅开展质量与安全暨合同管理工作自查自纠工作要求，公司组织开展山东干线工程质量、安全、合同管理自查自纠。6 月 19—21 日和 7 月 4—5 日分两批次分别组织开展对双王城水库、滨州渠道管理处和淄博渠道管理处，以及东昌府渠道管理处、临清渠道管理处的质量与安全暨合同管理专项抽查工作。

3）配合水利部、河湖保护中心（原监管中心）、东线总公司的有关工作。配合东线总公司分别对 18 个管理处、抢险中心等开展各类专项稽察、专项巡查、专项检查及督查共计 6 批次，并配合组织召开运行管理专项稽察会议，协助被查单位对发现问题进行反馈销号；配合水利部河湖保护中心、东线总公司对山东境内工程开展安全检查；配合水利部河湖保护中心对东湖水库、双王城水库、胶东渠道及万年闸泵站、韩庄泵站、二级坝泵站、八里湾泵站、邓楼泵站开展监督检测工作。

（2）运行管理问题整改落实及责任追究工作。

1）组织开展各类稽察、巡查、督查、飞检等检查发现问题的整改落实

153

工作。针对历次专项稽察遗留的 32 个问题，核实整改情况并上报；根据河湖保护中心（原监管中心）要求，核实 5 个管理处有关问题的整改落实情况并补充相关资料；按照水利部监督司要求，完成对 16 个问题的整改落实情况上报工作。

2）组织开展各类稽察、飞检、督查、自查发现问题的月报工作。东总督查大队督查、自查问题月报、东总专项稽察、飞检问题月报，安委会问题整改月报等（含电子版）共计上报了 15 期次。　　（刘晓娜　刘益辰）

【创新发展】　　在山东省农林水利畜牧系统第四届职工合理化建议暨技术创新成果发布会上，山东干线公司荣获"先进单位"称号，48 项成果全部获得合理化建议和技术改进成果发布，其中 1 项成果获得技术创新成果奖二等奖，4 项成果获得技术创新成果奖三等奖。山东干线公司被山东省农林水工会授予"山东省农林水系统职工技术创新竞赛示范企业"。

2019 年 8 月，胶东局双王城水库于涛同志被命名为第二届"齐鲁工匠"，被山东省农林水工会公布为"农林水系统齐鲁工匠"；邓楼泵站刘辉同志被山东省总工会公布为"山东省职工创新能手"，被省农林水工会公布为"农林水系统创新能手"。2019 年 9 月，在山东省"技能兴鲁"职业技能大赛——2019 年全省水利行业职业技能竞赛中，14 名参赛选手

中，获得一等奖 1 名、二等奖 6 名、三等奖 4 名、优秀奖 3 名，7 人名列全省前 10 名。济宁管理局韩保刚同志以一等奖第二名的优异成绩被推荐参加全国竞赛。胶东局"于涛创新工作室"及济宁管理局"杜森创新工作室"两间创新工作室被评为省级高技能人才创新工作室，并于 2019 年 11 月正式挂牌。截至 2019 年年底，共有省级创新工作室 3 间。2019 年 12 月，全省水利工程运行管理岗位创新观摩学习交流会议分两批在长沟泵站和万年闸泵站召开。

通过岗位创新活动、技能竞赛和"高技能人才创新工作室"的创建，逐渐建立起一支运行管理的高素质队伍，为山东南水北调的发展，为山东水利事业的发展作出了应有贡献。

（李玉波　郭桂邹）

北延应急供水工程

【工程概况】　　南水北调东线一期工程北延应急供水工程是贯彻新时期治水思路、落实党中央国务院关于华北地区地下水超采综合治理决策部署的重要举措，是按照国务院领导部署要求、以特殊程序批准实施的应急工程。

北延应急供水工程自东线一期工程穿黄工程出口，经一期工程山东境内小运河输水至邱屯枢纽后，分东、

西两条线路北上，于南运河汇合后继续向下游输水至九宣闸，东西线全长695km。工程建设任务主要为充分利用南水北调东线一期工程潜力，向河北省、天津市地下水压采地区供水，置换农业用地下水，缓解华北地区地下水超采状况；相机向衡水湖、南运河、南大港、北大港等河湖湿地补水，改善生态环境；并为向天津市、沧州市城市生活应急供水创造条件。

工程建成后，可调水时间为每年10月至翌年5月，共8个月。供水范围涉及河北省邢台市、衡水市、沧州市的21个县（市、区），以及天津静海区。每年可增加向京津冀地区供水4.9亿 m^3，置换河北和天津深层地下水超采区农业用水1.7亿 m^3。

北延应急供水工程施工区位于山东省聊城市东昌府区、临清市、茌平区，以及德州市夏津县境内，主要建设内容包括：周公河左右岸排污管道末端新建2座节制闸；衬砌输水河道42.27km，其中小运河12km现浇混凝土边坡衬砌，六分干11.32km预制块全断面衬砌，七一河18.95km预制块边坡衬砌；邱屯枢纽拆除现有隔坝，新建1座分水闸（油坊节制闸）和1座箱涵；夏津水库影响处理工程等。

北延应急供水工程总工期21个月，总投资47725万元。工程年度建设目标为完成油坊节制闸及箱涵工程的建筑工程施工和金属结构设备安装，完成渠道衬砌工程的60%。

（李庆中）

【规划计划】 为解决华北地区地下水超采问题，根据党中央、国务院决策部署，2019年1月25日，水利部等4部委联合印发《华北地区地下水超采综合治理行动方案》（水规计〔2019〕33号）。方案以京津冀地区为重点，通过采取"一减、一增"综合治理措施，系统推进华北地区地下水超采治理。

南水北调东线一期工程北延应急供水工程是"一增"的重要举措，被列入行动方案中。3月20日，水利部印发《关于华北地区地下水超采综合治理行动工作方案和2019年重点工作安排的通知》（水规计〔2019〕58号），要求"加快实施东线一期北延应急供水工程，通过用足供水潜力和适当延长供水时间，共增加向京津冀地区供水能力4.9亿 m^3"。

按照水利部工作部署，南水北调东线总公司积极履行项目法人职责，系统筹划、全力推进南水北调东线一期工程北延应急供水工程前期工作，确保2019年内开工。

（1）如期完成北延应急供水工程初步设计编制审批。围绕2019年工程开工建设的目标任务，全力筹划推进北延应急供水工程初步设计编制审批有关工作。5月20日完成勘察设计招标，确定勘察设计单位。积极协调各有关单位和地方，不断优化完善工程建设方案。扎实有序推进设计报告编制和审查，6月19日完成初设报告编制审查并上报水利部，7月14日水规总院印发初步设计报告审查意见，6月25日水利部报请国家发展改革委开展北延应急供水工程初步设计概算核定，9月25日国家发展改革委完成概算核定并印发，9月29日水利部以水许可决〔2019〕72号文批复了工程初步设计报告。

（2）紧锣密鼓完成工程监理和施工招标工作。提前谋划招标设计工作。设计报告批复前，开展招标设计调研，对各工区布置、弃渣场布置、施工用水、电、路、地和砂石骨料料源等情况进行了重点查勘。初设批复后，第一时间启动施工监理招标工作，研究工程分标方案、招标方式、招标工作计划安排等，10月5日完成招标文件，10月18日发布监理招标公告，10月24日发布施工招标公告，11月22日完成监理和施工的招标工作。　　　　（郭建邦　陈绍军）

【建设管理】　2019年9月26日，水利部印发《南水北调东线一期工程北延应急供水工程初步设计报告准予行政许可决定书》（水许可决〔2019〕72号），工程批复总投资4.77亿元。

南水北调东线总公司根据国家、行业相关规定，及时向水利部申请确定工程的质量监督单位。3月19日，南水北调东线总公司成立北延应急工程建设领导小组，统筹领导北延应急工程建设相关工作。7月8日，成立北延应急工程建设管理部筹备组，积

极开展建设前期有关准备工作。10月23日，向水利部人事司函请成立北延应急工程建设管理部。10月28日，组织抽调人员先期进驻施工现场，开展办公场所建设、征地手续办理及开工动员会有关准备工作。11月28日，南水北调东线一期工程北延应急供水工程在山东临清正式开工。12月，3个施工标段施工单位进场，并开展生产生活区建设和施工区域通水、通电、通路等工作。

（高定能　李院生）

【征地移民】　北延应急供水工程建设涉及临时生产生活区、施工道路、弃渣场、箱涵等共计约42.68hm²临时征地（含林木、坟墓等地面附着物和电力线路、通信光缆等专项设施）。

东线总公司积极组织开展北延应急供水工程土地征迁工作，与山东省人民政府沟通，建立工作联动机制。2019年10月31日，东线总公司赴德州市、聊城市，与所辖的临清市和夏津县政府领导和相关部门负责人召开对接会，重点就解决开工动员会先期使用土地及工程征地手续快速依规办理事宜进行具体协商，签订临时用地征迁协议，开展现场实物确认、土地丈量、资金拨付，以及开工动员会现场布置等，同步开展施工、监理招标及土地征地手续办理准备等工作。11月6—8日，东线总公司组织设计单位、临清市水利重点项目服务中心、

新华街道办事处、郭庄村村委会及村民，在油坊节制闸及箱涵用地处进行临时用地范围勘测放线，并进行了现场实物确认。11月11—15日，东线总公司与临清市新华路街道办事处签订征地补偿和移民安置委托投资包干协议。12月26日，东线总公司召集夏津县有关乡镇和单位召开征迁工作动员会。12月30日，开展征地测量放线等工作。

（曹杰）

【环境保护】 东线总公司积极开展北延应急供水水质安全工作，建设2座水质自动监测站。在邱屯枢纽、郭庄闸及六五河节制闸分别建设1座水质自动监测站，实时在线监测水质状况，通过远程数据传输，系统预警，及时发现水质异常情况，为水量调度及水质安全提供数据支持，保障北延应急供水工程水质安全。对北延应急工程沿线潜在水质风险因素分析，针对工程沿线可能出现的突发性水污染问题，建设2座水质移动监测实验室，提升工程水质应急监测能力。配备自动采样器、电感耦合等离子质谱仪、便携气相色谱-质谱联用仪、便携式多参数水质仪、测油仪、水质微生物毒性检测仪等快速应急监测设备。同时装配车载发电系统、车载通信系统及摄像取证系统等。在自然灾害或突发水污染事件时，能够迅速抵达现场、判断突发污染类型、快速检测出数，满足督查、巡检等日常工作。

（梁春光）

工 程 运 行

长江—洪泽湖段

【工程概况】

1. 宝应站工程 宝应站位于宝应县和高邮市交界处，是南水北调工程第一个开工、第一个完工、第一个发挥工程效益的项目。该项工程作为南水北调东线新增的水源工程，宝应站与江都水利枢纽共同组成东线第一梯级抽江泵站，实现第一期工程抽江500m³/s规模的输水目标。宝应站设计规模为100m³/s，装机4台套（其中备用机组1台套），总装机容量为13600kW。工程总投资1.405亿元。

2. 金湖站工程 金湖站位于江苏省金湖县银集镇境内，三河拦河坝下的金宝航道输水线上，是南水北调东线一期的第二梯级抽水泵站，其主要功能是向洪泽湖调水150m³/s，与里运河的淮安泵站、淮阴泵站共同满足南水北调东线一期工程入洪泽湖流量450m³/s的目标，保证向苏北地区和山东省供水要求，并结合宝应湖地区的排涝。金湖站设计流量为150m³/s，装机5台套（其中备用机组1台套），装机容量为11000kW，工程总投资3.93亿元。

3. 洪泽站工程 洪泽站位于淮安市洪泽县境内的三河输水线上，是南水北调东线第三梯级泵站之一，其主要任务是抽水入洪泽湖，与淮阴泵站梯级联合运行，使入洪泽湖流量规模达到 $450m^3/s$，以向洪泽湖周边及以北地区供水，并结合宝应湖地区排涝。洪泽站设计流量为 $150m^3/s$，装机 5 台套，其中备用 1 台，总装机容量为 $17500kW$，工程总投资 5.09亿元。

4. 淮阴三站工程　淮阴三站工程位于淮安市清浦区境内，与现有淮阴一站并列布置，和淮阴一站、二站及洪泽站共同组成南水北调东线第三梯级，工程设计调水流量为 $100m^3/s$，装机 4 台套，总装机容量为 $8800kW$，工程批复总投资 3.09 亿元。

5. 淮安四站工程　淮安四站位于淮安市楚州区境内，与已建成的淮安一站、二站、三站共同组成东线第二梯级抽水泵站，实现抽水 $300m^3/s$ 目标。工程设计规模为 $100m^3/s$，装机 4 台套（1 台备机），总装机容量为 $10000kW$。工程总投资 1.72 亿元。

（王晓森　曹虹　彭娟）

【工程管理】

1. 宝应站工程　2005 年 9 月至 2018 年 4 月，宝应站由江苏省江都水利工程管理处代为管理。自 2018 年 5 月起，由江苏水源公司扬州公司直接管理，现场管理单位为南水北调东线江苏水源公司宝应站管理所。2019 年是宝应站建成以来向江苏省外调水及省内抗旱历时最长、调水量最多、运行工况最为复杂的一年，在全所员工共同努力及江苏水源公司扬州公司的全力帮助下，宝应站圆满完成了抗旱调水、维修养护、安全管理等各项工作任务。

（1）合理调整内部组织机构，提高工作效率。2019 年年初，为提高宝应站管理所内部管理效率，杜绝工作多头管理、多人或无人负责现象，保证专人专事专责，促使每位员工向专业化深度发展，充分发挥员工专业特长，管理所根据在站人员实际情况及日常工作需求，重新调整了内部组织机构，分别设置综合组、技术组、3 个运维组和 5 个运行班，确保分工合理、职责清晰，努力提高工作效率。

（2）紧扣实际，加强安全防汛工作。时刻紧绷安全这根弦，确保防汛防台及安全工作万无一失。

1）汛前及时召开安全工作会议、防汛工作会议，针对可能出现的汛情、雨情作出预判，落实各项防汛措施；根据工程实际情况及历年防汛工作经验，及时修订完善防汛预案及反事故预案，编制年度度汛方案，调整防汛及安全组织网络；开展防汛预案及消防演练，开展相关学习培训，提高员工防汛安全责任意识及应急处置能力。

2）在管理用房设置防汛物资专用仓库，按照国家防总防汛物资定额，现场补充部分防汛物资，使用财务账本并根据标准化要求进行管理，与宝应县防汛抗旱办公室续签防汛物资代储协议，明确规定调用方式及两条代储物资运输路线（含备用），确保紧急汛情时物资能顺利运至现场。

3）积极将防汛工作主动纳入地方防汛体系，明确防汛联络人，加强与宝应县防汛抗旱办公室、扬州水文局等单位的沟通联系，实现水情、汛情共享。

4）汛期严格执行防汛值班制度，明确值班纪律，确保 24 小时值班，每日及时上报水情、汛情，根据防汛预案规定，加强工程巡视检查力度，发现问题及时上报并处理，做好值班台账记录，确保工程设备设施完好。

5）8 月，超强台风"利奇马"登陆我国，在江苏省内第一次抗旱运行停机后，宝应站立即做好旱涝急转准备，提前编排防台及排涝值班表；台风期间管理所领导及值班员 24 小时在岗值班，加强巡查频次，随时做好排涝运行准备；台风过后，及时开展工程特别检查，掌握设备设施状况。

6）在站内原有消防设施的基础上，增设微型消防站，建设消防泵房增设消防泵，补齐消防短板。6 月，全面开展安全生产月活动，与每位员工签订安全生产责任书，开展站内设备设施安全大检查、消防演练、观看安全警示纪录片等，确保安全工作落到实处。

（3）补齐短板，严格规范开展维养项目。维修养护管理是工程管理重要环节，2019 年，宝应站（含大汕子枢纽）岁修、急办等项目共 17 项，批复经费约 348.82 万元，除站区路灯维修项目外，其他项目均实施完

成，并通过江苏水源公司扬州公司验收。在项目实施过程中，宝应站严格规范开展维修养护项目管理。

1）紧抓过程控制，严格开展质量与安全管理，励磁装置改造过程中，严格要求按电缆敷设规范要求接线，调试过程中尽可能模拟可能出现的所有故障；清污机维修改造过程中创新采用临时拦污栅确保在不停机情况下返厂维修，保证运行安全；消防设施完善过程中及时书面向施工单位提交整改清单等。

2）严格按照维修养护管理办法、合同管理细则，履行报批流程和手续。维修项目及时上报实施计划审批表、开工申请表、过程质量验收申请、完工验收申请等，养护项目每季度定期上报养护计划，所有项目均建立项目管理卡，确保项目实施规范。

（4）强基固本，扎实开展设备设施管理。设备设施管理是工程管理基础，宝应站严格按照规程规范要求，扎实开展设备设施检查、调试、检验、维修、保养等工作，随时确保工程安全运行。

1）汛前、汛后开展 2 次定期检查；台风、超标准运行后开展 3 次特别检查；非运行期辅机设备每月开展 1 次调试；电气设备每月测量 1 次绝缘电阻（吸收比）；消防设施每月开展 1 次检查；仓库物资每月进行 1 次整理、盘点。

2）及时开展电气预防性试验，开展电梯、安全阀等特种设备检验，

开展消防系统年度检测等。

3）定期开展安全监测，及时与水文水质监测中心对接，阶段性核对观测资料及成果，确保水工建筑物处于安全稳定状态。

4）加强设备问题及隐患处理，如改造励磁装置；维修改造 4 号、7 号清污机，不间断维修清污机、皮带机；2 号油压装置补充氮气，更换皮囊；全面维保空压机，更换温控阀、冷却液；更换主电机碳刷、打磨滑环；增设声光报警系统等，及时消除各类设备故障和隐患，确保设备安全可靠。

5）加强建筑物设施问题处理，如开展副厂房渗漏维修，增设落水管；开展排水沟及电缆沟盖板维修；对花坛进行整修等，随时保持建筑物设施完好。

6）对各级部门检查发现的问题或隐患，及时组织整改落实，在问题整改过程中，对同类型、相近的问题逐一排查整改，限定问题整改期限，形成问题动态台账，并根据检查情况及时更新。

2. 金湖站工程　金湖站工程采用委托管理模式，金湖站工程管理项目部具体负责日常管理工作，项目部设项目经理 1 名，副经理 2 名，技术负责人 1 名，运行期安排 30 人参加管理，非运行期安排 19 人参加管理。

（1）设备管理。

1）做好设备管理的基础性工作。更新完善泵房各设备间的工程平面剖面图、电气接线图、维修揭示图、操作规程、巡视检查内容等标牌；定期对设备标识，更新设备管理卡，完善设备台账，及时记录设备维修和现状情况，明确责任人；修订完善了金湖站工程操作作业指导书、巡视作业指导书等管理制度、流程与标准。

2）加强设备汛前、汛后检查与保养。重点对主机组、高低压开关柜、清污机、拦污栅、输送机、液压启闭机、变电所设备、室外视频设备、观测沉陷标点、测压管、断面桩、水位尺等设施进行维修和保养，确保设备与设施时刻处于良好状态。

3）坚持日常保养。每周对设备开展 1 次动态巡检，并进行 1 次清洁保养，非运行期每月对设备进行 1 次经常性检查，检查后对主辅机组进行 1 次试运转，每周对液压启闭机事故闸门进行 1 次开闭操作。通过机组定期试运转，及时掌握设备状况，确保设备随时可以投入运行。

（2）建筑物管理。

1）重点开展汛前、汛后检查保养。重点对主厂房、变电所、控制楼等处进行检查保养；清理厂房电缆沟，对主厂房上游挡墙渗漏部位进行堵渗维修；对泵房水泵层局部渗水进行防渗处理，并对水泵层墙壁吸音涂料进行重新出新。

2）定期开展工程观测。全年开展垂直位移测量 4 次，工程沉降已趋于稳定；泵站底板扬压力每周观测 1 次，测压管水位浸润线变化基本正常；汛前和汛后各开展河道断面观测1次，上、下引河底部混凝土浇筑平坦，推移质较少，引河河床淤积量基本正常，河床稳定；每2年开展一次水下检查，经检查，上下游翼墙、护坦、护坡及进出水池等部位均正常，泵站机组水下部分无异常。

3）认真做好日常检查与维护。汛期每月2次，非汛期每月1次，组织技术人员对水工建筑物进行全面检查，并认真做好巡查记录。夏、秋季节及时组织人员清除堤防上杂草，及时修复雨淋沟，清除河道内漂浮物、水草和混凝土上附着物，保证建筑物整洁美观。

（3）安全管理。金湖站坚持将安全生产工作置于工作首位，全年未发生任何安全生产事故。

1）健全安全网络，层层落实安全生产责任制。

2）每月集中开展1次安全检查，对查出的问题及时进行整改并及时上报信息。

3）强化安全培训，做到持证上岗。组织职工学习各类安全相关规章制度，安排特种作业人员参加专门培训，截至2019年年底，项目部全体人员通过高压电工证培训及考核，有5人持有电力调度系统运行值班证，2人持有劳动部门颁发的起吊作业证书。

4）建立危险源识别标识。集中力量对站区危险源进行识别、统计和分类，在危险行为易出现场合醒目公示危险防控措施牌，落实应急救援和处置措施，明确责任人，确保隐患消除在萌芽状态。

5）做好安全工作的软、硬件配置。配备齐全安全工具，每年进行两次试验；完善安全规程、反事故预案等，设备的操作规程上墙；配备齐全消防器材，定期进行检查维护；确保防雷、接地设施可靠、完好。

6）强化值班保卫。重点加强站区的安全保卫和值班，做好防火、防盗，值班人员严格遵守相关制度和规定，不擅离岗位，厂房、门卫实行24小时保卫值班，禁止周边闲杂人员进入管理范围，禁止外来人员进入站区游泳、划船和垂钓。

3. 洪泽站工程 洪泽站管理所作为南水北调管理系统第三级组织，各项工作接受南水北调江苏水源公司淮安公司领导。

（1）认真组织岁修项目实施。2019年，洪泽站岁修项目共13项，总经费290.2万元。管理所认真贯彻执行江苏水源公司维修养护项目管理办法，规范项目实施流程，抓好项目实施关键环节，认真组织施工前技术交底与安全交底，把好施工方案初审、单位选择、质量检验、技术指导、进度把控、安全督查、资料收集、项目初验、经费支付等"九关"，对重要工序和隐蔽部位等关键环节全程监督；洪泽站堤防淘刷、变压器渗油、厂房渗漏、蓄电池容量不足等一系列问题得到彻底解决。

（2）高度重视防汛工作。严格按

照上级防汛工作部署，拟定计划、明确责任、狠抓落实，扎实开展汛前检查工作，按照"查严、查细、查实"的要求，对照江苏水源公司标准化定期检查表单，查找存在问题，消除安全隐患；组织开展水工建筑物水下检查、机电设备等级评定、特种设备年检、汛前工程观测等工作，进一步查找工程存在问题；完成防汛预案、反事故预案修订，完善防汛抢险组织网络，明确岗位工作职责，并主动多次与洪泽区防指、洪泽湖管理处沟通联系，明确防汛责任划分，形成防汛合力；认真开展防汛物资盘点工作，结合现场实际情况，补充防汛物资，现场不便存储的防汛物资，继续与洪泽区防汛物资管理中心签订代储协议，确保汛期发生险情时防汛物资能有效及时调配。

（3）认真落实安全生产责任制。与各班组、全体员工签订安全生产责任书，将安全责任层层分解，把日常安全隐患排查、危险源治理、安全专项检查与日常工程设备设施巡查检查保养有效结合，确保隐患问题尽早发现解决，存量问题尽快整改销号，新增问题减少发生，同时认真开展工程观测，及时掌握工程安全发展趋势；组织开展安全生产活动月活动，观看安全知识宣教片、参加全国水利安全生产知识网络竞赛，联合蒋坝派出所、头河村委会组织开展安全生产法规宣传教育进村活动，开展安全大检查、消防演练，增强员工安全生产意识，维护洪泽站安全稳定整体态势。

4. 淮阴三站工程　淮阴三站采取委托管理模式，受托单位江苏省灌溉总渠管理处成立淮阴三站工程管理项目部，具体负责淮阴三站的日常管理、维护、运行等事宜。项目部设项目经理 2 名，技术负责人 1 名，运行期配备运行管理人员不少于 20 人，非运行期不少于 12 人。

淮阴三站实行动态、全过程维护管理模式，按照合同、行业规范，每年及时安排汛前检查、汛后检查、开机运行检查、季度考核、年终考核等项目，认真组织检查；做好主辅机、电气设备的检查维护工作。对主机及清污机、风机、液压启闭机、变频器、励磁系统等辅机设备定期开展试运行工作，做好巡视检查及检查性试运行的记录，发现缺陷及时处理；对所有设备建档挂卡，并明示责任人。江苏水源公司维修检测中心按时对电气设备进行试验，对损坏的仪表、继电器等及时更换。对于存在的问题及时编报岁修方案、抢修方案、应急方案等，报公司批准后及时组织实施。2019 年，淮阴三站工程管理项目部根据岁修项目安排，完成了水工建筑维修项目，及时消除工程安全隐患。

淮阴三站管理项目部建立以项目经理为组长的安全生产责任网络，设立安全员；修订完善了运行管理规章制度、防汛预案、反事故预案等一系列规章制度和规程规范，认真做好安全用具检定试验等工作。每月开展安全专项检查，根据观测任务书要求，开展扬压力、伸缩缝等观测，按时上报安全生产信息月报和工程管理月报。认真组织开展安全生产月活动，组织做好节假日前专项安全检查、机组运行安全生产检查、安全度汛等工作。项目部按照要求认真做好淮阴三站安全台账收集整档工作，积极开展对职工的安全教育培训，增强干部职工安全生产意识，防患于未然。

5. 淮安四站工程 南水北调淮安四站工程采用委托管理模式，淮安四站工程管理项目部负责淮安四站工程的管理工作。项目部按非运行期配置，共有职工 15 人，其中项目经理 1 人，站长 1 人，技术干部 2 人，运行一班、运行二班技术工人 11 人。

（1）设备维修养护。注重日常巡检，根据工程需要和设备情况，损坏工程设施及时进行维修，2019 年度完成了 4 号机大修项目、行车维修保养项目、上游东侧护坡整治项目、电缆整治、标准化创建等项目，以及液压启闭机维护，油、水管道维护，清污机养护，行车养护，建筑物室内外修补，上墙资料修订，上下游护坡修补，设备、环境保洁，工具及备品备件购置等养护项目。

（2）工程设施管理。项目部认真开展工程设施巡视检查及维护，在非运行期每月完成一次工程例行检查，每月完成两次水政巡查。

（3）安全生产管理。

1）健全安全生产责任网络，2019 年年初与每位职工签订了《安全生产责任状》，进一步落实安全责任和强化职工安全意识。始终坚持"安全第一，预防为主，综合治理"的指导思想，始终坚持将安全生产工作放在第一位，始终坚持严格实行"两票三制"，确保安全运行无事故。

2）完善并严格落实相关制度及预案。项目部制定了《运行管理规章制度》《工程技术管理办法》《安全管理规程》《防汛预案》《反事故预案》等一系列规章制度和规程规范，其中主要规章制度已上墙公示，日常管理中严格执行各项规章制度。组织职工学习江苏水源公司组织编制的《南水北调泵站工程管理规程》，并根据具体要求对淮安四站的《工程技术管理办法》《防汛预案》《反事故预案》等进行了修订，以保证安全生产制度切实可行。狠抓安全生产制度、预案的落实，不断提高安全生产意识，确保安全管理。

3）定期检查安全器材，更换压力不足的灭火器，做好绝缘用具和接地线的保管工作，做好安全帽、登高工具、安全带等用具的配置等。

4）定期开展安全巡查，对管理范围内的生产、办公设施进行巡查，做好检查记录并按时上报，确保各项工作安全有序。

5）开展安全生产月活动。积极组织职工学习安全生产的相关知识，加大宣传力度，张贴大型条幅，强化安全生产意识。

（王晓森 曹虹 彭娟）

【运行调度】

1.宝应站工程 2019年，宝应站分别投入2018—2019年度第一、第二阶段调水出江苏省运行，2019年第一、第二阶段江苏省内抗旱运行，2019—2020年度第一阶段调水出江苏省运行，共收到调度指令31条，准确执行率为100%。圆满完成历次调水运行任务。

运行期间，宝应站严格执行"两票三制"，每班提前30分钟交接班，每2小时巡视检查一次，认真记录上下游水位、瞬时流量及机组振动情况，及时调节机组叶片角度，认真填报运行值班记录表及设备缺陷维修登记表，确保运行值班安全。开停机严格执行操作票制度，确保设备操作安全。根据主辅机运行情况及现场实际需要，及时调节并轮换机组。

在水草杂物打捞及处理方面，宝应站在调水前对清污机、皮带输送机等进行了检查保养，对2号、3号清污机进行维修改造，确保清污捞草安全。调水期间，宝应站根据水草量情况及时调整每班人员数量，平均每班6~8人，拖拉机1~3辆，并根据水草堆积情况及时使用挖掘机进行平整。2019年度调水累计捞草11.98万t，有效保证了清污捞草工作有序、安全。

2.金湖站工程 2019年，南水北调金湖站工程累计开机运行210天，抽水量为17.73亿m³。其中：2018—2019年度调水运行68天，抽水4.62亿m³；2019—2020年度调水运行21天，抽水1.82亿m³；江苏省内抗旱运行121天，抽水11.28亿m³，最大调水流量为150m³/s。历次调度指令执行及时准确，指令回复及时规范，人员到位，操作无误，机组启停安全稳定。

3.洪泽站工程 2019年，洪泽湖遭遇60年一遇的旱灾，洪泽站临危受命，作为抗旱主力军，7月31日至8月8日期间，在洪泽湖水位持续下降的情况下，洪泽站超工况运行，最高抽水量达200m³/s，远超设计流量150m³/s，保证洪泽湖周边地区生活和生态用水。抗旱结束后，为扎实做好2019—2020年度向山东供水工作，管理所认真制定调水运行工作方案，落实人员组织和后勤保障，结合人员技术水平和运行经验，采取四班三值、每班3人、以老带新模式，合理配置运行值班人员。

运行前，加强与供电部门联系，提前做好110kV供电线路调水前专项检查维保，提前做好主变、机组绝缘检测，提前用电申请供电到位，保证机组随时投入运行。12月9日，组织运行人员培训演练，结合洪泽站运行案例，组织学习反事故预案和应急预案，并逐班进行主机组开停机实战演练，提升员工应急处置能力。同时，外聘一名泵站运管技术专家，负责现场运行技术指导和故障排查处理。

运行中，调度指令全部及时执行到位，并按要求进行报汛，加强工程运行巡视检查，及时发现并解决问题。运行期间,主辅机组各运行参数基本正常,状况良好。

4. 淮阴三站工程　2019年7月22日,淮阴三站开机运行,运行期间,值班人员严格执行调度指令、遵守操作规程和安全规程。认真做好巡视检查,准确记录各项数据,及时处理运行中发现的问题并上报公司。按时报送工情、水情报表,能源单耗计算表等报表。机组安全运行23天,顺利完成了向山东供水任务。

5. 淮安四站工程　2019年淮安四站分别于7月20日和11月1日接到调度指令投入抗旱运行,累计抗旱运行90天3232.5台时,抽水3.767亿 m^3。严格执行调度指令,建立了信息报送制度,及时关注掌握水位、流量、水质变化带来的对周边防汛安全、工程安全、供水安全及航运安全等方面的影响。对于开机运行中的水情、工情、捞草情况等,由专人负责,按要求及时向有关单位报送。

（王晓森　曹虹　彭娟）

【工程效益】

1. 宝应站工程　宝应站工程2018—2019年度调水累计开机68天,安全运行4176台时,累计抽水5.01亿 m^3,捞草约0.78万t;两阶段抗旱累计开机124天,安全运行9736台时,累计补水11.2亿 m^3,捞草约1.5万t;2019—2020年度调水累计开机3天,安全运行117台时,累计抽水0.14亿 m^3。

2. 金湖站工程　2019年金湖站工程圆满完成了2018—2019年度、2019—2020年度调水任务,累计调水6.44亿 m^3。2019年淮河流域发生60年一遇的气象干旱,江苏省水利厅发布洪泽湖枯水黄色预警,金湖站工程投入省内抗旱运行,联合洪泽站向洪泽湖补水,抗旱累计抽水11.28亿 m^3,充分发挥了工程效益。

3. 洪泽站工程　2019年,洪泽站共抽水运行203天,累计运行10591.4台时,调水18.2亿 m^3。发电运行19天,发电量为211.78万 kW·h。

4. 淮阴三站工程　淮阴三站工程于2019年7月22日开机运行向山东供水,本次开机累计运行614台时,抽水7115.59万 m^3,充分发挥南水北调工程效益。

5. 淮安四站工程　2019年5月以来,淮北地区干旱少雨,淮安四站定期组织开展机组设备检查调试,做好随时抗旱运行准备工作。分别于7月20日和11月1日接到调度指令投入抗旱运行,累计抗旱运行90天3232.5台时,抽水3.767亿 m^3。运行过程中,项目部合理配置运行班组、狠抓值班纪律和值班质量,轮流运行了4台机组,有效地保证了机组的安全运行以及状态可靠,圆满完成了阶段性抗旱任务。

（王晓森　曹虹　彭娟）

【环境保护与水土保持】　2019年,东线一期工程长江—洪泽湖段工程绿化养护工作委托江苏水源公司下属子公司绿化公司负责，绿化公司按照年度养护工作计划，及时开展浇水、治虫、修剪、除草等工作，并对未成活的树苗进行增补，使其水土保持功能不断增强，发挥长期、稳定、有效的保持水土和改善生态环境的功能。各管理所加强日常管理，切实做好管理区卫生保洁工作，并定期检查管理区环境保护和水土保持情况，坚决取缔沿线排污口和违章建筑，杜绝环境污染和水土流失情况发生。

（王晓森　曹虹　彭娟）

【验收工作】　2019年10月29日，洪泽站工程顺利通过由江苏省南水北调办组织的完工验收。　　（彭娟）

洪泽湖—骆马湖段

【工程概况】

1. 泗洪站工程　泗洪站枢纽工程位于江苏省泗洪县朱湖乡东南的徐洪河上，是南水北调东线一期工程第四梯级泵站之一，主要功能是与睢宁、邳州泵站一起，通过徐洪河向骆马湖输水。泵站设计流量为120m³/s，装机5台套，总装机容量为1万kW。工程总投资为5.87亿元。

2. 泗阳站工程　南水北调泗阳站工程位于泗阳县城东南约3km处的中运河输水线上，在原泗阳一站下游347m处，是南水北调东线第四梯级，该工程与泗阳二站、皂河泵站、刘老涧泵站一起，通过中运河线向骆马湖输水175m³/s，并向沿线供水和改善航运条件。设计调水流量164m³/s，装机6台套（含备机1台），总装机容量为1.8万kW，工程总投资为3.06亿元。

3. 刘老涧二站工程　刘老涧二站建于江苏省宿迁市东南约18km处的中运河上，是南水北调东线第一期工程第五梯级泵站，该站主要功能是与刘老涧一站一起，通过中运河并经皂河站向骆马湖输水175m³/s，并向沿线供水、灌溉、改善航运条件。泵站设计流量为80m³/s，装机4台套（含备用机组1台），总装机容量为8000kW。工程总投资为2.23亿元。

4. 睢宁二站工程　睢宁二站工程是南水北调东线工程的第五级泵站，位于江苏省徐州市睢宁县沙集镇境内的徐洪河输水线上。睢宁站的设计流量为110m³/s，鉴于睢宁一站（沙集站）现状规模为设计流量为50m³/s，新建睢宁二站设计流量为60m³/s，考虑睢宁一站、二站共用备用流量为20m³/s，因此睢宁二站装机流量采用80m³/s，总装机容量为1.2万kW。工程批复总投资为2.41亿元。

5. 皂河二站工程　皂河二站工程是南水北调东线第一期工程的第六梯级泵站之一，位于江苏省宿迁市皂河镇北6km处，主要任务是与皂河一站联合运行向骆马湖输水175m³/s，与运西线共同实现向骆马湖调水275m³/s的目标，并结合邳洪河和黄墩湖地区排涝，为骆马湖以上中运河补水，改善航运条件。工程设计抽水流量为 $75m^3/s$。装机 3 台套，总装机容量为 6000kW，工程总投资为 2.73 亿元。

6. 邳州站工程　邳州站是南水北调东线一期工程第六梯级泵站，位于运西线上，坐落在邳州市八路镇徐洪河与房亭河交汇处，其主要作用是从第五梯级睢宁站，通过徐洪河线向骆马湖输水 $100m^3/s$，与中运河输水线路共同满足向骆马湖调水 $275m^3/s$ 的目标，同时通过刘集地涵抽排房亭河以北地区涝水。邳州站设计流量为 $100m^3/s$，装机 4 台套，其中备用一台，总装机容量为 7800kW。工程总投资为 3.28 亿元。

（王晓森　乙安鹏　李海宁）

【工程管理】

1. 泗洪站工程　泗洪站工程由江苏水源公司宿迁公司负责管理，宿迁公司成立南水北调泗洪站管理所，具体负责工程管理各项工作。

（1）调水运行管理。严格遵守各项规章制度和安全操作规程，做好运行巡视、检查、操作等工作，并按规定做好运行记录，及时、准确排除设备故障。在工程停运间隙，抢抓有利时间开展机组维护工作。调水运行结束后，及时整理运行值班、巡视检查、设备检修、工作票、操作票等工程管理资料，并按照档案管理要求装订、入档。面对 2019—2020 年度调水工作，管理所抢先抓早，提前布置，对工程机电设备、金属结构、土工建筑物进行全面的排查，及时进行维修养护，同时开展开机试运行，加强预案学习和演练。12 月 11 日，机组顺利投入年度调水运行，机组运行状态平稳。

（2）船闸安全运行管理。2019 年度整体降雨量较往年偏少，7 月，两湖水位更是低于旱限水位，船闸下游平均水位 12m 以下，河道通航条件差。为做好船闸的安全运行工作，一方面通过高频对讲系统、微信公众号平台及时发布天气、水情信息，方便过往船只及时了解相关信息，减少大吨位重载船过闸通航；另一方面加强现场船只调度，严控核载，加强设备设施巡查，及时进行养护，有力保障了船闸的安全运行。

（3）工程防汛度汛。

1）扎实开展汛前汛后检查，保障工程安全度汛。按照"查严、查细、查实、查全"原则，扎实做好汛前汛后检查工作。以工程硬件养护为中心，以排除工程缺陷为重点，以强化日常维护管理为内容，以加强检查督促为手段，确保汛前汛后工作稳步开展，为工程安全度汛、及时可靠运行做好了充分准备。

2）修订完善现有防汛预案、各类应急预案，突出防汛重点，增加相应的防范措施；加强应急队伍建设，先后开展防汛预案和反事故预案演练，进一步促进人员掌握防汛应急处理方法和防汛抢险技术要领，提高队伍的整体素质、应急反应能力及防汛处置能力。

3) 加强防汛值班。严格执行24小时值班制度，保障防汛工作质量。

4) 加强防汛物资管理，提高防洪抢险能力。根据防汛抢险救灾任务，合理确定物资储备种类及数量，定期对防汛物资进行检查、对防汛设备进行调试，确保关键时刻能够充分发挥作用。

(4) 维修养护工作。2019年岁修项目批复2项，项目批复金额62万元，日常养护批复金额60万元，维修养护项目均已按施工计划顺利完成；规范维修养护的实施。进一步夯实运用标准化成果，编制《维修养护项目实施细则》《临时用电管理制度》《动火管理制度》等规章制度，为维修养护提供制度保障。此外细化维修养护实施流程，编制详细的实施清单，推进维修养护工作"两高两化"（效率高、质量高，流程化、清单化）。日常维护保养方面，对照南水北调泵站运行管理考核办法，制定设备日常巡视检查制度，设备责任到人，保障运行期间设备维护工作，同时为保证机电设备处于良好状态，设备责任人每周对设备进行维护保养、巡视检查，每月开展联调联试、经常性检查，严格要求设备责任人按照规范要求开展设备维保工作，确保工作落实到位，保养工作开展有序。

(5) 安全生产工作。

1) 制定安全目标，狠抓责任落实。2019年年初制定安全生产管理目标，与各班组、组员签订目标责任书，层层落实责任。

2) 强化教育培训。不断加强人员责任意识和遵章守纪意识教育，同时有针对性地开展业务技术、事故应急处理和自我防护能力的教育和培训；坚持岗位人员持证上岗，4名安全管理人员、4名特种作业人员、3名电力调度人员依法参加培训，对新上岗人员做好岗前安全培训，做到了管理人员、特种作业人员、岗位操作人员全部持证上岗。

3) 加强安全检查。认真开展自查工作，除日常巡视检查外，全年还开展月度安全检查12次、定期检查2次、专项检查5次、特殊检查1次，有效排除安全隐患40余项；认真落实上级部门历次（飞检、督查、稽查）检查存在问题整改工作，累计完成11项整改内容，1项正在整改。

4) 开展安全活动，营造安全氛围。围绕"防风险、除隐患、遏事故"主题，开展"走进施工现场，把好安全生产关""送书到班组""安全工具防风险""安全隐患排查标兵"等系列活动，营造了浓厚的安全生产氛围，员工的安全意识全面提高。

2. 泗阳站工程 泗阳站工程采用委托管理模式，受江苏水源公司委托，江苏省骆运水利工程管理处成立泗阳站工程管理项目部，负责泗阳站工程运行管理。项目部组织设置和人员配备上，力求精练高效，管理人员均具有丰富的泵站管理经验，在工程非运行期，管理人员按 12 人配置；工程运行期，管理人员按 20 人配置。

（1）设备管理情况。

1）定期对主机泵、高低压电器设备、辅机系统、直流系统进行养护，加强油系统易损件维修更换，保持设备无灰尘、无渗油、无锈蚀、无破损现象；同时对防雷、接地装置定期进行检查、除锈、油漆并按照规定做接地电阻检测。

2）严格按照《电气设备预防性试验标准》委托江苏省骆运管理处维修养护中心，定期进行电气设备预防性试验、仪表校验工作，并按照周期开展特种设备检测和校验。

（2）建筑物管理情况。

1）定期组织人员对管理范围内建筑物各部位、设施和管理范围内的河道、堤防等按照周期进行检查，认真做好检查台账，在建筑物遭受暴雨、台风、地震和洪水时及时加强对建筑物进行检查和观测，记录观测损失情况，发现缺陷及时组织进行修复。

2）按照年度制订的"工程观测计划"，认真开展垂直位移、水平位移、引河河床变形、测压管水位、混凝土建筑物伸缩缝等观测工作。

（3）安全管理情况。

1）牢固树立"安全第一、预防为主、综合治理"思想，层层签订安全生产责任状，健全完善安全生产网络，加强安全生产教育、宣传工作。

2）加强安全设备管理。各种设备安全操作规程齐全，主要设备的操作规程上墙公示。在管理范围内的主要部位悬挂安全警示和警告标志标识牌，消防器材配备齐全、完好，防雷、接地设施可靠、完好。

3）定期对员工进行安全生产教育和培训，特种工作人员专门培训、持证上岗，并建立安全生产台账。

4）及时修订完善防汛预案，组建防汛组织机构、完善相关制度，成立机动抢险队伍、人员全部经业务培训，制定和落实防汛抢险预案；按要求配备抢险工具、器材等防汛物资。

5）加强夏季防雷、防溺水、冬季防火、防冰凌、节假日防盗、防范治安事件发生，确保安全生产形势良好可控，保证单位和谐稳定。

6）认真组织好安全生产月活动。制定好活动计划，大力发动宣传，组织员工参加水利部的网络安全答题，开展反事故演练、隐患排查、安全教育，及时进行总结。

3. 刘老涧二站工程　刘老涧二站工程采用委托管理模式，受江苏水源公司委托，江苏省骆运水利工程管理处成立江苏省南水北调刘老涧二站工程管理项目部，负责刘老涧二站工程运行管理。项目部组织设置和人员配备上，力求精练高效，管理人员均具有丰富的泵站管理经验，专业涵盖水工、机电、水文、泵站运行、闸门运行等各工种，在工程非运行期，管理人员按 16 人配置；工程运行期，管理人员按24人配置。

（1）加强业务培训，提高职工素质。积极组织员工参加有意义的文体、讲座等活动。组织开展第二十七届"世界水日"、第三十二届"中国水周"宣传活动，广泛宣传水法和节水知识，使水资源管理的观念深入人心。组织"学雷锋""关爱留守儿童"等志愿活动。参加安全生产知识网络竞赛等。

（2）严肃汛期值班纪律和交接班制度。加强在汛期的值班巡查力度，在恶劣天气增加巡查次数，严格监视上下游水位，要求值班人员必须24小时保持通信畅通，保证能够随时接到上级的调度指令，发现问题及时上报。

（3）加强信息报送工作。项目部按照定期组织对工程设施、设备的检查工作。按时上报防汛、安全检查报告等各类报表。

（4）加强档案管理水平。刘老涧二站工程已创建三星级档案室，并设置了专门的工程管理档案室，配备有工程档案管理人员，及时按照工程档案管理的要求，及时做好2019年度的资料整理归档，并按要求进行了装订、编号等。管理员定期对档案进行检查，防止档案遗失，认真做好档案借阅登记工作。

4. 睢宁二站工程 睢宁二站工程采用委托管理模式，受江苏水源公司委托，江苏省骆运水利工程管理处成立睢宁二站工程管理项目部，负责睢宁二站工程运行管理。项目部组织设置和人员配备上，力求精练高效，管理人员均具有丰富的泵站管理经验，在工程非运行期，管理人员按12人配置；工程运行期，管理人员按20人配置。

（1）设备管理。认真组织开展设备维修保养，及时消除设备安全隐患，不断提高管理水平。

1）加强日常保养工作，严格要求设备责任人对各自分管设备进行检查保养，确保设备无灰尘、无渗油、无锈蚀现象。

2）进一步修订完善相关制度和预案，并开展演练。

3）对机电设备开展定期检查，及时组织采购备品备件，更换维修易损件，确保睢宁二站设备始终处于良好工作状态。

（2）建筑物管理。对水工建筑物定期开展检查养护，保持建筑物完好整洁。认真做好建筑物的垂直位移、河床断面、各扬压力点、伸缩缝等观测工作，及时做好数据分析与资料整编工作。每月对建筑物各部位、设施和管理范围内的河道、堤防等至少检查1次，并做好检查记录，建筑物完好率达到85%以上。

（3）安全管理。睢宁二站项目部高度重视安全生产工作。

1）建立安全生产组织网络，明确职责，严格落实安全岗位责任制，并逐级签订安全责任状。

2）认真组织开展节假日安全生

产大检查、每月安全生产自查，发现隐患及时按规定处置。

3）积极参加安全培训，定期对职工进行安全教育，并在站区、厂房主要部位悬挂放置安全警示标语，确保职工始终保持高度安全意识。

4）认真做好值班值守工作，每天都有项目部负责人带班值班，并与地方派出所签订了合同，实行站区24小时保卫。

5）定期同时检查检验厂房内消防器具、自动报警装置，确保设施完好。

5. 皂河二站工程　皂河二站工程采用委托管理模式，受江苏水源公司委托，江苏省骆运水利工程管理处成立皂河二站工程管理项目部，负责皂河二站工程运行管理。项目部组织设置和人员配备上，力求精练高效，管理人员均具有丰富的泵站管理经验，在工程非运行期，管理人员按12人配置；工程运行期，管理人员按20人配置。

（1）设备管理。项目部制定设备台账，对所有设备建立设备管理卡、设立设备责任人，并在设备上张贴明示；结合江苏水源公司标准化建设，对现场所有图表、规章制度、操作规程等内容重新进行修订并制作上墙。按照工程特点，项目部定期对主辅机设备进行维护和调试工作，按时开展电气预防性试验等工作，切实保障工程安全运行。

（2）标准化建设。2019年，项目部以骆运管理处"精细化管理全面推进年"为契机，结合标准化建设的相关要求，编制了皂河二站工程工作清单、操作指导书和巡视指导书。制定了较为全面的年度培训计划，先后开展了技术实施细则、电力安全规程、电气设备操作、反事故预案、运行管理规程、安全知识、励磁装置技术等培训工作，全面提高职工的业务水平。由江苏水源公司统筹，按照统一标准制作更换了现场的标识标牌。

（3）日常管理。对主机泵、高低压开关柜、PLC柜、直流屏、励磁屏、供排水系统、闸门启闭机、起重设备、照明系统等设备进行维护保养；开展防雷检测、消防设备检测、安全用具检测、特种设备检测、蓄电池组校核试验、电气预防性试验等；每月开展1次柴油发电机组试运行、测试一次主机定转子绝缘、对主辅设备开展带电调试工作，并及时对运行或值班过程中发现的问题进行处理。

（4）岁修项目。2019年，江苏水源公司共计批复项目部岁修项目4项：1号机组大修、电缆整改项目、消防系统渗漏水处理、消防移柜处理。均已按时保质保量完成。

（5）建筑物管理。

1）认真做好建筑物的垂直位移、河床断面、测压管水位、混凝土建筑物伸缩缝、裂缝等观测工作，并对观测资料进行及时整理、分析、归档。定期组织人员对建筑物进行维护保养，每月开展1次经常性检查；每年开展1次建筑物水下检查；在极端天气状况下开展特别检查，2019年度在极寒、雷雨等极端天气和台风过境时共开展了7次特别检查。

2）加强日常巡查工作，每月按时开展经常性检查，巡查土建工程、机电设备、室内外警示牌等。夜间值班人员认真巡查站区内是否有外来人员、危险情况等。

3）加强水政执法力度，定期巡查站区内是否有钓鱼人员，并对他们进行现场教育。

（6）防汛度汛管理。认真组织开展汛前汛后检查工作，健全和完善防汛体系，加强主要领导带班制度和24小时值班制度的落实，积极开展防汛抢险演练和防汛相关的反事故演练。组织人员参加江苏省骆运管理处、江苏水源公司宿迁公司等多家单位联合举办的2019年防汛抢险联合演练，通过此次演练，项目部职工应对汛期各种险情的应急处置能力明显提高。

（7）安全管理。不断强化"主体责任"意识，完善安全生产组织网络，定期召开安全生产例会，组织安全培训，不定时地对工程重点部位开展安全检查工作，建立健全各种安全生产规章制度。对重大危险源、防汛物资、消防器材等均建立管理台账，定期检查巡视。在日常管理工作中，规范操作，严格执行"一单两票"制度，杜绝一切违章作业行为。做到安全生产思想到位，安全措施到位，责任落实到位，确保了各项安全生产目标的完成，实现连续8年安全生产零事故。

6. 邳州站工程　邳州站采用委托管理模式管理，2013年4月，江苏水源公司委托江苏省江都水利枢纽管理处承担邳州站工程运行管理工作。江都水利工程管理处成立了邳州站运行管理项目部具体负责邳州站的委托管理工作。管理内容主要有工程建筑物、设备及附属设施的管理、工程用地范围土地、水域及环境等水政管理、工程运行管理及工程档案管理等。管理人员多由技术骨干和经验丰富的老职工组成，在工程非运行期，管理人员按12人配置；工程运行期，管理人员按20人配置，管理专业涵盖水工、机电、水文、泵站运行、闸门运行等各工种，能够满足工程运行管理需要。

（1）设备管理和维修养护。

1）严格按照《南水北调泵站工程管理规程》要求，在结合现场实际情况的基础上，建立一套较为全面的规章制度，编制了《邳州站技术管理细则》《邳州站工程观测细则》《邳州站运行规程》《邳州站规章制度》《邳州站作业指导手册》《邳州站巡视指导书》等相关规章制度及防汛预案、反事故预案、水上安全应急救援处置方案、社会治安突发事件现场应急处置方案等。规章制度完善后，项目部将主要规章制度及图表上墙公示，并组织职工对防汛预案及反事故预案认真学习演练。

2）按照相关规定，对工程设施各部位，按照"谁检查、谁负责"的原则，组织技术骨干进行例行检查，做好日常机电设备维护保养和试运转工作，确保工程完好率。2019年度邳州站岁修、急办项目共15项，批复经费约203.28万元，已全部实施完成。经过维修养护项目实施，邳州站面貌有了一定改善，设备性能得到了提升。

（2）安全管理。

1）完善安全生产组织，健全安全生产各项规章制度。

2）组织编写泵站各项设备的操作规程及反事故应急预案，并开展学习和演练，确保所有运行、管理人员能够熟练操作设备并具备突发性事故的应急处理能力。

3）每月至少组织1次安全生产活动，学习有关安全文件，检查安全隐患，落实整改措施。每月至少组织1次消防检查。经常性地组织全站职工开展消防演练，使职工能够熟练使用消防器具，所有消防器具由专人管理，定期保养、检测。

4）严格做好安全保卫，加强巡视检查，禁止闲散人员、车辆进出，对来访人员、车辆严格核查证件，并做好记录。

5）加强安全教育。所有特种作业岗位（电工作业、起重作业、机动车辆驾驶等）都必须持证上岗；通过日常会议、简报、专栏、录像等多种形式对职工进行安全生产知识教育。

6）对各种特种设备（压力容器、行车等）、劳动保护工具（绝缘手套、绝缘棒、绝缘靴、安全带等）建档备案，经常检查、定期校验。

（3）建筑物管理。项目部加强建筑物巡视检查，发现问题及时整改，确保了工程完好。在垂直位移观测、上下游河床断面观测、建筑物水平位移观测、测压管水位观测等工程观测项目方面，2019年观测结果显示，垂直位移整体变化幅度较小，建筑物已沉降稳定；河床呈轻微淤积状态，无冲刷现象，由于淤积量不大，无需进行清淤处理；大部分测压管扬压力变化较为平稳，无明显趋势性变化，和上下游水位成正相关。综上，邳州站工程各项监测成果符合一般情况，测值均在正常范围内未见异常情况，工程整体变化趋势平稳，建筑物安全稳定。 （王晓森 乙安鹏 李海宁）

【运行调度】

1. 泗洪站工程 2019年，泗洪站认真执行调度指令，严格遵守各项规章制度和安全操作规程，做好各项运行记录，及时、准确排除设备故障，保证调水运行工作安全高效进行。

泗洪站泗洪船闸工程全年安全运行，特别是在泵站工程调水运行期间，由于上下游水位差较大，为安全调度，采取了分段开启船闸闸门，有效地减少了大水流对船舶的冲击。

徐洪河节制闸工程严格执行调度指令16次。当地汛期降雨主要集中在8月，受第9号台风"利奇马"影响，徐州和宿迁地区降雨达到降雨量峰值，上游来水较多，节制闸较好地执行了泄洪排涝任务。

2. 泗阳站工程　严格执行调度指令、规范调度流程，及时反馈指令执行情况，并做好水情、工情、运行管理出现问题及处理相关情况、信息的上报工作。认真执行"两票三制"和对照开停机操作流程按章操作，确保机组按时投入运行；在确保工程安全运行前提下，按照调度指令及时调整叶片角度并进行水草打捞和清运工作，加强上下游河道的巡查和排查工作，发现隐患及时排除，尽可能使工程高效运行。

3. 刘老涧二站工程　2019年，刘老涧二站严格执行调度指令，积极投入江苏省内抗旱运行，圆满完成抗旱运行任务。

运行期间，刘老涧二站严格执行"两票三制"，每班提前30分钟交接班，每两小时巡视检查一次，认真记录上下游水位、瞬时流量及机组振动情况，及时调节机组叶片角度，认真填报运行值班记录表及设备缺陷维修登记表，确保运行值班安全。开停机严格执行操作票制度，确保设备操作安全。根据主辅机运行情况及现场实际需要，及时调节并轮换机组。

在水草杂物打捞及处理方面，刘老涧二站在运行前对清污机、皮带输送机等进行了检查保养，确保清污捞草安全。抗旱运行期间，刘老涧二站

根据水草量情况及时调整捞草人员数量，平均每天4~5人，柴油自卸三轮车1~3辆，并根据水草堆积情况及时使用挖掘机进行平整作业。2019年度抗旱运行累计捞草约8万t，有效保证了清污捞草工作有序、安全进行。

4. 睢宁二站工程　2019年，睢宁二站圆满完成了2018—2019年度第一阶段和第二阶段调水任务，并启动2019—2020年度调水工作，工程运行安全可靠。

在运行中，项目部高度重视，精心组织，提早准备。成立了以项目经理为组长，项目副经理、技术负责人为副组长，各部门负责人分工协作的工作领导小组，下设运行班组（运行组、检修组）、机电抢修抢险组、水工抢险组、技术资料组、后勤保障组等，并根据要求明确了电力调度、运行调度和信息报送人员。组建了5个运行班组和1个检修班组，每个班配备3名职工，所有人员均挂牌上岗。运行期间实行总值班24小时带班制度，总值班由项目经理、副经理和技术负责人担任。严格遵守各项规章制度和安全操作规程，运行过程中及时准确排除设备故障，通过调整设备运行参数，在满足调度指令的情况下优化运行工况，使工程高效运行。按照调度指令，及时调整叶片角度，及时启动清污机打捞水草、杂物，保障机组高效运行。

5. 皂河二站工程　2019年，皂河二站未执行调水运行及抗旱运行任

务，项目部按时开展辅机调试及主辅机联合试运行工作，检查设备运行工况，并做好相关记录，确保泵站能够随时投入运行。

6. 邳州站工程 2019 年，邳州站严格执行调度指令，圆满完成了2018—2019 年度调水任务，启动执行2019—2020 年度第一阶段向山东调水运行任务。运行期间，组织建立健全各类规程的实施细则、反事故预案等，开展演练，锻炼运行人员应急处置能力。实行 24 小时运行值班制度，确保突发情况得到及时处理。同时，对机电设备的温度、压力、湿度等状况实行全方位的监控，并做好记录报送。强化技术力量投入，邀请相关专家对现场运行工作进行监督指导。运行过程中又先后邀请泵站技术公司、自动化维保单位等进行技术支持，确保机组完好。（王晓森 乙安鹏 李海宁）

【工程效益】

1. 泗洪站工程 2019 年泗洪站圆满完成年度调水运行工作，累计运行 105 天，9827 台时，调水 8.6 亿 m³；抗旱运行 37 天，2168 台时，调水 1.96 亿 m³；江苏省外调水和省内抗旱合计调水 10.56 亿 m³，调水量为历年最多，工程效益和社会效益日趋显著。船闸工程累计船舶通行 117.78 万 t，收费 77.4 万元。

2. 泗阳站工程 泗阳站 2019 年度未执行南水北调运行任务。

泗阳站自 2019 年 4 月 18 日 10 时

30 分执行江水北调抽水任务，至2019 年 12 月 31 日 14 时全部停机，年度累计抽水运行 202 天，机组运行 10469 台时，抽水 10.97 亿 m³，发电运行 7 天，泄水 0.62 亿 m³，上网电量 25 万 kW·h/d，机组运行 8187.73 台时，抽水 8.78 亿 m³。泗阳站工程为抗击淮北地区罕见 60 年一遇的气象干旱，应对沂沭泗流域特大洪水，保障南水北调东线供水区、宿迁徐州地区水资源安全，中运河航运及沂沭泗地区安全泄洪发挥了重要功用。

3. 刘老涧二站工程 刘老涧二站工程 2019 年度抗旱运行累计 70 天，安全运行 2871 台时，累计抽水 2.8 亿 m³，在抗击苏北旱情中充分发挥了工程效益。

4. 睢宁二站工程 睢宁二站严格执行调度指令，参与 2018—2019 年度第一阶段和第二阶段调水，安全运行 106 天，并于 12 月 11 日开始进行2019—2020 年度调水工作。2019 年全年，睢宁二站工程累计运行 7776 台时，抽水约 5.04 亿 m³，有力地保证了南水北调水质、水量要求，充分发挥了工程效益。

5. 皂河二站工程 2019 年全年皂河二站未执行调水运行及抗旱运行任务，邳洪河北闸根据上级调度，累计开关闸 27 次，开闸运行 218 天，在抗旱翻水、汛期排涝工作中充分发挥了工程效益。

6. 邳州站工程 2019 年全年，邳州站累计运行 119 天，运行 8398 台时，累计抽水总量达 10.8 亿 m³，充分发挥了工程效益和社会效益。

（王晓森　乙安鹏　李海宁）

【环境保护与水土保持】　2019 年东线一期工程洪泽湖—骆马湖段工程绿化养护工作委托江苏水源公司下属子公司绿化公司负责，绿化公司按照年度养护工作计划，及时开展浇水、治虫、修剪、除草等工作，并对未成活的树苗进行增补，使其水土保持功能不断增强，发挥长期、稳定、有效的保持水土和改善生态环境的功能。各管理所加强日常管理，切实做好管理区卫生保洁工作，并定期检查管理区环境保护和水土保持情况，决取缔沿线排污口和违章建筑，杜绝环境污染和水土流失情况发生。

（王晓森　乙安鹏　李海宁）

【验收工作】　2019 年 6 月 26 日，皂河二站工程通过了江苏省南水北调办公室组织的完工验收。

2019 年 9 月 27 日，南水北调东线一期泗洪站枢纽设计单元工程档案通过验收。　　　（乙安鹏）

【洪泽湖抬高蓄水影响处理工程安徽省境内工程】

1. 工程概况　南水北调东线一期洪泽湖抬高蓄水位影响处理安徽省境内工程，涉及蚌埠市五河县、滁州市凤阳县和明光市、宿州市泗县共 3 市 4 县。建设内容主要包括：新建、拆除重建及技改 52 座排涝（灌）站，

总装机容量为 29963kW，疏浚开挖张家沟等 16 条河道大沟，批复总投资为 3.75 亿元。安徽省南水北调东线一期洪泽湖抬高蓄水位影响处理工程建设管理办公室（以下简称"安徽省南水北调项目办"）为项目法人，安徽省水利水电基本建设管理局、蚌埠市治淮重点工程建设管理局、滁州市治淮重点工程建设管理局、宿州市南水北调工程建设管理处等 4 家建设管理单位具体实施五河泵站及各市境内的泵站及河沟疏浚工程。

2. 工程进展　该工程批复的建设任务已于 2016 年年底全部完成。受原国务院南水北调工程建设委员会办公室委托，安徽省水利厅于 2018 年 5 月 25 日在合肥市组织召开了南水北调东线一期洪泽湖抬高蓄水位影响处理工程（安徽省境内）完工验收会议，验收委员会同意通过完工验收。

2018 年 6 月 24 日，安徽省水利厅正式印发完工验收鉴定书。

截至 2018 年 12 月，安徽省南水北调工程已全部移交给运行管理单位。

3. 工程运行情况　南水北调东线一期洪泽湖抬高蓄水位影响处理工程安徽省境内工程泵站多为排涝泵站或排灌结合泵站，其所属变压器、配电设备、电缆及水泵机组、辅机等在启动、运行、停机过程中工作正常，电压、电流值变化在规范规定的允许范围内，水工建筑物结构稳定。泵站排涝能力和减灾效果明显，排涝、防洪

安全作用发挥充分。

以五河县境内工程 21 座泵站为例，2013—2019 年连续 7 年排涝运行，各站累计平均运行 240 台时左右，其中，许沟站、新集站、蔡家湖站、杨庵站、龙东站、龙西站 2017 年累计运行达到 1200 台时左右，在2013 年、2018 年受大水和台风影响的排涝抗灾中得到检验，取得满意成果。2011 年 6 月 30 日至 2019 年 10 月 31 日，五河县境内总开机 76920 台时，总排涝水量为 40495 万 m³，均能及时排除城市和农田涝水，为保障当地经济社会可持续发展发挥巨大作用。 （章佳）

骆马湖—南四湖段
（江苏境内工程）

【工程概况】 骆马湖—南四湖段设计输水规模为 250～200 m³/s。输水线路跨江苏、山东两省，属沂沭泗流域，现有中运河、韩庄运河和不牢河等主要河道。骆马湖—南四湖段（江苏境内工程）采用不牢河和顺堤河输水，实现从骆马湖（中运河）抽引125 m³/s 供不牢河沿线用水并调入南四湖下级湖 75 m³/s 的规划目标。主要包括刘山站、解台站、蔺家坝站三座泵站及骆马湖水资源控制工程，三座泵站分别为南水北调东线一期工程的第七、第八、第九梯级泵站。

1. 刘山站工程 刘山站工程为南水北调东线工程的第七级泵站，位于

江苏省邳州市宿羊山镇境内。工程为Ⅰ 等大（2）型工程，主体工程为 1级建筑物。泵站设计洪水标准为 100年一遇，校核洪水标准为 300 年一遇。工程于 2005 年 3 月开工建设，2008 年 10 月基本完成。刘山站设计流量为 125 m³/s。设计单台流量为31.5 m³/s，设计扬程为 5.73m，配同步电机功率为 2800kW，总装机容量为 14000kW。主体工程包括泵站（机组 5 台套，含备机 1 台）、节制闸、相关配电设施和管理设施等工程。

其主要任务是实现不牢河段从骆马湖向南四湖调水 75 m³/s 的目标，向山东省提供城市生活、工业用水，同时改善徐州市的用水和不牢河段的航运条件。工程总投资为 2.80 亿元。

2. 解台站工程 解台站工程为南水北调东线工程的第八级泵站，位于江苏省徐州市贾汪区境内的不牢河输水线上。工程为Ⅰ 等工程，主体工程为 1 级建筑物。泵站设计洪水标准为100 年一遇、校核洪水标准为 300 年一遇。工程于 2004 年 10 月开工建设，2008 年 8 月泵站机组试运行。解台站设计流量 125 m³/s，设计扬程 5.83m，水泵机型为 5 台立式轴流泵（含 1 台备用）。单机流量为 31.5 m³/s，总装机容量为 14000kW。工程主要建设内容为泵站、节制闸工程等。

解台站主要功能是实现不牢河线从骆马湖向南四湖调水 75 m³/s 的目标，向山东省供城市生活、工业用水，改善徐州市的用水和不牢河的航

运条件。工程总投资为2.17亿元。

3. 蔺家坝站工程 蔺家坝站工程位于徐州市铜山县境内，是南水北调东线工程的第九梯级抽水泵站，也是送水出省的最后一级抽水泵站。工程为Ⅰ等工程，主体工程为1级建筑物。泵站设计洪水标准为100年一遇、校核洪水标准为300年一遇。工程于2006年1月开工建设，2009年11月完工。蔺家坝站设计流量为75m³/s，设计扬程为2.4m，水泵机型为4台后置灯泡式贯流泵（其中1台备用），单机设计流量为25m³/s，总装机容量为5000kW。主要工程内容有主泵房、副厂房、安装间，进出水池、进出水渠和清污机桥等。

其主要任务是通过不牢河线从骆马湖向南四湖实现调水75m³/s的目标，改善湖西排涝条件。工程总投资为2.46亿元。 （王晓森 李海宁）

【工程管理】 刘山、解台、蔺家坝三座泵站工程均已完成完工验收。刘山泵站由江苏水源公司委托徐州市水利局管理，解台泵站由江苏水源公司直管，蔺家坝泵站由江苏水源公司直管。

1. 刘山站工程 南水北调刘山站采用委托管理模式。2019年，徐州市润捷水利管理服务公司和江苏水源公司签订了委托管理合同，抽调骨干力量加入到刘山站工程管理项目部，加强南水北调刘山站的工程管理工作。管理范围主要包括刘山泵站、刘山节制闸及相应工程用地范围及相关配套设施，管理内容主要有工程建（构）筑物、设备及附属设施的管理，工程用地范围土地、水域及环境等水政管理，工程运行管理及工程档案管理等。运行期职工28人，非运行期职工23人。

（1）设备管理和维修养护。项目部认真开展设备维修保养，及时消除质量缺陷及安全隐患，不断提高管理水平；每台设备责任到人，每天检查主机组外观，发现不清洁的立即处理，确保机组设备整洁卫生；完成电气预防性试验、自动化维修、GPS时钟改造、反恐暗访问题整改等岁修项目；例行开展机电设备定期检查、经常性检查、日常检查、辅机试运转、发电机试运行、机组模拟联合调试等；对所有机电设备定期清洁保养、端子紧固、补贴示温片。使刘山站设备始终处于良好工作状态。

（2）安全管理。项目部高度重视安全生产管理，每天进行安全巡视，每周进行安全检查；汛前、汛后开展定期检查，节假日和重要活动前开展安全大检查等；安全生产规章制度健全，安全生产网络健全，分工明确，层层落实责任制；经常开展安全生产活动，定期对职工进行安全教育。确保安全生产形势良好。

（3）建筑物管理。项目部对水工建筑物定期开展检查养护，定期对厂房及各开关室进行清洁保养，每月及节假日前后对建筑物例行大检查，确保建筑物完好整洁；认真开展建筑物伸缩缝、测压管、垂直位移观测、河床断面观测等工程观测工作，并做好观测资料的分析及整编工作。2019年，刘山站泵站工程和节制闸工程水工建筑物完好。

2. 解台站工程　南水北调解台站工程由江苏水源公司徐州公司直接管理，成立解台站管理所作为现场管理机构，管理范围主要包括泵站、清污机桥、启闭机桥及相应水利工程用地范围及相关配套设施，管理内容主要有工程建筑物、设备及附属设施的管理、工程用地范围土地、水域及环境等工程运行管理及工程档案管理等。

（1）设备管理和维修养护。管理所对工程所有设备进行了细致划分，明确责任人开展设备管理养护。在日常工作中严格按标准化要求执行，按时开展设备日常检查和养护，按时开展联调联试，发现问题及时处理，确保设备时刻处于良好的工作状态。同时，为规范员工巡视作业行为，管理所在重要巡视场所设置了巡更点，保证巡视工作不走过场，落到实处。扎实推进"补短板"工作，以岁修养护项目为抓手，周密安排养护计划，逐步改善工程形象。根据工程需要和设备情况，对损坏设施及时进行维修，2019年度解台站岁修、工程养护、急办等项目共15项，批复经费约236万元，已全部实施完成。

（2）安全管理。认真落实"安全第一、预防为主、综合治理"的方针，坚持"谁主管，谁负责"的原则，坚持生产管理要服从安全需要的原则，切实做好管理所安全生产工作。

1）全员签订《安全生产责任状》，把安全生产责任层层分解、逐一落实、量化管理。

2）加强安全生产检查。严格按照安全生产活动计划开展安全检查，重点加强重大节假日前的安全检查，通过检查发现隐患并及时加以整改，同时严格执行领导带班制度，随时做好应对各种突发事件的准备。

3）认真开展安全月活动。制定安全生产月活动方案，开展安全大检查、观看安全警示片、安全演练、"提一条安全建议""安全进社区"等活动。通过活动的开展，在全所上下营造了浓厚的安全氛围。

（3）建筑物管理。严格按照规范要求做好建筑物管理工作。

1）做好工程观测工作。做好垂直位移、引河河床断面测量、建筑物伸缩缝和测压管水位观测工作，同时做好观测资料的收集整理。从观测成果分析，建筑物状况良好。

2）做好建筑物、堤防巡查工作。除了定期和经常性检查以外，坚持每周对工程建筑物、堤防等巡查一次，发现问题及时处理；同时要求保卫和值班人员每天对管理区域进行经常性巡查，及时劝阻无关人员进入站区，劝离违章捕鱼作业人员。

3）扎实做好汛前汛后检查工作。按照"严、高、细、实、全"的要求认真开展汛前汛后检查，邀请有资质的单位对解台水下建筑物进行了细致摸查，确保建筑物完好，安全度汛。

3. 蔺家坝站工程 2008年11月初成立江苏省南水北调蔺家坝站工程管理项目部，由江苏省骆运水利工程管理处代为管理；2019年3月19日江苏水源公司徐州公司接管蔺家坝泵站工程，项目部现有工作人员10人，设有项目经理1人，下辖工程科、运行科、综合科三个部门，分别负责工程管理、运行调度、综合保障三个方面的工作，日常管理有序。

（1）设备管理和维修养护。定期组织对工程设施、设备进行检查。项目部注重对各种设备经常性检查、清理、养护，对主机泵、励磁设备、启闭机、闸门、供水系统、气系统等主辅机设备和计算机监控系统进行检查、维护，及时更换常规易损件，确保设备处于完好状态；在日常管理工作中，要求当班人员每天对设备、设施、建筑物等进行巡查，并认真做好记录，发现问题及时处理，不能处理的及时向上级部门反映，并积极联系施工单位和设备厂家进行处理；2019年度蔺家坝站岁修、急办项目共16项，主要包括：液压启闭机维护、标准化大门改造、建筑物渗漏水处理增项等，批复经费约139万元，已全部实施完成。经过维修养护项目的实施，蔺家坝站面貌有了一定改善，设备性能得到了提高。

（2）安全管理。项目部高度重视安全生产工作，始终坚持"安全第一，预防为主"的指导方针，将安全生产作为工程管理工作的头等大事来抓。建立安全组织网络，层层落实安全责任制。根据工作实际，制定了蔺家坝泵站安全管理制度、安全用具管理制度、危险品管理制度等一系列安全管理制度，将安全生产任务层层分解，做到人人参与安全管理、人人负责安全生产。加强安全生产教育和培训。加强职工安全生产教育，提高职工的业务素质，强化职工的安全意识和防范事故能力。积极组织人员认真学习各种规程，对管理人员和作业人员进行安全生产培训。加强值班保卫，促进管理安全。积极与地方派出所沟通协调，设置了蔺家坝站警务室，对外聘请保安，规定蔺家坝泵站管理区大门实行24小时值班保卫。厂房内每天安排值班人员，定时进行巡视，促进管理安全。在各消防关键部位配备了消防器材并定期检查，对防雷、接地设施进行定期检测，确保完好。进一步落实安全生产规章制度，加强工程的规范化管理，项目部狠抓"两票三制"执行，规范了工作票、操作票的使用，坚决禁止和杜绝随意口头命令的发生。积极开展安全生产月活动，悬挂宣传横幅、张贴宣传图片等措施加强安全生产活动宣传；举行消防演练、泵站开停机操作演练、反事故演练等，加强职工操作规范性和熟练度。为机组安全运行夯实基础。

（3）建筑物管理。项目部针对泵站外围工程制定了日常巡视检查项目，主要有泵站上下游河道、泵站上下游护坡、上下游堤防、上下游水文亭、上下游翼墙等。每天进行巡视检查，发现问题及时解决，定期巡视护坡和堤防有无裂缝、冲沟、洞穴，无杂物垃圾堆放等。检查混凝土结构的表面整洁，有无脱壳、剥落、露筋、裂缝等现象，伸缩缝填料有无流失等，确保工程完好；对管辖工程设施，项目部每月巡查一次，汛期、恶劣天气期间加大巡查力度，实行每日巡查。主要巡查内容包括上下游河道、护坡、进出水池、翼墙、金属护栏、工作桥、泵站主厂房、办公楼及生活区等，对建筑物沉降、伸缩缝渗漏、厂房及房屋的墙壁开裂、主厂房墙壁渗水、空箱流道渗水、玻璃门窗破损等问题及时进行处理，编制巡查报表并及时上报。（王晓森 李海宁）

【运行调度】 骆马湖—南四湖段工程由韩庄运河线和不牢河线双线输水工程组成。韩庄运河线江苏境内无泵站工程，不牢河线江苏境内包括刘山、解台和蔺家坝3级泵站。根据水利部印发的东线一期工程水量调度方案，结合沿线工情、水情，2019年度，骆马湖—南四湖通过韩庄运河线向山东输水，未启用不牢河线，故此段江苏境内泵站工程未启用。

2019年5月10日，2018—2019年度江苏境内泵站调水工作结束，邳州站停止向骆马湖补水。5月28日，2018—2019年度省际调水工作结束，台儿庄泵站停止抽水，骆马湖不再调水入山东。骆马湖、中运河、骆马湖水资源控制等工程均参与调度运行，骆马湖—南四湖段在江苏段境内的泵站工程未启用。

2019年全年，邳州站累计向骆马湖补水10.08亿 m^3，其中1月1日至5月10日（2018—2019调水年度）累计补水8.52亿 m^3，12月12—31日（2019—2020调水年度）累计补水1.57亿 m^3。2019年累计出骆马湖水量（台儿庄泵站）9.5亿 m^3，其中1月1日至5月28日（2018—2019调水年度）累计出湖8.12亿 m^3，12月12—31日（2019—2020调水年度）累计出湖1.39亿 m^3。

2019年江苏苏北地区遭遇60年一遇大旱，淮河沂沭泗上游来水接近断流，苏北地区主要湖库接近死水位。2019年7月16日，江苏省于发布年度首个抗旱Ⅳ级响应。江苏开启不牢河线刘山站和解台站，以及宝应站、金湖站、洪泽站、泗洪站、淮安四站、淮阴三站等共计8座泵站参与苏北地区的抗旱调水运行，有效缓解苏北旱情，发挥了显著的工程和社会效益。 （邵文伟）

1. 刘山站工程 2019年，刘山站未参与南水北调年度调水运行。3月7日，刘山站投入省内抗旱运行，

7月27日停机，圆满完成运行任务。在运行过程中，项目部及时抽调运行经验丰富的技术干部和职工，负责刘山站的开机运行工作，同时聘请有关技术专家对刘山站进行指导，为工程运行提供了可靠的技术保障。严格遵守各项规章制度和安全操作规程，及时做好各项运行记录；及时准确排除设备故障，及时调整叶片角度，开启清污机打捞水草、杂物，并在满足调度指令的要求下，通过调整设备运行参数优化运行工况，提高工程运行效率；加强对自动化和视频监控系统的检查维护，确保工程运行安全可靠。

2. 解台站工程　2019年，解台站未参与向江苏省外调水运行。6月，根据江苏水源公司调度指令，参与省内抗旱调水运行。为做好运行管理，确保完成运行任务。

（1）严抓设备管理。始终把设备管理放在工作首位，按时开展设备养护，让设备始终处于良好的状态，保证能随时投入运行。

（2）严格执行调度指令。在接到预开机指令后，及时开展线路巡查，落实用电负荷，指令执行后及时反馈信息；节制闸运行严格执行徐州市防办调度指令，在接到开闸指令后迅速执行并及时反馈。

（3）严格执行运行纪律。运行班成员严格按照《南水北调泵站管理规程》要求开展巡视，特殊情况加大巡视频次，发现问题及时查明原因并进行处理，同时做好记录和汇报。

3. 蔺家坝站工程　2019年全年未接到调水指令，每月按照要求进行机组试运行。　（王晓森　李海宁）

【工程效益】

1. 刘山站工程　2019年，江苏省苏北地区遭遇60年一遇持续大旱，刘山站积极投入省内抗旱运行，累计运行127天，运行台时3700小时，累计抽水4.27亿 m^3。汛期，刘山节制闸共开闸调整50余次，下泄洪水1.3亿 m^3。充分发挥了工程效益。

2. 解台站工程　2019年6月，根据公司调度指令，解台站积极参与江苏省内抗旱调水运行，2019年度累计运行28天，运行台时662小时，调水6946.8万 m^3。节制闸工程方面，2019年累计开关闸18次，泄洪0.563亿 m^3，工程效益和社会效益得到充分发挥。

3. 蔺家坝站工程　2019年蔺家坝泵站总体机组保养良好，自动化系统运行正常，各类数据报表显示正常，能够正确反映机组及辅机设备的运行参数；保护装置定值设置正确，各跳闸参数和回路正常，能够有效保证机组随时投入运行、发挥效益。

（王晓森　李海宁）

【环境保护与水土保持】　2019年东线一期工程骆马湖—南四湖段江苏境内工程绿化养护工作委托江苏水源公司下属子公司绿化公司负责，绿化公司按照年度养护工作计划，及时开展浇水、治虫、修剪、除草等工作，并对未成活的树苗进行增补，使其水土保持功能不断增强，发挥长期、稳定、有效的保持水土、改善生态环境的功能。各管理所加强日常管理，切实做好管理区卫生保洁工作，并定期检查管理区环境保护和水土保持情况，坚决取缔沿线排污口和违章建筑，杜绝环境污染和水土流失情况发生。 （王晓森 李海宁）

【验收工作】 2019年5月29日，南水北调蔺家坝泵站工程通过水利部组织的完工验收。 （李海宁）

骆马湖—南四湖段
（山东境内工程）

【工程概况】 骆马湖—南四湖段设计输水规模为250～200m³/s。输水线路跨江苏、山东两省，属沂沭泗流域，现有中运河、韩庄运河和不牢河等主要河道。骆马湖—南四湖段（山东境内工程）采用韩庄运河输水，实现调水入南四湖下级湖125m³/s的规划目标。主要包括台儿庄站、万年闸站、韩庄站3座泵站，及韩庄运河段水资源控制工程。台儿庄站、万年闸站、韩庄站3座泵站为南水北调东线一期工程的第七、第八、第九梯级泵站，也是山东境内的第一、第二、第三梯级泵站。

韩庄运河段工程位于山东省南部，是连接骆马湖与南四湖的省际输水关键工程，是南水北调东线第一期工程的重要组成部分。韩庄运河段工程包括台儿庄、万年闸和韩庄3座泵站工程，以及魏家沟胜利渠节制闸、三支沟橡胶坝、峄城大沙河大泛口节制闸等水资源控制工程。泵站均为5台（套）机组（4用1备）、设计流量为125m³/s，3座泵站总装机容量为3.5万kW、总扬程为14.17m，工程总投资为7.6亿元。

1. 台儿庄泵站工程 台儿庄泵站是南水北调东线一期工程的第七级泵站，也是进入山东省境内的第一级泵站，位于山东省枣庄市台儿庄区境内。台儿庄泵站工程为Ⅰ等工程，一期设计调水流量为125m³/s，设计水位站上为25.09m（1985国家高程基准，下同），站下为20.56m，设计扬程为4.53m，平均扬程为3.73m，主泵房内安装ZL31-5型立式轴流泵5台（其中1台备用，单泵设计流量为31.25 m³/s），叶轮直径为2950mm，配额定功率为2400kW的同步电机5台，总装机容量为1.2万kW。其主要任务是抽引骆马湖来水通过韩庄运河向北输送，以满足南水北调东线工程向北调水的任务，实现梯级调水目标。此外，兼有台儿庄城区排涝和改善韩庄运河航运条件的作用。

台儿庄泵站工程由项目法人南水北调东线山东干线有限责任公司（以下简称"山东干线公司"）委托淮委治淮工程建设管理局（以下简称"淮委建管局"）负责工程招标、建设、验收全过程，山东干线公司负责迁占协调、资金拨付等工作。工程于2005

年 12 月 12 日开工建设，2009 年 11 月 24 日通过机组试运行验收，2010 年 7 月 27 日由淮委建管局移交项目法人进入待运行管理阶段，2013 年 11 月 15 日南水北调东线一期工程正式通水运行，台儿庄泵站工程进入运行管理阶段。

2. 韩庄运河段水资源控制工程
韩庄运河段水资源控制工程由峄城大沙河大泛口节制闸、三支沟橡胶坝、魏家沟橡胶坝等建筑物组成。大泛口节制闸位于峄城大沙河 0＋500 处，拦蓄水量为 86.4 万 m^3；设计流量为 500m^3/s，主要由闸室段、上下游连接段、管理房等组成。三支沟橡胶坝位于万年闸上游运河左岸支流三支沟上，魏家沟橡胶坝位于运河左岸支流魏家沟上。为防止调水期间水流向支流倒漾，造成水资源流失，故修建三支沟、魏家沟橡胶坝作为水资源控制工程。三支沟橡胶坝：坝袋长 28m，设计挡水位 29.45m，最高挡水位为 29.60m；5 年一遇除涝流量为 57m^3/s，相应支流水位为 32.68m；20 年一遇排洪流量为 470m^3/s，相应支流水位为 30.34m。魏家沟橡胶坝：坝袋长 20m，设计挡水位为 29.45m，最高挡水位为 29.60m；5 年一遇除涝流量为 29.8m^3/s，相应支流水位为 32.95m（支流 5 年一遇水位受韩庄运河洪水位顶托）；20 年一遇排洪流量为 204m^3/s，相应支流水位为 30.94m。

2017 年 1 月 10 日，原国务院南

水北调办公室下发了《关于南水北调东线一期工程韩庄运河段水资源控制工程魏家沟橡胶坝工程迁建设计变更报告的批复》意见，同意利用已有的魏家沟胜利渠节制闸与魏家沟橡胶坝置换，置换后挡水位置上移 2.178km，水资源控制功能未变。

魏家沟胜利渠节制闸坝袋长 20m，设计挡水位为 29.45m，最高挡水位 29.60m；5 年一遇除涝流量为 29.8m^3/s，相应支流水位为 32.95m（支流 5 年一遇水位受韩庄运河洪水位顶托）；20 年一遇排洪流量为 204m^3/s，相应支流水位为 30.94m。

3. 万年闸泵站工程 万年闸泵站枢纽位于韩庄运河中段，是南水北调东线工程的第八级抽水梯级泵站，山东境内的第二级泵站。位于山东省枣庄市峄城区境内。该泵站枢纽为大（1）型泵站，工程等别为Ⅰ等，主要包括主泵房、进、出水池、引水闸、出口防洪闸等建筑物。东距台儿庄泵站枢纽 14km，西距韩庄泵站枢纽 16km。站上及站下分别开挖引水渠和出水渠接韩庄运河主槽，输水条件良好。其主要任务是从韩庄运河万年闸节制闸闸后提水至闸前，通过韩庄运河向北输送，以实现南水北调东线工程向北调水的目的，结合排涝并改善运河的航运条件。万年闸泵站工程设计输水流量为 125m^3/s，设计水位站上为 29.74m、站下为 24.25m，设计扬程为 5.49m。主厂房内安装 3150ZLQ-5.5 立式全调节轴流泵，叶轮直径为

3150mm，转速为 125r/min，扬程（含装置）为 5.5m，单机流量为 31.50 m³/s。配套电动机为 TL2800 – 48/3400 立式同步电机，额定电压为 10kV，额定功率为 2800kW。泵站共设 5 台（套）水泵机组，4 用 1 备，总装机容量为 14000kW。

4. 韩庄泵站工程 韩庄泵站工程为南水北调东线一期工程第九级梯级泵站，山东省境内的第三级泵站，位于山东省枣庄市峄城区古邵镇八里沟村西，泵站建设规模为大（1）型泵站，工程等别为 I 等，主要建筑物包括主副厂房、引水闸、进出水池、进出水渠、交通桥等。泵站设计流量为 125m³/s，设计净扬程为 4.15m，泵站主要任务是抽引韩庄运河万年闸泵站站上来水至韩庄老运河入南四湖下级湖，实现梯级泵站调水目标，兼顾运河段防洪、排涝和度汛专用交通需要，辅以改善水上航运条件。泵站安装 5 台灯泡式贯流泵（4 用 1 备），单机设计流量为 31.25m³/s，配套电机功率为 1800kW，总装机容量为 9000kW。

2007 年 4 月 16 日，原国务院南水北调办以《关于同意南水北调东线一期工程韩庄泵站工程开工的批复》批准韩庄泵站工程开工；2008 年 9 月 1 日，韩庄泵站主体工程正式开工；2010 年 10 月，土建工程完工；2011 年 11 月，5 套水泵机组安装调试完毕，2011 年 12 月 17—19 日，完成泵站机组试运行验收；2017 年 2 月 23 日，韩庄泵站通过设计单元完工验收。

5. 韩庄运河段水资源控制工程 韩庄运河段水资源控制工程包括峄城大沙河节制闸、三支沟、魏家沟 3 座橡胶坝工程，其主要作用是防止韩庄运河输水时水流倒漾于各支流造成水资源浪费和流失。　　　（邵铭阳）

【工程管理】 台儿庄、万年闸、韩庄 3 座泵站和韩庄运河段水资源控制工程均已完成完工验收。台儿庄泵站工程由山东干线公司枣庄管理局台儿庄泵站管理处管理，万年闸泵站工程由山东干线公司枣庄管理局万年闸泵站管理处管理，韩庄泵站工程由山东干线公司枣庄管理局韩庄泵站管理处管理，韩庄运河段水资源控制工程由山东干线公司枣庄管理局台儿庄泵站管理处管理，并负责大泛口节制闸管理。

1. 台儿庄泵站工程

（1）管理机构基本情况。台儿庄泵站管理机构为南水北调东线山东干线枣庄管理局台儿庄泵站管理处（以下简称"台儿庄泵站管理处"），受南水北调东线山东干线枣庄管理局（以下简称"枣庄局"）领导，内设综合科、工程科和运行科。配备各类人员 22 人，其中，主任 1 人，副主任 1 人，科室负责人 3 人，一级运行人员 1 人，分别负责综合管理、工程管理及运行管理等工作。

台儿庄泵站管理处管理范围包括站区和管理区两部分。站区东起进水渠进口，西至出水渠出口，南至建筑物南侧外边线以南 10m，北至韩庄运河北堤顶。东西方向总长约 1800m，南北方向总宽 160m。管理区设在泵站东、韩庄运河北堤外侧的弃渣场处，距站区约 2.5km，与站区之间通过韩庄运河北堤连接。管理范围包括办公楼、职工宿舍、餐厅、机修车间、仓库、围墙等管理设施以及弃土区水土保持项目等。

（2）工程维护检修。台儿庄泵站管理处对 2019 年的维修养护项目进行了详细分解，合理安排时间节点，保质保量地完成维修养护任务。截至 2019 年 12 月底，已完成项目 43 项，主要包括渠道卫生清理、大泛口桥头堡楼梯栏杆更换、大泛口桥头堡三楼铝合金门更换、排涝涵闸外墙喷涂真石漆、排涝涵闸内墙粉刷、进水池混凝土台阶面处理、电缆层地面、液压站平台及走道地面铺设瓷砖、电缆层、液压站通道内墙粉刷、站区建筑物内墙零星涂白、安装间房顶渗水维修、安装间玻璃缝隙密封、管理区机修车间内墙涂白、鹅卵石路面松动处理、主副厂房幕墙玻璃更换、冷水机组保温房钢化玻璃更换、机修车间玻璃更换、泵站锁具更换、主厂房、安装间平台栏杆更换、副厂房不锈钢栏杆维修、检修闸增设不锈钢栏杆、站区大理石栏杆修复、主副厂房落水管维修更换、进出水渠道警示标牌防腐、副厂房消防水箱维修维护、高位油箱防晒设施、进出水池水尺更换、

泵站照明系统维修、河床断面桩增设标识牌、泵站区域保洁等土建类日常维修养护项目。

（3）工程设施管理。根据 2019 年度重点工作任务的要求，台儿庄泵站管理处组织进行了汛前、汛后检查，同时每月对所有设施、设备进行集中检查，及时发现工程设施及设备存在的问题，并限期整改。

台儿庄泵站管理处每季度对泵站工程进行垂直位移、水平位移、伸缩缝、渗流等项目的观测。2019 年 3 月 8—14 日完成了第一季度工程安全监测工作，2019 年 6 月 17—21 日完成了第二季度工程安全监测工作，2019 年 9 月 18—25 日完成了第三季度工程安全监测工作，2019 年 12 月 23—30 日完成了第四季度工程观测。从历次的监测结果来看，各项数据稳定，无异常变化，工程处于安全稳定状态。

（4）防汛度汛。为了做好 2019 年度防汛抢险救灾应急救援处理以及通水工作，最大限度地减少水灾、水毁以及通水期间的突发汛情对本站造成的生命及财产损失，确保台儿庄泵站工程安全度汛及试通水期间安全，根据相关规定并结合近几年台儿庄泵站管理处汛期运行经验，修订完善了《2019 年台儿庄泵站度汛方案及防汛预案》。在《2019 年台儿庄泵站度汛方案及防汛预案》中，明确了防汛重点，建立了防汛度汛组织机构，制定了各项工作防汛措施，准备了充足的防汛物资。

2019 年 5 月 17 日，台儿庄泵站管理处组织开展了一次主、副厂房断电及开机排涝（模拟开机排涝及停机）为场景的防汛演练。

（5）安全生产。2019 年，台儿庄泵站管理处认真落实安全生产责任，规范安全生产管理。结合安全生产工作实际，根据相关安全管理体系文件，台儿庄泵站管理处安全生产管理实行网格化管理，将工作管理内容进行网格划分，每个部分均有人负责，做到每个建筑物有人管，每台设备有人维护。根据安全生产工作计划，2019 年 4 月 12 日，台儿庄泵站管理处负责人与各科室负责人、各科室负责人与职员、运行管理人员及外包派遣人员逐级签订了安全生产责任书，确保安全生产责任落实到位。

台儿庄泵站管理处定期召开安全例会，为安全工作保驾护航。会议实行签到制度，任何人员不得无故缺席会议。在会议中，管理处负责人多次强调安全生产工作的重要性，对各项工作任务进行了部署，提出了明确要求。

为牢固构筑安全思想防线，台儿庄泵站管理处在 2019 年持续开展安全教育培训工作，加强安全宣传教育培训力度，严格执行三级安全教育培训制度，确保新增、外来人员在入站前了解泵站安全生产特点，掌握必须的安全知识。2019 年，台儿庄泵站管理处组织了消防安全知识、安全管理制度、防汛度汛、运行操作规程及电力安全等方面的安全知识培训，并建立了安全培训台账，将每次培训记入员工安全教育培训档案。

2. 韩庄运河段水资源控制工程

大泛口节制闸管理机构为台儿庄泵站管理处，受枣庄局领导。大泛口节制闸工程设施维护、设备维护、工程设施管理、安全生产等工作由台儿庄管理处统一管理。

魏家沟、三支沟水资源控制工程管理机构为万年闸泵站管理处，受枣庄局领导。魏家沟、三支沟水资源控制工程设施维护、设备维护、工程设施管理、安全生产等工作由万年闸泵站管理处统一管理。

魏家沟胜利渠节制闸待移交。

3. 万年闸泵站工程

（1）工程管理机构。万年闸泵站工程管理机构为南水北调东线山东干线枣庄管理局万年闸泵站管理处，受枣庄局领导，内设综合科、工程技术科及调度运行科。配备各类人员 22 人，其中，主任 1 名，副主任 1 名，专责工程师 1 人，综合科 2 人，工程技术科 4 人，调度运行科 13 人。

万年闸泵站管理处主要管理 5 台（套）主机组设备、2200m 进出水渠道、1 座涵闸、3 座跌水、4 座桥梁、1640m² 办公楼、5.33hm² 厂区绿化、弃土区 20hm² 土地水土保持、约 9000m 护栏、14km 架空电力线路（110kV 4km，10kV 10km）、一座场内变电站的维护及三支沟水资源控制工程。

（2）工程维护检修。万年闸泵站管理处实行"自行实施和委托实施相结合"的模式。一般维修项目由管理处人员自行维修，较重要及专业性较强的维修项目委托有资质的单位实施。安保工作委托地方公安机构和保安公司负责。日常维修养护工作以及进出水渠、管理区、弃土区等水保工作委托有资质的维修养护公司实施。110kV、10kV线路与电力维保单位签订了代维协议。自动化调度系统维保检修工作由专业通信及自动化公司代维。万年闸泵站与山东华卫建设集团有限公司签订了消防设施维保协议。

为确保维护检修质量，针对合同委托项目，万年闸泵站管理处严格执行公司《南水北调东线山东干线有限责任公司项目合同管理办法（试行）》，按照《山东省南水北调工程维修养护管理暂行办法》《山东省南水北调工程维修养护管理工作暂行规定》要求，每月下达维修养护任务通知书，加强现场监督、检查和验收考核，实施单位每个项目实施前上报实施方案、计划，严格按照国家法规、规范和公司制定的规章制度组织施工，明确责任，各负其责，严格过程质量控制。同时管理处派专人跟踪检查控制工程质量，对日常巡查、检查过程中发现的质量问题，当场要求返工或整改，对一时难以整改到位的问题，下达整改通知单，限期完成整改。

（3）设备维护及工程设施管理。

万年闸泵站管理处落实了工程和设备网格化管理责任制，确保每处工程设施、每台机电设备都有明确的责任人并挂牌公示。各责任人严格按照《泵站技术管理规程》《南水北调泵站工程管理规程》《泵站检修与维护细则》规定开展工程、设备日常巡视、检查、维护保养工作，及时留存相关档案资料。2019年全年开展维护保养工作619项，其中自行维修设备各类故障100余项，确保了工程及设备处于完好和受控状态。建立自查自纠问题清单。把通过日常巡查、定期检查、汛前汛后检查、日常维护保养、调水运行等过程中发现的问题逐一列入自查清单，并制定整改方案、落实整改责任人、明确整改时限。2019年，万年闸泵站共发现问题115个，截至2019年12月已解决108个，剩余问题已列入年度维修计划。

（4）安全生产。万年闸泵站管理处根据山东干线公司和枣庄局制定的2019年度安全生产工作目标，结合本泵站实际情况，分解、制订了万年闸泵站管理处安全生产工作目标及年度方案，细化工作内容，从培训、例会、消防和安全监测等方面抓起，脚踏实地，圆满完成了2019年安全生产目标。万年闸泵站管理处在与枣庄局签订了安全生产责任书的同时，在站内又层层签订安全生产责任书，建立了"横向到边，纵向到底"的安全生产责任网络，使每位职工都能明确自己的安全生产责任和目标，根据安全生产预算批复，保质保量完成了安全生产投入，确保专款专用。按照公司安全生产计划，完成了安全培训6次，进行了防溺水演练、防汛演练和消防演练等。组织开展了"安全生产月"等系列活动，组织完成了大修期间的安全生产管理，组织召开了管理处范围内安全生产例会12次，万年闸泵站管理处通过各类安全隐患排查，共发现各类安全隐患36项，整改完成36项，整改完成率为100%。2019年度没有发生任何安全事故。

4. 韩庄泵站工程

（1）管理机构基本情况。韩庄泵站管理机构为南水北调东线山东干线枣庄管理局韩庄泵站管理处，受枣庄局领导，内设工程科、运行科、综合科开展运行管理各项工作。配备各类人员22人，其中主任1人、副主任1人、工程科4人、运行科14人、综合科2人。

（2）工程维护检修。韩庄泵站管理处通过采用"管养分离"模式，泵站运行管理人员负责机电设备日常维护检修工作，大型专业维修项目委托有资质的单位实施，进出水渠、管理区、弃土区等水保工作委托有资质的养护公司实施，泵站自动化、电力线路及消防设施与专业单位签订代维协议。

为确保维护检修质量，针对合同委托项目，韩庄泵站管理处严格按照《山东省南水北调工程维修养护管理暂行办法》《山东省南水北调工程维修养护管理工作暂行规定》，结合工程实际每月下达维修养护任通知书，加强现场质量检查、工艺检查、安全检查、考核验收，要求项目实施单位实施前上报项目实施方案，严格按照国家法规、规范、行业要求和山东干线公司制定的相关规章制度，科学组织施工确保工程质量满足要求。韩庄泵站管理处指定专人负责跟踪控制检查工程质量，对管理处日常巡查、检查过程中发现的问题，当场要求整改并对整改结果予以确认，对不能现场整改的下达整改通知单，限期整改完成并对整改结果予以确认。

（3）机电设备维护。韩庄泵站管理处严格按照《泵站检修与维护细则》规定，明确工程机电设备责任人，工程和设备管理责任制进一步强化。2019年，对每台设备按照工程运行标准化要求更新公示牌，与管理工作相关的规程、制度和技术参数做到了上墙张贴并及时更新。日常巡视检查、检修和维护保养工等工作扎实有效，维护保养档案资料齐全，工程机电设备处于受控和完好状态，确保了工程机电设备的完好率。2019年，对机电设备进行设备评级均为一等，为充分发挥工程经济效益、社会效益和生态效益打下了坚实基础。

（4）工程设施管理。2019年，为加强对工程所辖水域的巡查，及时制止钓鱼、丢弃杂物等危害水质的行为，加强落实养护单位的工程看护巡查工作，结合防汛值班值守、调水期

间的巡视巡查、日常检查及相关检查
活动，实时掌握工程动态，及时对发
现的问题进行整改，制定维修维护计
划有条不紊的开展工作。

（5）工程安全管理。编制工程安
全监测方案，每周对工程渗压进行测
量，每季度对垂直位移、水平位移进
行测量，每季度形成测量数据报告，
工程监测数据变化平稳，始终处于安
全状态；加强对工程所辖水域的巡
查，及时制止钓鱼、丢弃杂物等危害
水质的行为，定期开展《山东省南水
北调条例》的宣传工作，确保工程范
围内工程设施、人员、水质安全。

（6）安全生产。为扎实做好安全
生产工作，韩庄泵站管理处成立了以
管理处负责人为首的安全生产领导小
组，明确了领导小组的职责。安全生
产工作实行网格化管理，管理处负责
人与各科室负责人、值班长、运行值
班人员逐级签订安全生产责任书，确
保安全生产责任落实到位；在日常工
作中，严格执行各项安全规章制度，
定期召开安全生产例会，总结安全生
产开展情况，部署安全工作计划；定
期开展安全生产教育培训活动，组织
人员对安全生产知识进行学习；定期
开展安全检查和隐患排查工作，对排
查处理的问题即查即改。

（山东干线公司）

【运行调度】 骆马湖—南四湖段山
东境内工程包括台儿庄泵站、万年闸
泵站、韩庄泵站、二级坝泵站。骆马

湖—南四湖通过韩庄运河线向山东省
输水，二级坝泵站将下级湖水抽入上
级湖。

2018—2019 年度调水始于 2018
年 12 月 25 日，万年闸泵站和韩庄泵
站 8 时开机，二级坝泵站 10 时开机，
台儿庄泵站 14 时开机，骆马湖—下
级湖段，南四湖下级湖—上级湖段开
始运行。2019 年 5 月 28 日，骆马
湖—下级湖段停止运行，完成调水入
山东省 8.44 亿 m³ 的年度任务，累计
调水入下级湖 8.34 亿 m³。

2019—2020 年度调水于 12 月 11
日正式启动，出骆马湖（台儿庄站）
年度计划水量（省际交接水）为 7.03
亿 m³，入下级湖（韩庄泵站）年度计
划水量为 6.73 亿 m³。12 月 11 日台
儿庄和万年闸泵站开机，12 月 12 日
韩庄泵站、二级坝泵站开机，工程运
行安全平稳。

2019 年累计出骆马湖水量（台儿
庄泵站）为 9.5 亿 m³，其中 1 月 1 日
至 5 月 28 日累计出湖 8.12 亿 m³，12
月 12—31 日累计出湖 1.39 亿 m³。
2019 年累计入下级湖水量（韩庄泵站）
为 9.28 亿 m³，其中 1 月 1 日至 5 月 28
日累计入下级湖 7.97 亿 m³，12 月
12—31 日累计入下级湖 1.31 亿 m³。

2018—2019 年度调水中，留存上
级湖、下级湖、东平湖 1.59 亿 m³ 水
量，确保了湖泊蓄水稳定，有效改善
湖泊水生态环境。 （刘婧）

1. 台儿庄泵站工程 根据南水北
调东线总公司的调水计划及山东省南

水北调调度中心、山东省南水北调枣庄调度分中心下达的指令，台儿庄泵站管理处于2018年12月25日开启第一台机组，截至2019年5月28日，完成2018—2019年度调水任务，累计运行7865台时，完成调水量8.44亿 m³。调水运行期间，泵站主机组、辅机系统、电气及金结设备、计算机监控系统均运行正常。

调水前，组织全体人员召开调水前工作会议，一方面集中学习《台儿庄泵站运行管理细则（试行）》、现场应急处置方案及运行期规章制度等；另一方面做好安全交底工作，强调调水工作的重要意义，各班组必须严格遵守各项规章制度，保证设备运行安全。调水运行中，台儿庄泵站管理处严格执行调度指令，各班组能够按照要求做好交接班、运行值班及巡查等各项工作。

2. 韩庄运河段水资源控制工程 大泛口节制闸、三支沟橡胶坝的运行操作严格执行山东省南水北调枣庄调度分中心下达的指令，遵守安全操作规程，运行期间增加闸站值班人员保证24小时值班，加强机电设备的巡查、监视，保证人员操作规范、设备运行安全。非运行期，加强巡查、看护管护及设备维护保养，坚持每天清理环境卫生、每周对机电设备进行日常保养，每月进行检查维护，切实保证了机电设备的完好，时刻处于"临战"状态。

3. 万年闸泵站工程 根据山东省南水北调调度中心、山东省南水北调枣庄调度分中心指令，万年闸泵站于2018年12月25日开启第一台机组，截至2019年5月28日，完成2018—2019年度调水任务，累计运行7893.58台时，完成调水量8.68亿 m³。调水期间，主机、辅机、清污机、电气设备及金属结构等均运行正常，计算机监控系统运行正常，主要技术参数满足设计和规范要求。

为保证调水运行安全，调水前专门召开调水工作动员会议，组织全体人员认真学习《南水北调东线山东干线枣庄管理局应急预案》《枣庄局万年闸泵站管理处现场处置方案》《冰期输水应急预案》及操作规程规范等。要求各值班班组在运行值班期间，严格遵守运行值班、交接班等各项规章制度，严格执行操作规程，保证人员及设备安全、操作规范，确保2018—2019年度调水任务顺利实施。

4. 韩庄泵站工程 根据山东省南水北调调度中心、山东省南水北调枣庄调度分中心指令，韩庄泵站管理处于2018年12月25日开启第一台机组，截至2019年5月28日，完成第2018—2019年度调水任务，累计运行7879.83台时，完成调水量8.33亿 m³。调水运行期间，泵站机电设备运行状态良好，所有机组均为一次启动成功，启动过程平稳，运行期间设备稳定、正常，各仪表指示基本正确，主机组各部位运行稳定，辅机运转状况良好；泵站自动化控制系统基本可靠；主要设备技术性能指标及主要技术参数符合要求；输配电线路运行可靠，相关参数稳定、符合要求。

（邵铭阳）

【工程效益】

1. 台儿庄泵站工程 协助台儿庄城区完成防汛排涝工作。2019年8月11日，台儿庄城区受第9号台风"利奇马"影响，平均降雨量达160mm，台儿庄城区环城河水位达到26.06m，情况紧急。应台儿庄区防汛抗旱指挥部的请求及排涝协议，台儿庄泵站根据防汛指令开启一台机组排涝，累计排涝水约260万m³，台儿庄城区水位降低1.48m，城区内涝险情完全解除，保障了台儿庄城区人民群众的生命财产安全。这是台儿庄泵站自建成以来第一次开机协助地方排涝。为台儿庄城区防洪排涝除险发挥了重要作用。

2. 韩庄运河段水资源控制工程 大泛口节制闸通过闭闸拦污，拦截了峄城大沙河上游污水，确保了调水期间韩庄运河水质。同时，大泛口节制闸通过启闭调度运行，为峄城大沙河防汛度汛、调蓄截污发挥了关键作用。

三支沟、魏家沟水资源控制工程为防止调水期间水流向支流倒漾，造成水资源流失，发挥了重要作用。同时，三支沟、魏家沟水资源控制工程通过启闭调度运行，对于当地防汛度汛、调蓄截污发挥了关键作用。

3. 万年闸泵站工程 2018—2019调水年度，万年闸泵站按照山东省调度中心的指令实现了梯级调水的目的，发挥了良好的经济效益、社会效益和生态效益。

4. 韩庄泵站工程 2018—2019年度调水任务保障了山东省工业用水，提升了民众的生活用水质量。结合水土保持工程的开展和实施，韩庄泵站已形成渠水清澈、鱼水欢腾、飞鸟翔集、岸绿林荫的生态景观，改善了泵站辖区的生态环境。年度调水工作中保持100%安全运行，完成了引江水进入下级湖的调水节点任务，发挥了良好的经济效益和生态效益。

（邵铭阳）

【环境保护与水土保持】 骆马湖—南四湖段（韩庄运河段）工程各管理处通过与养护单位签订了合同，委托专业人员对站区、管理区栽植的苗木进行浇水、施肥、修剪及病虫害防治等养护管理，同时做好对养护单位各项工作的监督，保证水土保持工作次数足、质量优，确保了苗木的成活率和良好率，进一步提高了站区、管理区的绿化水平，水土保持条件持续改善，整体景观形象得到提升。通过严格贯彻落实水质巡查制度，切实加强水质保护工作，严格检查是否存在对水质造成污染的污水排放、垃圾堆放等现象，全方位保障了水质安全。

（邵铭阳）

【验收工作】 2018年9月，台儿庄泵站完成设计单元工程完工验收；2017年6月，韩庄运河段水资源控制工程完成设计单元工程完工验收；2017年3月，韩庄泵站完成设计单元工程完工验收；2014年8月，万年闸泵站完成设计单元工程完工验收。

（李庆中）

南四湖—东平湖段

【工程概况】 南四湖—东平湖段工程是实现南四湖和东平湖水之间的调度利用，沟通黄、淮、海河和连接胶东输水干线、鲁北输水工程并进而实现向河北、天津供水的骨干工程。工程设计输水流量100m³/s。所辖工程主要包括：梁济运河段工程、柳长河段工程、南四湖湖内疏浚工程和二级坝泵站工程、长沟泵站工程、邓楼泵站工程、八里湾泵站工程及灌区灌溉影响处理工程等8个设计单元工程。

南四湖—东平湖段输水与航运结合工程是实现南四湖和东平湖之间合理调度的骨干工程，工程设计输水流量100m³/s，输水线路全长约198km（含南四湖输水干线长度）。该工程位于山东省南部，沿线分布在山东省济宁市（微山县、鱼台县、金乡县、任城区、太白湖新区、嘉祥县、汶上县、梁山县）、泰安市（东平县）2个市的9个县（区），涉及淮河、黄河两大流域水系。工程的基本任务是将调入南四湖下级湖的江水经辖区四个泵站，逐级提水北输至东平湖，经东平湖调蓄后，北向德州、聊城等鲁北地区供水，进而可以向冀东、天津供水；东向经济平干渠向济南供水，并进而经胶东输水线向淄博、潍坊、烟台、威海、青岛等城市供水。有效解决以上地区水资源的紧缺问题，并满足运河经济带经济发展对水资源的需求。短期内即可实现南四湖和东平湖之间水资源的联合调度，初步改善山东水资源空间分布不均的状况，并对下步沂沭泗洪水利用，实现洪水资源化具有重大的现实意义。

南四湖至东平湖段一期工程设计输水流量100m³/s，年调水13亿~14亿m³。其中，梁济运河段工程、柳长河段工程、南四湖湖内疏浚工程、二级坝泵站工程、长沟泵站工程、邓楼泵站工程及灌区灌溉影响处理工程7个设计单元为南水北调东线山东干线济宁管理局（以下简称"济宁局"）管辖范围。由济宁局下设的4个管理处分别管理，分别是：济宁市微山县境内二级坝泵站管理处、济宁市任城区境内长沟泵站管理处、济宁市梁山县境内邓楼泵站管理处和济宁渠道管理处。

八里湾泵站工程于2019年9月24日由济宁局管辖变更为为南水北调东线山东干线泰安管理局（以下简称"泰安局"）管辖。原济宁局八里湾泵站管理处变更为泰安局八里湾泵站管理处。

自2013年11月正式通水以来，工程运行安全平稳，通水期间无较大

事故发生，按时完成上级下达的年度调水任务。　　　　　（张俏俏）

【工程管理】　　长沟、邓楼、八里湾泵站工程均已完成完工验收，二级坝泵站计划 2021 年进行完工验收。长沟泵站工程由山东干线公司济宁管理局长沟泵站管理处管理，邓楼站工程由山东干线公司济宁管理局邓楼泵站管理处管理，八里湾泵站工程由山东干线公司济宁管理局八里湾泵站管理处管理，二级坝泵站工程由山东干线公司济宁管理局二级坝泵站管理处管理。

梁济运河工程和柳长河工程（以下简称"两河"工程）均计划 2020 年进行完工验收，"两河"工程运行管理工作均由济宁河道管理处负责。

南四湖下级湖抬高蓄水位影响处理工程和东平湖蓄水影响处理工程均已完成完工验收。（李院生　姚培培）

1. 二级坝泵站工程　　二级坝泵站工程为南水北调东线工程的第 10 级泵站，位于南四湖中部，山东省微山县欢城镇境内。工程为 I 等大（1）型工程，主体工程为 1 级建筑物。泵站设计洪水标准为 100 年一遇、校核洪水标准为 300 年一遇。工程于 2007 年 3 月开工建设，2011 年 12 月全部完工。泵站设计流量为 $125 m^3/s$，设计扬程为 3.21m，水泵机型为 5 台后置式灯泡贯流泵（其中 1 台备用），单机设计流量为 $31.25 m^3/s$，总装机容量为 1.2 万 kW，主要工程内容有

主泵站、进水闸、引水渠、出水渠、公路桥、引水渠交通桥等。

（1）机构职责。二级坝泵站的运行管理工作归属南水北调东线山东干线济宁管理局二级坝泵站管理处（以下简称"二级坝"）负责。根据山东干线公司 2019 年综合改革方案，管理处结合工作实际以及职工专业特长，及时进行人员调整，二级坝现有正式职工 19 人，其中，主任 1 人，副主任 1 人，专责工程师 1 人，综合岗 2 人，工程管理岗 3 人，运行管理岗 11 人，内设运行科、工程科和综合科开展工程运行管理各项工作。

（2）党建工作。二级坝组织全体职工深入贯彻学习习近平新时代中国特色社会主义思想，切实增强"四个意识"，坚定"四个自信"，践行"两个维护"，积极参加济宁局党支部组织的党建学习、主题党日、民主生活会以及谈心谈话等活动，充分利用学习强国、灯塔在线网络平台进行学习，进一步拓宽知识源、扩展知识面，筑牢思想根基，提高全体党员的理论知识和业务知识水平。着力加强廉政建设，组织全体职工开展了廉政风险点排查和防控措施制定，签署了廉政风险点防控承诺书。

（3）维修养护。二级坝泵站 2019 年度维修养护范围包括整个站区的建筑物、工程设施、机电设备、自动化设备、安全设施、环境绿化等。2019 年度日常维修养护项目共计 34 项，其中自身实施项目（金结机电类）有

11 个，委托实施项目有 23 个。完成了食堂改造、站区外侧排水沟清理疏通、副厂房南侧电缆井排水管改造等 17 个维修养护项目；进出水渠段卫生清理及维护、泵站区域保洁、巡护看护等 6 类日常项目正在有序进行。

2019 年度共完成 5 个专项项目，增设拦船设施项目；主副厂房外墙、屋顶及 GIS 室内、外墙渗水及维护处理项目；4 号机组淡水冷却器维修采购项目；清污机技术改造项目；门式起重机 4 号顶轨器液压油缸漏油维修项目已实施并完成验收。

（4）安全生产。二级坝成立了安全生产、防汛度汛、消防安全、应急处置、安全监测等组织机构，设立了兼职安全员。根据职责分工，细化了 2019 年度安全生产目标，严格落实安全生产责任，签订了安全生产责任书，形成一级抓一级、层层抓落实的安全生产管理格局。按照培训计划，认真组织全体职工开展经常性安全生产教育培训。重点加强隐患排查治理，每月进行日常隐患排查，针对调水前后、汛期、重要节假日及特殊天气及时组织专项安全生产检查，积极做好养护单位现场作业安全监督检查工作，对发现的问题及时组织整改。

（5）防汛度汛。二级坝按照分级管理原则逐级明确防汛职责，调整建筑物安全管理及防汛责任牌，压实防汛各类责任人。及时编制《2019 年度汛方案及防汛预案》；定期对防汛物资进行管理维护，建立了防汛物资台账、防汛物资分布图；编制了汛前检查方案并进行了汛前检查，对发现的问题进行了整改；5 月 15 日，组织开展了防汛应急演练、汛后大检查并进行汛后总结。结合调水安全宣传，在建筑物醒目位置增设安全警示标牌等。

（6）安全监测。二级坝泵站靠近采煤沉降区，为了解工程沉降变化情况，委托监测单位每月对各建（构）筑物进行变形观测和分析。2013 年 2 月至 2015 年 12 月的变形观测委托山东省水利勘测设计院实施；2016—2017 年委托济宁市土地资源勘测大队实施；2018—2019 年委托山东省水利勘测设计院实施。截至 2019 年 12 月已观测至第 81 期，按月度对观测结果进行对比分析，每年度编制安全监测报告，2019 年度安全监测报告已经完成并归档。监测结果显示主体结构整体稳定，引水渠和引水渠交通桥沉降较大，应继续加强观测。

（7）信息自动化。二级坝泵站管理处明确了自动化系统负责人，做好管理区、通信机房日常巡查和记录工作；积极主动联系维护单位完成信息自动化设备、通信网络系统、视频监控系统的摸底排查及相关故障处置等工作。

2. 长沟泵站工程　长沟泵站工程为南水北调东线工程的第 11 级泵站，位于济宁市长沟镇新陈庄村北。工程为Ⅰ等大（1）型工程，主体工程为 1 级建筑物。泵站设计洪水标准为 100

年一遇、校核洪水标准为 300 年一遇。工程于 2009 年 12 月开工建设，2013 年 3 月全部完工。泵站设计流量为 $100m^3/s$，设计扬程为 3.86m，水泵机型为 4 台立式轴流泵（其中 1 台备用），单机设计流量为 $33.5m^3/s$，泵站总装机容量为 8960kW，主要工程内容有主厂房、副厂房、引水渠、出水渠、引水闸、出水闸、梁济运河节制闸、变电站、办公及生活福利设施等。

长沟泵站枢纽工程的运行管理工作归属济宁局长沟泵站管理处负责。管理处主要职责是按照上级调度指令完成调水任务，定期开展设备维修和日常养护工作，不断提高运行管理水平，探索高效的泵站运行机制和资产保值增值途径，逐步使工程达到规范化、标准化。管理处内设调度运行科、工程技术科和综合科，开展工程运行管理各项工作。截至 2019 年 12 月 31 日，长沟泵站共有管理岗人员 7 名、专业技术岗人员 1 名，分别负责运行管理、工程管理、安全管理及综合管理工作；技能操作岗人员 12 名，分别负责电气设备、主机与辅机、金属结构与自动化系统等具体工作。

（1）抓好党建及宣传工作。管理处始终重视职工思想教育工作，扎实开展各类活动及政治学习，弘扬传递正能量。全体干部职工，特别是青年职工积极向上、刻苦钻研、求实创新、干事创业的氛围已经形成，同志们政治思想觉悟大幅提升。截至 2019

年 12 月，管理处有党员 3 人，预备党员 1 人，发展对象 1 人，积极分子 2 人，还有 6 人向党组织递交了入党申请书，积极向党组织靠拢。

同时管理处扎实开展党风廉政教育，进一步明确"三重一大"决策事项，建立廉政风险防控机制，完善廉政风险防控台账，与干部职工签订了廉政风险责任书及廉政承诺书。

（2）水情教育基地创建。组织开展省级水情教育基地申报工作，与长沟镇合作在长沟文化展馆制作南水北调宣传文化墙，与山东农业大学合作创建教学科研实践育人并挂牌。

（3）学习提高与创新工作。泵站全体干部职工特别是青年职工，学习氛围浓厚，乐于钻研、乐于创新，长沟泵站创新小组被省总工会授予"工人先锋号"荣誉称号。

管理处积极为青年职工学习钻研提供平台，涌现出富民兴鲁劳动奖章 1 人、青年先锋号 1 人、公司十佳员工 2 人等优秀代表，在全省安全监测技能竞赛中 1 人获得二等奖。同时积极为职工创新搭建平台，11 月 27 日，在省农林水工会、公司领导的大力支持下，长沟泵站高技能人才创新工作室——杜森创新工作室挂牌。

（4）宣传工作。及时对调研检查、运行管理、设备维护、员工风采等重要事件、工作动态进行提炼总结，并及时在山东省南水北调网站、"江水润齐鲁"、"两湖微讯"等平台投送稿件，抓实每周要情上报工作。

截至 2019 年 12 月下旬，共上报《每周要情》61 篇，协助拍摄安全标准化专题宣传片、《我和我的祖国》视频、《守望者》微电影。

（5）安全监测工作。严格按照规定的频次、精度和要求对所有的观测项目进行定期观测和分析整理，落实日常巡视检查、安全监测设施设备的日常维护。2019 年度垂直位移和水平位移分别完成了四次观测，精度和观测频次均符合要求。利用最新工作基点高程对所有测压管管口和断面桩的高程进行考证，对安全监测月报考证资料内容进行重新修订。

（6）安全生产日常管理工作。加强安全教育、培训和宣传。根据 2019 年度培训计划组织培训活动，开展了 12 次安全生产教育培训，对培训效果进行了评估；结合 2019 年 6 月开展的"安全生产月"活动，以"防风险、除隐患、遏事故"主题要求，长沟泵站管理处从提高职工安全意识、掌握安全生产技能，丰富安全知识的角度出发，扎实做好安全宣传教育工作。积极参加水利部举办的 2019 年全国水利安全生产知识网络竞赛，通过网络竞赛，提高了广大员工的安全意识和能力，使广大员工从思想上认识到安全生产的重要性和必要性，将认识转变为自觉行为。为做好长沟泵站安全宣教工作，确保沿线群众生命安全，2019 年 6 月 25 日，长沟泵站管理处赴济宁市任城区长沟中心小学发放 3600 份《山东省南水北调安全教育宣传本》，并签订了发放协议书；开展了"南水北调暑期安全教育讲堂"专题活动，以达到宣传南水北调、保障中小学师生暑期安全的目的。

加强隐患排查及专项治理。定期开展安全生产大、快、严隐患治理活动，2019 年，在做好日常和定期安全检查的基础上，重点抓好了"迎大庆"重要活动期间的安全检查工作力度。2019 年 9 月 29 日，在长沟泵站警务室召开国庆期间警务及管护人员安全工作专题会议，落实上级有关"两节"期间安全生产工作部署。12 月 20 日，召开专题生产会议，贯彻落实习近平总书记和李克强总理关于安全生产重要指示批示精神、全国全省安全生产会议精神、水利部、山东省政府及省水利厅等上级单位的文件精神，安排部署了长沟泵站安全生产集中整治工作；2019 年 12 月，开展安全生产集中整治及岁末年初检查活动，对特种设备、安全防护设施、电气设备及供电线路、安保及工程巡视看护单位安全管理等内容开展了自查。2019 年度共查出一般隐患问题 29 处，已全部整改完成。通过安全问题整改落实，有力地保障了泵站的安全运行。

（7）标准化建设工作。长沟泵站管理处始终把标准化建设基础工作和日常工作紧紧结合在一起。根据南水北调东线总公司关于印发《南水北调东线一期工程永久标识系统设计方案》及干线公司的工作部署，在长沟泵站管理处开展了标识标牌项目试点工作。2019年7月30日，公司根据相关招投标管理办法，组织开展长沟泵站运行管理标准化标识标牌建设项目采购合同竞争性磋商；8月25日，山东干线公司与安徽别格迪派标识系统有限公司签订了《长沟泵站运行管理标准化标识标牌建设项目采购合同》，项目实施完成了各类制度牌、安全警示牌、设备名称标识、设备责任卡、闸阀标识、科室牌等共计5105个，于11月18日圆满完成项目建设任务，11月26日顺利通过验收。11月28日，依据《水利工程管理单位安全生产标准化评审标准释义》和《干线公司安全生产标准化自评工作通知》内容对长沟泵站安全标准化建设进行评审，看到问题并找出不足，及时进行了整改落实，推动了安全标准化建设。在2019年8月申报安全标准化建设成果中荣获三等奖。

（8）工程防汛度汛工作。管理处召开汛前专题会议，部署2019年防汛度汛工作；制定了度汛方案及防汛预案，并对防汛重点部位制定了应急措施及各项防汛制度；设立了防汛仓库，专人管理，严格出入库登记，同时与山东省防汛抗旱机动总队第十三支队签订了《长沟泵站防汛抢险服务合同》，充分利用社会防汛资源，确保随用随调，供应充足。严格执行汛期24小时值班制度，并与当地人民政府、防汛指挥部门紧密联系，及时准确掌握本区域的水情预报，做到早知道、早准备。

2019年5月16日，在引水闸开展了防汛应急演练。模拟场景：7月中旬因连日突发强降雨，导致引水闸进口东侧堤防边坡出现滑坡险情，滑坡体长5m，宽1m，如不及时抢修将影响堤防安全，采用固脚阻滑措施，同时在滑坡裂缝内填土后覆盖塑料布，防止雨水进入裂缝的方法进行抢护。通过本次演练使全体泵站员工掌握滑坡险情的处置措施，整体提高员工的防汛安全意识，进一步提高应对汛期险情的能力，确保长沟泵站工程安全度汛。

水利部南水北调司检查组于2019年3月28日到长沟泵站管理处检查防汛度汛工作，针对检查组提出的问题，长沟泵站管理处高度重视，明确责任及整改时限，认真组织整改，并举一反三，于2019年4月28日整改完成。

根据水利部、山东省水利厅有关通知要求及公司防汛防台风工作部署，密切关注2019年第9号台风"利奇马"动向，积极做好预防应对工作，明确了责任。全体泵站职工手机保持24小时开机，严阵以待，确保在收到防汛抢险救援指令后迅速进入各自的应急抢险岗位，做到全员防汛；加强巡视巡查，做好值班值守，对防汛物资重新进行盘点，确保物资及时有效，切实做好了防御台风工作。

3. 邓楼泵站枢纽工程 邓楼泵站枢纽工程为南水北调东线工程的第 12 级泵站，位于梁山县韩岗镇垓村以西。工程为 Ⅰ 等工程，主体工程为 1 级建筑物。泵站设计洪水标准为 100 年一遇、校核洪水标准为 300 年一遇。工程于 2010 年 1 月开工建设，2013 年 3 月全部完工。泵站设计流量为 100m³/s，设计净扬程为 3.57m，水泵机型为 4 台立式轴流泵（其中 1 台备用），单机设计流量为 33.5m³/s，泵站总装机容量为 8960kW。主要工程内容包括主厂房、副厂房、引水渠、出水渠、引水闸、出水涵闸、梁济运河节制闸、变电站、泵站防洪围堤、办公及生活福利设施等。

（1）机构设置及责任制。邓楼泵站枢纽工程的运行管理工作归属南水北调济宁局邓楼泵站管理处（以下简称"邓楼泵站管理处"）负责。邓楼泵站管理处是山东干线公司派出的现场三级管理机构，公司改革已取得阶段性成果，人员岗位调整已经到位，现有职工 20 人。

（2）抓好党建及宣传工作。为扎实推进管理处的党风廉政建设，管理处全体职工深入学习习近平新时代中国特色社会主义思想，认真贯彻落实党的十九届四中全会精神。邓楼泵站管理处共有 5 名党员，属于济宁局党支部第四党小组。根据济宁局支部实施方案要求，全体党员干部参加 52 次党员会议，其中组织党小组召开 31 次学习会议，全体党员、发展对象及入党积极分子按时参加党员活动，2019 年度发展党员 1 名，入党积极分子 2 名，提交入党申请书 5 份。济宁局党支部组织中层副职及以上领导到每个管理处"不忘初心、牢记使命"主题教育调研，到金桥监狱进行廉政警示教育，与职工谈心谈话，解决职工实际困难，凝聚共识。通过多种方式加强党建工作，使每一名党员筑牢信仰之基、补足精神之钙、把稳思想之舵，做到"身正为范"。

（3）扎实开展创新工作和技能比武。自 2014 年山东干线公司倡导并推动实施合理化建议、管理创新、技术改进和技术创新、小发明等方面的创新活动以来，邓楼泵站管理处经山东干线公司等机关评审的岗位创新项目共计 33 个，多人获得山东省农林水工会表彰。在山东干线公司 2019 年度的岗位创新工作中邓楼泵站管理处有 9 个项目入围。

邓楼泵站管理处通过开展一系列岗位创新活动，先后解决制约泵站工程、机电设备、自动化设备安全稳定运行的一系列关键问题，保证了泵站安全生产目标和方针的落实，为泵站管理规范化、标准化、精细化、高效化打下了坚实的基础。

2019 年 9 月，韩保刚、宋祥强两名同志在山东省"技兴齐鲁"技能竞赛中分别荣获一等奖、二等奖；韩保刚同志代表公司参加了全国水工监测工技能竞赛，取得优异成绩。2019 年 3 月，山东省农林水工会委员会授予管理处成员刘辉"山东省农林水系统五一劳动奖章";4月，山东省人力资源和社会保障厅授予管理处成员韩宗凯"山东省技术能手";12月，山东省总工会授予管理处成员刘辉"山东省职工创新能手"称号。

（4）认真做好工程维护管理工作。管理处按照工程检查制度、设备维护与检修规程、泵站运行管理细则等开展工程检查、巡查，对工程设施、工程设备进行维修和养护。

2019年度完成的主要日常维护项目有：联轴层安装不锈钢保护管；32T行车维护保养；降噪装饰；进水口检修电动葫芦更换变速箱及吊钩总成；完善安全标识标牌182块；出水涵洞检查；采购更换避雷器监测器；厂房及办公楼门厅、会议室墙面粉刷；中控室格栅灯更换；新购避雷器监测器试验及更换；厂区避雷塔防腐等178项。

专项维修养护项目实施情况：运行期水草转运（委托养护公司实施）。供电线路维护1项，其中110kV电力线路9.5km，10kV电力线路9.1km（委托山东国能工程有限公司实施）；苗木养护（委托养护公司实施）；更换主厂房断桥铝窗户200m²；厂房及办公楼门厅、会议室墙面粉刷1000m²；110kV电气预防性试验（委托江苏省江都水利枢纽安装处实施）。

（5）加强质量管理，圆满完成1号机组大修任务。2019年7月6日开始机组解体，7月23日机组解体全部完成；7月23日至8月24日，水泵轴轴颈返厂处理；8月24日开始复装，9月9日主体任务完工；9月3日进行了1号机组大修修后电气试验；9月19日进行预试运行；10月31日至11月1日试运行验收。

2019年10月31日至11月1日，山东干线公司主持召开了邓楼泵站1号机组大修试运行验收会，通过了1号机组大修试运行验收。通过对泵站1号机组大修，一方面提高了泵站主机组设备完好率，增强了设备可靠性，从而确保泵站的运行安全；另一方面提高了参与人员的技术水平，为泵站运行管理奠定了良好的基础。

（6）认真实施安全监测工作。为掌握工程状态和调水运行情况、及时发现工程隐患，按照《水利工程观测规程》《邓楼泵站安全监测实施细则》及相关规程规范要求，对本工程的工程观测项目进行了定期观测。2019年9月，山东干线公司对泵站的安全监测人员进行集中培训并进行技能比武。12月，山东省水利勘测设计院对泵站工作基点进行校核。

运行过程中，经对邓楼泵站各建筑物定期巡查和工程安全监测，验证工程运行安全、平稳，工程外观未发生任何异常，泵站安全监测反映正常，其中沉陷位移、水平位移、泵房底板应变、渗压值和扬压力值，本测次变化值均很小且趋稳定，均符合设计及规范要求，工程处于稳定可靠状态。

（7）自动化维护管理及自动化升级改造。邓楼泵站自动化维护中标单位是山东省邮电工程有限公司和中水三立数据技术股份有限公司，分别承担自动化调度系统（通信网络系统、视频监控系统）维护标（南北线）和自动化调度系统（自动化、信息化系统）维护标（7个泵站）。管理处严格要求代维单位履行合同协议，并配备2名系统管理员配合工作。进场后成立维护小组，制定维护实施方案，对照合同内容及要求开展资源核查、日常及月度巡检等工作，机房各设备运行环境良好，为调水安全运行及升级改造提供技术保障。

邓楼泵站自动化升级改造作为山东干线公司试点单位和重点工作，管理处上下高度重视，专门成立自动化升级改造工作组，对项目进度实时跟进，密切配合调度运行与信息化部编制了邓楼泵站管理处自动化系统升级改造技术方案，并顺利完成自动化系统升级改造专项招标工作和合同签订。管理处及时召开第一次联络会议，将继续推进自动化升级改造项目，争做样板工程，并借此机会塑造一批自动化人才。

（8）扎实推进治安管理工作。管理处治安反恐工作，是一项经常性的工作，又是一项长期的任务。工程治安反恐体系，必须是一套规范完善、行之有效的体系，始终坚持"预防为主、安全第一"的原则，整合各方力量共同构建。

（9）做好安全生产标准化建设工作。按照山东干线公司工作计划，根据《水利工程管理单位安全生产标准化评审标准（试行）》规定，管理处结合山东干线公司下发的37项安全生产管理制度以及现场处置方案，从现场管理行为、作业行为、标志、标识和相关资料整理入手，扎实有效地开展了安全生产标准化相关各项工作。

（10）抓实安全生产工作。管理处始终坚持"安全第一、预防为主、综合治理"的方针，围绕安全生产、调水运行、工程维修养护、防汛度汛及安全管理标准化建设等，严格执行各项安全管理规章制度，未发生一起安全责任事故，安全生产始终保持良好的态势。

4. 梁济运河段输水航道工程　梁济运河段输水航道工程是南四湖湖西地区一条具有防洪除涝、引水灌溉、航运等多功能的综合利用河道，是京杭大运河的重要组成部分。工程输水线路从南四湖湖口至邓楼泵站站下，长58.25km。梁济运河段输水航道于2010年12月30日正式开工建设，工程于2013年6月基本建设完成并通过试通水验收，2013年12月通过了全线通水试运行和正式运行验收。

南水北调东线一期工程梁济运河段输水航道工程的运行管理工作由济宁渠道管理处负责。

2019年主要对渠道工程进行了日常维修养护。做到了管理范围内的环境卫生清洁，管护范围内的苗木日常养护工作；及时对渠道的衬砌边坡、信息机房等工程进行维修，并进行水情、水质巡查巡视工作，调水安全保卫工作，为通水运行创造良好的运行管理环境。

济宁渠道工程的防汛工作受南水北调济宁管理局、地方防汛机构和东平湖管理部门的统一领导，负责本辖区内的南水北调工程防汛应急工作的组织、协调、监督和指挥。为切实做好南水北调东线河道工程2019年防汛、度汛工作，确保工程安全度汛、稳定运行，针对可能发生的险情、灾情，制定河道工程的度汛方案和防汛预案，进一步细化防洪方案的具体实施步骤；规范防汛抗洪调度程序；提高防洪方案的可操作性。并针对不同级别的险情分别制定了应急处置措施。

建立健全安全生产责任制度，成立了安全生产领导小组，落实安全生产网格化体系，逐级签订安全责任书，实行24小时值班制度，确保工程运行安全。

2019年3月，签订S244汶金线南旺运河大桥改造工程跨越南水北调梁济运河段工程项目建设监管协议。

2019年12月，签订济宁市内环高架及连接线项目济宁大道跨京杭运河改扩建桥梁涉南水北调工程项目建设监管协议。

5. 柳长河段输水航道工程 柳长河是梁济运河的一条支流河，是东平湖新湖区内排水、灌溉的一条重要河

道。输水线路从邓楼泵站站上至八里湾站泵站站下，输水航道长20.98km，其中新开挖河道6.59km，利用柳长河老河道疏浚拓挖14.40km。柳长河段输水航道工程于2010年12月30日正式开工建设，工程于2013年6月基本建设完成并通过试通水验收，2013年12月通过了全线通水试运行和正式运行验收。

南水北调东线一期工程柳长河段输水航道工程的运行管理工作由济宁渠道管理处负责。

2019年主要对渠道工程进行了日常维修养护，做到了柳长河堤顶道路的环境卫生清洁，完成了管护范围内的苗木日常养护工作；完成王庄节制闸闸门、启闭机养护工作；完成王庄节制闸的金属结构和电气设备的维修保养工作；盘柜整理工作。完成安全防护网更换工作；及时对渠道的衬砌边坡、信息机房等工程进行维修，完成水情水质巡查巡视工作，调水安全保卫工作，为通水运行创造良好的运行管理环境。

建立健全安全生产责任制度，成立了安全生产领导小组，落实安全生产网格化体系，逐级签订安全责任书，实行24小时值班制度，确保工程运行安全。

2019年5月，管理处借助全国打黑除恶行动的东风，积极与地方乡镇政府、公安机关协调沟通，开挖完善了柳长河段部分边界沟，拆除违章建筑，清理越界树木，解决了困扰管理

处多年的故障顽疾。

柳长河段工程沿线增设里程桩、各交叉路口设立警示柱、沿线安装警示牌（约400个）。

济宁渠道工程的防汛工作受南水北调济宁管理局、地方防汛机构和东平湖管理部门的统一领导，负责本辖区内的南水北调工程防汛应急工作的组织、协调、监督和指挥。为切实做好南水北调东线河道工程2019年防汛、度汛工作，确保工程安全度汛、稳定运行，针对可能发生的险情、灾情，制定河道工程的度汛方案和防汛预案，进一步细化防洪方案的具体实施步骤，规范防汛抗洪调度程序，提高防洪方案的可操作性，并针对不同级别的险情分别制定了应急处置措施。

建立健全应急救援队伍、设备、物料外协机制。自2016年起，就与梁山县水利工程处、梁山县库区工程开发服务处等两家单位达成防汛抢险合作意向，并签订正式协议，确保一旦发生险情能够及时将救援人员和设备调至现场参与救援。另外，与梁山安山混凝土有限公司、梁山县宏达工程机械租赁有限公司等单位签订防汛物资、设备代储协议，确保防汛救援物资、设备的及时供应。与地方防汛部门加强联动，建立了信息联络渠道。

（张俏俏 杜森 黄雪梅 庞松凡）

【运行调度】 南四湖—东平湖段通过梁济运河、柳长河经长沟泵站、邓楼泵站、八里湾泵站输水入东平湖。

邓楼泵站、八里湾泵站于2018年12月6日开机，上级湖—东平湖段启动运行。2019年6月3日，邓楼泵站、八里湾泵站停止抽水，上级湖—东平湖段完成年度计划，停止运行。调水年度累计出上级湖6.94亿 m³，累计入东平湖7.12亿 m³。为优化工程运行方式，根据上级湖水位高的实际情况，通过强化输水河湖水位控制管理，优化梯级泵站的流量组合，采取由邓楼站直接从上级湖抽水的"两梯级合一"运行模式（未启用长沟泵站），有效降低了工程运行成本。因东平湖水位控制运用需要，水位原则上按照41.2m控制（不按照41.3m控制），湖泊调蓄作用受到限制，相较于往年延长了调水时间。

2019—2020年度调水前东平湖蓄水位低于南水北调东线通水以来多年平均调水前水位。11月12日邓楼泵站、八里湾泵站开机，11月18日长沟泵站开机运行。12月11日，2019—2020年度全线调水工作启动，出上级湖年度计划水量为5.49亿 m³，入东平湖年度计划水量为5.24亿 m³。长沟泵站、邓楼泵站、八里湾泵站全部投入调度运行，工程运行安全平稳。

2019年累计出上级湖水量7.9亿 m³，其中1月1日至6月3日（2018—2019调水年度）累计出上级湖（邓楼泵站）5.92亿 m³，11月12—30日（2019—2020调水年度）累计出上级湖（长沟泵站）1.98 亿 m³。2019 年累计入东平湖水量（八里湾泵站）7.85 亿 m³，其中 1 月 1 日至 6 月 3 日（2018—2019 调水年度）累计入东平湖 6.07 亿 m³，11 月 12 日至 12 月 31 日（2019—2020 调水年度）累计入东平湖 1.78 亿 m³。　　（刘婧）

1. 二级坝泵站工程

（1）调度运行组织。针对年度水量调度工作，二级坝提前筹划，认真做好调水前的技术培训和模拟操作，及时编制调水方案和值班带班办法。供水运行期间，及时准确执行上级调度指令，严格执行各项规章制度和规程，实行 24 小时值班制度，值班人员认真做好巡检记录，按时上报水情、工情等信息。另外，积极配合济宁市水文局做好二级坝流量监测断面监测工作，密切关注水质变化情况。

（2）输电线路维护。为确保调水安全，二级坝加强输电线路的监管，110kV 和 10kV 输电线路委托专业队伍进行代维维护。

1）督促代维单位对每基线路杆塔进行接地电阻测试，对输电线路交叉跨越距离进行实地测量。

2）对线路通道内新发现的 34～35 号、40～41 号新建厂房问题及时与微山县银瀚物资贸易有限公司、微山光大环保能源有限公司交涉，并下发安全告知函。

3）定期对 43 号、52 号、53 号因采煤沉降存在倾斜的杆塔进行数据观测工作，通过数据分析，杆塔沉降变化趋于稳定。

4）为配合微山县生活垃圾焚烧发电厂项目施工，在 110kV 微欢、微水线 40～43 号迁改方案获得山东省水利厅批复后及时深入现场查勘、了解项目进展及迁改影响范围。第一时间上报济宁调度分中心，协调济宁供电公司于 2019 年 12 月 18—19 日对全线路进行了停电迁改。12 月 23 日通过 2018—2019 年度第三阶段电力设施维保合同验收工作。

2. 长沟泵站工程

（1）标识标牌建设工作。2019 年度根据南水北调东线总公司关于印发《南水北调东线一期工程永久标识系统设计方案》及山东干线公司的工作部署，为全面提升长沟泵站运行安全管理水平，在长沟泵站管理处开展了标识标牌项目试点工作，管理处认真吸取江苏泗洪泵站试点单位先进经验做法，并进行了实地考察，统计梳理了标准实施内容，并制定了长沟泵站运行管理标准化标识标牌建设项目设计方案。2019 年 8 月 25 日，山东干线公司与安徽别格迪派标识系统有限公司签订了《长沟泵站运行管理标准化标识标牌建设项目合同》，长沟泵站管理处成立了标准化标识标牌建设项目工作组，联系对接项目的建设工作；10 月 18 日，实施单位进场，对标准化标识标牌进行安装，圆满地完成了运行管理标准化标识标牌建设任务。

（2）技术供水改造。长沟泵站技

术供水改造项目是 2019 年度的重点工作任务。2019 年 3 月 20 日，山东干线公司与山东宏达建设工程有限公司签订了《南水北调东线山东一期工程长沟泵站智能恒温去离子水冷却系统改造工程施工合同》；5 月 12 日，设备及人员进驻长沟泵站现场开始施工，在各部门的共同努力下于 6 月 28 日完成技术供水改造工作。项目完成后经过试运行、调水运行检验，设备运行稳定、安全，达到改造目的，于 2019 年 10 月 10 日完成验收工作。

（3）盘柜及线缆整理工作。2019 年 10 月 31 日，长沟泵站盘柜及线缆整理试点项目设计交底暨第一次工地会议召开，山东省南水北调泵站盘柜及线缆整理实施工作正式启动。截至 2019 年 12 月底，已完成节制闸和引水闸的线缆整理，达到了设计要求。

（4）设备管理工作。定期组织开机维护工作，2019 年度共组织开机维护 3 次；每月组织 2 次经常性检查、责任人自查活动；组织机电设备专项检查 3 次，安排专人负责自查自纠问题台账，每周一更新、每月一汇总、每季度一上报。2019 年度完成自动化及通信系统维护项目 24 项，机电设备维修维护工作 37 项。

（5）电力线路管理工作。督促落实 110kV/10kV 电力线路管理，对线路存在的问题及时进行消缺，对缺少的杆塔杆号牌、相序牌、警示牌进行增补悬挂。监督跨越高铁的 110kV 高压线路迁改项目实施，项目已完成，

尚未进行验收。

3. 邓楼泵站工程

（1）做好调度运行管理工作。调水运行期设置 4 个运行班组，每班组配值班长 1 人、值班员 2 人，严格按照调水值班制度进行调水值班及巡查维护工作。运行期、汛期及非运行期，严格按照调度运行管理的各项制度，及时准确执行上级调度指令，按规定做好巡查工作、运行记录，确保设备完好，工况稳定，运行安全。运行工况如下：

1）主机组及辅机。1～4 号主机组均运行正常，振动、摆度值均在标准要求范围内，轴承温度正常，主电机运行时的温度、电流、电压、功率等各项数据正常。

2）机电设备、变电站及电力设施。主变、站变等设备运行状况正常，控制、保护、数据采集通信系统运行正常。110kV 和 10kV 电力线路运行维护良好。

3）三座闸站及清污设备。三座闸站设备完好，闸门启闭灵活可靠。两台 HD500 抓斗清污机同时工作，全天候作业基本满足捞草需求。同时配备了 1 台长臂挖掘机捞草、1 台 HB150 反铲配合装草、2 辆三轮车运草，将水草及时运至垃圾场堆放区。计算机监控系统、消防系统、厂区安防、金属结构、土建工程等运行正常。

（2）加强应急管理工作。邓楼泵站建立健全了应急救援体系，针对本

单位可能发生的事故特点编制了系列应急预案包括综合预案、专项应急预案和现场处置方案,具体包括《邓楼泵站2019年度汛方案和防汛预案》《年度调水应急预案》《邓楼泵站冰期输水方案应急预案》《邓楼泵站电力突发事件应急预案》《邓楼泵站水污染突发事件应急预案》《邓楼泵站突发事故应急预案》《邓楼泵站档案管理安全应急预案》等,均已向济宁局备案。济宁渠道管理处相应组建了兼职应急救援队伍,每年开展应急救援训练。应急设施、装备、物资符合应急预案规定。

4. 梁济运河输水航道工程 梁济运河输水航道工程为利用原有河道通过疏浚拓宽后运行调水。设计水位低于沿岸地表,为地下输水河道,加上两岸地下水位较低,梁济运河工程调水运行安全隐患相对较少。为确保通水运行期间工程安全,济宁渠道管理处成立了专门的巡查宣传队,确定了巡查方案。由济宁渠道管理处主任总负责,设队长2名、队员6名。调水期间增加6名队员以保护南水北调工程,加强宣传贯彻《南水北调工程供用水管理条例》《山东省南水北调条例》,在梁济运河输水沿线通过走进村庄、社区等方式开展宣传巡查活动,有效保障了工程安全、水质安全,以及沿线群众的生命财产安全,顺利实现调水目标,保证了南四湖上级湖水顺利调入柳长河河道内。

5. 柳长河输水航道工程 柳长河输水航道工程为利用原有河道通过疏浚拓宽后运行调水。设计水位低于沿岸地表,为地下输水河道,加上两岸地下水位较低,柳长河工程调水运行安全隐患相对较少。为了确保通水运行期间工程安全,渠道管理处成立了巡查宣传队,确定了巡查方案。由济宁渠道管理处主任总负责,设队长2名、队员5名,调水期间增加队员5名。结合以保护南水北调工程,加强宣传贯彻《南水北调工程供用水管理条例》《山东省南水北调条例》,在柳长河输水沿线通过走进村庄、社区等方式开展宣传巡查活动,有效保障了工程安全、水质安全、沿线群众的生命财产安全,顺利实现调水目标,保证了梁济运河的水顺利调入东平湖内。

2018—2019年度调水工作从2018年12月5日开始至2019年6月3日结束,累计运行165天,圆满完成2018—2019年度调水任务。

(张俏俏 杜森 黄雪梅 庞松凡)

【工程效益】

1. 二级坝泵站工程 二级坝泵站2013年10月23日进行试通水运行,11月15日实现正式通水运行。2013—2018年5个年度调水量分别为1.58亿 m^3、2.91亿 m^3、5.36亿 m^3、8.74亿 m^3、10.29亿 m^3,共调水28.88亿 m^3。

按照调度运行指令,二级坝泵站于2018年12月25日开机,2019年6

月1日停机，5台机组参与2018—2019年度调水运行，共运行6749.2台时，调水7.79亿 m^3。2019—2020年度调水工作于2019年12月12日正式开启，至2019年12月31日，调水约1.25亿 m^3。

截至2019年12月31日，二级坝泵站各机组已安全无故障运行3391.31台时，总调水量约37.92亿 m^3。

通过近几年的调水运行，泵站机组运行基本平稳、安全，圆满完成了各年度水量调度任务，达到了预期的效果，发挥了良好的经济效益和生态效益。

2.长沟泵站工程　长沟泵站管理处高度重视调水工作，始终把机组安全平稳运行作为调水工作最基本的要求，运行期间严格执行山东省局调度中心和济宁调度分中心的调度指令，严格执行两票制度，认真做好泵站现场的开、停机，落实调水值班、巡视检查，监控记录并按要求上报各项技术参数；同时认真落实机电设备的维修消缺，使机组始终处于完好状态。长沟泵站管理处按照调度方案的要求，合理安排机组投入运行，确保机组累计运行时间均衡；根据供水计划、上下游水位、流量等条件，合理安排泵组机组的开机台数，尽量减少泵站开停机次数。

按照山东省调度中心调度运行指令，2019—2020调水年度长沟泵站于2019年11月18日13时开机，2020年1月2日8时停机。本次供水机组累计运行1591.25台时，累计调水18510.69万 m^3。机组运行一直安全平稳，没有出现任何调水安全事故和影响水质安全的事件。

长沟泵站枢纽工程已经按照山东省调度中心的指令实现了梯级调水，并顺利地完成了本次年度调水任务，发挥了其应有的效益。

3.邓楼泵站工程　自2013年5月试运行以来，邓楼泵站共执行7个年度调水运行任务，2018年11月12日开始2018—2019年度调水，于2019年6月3日完成年度调水，共计运行6014.7台时，抽水6.94亿 m^3，发挥了南水北调工程作为国家基础战略性工程的重大作用。

邓楼泵站累计调水35.08亿 m^3，为缓解山东连年干旱发挥了关键性作用，初步发挥了南水北调工程作为国家战略性基础工程的重大作用。

4.梁济运河段输水航道工程　梁济运河段输水航道工程在运行期间，各项运行指标均满足设计要求，按照调度指令顺利完成了调水、度汛、灌溉等各项任务。2018—2019调水年度，梁济运河段顺利完成输水量6.29亿 m^3。

5.柳长河输水航道工程　柳长河段输水航道工程在运行期间，各项运行指标均满足设计要求，按照山东省调度中心和济宁调度分中心的指令顺利完成南水北送、引黄补湖、区域灌溉等输水任务。2018—2019调水年度柳长河段顺利完成输水量5.24亿 m^3。

（张俏俏　杜森　黄雪梅　庞松凡）

【环境保护与水土保持】

1. 二级坝泵站工程 二级坝泵站枢纽工程严格按照环境评价批复的要求完成工程建设，各项环境保护措施执行得当，环境监测数据符合国家及行业标准要求。

二级坝泵站枢纽工程按照批复的初步设计和水土保持方案完成了各项水土保持措施，并委托养护公司定期对树木进行养护，避免了水土流失。2019年度二级坝泵站补植红叶石楠球295棵、紫叶李159棵、大叶女贞树15棵、玉兰12棵、红叶石楠苗10000棵等，进一步丰富站区内树种，提高了绿化效果，美化了工程环境。

2. 长沟泵站工程 长沟泵站管理处对工作、生活区环境加强管理，建立卫生责任制度，责任落实到人，每天进行日常清扫，每周进行3次全面保洁。管理处加强对水质保障的巡视检查工作，明确专人负责，确保水质保持在Ⅲ类水质标准以上。泵站实行封闭式管理，保证了整个站区的环境卫生。

2019年度长沟泵站种植海棠29株、红叶石楠球6株、红叶石楠苗2000株；移植柳树46株、黄山栾2株、五角枫5株、紫叶碧桃1株、石楠苗260株。进一步丰富园区内树种及绿化效果。长沟泵站的水土保持工程采取了园林式绿化，主要包括弃土区水土保持、泵站管理区绿化、景观及部分室外工程，工程建成后委托具有资质的单位对建成后的树木、草皮进行养护，避免了水土流失，美化了工程环境。长沟泵站管理处继续保持济宁市"市级花园式单位"荣誉称号。

3. 邓楼泵站工程 邓楼泵站管理处对工作、生活区环境加强管理，建立卫生责任制度，责任落实到人，卫生保洁常态化。通过日常养护的开展和实施，四季常青、三季有花的邓楼泵站已形成渠水清澈、鱼水欢腾、飞鸟翔集、岸绿林荫的生态景观，按计划推进维修养护项目，继续打造人水和谐的生态水利花园式单位。

邓楼泵站管理处在工程巡查和调水过程中，加强对水质保障管理工作，配有专人负责配合水质监测工作，水质稳定达到地表Ⅲ类水质标准，保证了工程运行安全、水质安全。

4. 梁济运河段输水航道工程 济宁渠道管理处建立环境保护管理体系，加强环境保护工作，对工程现场日常环境进行清洁、打扫，确保闸站设备、管理区环境的整洁卫生，杜绝管理区内的排污、粉尘、废气、固体废弃物等乱堆乱放现象。组织专人加强河道巡视检查，严禁外来人员进入河道护栏范围内放牧、捕鱼、游泳、排放污水等破坏水环境行为。

梁济运河输水航道工程按照批复的初步设计和水土保持方案完成了各项水土保持措施。

5. 柳长河输水航道工程 济宁渠道管理处建立环境保护管理体系，加强环境保护工作，对工程现场日常环境进行清洁、打扫，确保闸站设备、管理区环境的整洁卫生，杜绝管理区内的排污、粉尘、废气、固体废弃物等乱堆乱放现象。组织专人加强河道巡视检查，严禁外来人员进入河道护栏范围内放牧、捕鱼、游泳、排放污水等破坏水环境行为。

柳长河输水航道工程按照批复的初步设计和水土保持方案完成了各项水土保持措施。

（张俏俏　杜森　黄雪梅　庞松凡）

【验收工作】

1. 二级坝泵站枢纽工程　二级坝泵站枢纽工程于2007年3月30日正式开工建设，2012年6月20日通过泵站机组试运行验收，2012年12月工程建设完成。2013年3月16日通过了设计单元工程通水验收技术性初步验收；5月10日通过了设计单元项目档案专项验收；5月20日通过了设计单元通水验收；2014年完成了环境保护专项验收；2015年3月完成水土保持专项验收。

2. 长沟泵站工程　长沟泵站枢纽工程于2009年12月5日正式破土动工。2013年3月31日工程已经全部完工。截至2018年，已经完成单位工程验收、合同验收、技术性初步验收、消防工程验收、安全评估验收、国家档案验收、水土保持设施竣工验收、设计单元工程完工验收。

3. 邓楼泵站工程　邓楼泵站枢纽工程概算批复总投资25723万元，泵站工程于2010年1月开工建设，2013年5月建成并通过试运行验收，2013年11月转入正式运行，已经完成单位工程验收、合同验收、技术性初步验收、消防工程验收、安全评估验收、国家档案验收、水土保持设施竣工验收。2017年10月31日，顺利通过南水北调东线一期南四湖—东平湖段输水与航运结合工程邓楼泵站工程设计单元工程完工验收。

4. 梁济运河段输水航道工程　梁济运河段输水航道工程概算批复总投资171742万元，工程于2010年12月30日正式破土动工。截至2015年12月31日，工程全部完工，已经完成单位工程验收、合同验收、技术性初步验收。2015年5月28日完成国家档案验收。

5. 柳长河输水航道工程　柳长河段输水航道工程概算批复总投资95027万元，工程于2010年12月30日正式破土动工。截至2015年12月31日，工程全部完工，已经完成单位工程验收、合同验收、技术性初步验收。2015年5月28日完成国家档案验收。2015年12月30日完成水土保持设施竣工验收。

（张俏俏　杜森　黄雪梅　庞松凡）

胶　东　段

【工程概况】　胶东段工程是南水北调东线一期工程的重要组成部分，是沟通连接南水北调山东段南北输水干

209

线与胶东输水干线中、东段工程的关键性工程。该工程上起东平湖渠首引水闸，下至小清河分洪道子槽引黄济青上节制闸，输水线路全长约240km，途经泰安、济南、滨州、淄博、潍坊、东营等6市。由济平干渠、济南市区段、明渠段、陈庄输水线路、东湖水库和双王城水库工程6个设计单元组成。工程实施后，设计输水流量50m³/s，加大流量60m³/s，计划年调水量8.83亿~10.26亿m³。

该工程为胶东地区的重点城市调引长江水奠定了基础，实现了南水北调工程总体规划的供水目标，有效地缓解了该地区水资源紧缺问题。

1. 济平干渠工程 济平干渠工程是南水北调东线一期工程的重要组成部分，也是向胶东输水的首段工程。其输水线路自东平湖渠首引水闸引水后，途径泰安市东平县、济南市平阴县、长清区和槐荫区至济南市西郊的小清河睦里庄跌水，输水线路全长90.06km。工程等别为Ⅰ等，其主要建筑物为1级；主要建设内容包括输水渠道工程、输水渠提防工程、输水渠两岸排水工程、河道复垦工程、输水渠上建筑物工程、水土保持工程等；全线设计输水流量为50m³/s，加大流量为60m³/s。

济平干渠工程是国家确定的南水北调首批开工项目之一，工程总投资150241万元。2002年12月27日举行工程开工典礼仪式，2005年12月底主体工程建成并一次试通水成功，

2010年10月通过国家竣工验收，是全国南水北调第一个建成并发挥效益、第一个通过国家验收的南水北调单项工程。

2. 济东渠道段工程 济东渠道段工程是济南局济东渠道管理处所辖工程，西起睦里庄节制闸，东至济东明渠段济南与滨州交界处，全长66.877km，主要包括济南市区段输水工程和济东明渠段济南段输水工程。

济南市区段输水工程是胶东输水干线西段工程的关键性工程，位于山东省省会城市济南，西起济平干渠末端睦里庄跌水，东至济南市东郊小清河洪家园桥下，横穿济南市区，全长27.914km，含睦里庄节制闸、京福高速节制闸和出小清河涵闸等控制性建筑物。其中利用小清河段自睦里庄节制闸闸下起，至小清河枢纽（京福高速节制闸和出小清河涵闸）止，长4.32km，输水暗涵段自出小清河涵闸起，沿小清河左岸布置至小清河洪家园桥下，长23.59km，全线自流输水。济南市区段输水工程等别为Ⅰ等，利用小清河段河道及堤防级别为2级，其余主要建筑物级别为1级。工程设计输水流量为50m³/s，加大流量为60m³/s。

济东明渠段济南段工程上接济南市区段输水工程洪家园桥暗涵出口，下至济东明渠段济南与滨州交界处，输水线路长38.96km，工程设计输水流量为50m³/s，加大流量为60m³/s。

3. 明渠段工程 明渠段工程上起

济南市区段输水暗涵出口，下至小清河分洪道引黄济青上节制闸，中间与陈庄输水线路工程衔接，输水线路全长 111.26km；分为两段，第一段自济南市区段输水暗涵出口至高青县前石村公路桥上游（陈庄输水段工程起点），长 76.685km，沿小清河左岸新辟明渠，全断面现浇混凝土衬砌，渠底宽 9.1～13.5m；渠道内坡 1：2.25，外坡 1：2.0。第二段自入小清河分洪道涵闸末端（陈庄输水段工程终点）至引黄济青上节制闸，利用小清河分洪道子槽输水，长 34.58km，其中新开挖土渠 29.175km，渠底宽14m，边坡 1：3，利用小清河分洪道子槽输水长 5.40km，渠底宽 38m，内外边坡均为 1：2。工程设计流量为 50m³/s，加大流量为 60m³/s。共建设各类交叉建筑物 407 座，其中节制闸、分水闸、泄水闸等 24 座，倒虹吸 177 座，桥梁 163 座，其他建筑物43 座。

4. 陈庄输水线路工程 陈庄输水线路工程是胶东管理局淄博渠道管理处所辖工程，主要位于山东省淄博市高青县境内，它是明渠段工程为避让陈庄遗址而单独划分出的一个设计单元工程。它上接明渠段工程上段（小清河左岸新辟明渠输水段）末端，下接明渠段下段（利用小清河分洪道子槽输水段）起点。工程实施后，为胶东地区重点城市调引长江水奠定基础，实现南水北调工程总体规划的供水目标。

陈庄输水线路输水渠道为全断面防渗衬砌弧形坡脚梯形渠道。采用梯形明渠断面，全断面现浇混凝土防渗衬砌，渠底宽 9.1～14.4m，渠道内坡 1：2.25，外坡 1：2.0；设计流量为 50m³/s，加大流量为 60m³/s。建设各类交叉建筑物 47 座，包括水闸 3座（其中节制闸 2 座、分水闸 1 座）、跨渠公路桥 6 座、跨渠生产桥 9 座、跨渠人行桥 4 座、穿渠倒虹 21 座（其中排水倒虹 12 座，田间灌排影响倒虹 9 座）、田间灌排影响渡槽 4 座。

5. 东湖水库工程 东湖水库位于济南市历城区东北部与章丘区交界处，距济南市区约 30km。工程永久占地 538.34hm²，水库围坝轴线全长8.125km，最大坝高 13.7m，最高蓄水位为 30.00m，相应总库容为 5377万 m³。建成后每年向章丘供水 1700万 m³，向济南市区供水 4050 万 m³，向滨州、淄博两市供水 2347 万 m³。泵站总装机容量 2700kW，主厂房内安装 1400HLB-9.5 型立式混流泵 2台，扬程范围为 12.7～8.78m，流量范围为 5.2～6.8m³/s，配套电机型号为 TL900-16/900kW，900HLB-9.5 型立式混流泵 2 台，扬程范围为13.1～9.25m，流量范围为 2.35～3.07m³/s，配套电机型号 YL560-10/450kW。工程主要建设内容包括：水库围坝、干线分水闸、小清河倒虹吸工程、入库泵站、穿围坝涵洞、出（入）库水闸、放水洞、排渗泵站及截渗沟等。

工程总投资 99890 万元,工程施工总工期 2.5 年,实际开工日期为 2010 年 6 月 6 日,完工日期为 2013 年 4 月 28 日。

6. 双王城水库工程 双王城水库位于山东省寿光市北部的寇家坞村北,距市区约 31km。利用原双王城水库扩建而成,双王城水库为中型平原水库,设计最高蓄水位为 12.50m,相应最大库容为 6150 万 m³,设计死水位为 3.90m,死库容为 830 万 m³,调节库容为 5320 万 m³。年入库水量为 7486 万 m³,出库水量为 6357 万 m³,蒸发渗漏损失水量为 1128 万 m³。出库水量中包括向胶东地区年出库水量 4357 万 m³,向寿光市城区年供水量 1000 万 m³,水库周边地区高效农业年灌溉用水量 1000 万 m³,设计灌溉面积为 1333.33hm²。设计最大入库流量为 8.61m³/s,设计出库流量为 28m³/s。

主要工程建设内容包括:围坝、输水渠、供水洞、水闸、桥梁、涵洞、入库泵站、截渗沟及排渗泵站等。

根据《水利水电工程等级划分及洪水标准》(SL 252—2000),南水北调工程为 I 等工程。双王城水库工程主要建筑物围坝、入库泵站、穿坝涵洞、输水渠为 2 级,其他建筑物为 3 级。公路桥和生产桥荷载标准为公路-II级。

双王城水库工程于 2010 年 8 月 6 日正式开工,2013 年 6 月 19 日通过技术验收初步验收。

(宋丽蕊 时庆洁 程栋 贾永圣)

【工程管理】

1. 济平干渠工程

(1)工程管理机构。济平干渠工程隶属南水北调东线山东干线济南管理局管辖,设立平阴渠道管理处和长清渠道管理处,作为山东干线公司的三级管理机构,对济平干渠工程行使管理职能,管理处下设综合科、工程管理科、调度运行科 3 个科室。

为响应国家的"管养分离"的工程管理模式,通过招标,确定山东润鲁水利工程养护有限公司为济平干渠工程日常维修养护单位。济平干渠工程共设 4 个管理站、2 个维修队伍、1 个巡查队伍;对辖区内输水渠道及水土保持进行日常巡查养护,对辖区内的渠道及其他建(构)筑物按照日常维修养护计划进行维修养护等。

三级管理机构(即管理处)与管理局签订安全生产责任书,管理处与辖区内的管理站、维修公司签订安全生产责任书,落实安全生产责任;管理处每年制定安全生产网格,完善安全生产体系。

(2)工程建设管理。2019 年,济平干渠工程紧抓工程质量,从项目申报、批复及实施均按照山东干线公司要求严格规范管理。着重加强安防设施防护作用,提高安全保障,对原超限使用防护网,且存在规格低、防护标准差等问题,组织实施了 28.3km(其中平阴段 10.6km、长清段 17.7km)的安全防护工程,收到良好的社会效益,并为今后实施全渠段防护网更换改造探索了经验。

（3）工程维护检修、设备维护。针对维修养护工作零散且难预测的特点，安排专人跟进，试行全过程跟踪，包括询价、定额测算、工程量现场确认及验收等。对合同内未涉及项目全程跟踪按照实际发生据实结算，有理有据，做到了合同双方的共同认可。其间，工程运行安全平稳，未发生一起纠纷件及安全事故，渠道工程整体运行管理良好。

（4）调水保障工作。

1）运行制度建设。通水前运行科人员现场采集流量计信息、校核电子水尺等，保障通水数据的正确性。管理处组织各闸站负责人进行《济南局2018—2019年度通水工程实施方案》《济南局2018—2019年度通水应急预案》等的学习，并向各闸站管护员发放《机电设备安全操作手册》等规程，委托代维单位每季度组织各闸站管护员开展集中培训学习活动，不断提升实际操作能力及现场管理水平。

2）前期准备工作。调水前各管理处组织对现场各渠段、各闸室进行全面的工程隐患排查及整改。排查内容包括机电设备、工程运行情况、调度管理系统、视频监控系统等，对显示故障的闸室启闭机进行了显示器更新。

3）巡查工作。管理处加强巡查并监督各管理站巡查，组织各管理站长、管护员全线巡查，要求巡查人员佩戴红袖章，携带救生圈（衣）、救生绳、电动车捆绑巡查小红旗，特别加强早、中、晚三个时间段的巡查。对巡查中发现的问题，当场整改，现场完成不了的，限期整改。

4）安全宣传。各管理站制作的横幅，悬挂于重要节点或者交通桥；山东干线公司和管理处印发的安全公告和南水北调条例沿渠道周边村庄张贴；巡逻车不定期在渠道进行播放南水北调条例广播；密切与渠道沿线各中小学校联系，联合地方红十字会和救援中心开展暑期安全教育活动，将安全手册发放到位，做好安全宣传；日常巡查工作的加强和宣传工作的广范围普及为全年度通水工作营造了良好的运行环境。

（5）安全生产管理。济平干渠根据工程实际情况，为充分确保沿渠工程安全运行，结合自身实际制定了安全生产目标，平阴、长清两管理处分别与各科室签订安全目标责任书，对安全生产实现全过程的监督检查，并不定期对安全生产目标进行考核。成立了由管理处主任为组长，各科室职员为成员的安全生产领导小组，明确责任。每月在各管理处召开不少于一次安全生产会议，学习落实有关文件、要求，并对安全生产责任制落实情况进行监督检查。按照安全教育培训计划对职工进行安全教育培训，并圆满完成了安全生产月活动。积极开展安全隐患排查工作，对发现的问题以任务单的形式发给养护单位进行整改，管理处根据整改日期进行督导及检查。

2. 济东渠道段工程

（1）工程管理机构。山东干线公司于2014年2月成立南水北调东线山东干线济南管理局（以下简称"济南局"），济东渠道管理处作为三级管理机构，行使济东渠道段工程运行管理职能，下设综合科、工程管理科、调度运行科3个科室，共有正式职工12名，其中主任1人、副主任1人、副主管3人。济东渠道管理处严格按照上级的调度指令对济东渠道段工程进行相应的调度运行，并具体负责济东渠道段工程维修养护和安全生产管理等工作。

（2）工程建设管理。跨（穿）越南水北调济东渠道段工程项目即济南邯济、胶济联络线刘姑店牵引站110kV外部供电工程已完工。济东渠道管理处严格按照工程管理规定和基本建设程序，对上述工程项目进行了监管，确保了工程安全运行。

（3）工程维护检修、设备维护。济东渠道管理处根据工程实际编制了2019年工程维修养护计划。山东干线公司与山东水利建设集团有限公司签订了《南水北调东线山东干线工程2019年度济南、胶东标段日常维修养护协议》，其中济东渠道管理段工程上半年日常养护费用为239.93万元，工程巡查看护费用为127.05万元，调水辅助费用为57.8万元。

（4）工程设施管理。济东渠道段

工程沿线布置睦里庄节制闸、京福高速节制闸、出小清河涵闸、赵王河倒虹涵闸、赵王河泄洪闸、遥墙节制闸、南寺节制闸、傅家节制闸、大沙溜倒虹涵闸、大沙溜泄洪闸等10座水闸，以及7处闸站管理区；并布置遥墙管理所、南寺管理所、傅家管理所、大沙溜管理所等4处管理所。工程设施的日常维护和看护委托山东润鲁水利工程养护有限公司实施。

（5）安全生产管理。2019年，济东渠道管理处严格落实安全生产责任制度，建立健全了安全生产网格体系及安全生产网格台账。进一步明确了安全生产责任，加强了对重点部位、重点环节的监控，针对重大危险源制订了事故应急预案，按照上级有关要求积极开展"安全生产月""安全生产隐患排查行动"等活动。落实了重大危险源安全管理和监控责任，明确重大危险源现场专职管理人员，确保安全生产处于受控状态。

根据山东干线公司《安全生产标准化体系试运行实施方案》安排，济东渠道管理处主要负责人和分管负责人高度重视、加强领导、落实责任，组织全体职工参与安全生产标准化建设。按照《水利工程管理单位安全生产标准化评审标准（试行）》要求，从机构和职责、全员参与、安全生产投入、法律法规与安全管理制度、教育培训、现场管理、安全风险管理、重大危险源辨识和管理、隐患排查治理、预测预警、应急准备、应急处置、应急评估等 13 个方面抓好落实工作；实行"全员参与、全过程控制、全方位展开"，营造出人人关注、人人参与、人人监督安全生产的工作氛围和环境。

3. 明渠段工程

（1）工程管理机构。南水北调东线山东干线胶东管理局（以下简称"胶东管理局"）作为二级机构负责明渠段工程（明渠段桩号 38＋868～76＋590，明渠段桩号 87＋895～122＋470）现场管理工作，下设三级管理机构淄博渠道管理处、滨州渠道管理处，负责工程的日常管理、维修养护、调度运行等事宜。淄博管理处管辖明渠段（桩号 38＋868～76＋590）长 37.722km 的渠道，滨州渠道管理处管辖明渠段（桩号 87＋895～122＋470）长 34.575km 的渠道。

（2）工程维修养护。2019 年度，完成日常维修养护金额 339.02 万元，其中维修养护项目完成投资 174.85 万元（合同内投资 151.67 万元，新增项目投资 23.18 万元），巡查看护项目完成投资 164.17 万元。

完成 2018 年度日常维修养护合同及补充协议验收工作；签订 2019 年度日常维修养护协议，并完成胶东管理局管理范围内的日常巡查看护与建筑物、渠道、设备、闸门、树木绿化及安全防护设施、重要设备等日常维护保养；完成限高限宽设施、波形护栏安装工程；建筑物修缮、闸区防护栏、路缘石、花砖更换等工程已进

场实施；完成渠道衬砌板冻融修复和混凝土修补工程；完成土渠段芦苇清除工程；完成胶东局衬砌段停水期应急检修工程；完成胶东管理局所辖 2019 年水毁修复加固工程。

（3）安全生产。进一步完善了安全生产责任制网格，逐级签订了安全生产责任书。定期组织召开安全生产会议，认真学习贯彻安全生产会议及文件精神，检查每月安全生产任务完成情况，解决安全生产中存在的问题，安排部署次月的安全生产工作任务。

每月组织对渠道工程进行全面"大、快、严"专项检查，特别对工程的重点部位和关键环节进行隐患排查，编制并上报检查整改报告，累计发现安全隐患 15 项，已整改 15 项。

组织全体人员学习《中华人民共和国安全生产法》《山东省南水北调条例》等安全法律法规，进行闸站启闭机、柴油发电机操作培训，通过现场操作提高了全员应急停电处置能力。邀请运维技术人员实地讲解自动化等设备的使用管理知识。开展"安全生产月"活动，积极组织员工参与全国水利安全生产知识网络竞赛、"全国安全生产月"官网举办的危险化学品安全知识网络有奖答题，参加以争做"水利安全将军"为主题的安全生产知识趣味答题活动，通过系列竞赛答题活动，学习安全生产有关知识。通过在渠道工程沿线重要闸站、交通桥悬挂安全警示标语、横幅，到

沿线中小学校发放《山东南水北调安全教育宣传本》等南水北调安全教育宣传材料，并走进课堂以安全宣讲的形式向中小学生普及安全知识，以提高工程沿线中小学生的安全防护意识。

做好防汛度汛工作，组织编制2019年度汛方案和防汛预案，完成预案审查，组织全员开展宣贯学习。不定期开展现场安全隐患排查、汛前和汛期检查。为庆祝新中国成立70周年围绕"防风险、保安全、迎大庆"开展了系列专项检查活动。受今年第9号台风"利奇马"影响，造成渠坡多处滑塌、衬砌板滑坡等多处水毁，各管理处全员现场值守，及时上报险情，采取合理措施加固渠坡，减少暴雨对渠道的冲刷。同时配合小清河破堤行洪，减轻下游压力。汛后积极开展工程修复加固，保障调水正常开展。

组织做好工程安全监测工作，收集整理安全监测设施设备运行及维护保养情况，建立安全监测设施设备台账。认真做好工程安全监测工作，开展安全监测12次，及时上报安全监测月报12份。2019年度明渠段工程安全生产工作平稳有序，无事故。

4.陈庄输水线路工程

（1）工程管理机构。胶东管理局作为二级机构对陈庄输水线路工程（桩号0+000～13+225）进行工程现场管理，胶东管理局淄博渠道管理处作为三级机构，负责陈庄输水线路工程的日常管理、维修养护、调度运行

等事宜。

（2）工程维修养护。截至2019年12月底，陈庄输水线路工程实际完成投资159.15万元。

完成日常维修养护实施方案、技术条款的编写制定及协议的签订工作，并严格按照合同管理办法和程序，做好日常维修养护任务单下发和维修养护月报上报及日常考核，抓好项目实施过程中的质量控制、计量支付和检查验收等工作。

（3）安全生产。胶东管理局始终坚持"安全第一、预防为主、综合治理"的安全方针，加强日常巡查检查力度，关注工程重点部位和薄弱环节，积极消除各类安全隐患，确保工程的安全运行。

按照安全教育培训计划组织全体人员有序学习安全法律法规及安全生产标准化相关制度、应急预案、处置方案、操作规程等，通过学习这些制度、规范、规程，提高了全员安全意识和应急处置能力。积极组织员工参与全国水利安全生产知识网络竞赛、"全国安全生产月"官网举办的危险化学品安全知识网络有奖答题，参加以"争做水利安全将军"为主题的安全生产知识趣味答题活动，通过系列竞赛答题活动，学习安全生产有关知识。

深入开展2019年度"安全生产月"系列活动，沿线发放宣传材料，并开展安全警示教育。2019年10月24—30日，胶东管理局组织对工程现

场开展了拉网式安全隐患排查专项治理活动。加强安全隐患排查、安全大检查，落实隐患整改。同时按照上级要求开展危化品专项整治行动，开展危化品排查行动，所辖工程没有危化品。还组织对辖区范围内建筑物、电气设备、电力线路等防雷设施及接地系统等进行专项安全检查。各项措施的实施均收到良好效果，2019年度未发生任何安全生产责任事故。

（4）防汛度汛。组织开展现场安全隐患排查、汛前和汛期检查累计5次。织编制2019年度汛方案和防汛预案，参加山东干线公司组织的预案审查会，根据审查会提出的意见和建议进行修改完善。召开视频会议，组织人员开展《2019年度汛方案和防汛预案》宣贯学习。按照胶东管理局和山东干线公司要求，做好防汛物资盘查和补充工作。5月17日，在中心沟倒虹开展了防汛演练，模拟大暴雨导致倒虹排水不畅、水位上涨展开演练，取得圆满成功。配合局工程科沿渠道开展了2次防汛检查，对发现的突出问题包括倒虹雨淋沟回填62.4m³、浆砌石破损修复10.7m³、倒虹进口清淤316.2m³进行了维护。积极与邹平市、高青县防汛部门对接联系。严阵以待，做好汛期值班工作，确保24小时内通信畅通，启动渠道分洪工程，抢险救灾，迎战台风"利奇马"。

（5）安全监测。按照《南水北调东、中线一期工程运行安全监测技术要求（试行）》（NSBD 21—2015）及相关规程规范要求，胶东管理局定期开展工程安全监测工作，配合上级部门对相关数据及时分析评估，为工程安全平稳运行提供了技术支撑。

认真组织做好工程安全监测工作，收集整理安全监测设施设备运行及维护保养情况，建立安全监测设施设备台账。2019年度开展安全监测12次，及时上报安全监测月报12份。

5. 东湖水库工程

（1）工程管理机构。山东干线公司于2014年2月正式成立济南局，行使东湖水库工程运行管理职能；按照山东干线公司机构、职员、岗位暂行方案，2014年2月成立东湖水库管理处，作为三级管理机构，具体负责东湖水库及其泵站蓄水附属工程的运行、生产、维护及水土资源开发经营等现场管理工作。东湖水库工程调度运行权限属于济南局，下设综合科、工程管理科、调度运行科，东湖水库管理处严格按照南水北调山东段调度中心及济南局调度分中心指令对东湖水库工程进行相应的调度运行。

（2）工程安全监测。按照南水北调工程安全监测技术要求，结合实际情况制定安全监测计划，规范做好渗流监测和表面变形监测工作，按月编制安全监测报告归档并上报济南局。2019年，对水库大坝及建筑物进行了垂直位移观测4次，水平位移观测4次，及时统计水库渗流监测数据；加强对水库截渗沟、入库泵站、济南放水洞、章丘放水洞等重点部位的巡视检查；对 2019 年各断面渗流监测资料初步分析结果表明，库内外观测设施水位未出现明显异常，调水期间未出现管涌及浸没现象，水库运行安全。

（3）工程维护检修、设备维护。东湖水库管理处组织编制并及时上报《2019 年东湖水库工程日常维修养护计划》。2019 年东湖水库管理处圆满完成截渗沟衬砌板维修、下游坝坡环库道路及护坝地养护土方、水库坝顶道路维修、围坝下游混凝土台阶维修、围坝下游坝坡纵横向排水沟维修、管理区雨水、消防水池溢水及净水房溢水集中排放、围坝草皮修剪、树木开穴浇水修剪打药养护等日常维修养护工作。在项目实施过程中，加强安全管理，严格投资控制，经验收，已完成的各维修养护项目工程质量优良。

管理处高度重视设备维修养护工作。对各闸室启闭机、电动葫芦、配电柜、控制柜、金属结构、机电设备等进行专项巡视检查，并定期进行维护保养。

（4）工程设施管理。定期对工程设施进行巡视巡查，建立自查自纠巡查台账，及时处理巡查问题，并将材料闭合。对东湖水库重要建筑物、景观、设施、苗木绿化进行管理看护，定期对东湖水库安全监测设施、设备进行自检自查，确保监测设备的正常运行。设立了安全警示牌和地下电缆光缆及管道设标识桩，针对巡查中发现的防护网缺失或损坏等问题，安排工程养护单位及时进行修补。

（5）安全生产管理。以"八大体系四大清单"为框架，做好安全生产标准化工作。根据水利部颁布的《安全生产标准化评审标准》，细化工作分工，责任落实到人。不断健全规章制度，夯实安全生产管理基础，认真开展安全生产标准化建设的自查工作，完善了《安全生产责任制》《安全生产应急预案》《隐患排查制度》《2019 年度度汛方案及防汛预案》等制度方案。全员签订 2019 年安全责任书，每月召开安全生产例会，开展安全隐患大检查及落实整改。先后组织 2019 年防汛应急演练和消防演练活动，通过实战提高危机意识和应急处理能力。严格保证安全生产费用支出规范，确保资金用在安全生产工作上。

6. 双王城水库工程

（1）工程管理机构。南水北调东线山东干线胶东管理局双王城水库管理处（以下简称"双王城水库管理处"）作为胶东管理局的下设管理机构，负责双王城水库工程的现场管理工作，包括工程的日常管理、维修养护、调度运行等事宜。双王城水库管理处下设综合科、工程科、调度科，具体承担双王城水库管理处的日常管理工作。

（2）工程维修养护。

1）日常维修养护项目。双王城水库管理处按照 2019 年工程维修养护合同组织开展工作，每月向胶东管理局上报维修养护计划，按照胶东管理局批复的月底任务书有序开展维修养护管理工作，主要完成的工作包括闸室看护，渠道巡查，土建、渠道、泵站及水土保持类日常维修养护工作。

2）专项维修养护项目。双王城水库管理处专项维修养护项目主要包括6项，其中硅晶板装饰项目、路灯、草皮改造项目、文化牌安装项目、屋顶平改坡项目均已完成合同验收。闸区防护栏、路沿石、透水砖更换项目及路灯改造、35kV电力线路升级改造项目已完成现场施工，进入合同验收阶段。

（3）安全生产。

1）隐患排查及整改。为强化隐患排查整治工作，做到"隐患排查、督促检查、整改落实"常态化，按照胶东管理局要求，双王城水库管理处每月定期开展"大、快、严"活动，对所辖工程进行全方位隐患排查。检查内容包括：各水闸的用电安全以及消防器材、设施设备的完好情况；渠道内坡及两侧道路的卫生以及是否存在安全隐患；管理边界范围内有无土地侵占情况；办公区、生活区的大功率用电以及消防安全隐患等。对于排查出的隐患及时进行限期整改。全年发现隐患67处，整改完成64处。

2）安全生产标准化。按照《水利工程管理单位安全生产标准化评审标准（试行）》要求，双王城水库管理处成立安全生产标准化自评工作

组。按照计划安排，对安全标准化建设和实施情况对照标准的13个一级项目、44个二级项目、122个三级项目逐项进行全面检查，查评涵盖了安全生产标准化评审的全部范围。评审过程通过现场查看、查阅资料、询问相关人员等形式开展，针对存在的问题，制定了整改计划，明确责任，限期整改，并将整改计划纳入年度考核指标，整改完成后的效果总体评价良好，能够符合安全生产标准化管理的基本要求。

3）双控体系建设。2019年8月30日，山东干线公司聘请山东水安的专家对双王城水库管理处风险分级管控与隐患排查治理体系建设进行辅导。2019年9月27日，双王城水库管理处完成了风险分级管控体系资料和隐患排查治理体系资料的创建、打印和签字工作。在后续工作中，相关人员对资料不断修改完善，于2019年12月16日形成了双控体系资料的最终稿。

2019年12月19日，山东干线公司在济南组织召开了风险分级管控与隐患排查治理体系建设培训咨询技术服务合同验收会议，对双王城水库管理处的双体系资料进行了验收，并提出了下一步工作的意见和建议。双王城水库管理处一直继续跟进双控体系工作，根据专家提出的意见和建议不断完善相关内容。

4）安全监测。双城水库管理处成立安全监测领导小组，小组每季度

开展垂直、水平位移测量；测压管非通水期每周一次测量，通水期间每周两次测量；每日开展蒸发、渗漏监测。水平位移最大累计为43.10mm（桩号为7+060）；建筑物最大累计水平位移量为30.38mm（供水洞）。沉降的最大累计量为围坝观测点58.36mm（桩号为7+060），建筑物观测点的最大累计沉降量为16.20mm（泄水洞），大坝垂直位移随着时间的推移，垂直位移逐渐增大。从监测数据分析得知，各断面沉降速率小，无较大不均匀沉降，整体变形协调性较好，坝体产生裂缝的可能性较小。2019年度渗漏量为631.5534万 m^3，防渗效果满足设计要求。

（宋丽蕊　时庆洁　程栋　贾永圣）

【运行调度】

1. 济平干渠工程　济平干渠设平阴渠道管理处和长清渠道管理处，作为三级管理机构对济平干渠工程进行运行管理。济平干渠工程的调度运行权限属于济南管理局，平阴渠道管理处和长清渠道管理处具体实施，按照南水北调东线山东干线济南管理局分调中心的调度指令对济平干渠工程进行相应的调度运行管理。

2018年10月31日至2019年7月6日，南水北调东线2018—2019年度调水工作；累计供水259天，累计供水量为6.29亿 m^3。2019年11月12日至12月31日完成调水量0.94亿 m^3；2019年全年共计调水248天，

水量约5.73亿 m^3。

2019年11月12日，开启胶东干线济平干渠渠首闸，标志着南水北调东线山东段2019—2020年度调水工作率先启动，为保障青岛、烟台、潍坊、威海及济南等城市供水，先期从东平湖取水，后期从省界抽江水量7.03亿 m^3。

2. 济东渠道段工程　济东渠道段工程于2018年11月1日8时开始供水运行，至2019年7月7日8时完成2018—2019年度供水运行工作供水任务。截至2019年7月7日8时，大沙溜倒虹涵闸累计过水量为57938.00万 m^3，累计过水时间为249天，向东湖水库供水1100万 m^3，向小清河补水598.68万 m^3。

2019—2020年度，济东渠道段工程供水运行时间为2019年11月12日，至2020年5月10日计划供水212天，实际供水时间以山东省调度中心调度指令为准，计划引东平湖水3.96亿 m^3。截至2020年1月1日8时，大沙溜倒虹涵闸累计过水量为5751.19万 m^3，累计过水时间为43天，向东湖水库供水88.73万 m^3。

调水期间严格执行调度指令、运行值班制度、工程巡视巡查制度及渠道、暗涵现场管理制度等，按时交接班，按照巡视路线对闸站设备进行巡视检查，划分责任区域，明确责任人员，确保了调水、蓄水运行安全，且汛期调水未发生安全生产责任事故。

3. 明渠段工程　2018—2019年

度调水工作自 2018 年 11 月 3 日开始，累计向胶东地区供水 51482.25 万 m³，其中 5 月 6 日 12 时开启东营南分水口，向东营市广饶县分水，累计向东营分水 500 万 m³。5 月 27 日 15 时开启锦秋水库分水闸口门向博兴锦秋水库分水，分水 287 万 m³；5 月 30 日 8 时开启博兴分水闸口门向博兴水库分水，分水 713.35 万 m³；累计向滨州市分水 1000 万 m³。分水前，及时与受水单位胶东调水局、博兴县水利局、广饶县水利局沟通协调，做好分水前的水量底数确认；调水过程中，每月进行一次水量签字确认；调水结束后，及时与各受水单位进行总量确认，保证了水量数据准确可靠。输水期间信息传递畅通，指令传达和执行及时、准确，渠道、建筑物、机电设备及闸门等运行正常，状况良好。

4. 陈庄输水线路工程　完成 2018—2019 年度调水任务。按年度水量调度计划，圆满完成了 2018—2019 年度胶东段工程调水任务，截至 2019 年 7 月 7 日 14 时，累计完成调水量 5.27 亿 m³。调水期间严格执行 24 小时值班制度，确保在调水期信息传递畅通，指令传达和执行及时、准确，确保了向胶东地区持续供水安全。调水期间胶东段渠道、水库工程及建筑物工程运行平稳，未发生边坡沉降、滑坡、冲刷塌陷等影响调水的问题，渠道输水稳定，工程运行状况良好。

5. 东湖水库工程

（1）调水充库与供水情况。

2018—2019 年度，根据山东省调度中心指令，2018 年 11 月 30 日至 12 月 6 日、2019 年 3 月 1—12 日、5 月 13—15 日、5 月 25—30 日，累计调水冲库过水时间为 543.1 小时，累计入库水量为 801.4106 万 m³。2018 年 10 月 1 日 8 时到 2019 年 10 月 1 日 8 时，共安全供水 365 天，其中向章丘配套累计供水 781.9887 万 m³。2018—2019 年度，截至 2019 年 12 月 31 日 16 时，调水充库累计过水时间为 543.1 小时，累计入库水量为 1101.5566 万 m³，其中向章丘配套累计供水 977.2232 万 m³。

（2）泵站维修养护。组织实施东湖水库供配电系统安全改造项目。主要完成配电室内地坪漆施工改造、空调采购及安装、百叶窗更换、10kV 室开关柜改造、35kV 主变母排支架改造、35kV 进线穿墙套管防护罩安装、35kV 开关柜触头盒更换、35kV 进线电缆护栏安装等。2019 年 12 月 5 日，南水北调东湖水库供配电系统安全改造项目通过合同完工验收，为水库调水安全运行提供了重要保障。

2019 年，完成水库各闸门更换不锈钢盖板及不锈钢防护门安装、电动葫芦及启闭机设备维修、泵站集水廊道排水泵和止回阀维修、泵站电气设备及电力电缆维护等，对电力安全工器具进行了预防性试验，对东湖水库防雷装置进行防雷检测，完成 2019 年度东湖水库泵站电气预防性试验等。

6. 双王城水库工程

（1）年度调水。

1）2018—2019 年度调水。2019年3月15日14时开始调水，6月14日11时停机，双王城水库累计入库1902.54 万 m^3，水库水位达到12.00m，库容为5835.5 万 m^3。

2）2019—2020 年度调水。2019年12月26日17时30分开始调水，截至2020年3月2日，水库水位达到12.20m，库容为5961.30 万 m^3。运行1号、2号机组，累计入库水量为2802.75 万 m^3。

3）双王城水库通过寿光供水洞供水。2019 年 1 月 1 日至 2020 年 1月 1 日供水 2861.3313 万 m^3。2015年 5 月 25 日至 2020 年 1 月 1 日累计供水约 7750 万 m^3。

运行期间，运行值班人员准确执行上级调度指令，严格按照操作规程进行机组开停机及闸门启闭，并及时反馈执行情况；严格按照巡视检查制度完成值班期间泵站机电设备、金属结构等巡查工作，并做好记录；严格执行交接班制度，认真做好交接班工作；及时进行故障处理，确保安全运行。调水期间运行值班人员严格执行运行值班制度，全力确保调水安全，顺利完成调水充库工作任务。

2019 年 8 月 12 日，受台风"利奇马"影响，寿光遭遇强降雨，为缓解寿光防汛压力，双王城水库入库泵站紧急开机抽水入库，共抽水 147.68 万 m^3。

（2）机组大修。为确保水泵机组稳定运行状态，按照机组大修有关规定，自 2018 年 11 月 30 日起，双王城水库管理处开展组织对 2 号、4 号机组进行大修项目实施，对机组的主电机进行检修维护，对主水泵解体大修及组装，固定部件进行了测量调整，对易损件进行了更换，恢复了机组最佳运行状态。2019 年 12 月 27 日，入库泵站 2 号、4 号机组大修项目顺利通过合同验收。

（宋丽蕊　时庆洁　程栋　贾永圣）

【工程效益】

1. 济平干渠工程　在圆满完成全年调水计划的同时，配合完成东平县、平阴县的地方防汛工作。在历次工程调水运行期间，严格按照调度指令运行，并认真做好运行值班记录，及时总结上报运行水情观测情况，未发生安全生产责任事故。

2. 济东渠道段工程　2019 年向济南市区、胶东地区、东湖水库等地区的调水工作，实现了南水北调工程总体规划的供水目标，从而有效缓解工程沿线地区水资源紧缺问题，在调水、地方防洪、抗旱、排涝、生态环境改善以及小清河补源方面发挥了重要作用，经济社会效益显著。

济东渠道段工程采取了较完善水土保持生态修复措施，采取适当的水土保持措施有效控制水土流失量，工程防护和管理不断加强，沿线地区土壤侵蚀有效控制。人工林草植被良好，生态环境明显改善，为当地群众开展水土保持综合治理起到了示范作用，在一定程度上带动了当地经济、交通、文化进一步发展，提高了环境的承载力。

3. 明渠段工程 按年度水量调度计划，圆满完成了2018—2019年度胶东段工程调水任务，截至2019年7月7日14时，累计完成调水量5.27亿 m³。其中，完成向锦秋水库分水287万 m³、向博兴水库分水713.35万 m³。涵养了工程沿线的地下水资源，解决了部分地区水资源紧缺问题。

4. 陈庄输水线路工程 陈庄输水线路完成了2019年度向胶东地区的调水工作，实现了南水北调工程总体规划的供水目标，从而有效缓解工程胶东地区沿线水资源紧缺问题，在调水、地方防洪、抗旱、排涝、生态环境改善方面发挥了重要作用，社会经济效益显著。

5. 双王城水库工程 双王城水库工程的主要任务是调蓄干线引江水量，解决干线输水与各引水口在时空分配上的矛盾，向受水区青岛、潍坊、寿光等胶东地区供水。2019年度，双王城水库向寿光供水累计达2861.3万 m³。该工程有效地保障了地方安全供水，极大地改善了当地的生产、生活、生态环境。

（宋丽蕊 时庆洁 程栋 贾永圣）

【环境保护与水土保持】

1. 济平干渠工程 济平干渠平阴、长清渠道管理处始终坚持"绿水青山就是金山银山"的发展理念，在生态文明建设和南水北调水质保障方面不断研究探索，进一步提升南水北调水质保障工作能力，健全完善长效机制，毫不懈怠抓好各项工作落实。加强渠道巡查力度，落实各项措施，杜绝发生影响水质安全的事件发生，加强政策机制研究，不断推进南水北调事业发展，确保济平干渠工程发挥生态效益和社会效益。

济平干渠工程沿线90.06km，共植树56万余株（树种包括柳树、白蜡、国槐、五角枫、杨树、法桐等），绿化草皮超过300万 m³。形成了近90km长、100m宽的景观绿化带，打造了一条绿色长廊和生态长廊，为改善地方生态环境发挥了一定的积极作用。

2019年，济平干渠工程沿线完成树木补植、病虫害防治、林木修剪、打药除害、树木扩穴培墒、水土保持草管理等生态和林木管理工作，水土保持效果良好。同时，为保障济平干渠长平滩区护城堤建设工作，对各桥段林木集中采伐，并集中开展补植工作，保障沿渠生态和谐。

2019年，平阴及长清渠道管理处辖区内各管理站对各自的管理区进行了整体规划，并对渠道沿线林木进行轮伐，营造了较好的工作和生活环境，院内绿化效果良好。

2. 济东渠道段工程 据2016年环境保护部环境工程评估中心编制的《南水北调东线山东干线有限责任公司

南水北调东线第一期工程济南至引黄济青段工程竣工环境保护验收调查报告》表明，济南市区段工程和济东明渠段工程施工期生产废水、生活污水均采取了相应处理措施，运行期污水主要来源水各闸站管理人员少量的生活污水，基本不会对周边地表水环境产生影响；工程涉及的区域内生态环境状况协调，生物多样性较工程建设以前变化较小；施工单位对工程涉及的施工营地、取弃土区等临时占地均完成了平整或复耕，闸站管理所内永久占地采取了植树种草等绿化措施，生态恢复良好，工程沿线土地利用类型的主次顺序变化不大，仍然是以农田为主；区域总体景观异质性加大，景观破碎化程度有所增加，但毕竟影响的范围有限，整体上对整个评价区域土地利用格局的影响很小。在工程运行期间济东渠道管理处内未设置锅炉房，采用空调取暖，食堂排烟口安装有油烟净化器，对周围大气环境影响甚微。运行期噪声主要是闸站运营噪声，据抽查监测结果，符合《工业企业厂界噪声标准》（GB 12348—1990）中的Ⅰ类标准。施工期与运行期产生的固体废物均得到妥善处置。济东渠道管理处采取了一系列的环境风险防范措施和应急管理措施，针对突发性水质污染环境事件制定了《济南市区段及济东明渠段工程水质保障应急预案》，工程建设期间和运营以来均未发生过环境污染事故。山东省环境保护厅2016年9月7日签发了《山东省环境保护厅关于南水北调东线山东干线有限责任公司南水北调东线第一期工程济南—引黄济青段工程竣工环境保护验收合格的函》，标志着济南市区段工程和济东明渠段工程环境保护验收合格。

根据国家批复，济南市区段工程与济南市小清河综合治理工程结合实施。济南市区段输水暗涵主体工程完成后，将工作面及时交与济南市小清河综合治理工程，由其进行输水暗涵顶部绿化；上游利用小清河输水段水土保持工程委托济南市小清河开发建设投资有限公司建设，与济南市小清河综合治理工程结合实施。

济东明渠段济南段工程全长38.96km，共植树87103株，绿化草皮面积超108万 m^2，打造了一条绿色长廊和生态长廊，完成苗木补植3000余棵，成活率达90%以上。完成林木修剪、打药除害、树木扩穴保墒、水土保持管理等生态、林木管理工作，水土保持效果良好，没有发生大的雨淋沟、塌方及失火现象。同时，济东渠道管理处对所辖济东明渠段沿线5个闸站管理范围及4处闸站管理所进行了整体规划，营造了较好的工作和生活环境，院内绿化效果逐步向美化方向发展，取得了良好的效果。

3. 明渠段工程 胶东管理局所辖明渠段工程沿线约72km，共植树18万余株，绿化草皮215hm²，形成近70m宽、72km长的景观绿化带，并逐步打造成一条绿色长廊和生态长廊，为改善地方生态环境发挥了一定的积极作用。

同时，胶东管理局利用春季植树有利时机，开展了渠道沿线义务植树活动，全局参与植树2200棵。针对干旱少雨的情况，组织养护队伍及时浇水，90%以上长势良好。

4. 陈庄输水线路工程 2019年度，胶东管理局与地方有关单位进行了2次水土保持工作交流学习。淄博渠道管理处完成了树木修剪、打药除害、草皮修剪、对不合格的树木进行补植替换等管理工作，对管理区进行了整体规划，营造了较好的工作生活环境，院内绿化逐步向美化方向发展，取得了良好的效果。同时做好闸室铺设花砖和建筑物修缮等工作，进一步提升了南水北调工程形象。

5. 东湖水库工程 东湖水库管理处特别重视库区水土保持和管理区绿化美化工作。水库大坝安全是安全生产的重中之重，好的水土保持能够更好地维护坝体稳定，增强抵御台风、暴雨等自然灾害的能力；管理区作为东湖水库形象展示的窗口，同时也是职工长期工作生活的场所，好的生态环境对外提升了东湖水库的形象，也有利于职工身心健康。近几年，东湖水库管理处新栽植补植各类苗木总计30多个品种6000余棵，围坝及护堤地的水土保持情况大大改善，管理区形象面貌不断提升。

6. 双王城水库工程 环境保护专项工程主要包括生态环境保护、水环境保护、大气环保护等。工程施工过程中及时做好以上保护工作，并及时做好环境保护工程资料的收集、整理和归档工作，为调查报告的编写及验收申请做好前期准备工作。

通过日常维修养护，认真做好水土保持工作，2019年度完成白蜡、冬青等树木补植工作；完成围坝外坡草皮修剪、浇水、树木刷白、剪枝等养护工作。

（宋丽蕊 时庆洁 程栋 贾永圣）

【验收工作】

1. 明渠段工程 2019年，完成尾工预留资金项目的施工和分部工程验收工作；完成胡楼桥的分部工程验收工作和济东明渠段新增大张节制闸、赵家节制闸、入分洪道涵闸下游河道护砌工程合同项目验收工作。

2. 双王城水库工程 2019年12月26—27日，山东干线公司组织对双王城水库泵站2号、4号机组大修试运行暨双王城水库泵站2号、4号机组大修技术服务合同进行验收。

（宋丽蕊 时庆洁 程栋 贾永圣）

鲁 北 段

【工程概况】 鲁北段工程是南水北调东线山东干线的关键性输水线路之一。起于黄河南岸的东平湖，止于德州市武城县大屯水库，包括穿黄工程7.9km、聊城段渠道工程110.0km、德州段渠道工程65.218km、大屯水库工程及临清市、夏津县、武城县灌区影响处理工程。主要任务包括：通过穿黄工程打通东线穿黄隧洞，连接东平湖和聊城段、德州段输水干线，实现调引长江水通过沿线渠道上的分水口门和大屯水库供水洞，向聊城市东阿县、阳谷县、莘县、江北水城旅游度假区、冠县、高唐县、茌平县、临清市及德州市德城区、陵城区、夏津县、武城县、乐陵市、平原县、庆云县、宁津县供水，满足调水沿线城区生活、工业、生态环境用水，同时具备向河北省、天津市应急调水的条件。

1. 穿黄河工程　穿黄河工程是南水北调东线的关键控制性项目。项目建设的主要目标是打通东线穿黄河隧洞，并连接东平湖和鲁北输水干线，实现调引长江水至鲁北地区，同时具备向河北省东部、天津市应急供水的条件。工程建设规模按照东线二期结合实施，过黄河设计流量为 $100\mathrm{m}^3/\mathrm{s}$。工程主要由闸前疏浚段、出湖闸、南干渠、埋管进口检修闸、滩地埋管、穿黄隧洞、隧洞出口闸、穿引黄渠埋涵以及埋涵出口闸等建筑物组成，主体工程全长 7.87km。工程总投资为 6.13 亿元。为统一工程调度，根据公司综合改革方案，2019 年将穿黄北区东阿分水口纳入穿黄河工程管理。

2. 德州段渠道工程　德州段渠道工程自聊城、德州市界节制闸下游师堤西生产桥至大屯水库附近的草屯桥（桩号 110＋006～175＋224），渠道全长 65.218km，沿河设 8 处管理所；

共有各类建筑物 128 座，其中节制闸 8 座、穿干渠倒虹吸 3 座、涵闸 76 座、橡胶坝 1 座、桥梁 40 座（生产桥 33 座、人行桥 5 座、公路桥 2 座）。设计输水规模为 $21.3～13.7\mathrm{m}^3/\mathrm{s}$；工程防洪标准和排涝标准分别为"1961 年雨型"防洪（对应防洪标准为 20 年一遇）、"1964 年雨型"排涝（对应除涝标准为 5 年一遇），六分干及涵闸排涝标准为 5 年一遇。

3. 大屯水库工程　大屯水库工程位于山东省德州市武城县恩县洼东侧，距德州市德城区 25km，距武城县城区 13km。水库围坝大致呈四边形，南临郑郝公路，东与六五河毗邻，北接德武公路，西侧为利民河东支。大屯水库工程占地总面积为 $648.86\mathrm{hm}^2$，围坝坝轴线总长 8914m，设计最高蓄水位为 29.80m，最大库容为 5209 万 m^3，设计死水位为 21.00m，死库容为 745 万 m^3，水库调节库容为 4464 万 m^3。初设批复建设工期为 30 个月。主要工程包括：围坝、入库泵站、六五河节制闸、引水闸、德州供水洞和武城供水洞、10kV 及 35kV 专用电力线路工程等。入库泵站设计入库流量为 $12.65\mathrm{m}^3/\mathrm{s}$，向德城区供水设计流量为 $4\mathrm{m}^3/\mathrm{s}$，向武城县城区供水设计流量为 $0.6\mathrm{m}^3/\mathrm{s}$。工程建成运行后，可分别向德州市德城区、武城县城区年供水 10919 万 m^3 和 1583 万 m^3。

大屯水库工程于 2010 年 11 月 25 日开工建设；2012 年 12 月底，主体工程完工；2014 年 4 月 30 日，完成全部尾工建设。批复工程投资 130829 万元，截至 2017 年年底，累计完成工程投资 126254.76 万元。

4. 聊城段工程　聊城段工程是南水北调东线一期工程的重要组成部分。途经聊城市的东阿县、阳谷县、江北水城旅游度假区、东昌府区、经济技术开发区、茌平县、临清市 7 个县（市、区）。由小运河工程、七一·六五河段六分干工程组成。主要工程内容为输水渠道及沿线各类交叉建筑物。工程范围上起穿黄隧洞出口，下至师堤西生产桥，接七一·六五河段工程。聊城段工程渠道全长110.0km，其中小运河段长 98.3km，设计流量为 50m³/s，利用现状老河道58.2km，新开挖河道 40.1km；临清六分干段长 11.7km，设计流量为25.5～21.3m³/s。新建交通管理道路111.1km。输电线路全长 40.9km。工程沿线包括各类建筑物（含管理用房）479（处）座，其中水闸 232 座（节制闸 13 座、分水闸 8 座、涵闸188 座、穿堤涵闸 23 座）、桥梁 153座、倒虹吸 44 座、渡槽 12 座、穿路涵 10 座、暗涵 4 座、涵管 2 座、管理用房 21 处、水质监测站 1 处。

（方丽　赵龙　邱占升　崔彦平）

【工程管理】

1. 穿黄河工程

（1）工程管理机构。南水北调东线山东干线泰安管理局穿黄河工程管理处（以下简称"穿黄管理处"）为穿黄河工程现场管理机构，下设综合科、工程技术科和调度运行科，具体负责穿黄河工程的运行管理。

（2）安全生产和防汛度汛。

1）建立健全运行管理机构。为加强穿黄河工程运行安全管理，根据山东干线公司要求及现场人员变化情况，及时调整工程运行安全管理机构，重新明确了安全生产领导小组、防洪度汛领导小组、应急处置领导小组等机构及其工作职责和小组成员。

2）定期召开安全生产会议。为了更好地对安全生产工作进行安排部署、跟踪问效，穿黄管理处每月召开安全生产会议。会议内容主要包括：传达和贯彻上级有关安全生产会议、文件、通知精神；对自查自纠以及上级检查发现的问题研究解决方案；安排部署近期安全生产工作等。

3）扎实做好工程安全生产和防汛工作。研究制定了穿黄管理处 2019年度安全生产目标，逐级签订安全生产责任书，完善了安全生产责任网格化管理。

4）持续开展安全生产隐患排查工作。穿黄管理处每月进行一次安全隐患大排查活动，对工程现场以及办公区进行全面检查，建立隐患整改台账，明确责任人，限期整改，及时消除安全隐患。开展安全生产专项整治活动。开展了消防安全专项检查以及工程安全保障自查活动，完成了电气预防性试验。

5）扎实组织开展"安全生产月"活动。穿黄管理处认真贯彻落实公司要求，制定了"安全生产月"活动方案，扎实组织开展了安全生产月各项活动。积极参加安全生产知识竞赛和水利网络知识竞赛。通过竞赛，让每一位员工掌握安全生产知识，提高了安全生产意识。开展安全宣传咨询日活动。通过现场设立咨询台、悬挂宣传横幅、向工程过往群众发放《山东省南水北调条例》和安全教育宣传本等形式开展活动，解答群众咨询，进一步强化工程沿线人民群众的安全防范意识和关心爱护南水北调工程意识，保障工程安全，活动取得了实实在在的成效。开展安全生产宣讲活动。定期开展水利安全生产警示专题教育活动。

6）安全生产标准化体系工作。根据公司下发的相关标准化建设的通知，穿黄管理处进一步建立健全组织体系，落实运行安全管理体系要求，规范开展运行安全管理标准化建设各项工作。

7）治安与反恐工作。与派出所开展联合整治行动，对违反南水北调条例的行为和现象及时制止，有效保障了工程安全运行。

8）安防设施与措施。在日常维修养护工作中，及时修复破损的防护网，在人员来往密集处增设警示标志，在渠道与桥梁等结构物交叉部位的安全薄弱部位粉刷了警示标语，确保周边群众生命财产安全。

9）应急管理。穿黄管理处建立了应急处置领导小组，严格执行应急预案及现场处置方案；组织开展了防汛演练、防溺水演练、消防演练等应急演练，以此来加强职工对突发事件的认识，提高职工应对突发事件的能力。

（3）维修养护工作。完成穿黄河工程维修养护计划的报批及签订工作，按照批复的维修养护计划及维修养护标准，加强对维修养护公司穿黄工程管理站的考核管理，做好工程维修养护工作验收及支付准备工作，按照要求每月完成维修养护情况月报，落实穿黄河工程维修养护工作。根据原国务院南水北调办对工程运行管理进行的专项稽察和飞检提出的问题，制定整改措施，认真完成了问题整改落实工作。结合工程运行管理工作，组织开展《南水北调工程维修养护标准》和《南水北调工程维修养护验收办法》的培训。通过落实日常维修养护及自查和上级检查发现问题的整改工作，确保工程设备始终处于良好运行状态。

（4）工程宣传。通过悬挂南水北调宣传条幅、设立警示标牌、张贴安全警示标语、发放《山东省南水北调条例》等方式，认真组织开展工程宣传和《山东省南水北调条例》宣贯工作，营造良好的社会舆论氛围环境。

2. 德州段渠道工程

（1）工程管理机构。夏津渠道管理处作为三级管理机构，具体负责德州段渠道工程（桩号 110＋006～175＋224）及管理范围内工程的运行管理工作。2019 年 10 月前，夏津渠道管理处内设综合科、运行管理科 2 个科，现有正式职工 11 人（包括主任、副主任、运行管理科科长、渠道值班长各 1 人）。2019 年 10 月（含）后，夏津渠道管理处内设综合、工程管理和调度运行 3 个岗，现有正式职工 11 人（包括主任、副主任及综合、工程管理和调度运行岗副主管各 1 人）。

（2）工程管理基本情况。

1）做实做细维修养护管理工作。根据公司预算管理及维修养护管理办法、德州局维修养护细则，编制并完善了 2019 年度预算、维修养护计划、实施方案。

2）做好工程环境面貌提升工作。实施完成了园区坑塘护砌、亲水平台增设及雪松、桑葚、法桐、五角枫栽植与调度楼内综合布线、七一河段左岸泥结碎石路面硬化、侯堤与八支倒虹两座跨渠人行桥架设、六六河等 4 座涵闸及侯堤倒虹 T 接专用供电设施、滑块支承闸门关闭困难改进及闸门止水改造、王庄节制闸启闭机机旁箱及其内设施等配置更换、视频监控系统传输线路及自动化调度系统设备维修、园区增加监控点等环境面貌提升项目。

3）做好工程防护及边界管理工作。在重要建筑物醒目位置安设告知牌、增设安全警示标语牌 75 块，在渠道沿线防护网增设安全警示牌 156

块；及时制止越界种植、违规建设等行为的发生，确保管理边界清晰。

4）加强日常巡视和专项检查，做好稽查、自查整改工作。将渠道划分为三段，管理人员分为三组，通过分段分组"交叉互查"方式，不定期开展日常巡视检查或专项检查工作，建立问题清单台账，明确责任单位和整改时限，制定整改措施及时整改；调水期将渠道巡护及扬水站巡哨工作委托给地方保安公司，保护范围内取土和管理范围内越界种植、违规建设及调水期抽水等行为被有效制止。

5）配合做好水政监察辅助执法工作。根据《山东省南水北调水政监察工作规则》规定，夏津渠道管理处明确专人配合做好水政监察辅助执法工作。

（3）安全生产管理基本情况。

1）细化目标，强化制度落实。按照 2019 年度安全生产工作总体部署及目标要求，细化安全生产目标，签订安全生产责任书，形成层层抓落实的安全生产管理格局；开展 37 项安全生产管理制度、13 项现场应急处置方案及综合应急预案的讨论学习，稳步推进安全标准化建设工作。按时召开安全生产工作会议，传达学习上级部门会议精神和文件通知；利用信息平台，及时发布高空、临空、临水和有限空间作业及临时用电等安全生产知识；不定期开展全线安全隐患排查工作、检查安全生产任务落实情况。

2）严格落实安全生产及防汛度

汛主体责任。夏津渠道管理处核定了沿线防汛及安全生产人员，其中田汉功为现场总负责，帅永奎配合；谢峰、邱占升、张璐分三段负责渠道工程现场，其他人员配合。

3）加强安全生产培训和宣传力度。开展《国家安全法》《安全生产法》等法律学习，观看了《辉煌中国》《事故的代价》《我选择了视而不见》《安全从我做起》等国家安全及警示教育片；赴渠道沿线的学校分别发放安全教育宣传本 15820 册、宣传材料 3000 余份，悬挂条幅 13 幅；对闸站值班人员持续开展金结机电设备设施操作流程、注意事项、维修养护要求和事故应急处理等现场操作指导。按照年度培训计划，开展经常性安全生产教育培训 15 期，相关方作业人员安全教育培训 1 期，外来检查人员安全告知 3 批；积极开展 2019 年"安全生产月"活动及安全生产宣誓、火灾逃生演练等活动，组织职工学习职业健康管理制度，参加全国水利安全生产知识网络竞赛、《水安将军》安全生产知识趣味活动等。

4）做好现场安全管理工作。建立闸门、启闭机等主要设备台账和安全技术档案，明确各自安全鉴定、检测时间。完善现场安全设施，重要建筑物醒目位置增设安全警示牌、维护涵闸临空栏杆、闸门吊物孔加设不锈钢格栅盖板等。

5）做实做细工程防汛工作。编制修订度汛方案及防汛预案，召开防

汛度汛工作会议，开展防汛应急桌面演练，做好现场应急处置程序的培训指导。2019 年 5 月 8 日组织召开 2019 年防汛度汛工作会议，开展了防汛应急桌面演练。做好防汛人员和物资储备准备。明确防汛物资管理人员，对防汛物料定期核查和维护保养；组建防汛抢险队伍，签订防汛抢险预备队和防汛抢险机械设备调遣与砂石料供应协议，便于汛期抢险时即调即用。和地方防汛部门建立联动协作机制。四是做好汛期值班及安全巡查检查工作，实行 24 小时领导带班制度。在 9 号台风"利奇马"影响山东期间，迅速进入防御状态，主动与地方水利局沟通后及时开启了沿线承担排涝功能的涵闸，落实了各项防御措施，及时传达预警信息。对于汛期造成的渠坡坍塌和冲沟，管理处及时组织养护单位进行了修复。

6）强化消防安全管理工作。夏津渠道管理处制定了《消防安全管理细则》，建立防火重点部位、场所和消防设施台账，设立灭火器"身份证"即各自的二维码，定期检查消防设施；开展"防风险保平安迎大庆"消防安全检查。2019 年 6 月 27 日在夏津渠道管理处园区开展火灾逃生演练，在七一河左岸德上高速桥下开展 2019 年度冬季消防应急演练工作。

（4）加强年度预算管理工作。

1）根据预算管理、招标和非招标项目采购管理办法规定，做好年度预算、采购计划、采购方案的报告编

报工作。

2）建立预算执行信息台账，做好预算项目跟踪管理工作。按照山东干线公司《关于加快 2017 年度预算项目实施的通知》《关于下达南水北调东线山东干线有限责任公司 2018 年度预算的通知》《关于印发〈南水北调东线山东干线有限责任公司 2019 年度预算项目招标采购计划方案〉的通知》要求，认真梳理 2017 年专项维修养护和 2017—2019 年度预算项目，积极推进各预算项目的实施进度。

3．大屯水库工程

（1）运行管理机构。2014 年 2 月 25 日，山东干线公司成立南水北调东线山东干线德州管理局（以下简称"德州局"），作为现场派驻机构，负责德州段的干线工程运行管理工作。德州局下设大屯水库管理处，编制 22 人，2019 年年底到岗 17 人，其中研究生学历 5 人，本科学历 5 人，专科学历 7 人，是一支学历层次较高，专业涵盖较全，充满活力、朝气蓬勃，凝聚力、战斗力较强的集体队伍。

（2）制度建设。2019 年，大屯水库管理处结合公司综合改革方案，在贯彻执行省局、山东干线公司及德州局等上级有关部门制定的制度基础上，及时调整完善大屯水库管理处相关规定和制度，结合职工的专业特长，及时调整岗位职责和人员职责分工、相关工作领导小组成员以及梳理修改完善内部管理制度。通过建章立

制，使得职工能够及时准确掌握内部管理制度，明确工作内容、范围、要求、程序和方法，保证了各项工作开展有依有据。

（3）维修养护工作。编制并及时上报《工程日常维修养护计划》。做好设备维护工作，按照检查制度和维护计划做好日常设备检查维护工作。督促施工单位完成了环坝路面裂缝贴缝处理、大坝重点部位损坏混凝土预制板更换、安全防护网网片采购及更换、树木维护、观测设施维修养护、水闸及机电设备维修养护和坝坡草皮修剪等工作。检查督促维修养护单位认真做好日常维修养护工作。

（4）安全监测工作。定期对水库测压管井、水尺、基准点、标点等进行维护，对测压管管口高程进行了校核，对水位观测井进行灵敏度实验；安排人员每天对水库围坝、坝后截渗沟、入库泵站穿坝涵洞、德州供水洞、武城供水洞等重点部位进行巡视检查；及时监测、采集数据，对管理区范围内观测点的垂直位移测量 4 次；9 个断面的水平位移测量 4 次，每日统计气温、水库库内、外水位等数据及环境量观测；加强观测资料和分析整理，定期核对处理渗压力、土压力、泵站测压管、星形磁铁内部变形、水位观测井等监测数据，按月编制安全监测报告归档并上报德州局。

（5）安全生产工作。

1）认真做好消防管理工作。2019 年，在德州局的领导下，大屯水

库管理处各科室认真贯彻实施《中华人民共和国消防法》和《机关、团体、企业、事业单位消防安全管理规定》（公安部令第61号），坚持"预防为主，防消结合"方针，加强组织领导，切实落实消防安全责任制，全面加强消防工作和队伍建设，着力提高公共消防安全管理水平，按照"谁管理，谁负责"的原则，强化了消防安全管理工作的管理，加大宣传力度，组织开展消防培训和演练，全面提高广大干部职工的消防安全意识，使管理处的消防安全工作落到了实处。通过全体职工的共同努力下，大屯水库管理处全年实现无重大生产安全事故、无火灾事故、无人身伤亡事故。

2）专项检查立查立改。大屯水库2019年完成多项专项检查工作，检查整改情况整体较好。重要节假日开展节前安全检查，分别为春节、清明、"五一"、端午、中秋、国庆。在敏感季节开展安全生产专项检查，具体包括夏季消防、冬季安全生产检查。冬季消防安全检查。根据干线公司要求完成危化品专项检查与整改，按时完成大排查、快整治、严执法集中行动，按时完成迎接新中国成立70周年安全生产专项整治行动，并及时上报整改报告。按要求完成汛前、汛后大检查与整改，完成电气设备、接地装置和消防设施专项检查整改。

3）培训宣传走在前。2019年，大屯水库管理处共开展安全生产教育培训12次，其中安全生产相关法律知识、标准规范培训1次，调水前岗前业务1次，消防安全知识培训1次，防汛抢险预案培训1次，安全生产操作规程学习培训1次，管理处安全生产管理制度培训1次，工程维修养护合同业务知识培训1次，工程安全监测技术培训1次，工程维护验收培训1次，安全生产月期间相关培训1次。管理处开展各项应急演练共3次，其中消防演练2次，防汛应急演练1次。积极联合当地政府、公安部门、教育部门等单位，通过展板、增设警示标识牌、传单及通告的形式对工程沿线群众和中小学校学生之间开展南水北调工程安全宣传，起到了比较好的警示作用；开展"安全生产月"活动向社会宣传安全知识；通过这些安全宣传增强了南水北调工程沿线群众的安全意识，有效减少了安全事故发生。

4）抓实抓好防汛度汛。为做好2019年度大屯水库管理处防汛度汛工作，管理处多项并举，根据人员调整和现场工程实际，管理处及时调整完善组织机构，加强汛期安全宣传与物资保障。2019年5月8日，在管理处演练了滑坡应急处理项目，此次演练邀请德州局、武城县水务局、武城县应急管理局等单位代表参加，大屯水库管理处、派出所、现场养护单位、委托的专业抢险队伍共同参与，提高了管理处防汛应急抢险作战能力。

（6）边界执法管理。积极配合大屯水库派出所做好水库安全保卫工作；定期开展界桩巡视巡查，对损坏的界桩进行修复；加强边界水政管理，配合开展水政检查工作。

4. 聊城段工程　南水北调东线山东干线聊城管理局（以下简称"聊城局"），负责聊城段工程的运行管理工作。聊城局内设综合科、工程技术科、调度运行科、财务经营科（暂未设置）、东昌府渠道管理处和临清渠道管理处。聊城段工程按管辖范围划分为上游段工程和下游段工程，上游段工程由东昌府渠道管理处管辖，下游段工程由临清渠道管理处管辖。

东昌府渠道管理处所辖工程，上起穿黄隧洞出口，下至马颊河倒虹吸中段，起止桩号为 0+000～66+243。跨越东阿县、阳谷县、东昌府区、江北水城旅游度假区、经济技术开发区、茌平县 6 个县（市、区）。渠道全长 66.2km。输电线路长 34.3km。包括各类建筑物 351 座。其中桥梁 107 座，倒虹吸 39 座，节制闸 7 座，分水闸 6 座，涵闸 128 座，穿堤涵闸 23 座，渡槽 12 座，穿路涵 10 座，涵管 2 处，暗涵 2 座，管理用房 15 处。

临清渠道管理处所辖工程，上起马颊河倒虹吸中段，下至师堤西生产桥，起止桩号为 66+243～110+006。跨越东昌府区、临清市 2 个县（市、区）。渠道全长 43.8km，输电线路长 6.6km，包括各类建筑物 128 座。其中桥梁 46 座，倒虹吸 5 座，节制闸 6 座，分水闸 2 座，涵闸 60 座，暗涵 2 座，管理房 6 处，水质监测站 1 处。

现场依据山东干线公司 2018 年修订的渠（河）道工程现场管理千分制考核标准，对现场三级管理处开展工程管理运行情况"千分制"考核，每半年进行一次。管理处对照考核标准，每月进行一次自查。现场局依据考核标准，每季度对管理处开展一次自检。

两管理处每月依据考核标准进行自查，针对自查发现的问题，及时组织人员进行整改，并形成相关整改资料存档。聊城局分别于 2019 年 4 月 11 日、6 月 25 日、9 月 26 日，2020 年 1 月 2 日对两管理处现场管理工作及历次检查发现问题整改情况进行自检。针对自检发现的问题，两管理处及时进行整改，并将相关整改资料上报归档。

由山东干线公司组成的工程现场管理千分制考核小组，于 2019 年 8 月 15 日、2020 年 1 月 9 日对东昌府及临清渠道管理处，分别开展了上半年、下半年千分制考核。考核组依据相关标准，重点对综合管理、工程管理、运行管理、安全管理等 4 个类别分项目进行考核。针对考核检查发现的问题，两渠道管理处及时进行了整改，相关整改资料均已上报并归档。在上半年的千分制考核中，东昌府渠道管理处获得了渠道工程管理流动红旗。在下半年的千分制考核中，东昌府渠道管理处取得渠道考核第 1 名，临清渠道管理处取得渠道考核第 6 名。

（方丽　赵龙　邱占升　崔彦平）

【运行调度】

1. 穿黄河工程

（1）组织完成 2018—2019 年调水工作任务，穿黄河工程累计向鲁北地区及河北、天津输水 17028.54 万 m^3，顺利完成南水北调东线一期北延应急试通水 7800 万 m^3 调水任务。调水期间工程运行正常，未发生安全、水质污染事故。11 月 12 日，穿黄河工程启动 2019—2020 年调水工作，调水运行平稳有序。

（2）严格执行调水工作制度，确保调水平稳运行。积极做好调水协调工作，全力保障调水工作。加强与当地地方政府、流域机构、电力部门和其他相关部门的协调工作，认真做好备调中心值班人员的后勤保障等工作。

（3）强化水质保障工作。穿黄管理处安排专人负责水质监测相关工作，认真做好水质巡查和对水质检测站的看护工作，防止发生水污染事件，保障调水水质。

2. 德州段渠道工程

（1）做好调水前准备工作。编报调水实施方案和调水应急预案、开展全员培训；采购油料、备品备件等应急抢险物资；成立调水运行工作小组；对渠道沿线可能影响调水的各类因素进行全面排查、整改；对闸站值班人员进行培训和现场操作指导；积极协调地方相关部门，建立联动机制。

（2）扎实做好调水期各项工作。严格按照调度指令启闭闸门，24 小时领导带班，开展巡查及水质隐患点排查，确保水质、工程运行及人员安全。

七一·六五河为地方行洪排涝主要河道，非调水期沿线闸门启闭接受地方调度。结合地方启闭闸门，做好启闭设备的运行保养。

3. 大屯水库工程

（1）调水、供水管理。

1）调水情况。2019 年 4 月 24 日 8 时 55 分北延供水开始，至 2019 年 6 月 20 日 14 时 40 分调水工作顺利完成。本次北延调水累计过六五河节制闸水量 6867.51 万 m^3。2019 年 5 月 9 日 14 时 20 分开启大屯水库泵站机组，入库流量为 $4.34 m^3/s$，进入正常调水期。根据现场情况大屯水库达到设计水位后停止机组运行。6 月 14 日 13 时水库水位为 29.30m，泵站机组全部关闭，调水工作顺利完成。本次调水累计入库水量为 2909.41 万 m^3，水库蓄水量达到 4940 万 m^3。

2）供水情况。2019 年 1 月 1 日至 12 月 31 日，向武城县供水 732.99 万 m^3；2019 年 1 月 5 日开始向德州市供水，截至 12 月 31 日供水量为 1484.78 万 m^3。

（2）水质监测与保护。大屯水库库内水质监测工作由干线公司委托省水文局进行，山东大学每月提取水样进行监测。供水期间，德州市水文局、武城县环保局分别于每月、每季度提取水样进行检测。管理区饮用水于 2019 年 11 月委托山东省水环境监测中心德州中心进行检测，对照饮用水标准，各项指标均满足生活使用。

4. 聊城段工程

（1）调水计划。根据《水利部关于印发南水北调东线一期工程2018—2019年度水量调度计划的通知》（水南调函〔2018〕143号）及《山东干线公司鲁北干线调度方案》，鲁北干线计划从2018年11月至2019年5月从东平湖调入鲁北干渠水量0.97亿m³。

（2）输水运行。聊城段工程2018—2019年度调水任务自2018年11月3日开始，至2019年6月20日结束，其间北延应急试通水于2019年4月21日开始。2019年度累计调水1.621亿m³，向聊城市境内分水4495万m³，市界闸过水1.2328亿m³，调水运行125天。

（3）分水运行。2018年11月3日10时45分开启东阿分水闸向东阿分水，标志着2018—2019年度聊城段工程调水工作正式开启，截至2019年6月20日14时30分关闭穿黄出湖闸，标志着调水工作正式结束。2018—2019年度累计向聊城市分水4495万m³，其中，东阿累计分水935万m³，莘县累计分102.5万m³，阳谷累计分100万m³，度假区累计分水2074.09万m³，茌平累计分水200.04万m³，高唐累计分水327.17万m³，临清累计分水756万m³。

（4）经验总结。按照省调中心《2018—2019年度鲁北干线水量调度实施方案》要求，鲁北干线实行分段供水，前期向聊城段各供水单元供水，后期向大屯水库供水，减少了渠道水量损失。根据闸门上下游水位与闸门控制流量情况，采用水力学公式科学计算需要调整的闸门开度，科学调度闸门，尽量减少闸门调整的次数，保持渠道水位平稳变化。改变以前单纯依靠经验试调闸门的做法，提高了调整闸门的效率。科学调度，加强现场管理权限。聊城段工程节制闸、分水口较多，为保证通水、分水的要求，闸门调度较为频繁。工程现场水位变化较快时，管理处可根据实际情况直接下发调度指令，但其权限仅限于闸门开度的微调（调整范围约为5～8cm），将部分调度权限下放到管理处，即保证了指令能够及时传达执行，也避免了特殊工况下的调度延误。及时与地方用水部门沟通，互通信息，做好供水服务。及时与地方用水部门加强沟通，了解抽水设备运行参数及分水要求，及时掌握设备运行情况，确保了分水调度的顺利进行。结合实际，科学分配人员力量。打破以往单纯按每5km增加1人的原则，结合实际情况，针对难管理、风险较大渠道段，增加管护人员；对于风险较低渠道段，合理减少人员，更好统筹运用好现有人员。根据上游来水情况，通过调节闸门开度，来控制流速和河槽水位。即输水前期当上游来水较大时，通过降低闸门开度，控制过水流量，达到控制流速的目的，此时河槽具有暂时蓄水功能；当上游来水逐渐减少时，为保证河槽蓄水位，适时降低闸门开度，保持河道高水位、低流速运行。

（方丽　赵龙　邱占升　崔彦平）

【工程效益】

1. 穿黄河工程　2019年，通过规范制度建设，加强工程管理，强化安全生产，重视安全监测和维修养护等工作，确保工程始终平稳运行。圆满完成年度调水工作目标，2019年累计向鲁北地区及河北、天津输水17028.54万 m^3，顺利完成南水北调东线一期北延应急试通水调水任务。工程沿线形成了渠水清澈、绿树成荫的生态景观长廊，改善了生态环境，发挥了生态效益，工程管理专用道路方便了群众交通，为群众提供了休闲散步的好去处，发挥了很好的社会效益。为南水北调运行管理营造了良好的社会舆论氛围。

2. 德州段渠道工程　德州段渠道工程2018—2019年度调水及北延应急试通水工作自2019年4月21日开始，至6月21日结束，历时62天，向大屯水库充库水量达2909.41万 m^3，向夏津县分水24.39万 m^3，六五河节制闸下泄水量即北延应急供水量为6868万 m^3。

德州段渠道工程汛期不调水，但承担原有的行洪排涝任务，发挥了良好的经济效益、社会效益和生态效益。

3. 大屯水库工程　大屯水库作为鲁北段工程的重要组成部分，其主要任务是调蓄向德州市德城区和武城县城区供水水量，保障实现供水目标，对保证德州市城市可持续发展，改善地下水环境，提高人民生活质量具有重要意义。

（方丽　赵龙　邱占升　崔彦平）

【环境保护与水土保持】

1. 穿黄河工程　做好工程沿线渠道的巡查管护工作，进一步加强环境风险防控，严格落实环境风险防范应急预案，提高工程环境风险防范与应急水平；加强对水质监测站维护单位的管理和考核，落实各项水质保障措施，杜绝发生影响渠道水质安全的事件发生，进一步提升南水北调水质保障工作能力，逐步形成长效工作机制，确保供水安全。对栽植的树木加强管理和养护，进一步改善和美化了当地环境，对工程沿线的环境保护和水土保持发挥了重要作用。

2. 德州段渠道工程　完成了对重要跨渠交通桥梁危化品收集设施建设和监督管理工作。夏津渠道管理处于2018年在有危化品车辆通行的祁庄、北铺店和李邦彦节制闸附桥及后屯生产桥共4座桥梁处设置了雨污分流的桥梁危化品泄漏收集设施，2019年重点对其进行维护保养；对公路部门实施的夏津县境内的G308国道跨渠桥、S323省道西外环跨渠桥、S323省道仁育官庄跨渠桥及武城县境内的侯王庄、户王庄及草屯桥危化品收集设施运行情况进行监管；对未安设危化品泄漏收集设施的桥梁，调水期采用膨胀泡沫胶对桥面排水孔进行临时封堵，确保渠内水质的安全。

根据《水质安全监测管理办法》（鲁调水企发〔2016〕12号），编制了《水质安全监测管理实施细则》和《水质污染事故现场处置方案》，调水期间，开展水质巡查工作，及时发现并组织清理外运了渠道沿线及闸前后有垃圾，配合水质监测部门完成水样采集等工作。

根据批复的经营开发预算项目，做好苗木补植栽植工作，组织做好渠道沿线树木扩穴、浇水和草皮修剪与清理外运工作。

3. 大屯水库工程

（1）环境保护方面。管理处对生活污水处理设备加强维护和管理，确保生活污水处理后达标排放；进一步加强环境风险防范措施，严格落实环境风险防范应急预案，开展环境风险防范与应急演练，加强联动，提高工程环境风险防范与应急水平，积极配合有关部门和地方完善水质监测与管理信息系统，建立预警、联防和应急协调机制，确保供水安全。

（2）水土保持方面。大屯水库工程范围内共种植白蜡、造型景松、金叶榆、桧柏9200多株，北美海棠、紫叶矮樱、大龙柏、小龙柏等灌木及铺地类植物7000多株，各类型草皮1250 m^2。定期对草皮进行修剪、补植，适时洒水养护；对树木进行开穴、浇水、剪枝、打药、刷白。水土保持工程能够有效发挥作用，发挥了很好的生态效益。

（方丽　赵龙　邱占升　崔彦平）

【验收工作】

1. 穿黄河工程　2019年10月29—30日，水利部组织对南水北调东线一期工程穿黄河工程进行了设计单元工程完工验收。验收委员会由水利部南水北调东、中线一期工程验收工作领导小组成员单位，水利部黄河水利委员会、海河水利委员会，山东省水利厅，质量监督机构等有关单位代表及专家组成。项目法人山东干线公司，项目建设管理及设计、安全评估、监理、施工等有关单位代表参加了验收会议。

验收委员会通过察看工程现场，查阅工程验收资料，并召开验收会，验收会上听取了建管、运行管理、质量监督和技术性初步验收工作汇报，进行了充分讨论，形成了南水北调东线一期工程穿黄河工程设计单元工程完工验收意见，同意穿黄河工程通过设计单元工程完工验收。

东线穿黄河工程是南水北调东线山东段工程重要的关键性控制工程，该工程顺利通过设计单元完工验收，具有重要意义，工程符合国家批准的设计文件、有关技术标准和合同要求。下一步，项目法人将严格落实验收委员会提出的意见建议；加强工程运行管理工作；做好竣工验收准备工作。高标准、严要求，把穿黄河工程管理好，维护好，运行好，发挥工程综合效益。

2. 德州段渠道工程 2019年1月24日，通过了南水北调德州段渠道工程王庄节制闸启闭机机旁箱及其内设施等配置更换项目合同项目完成验收。

4月3日，通过了南水北调东线山东干线德州管理局二级、三级管理设施综合布线改造工程合同项目完成验收。

12月31日，分别通过了南水北调东线山东干线德州管理局2018年度德州段渠道综合经营开发类项目、南水北调德州局夏津渠道管理处所辖北铺店等4座节制闸闸门增设配重等项目，堤下旧城河、青年河、六青河涵闸及侯堤倒虹T接专用供电设施项目，六六河涵闸T接专用供电设施项目合同项目完成验收。

3. 大屯水库工程 2019年3月6日，完成南水北调山东干线工程2018年度德州段、聊城段、泰安段日常维修养护协议合同项目验收。

5月8日，完成南水北调山东干线工程2018年度德州段、聊城段、泰安段日常维修养护补充协议合同项目验收。

5月21—22日，完成南水北调东线一期工程山东段大屯水库泵站1号、4号机组大修试运行验收暨技术服务合同验收。

12月28日，完成南水北调东线北延应急试通水德州大屯水库环境整治土建项目及绿化工程项目合同项目

完成验收。

4. 聊城段工程 2019年度，聊城局受山东干线公司委托，主持通过了17项工程合同项目完成验收，包括：隔离护栏及道路标识项目（东昌府渠道管理处）；隔离护栏及道路标识项目（临清渠道管理处）；2017年度部分预算项目聊城局施工1标；2017年度部分预算项目聊城局施工2标；东昌府渠道管理处给水工程；二十里铺渠堤后戗台加固工程；东昌府渠道管理处闸站检查发现问题整改工程；临清渠道管理处闸站检查发现问题整改工程；临清管理处综合布线改造工程；崔庄倒虹出口衔接段水毁修复项目；临清渠道管理处供电线路改造工程；安全监测设施改造工程；增设节制闸技术参数标识图项目；聊城局办公楼四楼墙面修复项目；临清渠道管理处树木补植补栽项目，启闭机吊装孔封堵改造项目；2018年度聊城段日常维修养护项目。

（方丽 赵龙 邱占升 崔彦平）

专 项 工 程

江 苏 段

【工程概况】 南水北调东线江苏段专项工程包括血吸虫北移防护工程、调度运行管理系统、管理设施等专项工程。其中，江苏段血吸虫北移防护工程于2012年年底建成完工；江苏段调度运行管理系统、管理设施正在建设中。截至2019年年底，管理设

施专项投资已全部完成。

1. 调度运行管理系统工程　2011年9月，原国务院南水北调办正式批复南水北调东线一期江苏段调度运行管理系统初步设计。工程批复建设内容主要包括：信息采集系统、通信系统、计算机网络、工程监控与视频监视系统、数据中心、应用系统、实体运行环境和网络信息安全8个部分，工程概算总投资为58221万元，批复建设工期为4年。

2. 管理设施专项　管理设施专项工程批复总投资为44505万元，主要批复内容包括：一级机构江苏水源公司（南京），二级机构江淮、洪泽湖、洪骆、骆北4个直属分公司（扬州、淮安、宿迁、徐州），以及2个泵站应急维修养护中心（扬州、宿迁），三级机构泗洪站、洪泽站、金湖站等3个泵站河道管理所和19个交水断面管理所。　　　（宋佳祺　王晓森）

【工程管理】

1. 调度运行管理系统工程　按照原国务院南水北调办批复分标方案（国调办建管〔2016〕135号），系统共分为22个标段，其中监理标1个，工程标21个，目前已招标18个，剩余信息采集总承包、工程监控与视频监视系统工程总承包、监控安全应用软件系统、调度运行管理应用软件系统4个标段未招标。截至2019年年底，调度运行管理系统已完成水质及部分水量信息采集建设，初步具备水

情信息数据采集能力；完成自建及租用骨干环网光缆敷设、传输设备及计算机网络设备部署，自建环网已具备数据传输能力；完成南京调度中心云平台建设，具备了计算、存储硬件资源和应用处理中间件平台服务能力；完成工程监控与视频监视洪泽站试点建设，积累了工程远程监控现地站建设经验；完成省公司调度中心、江都备调中心、3个分公司实体环境建设，初步具备调度、视频异地会商的硬件环境；完成应急调度系统建设，实现运西线8座泵站的工情数据监测与视频监视，调水水情信息的采集、整编、管理。截至2019年年底，工程完成年度投资5000万元，累计完成投资49193万元，占总投资的84.5%。

2. 管理设施专项　管理设施主要批复内容包括：一级机构江苏水源公司（南京），二级机构江淮、洪泽湖、洪骆、骆北4个直属分公司（扬州、淮安、宿迁、徐州），以及2个泵站应急维修养护中心（扬州、宿迁），三级机构泗洪站、洪泽站、金湖站3个泵站河道管理所和19个交水断面管理所。工程批复总投资为44505万元。截至2019年年底，完成南京管理设施一级机构及徐州、淮安、扬州二级机构管理设施装饰工程，并通过合同项目完成验收；宿迁二级机构主体工程已通过竣工验收，装饰工程已全面开工，完成土建改造；完成三级机构所有建设内容，并通过合同项目完成验收；基本完成南京后续装饰工

程，完成扬州后续装饰工程强电、给排水隐蔽及弱电综合布线及部分石膏板吊顶安装。截至2019年年底，工程完成年度投资204万元，工程累计完成投资44505万元，占概算总投资的100％。　　（宋佳祺　王晓森）

【验收工作】　2019年，南水北调东线一期江苏段调度运行管理系统工程监控与视频监视系统工程洪泽站试点工程、通信光缆线路工程施工、通水应急系统总集成通过单位工程暨合同项目完成验收；徐州二级管理设施土建改造、装饰施工，淮安、扬州二级管理设施装饰施工、南京一级管理设施装饰施工5个合同项目完成验收。

2019年1月28日，南水北调东线一期江苏段调度运行管理系统工程监控与视频监视系统工程洪泽站试点工程通过单位工程暨合同项目完成验收。7月12日，南京一级管理设施装饰施工合同项目完成验收。7月30日，扬州二级管理设施装饰施工合同项目完成验收。9月9日，南水北调东线第一期工程江苏段调度运行管理系统通水应急系统总集成通过单位工程暨合同项目完成验收。9月26日，南水北调东线第一期工程江苏段调度运行管理系统通信光缆线路工程施工通过单位工程暨合同项目完成验收。11月12日，淮安二级管理设施装饰施工合同项目完成验收。11月14日，徐州二级管理设施土建改造、装饰施工合同项目完成验收。　　（宋佳祺　王晓森）

山 东 段

【工程概况】　2011年9月，南水北调东线一期山东境内调度运行管理系统专项工程初步设计获得原国务院南水北调办正式批复，主要建设内容包括通信系统、计算机网络系统、闸（泵）站监控系统、信息采集系统、应用系统等。运用先进的信息采集技术、自动监控技术、通信和计算机网络技术、数据管理技术、信息应用与管理技术，建设一个以采集输水沿线调水信息为基础（包括水位、流量、水量等水文信息，水质信息，工程安全信息及工程运行信息等），以通信、计算机网络系统为平台，以闸（泵）站监控系统和调度运行管理应用系统为核心的南水北调东线山东段调度运行管理系统，保证南水北调东线山东干线工程安全、可靠、长期、稳定的经济运行，实现安全调水、精细配水、准确量水。　　（黄茹）

【工程管理】

1.调度运行管理系统工程通水运行管理　2019年通水运行期间，调度运行与信息化部结合实际，统筹安排，严肃通水运行期间的巡视检查制度和值班纪律，安排7人24小时值班，每天定时巡检，保证系统运行正常；调度运行管理系统整体运行良好，调度管理行为规范，保证了整个系统能够平稳安全运行无事故。

2.调度运行管理系统工程建设管理　为切实做好调度运行系统建设管

理工作，2009年4月22日，成立山东省南水北调管理信息系统建设项目领导小组（以下简称"领导小组"），全面负责协调、指导山东省南水北调调度运行管理和机关电子政务等系统工程的信息化建设管理工作，同时成立山东省南水北调管理信息系统建设项目办公室（以下简称"信息办"）作为领导小组的办事机构，负责领导小组的日常工作。山东省南水北调工程建设管理局于2012年5月17日下发《关于明确调度运行管理系统项目建设组织机构及岗位职责的通知》（鲁调水办字〔2012〕22号），明确"成立项目建设领导小组和项目建设领导小组办公室，项目建设由领导小组统一领导协调，具体实施以项目建设领导小组办公室、各现场建管机构（运行管理机构）分工合作为主，各处室、干线公司各部门密切配合，各市南水北调办事机构协助协调施工环境"。各现场建设管理机构（运行管理机构）成立调度运行管理系统建设项目组，具体负责各自工程范围内及相关区域调度运行管理系统的现场组织实施与协调工作。2014年，因主体工程由建设管理转向运行管理，管理人员调整较大，为更好地做好调度运行管理系统建设管理工作，山东省南水北调工程建设管理局于9月5日下发《关于调整调度运行管理系统项目建设组织机构成员的通知》（鲁调水局办字〔2014〕35号），对调度运行管理系统组织机构成员进行了调整。

截至2019年年底，调度运行管理系统累计完成投资77478万元。完成了具备条件的大部分建设任务，建成了安全可靠的计算机网络系统，稳定运行了全线语音调度系统，实现了OA综合办公系统、外网门户等办公应用软件和信息监测与管理系统、视频监控系统、三维调度仿真系统、闸（泵）站控制系统、水量调度系统等调度相关业务软件的上线使用；实现了泵站、水库、渠道运行信息的集中展示，远程监视、控制等各种业务的功能承载及应急会商支持。 （黄茹）

【运行调度】 2019年，自动化调度系统的运行维护管理工作进一步规范化，自动化调度系统运行稳定性逐渐提升，基本建成了"统一组织、分级管理""自主维护和专业代维相结合"的运行维护管理体系。 （黄茹）

【工程效益】 南水北调东线一期工程山东段调度运行管理系统目前实现了现地流量、水位等水情信息的远程采集、上传、存储和处理，实现了水量调度系统、信息监测与管理系统、工程管理系统、视频监控系统、闸（泵）站监控系统等应用系统在省调中心、已建分中心、备调中心及各管理处的集中展示，实现了输水渠道闸站远程精准控制，实现了远程联动调度指令下达反馈、调度运行数据实时监测等功能，实现了语音调度功能和网络通信，实现了调度中心、分中心（备调中心）对各闸泵站的远程监控

与视频监视。　　　　　（黄茹）

【验收工作】　2019年，专项工程中的调度运行管理系统工程完成了8个标段、近50%的合同验收工作。管理设施专项工程尚未组织进行验收工作。
　　　　　　　　　　　（黄茹）

【管理设施专项工程】

1. 一级机构管理设施　一级机构管理设施位于济南唐冶新区，与水发集团公司联合建设，山东干线公司于2019年1月17日入驻。建筑面积按照批复面积指标进行控制，签订正式合同时确定最终面积，2019年完成投资13815万元。

2. 二级机构管理设施　二级机构在总投资和总面积双不超的原则下，管理设施面积、投资进行整合统一实施，采取征地自建和购买两种方式，且经过住房城乡建设部门验收合格备案并发放房产证后具备完工验收条件。

（1）枣庄管理局。枣庄管理局管理设施建设方式为征地自建，批复管理用房建筑面积为2154m²，实际完成建筑面积2152.65m²。

（2）济宁管理局。根据批复，济宁管理局与济宁应急抢险分中心办公部分在济宁市区合并购置。济宁管理局批复管理用房面积2400m²，济宁应急抢险分中心批复管理用房及车间面积3009m²，合计5409m²；其中机修车间904m²在现地建设。山东干线公司购置济宁盛基国际有限公司盛基国际广场写字楼（14～18层），2018年上半年已入驻，合同总建筑面积为3896.5m²。济宁应急抢险分中心机修车间在长沟泵站厂区内实施建筑面积为902.67m²，实施办公用房面积为348.72m²。

（3）泰安管理局。泰安调度分中心建设方式为征地自建，一期工程批复及建设建筑面积为2450m²，泰安调度分中心建设现已基本完成。

（4）济南管理局。济南管理局、济南应急抢险中心办公部分与一级机构管理设施合并建设。

（5）聊城管理局。聊城管理设施建设方式为管理局和应急抢险分中心办公部分在聊城市区合并购置。批复聊城管理局建筑面积2300m²，聊城应急抢险分中心建筑面积为1958m²。聊城管理局在聊城市东昌府区实施建筑面积为2026m²，在东昌府渠道管理处实施调度及会商室建筑面积为596m²，在八东节制闸工程用地内实施机修车间建筑面积为610m²。总计共完成建筑面积3232m²。

（6）德州管理局。德州管理局管理设施建设方式为在德州市区购置。批复管理用房建筑面积为2300m²，在德州市区东汇大厦购置建筑面积为2292m²。

（7）胶东管理局。胶东管理局管理设施建设方式为现地购置，批复建筑面积为2350m²，在邹平市区购置山东调水培训中心写字楼14、15层，建筑面积为3533.36m²。二级机构批复总面积为 18921m²，实施总面积为 18808m²。

3. 三级机构管理设施　三级机构管理设施分为两部分，现地管理设施在各单项工程中进行了批复，随各单项主体工程一并进行了建设；管理设施专项工程中，三级机构后方基地只批复了用地指标，没有批复管理房屋建筑面积，未进行建设。经统计，三级机构现地管理设施共实施面积为 37668m²，其中调度办公楼面积为 27825m²，食堂、仓库、车库、传达等附属设施面积为 9843m²。　（孙阳）

省 际 段

【工程概况】

1. 二级坝站工程　二级坝站工程为南水北调东线工程的第 10 级泵站，位于南四湖中部，山东省微山县欢城镇境内。工程为Ⅰ等大（1）型工程，主体工程为 1 级建筑物。泵站设计洪水标准为 100 年一遇、校核洪水标准为 300 年一遇。工程于 2007 年 3 月开工建设，2011 年 12 月全部完工。泵站设计流量为 125m³/s，设计扬程为 3.21m，水泵机型为 5 台后置式灯泡贯流泵（其中 1 台备用），单机设计流量 31.25m³/s，总装机容量为 1.2 万 kW，主要工程内容有主泵站、进水闸、引水渠、出水渠、公路桥、引水渠交通桥等。

2. 台儿庄泵站工程　台儿庄泵站工程为南水北调东线工程的第 7 级泵站，位于山东省枣庄市台儿庄区境内。工程为Ⅰ等工程，主体工程为 1 级建筑物。泵站设计洪水标准为 100 年一遇、校核洪水标准为 300 年一遇。工程于 2005 年 12 月开工建设，2009 年 11 月通过机组试运行验收，2010 年由淮委建管局移交项目法人进入待运行管理阶段，2013 年 12 月正式通水运行。泵站设计流量为 125m³/s，设计扬程为 4.53m。泵站装机 5 台（其中 1 台备用）立式轴流泵，单机设计流量为 31.25m³/s，总装机容量为 1.2 万 kW。主要工程内容有主泵房、副厂房、安装间、进出水池、清污机闸、排涝涵洞和交通桥等。

3. 蔺家坝站工程　蔺家坝站工程为南水北调东线工程的第 9 级泵站，位于徐州市铜山县境内。工程为Ⅰ等工程，主体工程为 1 级建筑物。泵站设计洪水标准为 100 年一遇、校核洪水标准为 300 年一遇。工程于 2006 年 1 月开工建设，2009 年 11 月完工。蔺家坝站设计流量为 75m³/s，设计扬程为 2.4m，水泵机型为 4 台后置灯泡式贯流泵（其中 1 台备用），单机设计流量为 25m³/s，总装机容量为 5000kW。主要工程内容有主泵房、副厂房、安装间、进出水池、进出水渠和清污机桥等。

4. 苏鲁省际管理设施工程　苏鲁省际管理设施工程投资为 3793 万元，建筑面积为 4611m³，为 7 层框架结构，设有办公室、档案室、变配电室、调度中心、会商中心、电力机房、通信机房和网管中心等功能房间。

该工程于 2016 年 4 月开工建设，2018 年完成施工合同验收及徐州市地方组织的消防验收、环保验收和档案验收。2019 年 10 月完成档案项目法人自验和财务决算，2020 年 1 月份完成水利部组织的档案验收。

5. 省际调度运行管理系统工程省际调度运行管理系统工程建设内容包括：信息采集、通信、数据存储与管理、计算机网络、应用支撑平台和应用系统集成、应用、运行实体环境等 7 个部分，批复投资为 14461 万元。

该工程于 2016 年 3 月正式申请纳入原国务院南水北调办质量监督体系进行监督，现通信线路全面贯通，基本完成系统软件开发，初步具备了系统试运行条件。2019 年 A 标、B 标完成施工合同验收。

6. 姚楼河闸工程　姚楼河闸工程位于江苏省与山东省交界处姚楼河入南四湖的河口处，闸轴线距湖西大堤约 150m，工程主要任务是加强对南四湖水资源的控制与管理，具有引水、排涝、泄洪、挡洪的功能。工程主要建筑物级别为 1 级，次要建筑物级别为 3 级。采用 20 年一遇泄洪、10 年一遇排涝设计。本工程主要建设内容为 2 孔闸室，单孔净宽 10m，其中一孔为通航孔。该工程于 2008 年 11 月开工，2010 年 3 月完工。

7. 大沙河闸工程　大沙河闸工程坐落在大沙河入南四湖的河口处，闸轴线距湖西大堤约 130m。共 14 孔，

单孔净宽 10m，设船闸，主要建筑物为 1 级。具备引水、排涝、泄洪、挡洪和通航的功能，该工程于 2009 年 3 月开工，2010 年 9 月完工。2013 年 8 月通过南水北调东线一期工程的全线通水验收。

8. 杨官屯闸工程　杨官屯闸工程位于杨官屯河入南四湖湖口处，共 2 孔，闸室总净宽 20.0m，北侧闸室净宽 8.0m，南侧闸孔（兼做船闸上闸首）净宽 12.0m。主要任务是加强对南四湖水资源的控制与管理，兼有挡洪、泄洪、排涝和通航等功能。工程于 2010 年 12 月开工建设，2012 年 3 月通过单位工程暨合同项目完成验收，2013 年 8 月通过南水北调东线一期工程全线通水验收。

9. 骆马湖水资源控制工程　骆马湖水资源控制工程位于山东省境内的台儿庄闸至江苏省境内的 310 国道公路桥之间的中运河上。骆马湖水资源控制工程主要建设内容为新建控制闸、新开挖支河河道、现状中运河临时性水资源控制设施加固改造。工程于 2006 年 12 月 27 日开工建设，2009 年 5 月，除管理设施外，初步设计批复的工程内容全部建设完成。2013 年 8 月通过南水北调东线一期工程全线通水验收。

10. 潘庄引河闸工程　潘庄引河闸工程是南水北调东线一期南四湖水资源控制工程的控制性设施之一，位于山东省枣庄市薛城区境内南四湖湖东大堤与潘庄引河交汇处附近。具有

引水、排涝、泄洪、挡洪的功能，控制闸为 1 孔，净宽 10.0m。工程于 2009 年 1 月 22 日开工建设，2010 年 4 月底通过单位工程暨合同项目完成验收。2012 年 12 月通过设计单元工程完工验收技术性初步验收。

（李院生　姚培培）

【工程管理】　台儿庄泵站完成完工验收，蔺家坝泵站于 2019 年完成完工验收，二级坝泵站计划 2021 年进行完工验收。台儿庄泵站工程由山东干线公司枣庄管理局台儿庄泵站管理处管理，蔺家坝泵站由江苏水源公司管理。二级坝泵站工程由山东干线公司济宁管理局二级坝泵站管理处管理。

苏鲁省际管理设施工程计划于 2021 年完成设计单元工程完工验收。2015 年 12 月 18 日，苏鲁省际管理设施工程建设管理单位由淮河水利委员会沂沭泗水利管理局变更为南水北调东线总公司。东线总公司直属分公司具体负责管理设施专项工程的现场建设管理工作。

省际调度运行管理系统计划于 2021 年完成设计单元工程完工验收。省际调度运行管理系统工程前期工作和建设初期由淮委沂沭泗水利管理局负责。南水北调东线总公司成立后，2015 年 12 月 18 日，沂沭泗水利管理局和东线总公司完成建设管理单位变更，2016 年 1 月 7 日，东线总公司与各参建单位签订了建设管理单位变更

协议，东线总公司正式作为项目法人对工程进行建设管理工作。东线总公司直属分公司负责建设管理。

姚楼河闸、大沙河闸、杨官屯闸均已完成完工验收，骆马湖水资源控制工程于 2019 年完成完工验收。姚楼河闸、大沙河闸、杨官屯闸、骆马湖水资源控制工程建设项目法人为山东干线公司、江苏水源公司。受项目法人委托，淮委治淮工程建设管理局承担建设管理工作。2017 年 1 月 1 日起，建设单位以合同方式委托江苏省骆运管理处具体负责工程的临时管理维护。2019 年 6 月，淮委治淮工程建设管理局通过公开招标确定淮河工程集团有限公司承担本工程的管理维护工作，直至工程移交结束。

潘庄引河闸工程已完成完工验收。2011 年 1 月 17 日，淮委治淮工程建设管理局与山东干线公司签署《南水北调东线一期南四湖水资源控制工程潘庄引河闸工程运行管理协议》，由山东干线公司枣庄管理局韩庄泵站管理处负责该工程的运行管理工作。

（李院生　姚培培）

【运行调度】　南水北调东线一期工程省际段调度运行工程主要包括台儿庄泵站、蔺家坝泵站、二级坝泵站、骆马湖水资源控制工程和南四湖水资源控制工程等。

台儿庄泵站是计量抽水入山东（省际交接水）的主要断面。2019 年 2 月 20 日至 5 月 28 日，累计调水 6.84

亿 m³。二级坝泵站为南水北调东线一期工程第 10 级梯级泵站，从南四湖下级湖调水至上级湖。2019 年 2 月 21 日至 6 月 1 日，累计调水 6.68 亿 m³。

台儿庄泵站 2019 年 12 月 11—31 日调水 1.39 亿 m³。二级坝泵站 2019 年 12 月 12—31 日调水 1.31 亿 m³。

南四湖水资源控制工程姚楼河闸、大沙河闸、杨官屯河闸、潘庄引河闸在调水期内没有调度，只是针对各支流主要河道开展常规监测，监测频次为每周 1 次，测量内容包括流量、流速和流向。骆马湖水资源控制工程主要任务是控制非正常引水，2019—2020 年度工程运行正常，保证了南水北调工程调水、东调南下工程泄洪和航道通航。　　（邵文伟）

【环境保护与水土保持】　2019 年南四湖水资源监测中心工程按批复内容全部建设完成，其中综合楼完成验收与结算，办理了不动产土地证和房产证，水质监测仪器设备安装调试工作初步完成。中心微生物实验室、综合楼通风控制、试验台柜和气路采购安装已全部完成。2019 年 4 月，野外水文站、巡测站完成工程建设和设备安装，各站点人员已到位，相关责任已落实。　　（尼庆伟）

【验收工作】　苏鲁省际管理设施工程于 2016 年 4 月开工建设，2018 年完成施工合同验收及徐州市地方组织的消防验收、环保验收和档案验收。2019 年 10 月完成档案项目法人自验和财务决算，2020 年 1 月份完成水利部组织的档案验收。该工程计划于2021 年 10 月完成设计单元工程完工验收。

省际调度系统工程 2020 年 6 月完成所有标段施工合同验收。该工程于2020 年 10 月完成档案专项验收，计划于 2020 年年底完成财务决算，2021 年 10 月完成设计单元工程完工验收。　　（李庆中）

治污与水质

江 苏 段

【环境保护】　江苏南水北调输水沿线处于工业化、城镇化快速发展期，同时又处于淮河、沂沭泗流域下游，承受着自身发展和上游过境客水污染的双重压力，水环境保护压力巨大。江苏省政府一直以来高度重视南水北调输水沿线环境保护，将水质保护工作放在突出位置，着眼建立长效机制，确保输水水质稳定达标。

1. 落实保护责任，细化治理任务　江苏省政府建立水污染防治联席会议制度，将南水北调断面水质达标纳入地方政府治污目标责任书，明确沿线地方政府主要领导为第一责任人，把治污工作纳入综合考核指标体系，严格责任追究。以水质目标倒逼治污，实施"断面长制"，市、县两级政府负责同志担任"断面长"，对断面水质和工程项目实行包干负责。2019 年 5 月，江苏省总河长、省委书记娄勤俭、省长吴政隆又发布了《关于全力打赢打好碧水保卫战河湖保护战的动员令》，进一步明确了第一责任人责任。为贯彻落实《水污染物防治行动计划》和《重点流域水污染防治规划（2016—2020 年）》，江苏省在南水北调沿线划定了 35 个控制单元，拟定减排目标，编制实施控制单元水质达标方案，提炼筛选治污项目 171 个，总投资 191 亿元。

2. 强化水源保障，严格空间管理

（1）江苏省生态环境厅、江苏省南水北调办每月根据水质监测结果对调水干线 15 个国控断面开展评价，据此编制沿线水质月度通报，敦促地方政府切实履行职责，确保水质稳定达标。

（2）编制实施《江苏省生态文明建设规划》《江苏省"十三五"淮河流域水污染防治规划》《南水北调东线水源地国家级生态保护区功能规划》《江淮生态大走廊规划》《生态河湖行动计划》等，以南水北调输水干线为核心，全面覆盖调水源头三江营、潼河、三阳河、高邮湖、宝应湖、洪泽湖、骆马湖等江、河、湖，把环境治理、生态建设、生态修复、水环境质量改善、生态安全列为首要目标。

（3）将南水北调水源区域、引江河长江入河口及沿线重要清水通道、湿地、林地等划为生态红线管控区，实施分级分类管理，一级管控区严禁一切形式的开发和建设活动，二级管控区严禁有损主导生态功能的开发建设活动。

（4）采取水源涵养、生态清淤等综合措施，切实保护水生态系统完整性；实施退圩还湖，拆除圈圩、围网养殖，保护湖泊水生态环境。

3. 坚持多措并举，推进综合整治

在工业污染防治方面，坚持将南水北调沿线地区作为产业结构调整的重点区域，提高环保准入门槛，专项整治重污染行业，淘汰一批产业层次低、资源消耗高、环境污染重、安全风险大的劣质企业。在生活污染防治方面，不断加大资金投入力度，持续推进环境基础设施建设。在农业污染防治方面，全面完成畜禽养殖禁养区划定，对禁养区内 4378 个畜禽养殖场全部关闭，完成率为 100%。

4. 加强监管执法，规范环境秩序

根据江苏省生态环境厅《南水北调东线江苏段水质安全保障专项计划》，持续组织对沿线水污染防治项目运行情况、工业企业和污水处理厂排放口及市政排污口、规模化畜禽养殖场、沿线船闸垃圾收集处置等情况开展专项检查，发现问题立即督促地方整改，有力推进了沿线重点区域、行业污染治理。

5. 推进政策创新，完善协同机制

（1）实施水环境区域补偿。按照"谁达标、谁受益，谁超标、谁补偿"的原则和"合理、公平、可行"的总体要求，制定实施《江苏省水环境区域补偿实施办法》，实施上下游区域双向补偿，补偿断面涵盖南水北调重点断面，有力调动了各地治水保水积极性，推进了沿线水环境质量的改善。

（2）建立区域联防联控机制。建立淮海经济区核心区8个城市环境保护联席会议制度，形成了流域性环境整治定期会商和形势研判机制、区域环境信息共享与发布机制、区域环境监管与相互监督机制、跨界突发环境事件联合应急处置机制等，强化水污染区域联防联控。部分地方还结合实际，不断创新管理方式，如徐州市实行重点断面保护区制度、达标风险抵押金制度，进一步压实责任，取得良好成效。　　　　　（聂永平）

【治污工程进展】

1. 截污（尾水）导流工程建设情况　南水北调治污规划确定的第一阶段102个治污项目中包含4项截污导流工程项目，分别为徐州市、江都市、淮安市、宿迁市截污导流工程，已全部完成并投入使用。江苏省政府为确保干线水质稳定达标批复的第二阶段203个治污项目中包括4项尾水导流工程项目，分别为丰县沛县、新沂市、睢宁县和宿迁市尾水导流工程。截至2019年年底，丰县沛县、新沂市、睢宁县尾水导流工程已全部建设完成并投入运行，正在开展各项验收；宿迁市尾水导流工程已完成90.2km压力管道铺设和22处顶管施工等，累计完成投资44600万元。

2. 截污（尾水）导流工程运行管理情况　2019年，已建成的截污（尾水）导流工程均落实了运行管理单位，其中，徐州截污导流工程由徐州市截污导流工程运行养护处负责运行管理工作，江都截污导流工程由江都区截污导流工程运行管理处负责运行管理工作，宿迁截污导流工程由宿迁市市区河道管理中心负责运行管理工作，淮安市境内截污导流工程由各区（县）水利局或水利局直属机构负责工程运行管理。丰沛尾水导流工程中县、区交界的闸站由徐州市截污导流工程运行养护处运行管理，其余工程由属地管理；睢宁尾水导流工程由睢宁县尾水导流工程管理服务中心负责运行管理；新沂市尾水导流工程由新沂市尾水导流管理所负责运行管理。为提高工程管理单位的运行管理水平，2019年12月，江苏省南水北调办在扬州举办了尾水导流工程管理培训班，进一步锻炼了队伍，提升了运行管理水平。

3. 城镇污水处理设施建设　2019年，江苏省住房城乡建设厅按照国家《水污染防治行动计划》和《江苏省"十三五"城镇污水处理规划》要求，继续加强南水北调东线城镇污水处理设施建设，制定并下发年度实施计划，着力推进包括南水北调沿线的苏中、苏北地区建制镇污水处理设施全覆盖。全年新增城镇污水处理能力21.2万 m^3/d，截至2019年年底，江苏省南水北调东线沿线地区城镇污水处理能力达 196 万 m³/d。与此同时，江苏省住房城乡建设厅科学指导沿线各地实施城镇污水处理提质增效，开展管网普查、评估、缺陷修复工作，加快推进老旧管网改造、雨污分流及排水达标区建设，完善污水收集管网系统，提升污水处理设施运行效能。此外，强化对南水北调沿线城镇污水处理设施的运行监管，重点推进建制镇污水处理设施全运行，并会同江苏省财政厅对苏中、苏北地区建制镇污水处理设施全运行予以资金补助，其中 2019 年对南水北调沿线地区下达资金 2.49 亿元。 （聂永平）

【水质情况】 对照南水北调东线江苏段 15 个国控断面的目标要求，例行性监测数据显示，2019 年，15 个国控断面年均水质全部达标。根据生态环境部有关调水水质监测工作要求，2019 年调水期间，江苏省环境监测中心对调水沿线 15 个国控断面实施加密监测，共计 27 天。结果显示，调水期间南水北调东线工程江苏段各断面历次监测水质均达到国家考核标准。 （聂永平）

山 东 段

【截蓄导用工程】 南水北调中水截蓄导用工程是南水北调东线第一期工程的重要组成部分，是贯彻"三先三后"原则的重要措施。山东省共 21 个中水截蓄导用项目，分布在主体工程干线沿线济宁、枣庄等 7 个地级市、30 个县（市、区）。工程建设的主要目的是将达标排放的中水进行截、蓄、导、用，使其在调水期间不进入或少进入调水干线，以确保调水水质。2012 年工程全部通过竣工验收并投入运行。

1. 临沂市邳苍分洪道中水截蓄导用工程

（1）工程概况。临沂市南水北调中水截蓄导用工程主要包括邳苍分洪道截蓄导用工程和引祊入涑工程两部分，是南水北调东线一期工程的附属工程，于 2008 年 10 月开工，2012 年 10 月竣工，工程总投资 3.94 亿元，其中邳苍分洪道截蓄导用工程投资 1.2 亿元，引祊入涑工程投资 2.74 亿元。该工程位于临沂市兰山区、罗庄区、郯城县、兰陵县（原苍山县）等 4 区（县）境内，共有 14 座主要水工建筑物，主要工程类型为橡胶坝、拦河闸、节制闸、泵站等，年设计拦蓄中水 35350km³，为沿线 34227hm² 农田提供灌溉用水，同时向武河湿地、城内河道等提供生态补水。临沂市南水北调中水截蓄导用工程管理处于 2008 年 11 月成立，为正县级水管单位，内设综合科、工程科、调度科、罗庄管理所、苍山管理所、郯城管理所、引祊入涑管理办公室等 7 个正科级科（所、办公室）。2013 年 3 月，临沂市南水北调中水截蓄导用工程管理移交至临沂市南水北调中水截蓄导用工程管理处，工程正式进入日常运行管理阶段。

（2）工程调度运行及管理情况。重点抓好工程运行维护和养护，保障出省断面水质安全。进一步完善各项日常管理制度。临沂市南水北调中水截蓄导用工程管理处结合管理实际，对值班、养护、巡查等各项管理制度进行完善补充，重点理顺了各所办绿化养护验收的制度和流程，并由工程科牵头，各科室全力配合，对各所办绿化养护情况进行了验收和收方计量。强化机电设备、管理环境等硬件设施配套。对各科（所、办公室）的机电设备进行了维护保养，共检修养护设备50余台（套），对电力操作柜、视频监控系统等进行了维修养护。做好工程管理区饮水安全工作。经过积极协调和争取，蒋史汪橡胶坝管理区接通了城市自来水管网，解决了郯城所干部职工饮水安全问题。每年按时提报"半年、全年调度运行情况"。

着力抓好安全生产工作，保障工程安全运行。管理处早启动、早部署，狠抓工作落实，安全生产一直是常抓不懈的工作重点之一。2019年，安全生产形势良好，未发生安全事故。认真开展安全生产大检查，汛前、汛后专项检查和季度安全检查，认真查摆安全隐患，建立问题台账，记录在案，实行销号制度，整改一项销号一项，确保不留死角和隐患。加强值班值守，责任到人。各所办每天都组织人员到工程沿线巡查至少一次，并做好巡查记录。党的十九大会

议期间，全管理处党员干部主动放弃周六周日休息，坚守工作一线，强化安全排查和巡查，确保工程正常运行，不出问题，不惹乱子。对机电设备进行安全维护和检测。

强化规范工程招投标，严格按照政府采购程序和要求，规范工程维修养护招标。经临沂市财政部门批准，管理处委托专业招标中介机构具体负责工程招标，全程公开、公正、透明。

（3）工程效益。临沂市南水北调工程管理处积极与市环保部门沟通协调，密切关注出境断面水质情况，严格按照上级批准的调度运行方案运行，充分发挥中水截蓄导用工程效用，利用工程调度措施为保障出境断面水质安全作出了较大贡献。通过科学调配中水，减少了中水下泄量，为工程沿线群众提供了良好服务。

2. 宁阳县洸河截污导用工程

（1）工程概况。宁阳县洸河截污导用工程位于南四湖主要入湖河流洸府河上游，涉及宁阳县境内洸河、宁阳沟两条河流。工程新建橡胶坝4座，提水泵站2座，铺设输水管道16km，扩挖河道15km，改建交通桥1座、生产桥6座。工程于2011年10月竣工，总投资为5956万元。

（2）工程运行情况。全面发挥工程"截、蓄、导、用"效益，确保洸河和宁阳沟两条河流下泄水量不超标及水质指标安全达标。定期对泵站和橡胶坝机电设备进行维修保养，对汛期因风灾损坏的泗店泵站管理房屋顶

进行了整体修缮，设置工程设施周边和河道沿岸警示标志，并在古城泵站和橡胶坝安装了监控设备，加强安全管理措施。

（3）工程效益。积极发挥工程灌溉效益，灌溉面积为 2867hm²，5 万多群众受益，惠及 2 个乡镇 48 个村庄。

3. 枣庄市薛城小沙河控制单元中水截蓄导用工程

（1）工程概况。枣庄市薛城小沙河控制单元中水截蓄导用工程位于滕州市新薛河、薛城区小沙河和薛城大沙河流域。工程内容主要包括：①薛城小沙河，新建朱桥橡胶坝 1 座，扩挖薛城小沙河回水段和小沙河故道回水段，开挖堤外截渗沟长 2000m；②薛城大沙河，新建挪庄橡胶坝 1 座，建华众纸厂中水导流管；③新薛河，小渭河新建渊子涯橡胶坝 1 座，小渭河河道回水段局部扩挖，工程于 2008 年 11 月开工建设，2012 年 10 月完成竣工验收。

（2）调度运行情况。枣庄市薛城小沙河控制单元中水截蓄导用工程由枣庄市南水北调工程建设管理局负责，委托枣庄智信瑞安水利工程管理有限公司实施运行管理工作。该公司按照工程初步设计的运行任务和运行指标，对所辖橡胶坝等进行运行管理及日常维护、保养等工作，实现了正常运行，发挥了应有的效益。

（3）工程效益。枣庄市薛城小沙河控制单元中水截蓄导用工程，在拦

蓄中水、排涝、抗旱、生态环境改善等方面发挥了重要作用，产生了显著的社会、经济和生态环境效益，成为保障南水北调东线工程水质的可靠屏障。

4. 枣庄市峄城大沙河中水截蓄导用工程

（1）工程概况。枣庄市峄城大沙河中水截蓄导用工程位于峄城大沙河上。主要建设内容包括：①新建大泛口、裴桥 2 座拦河闸；②在峄城大沙河分洪道处新建良庄橡胶坝 1 座；③对已建红旗闸和贾庄闸进行维修改造；④铺设 3000m 管道将台儿庄区中水排放改道入峄城大沙河。工程等别为Ⅲ等，主要建筑物级别为 3 级，次要建筑物级别为 4 级，临时建筑物级别为 5 级。工程概算总投资为 4465.88 万元。工程于 2009 年 3 月开工建设，2012 年 10 月完成竣工验收。

（2）运行管理情况。枣庄市峄城大沙河中水截蓄导用工程由枣庄市南水北调工程建设管理局负责，委托枣庄智信瑞安水利工程管理有限公司实施运行管理工作。公司按照工程初步设计的运行任务和运行指标，对所辖节制闸、橡胶坝及泵站等进行运行管理及日常维护、保养等工作，实现了正常运行，发挥了应有的效益。

（3）工程效益。枣庄市峄城大沙河中水截蓄导用工程在拦蓄中水、排涝、抗旱、生态环境改善等方面发挥了重要作用，产生了显著的社会效益、经济效益和生态环境效益，成为

保障南水北调东线工程水质的可靠屏障。

5. 滕州市北沙河中水截蓄导用工程

（1）工程概况。滕州市北沙河中水截蓄导用工程主要内容包括：在北沙河干流新建邢庄、刘楼、赵坡、西王晁 4 座橡胶坝，河道扩挖治理 8.3km；在 4 座橡胶坝上游各新建灌溉泵站 1 座及中水回用配套渠系。工程于 2008 年 11 月开工建设，2011 年 11 月 7 日完成竣工验收。

（2）运行管理情况。滕州市北沙河中水截蓄导用工程由滕州市负责，交付滕州市河道管理处进行运行管理，滕州市河道管理处 2004 年 9 月经滕州市委、市政府批准成立，是隶属于滕州市水利和渔业局的纯公益性事业单位。管理处下设界河管理所、北沙河管理所、城河管理所、郭河管理所、十字河管理所和北郊排水站共 5 所 1 站，管理处建立了竞评机制，落实了分配激励制度。

（3）工程效益。滕州市北沙河中水截蓄导用工程在拦蓄中水、排涝、抗旱、生态环境改善等方面发挥了重要作用。

6. 滕州市城漷河中水截蓄导用工程

（1）工程概况。滕州市城漷河中水截蓄导用工程位于城漷河流域滕州市境内。工程主要内容包括：新建 6 座橡胶坝，其中城河干流新建东滕城、杨岗橡胶坝 2 座，漷河干流新建吕坡、于仓、曹庄橡胶坝 3 座，城漷河交汇口下游新建北满庄橡胶坝 1 座；维修城河干流洪村、荆河、城南橡胶坝 3 座，漷河干流南池橡胶坝 1 座；在东滕城、杨岗、北满庄、吕坡、于仓、曹庄 6 座橡胶坝上游新建灌溉提水泵站各 1 座；在曹庄橡胶坝上游漷河左岸和杨岗橡胶坝上游城河左岸设人工湿地引水口门各 1 处；河道扩容开挖工程 10.7km。工程于 2008 年 11 月开工建设，2011 年 11 月 7 日完成竣工验收。

（2）运行管理情况。滕州市城漷河中水截蓄导用工程由滕州市负责，交付滕州市河道管理处进行运行管理。

（3）工程效益。滕州市城漷河中水截蓄导用工程在拦蓄中水、排涝、抗旱、生态环境改善等方面发挥了重要作用。

7. 枣庄市小季河中水截蓄导用工程

（1）工程概况。枣庄市小季河中水截蓄导用工程位于小季河流域台儿庄区境内。工程主要内容包括：小季河、北环城河、台兰干渠河道疏浚、清淤、扩宽，新建小季河季庄西拦河闸，维修赵村拦河闸，在东环城河、小季河、台兰引渠新建 4 座中水回用灌溉泵站，拆除重建 6 座生产桥。工程于 2009 年 3 月开工建设，2011 年 11 月 6 日完成竣工验收。2016 年利用结余资金 103 万元实施枣庄市小季河中水截蓄导用工程完善项目台涛河治理工程，工程于 2016 年 6 月完工。

（2）运行管理情况。工程由台儿庄区城乡水务服务中心统一管理、调度，实现区域产生的中水不进入调水干线，达到零排放标准，确保调水水质。调水期间由区城乡水务服务中心调度，非调水期间（汛期、用水期）服从区防汛抗旱指挥部统一调度。工程运行管理单位为枣庄市台儿庄区南水北调截污导流工程建设管理处，办公地点在季庄西节制闸前截污导流工程管理所。

（3）工程效益。2019 年工程拦蓄中水 603 万 m³。利用中水回用泵站提水灌溉水稻 800hm²、冬小麦 1000hm²，实现了工程中水回用、防洪、排涝、生态、交通等社会预期效益。

8. 菏泽市东鱼河中水截蓄导用工程

（1）工程概况。菏泽市东鱼河中水截蓄导用工程位于菏泽市开发区、定陶、成武和曹县境内的东鱼河、东鱼河北支及团结河。工程包括：新建雷泽湖水库、入库泵站、中水输水管道，扩挖东鱼河北支，在东鱼河北支新建张衙门、侯楼、王双楼拦河闸，利用袁旗营、刘士宽、杨店、马庄、邵堂、裴河、楚楼、肖楼拦河闸，在团结河新建后王楼、鹿楼拦河闸，利用东鱼河干流徐寨、张庄、新城拦河闸，拦蓄总库容为 32166km³。灌溉回用工程包括：在雷泽湖水库新建李楼、贵子韩提水站，在东鱼河北支新建雷楼、侯楼、邵家庄、周店提水

站，在团结河新建宋李庄、前朱庄、欧楼、鹿楼提水站，并开挖疏通站后输水渠道，维修涵洞 1 座。实际控制总灌溉面积为 88267hm²，改善农田灌溉面积为 41600hm²。工程于 2008年 9 月开工建设，2011 年 10 月完成竣工验收。

（2）运行管理情况。菏泽市南水北调工程建设管理局按照创建规范化闸管所要求，在建立健全工程运行管理制度的基础上，进一步强化管理考核和责任追究制度，加强对工程运行的日常监测和巡查，并落实好相关责任人，坚持"谁检查、谁签字、谁负责"，实行台账式管理，对于检查中发现的问题，当场责令整改，当场整改不了的，限期整改，并落实责任人，及时消除各种隐患，确保工程运行安全。

（3）工程效益。菏泽市南水北调工程建设管理局利用工程的"截、蓄、导、用"功能，充分发挥工程经济社会及生态环保效益，在确保南水北调输水干线输水期间水质达到规定要求的同时，当地的水源涵养水平得到提升，水生态环境也得到有效改善。

9. 金乡县中水截蓄导用工程

（1）工程概况。金乡县中水截蓄导用工程位于金乡县境内的大沙河、金济河、金鱼河。工程主要内容包括：新建金济河郭楼橡胶坝、大沙河王杰节制闸、金马河金鱼河交汇口连庄涵闸、大沙河孔楼生产桥、大沙河

马集涵闸、金济河右岸周桥排灌站、大沙河左岸石岗排灌站、维修加固大沙河右岸高庄排灌站，大沙河五级沟涵闸共计9处建筑物。工程于2008年6月开工建设，2011年11月11日完成竣工验收。

（2）运行管理情况。金乡县截污导流工程达到设计功能要求，实际灌溉面积为5933.33hm²，设计库容为115910亿m³。污水处理厂可满足运行管理要求，日处理3万t，设计回用1.36万t，已经完全满足截蓄导用应该截蓄66400亿m³的要求。运行机构已成立由金乡南水北调局管理经费落实，运行正常。

（3）工程效益．工程竣工验收以来运行良好，效益显著。金乡县县城区的工业和生活污水，经过管道网络直接输入金乡县污水处理厂，处理后的中水再经过输水管道和提水泵站排入中水水库。发展农业灌溉，为农业生产提供了充足的水源。满足城区景观用水，利用南水北调中水截蓄导用工程引水入城，实现金乡县城区水系贯通，水活流清，提高了城市品位，改善城区环境起到了很大作用，具有显著的社会效益和环境效益。

10. 曲阜市中水截蓄导用工程

（1）工程概况。该工程位于曲阜市境内泗河支流沂河下游，分别在曲阜市沂河郭家庄、杨庄新建橡胶坝各1座，在橡胶坝上游分别新建提水泵站各1座，总库容达到253.1万m³，灌溉农田5133.33hm²，满足《控制

单元治污方案》的要求。工程静态总投资为2714.21万元。工程于2008年6月开工建设，2009年5月完成竣工验收。

（2）调度运行情况。工程设计功能已达到，设计灌溉面积为5133.33hm²，实际灌溉面积为5133.33hm²，总调蓄库容为253.1万m³，新增拦蓄库容为127.1万m³。污水处理厂设计规模为3万t/d，截污导流工程在干线输水期间需拦截770万m³。工程竣工验收后，交曲阜市沂河管理所管理和运行，工程经费财政拨款。

（3）工程效益。曲阜市截蓄导用工程上游有两处污水处理厂，处理后的中水引入到沂河公园、蓼河公园、人工湿地作为公园景观用水。满足公园用水后的下泄水进入截蓄导用工程郭庄橡胶坝拦截，启动提水泵站进行灌溉，在不灌溉时下泄水进入截蓄导用工程杨庄橡胶坝拦截，打开橡胶坝上游涵闸自流入平原水库，上游来水全部截蓄导用。自此截蓄工程没有下泄水排入输水干线。

11. 嘉祥县中水截蓄导用工程

（1）工程概况。嘉祥县中水截蓄导用工程位于嘉祥县中部前进河、洪山河。工程涉及嘉祥县马村镇、万张镇、卧龙山镇、马集镇、嘉祥街道办事处五镇（街）。工程等别为Ⅳ等，工程规模为小（1）型，河道工程和主要建筑物级别为4级，次要建筑物级别为5级。主要工程建设内容包

括：疏通治理前进河、洪山河21.1km，洪山河局部扩挖0.645km，新建前进河拦河闸，改建曾点涵闸、洪山涵闸。工程于2008年9月开工建设，2012年10月完成竣工验收。

（2）运行管理情况。工程设计功能已达到"截、蓄、导、用"，设计灌溉面积1666.67hm²，实际灌溉面积1766.67hm²，库容202万m³，实际拦蓄280万m³。污水处理厂尾水已全部截住，污水处理厂设计规模为4万t/d；设计回用为1万t/d。剩余3万t应由截污导流工程拦蓄。运行机构为嘉祥县南水北调工程建设管理局，为嘉祥县水务局所属的副局级单位，核定编制6人，经费实行财政全额预算管理，运行情况良好。

（3）工程效益。

1）农业灌溉用水。利用本工程建设的前进河拦河闸、曾店涵闸、洪山涵闸，拦截郓城新河、红旗河、赵王河来水，充分发挥各沿河提水站作用，合理调配全县境内水源，鼓励群众利用中水进行农业灌溉。

2）生态及景观用水。嘉祥县建设有前进河、洪山河、龙祥河景观工程，最低水深不低于1.5m，促进了生物的多样性，保证了沿线景观效果。为更好地回用中水，利用嘉祥县第一污水处理厂处理中水，通过洪山河分别向其补水，作为景观用水使用。

3）绿化浇灌用水。为绿化城市及周边环境，利用中水对沿河绿化带进行浇灌，为沿线绿化用水提供了便利条件。

12. 济宁市中水截蓄导用工程

（1）工程概况。济宁市中水截蓄导用工程对济宁市和高新区污水处理厂共计水量19万m³/d达标排放中水进行联合调度。在南水北调调水期间（每年10月至翌年5月），最大限度地利用老运河湿地、洸府河湿地接纳中水，其余中水用作农田灌溉和进入蓄水区调蓄。工程建成后，每年调水期间可通过1333.33hm²农田灌溉回用和蓄水区拦蓄中水1144万m³，是保障南水北调东线输水干线水质的一项重要工程措施。同时，对进一步改善济宁市城市水环境，促进全市经济社会与资源环境协调发展，具有十分重要的意义。工程于2008年12月开工建设，2012年11月竣工验收。

（2）运行管理情况。该工程设计功能已基本达到，设计灌溉面积为1333.33hm²，实际灌溉面积为1933.33hm²，调水期间拦蓄中水1144万m³，设计库容为836.4万m³，实际库容为1300万m³。设计任务内污水处理厂尾水全部拦截。济宁污水处理厂设计规模为20万m³/d，设计回用为8万m³/d，该工程需要拦截中水量为12万m³/d；高新区污水处理厂设计规模为9万m³/d，设计回用为2万m³/d，该工程需要拦截中水量为7万m³/d。济宁城区截污导流需要拦蓄济宁市污水处理厂和高新区污水处理厂中水量共计19万m³/d。工程采用政府购买服务方式运行，截至 2019 年年底已经运行了 3 个运行期，每个运行期为 3 年。

（3）工程效益。工程有效解决中水排入到南水北调东线干线输水渠道问题，达到"截、蓄、导、用"的目的。

13. 微山县中水截蓄导用工程

（1）工程概况。微山县南水北调中水截蓄导用工程是南水北调东线第一期工程治污的重要组成部分，是为实现老运河微山段的水质控制目标和总量控制目标，通过新建拦蓄工程，在干线输水期间拦截微山县污水处理厂排放中水入老运河后，利用老运河渡口橡胶坝至新薛河段及其支流小新河、五公尺河等河槽拦蓄中水及小新河非汛期天然径流，并用于蓄水河道两岸现状 1866.67hm² 农田灌溉，实现截污目标。调水期老薛王河天然径流由三河口闸拦截后，通过倒虹入下游老薛王河，最终排入南四湖。老运河总拦截能力为 167.5 万 m³，批复概算总投资为 6505 万元。工程于 2009年 2 月开工建设，2012 年 11 月完成竣工验收。

（2）运行管理情况。微山县截污导流工程（湖东片区）设计功能已达到，设计灌溉面积为 1866.67hm²，实际灌溉面积为 1866.67hm²，实际库容为 167.5 万 m³。污水处理厂尾水已全部截住，污水处理厂设计规模为4 万 t/d，实际运行规模为 2 万 t/d，设计回用规模为 1 万 t/d。运行机构为微山县南水北调局，经费落实。

（3）工程效益。调水期间用水量应为 610.8 万 m³，已回用。截污导流工程实际蓄存中水 576.6 万 m³。

14. 梁山县中水截蓄导用工程

（1）工程概况。南水北调东线工程在梁山县自梁济运河经邓楼泵站提水入湖里柳长河，县境内全长36.5km，涉及梁济运河输水工程、柳长河输水工程、邓楼提水泵站和灌区灌溉影响处理工程等 4 个单元工程。其中，梁济运河输水工程长17.24km，柳长河输水工程长19.26km。梁山县截蓄导用工程是南水北调东线工程水污染综合防治体系的重要组成部分，借南水北调东线工程梁济运河邓楼节制闸截水，扩挖闸上梁济运河 28.5km 河道作为调蓄水库建设了南水北调中水截蓄导用工程，主要任务包括：在干线输水期间拦截梁山县污水处理厂下泄中水 730万 t，通过中水回用后，按日承接 3万 t 中水设计，设计中水水库库容为330 万 m³。该工程是实现梁济运河梁山县城段的水质控制目标和总量控制目标的重要工程。工程总体布局和主要建设内容：借用南水北调东线一期工程在梁济运河（桩号 58＋328）修建的邓楼节制闸拦截中水，扩挖该节制闸以上 28.5km 河道，作为中水水库，实现截、蓄中水 330 万 m³。为实现中水灌溉目的，新建龟山河提水站1 座，设计提水流量为 3.0 m³/s，通过龟山河、南三、四干沟等灌排工程体系灌溉农田面积 3000hm²。另外，因蓄水影响还新建了任庄、郑那里、东张博3座交通桥。同时新建流畅河泵站、周提口泵站、张博泵站。工程于2009年3月5日开工，2012年1月12日完成竣工验收。

（2）调度运行情况。工程设计功能已达到，设计灌溉面积为3000hm²，需拦蓄730万m³，设计库容为330.6万m³。污水处理厂尾水已全部截住，设计规模为5万t/d，运行正常，回用设施运行基本正常。运行机构未确定，由梁山县水利局的南水北调截污导流工程建设管理处代为运行管理。没有落实人员编制、经费。工程无尾工，需对沿河排灌站及骨干灌溉工程进行维修及配套。

（3）工程效益。工程的正常运行，为梁济运河、流畅河下游两岸农业灌溉提供了有力的水源保障。生态效益，通过与流畅河湿地，运河湿地，梁山泊旅游区山北水库结合，进一步深度处理蓄存的中水水质，从而为生态景观旅游、改善局部小气候建设提供了物质基础，也是中水截蓄导用工程的延续和提升。通过生态景观的改善，增加了旅游景点，扩大了梁山的知名度，为梁山的经济、社会发展提供了良好的生态保障。

15. 鱼台县中水截蓄导用工程

（1）工程概况。工程建设内容包括中水输水管道、唐马拦河闸及回用水工程。新建输水管道，从鱼台县污水处理厂至唐马拦河闸，全长6.5km，设计流量为0.35m³/s。在唐马拦河闸上游，维修加固涵洞两处、排灌站6座。唐马拦河闸就是鱼台县截蓄导用工程的核心，该闸位于东鱼河干流11+100处，共16孔，每孔净宽10m，设计蓄水位为34.62m，过闸流量为1090m³/s，拦蓄库容为1095万m³。2016年1月，续建工程开工建设，工程建设内容包括：新建管理所及管理区监控系统工程，唐马拦河闸机电设备、金属结构设施维护保养及附属设施的修缮防护工程，输水管道安全防护工程，回用排灌站修缮与维护工程，唐马拦河闸管理与保护范围内的水土保持和环境绿化工程等。

（2）调度运行情况。工程设计功能已达到，设计灌溉面积为5066.67hm²，实际灌溉面积为5186.59hm²，实际库容为760万m³。污水处理厂尾水已全部截住，污水处理厂设计规模为3万t/d，实际运行规模为2万t/d；设计回用规模为1万t/d。截污导流工程实际蓄存中水764万m³。运行机构为鱼台县南水北调工程建设管理局，经费落实到位，运行情况良好。

（3）工程效益。鱼台县污水处理厂和企业达标排放的中水通过中水管道全部蓄存于唐马拦河闸上游，利用河道的自净能力对中水进行再处理，美化区域环境，提高水质标准；通过现有排灌设施溉灌农田5066.67hm²，改善了农田灌溉条件，提高了农田灌溉保证率，增加了工程所在地的防洪效益、除涝效益、灌溉效益、生态效益及城乡景观效益。

16. 武城县中水截蓄导用工程

（1）工程概况。武城县中水截蓄导用工程位于德州市武城县、平原县境内。武城县中水截蓄导用工程主要建设内容包括：六六河河道清淤疏浚5.2km，重建利民河东支郑郝节制闸，新建六六河东大屯闸，新建北支沟、棘围沟、青龙河、改碱沟、甜水铺支流节制闸，新建小董王庄沟、姜庄沟涵闸，新建后程倒虹吸1座，维修六六河与利民河东支、洪庙沟、头屯南干沟、改碱沟、棘围沟、北支沟交汇处以及头屯南干沟、洪庙沟、赵庄沟末端共9处涵闸。形成河道拦蓄库容186.94万 m^3，改善农田灌溉面积1500 hm^2。工程于2009年3月开工建设，于2011年完工，2012年1月17日完成竣工验收。

（2）调度运行情况。2019年，武城县截污导流工程共拦蓄水量为1052.83万 m^3，其中回用中水量为890.32万 m^3，用于农业灌溉为751.41万 m^3，用于生态保护为138.91万 m^3。

（3）工程效益。武城县中水截蓄导用工程既能保证六五河水质长期稳定达到Ⅲ类地表水水质标准，又能解决武城县水资源短缺与水环境严重污染的尖锐矛盾，做到节水、治污、生态保护与调水相统一，形成"治、截、用"一体化的工程体系。

17. 夏津县中水截蓄导用工程

（1）工程概况。夏津县中水截蓄导用工程主要建设内容包括：重建青年河范楼闸、李楼闸、北马庄闸、维修城北改碱沟齐庄闸；重建青年河及城北改碱沟上许小庄、孔庄、郑庄、齐庄桥等生产桥16座；重建青年河郑庄、孔庄2座提水泵站；治理三支沟6.2km河道清淤疏浚土方4.44万 m^3，重建12座涵管；续建横河齐庄闸、治理郑庄扬水站、孔庄扬水站后疏水干渠10.9km河道清淤疏浚土方18.99万 m^3。工程总蓄水能力为171.8万 m^3，该工程等别为Ⅳ等，主要建筑物级别为4级，临时建筑物级别为5级。工程于2009年3月开工建设，2011年12月29日完成竣工验收。

夏津县中水截蓄导用工程完善项目于2016年5月开工建设，于2016年12月完工，是通过对胜利渠及支渠进行渠道清淤并修建阎庙南泵站，减少中水对青年河的蓄水压力，同时解决附近两个乡镇的农田灌溉问题。本工程是在闫庙村南侧胜利渠上新建泵站1座，并对胜利渠及其支渠清淤，清淤长度为12.207km。

（2）调度运行情况。2019年夏津县截污导流工程共调节水量94.03万 m^3，回用37.77万 m^3 并全部用于农业灌溉，灌溉面积共计372.47 hm^2。

（3）工程效益。德州市截污导流工程既能保证七一·六五河水质长期稳定达到Ⅲ类地表水水质标准，又能解决水资源短缺与水环境严重污染的尖锐矛盾，做到节水、治污、生态保护与调水相统一，形成"治、截、用"一体化的工程体系。

18. 临清市汇通河中水截蓄导用工程

（1）工程概况。南水北调东线第一期工程临清市汇通河中水截蓄导用工程位于临清市城区。其主要任务是将污水处理厂处理后的中水改排，不再排入临清六分干，以保证南水北调输水干线水质，中水排放规模为6万t/d。另外，临清市区原排入六分干的城市非汛期雨涝水不再排入六分干，进行改排。临清市汇通河中水截蓄导用工程规模为小（1）型，主要建筑物级别为4级，次要建筑物级别为5级。穿卫运河大堤涵闸按所在堤防工程的级别确定，为2级。工程主要建设内容包括：新建红旗渠入卫穿堤涵闸1座。北大洼水库至大众路口铺设管线长度417m（单排φ2000mm管）；顶管管线长度85.15m（双排φ1500mm管）。大众路口至石河铺设管线长度2159.25m（双排φ2000mm管）。红旗渠4.03km河道清淤疏浚及红旗渠纸厂东公路涵洞、红旗渠纸厂1号公路涵洞、红旗渠纸厂2号公路涵洞、红旗渠纸厂3号公路涵洞4座过路涵改建。工程于2008年12月开工建设，2011年12月30日完成竣工验收。

为了节制中水流入夏津影响南水北调干线输水水质，完善临清市汇通河中水截蓄导用工程存在的不足，需要在临清十八里干沟入口及临夏边界建设节制建筑物。南水北调东线第一期工程临清市汇通河中水截蓄导用工程完善项目经山东省南水北调工程建设管理局以鲁调水局保字〔2016〕1号文批准建设，主要建设内容包括：①渠道清淤工程，十八里干沟清淤长度5.22km，清淤土方7.26万m³，西支渠清淤长度1.5km，清淤土方4.12万m³，中支1渠清淤1.3km，清淤土方2.76万m³，中支2渠清淤长度1.6km，清淤土方3.56万m³，东支渠清淤长度1.73km，清淤土方5.67万m³；②建筑物工程，主要包括十八里干沟入口闸工程、西支渠北朱庄闸工程、中支1渠小屯西闸工程、中支2渠小屯闸工程、东支渠柴庄闸工程。该项目于2016年6月5日正式开工建设，于2017年12月13日通过完工验收。

（2）运行管理情况。临清市汇通河中水截蓄导用工程项目由山东省南水北调工程建设管理局委托临清市南水北调工程建设管理局为项目法人，具体负责项目的建设与运行管理工作。为保证工程安全运行，发挥工程效益，按照有关规范规定，临清市南水北调工程建设管理局设立临清市汇通河中水截蓄导用工程管理所，具体负责该工程的管理和运行。临清市污水处理厂处理后的中水进入红旗渠后，在红旗渠末端利用两孔1.5m×2.5m涵洞向南输水入北大洼，在北大洼南通过铺设完成的管道穿过北环路后，向西至大众路口，再沿大众路已铺设完成的两排管道向南输水入汇通河。从汇通河输水入新河段，通过胡家湾涵洞输水入胡家湾水库，用于灌溉周边农田。另外，在红旗渠西首建卫运河穿堤涵闸，临清市城区中北部的非汛期涝水通过新铺设的管道和红旗渠汇流后排入卫运河。

（3）工程效益。临清市汇通河中水截蓄导用工程的建成，使污水处理厂处理后的中水，通过红旗渠、北大洼水库、北环路埋管、大众路埋管、汇通河（小运河）、胡家湾水库连成一体，形成了城区大水系。既改善了城区水环境，富余水量又可灌溉周围农田，具备了中水截蓄导用工程的"截、蓄、导、用"功能，削减污染物，使其在调水期间不进入调水干线，确保了调水水质。

19. 聊城市金堤河中水截蓄导用工程

（1）工程概况。聊城市金堤河中水截蓄导用工程位于聊城市阳谷县、东阿县、东昌府区境内。工程主要内容包括：新开小运河至郎营沟渠道，疏通治理3.7km；扩挖郎营沟，疏通治理22.3km；扩挖郎营沟至四新河渠道，扩挖2.3km。新建马湾节制闸、马湾排水涵闸工程，改建油坊穿涵工程，新建、重建桥梁、涵闸、渡槽等小型建筑物。工程于2008年12月开工建设，2012年11月竣工验收。为加强工程管理和中水回用力度，使其更好地发挥综合效益，利用工程招标结余资金和基本预备费实施了金堤河中水截蓄导用工程后续治理项目，于2015年完工。

（2）调度运行情况。聊城市金堤河中水截蓄导用工程全长65km，跨全市5县（区），运行管理工作按照属地管理的原则，由市、县南水北调办事机构分级管理，即由聊城市南水北调工程管理局负责总体协调调度管理，导流渠道沿线县（区）南水北调办事机构〔包括阳谷县、东阿县、江北水城旅游度假区、经济技术开发区和高新技术产业开发区5县（区）〕进行日常管理，具体负责对导流渠道输水水质、水位、流量等项目的检测，并对堤防和建筑物的管护和维修等；在南水北调调水期服从山东省南水北调项目法人调度，汛期依照聊城市防汛抗旱指挥部统一调度。

（3）工程效益。2019年，按照运行调度原则，利用聊城市金堤河中水截蓄导用工程及其续建项目，将金堤河、小运河上游来水拦截、导流排入徒骇河，保障了南水北调工程输水干线水质。通过对河道的新挖、扩挖及提防的加固和生产桥的建设，扩大了河道的过水能力，提高了当地的防洪标准，也给沿岸群众的交通运输带来了方便。中水截蓄导用工程建设改善了沿河农田灌溉用水条件。（孙玉民）

陆　中线一期工程

概　述

【工程管理】　2019 年是中线工程全线通水第五年，也是工程管理提档升级全速推进之年。一年来，中线建管局紧紧围绕"水利工程补短板、水利行业强监管"的水利改革发展总基调，做好工程管理各项工作。

（1）开展隐患问题处理，补工程设施短板，提升工程形象。中线建管局在加强日常维修养护管理的同时，紧盯全线水下衬砌板破损修复、天津干线箱涵地下水分布探查、瀑河倒虹吸进口挖方区段衬砌面板顶托破坏、三户王生产桥左岸上游二级马道以上边坡变形、渠首分局淅川段桩号 34＋435～34＋455 左岸渠堤外坡渗水处理、穿黄隧洞（A 洞）检查维护、北京段 PCCP 停水检修处理等重点项目的实施，加强施工监管，确保重点维修养护项目按期完成修复，保障工程运行安全。

为加快推进衬砌水下修复试验研究，中线建管局在郑州开展大型蓬式组合围堰试验；组织海河大学开展组合式水下沉箱钢围堰结构计算分析和方案优化专题研究；针对汛期高地下水引起衬砌板面破坏问题，采取增设排水系统措施等工作；组织开展利用水下机器人对重点倒虹吸工程水下检查、4.5km 长距离水下机器人研发等工作；持续开展工程标准化建设工作，制定标准化渠道试点建设方案，确定试点渠段，编制实施方案，大力实施改造提升工程，集中解决了一批影响工程运行和供水安全的问题隐患。

中线建管局全年累计下达土建及绿化工程维修养护资金 14.7 亿元，经过持续不断地补短板、抓规范，中线工程形象面貌显著提升，供水安全更加稳固。

（2）开展停水检修研究工作，补工程安全评估短板，完善工程管理制度体系。为确保南水北调中线干线工程安全、供水安全，中线建管局在水利部南水北调司牵头组织下，完成了南水北调中线干线工程停水检修研究分析工作，编制完成《南水北调中线干线工程停水检修专项检查研究分析总报告》，并于 2019 年 6 月 24—25 日通过国务院南水北调工程建设委员会专家委员会咨询，结合专家咨询意见，在停水检修专项检查总报告的基础上，进一步研究分析并汇总编制完成《南水北调中线一期工程安全风险研究报告》，对南水北调中线干线工程是否停水检修给出了明确的结论。

中线建管局组织完成了《南水北调中线干线工程安全鉴定管理办法》的编制，明确了安全鉴定有关工作机制、工作周期、工作程序、工作内容等，并在此基础上构建完整的南水北调中线干线工程安全评价方法和分类标准体系。开展《南水北调中线干线工程安全评价导则》编制工作，为后续中线干线工程开展停水检修工作提供决策依据，通过建立完善的安全鉴定机制，进一步完善南水北调中线工程管理制度体系，落实"水利工程补短板、水利行业强监管"的水利改革发展总基调。（杨宏伟　陶李　李腾）

【运行调度】　2019年，南水北调中线总调度中心围绕"供水保障补短板、工程运行强监管"的水利改革发展总基调，坚持以问题为导向，以调度安全为前提，以提升规范化、信息化水平为重点，强力推动"四抓四补"，开拓调度工作新局面，确保输水调度工作安全平稳，确保圆满完成了2018—2019年度59.11亿 m³ 供水任务。

截至2019年12月31日，中线工程已累计向沿线4省（直辖市）平稳供水249.65亿 m³。2018—2019供水年度，向4省（直辖市）供水69.16亿 m³（含生态补水10.84亿 m³），占水利部下达59.11亿 m³ 计划供水量的117.0%。正常供水量中，向北京供水11.53亿 m³，向天津供水11.02亿 m³，向河北供水13.02亿 m³，向河南供水22.74亿 m³，分别占各省（直辖市）下达年度正常计划供水量的103.0%，100.6%，130.2% 和103.6%。　（杨宏伟　陶李　李腾）

【经济财务】

1. 生产经营情况分析　截至2019年12月31日，中线水源公司资产总额为464.12亿元。2019年实现主营业务收入9.27亿元，营业总成本为14.57亿元，利润总额为－5.30亿元。

2. 基建投资情况　截至2019年12月31日，中线水源工程批复概算548.39亿元，累计到位资金548.93亿元，累计完成支出542.76亿元。

3. 水费情况　截至2019年12月31日，中线水源公司应收水费45.66亿元，累计收到34.11亿元，水费收取率为75%。其中，2019年应收水费10.38亿元，收到水费9.73亿元（含以往年度陈欠水费4.34亿元）。公司在保证工程运行维护的基础上，按时偿还银团贷款利息2.94亿元及银团贷款本金3.13亿元。　（薛琴）

【工程效益】　入汛以来，中线水源公司严格落实工程防汛责任，及时进行隐患排查处理，汛期水库水位严格按照汛限水位控制，工程运行平稳，安全度汛；在超额完成全年供水任务的情况下，水库最高蓄至166.51m，确保了工程安全、供水安全，充分发挥了工程防洪、供水、生态等综合利用效益。　（米斯）

【科学技术】　2019年11月，南水北调工程申报国家科学技术进步奖工作办公室成立，中线水源公司作为报奖工作办公室成员单位之一，积极参与南水北调中线一期工程报奖有关工作，配合水利部调水局制定了报奖工作总体计划。　（米斯）

【创新发展】　在严格保障南水北调

中线干线工程安全平稳供水基础上，为实现中线工程更好更快发展，中线建管局依托全资子公司南水北调中线实业发展有限公司，以雄安新区建设为契机，积极拓展中线调蓄水库、抽水蓄能电站和水厂项目等经营开发业务，努力开创南水北调事业发展新空间。 　　（杨宏伟　陶李　李腾）

干　线　工　程

【工程概况】　南水北调中线工程沿线布置中线干线工程各类建筑物共计2387座，包括：输水建筑物159座，其中，渡槽27座，倒虹吸102座，暗渠17座，隧洞12座，泵站1座；穿总干渠河渠交叉建筑物31座；左排建筑物476座；渠渠交叉建筑物128座；控制建筑物304座；铁路交叉建筑物51座；公路交叉建筑物1238座。

此外，在中线干线工程管理范围和保护范围内由地方建设的桥梁、公路、铁路、管道等各类穿越、跨越、邻接工程，截至2019年年底，该类工程项目共计422项。 　　（宋广泽　陈海云）

【工程投资】

1. 投资批复

（1）项目批复情况。截至2019年年底，中线建管局建管的中线干线9个单项76个设计单元工程的初步设计报告已全部批复。其中，批复土建设计单元工程67个，自动化调度系统、工程管理等专题或专项设计单元工程9个。

批复的设计单元工程按时间划分：2003年批复2个，2004年批复9个，2005年批复1个，2006年批复4个，2007年批复2个，2008年批复16个，2009年批复22个，2010年批复19个，2011年批复1个，分别占批复总量的2.63%、11.84%、1.32%、5.26%、2.63%、21.05%、28.95%、25%、1.32%。

（2）投资批复情况。截至2019年年底，中线干线9个单项工程批复总投资为1556.40亿元。按投资类型、时间和项目划分详情如下：

1）按投资类型划分。批复总投资为1556.40亿元。其中，静态投资为1256.85亿元，动态投资为299.55亿元。动态投资中贷款利息为86.54亿元，价差为132.16亿元，重大设计变更为51.70亿元，征迁新增投资为12.65亿元，待运行期管理维护费为6.09亿元，防护应急工程费用为4.93亿元，中线干线安防系统费用为4.95亿元，其他费用为0.53亿元。

2）按时间划分。2003年批复投资为8.26亿元，2004年批复166.15亿元，2005年批复36.06亿元，2006年批复25.59亿元，2007年批复9.81亿元，2008年批复195.71亿元，2009年批复379.24亿元，2010年批复455.33亿元，2011年批复45.92亿元，2012年批复52.67亿元，2013年批复74.92亿元，2014年批复

35.01 亿元，2015 年批复 15.99 亿元，2016 年批复 5.46 亿元，2017 年批复 9.47 亿元，2018 年批复 40.82 亿元。分别占批复概算总投资的比例为：0.53%、10.68%、2.32%、1.64%、0.63%、12.57%、24.37%、29.26%、2.95%、3.38%、4.81%、2.25%、1.03%、0.35%、0.61%、2.62%。

3）按项目划分。京石段应急供水工程批复投资为 231.13 亿元，漳河北—古运河南段工程批复投资为 257.11 亿元，穿漳工程批复投资为 4.58 亿元，黄河北—漳河南段工程批复投资为 260.13 亿元，穿黄工程批复投资为 37.37 亿元，沙河南—黄河南段工程批复投资为 315.81 亿元，陶岔渠首—沙河南段工程批复投资为 317.15 亿元，天津干线工程批复投资为 107.41 亿元，中线干线专项工程批复投资为 25.20 亿元，利用特殊预备费工程批复投资为 0.53 亿元。占批复总投资的比例分别为 14.85%、16.52%、0.29%、16.71%、2.40%、20.29%、20.38%、6.90%、1.62%、0.03%。

2. 投资计划下达　截至 2019 年年底，国家累计下达中线干线工程投资计划 1556.40 亿元。其中，2019 年下达投资计划 8.80 亿元，主要包括压覆矿产资源补偿投资 3.85 亿元、安防系统投资 4.95 亿元。资金来源为国家重大水利工程建设基金。

（1）按资金来源划分。累计下达投资 1556.40 亿元。其中，中央预算内投资 114.27 亿元，中央预算内专项资金（国债）80.85 亿元，南水北调工程基金 180.20 亿元，银行贷款 329.71 亿元，重大水利工程建设基金 851.37 亿元。占累计下达投资计划的比例分别为 7.34%、5.19%、11.58%、21.18%、54.70%。

（2）按时间划分。累计下达投资 1556.40 亿元。其中，2003 年下达投资 2.30 亿元，2004 年下达投资 35.69 亿元，2005 年下达投资 48.51 亿元，2006 年下达投资 71.52 亿元，2007 年下达投资 72.10 亿元，2008 年下达投资 100.75 亿元，2009 年下达投资 114.02 亿元，2010 年下达投资 181.34 亿元，2011 年下达投资 227.21 亿元，2012 年下达投资 344.12 亿元，2013 年下达投资 234.80 亿元，2014 年下达投资 45.81 亿元（含水利部下达的前期工作经费 3.15 亿元），2015 年下达投资 16.62 亿元，2016 年下达投资 0.53 亿元，2017 年下达投资 15.14 亿元，2018 年下达投资 37.13 亿元，2019 年下达投资 8.80 亿元，占累计下达投资计划的比例分别为 0.15%、2.29%、3.12%、4.60%、4.63%、6.47%、7.33%、11.65%、14.60%、22.11%、15.09%、2.94%、1.07%、0.03%、0.97%、2.39%、0.57%。

（3）按项目划分。累计下达投资 1556.40 亿元，占批复投资的 100%。其中，京石段应急供水工程下达投资计划 231.13 亿元，漳河北—古运河南段工程下达投资计划 257.11 亿元，穿漳工程下达投资计划 4.58 亿元，黄河北—漳河南段工程下达投资计划260.13亿元,穿黄工程下达投资计划37.37亿元,沙河南—黄河南段工程下达投资计划315.81亿元,陶岔渠首—沙河南段工程下达投资计划317.15亿元,天津干线工程下达投资计划107.41亿元,中线干线专项工程下达投资计划25.20亿元;利用特殊预备费项目下达投资计划0.53亿元,占批复投资的100%。

3. 投资完成 截至2019年年底,中线干线工程累计完成投资1547.30亿元,占批复总投资的99.42%,占累计下达投资计划的99.42%。其中,2019完成投资9.84亿元,占2019年下达投资计划8.80亿元的111.82%。

(1)按时间划分。累计完成投资1547.30亿元。其中,2004年完成投资1.91亿元,2005年完成投资3.60亿元,2006年完成投资73.69亿元,2007年完成投资62.23亿元,2008年完成投资33.00亿元,2009年完成投资111.10亿元,2010年完成投资208.10亿元,2011年完成投资231.03亿元,2012年完成投资387.14亿元,2013年完成投资312.22亿元,2014年完成投资48.41亿元,2015年完成投资10.29亿元,2016年完成投资1.88亿元,2017年完成投资13.89亿元,2018年完成投资38.97亿元,2019年完成投资9.84亿元。各年度完成投资占累计完成投资(下达计划)的比例分别为:0.12%、0.23%、4.76%、4.02%、2.13%、

7.18%、13.45%、14.93%、25.02%、20.18%、3.13%、0.67%、0.12%、0.90%、2.52%、0.64%。

(2)按项目划分。累计完成投资1547.30亿元。其中,京石段应急供水工程完成228.30亿元,占批复总投资(下达计划)的100.11%;漳河北至古运河南段工程完成投资252.12亿元,占批复总投资(下达计划)的98.06%;穿漳工程完成4.25亿元,占批复总投资(下达计划)的92.85%;黄河北—漳河南段工程完成267.29亿元,占批复总投资(下达计划)的102.75%;中线穿黄工程完成36.62亿元,占批复总投资(下达计划)的97.99%;沙河南—黄河南段工程完成312.38亿元,占批复总投资(下达计划)的98.91%;陶岔渠首—沙河南工程完成314.92亿元,占批复总投资(下达计划)的99.30%;天津干线工程完成投资103.55亿元,占批复总投资(下达计划)的96.40%;中线干线专项工程完成24.45亿元,占批复总投资(下达计划)的97.02%;利用特殊预备费工程完成0.35亿元,占批复总投资(下达计划)的66.67%。

(宋广泽 陈海云)

【工程验收】 2019年是机构改革后南水北调验收工作全面提速的关键之年,按照水利部验收计划安排,中线建管局全面推动设计单元工程完工验收工作。2019年年初编制并印发

2019 年度验收计划，进一步明确节点工作目标和具体要求。同时，通过加强验收工作的组织管理，采取定期召开验收工作会议，及时跟进验收进展情况和各专项验收、完工财务决算以及尾工建设进度，梳理存在问题，研究解决方案等措施，确保 2019 年验收工作顺利开展。截至 2019 年年底，全线水保、环保及已完工程征迁验收均已完成；原计划 2020 年 6 月完成的北京委托段消防验收工作已提前完成；完成 10 个设计单元工程档案验收和 4 个新增项目档案检查；完成 21 个设计单元工程和 2 个单编决算项目完工财务决算并通过核准；完成 22 个设计单元工程项目法人验收，18 个设计单元工程技术性初验，22 个设计单元工程完工验收，超额完成水利部验收任务。

积极协调各方，全面推动跨渠桥梁竣工验收工作，通过主动与各级桥梁主管部门沟通，建立互联互通机制，以农村公路桥梁竣工验收未突破口，摸索验收工作开展模式，积极协调桥梁主管部门联合审查桥梁病害维修方案，争取成熟一个地区验收一个地区等多角度多途径，推动桥梁竣工验收顺利开展。截至 2019 年 12 月，1238 座跨渠桥梁已完成竣工验收 1095 座，完成率为 88%，超额完成水利部年初下达的督办任务。

2019 年度全线设计合同（建设期）变更收尾工作，共收到沿线各设计单位申报的新增勘测设计项目 660

项，变更费用为 93306.29 万元。经认定、审核、再次核定后，确认新增勘测设计项目总计 391 项，核定费用总计 42652.62 万元。为加快财务完工决算进度，推进南水北调中线工程勘测设计合同收口工作提供了依据。

（刘敬洋　李乔）

【工程审计】　（1）完善"逢事必审"工作体系。依据《审计署关于内部审计工作的规定》出台了《南水北调中线建管局"逢事必审"工作机制实施方案》，进一步完善"逢事必审"工作体系。审计广度方面，资金流到哪里，审计就跟进到哪里，对所有经济活动及经济活动的所有流程环节全覆盖。审计深度方面，资金使用的合法性、合规性要审计，必要性、合理性和经济效益性也要审计。审计对象方面，实现了对局机关各部门、各分局、各直属公司的全覆盖。审计内容方面，覆盖了工程维修养护支出和管理性支出两大主要资金支出项。审计时间方面，事前防控、过程监督、事后审计相结合，年度例行审计、跟踪审计、日常监督并行，审计活动贯穿全年，常态化开展。

（2）完善审计组织架构。2019 年，水利部党组为中线建管局配备了总审计师（为党组成员），对审计工作加强领导。中线建管局"三定"方案调整时进一步加强审计部门力量，人员编制由 5 人增加为 11 人，内设两个处室，人员陆续配齐配强，来源既有工程管理专业也有财务、会计等专业。审计专家主要依靠社会中介机构，通过公开招标组建了内部审计和造价咨询社会中介机构备选库。

（3）审计规范化标准化建设。强化内部审计服务职能，围绕"审什么、怎么审、谁来审、发现问题怎么办"开展规范化标准化建设，着手构建两个清单工作：①审计内容项目清单，针对不同审计对象和审计项目逐一明确审计内容、要点、频次；②审计问题清单，针对各类资金科目、主要经济活动及关键流程环节梳理常见问题和潜在风险，按严重程度分级并明确考核奖惩等工作。

（4）全面开展内部审计。全年共开展内部审计13批次，审计的资金总额约27亿元，支出审计服务费607万元，发现各类问题1700余个，挽回经济损失1305.19万元。

（5）探索创新审计实施模式。选取磁县及邢台段沥青路面维修养护项目开展跟踪审计试点。从试点情况看，跟踪审计对项目实施的监督指导及适时纠偏起到了良好作用。

（6）日常风险防控。按照局采购管理办法和采购监督管理办法有关规定，审计部门认真履行项目立项、采购、合同签订等环节的监督职责，过程中与有关业务主管部门积极沟通、密切协同，提出建设性意见和建议，多次发现和消除有关经济财务风险，有效防范和化解外部审计风险。同时，审计部门在配合纪检监察部门组织的举报调查、重要项目决策咨询等方面发挥了重要支撑作用。

（7）审计整改和成果应用。针对审计问题整改和审计结果应用建立4个层面的协同机制：①局领导层面的审计联席会议制度；②局业务主管部门和分局、直属公司层面的审计协调会制度；③局综合部、人力资源部、纪检监察部等有监督职能的部门层面的内部监督协同机制；④按照"审计部门组织，被审计单位为主，局业务主管部门协同"原则建立的审计整改协同机制。

（8）配合外部审计。2019年组织或参与配合水利部实施了12个设计单元的完工财务决算审计；配合审计署郑州特派办对河南省2019年贯彻落实国家重大政策措施情况跟踪审计1次；配合审计署农业水利审计局对水利部2019年第4季度贯彻落实国家重大政策措施情况跟踪审计1次。

（王顼）

【工程稽察】

1. 建立"两个所有"问题查改工作机制　组织各分局、现地管理处制订工作方案、明确责任分工、细化工作程序和措施，在全线开展"两个所有"问题查改工作。编制印发《南水北调中线建管局强监管奖励办法（试行）》，修订完善《南水北调中线干线工程运行管理责任追究规定》，整理出运行管理违规行为分类标准10类256项，工程缺陷分类标准11类

382 项，运行安全事故分类标准 6 类 89 项，做到奖罚分明。每月对全线各现地管理处自主问题发现率和问题整改率进行统计并通报。2019 年，全线各现地管理处问题自主发现率为 99.31%，自查问题整改率为 98.34%，基本实现了现场问题及时发现、及时处理。

2. 强化工程运行管理监督检查

以高填方段、膨胀土段、渣场整治、采空区、穿跨越项目监管、尾工项目、安全监测等为重点开展日常监管的同时，对"两会"、汛期、大流量输水、国庆节、冰期等重要时段、特殊时期的安全生产工作，以及水保环保专项验收、穿黄工程和北京段 PCCP 工程停水检修、水下修复项目、水利安全生产标准化达标创建、安全生产集中整治等重点项目开展专项检查和驻点监管。2019 年，完成对全线各现地管理处日常全覆盖检查 13 次，开展专项检查 18 次，配合水利部和中线建管局机关相关部门检查 10 次，编制印发监督检查简报 15 期、专项检查报告 6 份，落实了强监管要求。

3. 梳理已印发制度标准执行情况

在日常检查和专项检查中，加强对中线建管局印发各项制度标准的适用性、针对性情况的收集分析，查找制度标准与国家规程规范间存在的出入，了解制度标准与现地运行管理实际的符合性，对制度标准在现场的落实情况进行检查，督促各级管理单位强化各项制度标准的执行力度。通过

现场检查和交流，最终梳理出安全生产、供配电系统、电气设备、机电设备、土建绿化、水质保护、输水调度、消防等 8 个专业 33 个标准规程的 58 条意见或建议，并反馈相关部门适时进行修订。　　　　　　　（倪升）

【运行管理】 （1）内抓规范、外抓协调，补输水调度管理短板。深入开展输水调度标准化、规范化建设，在全线推广中控室生产环境标准化建设，形成一套中控室标准化建设的体系指导文件。与水源及受水区各省（直辖市）建立输水调度协调机制，全力做好年度水量调度计划实施工作，做好月度水量调度方案制定及执行，组织做好水量计量确认工作，组织做好天津市供水水量计量争议解决。

（2）狠抓技术、强抓研发，补输水调度支撑及智能化短板。按照水利部下达的年度输水调度任务，科学编制年度、月度、专项等各类输水调度实施方案。进一步收集沿线工程资料和运行监测数据，针对不同的工况和运行条件，优化渠道运行水位。组织开展冰期大流量输水可行性研究，深度挖掘各类工况下调度规律及经验，深入推动自动化系统不断完善，强力推动水量调度系统开发。

（3）严抓排查、狠抓监管，补输水调度安全保障短板。以问题为导向，强化监管，狠抓问题查改，平稳实施日常调度，确保安全。深入贯彻落实中线建管局"所有人查所有问

题"的活动精神，2019年输水调度"两个所有"活动开展，各分局共自查问题393项，主要包括调度管理、安全生产（调度值班）、设备设施、形象面貌和其他5个方面，年底前全部整改完成。

（4）常抓培训、紧抓落实，补调度人员能力短板。积极响应"一人多岗，一专多能"的管理目标，强化全线调度人员全面学习，积极组织管理处全员参与中控室输水调度值班持证上岗考试，加强输水调度专业技能培训，积极开展全线输水调度人员轮训和集中业务培训，加强交流、锤炼技能，组织开展业务练兵比武，强化实战练兵，提升应急响应能力。 （赵鸣雁）

【规范化管理】 2019年是中线建管局强力推进标准化建设，由试点性、专业性向全局性、普遍性转变的一年。9月19日，中线建管局组织召开标准化建设强推工作会议。重点围绕职责、标准、流程等体系建设，闸站、水质自动监测站、中控室等工程实体达标创建，以及信息化平台建设等方面开展工作。

1. 持续完善运行管理标准体系 2019年组织制修订标准100余项，基本实现了标准在现地管理处设施设备、管理事项和工作岗位上的全覆盖，运行管理工作有据可依，为中线工程平稳、高效运行奠定了坚实基础。

2. 初步构建运行管理业务流程体系 通过开展局机关、分局、现地管理处的业务名录梳理和88项关键业务流程图的绘制，基本理清了中线工程运行管理主要业务内容和工作依据，同时将关键业务的开展以流程图形式予以展现，进一步明晰了工作流程和岗位职责，业务管理更加规范。

3. 有序开展工程实体标准化达标创建活动 296座闸站、12座水质自动监测站和44个中控室是中线工程核心设施设备的集结中心，通过组织开展工程实体的标准化建设，实现了年度达标创建目标，从而进一步改善了工作环境，提升了硬件设备支撑，规范了员工作业行为，为中线输水平稳运行提供了保障。同时，标准化渠道建设试点的顺利推进为后续全线渠道标准化建设奠定了坚实基础。

4. 完成智慧中线顶层设计 通过开展南水北调智慧中线顶层设计，全面梳理了中线建管局各业务板块的现状和信息化现状，诊断目前信息化建设过程中存在的问题和差距，研究合理的改进措施，统筹规划了中线建管局的智慧化发展战略，提出了智慧中线的战略定位、愿景目标，规划设计了智慧中线实施路线规划图。 （王峰）

【信息机电管理】

1. 过渡期运行维护工作 2019年，南水北调中线信息科技有限公司（以下简称"信息科技公司"）沿着技术主线（现代化、信息化、标准化、智能化）、管理主线（协同化、集约化、精细化、规范化）两条主线开展信息机电运维工作。①扎实做好日常维护工作，确保机电电力各系统运行平稳；②持续推进信息化建设，不断改进、完善中线全线自动化调度系统，满足生产、办公需求；③以安全为抓手，全力夯实网络安全，为中线信息化、智能化建设做好后台保障。

（1）机电电力运行维护平稳运行。信息科技公司在 2019 年逐步接管运行维护合同，由"管养分离"转变成"管养结合"的运维模式。自 2019 年 4 月与中线建管局签订委托合同后，信息科技公司一边抓队伍建设，一边锻炼自有人员，逐步全面接管运行维护工作。

日常维护项目中，金属结构机电专业及供电系统维护项目 8 个合同在 9 月底到期后，由信息科技公司各事业部自有人员参与运行维护工作。部分小专项项目由信息科技公司自有人员完成。开展的安防系统正式运维项目，采用"管养结合"的模式，结合信息科技公司自有人员陆续到岗，参与安防运维项目，在人员不足的情况下，将部分维护任务外委出去，同时锻炼自己队伍，逐步全面接管运行维护工作。

闸站值守项目在各分局原委托合同到期后，已由信息科技公司招聘的自有人员负责闸站值守工作。信息科技公司在 2019 年完成闸站值守全面接管工作，明确闸站值守工作内容，规范闸站值守值班制度，并组织协调事业部闸站值守人员管理工作。

（2）抓住关键时期工作，确保中线安全输水。在电力系统春检、汛期、大流量输水、冬季输水几个关键时期，信息科技公司总结通水 5 周年来的运行经验，结合中线工程点多、线长、面广的特点，提前准备、提早部署，使各项运行维护工作扎扎实实落地生根，确保信息机电运行维护工作平稳推进。

（3）逐步推进运行维护规范化建设，不断提升运行维护能力。细化完善信息、机电、电力及消防专业名录，对 2018 年编制印发的信息机电专业技术标准、管理标准、工作标准进行修订完善，配合中线建管局总工办完成出版。组织修订各类标准和规程共计 73 项，其中，金属结构机电技术标准 21 项，管理标准 2 项，工作标准 18 项，工作规程 1 项；供配电及消防专业技术标准 3 项，管理标准 1 项，工作标准 9 项；通信网络自动化专业技术标准 18 项。

根据中线建管局督办任务要求，为提高中线工程标准化、规范化水平，促进闸（泵）站实体环境提升，组织开展了闸（泵）站标准化建设工作。2019 年，信息科技公司组织完成全线 80 座液压启闭机及闸控系统标准化改造，进一步规范设备设施及接口配置、优化控制流程及逻辑，大幅度提升设备及系统的安全性和可靠度，有效降低运行维护工作难度，并如期完成了全线 302 座闸（泵）站达标建设任务。

2. 信息化建设持续推进

（1）完成智慧中线顶层设计，为信息化建设奠定基础。按照"标准先行、试点紧跟"的原则，有序推进标准规范体系、安全防护体系、流程变革与 IT 治理体系建设，开展智慧中线应用架构管控体系、网络安全合规性升级改造、数据平台和规则中心试点等项目建设。在试点成果的基础上，开展全面感控体系规划，深化物联网、边缘计算和视频智能分析等前沿技术应用，全面提升工程运行感知能力。根据智慧中线顶层设计规划内容，开展智慧中线详细设计工作。

（2）以信息化建设推动中线全线自动化调度。完成 5 个现地管理处物联网试点。在全部试点站点的信息机电设备关键部位安装了温湿度传感器，通过在北京网管中心部署的物联网平台，实现网页端、手机 APP 端对现场温湿度的实时监控，在温湿度达到预警值时及时接收告警信息，有效解决了信息机电设备关键部位温湿度监控薄弱的问题。

组织完成陶岔管理处及渠首闸自动化调度系统尾工建设，将陶岔管理处及渠首闸纳入整个中线自动化调度系统，对中线干线工程的科学调度、高效运行、可靠监控、安全管理具有重要意义。克服遗留问题多、协调难度大、调试任务重等困难，按期完成北京段现地闸站监控系统尾工建设，实现了北京段闸站现地监控功能。

组织开发闸室图像实时自动识别系统，在邓州、鹤壁、汤阴、石家庄和涞涿 5 个管理处，部署完成闸门刻度尺读数读取、水尺读数读取、人员入侵检测、火情检测、控闸指示灯状态检测、控制柜故障灯状态检测 6 种场景的视频智能分析功能，通过系统平台实现客户端侧异常事件的告警提示功能，弥补现有视频监控系统缺乏视频智能分析功能的短板。通过闸室视频智能识别系统，实时了解闸站运行状态，提高工程运行维护人员的工作效率。

组织开展中线工程管理范围内视频监控全覆盖无盲区建设工作，在渠道重点部位增加前端摄像机 130 台、NVR 存储设备 17 台；应地方公安反恐要求，在河南分局下属的禹州、鲁山、郑州、温博 4 个管理处新增 NVR 存储设备 14 台。通过增补摄像机和存储增加了中线的视频监控范围，扩展了视频存储的空间，对运行管理可靠监控、安全管理起到了重要作用。

完成北京内网云平台扩容及内网云平台灾备体系建设，通过灾备系统加强内网云平台数据完整性、安全性和可靠性。完成北京外网云平台扩容。完成河南灾备中心内网云平台搭建及云平台灾备系统建设。

完成中线时空信息服务平台（一张图）、数据治理、可视化。"一张图"主要为中线建管局、各分局以及各管理处的管理人员及业务系统提供基础数据服务、功能服务、分析服务等时空信息服务；可视化是基于总调大厅的大屏幕进行中线数据展示的系统；数据治理将构建统一的数据标准，梳理数据资产，提升数据质量，实现数据共享。

（3）全面夯实网络安全，保障中线系统网络环境。

1）组织开展中线建管局直属公司一体化运营平台试点工作。以信息科技公司运行维护工作为立足点，开发信息科技公司一体化运营平台。信息科技公司一体化运营平台是基于中线建管局工程运行强监管的工作思路，在企业数字化转型和数据集成共享的大背景下启动建设的，旨在构建一套精准管控的一体化运营管理平台，实现基础数据完备精细、业务信息全局共享和管理流程规范集成。截至2019年年底，一体化运营平台已开发完成生产管理、安健环管理、物资管理、预算管理、合同管理、财务管理、人力资源管理等七大子系统，包括PC端和移动端应用。通过该平台，建立一套与企业发展相匹配的管控信息化体系，制定统一的业务数据标准，将管理思想和业务管理流程固化在系统中，实现业务管理流程化、流程管理信息化，最终实现数据共享、资源整合和精细化管理的目标。

2）全力夯实网络安全。开展信息安全加固项目，完成身份认证系统部署，通过签发数字证书实现基于主机身份的鉴别功能及登录闸站监控系统的安全加固，通过网络加密设备实现专网数据通道加密、应用访问控制；组织完成中线建管局网络安全咨询服务、网站及系统安全防护服务；组织开展中线建管局信息安全等级保护测评及风险评估工作；针对通过互联网发布服务的业务系统，完成SSL服务器证书申请，通过对互联网业务系统网络安全加强防护，实现互联网业务系统身份验证和数据加密传输的功能；组织完成北京内网云平台扩容及内网云平台灾备体系建设，通过灾备系统加强内网云平台数据完整性、安全性和可靠性；完成北京外网云平台扩容；完成河南灾备中心内网云平台搭建及云平台灾备系统建设。

3）严防死守，顺利完成"HW2019"攻防演习。"HW2019"攻防演习站位高、影响大，信息科技公司按照统一部署，严防死守。演习前开展信息资产梳理、风险排查、安全加固、安全防护、内部攻防演练等工作；演习中7×24小时全天候防护，持续加强安全事件监控、分析、取证、排查等工作，确保主要目标系统安全、稳定、可靠运行；演习后积极分析、总结各类安全事件，夯实管理措施，提升管理水平。整个演习过程累计阻挡外部攻击2928277起，累计封堵16230条恶意IP，发现暴力破解邮箱70次，成功处置钓鱼邮件1起，发现并成功处置疑似社会工程学攻击19起，处置异常终端 143 台，最终实现"三网"未破，顺利完成防护任务。

2019 年，信息科技公司成立后，逐步自主承担信息、机电、电力运行维护工作，自动化调度系统运行情况良好，缺陷消缺率稳步提升，故障率逐年下降。2020 年是信息科技公司全面自主运行维护元年，公司将加快实施信息机电维修养护自主化工作，不断完善模式、培养人才、积累经验，为后续发展提供有力支撑。（姜斯好）

【档案管理】

1. 档案制度管理

（1）机关财务档案标准。2019 年，中线建管局档案馆（以下简称"档案馆"）完成四项规定修订工作，制定了《南水北调中线干线工程建设管理局工程会计档案技术标准（试行）》（Q/NSBDZX 125.04—2019）和《南水北调中线干线工程建设管理局声像档案技术标准》（Q/NSBDZX 125.05—2019），编制了电子档案标准体系。

6 月，档案馆组织各分局、管理处档案管理工作人员在南阳召开会计档案技术标准交流、研讨会。搜集国家有关规定、技术规范进行学习研究，并与财务资产部进行沟通研讨，结合中线建管局的实际情况，制定了《南水北调中线干线工程建设管理局会计档案技术标准（试行)》（Q/NS-BDZX 125.04—2019），并于 11 月 1 日印发实施。档案馆委派南水北调中线档案技术服务项目组成员配合财务资产部按照《南水北调中线干线工程建设管理会计档案技术标准》（Q/NSBDZX 125.04—2019）进行会计档案的整理，并于 12 月底完成归档工作，由档案馆接收入库。

（2）机关声像档案标准。档案馆将声像档案技术标准的制定工作委托中国人民大学信息资源管理学院完成。人民大学信息资源管理学院项目组接收委托任务后，先后多次来档案馆调研，并完成《南水北调中线干线工程建设管理局声像档案技术标准（试行）》（初稿）。12 月 17 日，档案馆组织有关专家召开审查会。项目组根据审查会意见进行了修改完善，于 12 月 24 日提交终稿，中线建管局于 2019 年 12 月 25 日印发。

2. 档案信息化管理

（1）开展国家档案局科技项目立项。档案馆结合当前档案信息化建设工作开展的科技项目"基于云平台的国家重大基础建设项目电子文件与档案一体化管理系统研究"列入国家档案局 2019 年度科技项目，课题的最终成果基于中线建管局的档案信息化建设，同时也将为申请国家档案局数字档案馆的试点单位提供支撑。中线建管局已将申请试点单位列入工作目标，并开始筹备建设中线建管局数字档案馆。

（2）编制档案管理平台建设实施方案。根据专家咨询和现场调研，档案馆委托专业部门编制了档案信息化管理平台建设实施方案，并完成初步设计报告审查。

（3）开展档案信息化管理平台建设，实现电子档案管理基本功能。按照实施方案，按步骤完成了现场部署、系统安装调试等工作，正式上线档案信息化管理平台，实现了中线建管局所有业务外网PC端浏览器登录档案管理平台及EIM系统。该系统实现了以下的功能：①电子档案的收、管、存、用功能，OA系统电子文件的接收/导入功能，馆藏档案数字化加工后的信息接收、利用功能；②工程数据（档案）管理平台（EIM）管理端具备已建工程项目数据的在线收集、整理、信息展示功能；③工程数据（档案）管理平台（EIM）移动端具备通过手机随时随地查看工程项目数据信息，包括项目概况、参建单位、工程文件、图纸、现场照片、多媒体文件等。

（4）开展数字化加工试点工作，实现档案信息数字化和档案查询电子化。档案馆保存的档案信息形态主要以纸质形式存在，档案信息资源的经济价值和社会价值难以充分实现，不能满足信息化建设的要求。档案馆按照"档案信息化建设项目总体规划"的建设目标，开展纸质档案数字化加工试点工作。完成部分馆藏档案数字化加工工作，构建电子档案数据库并与新开发的档案信息化管理平台对接，实现档案信息数字化和档案查询电子化，方便档案检索、档案查阅以及异地利用。

3. 工程档案验收 档案馆组织由专家、档案馆工作人员、分局档案员组成检查组，先后完成郑州市1段、辉县段、天津市1段、邯郸市—邯郸县段、新乡卫辉段、临城段、邢台县和内丘县段、京石段自动化调度系统等9个设计单元工程档案政府验收前复查；完成新乡卫辉段、潮河段、郑州市1段、邢台县和内丘县段、临城县段、郑州市2段等8个设计单元工程档案检查评定前复查工作。

配合水利部南水北调规划设计管理局完成了郑州市1段、新乡卫辉段、潮河段、邢台县—内丘县段、郑州2段、临城县段、6个设计单元工程检查评定工作。已累计完成66个设计单元工程档案政府验收工作。

档案馆通过任务分解、档案检查、验收会议、专题协调会、印发文件、加强沟通协调等方式全力推进档案验收工作开展。全年配合水利部办公厅完成了郑州市1段、辉县段、天津市1段、新乡卫辉段、中线建管局调度办公大楼、潮河段、郑州2段、临城县段、邢台县和内丘县段、郸市至邯郸县段等10个设计单元工程档案政府专项验收。超额2个设计单元工程完成水利部档案验收督办任务。截至2019年年底累计完成65个设计单元工程档案政府验收，超额完成验收任务。

完成北拒马河暗渠穿河段防洪防护加固工程、漕河渡槽防洪防护加固工程、廊坊市段工程五街村北取土坑处箱涵边坡处理工程 3 个设计单元工程及温博段防汛物资仓库等后续工程档案整编指导工作，并配合水利部调水局完成检查工作。

4. 档案业务管理

（1）加强档案整编及归档工作。2019 年，指导综合管理部、计划发展部、水质保护中心、科技管理部、质量安全监督中心、信息机电中心、总调中心、财务资产部、宣传中心开展档案整编业务指导工作，完成机关档案整编 10241 卷，确保档案的完整、准确与安全。

邯石段部分桥梁工程档案向河北分局进行移交，但其档案整编不符合南水北调工程档案要求，档案馆组织有关人员对邯石段桥梁工程档案整编 2000 多卷，有力保障了档案验收的顺利进行。

（2）加强档案业务培训和调研学习，提高档案管理水平。档案馆组织馆内工作人员、各分局、管理处档案业务人员参加水利部、国家档案局、调水局（原设管中心）组织的业务培训；在南阳组织召开 6 个档案管理标准和技术标准培训和研讨会；结合档案信息化建设工作，组织档案馆及各分局档案工作人员到国家档案局示范单位国家电网、华能集团、新华社档案馆、华润电力等进行调研，全年各级各类培训调研累计参加人员达 150 人次。系列学习活动使档案业务人员熟知档案管理岗位应掌握的知识、专业技能与规章制度，熟悉档案管理发展前沿，为提高中线档案管理水平奠定专业基础。

（3）做好档案移交接收工作，确保档案集中统一保管。完成方城段、南阳市段、南阳膨胀土试验段、白河倒虹吸工程、郑州市 1 段、辉县段等六个设计单元工程档案共计 24618 卷档案移交审核及进库工作，确保档案集中统一保管；召开北京段工程档案移交协商会，就北京段工程档案移交接收等工作进行协商，确保满足现场使用需要，为移交接收做准备。

（陈斌　王浩宇）

【防汛应急管理】 2019 年，中线建管局思想上高度重视，严格落实防汛责任制，提早安排部署，汛前组织开展全线防汛专项检查，局领导分片防汛督查，参与水利部、流域机构和地方政府防汛工作检查。汛前、汛中和"七下八上"关键期多次召开防汛专题会，及时传达落实各级防汛指示精神和部署防汛工作。修订中线工程防汛风险项目分级标准，组织全面系统排查防汛风险项目，编制 2019 年工程度汛方案和防汛应急预案。强化风险管控，保证工程设施设备汛期安全运行。汛期应急值班和防汛值班二合一，建立防汛值班抽查制度，密切关注天气预报及水文汛情信息，保证汛情、工情、险情信息及时汇总传递。分析研判，及时发布预警、启动应急响应会商。强化汛期巡查排险，发现险情及早处置。2019 年，面对生态补水与汛期叠加和多次局部强降雨影像的严峻供水形式，中线建管局积极应对、科学组织、精准调度，有效保障了汛期的输水调度安全，保证沿线用水户需要。

结合标准化规范化工作，对应急预案体系全部 18 个预案（办法）进行了修订。落实应急抢险队伍组建及抢险物资、设备的配备工作，实施主汛期现场住汛，汛期发布预警响应通知，结合实际提前安排抢险人员、设备入驻重要风险点，提前就近布设抢险物资。制定 2019 年突发事件应急演练计划，开展防汛应急演练培训，突击进行跨区域调动拉练，不断提高各级人员应急抢险处置能力，保证在发生险情时能够快速进行处置。强化突发事件信息报告制度，积极应对各类突发事件及事后调查处理工作。组织与河南省和河北省地方政府的防汛应急联合演练，强化各级运行管理与沿线省市县防汛应急部门的联动机制建设，充分依靠地方政府做好防汛应急工作，包括汛前联合检查、联合召开防汛会议、共享水文气象信息、抢险物资保障、汛情险情信息通报、抢险救援机制等。　（槐先锋　任秉枢）

【工程抢险】　8 月 1 日夜间，河南省郑州市区突降暴雨，6 小时降雨量达 140mm，因大量雨水进入总干渠邻近市政废弃管道，导致管道涌水，造成郑州管理处辖区嵩山南路跨渠公路桥右岸二级边坡上部发生塌陷，外水进入渠道险情，中线建管局各级有关领导迅速抵达现场，根据现场情况果断决策、应急抢险队伍，防汛物资和抢险设备快速到位、及时处置，经过应急抢险和后期处理，塌陷险情全部修复，险情未造成水质污染，未对供水造成影响。　（槐先锋　任秉枢）

【运行调度】

1. 全年输水调度安全平稳　科学编制输水调度实施方案，优化渠道运行水位，各级输水调度机构全年不分昼夜连续运转，周密组织，精心调度，确保安全。2019 年全年累计下达调度指令 43261 次，新增分水 7 处（分水口 4 处，退水闸 3 处），中线干线工程入渠流量为 $300m^3/s$ 以上运行天数累计达到 45 天，完成生态补水 10.84 亿 m^3，沿线超过 36 条河道恢复生机，取得良好社会反响，生态效益凸显。

2. 平稳实施日常调度，确保安全　实时监控全线水情、工情、冰情等信息变化，结合全线供水需求，适时开展调度，确保了冰期调度安全。针对春节假期及"两会"期间印发通知，督导全线各级调度机构继续采取加强措施，要求各级调度机构进一步加强风险防范意识，及时报告异常情况。调度配合完成惠南庄泵站检修、北京段 PCCP 加压试验、全线倒虹吸水下机器人检测，以及全线节制闸闸控系统功能完善等项目的推进实施。

2019 年汛期，渠首方城段 3 座节制闸前水位按设计水位以上 65cm 控制，并临时启用脱脚河控制闸参与调度，有效抑制汛期高地下水位对衬砌板的顶托破坏。

3. 强化输水调度管理能力　深入开展输水调度标准化、规范化建设，全线参与建设的 44 个管理处全部完成达标验收及授牌工作，梳理输水调度相关技术标准、管理标准及工作标准，汇编完成《输水调度业务工作手册》和《输水调度应急工作手册》，构建完善的调度管理制度体系。完成全线流量计率定工作，做好水量计量确认工作，2019 年 5 月 1 日起，陶岔渠首启用桩号 1+300 处流量计。

4. 推进输水调度智能化转型　坚持"以用促建、建用并行"的方针，推动调度管理系统开发，实现了各类输水调度台账记录的无纸化。开展南水北调中线水量调度系统的试运行工作，实现自动分析全线水情、正常输水工况下调度指令自动生成，累计上线调试 70 天，不断贴近实际调度需要。

5. 提升调度人员专业技能　印发《南水北调中线干线工程输水调度轮训管理办法（试行）》，建立起全线输水调度人员轮训机制。组织 9 批次输水调度集中业务培训，累计集中培训调度人员近 400 名。2019 年 5 月，在天津举办 2019 年南水北调中线输水调度知识竞赛；11 月，举办南水北调中线输水调度技术交流与创新微论

坛，编制印发《2019 年南水北调中线输水调度技术交流与创新微论文集》。

6. 提高输水调度应急响应能力　2019 年 4 月，组织南水北调中线总调度中心和备用调度中心值班人员在河南郑州开展为期一周的总调度中心切备用调度中心汛前演练。6—9 月，组织全线各级调度机构开展输水调度"汛期百日安全"专项行动，通过专项行动的开展，严防风险、强化应急，确保调度安全。修订完善《南水北调中线干线工程突发事件应急调度预案》。

（靳燕国）

【工程效益】

1. 河南省　截至 2019 年 10 月 31 日，河南省累计有 38 个分水口门及 21 个退水闸开闸分水，向引丹灌区、81 个水厂供水、6 个调蓄水库充库及 11 个省辖市及邓州市生态补水。供水目标涵盖南阳、漯河、周口、平顶山、许昌、郑州、焦作、新乡、鹤壁、濮阳、安阳等 11 个省辖市及邓州、滑县等 2 个省直管县（市）；受益人口达 2300 万人，供水累计达 86.22 亿 m³，占中线工程供水总量的 36%。2019 年 8—9 月，通过总干渠湍河、严陵河、白河等 18 座退水闸向南阳、漯河、平顶山、许昌等 9 个省辖市和邓州市生态补水 1.49 亿 m³。

2. 河北省　供水范围覆盖邯郸、邢台、石家庄、保定、廊坊、衡水、沧州等 7 个设区市、92 个县（市、

区），受益总人口约为 2201 万人。受水区各城镇已稳定使用引江水，沿线中心城市引江水已成为居民生活用水的主力水源。2018—2019 供水年度，继续利用长江水向滏阳河、滹沱河、南拒马河 3 条河实施河湖补水，同时利用丹江口水库丰水时段弃水，扩大河道生态补水范围，相机向滹沱河、滏阳河、南拒马河、七里河、白马河、泜河、洨河、北沙河、唐河、瀑河十条河道实施生态补水，年度生态补水总量 9.35 亿 m^3。补水后水面面积较补水前有大幅增加，水质普遍得到改善，河段两侧 10km 范围内地下水位埋深显著回升。

3. 天津市　通水 5 年来，南水成为城镇供水主要水源，供水区域覆盖中心城区、环城四区、滨海新区、宝坻、静海城区及武清部分地区等 14 个行政区，供水格局得到全面优化，供水水质得到全面改善，全市 1000 万市民从中受益。城市生态用水紧张局面得到有效缓解，水环境质量持续向好。

4. 北京市　近 5 年北京市累计接收南水北调来水超过 52 亿 m^3，城区供水 7 成来自南水北调，供水范围基本覆盖中心城区以及大兴、门头沟、昌平、通州等部分区域，全市直接受益人口超过 1200 万人，水质始终稳定在地表水环境质量标准 Ⅱ 类以上，人均水资源量由 100m^3 提高到 150m^3 左右。密云水库最大蓄水量达 26.8 亿 m^3，为近 21 年来最好水平。2016 年以来，全市地下水累计回升

3.04m，增加储量 15.56 亿 m^3。

（陈宁）

【环境保护】

1. 水保、环保方面　中线建管局组织建管、设计、施工、监理监测、验收等 193 家单位，创新开展了水保、环保专项验收"决战一百天"协同攻坚活动。如期完成了 108 个弃渣场（取土场）整治（其中施工完成 96 个，调整处理方式 12 个），消除了弃渣场（取土场）安全和水土流失隐患，2019 年完成弃渣场整治投资约 3 亿元。按照水利部关于水土保持变更管理有关规定，完成《南水北调中线一期工程总干渠陶岔至古运河南段（不含漳河倒虹吸工程）水土保持方案（弃渣场补充）报告书》报审工作，完成了水保环保项目法人验收、上网公示及报备工作，2019 年圆满完成了全线水保环保专项验收工作。

2. 移民征迁方面　2019 年 6 月，配合河北省水利厅完成南水北调中线一期工程天津干线河北段征迁安置省级验收工作；9 月，配合河北省水利厅完成南水北调中线漳河北至古运河南段征迁安置省级验收工作，完成全线征迁安置省级验收工作；配合河南省文物局、河南省水利厅完成南水北调中线工程总干渠河南段文物保护验收工作。

3. 协调解决征迁遗留问题　北京段工程管理设施建设项目选址意见书及建设项目用地预审意见获北京市规

划和自然资源委员会批复并签发；渠首分局生产调度用房建设项目用地相关手续获河南省政府批复；河北分局保定管理处调度指挥中心建设项目用地招拍挂工作完成。与河南省移民办公室签订《南水北调中线一期总干渠河南段压覆矿产资源补偿任务与投资包干协议书》，并完成补偿兑付工作。

（王树磊　梁建奎）

【水质保护】　根据批复的监测方案，开展水质监测工作，及时掌握水质常规指标及藻类变化趋势。2019年总干渠水质稳定达到或优于地表水Ⅱ类标准，Ⅰ类水质断面占85.3%，浮游藻类均值为282万个/L，优势种为硅藻。

水质监测能力提档升级，完成河南水质监测中心国家级资质认定工作，具备水和水生生物共123项指标监测能力，全面覆盖地表水质量标准109项指标。

水质装备能力取得试点验收，全断面智能拦藻装置及渠坡除藻装置等完成试点验收及成果鉴定，一体化底泥清淤装置开展清淤运行工作，为有效防范藻类及底泥淤积风险奠定了技术和装备支撑。

水质标准化建设有序推进，完成水质实验室标准化建设试点，修订水质实验室质量管理体系文件，形成具有南水北调中线特色的实验室质量管理体系；组织水质实验室信息管理系统（LIMS）试点升级改造及试点运

行；开展全线水质自动站标准化建设及考核认定，10个自动站被授予"达标水质自动站"称号。

水质应急能力取得进展，2019年11月组织开展中线渠首方城段突发水污染事件应急联合演练，应用水质应急智能化决策系统实现了应急会商、远程指挥、现场处置的智能化和一体化。　（常志兵　张爱静　刘洋洋）

【科学技术】　2019年，贯彻落实创新驱动发展理念，紧紧围绕"水利工程补短板、水利行业强监管"的水利发展改革总基调，加速科技创新体系建设，坚持以问题为导向，紧贴工程实际需要，突出关键技术，开展了科技管理制度体系建设、项目管理、重大技术问题研究与技术储备、科技创新平台搭建等工作，为工程安全平稳运行提供了技术支撑。

（1）科技管理制度和体系建设。按照贯彻创新引领发展的理念，制定了中线建管局科技创新奖励办法，并颁布实施。加强穿跨邻接南水北调中线工程项目管理，进一步规范专题设计和安全评价报告编制标准，严格落实各项监管要求。

（2）加强科技项目管理，推进国家重点研发计划项目研究。按照中线建管科技项目管理办法，加强已批复立项的科技项目过程管理，强化主体责任。组织开展了2019年度科技项目申报和立项工作，研究批复了运行期膨胀土渠坡变形机理及系列处理措

施研究、基于 BIM 技术的陶岔渠首枢纽工程运行维护管理系统研究、基于卫星雷达遥感技术的渠道边坡变形监测研究、基于无人机和编码标志点的高精度渠坡变形巡测技术研究、复杂条件下长距离地下有压箱涵不断水渗水修复技术研究、穿跨越工程安全监测控制标准及预警技术研究、边缘计算在南水北调中线视频智能分析中的应用研究等 16 个科技项目立项研究。持续推进卫星 INSAR、无人机编码、三维激光扫描等外观自动化监测技术研究，开展测斜管自动化综合改造，为全线安全监测系统的完善升级积累经验，进一步提升安全监测水平。

中线建管局牵头承担的国家重点研发计划课题"南水北调工程运行安全监测与检测体系融合技术研究及检测装备和预警系统示范"中期考核主要指标内容已全部完成。

（3）科技创新平台搭建。联合中国水利学会、中国大坝工程学会、中国水力发电工程学会等学会单位共同筹办的技术交流会议及《中国水利》等专业期刊为平台，组织员工积极参加技术交流，撰写论文并投稿，累计达 300 多篇；首次承办及筹办了中国水利学会 2019 学术年会南水北调分会场报告会，开展南水北调专场交流，取得圆满成功，员工撰写的 200 多篇论文被收录在会议论文集。

（4）做好技术方案审批。组织完成穿黄隧洞设计补充报告、北京段增设调压设施方案设计报告、北京段停水检修 PCCP 管道检修实施方案、退水闸功能变更及改造方案设计等重大技术方案的编制和审批；经审查并报水利部备案，复函同意了 32 个穿跨越邻接项目的南水北调中线工程设计和安全影响评价报告。

（高森　郝泽嘉　李乔）

水 源 工 程

【工程概况】　中线水源工程由丹江口大坝加高、丹江口水库征地移民和中线水源调度运行管理专项组成。其中，丹江口大坝加高工程已于 2013年 8 月 29 日通过蓄水验收。除左、右岸主标合同、大坝缺陷检查与处理外，其他合同均已完成合同验收，所有单位工程均已完成验收。2017—2018 年丹江口水库移民安置先后通过湖北、河南两省和非地方项目总体验收初验和国家技术性验收。2019 年12 月，水利部组织丹江口水库移民安置行政验收，验收通过。中线水源调度运行管理专项中的右岸管理码头、武警营房、视频监控系统、安全防护设施、丹江口大坝安全监测整合及自动化系统建设等基本完成。工程管理用房建设项目已完成地下室主体结构施工至±0.000。管理码头趸船项目正在开展趸船建造设计。　（米斯）

【工程投资】

1. 批复概算投资情况　截至

2019年年底，南水北调办已批复中线水源工程概算总投资5489284万元。其中，其中丹江口大坝加高工程批复317925万元，丹江口库区移民安置工程批复5160003万元，中线水源调度运行管理专项工程批复11356万元。截至2019年年底，批复概算投资计划已全部下达。

2. 投资完成情况 截至2019年年底，水源工程累计完成投资5445900万元（另有库区征地移民安置工程利息收入5731万元），其中，大坝加高工程308280万元，库区征地移民安置工程5131458万元（另有利息收入5731万元），调度运行管理专项工程6162万元。 （赵伽）

【建设管理】 2019年，中线水源公司全力推进水源工程3个设计单元尾工建设。大坝缺陷检查与处理，除厂房通气孔缺陷处理、右岸土石坝与混凝土坝连接段沉降处理问题尚未完成外，其他项目已全部完成。

丹郧路化工厂段防洪闸口工程建设，项目投资从移民经费中列支，丹江口市政府已督促相关部门完成了施工图设计，预计2020年5月底前完成。大坝安全监测系统已完成了新老设施整合，自动化监测系统2019年1月投入试运行，目前运行正常。管理码头趸船建设项目采取先设计再建造的实施方案，2019年10月完成设计招标，随后进行CCS送审设计。管理用房项目因前期工作滞后，中线水源

公司加大各项目工作力度，成立了工程管理用房建设项目部，在较短时间里完成了规划审批、土地办证、招标和工程开工许可等工作，2019年7月10日开工建设，已完成了工程全部375根旋挖钻孔灌注桩和后压浆施工、完成了5万多立方米的基础开挖和±0.000以下1.18万 m³ 混凝土浇筑，提前实现2019年地下室主体结构施工至±0.000的进度目标，并超计划完成了主楼一层框架的施工。 （米斯）

【工程验收】 2019年，中线水源公司完成了丹江口大坝加高工程左、右岸主标合同工程量审核，为合同验收打下了良好基础。组织开展了水库蓄水及大坝缺陷处理效果评估，按水利部要求在规定时间内提交了相关成果报告。完成了大坝加高工程竣工环境保护验收和消防专项验收。中线水源调度运行管理专项工程共签订了8个施工合同，已完成5个合同验收工作，运行管理码头、丹江口大坝安全监测整合及自动化系统建设两个项目已完成验收资料的准备工作。

按照水利部要求，中线水源工程于2021年6月前完成工程设计单元完工自验收，具备条件后提请水利部进行设计单元完工验收。丹江口大坝加高主体工程施工已完成，合同验收工作稳步开展。左岸主体施工合同完工工程量审核完毕，甲供材核销已完成，变更索赔基本完成。右岸主体施工合同剩余部分变更索赔项目争议较

大，公司领导带队专程到中水三局西安总部，与该局董事长等有关人员就合同验收和相关问题进行了商谈，取得了初步共识。随着左、右岸标段完成完工工程量复核工作，还需开展甲供材料核销、价差核算、合同完工结算审核、合同验收、概算执行情况分析、完工财务决算等工作。

根据《关于印发南水北调工程竣工完工财务决算编制规定的通知》（国调办经财〔2015〕167号），水利部下发了《关于印发南水北调东中、线一期工程完工财务决算编制计划表的通知》（办南调函〔2019〕637号），要求中线水源公司完成丹江口水库库区移民安置工程（中线水源公司组织实施部分）。中线水源公司高度重视此项工作，成立了完工决算编制机构，强化了工作机制，制定了编制计划，明确了编制原则、编制内容和工作步骤，完工决算工作有序推进。在上级部门的指导及各承建单位的配合下，中线水源公司各部门通力合作，编制了南水北调中线一期丹江口库区征地移民安置工程（中线水源公司组织实施部分）完工财务决算报告，并于8月30日上报水利部。

（米斯　赵伽　薛琴）

【运行管理】

1. 工程维护管养　2019年，中线水源公司建立大坝加高工程运行管理体系，做好工程日常运行维护检查和考核；建立定期巡查制度，发现问题及时处理；加强大坝安全监测、水情测报、水库诱发地震监测和大坝强震监测，做好数据分析。入汛以来，中线水源公司严格落实工程防汛责任，及时进行隐患排查处理，确保工程运行安全平稳。

2. 库区安全运行　完成库区地灾监测12期月报，制定2019年库区汛期地灾监测责任制；督促河南、湖北两省加快18处紧急地灾治理项目实施，完成17项；联合汉江集团每月开展巡库，编写巡查报告及时上报；加强鱼类增殖放流站日常生产监督和管理，2019年催产孵化增殖放流81.25万尾鱼苗，顺利完成长江委督办的年度鱼类增殖放流任务；加强库区水质监测站网管理，完成监测日报365期，月报12期；配合完成了水流产权确权试点中期评估；积极开展相关水库管理专题研究。

3. 陶岔渠首供水计划与执行情况　2018年10月，依据《水利部关于印发南水北调中线一期工程2018—2019年度水量调度计划的通知》（水南调函〔2018〕155号），丹江口水库2018—2019年度陶岔计划供水量66.56亿 m^3，其中正常供水60.82亿 m^3，河北省试点河段生态补水5.74亿 m^3。之后，水利部分别以南调便函〔2019〕40号（3月）、办规计〔2019〕58号（4月）、办资管函〔2019〕624号（5月）、南调便函〔2019〕122号（7月）对供水计划进行了调整。

2019 年 7 月，水利部南水北调司发函同意调整北京、河北水量调度计划，其中北京市年度计划水量调增 0.16 亿 m^3，河北省年度计划调增 0.305 亿 m^3，折算后陶岔渠首年度计划水量增加 0.54 亿 m^3，即陶岔年度计划正常供水为 61.36 亿 m^3。

根据《水利部南水北调司关于南水北调中线一期工程水量调度有关工作的通知》，南水北调中线工程向河北省试点河段生态补水水量按 7.5 亿 m^3 高限实施。长江委根据年度水量调度计划等有关要求安排 2018 年 11—12 月陶岔渠首生态补水水量 2.79 亿 m^3。2019 年 6 月，水利部办公厅印发《2019 年度华北地区地下水超采综合治理河湖生态补水方案及试点河段后续补水计划》（办资管函〔2019〕624 号），要求南水北调中线工程在保证供水目标正常供水的前提下，2019 年陶岔渠首生态补水总量约 7.86 亿 m^3，其中 1—10 月生态补水量约 5.65 亿 m^3，即陶岔 2019 年度生态补水计划水量为 8.44 亿 m^3。

综上，经水利部调整后，2019 年度陶岔渠首生态补水计划水量为 69.80 亿 m^3，其中正常供水年度生态补水计划水量为 61.36 亿 m^3，向受水区生态补水年度计划水量为 8.44 亿 m^3。

2019 年度陶岔渠首供水 71.27 亿 m^3，总供水量与水利部下达的年度水量调度计划相比，各月完成月度供水计划供水量的比例在 89.8%～120%之间，全年为 101.1%，年、月计划执行良好。

年度内陶岔渠首根据计划和用水情况共调整流量 43 次，调度目标流量最大为 350 m^3/s，最小为 170 m^3/s，平均为 254 m^3/s。监测实际流量最大为 389.95 m^3/s，最小为 156.45 m^3/s，平均为 273.2 m^3/s；最大日均供水流量为 368 m^3/s，最小日均供水流量为 157 m^3/s，枢纽供水流量平稳。

4. 水量监测断面调整与监测数据共享传输情况　按照《水利部办公厅关于调整陶岔渠首水量监测断面位置的函》（办南调函〔2019〕57 号）要求，陶岔渠首入干渠水量监测断面位置已于 5 月 1 日 8 时由干渠桩号 0+300 切换为 1+300，同时保留了 0+300 监测断面的监测。

2018—2019 年度，水量监测数据远程实时传输系统运行正常，保证了对 0+300、1+300 断面水量监测数据的实时在线传输、月度报告，为工程运行管理、供水科学调度提供了基础数据支撑。

5. 水库运行水位情况　2018 年 11 月 1 日水库水位为 159.50m，较 2017 年度同期水位低 7.47m。4 月 23 日降至最低 150.71m。6 月水位开始回涨，7 月底至 156.58m。8 月来水转丰，水位迅速抬升至月末 160.98m。9 月中旬，水库迎来入汛以来最大洪水过程，洪峰流量 16000 m^3/s。丹江口水库运行管理单位按照长江委调度令要求开展水库防洪调度，枢纽多次开闸泄洪，最多开启闸门 8 个，最大出库流量 $7690m^3/s$，控制库水位在最高 164.00m，月底水库水位为 163.97m。10 月起，丹江口水库运行管理单位开始启动水库蓄水，按照供水计划及时调减供水流量，水库水位稳步抬升，月底蓄至 166.35m（年末水位），为本年度最高水位，该水位对应死水位以上蓄水量 124.899 亿 m^3。

（米斯　张乐群　黄朝君）

【征地移民】　2019 年 9 月 2—4 日，水利部调水局组织武当山遇真宫垫高保护工程技术性验收。12 月 7 日，南水北调中线工程丹江口水库移民安置通过总体验收，标志着南水北调中线工程丹江口水库移民搬迁阶段结束。

（张乐群）

【环境保护】　2019 年 6 月 28 日，完成了南水北调中线一期丹江口水库鱼类增殖放流站建设项目合同完工验收。积极推进丹江口水库建设征地移民安置环境保护（生态修复、水质监测、环境科研部分）自主验收工作，开展现场调查、核查环保工程落实与运行情况，正在编制竣工环境保护验收报告，按环保验收要求完成自主验收相关流程。

（张乐群）

【水质保护】　中线水源公司作为丹江口水库运行管理单位之一，在水质保护方面主要负责对丹江口水库尤其是陶岔渠首水质进行监测报告。

水质监测包括陶岔渠首每日定点监测〔监测断面位于陶岔渠首上游 63m，主要监测水温、pH 值等 9 项常规水质监测指标，依据《地表水环境质量标准》（GB 3838—2002）对 pH 值、溶解氧、氨氮、高锰酸盐指数、总磷等 5 项进行综合评价〕、丹江口库区及入库河流的 31 个人工断面基本项目、15 个库中断面补充 5 项、透明度及叶绿素 a 等每月例行监测、9 个断面的年度底质监测、5 个断面的水生生物监测和生物残毒等季度监测、3 个断面的 109 项年度监测及 7 个自动站的每日自动监测。

参考《地表水环境质量标准》（GB 3838—2002），通过对监测数据的整理、分析、比较和评价，结论如下：

（1）库中 15 个监测断面按年度评价全年整体水质优良，符合 Ⅰ～Ⅱ 类水质标准，达到 Ⅰ 类水质标准的断面占 53.3%，符合 Ⅱ 类水质标准的断面占 46.7%。达到 Ⅰ 类水质标准的断面占比已由 2018 年的 13.3% 提升为 2019 年的 53.3%。库中总氮年均浓度为 1.16～1.42mg/L，相比 2018 年略有下降。参照《湖泊富营养化调查规范》，每月对库中 15 个断面的水体营养状态进行评价，结果表明，水库水体总体上保持在中营养状态，与 2018 年持平。

（2）入库支流河口 16 个断面中，除神定河和泗河的年度均值水质评价为劣 Ⅴ 类外，其他 14 个断面的年度均值水质评价结果均符合Ⅰ～Ⅲ类水质标准。其中，满足或优于Ⅲ类水质标准的断面占87.5%（符合Ⅰ类水质标准的断面占6.25%，符合Ⅱ类水质标准的断面占75.0%，符合Ⅲ类水质标准的断面占6.25%）；劣Ⅴ类水质断面占12.5%。与2018年相比，符合或优于Ⅲ类水质标准的断面总数比例基本持平。

（3）陶岔渠首断面全年水质基本达到Ⅰ类水质标准。陶岔断面109项水质检测结果与基本项目均满足Ⅰ～Ⅱ类水质标准，补充5项和特定80项满足标准限值要求。按日评价结果统计，陶岔渠首断面，全年343天达到Ⅰ类水质标准，占比94.0%；22天符合Ⅱ类水质标准；月度评价及年度评价均符合Ⅰ类水质标准；总氮含量基本稳定保持在0.90～1.10mg/L，供水水质稳定达标，满足南水北调中线工程对供水水质要求。

（4）库区底质有机磷农药和有机氯农药各组分均未检出；总磷和重金属（总砷、总汞、总铜、总铅、总镉等）在各样点分布情况不一。其中，总磷的测定范围为0.273～0.919g/kg，总砷的测定值范围为3.69～18.49mg/kg，总汞的测定范围为0.014～0.391mg/kg，总铜的测定范围为15～124mg/kg，总铅的测定范围为4～45mg/kg，总镉的测定范围为0.08～0.83mg/kg。

（5）丹江口水库浮游植物种类丰富，2019年共检测出浮游植物7门84属217种，且组成有季节性差异。2019年浮游植物密度为22.6万～848.2万个/L，年平均密度为222.4万个/L。3月以硅藻为主；6月以硅藻和隐藻为主，藻密度最低；9月以硅藻、蓝藻和隐藻为主，密度最高；12月以硅藻为主。2019年藻密度年均值高于2018年藻密度年均值，且其中2019年3月藻密度显著高于2018年3月；2019年6月藻密度较2018年有所下降；2019年9月、12月与2018年9月、12月藻密度差异不大。

丹江口水库水体共检测出浮游动物92种（含桡足幼体和无节幼体）。2019年浮游动物密度为0～8246个/L，年平均密度为1523.1个/L。浮游动物主要以原生动物和轮虫为主，其中3月、9月和12月原生动物占优势，6月原生动物和轮虫占优势。9月浮游动物密度最高，6月浮游动物密度最低。2019年较2018年浮游动物年均值变化差异不大。

（6）丹江口水库30组不同食性鱼的鱼体残毒分析显示，2019年鱼体中有机氯、有机磷、金属铅均未检出；镉只在部分鱼体内检出，且含量很低；铜、砷和汞在所分析的鱼体样本中均有检出，汞的含量随着鱼营养级逐级增加，铜和砷的累积效应不明显。

（7）丹江口水库中心断面均满足Ⅱ类水质标准。109项水质检测结果显示，基本项目满足Ⅰ～Ⅱ类水质标准、补充5项和特定80项满足标准限值要求。

（8）水质自动监测站监测结果表明，按全年监测频次评价结果统计，丹江口水库7个水质自动监测站对应断面水质符合Ⅰ～Ⅱ类水质标准；按月均值评价，丹江口水库7个水质自动监测站对应断面的水质除陶岔固定站、坝前浮船站和龙口浪河浮船站为Ⅰ类外，其余4个断面水质均为Ⅰ～Ⅱ类；丹江口水库总氮的浓度变化范围为0.82～1.26mg/L，总体基本保持稳定；按年均值评价，丹江口水库7个水质自动监测站对应断面水质均为Ⅰ类水。

（9）2019年全年库区及上游支流无突发水污染事故发生，共组织开展1次突发事件应急监测演练。（黄朝君）

【丹江口水库来水情况】

1. 降水情况　2018—2019年度，丹江口水库以上流域累计降水量为961mm，较多年均值（采用1981—2010年的平均值，下同）偏多8%。枯水期11月至次年4月累计降水量为160.6mm，与多年均值基本持平，其中2月、3月偏少，其他月份偏多。汛期5—10月累计降水量为800.7mm，较多年均值偏多10%，其中5月、7月、8月偏少，其他月份偏多，10月偏多近70%。

2. 来水情况　2018—2019年度，丹江口水库累计入库水量为341.92亿m³，与多年均值持平，总体来水正常。汛期5—10月累计来水量为282.78亿m³，较多年均值持平。3—

7月水库来水持续偏枯，较多年均值偏少20%；8—10月来水偏丰，较多年均值偏多17%。

3. 水量调度实施情况　2018—2019年度，结合防洪、供水、发电，累计向汉江中下游下泄水量为198.39亿m³，其中弃水量为18.23亿m³。汉江中下游日平均最小下泄流量为499m³/s，下泄过程全部满足黄家港断面最小下泄流量要求。通过陶岔渠首向干线渠道供水71.27亿m³，其中包含生态补水12.25亿m³。向清泉沟供水8.925亿m³。鄂北水资源配置工程未达到通水条件，未实施供水。

（黄朝君）

汉江中下游治理工程

【工程概况】　丹江口水库多年平均年入库径流量为388亿m³，南水北调中线工程首期调水95亿m³，丹江口水库每年将减少近1/4的下泄流量，为缓解中线调水对汉江中下游的影响，国家决定兴建汉江中下游4项治理工程：兴隆枢纽筑坝，形成汉江回水76.4km，缓解调水对汉江中下游的影响；引江济汉年引31亿m³长江水为汉江下游补水；改造汉江部分闸站，保障农田灌溉；整治汉江局部航道，通畅汉江区间航运。

汉江兴隆水利枢纽位于汉江干流天门与潜江分界河段，工程主要由泄水闸、船闸、电站、鱼道、两岸滩地过流段及其上部的连接交通桥等建筑物组成。上距丹江口水利枢纽378.3km，下距河口273.7km，正常蓄水位为36.20m，相应库容为2.73亿m^3，设计、校核洪水位为41.75m，总库容为4.85亿m^3，灌溉面积为21.84万hm^2，电站装机容量为40万kW。兴隆枢纽作为汉江干流规划的最下一个梯级，其主要任务是枯水期壅高库区水位，改善库区沿岸灌溉和河道航运条件。

引江济汉工程主要是为了满足汉江兴隆以下生态环境用水、河道外灌溉、供水及航运需水要求，还可补充东荆河水量。引江济汉工程进水口位于荆州市龙洲垸，出水口为潜江市高石碑，渠道全长67.23km，设计流量为350m^3/s，最大引水流量为500m^3/s。工程可基本解决调水95亿m^3对汉江下游"水华"的影响，解决东荆河的灌溉水源问题，从一定程度上恢复汉江下游河道水位和航运保证率。

部分闸站改造工程由丹江口下游汉江左右岸31座涵闸、泵站改造项目组成，工程范围分布于襄阳市（谷城县、樊城区、宜城市）、荆门市（钟祥市、沙洋县）、潜江市、天门市、仙桃市、孝感市（汉川市）境内，总占地面积为117.16hm^2。项目于2011年11月开工，2016年3月完工。部分闸站改造工程的主要任务是恢复并改善因中线调水而引起下降的各闸站的灌溉水源保证率，维持农业灌溉供水条件。

实施改造项目185处，其中较大闸站31处，小型闸站154处。

局部航道整治工程建设规模为Ⅳ级航道，整治范围为丹江口至汉川574km航道，其中丹江口至兴隆河段按照500吨级标准建设，兴隆至汉川段结合交通部门规划实施1000吨级航道整治工程。局部航道整治工程主要建设任务是对局部河段采用整治、护岸、疏浚等工程措施，恢复和改善汉江航运条件，整治范围为汉江丹江口以下至汉川断面的干流河段，工程建设规模为Ⅳ等2级航道，维持原通航500吨级航道标准。（郑艳霞　朱树娥）

【工程投资】　截至2019年年底，汉江中下游治理工程累计下达投资计划116.23亿元，其中，兴隆水利枢纽34.69亿元，引江济汉工程70.82亿元，部分闸站改造工程5.73亿元，局部航道整治工程4.61亿元，汉江中下游文物保护0.36万元。汉江中下游治理工程累计完成投资110.31亿元，占批复总投资的95%，占累计下达投资计划的95%。其中，兴隆水利枢纽完成投资33.30亿元，引江济汉工程完成投资67.04亿元，部分闸站改造工程完成投资5亿元，局部航道整治完成投资4.61亿元，汉江中下游文物保护完成投资0.36亿元。

（袁静　谢录静）

【工程管理】

1. 严格履行项目法人职责　根据2019年2月3日湖北省水利厅印发的

《关于调整变更南水北调中线工程所属项目项目法人的通知》，兴隆水利枢纽管理局开始承担南水北调工程3个设计单元项目法人职责，引江济汉工程管理局承担南水北调工程1个设计单元项目法人职责。组建工程建设管理机构，制定完善了工程建设、合同、资金等多项管理制度，厘清权责，明确工作思路。组织地方建办和参建单位召开制度审查会、建设管理工作会议、档案工作联系会和项目法人结算验收会。

2. 强力推进验收结算工作　成立了以水利厅分管领导为组长的南水北调工程验收工作专班，明确了专班各成员单位的职责分工，制定了专班工作规则。组织召开了两次湖北省南水北调工程验收、决算工作推进会议，明确任务、压实责任。实行任务交办制度，逐月结账、逐节点销号。积极解决现场调研重难点问题，切实加强对项目法人的指导和协调。加强工程建设监管，调整了工程质量监督机构，进一步强化了质量监管力度；协调理顺了引江济汉调度运行管理系统工程监管体制，有力促进了项目实施进程。　　　　（郑艳霞　朱树娥）

【工程验收】　按水利部对湖北省南水北调2019年验收工作要求，圆满完成了闸站改造工程设计单元工程完工验收（含环保、水保、征迁和档案等专项验收）；兴隆水利枢纽环保、水保、征迁等专项验收；引江济汉工程征地拆迁安置省级专项验收。引江济汉、兴隆工程完成19个单位工程验收和31个合同验收。　（袁静）

工程运行

京石段应急供水工程

【工程概况】　京石段应急供水工程起点位于石家庄市西郊田庄村以西古运河暗渠进口前，起点桩号为970＋293，终点至北京市团城湖，终点桩号为1277＋508，渠线长307.215km。其中明渠长度201.05km（全挖方渠段长86km，半挖半填渠段长102km，全填方渠段长13km），建筑物长度为26.34km（建筑物共计448座，其中控制性建筑物37座、河渠交叉建筑物24座、隧洞7座、左岸排水建筑物105座、渠渠交叉建筑物31座、公路交叉建筑物243座、铁路交叉建筑物1座）。渠段始端古运河枢纽设计流量为170m³/s，加大流量为200m³/s；渠道末端北拒马河中支设计流量为60m³/s，加大流量为70m³/s。

京石段工程沿线共布置13座节制闸、7座控制闸、13座分水闸、11座退水闸、37座检修闸。通水运行管理期间，通过闸站联合调度，实现渠道输水水位和流量控制、突发事件应急处置退水及建筑物检修隔离等功能。此外，工程沿线还布置了29座排水泵站，定时抽排渠道高地下水位段集水，保护渠道衬砌板不受扬压力破坏。京石段工程沿线共布置安全监测1万多个观测基点，4200多个工程埋设内观测点。

中线建管局河北分局为京石段应急供水工程（部分）运行管理单位，分局内设综合处、计划合同处、人力资源处、财务资产处、党群工作处（纪检监察处）、分调度中心、工程处（防汛与应急办）、安全处、水质监测中心（水质实验室）和稽察二队等10个职能处室；设立查改办和验收办等2个临时机构。河北分局在京石段应急供水工程范围内设7个现地管理处，分段负责工程现场运行管理工作，分别为石家庄管理处、新乐管理处、定州管理处、唐县管理处、顺平管理处、保定管理处，每个管理处内设合同财务科、安全科、工程科、调度科等4个专业科室。

2019年，河北分局管理的京石段应急供水工程范围内工程运行安全平稳，圆满完成年度供水任务。

（中线建管局河北分局）

【工程管理】

1. 土建及绿化维护 2019年年初，根据中线建管局预算下达情况将土建绿化日常项目预算分解至各管理处并通过公开招标选定19个土建绿化日常维护队伍，全面开展工程范围内土建维护项目，确保了2019年度京石段应急供水工程正常发挥功用。为落实"高效干事不出事、凡事必

审"的工作要求，探索审计稽查程序前置、贯穿于项目实施过程的新办法，针对安全风险大、技术要求高、工期任务紧、协调关系多的工程维护项目，抽调职能处、管理处骨干人员，组建了防洪防护工程、渣场加固整治、土建绿化维护、沥青路面修复、喷锚处理等专项土建维护项目部，提高了项目建设管理水平，闯出了一条符合通水运行期项目管理的新路子。

绿化工作中，完成了京石段工程渠道各部位除草及草体修剪；乔木、灌木、绿篱色块、地被等植物浇水、修剪等日常养护；绿化区域场地整理、垃圾清理等工作。提前完成中线建管局督办任务，京石段树种更新项目，其中杨树、柳树砍伐、刨根14906株，更新种植国槐、云杉、蜀桧、油松等树木38000株，费用为965万元，优化了树种配置，苗木更适宜在南水北调渠道生长。

组织设计单位先后完成管理处办公楼和唐河倒虹吸闸站建筑物及其附属建筑物立面改造试点方案；方案评审确定后，开展了京石段工程管理处办公楼及闸站建筑物立面改造项目方案和施工图设计。

在不影响渠道正常通水运行的基础上，协调运行调度部门，组织相关施工单位完成了河北分局衬砌面板及墩柱周边混凝土冻融剥蚀处理项目及放水河结构缝渗漏处理项目。组织对京石段工程实施跨渠桥梁防抛网改造

项目，河北分局统一制定实施方案，委托监理单位驻厂监造，确保防抛网制作质量，12月上旬全部实施完成。

2. 安全生产　安全生产达标创建活动有序推进，从制度标准化执行、管理规范化入手，开展一处一园建设。土建绿化维护采取"三次提醒"措施，自我加压、全面高压、逐级施压的"三压"精准发力，梳理土建绿化维护30条进场作业规定、128条安全管控措施和7项急救自救方法，全年组织各类安全生产培训144次，全方位强化安全生产现场监管。河北分局与河北省教育厅联合开展预防中小学生溺水专项行动，各管理处与沿线地区教育部门构建群防群控安全的联动机制，以"南水北调公民大讲堂"为依托，采取"致家长的一封信"、发放与张贴宣传品、电视台与微信新媒体同步推送公益广告等方式，进校园、入社区、到乡村，教育引导家庭担负应尽的安全监护责任，唤起全社会的支持和配合，实现2019年暑期零溺水的目标。

3. 问题查改　全面落实"谁来查、查什么、如何查、查不出来怎么办"的工作思路，坚持解决思想认识问题与查改实际问题的相结合，建立长效机制和监管机制，管理处问题清单建设。以分局班子成员包片、职能处与管理处结对子为主推动力，以责任段与责任区建设、段长制与站长制考核为主要抓手，以中控室调度职能优化调整、全员轮值机制为主要载体，建立起"全员查改常态化、工程范围全覆盖、技能需求无禁区、轮岗监管有机制"的现场运行管理模式。在突出抓好"查"的基础上，在"改"的措施上果断加力，真正形成全员主动、随时查找问题的良好风气，极大地提升了问题查改率和职工技能水平。

4. 防汛与应急　2019年河北分局组织对京石段影响工程度汛安全的各种工程隐患进行了全面排查，并对查出的问题逐一登记备案，动态监控，及时组织处理，切实避免因运行管理不当造成的水毁破坏。按照中线建管局5类3级的划分原则，排查梳理出京石段工程防汛风险项目3个，其中2级1个、3级2个；大型河渠交叉建筑物1座，左岸排水建筑物2座。按照工程防汛风险项目排查结果，河北分局按照中线建管局编制大纲要求，完成了"两案"编制并报河北省应急厅和水利厅备案。京石段各管理处将"两案"报送地方有关防汛机构备案。

对内，积极备防，组织检查整改。河北分局通过招标选择了河北省水利工程局作为应急抢险保障队伍。汛前组织维护队伍对防洪信息系统、通信基站接地等设备设施进行全面排查和维修保养，在京石段的新乐、保定管理处布各置了一部卫星电话，确保了汛期雨情测报和应急通信系统的正常运行。对机电服务、35kV管理维护及各管理处进行一次电力供应和备用发电机及其连接电缆、配电箱、应急光源、燃油储备等的安全检查，保证汛期及其应急电力供应安全可靠；组织各管理处对通信光缆进行全面检查，发现问题及时抢修。汛期各管理处运维单位对所辖段内的供电线路和固定、移动发电机组进行定期检查维护，保证处于良好状态。为进一步确保应急抢险的供电需要在新乐、定州、保定管理处各配备了一台120kW应急发电车。各管理处按照中线建管局印发的《南水北调中线干线工程应急抢险物资设备管养标准（试行）》，物资仓库保持通风、整洁，并建立健全防火、防盗、防水、防潮、防鼠等安全、质量防护措施；应急抢险物资设备按要求分类存放，按要求进行汛前和汛后等检查保养，有破损或损坏及时维修和更换；超过存储年限的及时更新。

对外，加强与地方联系互动。河北省防汛办将南水北调工程列入河北省防汛重点，同时将南水北调各管理处列为河北省防汛成员单位。为了保证汛期行洪通道畅通，河北分局协调省防汛指挥部对曲阳县燕赵西沟排水倒虹吸被地方政府供热管道占压问题，进行了拆除解决，恢复行洪能力；对满城区韩庄西沟排水倒虹吸下游河道被当地群众填埋占用问题，进行挖除施工，恢复河道过流能力。河北分局及各管理处对周边社会物资和设备进行调查，建立联系，以应对突发险情。如遇有紧急情况，自有防汛物资储备不足时，分局防汛指挥部将对自有防汛物资进行统一调配，并向当地政府及防汛指挥机构汇报并请求物资支援。

2019年汛期暴雨洪水未对工程运行造成影响，工程通水运行正常。水毁项目主要为冲沟、雨淋沟、塌坑等一般问题，河北分局组织各管理处对水毁问题及时进行处置，做到抢护及时，措施得当。

5. 水质监测　2019年水质中心不断加强综合管理，确保日常工作高效进行，发文15份、会议纪要6份，组织开展水质仪器设备、评审准则等培训10余次，共计288个学时；印发《河北分局电动垃圾车运行管理办法（试行）》《静水区域扰动装置运行维护技术标准（试行）》《水质快检设备使用维护技术标准（试行）》等3个标准，按照国家市场监督管理局最新办法和最新要求，统一了各监测中心管理体系，逐步实现了水质实验室监测管理的标准化。全年京石段应急供水工程地表水检测样品124组，地下水检测样品16组。全年组织水质安全生产教育4次，应急设备及物资培训4次，开展各类现场安全检查6次；在新中国成立70周年加固期间，两座水质自动监测站监测频次，由每天4次加大到8次，确保了水质安全；对2019年开展的水质自动站标准化建设、实验室扩展装修等项目重点检查，确保了两座水质自动监测站顺利达标，实验室设备布局更合理。全年共消除各类污染源 47 处，其中一级水源保护区 40 处，二级 7 处。其中，通过石家庄市人民检察院组织联合行动，协同石家庄管理处对石家庄地区污染源清理、拆除、搬离 11 处，消除水质风险潜在隐患。共组织油污类入渠、危化品入渠、恶意投毒、外水入渠、污染源失控等水质应急演练 25 次，水质应急队伍驻点人员较为熟练地掌握了应急处置整个流程。

6. 安全监测　2019 年，河北分局制定《安全监测优化方案》，对安全监测系统结构、设施、监测方法和频次进行优化完善，并及时调整相关工作。在总干渠大流量输水运行和庆祝新中国成立 70 年期间运行安全加固期间，根据中线建管局要求加强安全监测管理工作，加密内、外观数据采集及监测频次，提高监测自动化系统运行维护工作等级，加强数据异常分析和处置，分局及各管理处相关人员 24 小时保持通信畅通处于待命状态。

编制完成《漕河渡槽三维仿真计算》《低绝缘监测传感器自动数据采集设备试点项目》的项目预算审查书，后期与中国水科院签订了《漕河渡槽三维仿真计算研究项目合同》《河北分局低绝缘监测传感器自动数据采集设备研究项目合同》，河北分局低绝缘监测传感器自动数据采集设备研究项目完成采集设备 1 套，并通过设备采集数据分析得到系列成果，获得中线建管局科研项目二等奖。

7. 技术与科研　2019 年共有 2 个项目获得立项，分别为渡槽成套设备研究项目、漕河渡槽新增排冰闸水工模型物理实验。渡槽成套设备研究项目研发了 1 套渡槽维修成套设备，目前正在试验调试。其中漕河渡槽新增排冰闸水工模型物理实验通过现场制作大比尺漕河渡槽排冰闸水工模型，开展水工模型试验研究，比较各种排冰闸布置方案的排冰效果，确定排冰闸最佳布置方案，验证和确定合理的排冰闸闸门形式，为南水北调中线工程漕河渡槽排冰闸工程布置和闸门选型提供技术支撑。

（中线建管局河北分局）

【运行调度】　2019 年，河北分局及京石段各现地管理处在运行调度方面按照"统一调度、集中控制、分级管理"的原则，全面提升调度环境面貌及调度管理信息化、科学化水平。河北分局分调度中心以中控室、闸站达标创建为支撑，通过开展"两个所有"及"全员轮值"活动，努力提升员工综合素质，确保运行调度系统、信息自动化、金结机电及永久供电系统整体运行平稳，年度内未发生设备系统运行安全事故。

1. 水量调度　截至 2019 年年底，总干渠入京石段断面输水总水量 124.77 亿 m³，出京石段岗头隧洞断面输水总水量 105.75 亿 m³。2019 年内河北分局京石段输水调度工作正常，其中汶河倒虹吸出口节制闸因高地下水位影响，运行水位控制在设计水位以上0.10m，其余节制闸控制在设计水位附近运行。河北分局京石段8座节制闸均参与调度，2019年共执行调度指令5011条，指令执行成功率为100%，远程指令执行成功率为99.24%。各处值班人员调度台账填写规范，指令执行到位，遵守时限；闸控系统报警接警、现场核实、警情分析及消警工作有序、规范，全年未发生运行调度违规行为。输水调度总体平稳安全，有序开展。8月总干渠进入大流量输水阶段以来，河北分局京石段各现地管理处进一步严格值班纪律、严密调度监控、加强预警响应，配合其他部门有效提升大流量输水工况下的调度运行管控力度，确保了输水安全。优化推进分调度中心、中控室职能，打造为"调度运行、安全监管、应急指挥"三位一体的综合管理中心，规范开展全方位、全覆盖的视频动态巡查，编织一张线上与线下同步、人工与科技结合的现场安全监管网络，实现了人力和技术资源的高效利用。

为保证输水调度运行安全，河北分局组织了取证考试，各处调度运行人员均通过了中线建管局持证上岗考试，值班人员职责明确，设备巡视到位；调度运行期间积极开展"百日安全""两个所有"等活动，做好各种工况下的调度值班工作，狠抓学习，强化应急，积极组织应急调度业务知识培训，熟练掌握预案，适时开展演练。加强风险管控警示，严密监控水情、工情，确保输水安全。

河北分局分调度中心加强日常检查及考核工作。利用电话、视频设备、现场检查等方式加强河北分局京石段各处日常业务自查工作，利用各自动化系统加强辖区内水情数据的审核工作，发现异常及时上报并组织核实整改。

2019年汛期，各现地管理处按要求组织编制各处2019年度防汛值班表，严格执行防汛值班不间断值守、每日报表、天气情况掌握与预警上报工作，积极与分局机关及工程所在地县（市）级政府建立良好沟通机制，做到了各类报表按时报送，信息传达及时准确，防汛预警应对得当。

水量确认工作圆满完成，全部分水口的确认单均由管理处按时确认完成，退水闸生态补水的确认单交由分调度中心。由河北分局分调度中心和河北省水利厅调水管理处共同确认。2019年度分水确认量水量与会商系统统计数据完全一致。

2. 电力调度　河北分局分调度中心及时与石家庄、保定等地方供电部门联系，加强对35kV供电系统的调度管理，规范设备检修计划管理，会同有关部门细化完善春、秋季检修工作，夯实基础，保证了故障处理、检修维护及时有效落实，通过合理制定临时运行方式，有效减小停电范围、缩短停电时间，保障了供电系统稳定运行。

3. 调度实体环境改造　开展京石段闸站标准化建设工作，河北分局京石段各处责任处室倒排工期，严格施工过程管理，规范每个环节，从人员、车辆进场到现场施工过程严格把控，辖区内闸站全部达标；为实现中控室生产环境标准化，提升输水调度安全保障水平，根据中线建管局局统一安排部署，河北分局组织京石段各处开展了中控室标准化建设工作，实施了包括室内装修升级、调度台及工位重设、内外标识重制、办公系统硬件提升等多项改造措施。2019 年京石段各中控室已完成中线建管局三星级达标验收。

4. 冰期输水　河北分局京石段为冰期重点区段，2019 年全段未形成冰封，冰期输水工作顺利完成。河北分局对京石段各管理处冰期准备工作进行了 2 次彻查，各现地管理处在重要建筑物进口前增设了拦冰索，对全段融冰设备进行了一次连续加热 2 小时测试，对排冰闸进行了全方位的检查与维护，及时发现冰期设备设施运行存在的问题，并要求管理处及时组织整改，保障了冰期输水工作顺利进行。

5. 调度轮值探索与实践　河北分局在分调度中心进行人员轮岗方案试行，以强化调度值班安全保障质量及逐步培养优秀复合型人才为目的，按照"所有人负责所有工作"原则设计轮值具体形式与排班方案，将所有人员分成 3 组，其中两组负责分调大厅值班工作，一组负责分调中心日常管理工作，三组定期轮换。轮值自 7 月 1 日起开始执行，10 月 12 日起对值班方案又进行了优化，将所有人员分成 7 组，夜班 7 组轮值，其中 5 组白班轮值。在现地管理处中分阶段、分批次中控室全员轮值工作开展，截至 2019 年年底，河北分局京石段管理处已经实现全员轮值。

（中线建管局河北分局）

【工程效益】　南水北调中线已成为京津冀沿线地区的主力水源，是受水区生活用水、生态补水的生命线。2018—2019 供水年度，河北分局辖区用水量需求快速增长，河北分局京石段段共开启分水口和退水闸 13 座，累计分水 7.14 亿 m^3，其中累计通过 3 座退水闸（分水口）为河北沿线生态补水 4.24 亿 m^3。按计划满足地方供水要求且通过生态补水大幅改善了区域水生态环境，石家庄、保定、衡水主城区供水量占 75% 以上，沧州达到了 100%，受益人口 800 多万人。黑龙港流域 500 多万人告别了高氟水、苦咸水。通过向滹沱河、南拒马河、白洋淀等河湖生态补水，地下水回补影响范围达到河道两侧近 10km，沿河地下水位显著提升，河湖生态功能逐步恢复。水利部门统计数据显示，滹沱河沿河两侧 10km 范围内地下水位平均高出周边区域 6.03m，南拒马河两侧 10km 范围内地下水位平均高出周边区域 0.46m。干涸多年的试点河道，恢复了水清、岸绿、景美的良好水生态环境，彰显了南水北调工程的良好效益。

实施生态补水，有力修复改善区域生态环境，更是形成了多方协作的强大合力。生态补水前，受水河段沿线各市、县有关部门清理河道垃圾、障碍物和违章建筑，治理非法采砂问题，整治河道边坡及沙坑，封堵排污口，为生态补水和地下水回补提供稳定、清洁的输水廊道，促进了河长制、湖长制落地见效。河北省制定了地下水超采量全部压减、地下水位全面回升的总体目标，还把开展节水增效行动、引足用好外调水、持续推进补水蓄水等纳入工作重点，助力供给侧结构性改革，利用长江水置换地下水，将脱贫攻坚和高氟水问题同步解决。　　　　（中线建管局河北分局）

【验收工作】　（1）京石段4个设计单元工程项目法人检查及完工验收。2019年3月18—20日，完成了南水北调中线京石段应急供水工程（石家庄—北拒马河段）古运河枢纽、滹沱河倒虹吸2个设计单元工程完工验收项目法人检查。于3月26—28日，完成南水北调中线京石段应急供水工程（石家庄—北拒马河段）唐河倒虹吸和漕河段2个设计单元工程完工验收项目法人检查。

按照水利部计划安排，5月20—22日完成了南水北调中线京石段应急供水工程（石家庄—北拒马河段）唐河倒虹吸设计单元工程完工验收技术性初步验收及完工验收。在5月27—30日，完成了南水北调中线京石段应急供水工程（石家庄—北拒马河段）滹沱河倒虹吸和古运河枢纽2个设计单元工程完工验收技术性初步验收及完工验收。经水利部和南水北调工程设计管理中心对漕河段工程进行完工验收条件核查，于7月25—26日南水北调中线一期漕河段设计单元工程通过了完工验收。

（2）河北境内京石段跨渠桥梁竣工验收。河北分局境内京石段跨渠桥梁共计155座，截至2019年5月，完成京石段跨渠桥梁153座，剩余2座，完成率为98.70%。于12月26日完成剩余2座京石段跨渠桥梁竣工验收，标志着京石段跨渠桥梁竣工验收全部完成。　　（中线建管局河北分局）

【尾工建设】　保定管理处调度指挥中心项目为京石段工程管理专题设计单元最后一个建设项目。河北分局统筹安排，积极推进保定管理处管理专项项目（保定管理处调度指挥中心项目）建设工作，经过多方努力，2019年完成选址征迁、项目规划、方案设计审查、项目审批等工作，完成现场清表和"三通一平"等准备工作，基本具备了开工条件。其顺利实施标志着历时多年原国务院南水北调办和国家发展改革委批复意见及上级领导指示要求的任务顺利完成，为京石段工程管理专题工程建设、验收等工作奠定了基础提供了保障；规划新建的应急备防辅助用房将为提升冰期汛期气象灾害应急处置能力，确保总干渠输水安全提供有力保障；调度指挥中心建成后将为保定管理处职工提供固定的办公场所及良好的办公环境，为更好地实施南水北调工程运行管理工作的规范化、标准化提供保证。

（中线建管局河北分局）

漳河北—古运河南段

【工程概况】　南水北调中线工程总干渠河北省漳河北—古运河南段工程，起自冀豫交界处的漳河北，沿京广铁路西侧的太行山麓自西南向北，经河北省邯郸、邢台两市，穿石家庄市高邑、赞皇、元氏三县，至古运河南岸，线路全长 238.546km，共分为 12 个设计单元。该渠段设计流量为 235～220m³/s，加大流量为 265～240m³/s。

漳河北—古运河南段工程共布设各类建筑物 457 座。其中，大型河渠交叉建筑物 29 座、跨路渠渡槽 1 座、输水暗渠 3 座、左岸排水建筑物 91 座、渠渠交叉建筑物 19 座、控制性建筑物 53 座、公路交叉建筑物 253 座、铁路交叉建筑物 8 座。

中线建管局河北分局为漳河北—古运河南段工程运行管理单位，分局内设综合处、计划合同处、人力资源处、财务资产处、党群工作处（纪检监察处）、分调度中心、工程处（防汛与应急办）、安全处、水质监测中心（水质实验室）和稽察二队等 10 个职能处室；设立查改办和验收办 2 个临时机构。河北分局在漳河北—古运河南段工程范围内设 8 个现地管理处，分段负责工程现场运行管理工作，分别为磁县管理处、邯郸管理处、永年管理处、沙河管理处、邢台管理处、临城管理处、高邑元氏管理处、石家庄管理处，每个管理处内设合同财务科、安全科、工程科、调度科 4 个专业科室。

2019 年，河北分局管理的漳河北—古运河南段工程范围内工程运行安全平稳，圆满完成年度供水任务。　　（中线建管局河北分局）

【工程管理】

1. 土建绿化及维护　2019 年年初，根据中线建管局预算下达情况将土建绿化日常项目预算分解至各管理处并通过公开招标选定 12 个土建绿化日常维护队伍，全面开展工程范围内土建维护项目，确保了 2019 年度工程设施正常发挥功用。

漳河北—古运河南段绿化工程日常养护完成草体维护 1230 万 m²；已有乔、灌木养护 29 万株，绿篱 2.1 万 m²，草坪地被 12 万 m²。

石家庄、邢台、邯郸 3 个主城区段绿化提升项目，完成绿化投资约 1900 万元。按合同约定完成全部工作，并通过验收。通过提升项目使城区段渠道两岸整体形象提升，与周围

297

城区和谐搭配。

邯石段 7 个管理处合作绿化，绿化长度为 147.6km，项目在 2018 年秋季种植基础上，2019 年春季继续种植，完成新植乔木、灌木 56326 株，绿篱 1152m²，地被草体 20976m²，完成全部种植任务。防止水土流失，涵养水源，提高绿化率，保障输水水质安全。

组织对漳河北—古运河南段工程实施跨渠桥梁防抛网改造项目，河北分局统一制定实施方案，委托监理单位驻厂监造，确保防抛网制作质量，12 月上旬全部实施完成。

成立了土建工程建设项目管理部实施漳河北—古运河南段右岸运行维护道路沥青路面维修专项项目建设，11 月全部实施完成。

完成了河北分局水下衬砌板修复项目监理及施工合同的签订工作。同时，为更好指导水下衬砌板修复方案的总结及优化，设计和绘制了《水下衬砌板修复项目》施工图纸及技术要求，并印发实施。2020 年 1 月 15 日预计完成水下衬砌板修复约 1600m²，完成工程投资约 800 万元。

2. 安全生产 安全生产达标创建活动有序推进，从制度标准化执行、管理规范化入手，开展"一处一园"建设。土建绿化维护采取"三次提醒"措施，自我加压、全面高压、逐级施压的"三压"精准发力，梳理土建绿化维护 30 条进场作业规定、128 条安全管控措施和 7 项急救自救方

法，全年组织各类安全生产培训 144 次，全方位强化安全生产现场监管。河北分局与河北省教育厅联合开展预防中小学生溺水专项行动，各管理处与沿线地区教育部门构建群防群控安全的联动机制，以"南水北调公民大讲堂"为依托，采取"致家长的一封信"、发放与张贴宣传品、电视台与微信新媒体同步推送公益广告等方式，进校园、入社区、到乡村，教育引导家庭担负应尽的安全监护责任，唤起全社会的支持和配合，实现 2019 年暑期零溺水的目标。

3. 问题查改 全面落实"谁来查、查什么、如何查、查不出来怎么办"的工作思路，坚持解决思想认识问题与查改实际问题的相结合，建立长效机制和监管机制，管理处问题清单建设。以分局班子成员包片、职能处与管理处结对子为主推动力，以责任段与责任区建设、段长制与站长制考核为主要抓手，以中控室调度职能优化调整、全员轮值机制为主要载体，建立起"全员查改常态化、工程范围全覆盖、技能需求无禁区、轮岗监管有机制"的现场运行管理模式。在突出抓好"查"的基础上，在"改"的措施上果断加力，真正形成全员主动、随时查找问题的良好风气，极大地提升了问题查改率和职工技能水平。

4. 防汛与应急管理 2019 年，河北分局组织对漳河北—古运河南段工程影响工程度汛安全的各种工程隐

患进行了全面排查，并对查出的问题逐一登记备案，动态监控，及时组织处理，切实避免因运行管理不当造成的水毁破坏。按照工程防汛风险项目排查结果，河北分局按照中线建管局编制大纲要求，完成了"两案"编制并报省应急厅和水利厅备案。漳河北—古运河南段各管理处将"两案"报送地方有关防汛机构备案。

对内，积极备防，组织检查整改。河北分局通过招标选择了邢台水利工程处作为应急抢险保障队伍。汛前组织维护队伍对防洪信息系统、通信基站接地等设备设施进行全面排查和维修保养，在漳河北—古运河南段的磁县、沙河管理处布各置了一部卫星电话，确保了汛期雨情测报和应急通信系统的正常运行。对机电服务、35kV管理维护及各管理处进行一次电力供应和备用发电机及其连接电缆、配电箱、应急光源、燃油储备等的安全检查，保证汛期及其应急电力供应安全可靠；组织各管理处对通信光缆进行全面检查，发现问题及时抢修。汛期各管理处运维单位对所辖段内的供电线路和固定、移动发电机组进行定期检查维护，保证处于良好状态。为进一步确保应急抢险的供电需要在磁县、邢台、高邑元氏管理处各配备了一台120kW应急发电车。各管理处按照中线建管局印发的《南水北调中线干线工程应急抢险物资设备管养标准（试行）》，物资仓库保持通风、整洁，并建立健全防火、防盗、防水、防潮、防鼠等安全、质量防护措施；应急抢险物资设备按要求分类存放，按要求进行汛前和汛后等检查保养，有破损或损坏及时维修和更换；超过存储年限的及时更新。

对外，加强与地方联系互动。河北省防办将南水北调工程列入河北省防汛重点，同时将南水北调各管理处列为河北省防汛成员单位。河北分局及各管理处对周边社会物资和设备进行调查，建立联系，以应对突发险情。如遇有紧急情况，自有防汛物资储备不足时，分局防汛指挥部将对自有防汛物资进行统一调配，并向当地政府及防汛指挥机构汇报并请求物资支援。

2019年汛期暴雨洪水未对工程运行造成影响，工程通水运行正常。水毁项目主要为冲沟、雨淋沟、塌坑等一般问题，河北分局组织各管理处对水毁问题及时进行处置，做到抢护及时，措施得当。

5. 水质监测　2019年河北水质中心不断加强综合管理，确保日常工作高效进行，发文15份、会议纪要6份，组织开展水质仪器设备、评审准则等培训10余次，共计288个学时；印发了《河北分局电动垃圾车运行管理办法（试行）》《静水区域扰动装置运行维护技术标准（试行）》《水质快检设备使用维护技术标准（试行）》3个标准，按照国家市场监督管理局最新办法和最新要求，统一了各监测中心管理体系，逐步实现了水质实验室监测管理的标准化。全年京漳河北—古运河南段工程地表水检测样品60组，地下水检测样品10组。全年组织水质安全生产教育4次，应急设备及物资培训4次，开展各类现场安全检查6次；在新中国成立70周年加固期间，两座水质自动监测站监测频次，由每天4次加大到8次，确保了水质安全；对今年开展的水质自动站标准化建设、实验室扩展装修等项目重点检查，确保了两座水质自动监测站顺利达标，实验室设备布局更合理。全年共消除各类污染源47处，其中一级水源保护区40处，二级7处。其中，通过石家庄市人民检察院组织联合行动，协同石家庄管理处对石家庄地区污染源清理、拆除、搬离11处，消除水质风险潜在隐患。共组织油污类入渠、危化品入渠、恶意投毒、外水入渠、污染源失控等水质应急演练25次，水质应急队伍驻点人员较为熟练地掌握了应急处置整个流程。

6. 安全监测 按照"谁牵头，谁负责"的原则，对2019年的安全监测预算进行梳理，核实了外观监测费用，自动化系统维护费用和安全监测日常维护等费用。

结合现地管理处实际监测需要，河北分局制定《安全监测优化方案》对安全监测系统结构、设施、监测方法和频次进行优化完善，并及时调整相关工作。

在2019年总干渠大流量输水运行和庆祝新中国成立70年期间运行安全加固期间，根据中线建管局要求加强安全监测管理工作，加密内、外观数据采集及监测频次，提高监测自动化系统运行维护工作等级，加强数据异常分析和处置，分局及各管理处相关人员24小时保持通信畅通处于待命状态。

对漳河北—古运河南段渠道两侧测压管、测斜管、沉降管进行了全面核查，发现部分测斜管、测压管、沉降管管口高出路面，对过往车辆造成一定影响，存在安全隐患，并影响工程整体美观。2019年7月，与施工单位签订了《河北分局测压管、测斜管、沉降管改造项目合同》，对临城管理处和沙河管理处的测压管、测斜管和沉降管进行了集中改造。2019年12月完成合同完工验收工作。

7. 技术与科研 积极做好2019年科研项目立项工作，编制项目建议书，2019年度漳河北—古运河南段各管理处渠道两侧防护林带植物种类、病虫害种类及危害情况调查获得立项，选择选择磁县管理处作为典型，针对性开展调查研究，完成植物种类和病虫害发生调查报告、阶段性调查及突发性病虫害种类的防治效果报告。

分局创新推进磁县段水下衬砌板修复生产性实验项目，通过反复对比试验，形成了搭建水下围堰"拔牙"、预制衬砌板"换牙"、17项安全措施"镶牙"的修复方案，经受住了两次大流量输水的严峻考验。其中，自主研制了自行式小型轨道吊车、采用钢模板围堰、混凝土预制板弧形凹槽锁扣连接、土工布袋装填砂石料回填等四大突破性成果，整体方案技术、经济指标优势明显，受到了专家评审组、中线建管局领导的肯定与好评。项目成果被评为中线建管局科技创新一等奖，已在河北分局、渠首分局推广应用。　　（中线建管局河北分局）

【运行调度】　2019 年，河北分局及漳河北—古运河南段各现地管理处按照"水利工程补短板、水利行业强监管"总体要求，强调度、抓查改，扎实推进各项工作任务。在运行调度方面按照"统一调度、集中控制、分级管理"的原则，全面提升调度环境面貌及调度管理信息化、科学化水平。河北分局分调度中心以中控室、闸站达标创建为支撑，通过开展"两个所有"及"全员轮值"活动，努力提升员工综合素质，确保运行调度系统、信息自动化、金结机电及永久供电系统整体运行平稳，年度内未发生设备系统运行安全事故。圆满完成了年度供水任务。

1. 水量调度　河北分局漳河北—古运河南段辖区共包含 11 座节制闸、6 座控制闸、21 座分水口、11 座退水闸。截至 2019 年年底，总干渠入漳河北断面输水总水量 159.23 亿 m³，出古运河南段断面输水总水量 124.77 亿 m³。2019 年度内河北分局漳河

北—古运河南段输水调度工作正常，其中南沙河北段倒虹吸进口节制闸因高地下水位影响，运行水位控制在设计水位以上 0.10m，其余节制闸控制在设计水位附近运行。河北分局漳河北—古运河南段 11 座节制闸均参与调度，2019 年共执行调度指令 7147 条，指令执行成功率为 100%，远程指令执行成功率为 99.26%。各处值班人员调度台账填写规范，指令执行到位，遵守时限；闸控系统报警接警、现场核实、警情分析及消警工作有序、规范，全年未发生运行调度违规行为。输水调度总体平稳安全，有序开展。尤其是 2019 年 8 月总干渠进入大流量输水阶段以来，河北分局漳河北—古运河南段各现地管理处进一步严格值班纪律、严密调度监控、加强预警响应，配合其他部门有效提升大流量输水工况下的调度运行管控力度，确保了输水安全。

根据中线建管局统一部署，河北分局持续推进全员值班工作，提高各级输水调度值班人员业务水平。以培养复合型人才为目标，探索实施调度运行岗位一专多能，一岗多责模式，结合各管理处实际情况，在河北分局漳河北—古运河南段各管理处中控室推行全员调度值班。通过组织培训、考核等不同形式，提高输水调度值班人员业务水平。

为保证输水调度运行安全，河北分局组织了取证考试，各处调度运行人员均通过了中线建管局持证上岗考

试,值班人员职责明确,设备巡视到位;调度运行期间积极开展"百日安全""两个所有"等活动,值班间隙认真做好学习笔记。根据总调度中心统一要求,做好各种工况下的调度值班工作,狠抓学习,强化应急,积极组织应急调度业务知识培训,熟练掌握预案,适时开展演练。加强风险管控警示,严密监控水情、工情,确保输水安全。

河北分局分调度中心加强日常检查及考核工作。利用电话、视频设备、现场检查等方式加强河北分局邯石段各处日常业务自查工作,利用各自动化系统加强辖区内水情数据的审核工作,发现异常及时上报并组织核实整改。

2019年汛期,各现地管理处按要求组织编制各处2019年度防汛值班表,严格执行防汛值班不间断值守、每日报表、天气情况掌握与预警上报工作,积极与分局机关及工程所在地县(市)级政府建立良好沟通机制,做到了各类报表按时报送,信息传达及时准确,防汛预警应对得当。

2019年水量确认工作圆满完成,全部分水口的确认单均由管理处按时确认完成,退水闸生态补水的确认单交由分调度中心。由分调度中心和水利厅调水管理处共同确认。2019年度分水确认量水量与会商系统统计数据完全一致。

2. 电力调度 2019年,河北分调度中心及时与石家庄、邢台、邯郸等地方供电部门联系,加强对35kV供电系统的调度管理,规范设备检修计划管理,会同有关部门细化完善春、秋季检修工作,夯实基础,保证了故障处理、检修维护及时有效落实,通过合理制定临时运行方式,有效减小停电范围、缩短停电时间,保障了供电系统稳定运行。

3. 调度实体环境改造 开展漳河北—古运河南段闸站标准化建设工作,漳河北—古运河南段各处倒排工期,严格施工过程管理,规范每个环节,从人员、车辆进场到现场施工过程严格把控,2019年漳河北—古运河南段辖区内闸站全部达标;为实现中控室生产环境标准化,提升输水调度安全保障水平,根据中线建管局局统一安排部署,河北分局组织漳河北—古运河南段段各处开展了中控室标准化建设工作,实施了包括室内装修升级、调度台及工位重设、内外标识重制、办公系统硬件提升等多项改造措施。2019年漳河北—古运河南段各中控室已完成中线建管局三星级达标验收。

4. 冰期输水 顺利完成2019—2020年度冰期输水任务,其间漳河北—古运河南段工程全线未形成冰封,冰期输水工作顺利完成。入冬以来,漳河北—古运河南段各现地管理处,在重要建筑物进口前增设了拦冰索,对全段融冰设备进行了一次连续加热2小时测试,对排冰闸进行了全方位的检查与维护,及时发现冰期设备设施运行存在的问题，并要求管理处组织整改，保障了冰期输水工作顺利进行。

5. 调度轮值探索与实践　河北分局率先在分调度中心进行人员轮岗方案试行，以强化调度值班安全保障质量及逐步培养优秀复合型人才为目的，按照"所有人负责所有工作"原则设计轮值具体形式与排班方案，将所有人员分成三组，其中两组负责分调大厅值班工作，一组负责分调中心日常管理工作，三组定期轮换。轮值自7月1日起开始执行，10月12日起对值班方案又进行了优化，将所有人员分成七组，夜班七组轮值，其中五组白班轮值。在现地管理处中分阶段、分批次中控室全员轮值工作开展，在现地管理处中选择了磁县管理处进行全员轮值方案试行，后期通过进行分类指导，分阶段、分批次推动其余管理处中控室全员轮值工作开展，截至2019年年底，河北分局漳河北—古运河南管理处已经实现全员轮值。　　（中线建管局河北分局）

【工程效益】　河北分局漳河北—古运河段共开启分水口和退水闸27座，累计分水12.31亿 m^3，其中累计通过6座退水闸（分水口）为河北沿线生态补水3.77亿 m^3。按计划满足地方供水要求且通过生态补水大幅改善了区域水生态环境，石家庄、邯郸主城区供水量占75%以上，受益人口700多万人。通过向滏阳河、七里河等河湖生态补水，地下水回补影响范围达到河道两侧近10km，沿河地下水位显著提升，河湖生态功能逐步恢复。水利部门统计数据显示，滏阳河沿河两侧10km范围内平均高出周边区域1.82m。

实施生态补水，有力修复改善区域生态环境，更是形成了多方协作的强大合力。生态补水前，受水河段沿线各市、县有关部门清理河道垃圾、障碍物和违章建筑，治理非法采砂问题，整治河道边坡及沙坑，封堵排污口，为生态补水和地下水回补提供稳定、清洁的输水廊道，促进了河长制、湖长制落地见效。河北省制定了地下水超采量全部压减、地下水位全面回升的总体目标，还把开展节水增效行动、引足用好外调水、持续推进补水蓄水等纳入工作重点，助力供给侧结构性改革，利用长江水置换地下水，将脱贫攻坚和高氟水问题同步解决。　　（中线建管局河北分局）

【环境保护与水土保持】　2019年，开展南水北调中线一期工程漳河北至古运河南渠段水土保持设施治理工程，共实施加固或治理的弃渣场30个、取土场2个。4级以上局部边坡不稳定弃渣场8个，其中，C13、C16（1）弃渣场（磁县段）和南白楼弃渣场（高邑县至元氏县段）由中线建管局河北分局组织实施，H8弃渣场（邯郸市至邯郸线段）、S4弃渣场（沙河市段）、西部明弃渣场（邢台县和内丘县段)、新3号弃渣场(临城县段)、白鹿泉弃渣场(鹿泉段)由中线建管局河北分局组织实施。基本稳定渣场15个,包括C15(磁县段)、南羊井、蔺家河、H14(邯郸市至邯郸线段)、Y6、洺河一支(永年县段)、S11、1标3(沙河市段)、XT18(邢台市段)、上沟村、上沟新增、2标4、L13(临城县段)、赵同弃渣场(高邑县至元氏县段),以及邢台县和内丘县段的白马河左岸(西侧)弃渣场。5级渣场7个,其中对西南城截流沟弃渣场(磁县段)和临城1号弃渣场(临城县段)采取加固措施,对下汪弃渣场、陈郭庄南程弃渣场、东正庄弃渣场、南焦弃渣场(高邑县至元氏县段)和东良舍弃渣场(邢台县和内丘县段)进行了场地平整。以上渣场中,局部边坡不稳定渣场、基本稳定渣场及需要加固处理的2个5级渣场主要实施的加固措施包括削坡分级、渣土清运、表土清理、土地平整、挡渣墙、混凝土护坡、混凝土框格护坡、灌木护坡、截排水设施、顶面绿化、挡水土埂及表土临时防护等。取土场2个,分别是东石山取土场和张窑取土场,均位于永年县内。采取的加固措施包括混凝土挡墙、削坡、贴坡、排水措施及植物等。

2019年10月21—22日,中线建管局组织有关单位和专家对漳河北至古运河南渠段水土保持设施进行验收,并以《关于印发南水北调中线一期工程漳河北至古运河南渠段水土保持设施验收鉴定书的通知》(中线局水环〔2019〕22号)印发验收文件;11月8日至12月5日在中线建管局网站上进行公示;12月13日,中线建管局以《南水北调中线一期工程漳河北—古运河南渠段水土保持设施自主验收报备申请函》(中线局水环〔2019〕36号)向水利部申请报备;12月17日,水利部以水保验收回执〔2019〕第89号下发报备回执。

2019年10月22—23日,中线建管局组织有关单位和专家对南水北调中线一期总干渠漳河—古运河南段工程竣工环境保护进行验收,并以《关于印发南水北调中线一期总干渠漳河—古运河南段工程竣工环保验收意见的通知》(中线局水环〔2019〕26号)印发验收文件;11月8日至12月5日在中线建管局网站上进行公示;12月,南水北调中线一期工程漳河—古运河南段工程(包含本设计单元工程)在国家生态环境部的建设项目环境影响评价管理信息平台进行备案。

河北分局联合地方检察院,以公益诉讼的方式,依靠外部法制力量,有效解决了漳河北至古运河南水源保护区污染源整治的难题。在管理处层面,邢台处与地方公安部门加强共建,磁县、永年等管理处与地方政府部门,联合治理保护区污染源,提高了沿线地区人民群众的节水护水意识。针对通水5年来建设期未收回的工程永久占地，邢台管理处、磁县管理处、邯郸管理处、永年管理处收回永久占地 33 余公顷，依法保护了工程安全，进一步提升了南水北调工程的公信力和形象力。

（中线建管局河北分局）

【验收工作】

1. 工程验收　漳河北—古运河南段跨渠桥梁共计 253 座，至 2019 年 7 月完成邯石段跨渠桥梁 249 座，剩余 4 座，完成率为 98.42%。

2. 档案验收　2019 年 11 月 28—30 日，南水北调中线一期工程临城县段设计单元工程通过水利部组织的档案专项验收。临城县段工程已形成各类档案共计 3656 卷，其中，工程建设前期与建设管理 G 属类 485 卷，施工 S 属类 1912 卷，监理 J 属类 977 卷，机电设备、材料 D 属类 35 卷，财务与资产管理 C 属类 2 卷，运行、试运行及完工（竣工）验收 Y 属类 81 卷，科研 K 属类 2 卷，安全监测 A 属类 162 卷，含纸质档案 3634 卷（含竣工图 145 卷 5830 张）、照片档案 21 卷（892 张）、光盘 1 卷。

12 月 26—28 日，南水北调中线一期工程邢台县和内丘县段设计单元工程通过水利部组织的档案专项验收。邢台县和内丘县段工程已形成各类档案共计 4231 卷，其中，工程建设前期与建设管理 G 属类 546 卷，施工 S 属类 2272 卷（含竣工图 186 卷 7664 张），监理 J 属类 1158 卷，机电设备、材料 D 属类 47 卷，安全监测 A 属类 161 卷，财务与资产管理 C 属类 2 卷，科研项目 K 属类 1 卷，运行、试运行及完工（竣工）验收 Y 属类 44 卷。

12 月 29—31 日，南水北调中线一期工程邯郸市—邯郸县段设计单元工程通过水利部组织的档案专项验收。邯郸市—邯郸县段工程已形成各类档案共计 4461 卷，其中，工程建设前期与建设管理 G 属类 442 卷，施工 S 属类 2452 卷（含竣工图 137 卷 4073 张），监理 J 属类 1359 卷，机电设备、材料 D 属类 26 卷，安全监测 A 属类 98 卷，财务与资产管理 C 属类 1 卷，科研项目 K 属类 1 卷，运行、试运行及完工（竣工）验收 Y 属类 82 卷。

（中线建管局河北分局）

黄河北—漳河南段

【工程概况】　穿黄工程起点位于河南省黄河南岸荥阳市新店村东北的 A 点，桩号为 474+285；终点为河南省黄河北岸温县马庄东的 S 点，桩号为 493+590，渠线长 19.305km，其中输水隧洞长 4.709km，明渠长 13.90km。输水建筑物 2 座，其中输水隧洞 1 个、倒虹吸 1 个。穿黄工程段跨（穿）总干渠建筑物共 18 座，其中渡槽 2 座、倒虹吸 2 座、公路桥 9 座、生产桥 5 座。该段共有控制工程 2 座，其中节制闸 1 座、退水闸 1 座。

黄河北—漳河南段起点位于河南

305

省温县北张羌村总干渠穿黄工程出口S点，桩号为493＋590，终点为安阳县施家河村东、豫冀两省交界的漳河交叉建筑物进口，桩号为730＋664。渠线长237.074km，其中明渠长度为220.365km；输水建筑物37座，其中渡槽2座、倒虹吸30座、暗渠5座。该段有穿总干渠河渠交叉建筑物2座（倒虹吸）。该段有左岸排水建筑物77座，其中渡槽15座、倒虹吸60座、隧（涵）洞2座。该段有渠渠交叉建筑物23座，其中渡槽7座、倒虹吸16座。该段有控制建筑物58座，其中节制闸10座、退水闸10座、分水口门15座、检修闸19座、事故闸4座。该段有铁路交叉建筑物14座。该段公路交叉建筑物238座，其中公路桥154座、生产桥84座。

穿漳工程起点位于河南省安阳市安丰乡施家河村的漳河南，起点桩号为730＋664，终点位于冀豫交界处河北省邯郸市讲武城的漳河北，终点桩号为731＋746。渠线长1.082km，其中明渠长0.313km。穿漳河倒虹吸1座，节制闸1座，退水闸1座，排冰闸1座，检修闸4座。　　（牛津剑）

【工程管理】

1. 土建绿化工程维护　现场管理机构为穿黄、温博、焦作、辉县、卫辉、鹤壁、汤阴、安阳（穿漳）等8个管理处，负责现场土建和绿化工程日常维修养护项目的管理。年度日常维护项目涉及渠道、各类建筑物及土建附属设施的土建项目维修养护；渠道及渠道排水系统、输水建筑物、左岸排水建筑物等的清淤；水面垃圾清理；渠坡草体修剪（除草）、防护林带树木养护、闸站保洁及园区绿化养护；桥梁日常维护等内容。截至2019年年底，日常维护项目基本完成，剩余的日常维护项目为按月进行计量的固定总价合同。现场维修养护项目开展全面，措施得当，预算执行合理有效，工程形象得到进一步提升，工程安全得到进一步保证。

河南分局组织对部分总干渠水下损坏衬砌面板进行了修复，黄河北—漳河南段涉及焦作管理处、辉县管理处、卫辉管理处、鹤壁管理处、安阳管理处（穿漳管理处），在保证南水北调总干渠正常通水条件下，本项目主要工作为采用水下不分散混凝土对渠道边坡破坏部分进行修复，恢复渠道过水断面，进一步保障渠道运行安全。黄河北—漳河南段共修复水下损坏衬砌面板108块。

11月，河南分局利用冬季输水小流量供水时机，对穿黄隧洞（A洞）进行了检查维护。对隧洞内衬及防渗系统进行全面检查，加强防渗系统，减少隧洞渗漏量和渗透压力；增补必要的监测设备，实现对隧洞运行状态更有效监测；规范开展精准维护，组织科研攻关，建立隧洞维护标准。

2. 工程应急管理　调整完善河南分局防汛指挥部人员组成，建立分局领导分片包干制度，责任到人。督促辖区管理处成立安全度汛工作小组，明确"三队八岗"的人员和职责。加强了与河南省水利厅、应急管理厅等政府部门的联络，认证落实地方政府部署的工作任务；黄河北—漳河南段各管理处主动与当地政府和有关部门的建立互动联系，互通组织机构、防汛风险、物资设备、抢险队伍，发现汛情、险情及时报告。配合中线建管局研究制定2019年防汛风险项目划定标准；根据防汛风险项目标准，结合工程运行管理情况，组织排查、梳理、上报河南分局辖区段防汛风险项目，2019年防汛风险项目共77个，黄河北—漳河南段共计21个，其中Ⅰ级1个、Ⅱ级2个、Ⅲ级18个。根据辖区段2019年防汛风险项目情况，3月31日前重新修订、完善了《南水北调中线干线河南分局辖区工程2019年防汛应急预案》《河南分局2019年工程度汛方案》；组织管理处修订、完善管理处"两案"，3月31日前辖区段所有管理处完成"两案"修订完善。6月15日前辖区段所有管理处"两案"地方防汛办审批完成，并报各地防汛办备案。2019年组织各类应急演练59次，承办水利厅和中线建管局联合组织演练1次。黄河北—漳河南段各管理处组织应急演练21次。汛前补充了块石、沙砾料、吸水膨胀袋等应急抢险物资；现地管理处储备有急电源车、新购脱钩器、电焊机等应急抢险设备，进一步做好汛期抢险物资保障工作。

（魏红义 李乐 牛津剑 张国锋）

【运行调度】

1. 运行调度工作机制 南水北调中线干线工程按照"统一调度、集中控制、分级管理"的原则实施。由南水北调中线总调度中心统一调度和集中控制，总调度中心、分调度中心和现地管理处中控室按照职责分工开展运行调度工作。

2. 运行调度主要工作 2019年运行调度工作围绕"供水保障补短板、工程运行强监管"工作总要求，以安全生产为中心，以问题为导向，以督办为抓手，以规范化和信息化为手段，补短板、强监管，规范内部管理，创新工作方法，提高人员素质，上下联动，完满完成年度各项工作任务。

（1）积极开展"两个所有"专项活动。多次组织排查分调度大厅和管理处中控室存在的问题及现场影响输水调度的各类安全隐患并建立台账，对事故闸阻水、闸门启闭、水位计偏差、控制闸空爆、退水通道等提出整改措施建议并跟踪处理进展。

（2）完成中控室标准化建设工作。2019年4月底，中控室标准化建设工作完成全部，5月各现地管理处完成自验并提出初验申请，7月完成河南分局初验工作，8月通过了中线建管局组织的验收。

（3）组织开展输水调度汛期百日

安全行动。根据总调度中心安排，结合河南分局实际，从组织机制、人员安排、风险防范、业务学习、应急能力等方面开展了"输水调度汛期百日安全行动"，确保汛期输水调度安全。

（4）组织开展庆祝新中国成立70周年输水调度加固工作。根据河南分局统一部署，从组织领导、人员管理、履职能力、业务管理、生态补水等五个方面制定了加固措施并组织实施。

（5）完成大流量输水工作。2019年8月7日起，黄河南—漳河北段工程进入第一次大流量输水状态，8月13日陶岔入渠流量达到设计流量350m³/s，8月26日结束；9月13日第二次大流量输水开始，9月14日陶岔入渠流量达到设计流量350m³/s，9月30日结束；10月12日第三次大流量输水开始，10月30日结束，陶岔入渠流量维持在设计流量350m³/s。大流量输水期间干渠总体运行平稳，其间针对部分控制闸出现的空爆现象，河南分局分调度中心组织相关人员及时研究处理方案，现场组织实施，成效明显。

（6）开展备调启用演练。2019年4月15—19日，按照总调度中心部署开展了备调度中心启用实战演练，其间较好地完成了全线输水调度。

2019年，黄河北—漳河南段工程累计接收总调度中心指令操作闸门8149门次，工程全年运行平稳、安全，自通水运行以来，工程已累计安全运行1846天。　　　　（王志刚）

【工程效益】　截至2019年12月31日，辖区工程累计过流157.47亿m³，其中2019年度过流42.20亿m³。年度内先后两次通过退水闸向地方生态补水871.16万m³。8月10日开始第一次生态补水，8月20日结束，其间通过闫河退水闸向地方生态补水54.8万m³；9月13日开始第二次生态补水，9月30日结束，其间通过闫河、香泉河、淇河、汤河、安阳河等5座退水闸向地方生态补水816.36万m³。

2019年，辖区工程累计向地方分水44976.99万m³，其中正常分水44105.83万m³，生态补水871.16万m³，极大改善了工程沿线的供水条件，优化了受水区水资源分布，保障了工程沿线居民生活用水，而且提高了当地农田的灌溉保证率，促进了受水区的社会发展和生态环境改善，因缺水而萎缩的湖泊、水系重现生机，生态环境恶化趋势得到遏制，并在逐步恢复和改善。特别是大流量输水期间，向工程辖区累计生态补水871.16万m³，取得了良好的社会和生态效益，较好地发挥了中线工程的供水效益。　　　　（王志刚）

【环境保护与水土保持】

1. 环境保护　根据《国务院关于修改〈建设项目竣工环境保护管理条例〉的决定》（国务院令第682号）和《关于发布〈建设项目竣工环境保护验收暂行办法〉的公告》（国环规

环评〔2017〕4 号）的有关规定，2019 年 10 月 18—19 日，中线建管局组织完成了南水北调中线一期穿黄工程竣工环境保护验收，并按要求进行上网公示后，填报全国建设项目竣工环境验收平台。10 月 20—21 日，中线建管局组织完成了南水北调中线一期黄河北—漳河南段竣工环境保护验收，并按要求进行上网公示后，填报了全国建设项目环境影响评价管理信息平台。

2. 水土保持　根据《水利部关于加强事中事后监管规范生产建设项目水土保持设施自主验收的通知》（水保〔2017〕365 号）和《水利部办公厅关于印发生产建设项目水土保持监督管理办法的通知》（办水保〔2019〕172 号）等文件的有关要求，2019 年 10 月 18—19 日，中线建管局组织完成南水北调中线一期工程穿黄工程水土保持设施验收，并按要求进行上网公示后，报水利部备案。10 月 19—20 日，中线建管局组织完成了南水北调中线一期工程黄河北—漳河南段水土保持设施验收，并按要求进行上网公示后，报水利部备案。　　（李志海）

【验收工作】

1. 施工合同验收　2019 年 3 月 26 日，南水北调中线干线工程防护林及绿化一期工程穿黄及沁河渠道倒虹吸施工标通过建管单位组织的合同项目保修期满验收。7 月 5 日，南水北调中线一期穿黄工程 1 标南岸工程土建及设备安装标通过建管单位组织的合同项目完成验收。10 月 16 日，中线建管局河南分局辖区局部边坡不稳定弃渣场加固工程施工 2 标（郑州、穿黄）通过建管单位组织的单位工程验收及合同项目完成验收。11 月 20 日，南水北调中线干线工程维护及抢险设施物资设备仓库建设项目安鹤片区仓库施工标通过建管单位组织的合同项目完成验收。11 月 21 日，南水北调中线干线工程维护及抢险设施物资设备仓库建设项目郑焦片区仓库施工标通过建管单位组织的合同项目完成验收。

2. 设计单元工程完工验收　2019 年，完成南水北调中线一期工程穿黄工程管理专题、沁河渠道倒虹吸、石门河渠道倒虹吸、膨胀岩（土）试验段工程（潞王坟段）、温博段等设计单元工程完工验收。

3. 跨渠桥梁竣工验收

（1）概况。自南水北调中线工程跨渠桥梁建成通车以来，已经试运行将近 7 年，黄河北—漳河南段总计涉及各类跨渠桥梁 253 座，其中国省干线 21 座，农村公路 214 座，城市道路 17 座，厂区道路 1 座，分布于河南省焦作、新乡、鹤壁、安阳等 4 个地市的 17 个县（区）。上述桥梁除新乡市辖区 59 座农村公路跨渠桥梁于 2015 年开展过竣工验收以外（手续还需完善），其他桥梁均需对接相对应的职能主管部门、管养单位开展竣工前桥梁及引道病害处治、检测鉴定后才能正式竣工验收。

（2）竣工开展情况。黄河南—漳河北段跨渠桥梁竣工验收作为南水北调中线干线工程完工验收的重要组成部分，中线建管局、河南分局高度重视。自2019年年初开始，开展了包括与河南省交通运输厅定期座谈讨论工作布置，与专业设计、检测单位签订合同开展桥梁病害处治检测和设计工作，组织管理处积极对接辖区交通主管单位开展病害处治委托、桥梁建设档案整编等，总计完成2座国省干线、213座农村公路、17座城市道路、1座厂区道路等类型跨渠桥梁竣工验收。过程中桥梁病害处治采用委托建管模式与县（区）签订协议14份，河南分局自行组织实施的施工项目8个，完成桥梁竣工检测129座次。

（赵林涛　刘阳）

【尾工建设】　2019年，完成南水北调中线一期穿黄工程退水洞顶拱回填灌浆和退水洞出流工程施工。

2016年3月，水利部印发《水利部水土保持设施验收技术评估工作要点》（水保监便字〔2016〕20号），进一步明确了转变方式后的水土保持设施技术评估工作要求，其中针对弃渣场，明确规定技术评估单位"对堆渣量超过50万m^3或者最大堆渣高度超过20m的弃渣场，还应查阅建设单位提供的稳定性评估报告"。

根据《水利部关于加强事中事后监管规范生产建设项目水土保持设施

自主验收的通知》（水保〔2017〕365号）专项验收要求，针对中线工程尚未验收的陶岔渠首—古运河南段（不包括已验收的穿漳河倒虹吸工程）输水工程，中线建管局委托专业单位进行了渣场评估，并对局部边坡不稳定的渣场开展了加固工作。

2019年主要完成荥阳段工程局部不稳定渣场1处（索河弃渣场），穿黄工程局部不稳定渣场1处（东邙山弃渣场），焦作2段工程局部不稳定渣场2处（中马村弃渣场、3标2号渣场），辉县段工程局部不稳定渣场1处（富庄弃渣场），鹤壁段工程局部不稳定渣场2处（花营漫流弃渣场、侯小屯弃渣场）的修复加固工作。

（李志海　赵林涛）

沙河南—黄河南段

【工程概况】　沙河南—黄河南段工程起点位于河南省鲁山县薛寨村北，桩号为239+042（分桩号为SH－0+000），终点为河南省荥阳市新店村东北，与穿黄工程段进口A点相接，桩号为474+285（分桩号为SH－234+746）。渠线长235.243km，其中明渠长度215.892km；输水建筑物28座，其中渡槽6座、倒虹吸21座、暗渠1座。该段有穿总干渠河渠交叉建筑物7座，其中渡槽2座、倒虹吸5座。该段有左岸排水建筑物91座，其中渡槽19座、倒虹吸59座、隧（涵）洞13座。该段有渠渠交叉建筑物15

座，其中渡槽 8 座、倒虹吸 7 座。该段有控制建筑物 41 座，其中节制闸 13 座、退水闸 9 座、分水口门 14 座、检修闸 4 座、事故闸 1 座。该段有铁路交叉建筑物 9 座。该段公路交叉建筑物 254 座，其中公路桥 174 座、生产桥 80 座。　　　　（牛津剑）

【工程管理】

1. 土建绿化维护　现场管理机构包括鲁山管理处、宝丰管理处、郏县管理处、禹州管理处、长葛管理处、新郑管理处、航空港区管理处、郑州管理处、荥阳管理处、穿黄管理处等，负责现场土建和绿化工程日常维修养护项目的管理。年度日常维护项目涉及渠道（包括衬砌面板、渠坡防护、运行维护道路、渠外防护带等）、各类建筑物（河渠交叉建筑物、左岸排水建筑物、渠渠交叉建筑物、控制性工程等）及土建附属设施（管理用房、安全监测站房、设备用房等）的土建项目维修养护；渠道及渠道排水系统、输水建筑物、左岸排水建筑物等的清淤；水面垃圾清理；渠坡草体修剪（除草）、防护林带树木养护、闸站保洁及园区绿化养护，桥梁日常维护等内容。主要完成的土建绿化日常维修养护项目有警示柱刷漆、路缘石缺陷处理、排水系统清淤及修复、左排排洪通道疏浚、雨淋沟修复、闸站及场区缺陷处理、渠道边坡草体修剪及除杂草、防护林带绿化树木养护、闸站及渠道环境保洁等。

2019 年，河南分局组织对部分总干渠水下损坏衬砌面板进行了修复，沙河南—黄河南段涉及长葛管理处、航空港区管理处、郑州管理处、穿黄管理处；在保证南水北调总干渠正常通水条件下，本项目主要工作为采用水下不分散混凝土对渠道边坡破坏部分进行修复，恢复渠道过水断面，进一步保障渠道运行安全。沙河南—黄河南段共修复水下损坏衬砌面板 80 块。

2. 工程应急管理　调整完善河南分局防汛指挥部人员组成，建立分局领导分片包干制度，责任到人。督促辖区管理处成立安全度汛工作小组，明确“三队八岗”的人员和职责。加强了与河南省水利厅、应急管理厅等政府部门的联络，认证落实地方政府部署的工作任务；沙河南—黄河南段各管理处主动与当地政府和有关部门的建立互动联系，互通组织机构、防汛风险、物资设备、抢险队伍，发现汛情、险情及时报告。配合中线建管局研究制定 2019 年防汛风险项目划定标准；根据防汛风险项目标准，结合工程运行管理情况，组织排查、梳理、上报河南分局辖区段防汛风险项目，2019 年防汛风险项目共 77 个，沙河南—黄河南段共计 49 个，其中Ⅰ级 0 个、Ⅱ级 6 个、Ⅲ级 43 个。根据辖区段 2019 年防汛风险项目情况，3 月 31 日前重新修订、完善了《南水北调中线干线河南分局辖区工程 2019 年防汛应急预案》《河南分局 2019 年工程度汛方案》；组织管理处修订、完善管理处"两案"，3月31日前辖区段所有管理处完成"两案"修订完善。6月15日前辖区段所有管理处"两案"地方防汛办审批完成，并报各地防办备案。2019年组织各类应急演练59次，承办河南省水利厅和中线建管局联合组织演练1次。沙河南—黄河南段各管理处组织应急演练20次。汛前补充了块石、沙砾料、吸水膨胀袋等应急抢险物资；现地管理处储备有急电源车、新购脱钩器、电焊机等应急抢险设备，进一步做好汛期抢险物资保障工作。

2019年8月1日夜间，郑州地区突降暴雨，23点47分，郑州管理处嵩山南路跨渠公路桥正下方，渠道右岸一级马道与二级马道之间有外水进渠，桥下防护出现塌陷。险情发生后，河南分局第一时间组织完成抢险工作。处置措施包括：①临时在二级马道至渠坡的废弃管道内注入混凝土，将其封死；②对垮塌二级边坡进行清理，清除淤泥和垮塌六棱块，清理至原状土，铺设土工布，回填混合反滤料，再铺设混凝土六棱块恢复二级边坡；③对郑州段渠道所有进行过改迁建的市政管道进行全面排查，发现隐患及时处理。

为提高南水北调工程渠道边坡变形监测的准确性和高效性，开展了基于卫星雷达遥感技术的渠道边坡变形监测和基于无人机的高精度渠坡变形巡测系统研究项目等监测新技术用于渠道运行期的安全监测。

（魏红义　李乐　张国锋　王当强）

【运行调度】

1.工作机制　南水北调中线干线工程按照"统一调度、集中控制、分级管理"的原则实施。由南水北调中线总调度中心统一调度和集中控制，总调度中心、分调度中心和现地管理处中控室按照职责分工开展运行调度工作。

2.主要工作　2019年运行调度工作围绕"供水保障补短板、工程运行强监管"工作总要求，以安全生产为中心，以问题为导向，以督办为抓手，以规范化和信息化为手段，补短板、强监管，规范内部管理，创新工作方法，提高人员素质，上下联动，完满完成年度各项工作任务。

（1）积极开展"两个所有"专项活动。多次组织排查分调度大厅和管理处中控室存在的问题及现场影响输水调度的各类安全隐患并建立台账，对事故闸阻水、闸门启闭、水位计偏差、控制闸空爆、退水通道等提出整改措施建议并跟踪处理进展。

（2）完成中控室标准化建设工作。2019年4月底中控室标准化建设工作完成全部，5月各现地管理处完成自验并提出初验申请，7月完成河南分局初验工作，8月通过了中线建管局组织的验收。

（3）组织开展输水调度汛期百日

安全行动。根据总调度中心安排，结合河南分局实际，从组织机制、人员安排、风险防范、业务学习、应急能力等方面开展了"输水调度汛期百日安全行动"，确保汛期输水调度安全。

（4）组织开展庆祝新中国成立70周年输水调度加固工作。根据河南分局统一部署，从组织领导、人员管理、履职能力、业务管理、生态补水等五个方面制定了加固措施并组织实施。

（5）完成大流量输水工作。沙河南—黄河南段工程2019年8月7日起进入第一次大流量输水状态，8月13日陶岔入渠流量达到设计流量350m³/s，8月26日结束；第二次大流量输水9月13日开始，9月14日陶岔入渠流量达到设计流量350m³/s，9月30日结束；第三次大流量输水10月12日开始，10月30日结束，陶岔入渠流量维持在设计流量350m³/s。大流量输水期间干渠总体运行平稳，其间针对部分控制闸出现的空爆现象，河南分局分调度中心组织相关人员及时研究处理方案，现场组织实施，成效明显。

（6）开展备调启用演练。2019年4月15—19日，按照总调度中心部署开展了备调度中心启用实战演练，其间较好地完成了全线输水调度。

2019年，沙河南—黄河南段工程累计接收总调度中心指令操作闸门10034门次，工程全年运行平稳、安全，自通水运行以来，工程已累计安

全运行1846天。　　　　（王志刚）

【工程效益】　截至2019年12月31日，辖区工程累计过流176.28亿m³，其中2019年度过流46.66亿m³。年度内先后两次通过退水闸向地方生态补水8901.20万m³。8月10日开始第一次生态补水，8月20日结束，其间通过沙河、颍河、沂水河、双泊河、十八里河、贾峪河、索河等7座退水闸向地方生态补水3662.64万m³；9月13日开始第二次生态补水，9月30日结束，其间通过沙河、颍河、双泊河、贾峪河等4座退水闸向地方生态补水5238.56万m³。

2019年，区工程累计向地方分水114347.57万m³，其中正常分水105446.37万m³、生态补水8901.20万m³，极大改善了工程沿线的供水条件，优化了受水区水资源分布，保障了工程沿线居民生活用水，而且提高了当地农田的灌溉保证率，促进了受水区的社会发展和生态环境改善，因缺水而萎缩的湖泊、水系重现生机，生态环境恶化趋势得到遏制，并在逐步恢复和改善。特别是大流量输水期间，向工程辖区累计生态补水8901.20万m³，取得了良好的社会和生态效益，较好地发挥了中线工程的供水效益。　　　　（王志刚）

【环境保护与水土保持】

1.环境保护　根据《国务院关于修改〈建设项目竣工环境保护管理条例〉的决定》（国务院令第682号）

和《关于发布〈建设项目竣工环境保护验收暂行办法〉的公告》（国环规环评〔2017〕4号）的有关规定，2019年10月17—18日，中线建管局组织完成了南水北调中线一期总干渠陶岔至黄河南段工程竣工环境保护验收，并按要求进行上网公示后，填报了全国建设项目环境影响评价管理信息平台。

2. 水土保持　根据《水利部关于加强事中事后监管规范生产建设项目水土保持设施自主验收的通知》（水保〔2017〕365号）和《水利部办公厅关于印发生产建设项目水土保持监督管理办法的通知》（办水保〔2019〕172号）等文件的有关要求，2019年10月16—17日，中线建管局组织完成南水北调中线干线工程沙河南—黄河南段水土保持设施自主验收，并按要求上网公示后，报水利部进行备案。　　　　　　　（李志海）

【验收工作】

1. 施工合同验收　2019年10月16日，中线建管局河南分局辖区局部边坡不稳定弃渣场加固工程施工2标（郑州、穿黄）通过建管单位组织的单位工程验收及合同项目完成验收。10月30日，中线建管局河南分局辖区局部边坡不稳定弃渣场加固工程施工1标（禹州、新郑、港区）通过建管单位组织的单位工程验收及合同项目完成验收。11月21日，南水北调中线干线工程维护及抢险设施物资设备仓库建设项目郑焦片区仓库施工标通过建管单位组织的合同项目完成验收；南水北调中线干线工程维护及抢险设施物资设备仓库建设项目河南分中心及郑州管理处仓库施工标通过建管单位组织的合同项目完成验收。南水北调中线干线工程维护及抢险设施物资设备仓库建设项目平顶山片区仓库施工标通过建管单位组织的合同项目完成验收。

2. 设计单元工程完工验收　2019年，完成南水北调中线一期工程总干渠沙河南—黄河南段北汝河渠道倒虹吸设计单元工程完工验收。

3. 跨渠桥梁竣工验收

（1）概况。自南水北调中线工程跨渠桥梁建成通车以来，已经试运行将近7年，沙河南—黄河南段总计涉及各类跨渠桥梁264座，其中高速公路2座、国省干线30座、农村公路171座、城市道路61座，分布于河南省平顶山、许昌、郑州等3个地市的14个县（区）。上述桥梁除许昌市辖区54座农村公路跨渠桥梁、郑州市辖区39座城市道路跨渠桥梁于2015—2016年开展过竣工验收以外，其他桥梁均需对接相对应的职能主管部门、管养单位开展竣工前桥梁及引道病害处治、检测鉴定后才能正式竣工验收。

（2）竣工开展情况。沙河南—黄河南段跨渠桥梁竣工验收作为南水北调中线干线工程完工验收的重要组成部分，中线建管局、河南分局高度重视。自 2019 年初开始，开展了包括与河南省交通运输厅定期座谈讨论工作布置，与专业设计、检测单位签订合同开展桥梁病害处治检测和设计工作，组织管理处积极对接辖区交通主管单位开展病害处治委托、桥梁建设档案整编等，总计完成 3 座国省干线、211 座农村公路、3 座城市道路等类型跨渠桥梁竣工验收。过程中桥梁病害处治采用委托建管模式与县（区）签订协议 11 份，河南分局自行组织实施的施工项目 4 个，完成桥梁竣工检测 75 座次。　　（赵林涛　刘阳）

【尾工建设】　2016 年 3 月，水利部印发《水利部水土保持设施验收技术评估工作要点》（水保监便字〔2016〕20 号），进一步明确了转变方式后的水土保持设施技术评估工作要求，其中针对弃渣场，明确规定技术评估单位"对堆渣量超过 50 万 m³ 或者最大堆渣高度超过 20 米的弃渣场，还应查阅建设单位提供的稳定性评估报告"。

根据《水利部关于加强事中事后监管规范生产建设项目水土保持设施自主验收的通知》（水保〔2017〕365号）专项验收要求，针对中线工程尚未验收的陶岔渠首至古运河以南段（不包括已验收的漳河倒虹吸工程）输水工程，中线建管局委托专业单位进行了渣场评估，并对局部边坡不稳定的渣场开展了加固工作。

2019 年，主要完成禹州和长葛段工程局部不稳定渣场 1 处（南窑沟 2 号弃渣场），潮河段工程局部不稳定渣场 4 处（苟庄东弃渣场、苟郑东北弃渣场、碾卢弃渣场、谢庄南弃渣场），郑州 2 段工程局部不稳定渣场 3 处（刘德城渣场、河西袁弃渣场、汪垌北弃渣场），郑州 1 段工程局部不稳定渣场 1 处（常庄水库坝后弃渣场）的修复加固工作。　　（李志海）

陶岔渠首—沙河南段

【工程概况】　陶岔渠首—沙河南段为南水北调中线一期工程的起始段，该段起点位于陶岔渠首枢纽闸下，桩号为 0+300；终点位于平顶山市鲁山县杨蛮庄桩号 239+042 处。沿线经过河南省南阳市的淅川、邓州、镇平、方城四县市及卧龙区、宛城区、高新区、城乡一体化示范区四个城郊区和平顶山市的叶县、鲁山县。陶岔渠首—沙河南段线路长 238.742km，其中，渠道长 226.597km，输水建筑物长约 10.935km。起点段设计流量为 350m³/s，加大流量为 420m³/s；终点段设计流量为 320m³/s，加大流量为 380m³/s。

陶岔渠首—沙河南段共划分为 11个设计单元，分别为淅川段、镇平段、南阳段、方城段、叶县段、鲁山南 1 段、鲁山南 2 段、湍河渡槽、白河倒虹吸、澧河渡槽、膨胀土（南阳）试验段，其中淅川段、湍河渡槽、鲁山南 1 段、鲁山南 2 段为直管

315

项目，镇平段、叶县段、澧河渡槽为代建项目，南阳段、方城段、白河倒虹吸、膨胀土（南阳）试验段为委托项目。

淅川县段为陶岔渠首—沙河南段单项工程中的第1单元，线路位于河南省南阳市淅川县和邓州市境内。渠段起点位于淅川县陶岔闸下游消力池末端公路桥下游，桩号为0＋300，终点位于邓州市和镇平县交界处，桩号为52＋100，其中不含湍河渡槽工程淅川县段线路长50.77km，其中，占水头的建筑物累计长1.2km，渠道累计长49.57km。

湍河渡槽工程位于河南省邓州市冀寨村北，距离邓州市26km。起点桩号为36＋289，终点桩号为37＋319，总长1030m，主要由进口渠道连接段113.3m、进口渐变段41m、进口闸室段26m、进口连接段20m、槽身段720m、出口连接段20m、出口闸室段15m、出口渐变段55m、出口渠道连接段19.7m组成。工程主要建筑物级别为1级，设计流量为350m³/s，加大流量为420m³/s，槽身为相互独立的三槽预应力现浇混凝土U形结构，共18跨，单跨40m，单跨槽身重量达1600t，采用造桥机现浇施工。

镇平段工程位于河南省南阳市镇平县境内，起点在邓州市与镇平县交界处严陵河左岸马庄乡北许村，桩号为52＋100；终点在潦河右岸的镇平县与南阳市卧龙区交界处，设计桩号

为87＋925，全长35.825km，占河南段的4.9％。渠道总体呈西东向，穿越南阳盆地北部边缘区，起点设计水位为144.375m，终点设计水位为142.540m，总水头为1.835m，其中建筑物分配水头为0.43m，渠道分配水头为1.405m。全渠段设计流量为340m³/s，加大流量为410m³/s。

南阳市段工程位于南阳市境内，涉及卧龙、高新、城乡一体化示范区等3行政区7个乡镇（街道办）23行政村，全长36.826km，总体走向由西南向东北绕城而过。工程起点位于潦河西岸南阳市卧龙区和镇平县分界处，桩号为87＋925，终点位于小清河支流东岸宛城区和方城县的分界处，桩号为124＋751。南阳段工程88％的渠段为膨胀土渠段，深挖方和高填方渠段各占约1/3，渠道最大挖深26.8m，最大填高为14.0m。

膨胀土试验段工程起点位于南阳市卧龙区靳岗乡孙庄东，桩号为100＋500；终点位于南阳市卧龙区靳岗乡武庄西南，桩号为102＋550，全长2.05km。试验段渠道设计流量为340m³/s，加大流量为410m³/s。渠道设计水深为7.5m，加大水位深为8.23m，设计渠底板高程为134.04～133.96m，设计渠水位为141.54～141.46m，渠底宽22m。最大挖深约19.2m，最大填高5.5m。

白河倒虹吸工程位于南阳市蒲山镇蔡寨村东北，起点桩号为115＋190，终点桩号为116＋527，总长度

为 1337m。设计洪水标准为 100 年一遇，校核洪水标准为 300 年一遇。工程区场地地震基本烈度为Ⅵ度，建筑物抗震设防烈度同地震基本烈度。工程设计流量为 330m³/s，加大流量为 400m³/s，退水闸设计退水流量为 165m³/s。工程主要建筑物由进口至出口依次为进口渐变段、退水闸及过渡段、进口检修闸、倒虹吸管身、出口节制闸（检修闸）、出口渐变段。白河倒虹吸埋管段水平投影长1140m，共分 77 节，为两孔一联共 4 孔的混凝土管道，单孔管净尺寸为 6.7m×6.7m。其中，白河倒虹吸管身、进口渐变段、进口检修闸、出口节制闸及退水闸等主要建筑物为 1 级建筑物，退水渠、防护工程、附属建筑物等次要建筑物为 3 级建筑物。

方城段工程涉及方城县、宛城区等两个县（区），起点位于小清河支流东岸宛城区和方城县的分界处，桩号为 124+751，终点位于三里河北岸方城县和叶县交界处，桩号为 185+545，包括建筑物长度在内全长为 60.794km，其中输水建筑物 7 座，累计长度为 2.458km，渠道长 58.336km。方城段工程 76% 的渠段为膨胀土渠段，累计长 45.978km，其中强膨胀岩渠段长 2.584km，中膨胀土岩渠段长 19.774km，弱膨胀土岩渠段长 23.62km。方城段全挖方渠段长 19.096km，最大挖深 18.6m，全填方渠段 2.736km，最大填高 15m；设计输水流量为 330m³/s，加大流量

为 400m³/s。

2014 年 9 月 29 日，陶岔渠首—沙河南段 11 个设计单元均通过通水验收，2014 年 12 月 12 日正式通水，进入运行阶段。

（王朝朋　陈雪兵　董玉增）

【工程管理】　根据中线建管局《南水北调中线干线工程建设管理局组织机构设置及人员编制方案》（中线局编〔2015〕2 号），2015 年 6 月 30 日，在河南直管建管局基础上分别成立河南分局和渠首分局，分别承担中线干线工程河南省境内工程运行管理工作。其中渠首分局负责陶岔渠首—方城段（全长为 185.545km）工程运行管理工作。

1. 队伍建设　2019 年 5 月，中线建管局进行组织机构改革，根据新的机构和人员编制方案，渠首分局内设管理机构随即调整。调整后，机关职能部门设综合处、计划合同处、财务资产处、人力资源处、党群工作处（纪检监察处）、分调度中心、工程处、水质监测中心（水质实验室）和安全处 9 个处室。所辖三级管理机构共 6 个，其中，新成立陶岔电厂，管辖范围为渠首电站、引水闸及相关配套设施设备；陶岔管理处管辖范围调整为渠首大坝上游 2km 引渠至刁河节制闸下游交通桥下游侧总干渠（不含陶岔电厂管辖部分）；邓州管理处管辖范围调整为刁河节制闸下游交通桥下游侧至与镇平管理处交界处；镇平

管理处、南阳管理处、方城管理处管辖范围保持不变。各三级管理机构负责管辖范围内运行调度、工程维护、水质保护、安全保卫和陶岔电厂等运行管理工作。

渠首分局总编制 299 人，截至 2019 年年底，到位 228 人。充分提高员工综合能力素质，制定并印发了渠首分局一专多能岗位能力建设总体方案，成立领导小组，积极构建"1 个主岗＋3 个辅岗"的岗位"多面手"。各部门积极行动，细化工作方案，逐个建立岗位培养发展目标，积极为"两个所有"深入推进奠定坚实基础。2019 年度 2 批次 141 人通过输水调度持证上岗考试，分局 70% 自有员工具备输水调度值班资格。组织各级各类培训学习 3646 人次，人均达到 16 次，切实促进员工能力素质全面提升。

陶岔渠首—沙河南段共设 7 个现地管理处，其中，渠首分局管辖 5 个现地管理处，河南分局管辖 2 个现地管理处，为叶县管理处和鲁山管理处。

2. 工程维护 2019—2020 年，设立土建和绿化日常维护标段 14 个，完成中线建管局预算下达视为日常专项项目 24 个，完成渠首分局预算新增项目 23 个，完成中线建管局预算调增项目 4 个。完成大于 10cm 的水下衬砌面板修复工作，采取水下不扩散混凝土和扶坡廊道式钢结构装配围堰 2 种方式，累计处理衬砌面板 151 块，其中扶坡廊道式钢结构装配围堰

项目获得了中线建管局 2019 年度"科技创新一等奖"。制定了《土建和绿化工程维护队伍考核办法》并按期考核通报，持续推进土建和绿化维修养护标准化作业。完成对 11 个穿跨越及邻接总干渠施工项目方案审查与现场监管，郑渝高铁和浩吉铁路跨越项目顺利通过验收并通车，工程安全未受影响。利用小流量运行时机，开展了黄金河倒虹吸 1 号、2 号孔排空检查工作。安全监测系统及时维护，实施自动化升级改造。

3. 安全生产 2019 年 5 月，渠首分局首次成立了安全处和安全科，配备专职安全管理人员 18 名。全年组织召开安委会会议 4 次，召开安全生产工作专题会议 9 次，各现地管理处召开安全月例会 60 次。组织开展综合性安全生产检查 3 次，专业（项）安全检查 6 次，检查发现问题并整改 120 余项；各现地管理处组织开展日常和定期安全检查 64 次，查改安全问题 800 余项。强化渠道出入管理，对门禁、锁具统一更换，统一组织完成了对辖区 228 条拦漂索的功能性缺陷改造及全部入场作业三轮车救生圈固定方式改造；以南阳处为试点，采用 3m 高规格的防抛网对丁洼东南公路桥和孙庄南公路桥防抛网进行了加高改造。对全部现场管理人员及维护单位配发防溺水安全手环，利用测速仪、酒精检测仪强化交通检查，成立了水利安全生产标准化一级达标创建组织机构并印发了实施方

案，对照 126 项评审标准，从标准化体系建设、安全文化构建、现场风险防控、规章制度完善等方面全方位推进。2019 年，渠首分局组织开展安全教育培训 6 次，累计参加培训 204 人次；各现地管理处对自有员工和运维单位人员累计组织各类安全教育培训 2500 余人次。各现地管理处累计开展安全宣传活动 60 余次，发放各类宣传材料约 13 万份，覆盖沿线 24 个乡镇、80 所中小学校。与中国联通公司合作建立短信平台，定期向辖区工程沿线 24 个乡镇联通用户的常驻居民发送工程保护及防溺亡公益短信。

4. 防汛应急　渠首分局认真组织各管理处开展汛前检查，排查防汛风险项目，汛前确定了 2019 年辖区工程防汛风险项目并逐级编制了防汛"两案"，通过了地方防办审批，对汛前检查发现的问题和隐患登记造册，明确责任人，汛前完成整改，对汛前完成整改确有难度的项目，制定专项预案。汛期实行局领导分片负责，严格值班制度，扎实做好各项防汛工作。与河南省防办、南阳市防办、丹江口水库水利枢纽工程防汛指挥部及所在县市防办联络，共建信息共享、抢险资源保障、防汛会商、联合防汛检查、驻军抢险救援等防汛联防联动机制。2019 年完成了刁河渡槽上、下游河道整治及防护项目和黄金河倒虹吸上、下游河道整治项目处理方案设计、论证等前期工作，计划 2020 年组织实施。渠首分局分局共组建 4 类

抢险队伍，分别为 1 支应急保障队伍、5 支应急抢险队伍、1 支驻地联络部队和 1 支社会救援队伍，并在汛前完成了防汛应急物资设备采购。每月对应急设备进行 1 次维护保养，确保应急设备随时处于热备状态。组织应急抢险队伍开展防汛演练 2 次、拉练 3 次。加强水雨情监测，与交叉河道上游 15 座水库管理单位、14 座河道站、4 座水文站和 170 座雨量站建立联络机制；充分利用防洪系统，每天早 8 时、晚 8 时查看防洪系统水位、降雨读数；用好"中线天气""豫汛通"APP 系统，随时掌握辖区水雨情信息及天气趋势。

5. 工程投资　渠首分局建设期管辖淅川段、镇平段、湍河渡槽 3 个设计单元，2019 年处理建设期变更 19 项，增加投资 6841.20 万元，处理索赔 5 项，增加投资 10 万元；累计结算 3228 万元（淅川段 2875 万元，湍河渡槽段 0 万元，镇平段 353 万元）。截至 2019 年 12 月，渠首分局累计处理变更 1114 项，增加投资 299508 万元，处理索赔 189 项，增加投资 9168 万元；建安项目累计结算 852970 万元。针对建设期遗留问题，如土方倒运类变更等涉及金额较大，争议较大，谈判难度大的项目，渠首分局采取联合办公、集中讨论、专家咨询、分层次分阶段谈判等处理措施，最终双方达成一致意见，逐项批复。为建设期项目"关闸收口"做好了基础工作。2019 年 10 月，渠首分局完成淅川、

镇平、湍河渡槽3个设计单元全部变更、索赔、价差处理工作，至此建设期合同全部完成收尾。淅川6标、淅川7标、镇平1标～3标、湍河渡槽土建标和监理标质量保证金累计返还比例为75%，其余标段基本完成质量保证金返还工作。

2019年，渠首分局共完成采购项目合同签订151个（其中招标项目20个、非招标项目131个），签约合同金额30929.81万元（其中招标项目9587.67万元、非招标项目21342.14万元）。2019—2020年，各管理处土建、绿化专业维修养护和土建绿化维护辅助人员服务项目，南阳处职工公寓楼设计项目，陶岔枢纽电站及引水闸标准化建设设计、监理、施工项目（水利部督办事项），渠首分局辖区局部不稳定和基本稳定弃渣场处理项目（中线建管局督办事项）。建立了渠首分局土建绿化维修养护及工程监理供应商备选库，并分别与21家单位签订了入库协议，2019年部分项目已使用供应商备选库方式采购。渠首分局2019年运行维护项目累计结算金额31322.94万元，其中外委维护及跨年度合同结算金额12619.99万元，2019年签订合同的结算金额为18702.95万元。办理退还履约保证金5项，退还金额80.85万元；办理退还质量保证金33项，退还金额145.54万元。

6. "两个所有"问题查改 渠首分局认真践行中线建管局"所有人能

够查所有问题"工作要求，探索实施"网格化管理、立体化管控"新举措，明确现场巡查范围及内容，落实全员查问题责任。2019年之前上级飞检、稽查、监督检查发现各类问题已整改395项，暂不具备整改条件49项，正在整改8项；自开展"两个所有"活动至今通过巡查APP上传问题共44828项，其中，中线建管局稽察大队检查273项，已整改265项，整改率为97.07%。自查问题共47127项，已整改46373项，整改率为98.4%。组织制作"两个所有"信息机电问题排查手册，以浅显易懂的漫画方式提炼了柴油发电机组、固定式卷扬机、液压式启闭机、移动台车式启闭机四大类设备巡查指南，提升了机电专业性问题查改工作成效。

7. 科技创新 渠首分局在中线建管局2019年科技创新优秀奖评比中获奖项目等级及数量均明显提升，扶坡廊道式钢结构装配围堰修复水下衬砌板技术研究项目提供了不停水条件下进行衬砌板检修的新方案。8篇论文入选中国水利学会2019学术年会南水北调分会场论文集。运行期膨胀土渠坡变形机理及系列处理措施研究、基于BIM技术的陶岔渠首枢纽工程运行维护管理系统研究等科研项目采购实施，2项发明专利正在申报。

8. 工程宣传 2019年3月与澎湃新闻联合举办了"世界水日""中国水周"主题宣传，得到广大网民的在线关注和评论。国庆节前后，组织开展了迎祖国 70 华诞"我和我的祖国共成长"系列活动，以摄影比赛、南水北调工程开放日、快闪合唱、我和国旗同框、歌唱祖国等形式，展现渠首分局职工风采和工程效益。12 月，联合南阳市政府承办庆通水 5 周年纪念活动，举办"水安全与绿色发展高端论坛""南水北调通水 5 周年成果展"等活动，进一步扩大南水北调影响力。在沿线广泛开展南水北调公民大讲堂志愿服务项目，协助中央电视台、北京电视台等多家媒体制作完成《一滴水的努力》《共和国脊梁——南水北调》《梦回渠首——我和南水北调》等多部南水北调宣传片及节目，得到中央、省、市数十家媒体广泛宣传报道。

（王朝朋　陈雪兵　董玉增）

【运行调度】　渠首分局分调度大厅和管理处中控室作为调度值班场所，实行 24 小时值班制度，采用"五班两倒"值班方式，利用各类调度自动化系统开展运行调度值班工作。2018—2019 供水年度累计完成调度指令 3830 条，其中执行远程调度指令 2377 条，下达和完成现地指令（检修和动态巡视）1453 条。调度类和设备类共接警 1435 条。全年未发生调度生产安全事件。

按照中控室生产环境标准化建设的节点目标，2018 年 12 月完成设备采购，2019 年 3 月设备安装调试完成，5 月完成自查验收，6 月邓州、镇平、南阳、方城 4 个中控室生产环境标准化建设工作率先通过中线建管局验收，10 月陶岔中控室标准化建设通过中线建管局验收，至此，分局 5 个中控室生产环境标准化达标任务圆满收官。

开展调度知识竞赛、人员轮岗轮训、持证上岗考试、集中培训和应急演练，持证上岗人员达到 161 人。协调长江委水文局和南水北调中线水源公司，经水利部批准，5 月 1 日上午 8 时正式启用 1＋300 流量监测断面。完成陶岔水文站建设相关工作，并与汉江水文局共同印发《陶岔水文站运行维护管理办法》。

开展调度管理"创亮点"活动，全年收集亮点提案 16 项，部分提案应用到实际调度工作中，进一步促进了业务开展。方城段采用蓄水平压的方法，为高地下水位运行增加了安全保障；通过刁河节制闸退出调度探索延长电厂发电时间，提高供水综合效益；渠首引水闸调度运行研究项目分析总结了水头、水量之间水力学关系，开发应用软件为水调与电调联调提供指导。

组织完成辖区 26 座闸站设施设备升级改造，12 座闸站通过中线建管局标准化闸站达标验收，闸控系统远程指令成功率提升到 99％以上。组织实施金结机电设备维护项目，备品备件（机电金结），渠道水尺采购及安装项目，永久供配电系统运行维护项目，电站厂内起重机专项检修及监控系统升级改造项目，备品备件（高压输配电），35kV 线路杆塔接地不规范整改项目，35kV 杆塔线路警示牌（禁止攀爬、高压危险）及杆号牌更换项目，管理处柴油发电机自动投切、现地站柴油发电机电子油泵改造项目，电站直流系统蓄电池采购更换，陶岔管理处柴油发电机采购，网络安全服务，备品备件采购（信息自动化系统），蓄电池采购，蓄电池拆除、安装费用，管理处电力电池室改造，陶岔管理处 WiFi 项目建设，电站园区视频监控系统改造项目，南水北调中线干线工程视频智能分析系统项目，南水北调中线干线工程视频监控盲区覆盖项目，高压电缆安全运行保障技术研究项目等 21 项。

（王朝朋　陈雪兵　董玉增）

【工程效益】　截至 2019 年 12 月 31 日，渠首分局输水调度累计安全运行 1845 天，累计入渠达 263.24 亿 m³。2018—2019 供水年度，陶岔渠首入渠水量 71.32 亿 m³，向 4 省（直辖市）计划供水 59.11 亿 m³，实际供水 69.16 亿 m³（含生态水 10.84 亿 m³），完成计划的 117%，入渠流量共有 24 天达到设计流量 350m³/s。2019 年 11 月 1 日至 12 月 31 日，2019—2020 供水年度已入渠水量为 10.16 亿 m³。

截至 2019 年 12 月 31 日，渠首分局向南阳市累计供水 33.36 亿 m³（含生态补水 2.57 亿 m³），其中 2018—2019 年度供水 8.82 亿 m³，主要满足南阳市生活用水、生态用水和引丹灌区农业用水，南阳市中心城区和邓州、镇平、方城、社旗、唐河、新野城区供水实现全覆盖，惠及南阳市人口达 260 万人。2019 年，辖区共开启分水口门 7 个、退水闸 6 个，其中，肖楼分水口分水 60189.09 万 m³、望成岗分水口分水 3163.80 万 m³、湍河退水闸分水 2869.20 万 m³、严陵河退水闸分水 75.60 万 m³、谭寨分水口分水 1183.42 万 m³、潦河退水闸分水 224.88 万 m³、田洼分水口分水 3462.79 万 m³、大寨分水口分水 2256.31 万 m³、白河退水闸分水 1055.55 万 m³、半坡店分水口分水 2957.71 万 m³、清河退水闸分水 7095.87 万 m³、十里庙分水口分水 1168.27 万 m³、贾河退水闸分水 2452.80 万 m³。

2019 年 8—9 月，利用湍河、严陵河等退水闸实施生态补水，共计 5129.16 万 m³，其中湍河 516.60 万 m³、严陵河 75.60 万 m³、潦河 224.88 万 m³、白河 1055.55 万 m³、清河 803.73 万 m³、贾河 2452.80 万 m³，沿线河流生态明显改善。

陶岔电厂财税体制基本理顺，购售电合同、并网协议手续顺利变更。2019 年度累计发电量为 1.21 亿 kW·h，总累计发电量为 2.1 亿 kW·h，实现电费结算 6472.10 万元（含税）。

（王朝朋　陈雪兵　董玉增）

【环境保护与水土保持】　渠首分局积极开展合作造林工作，坚持以"以地换绿、建养统筹、以地换彩、整体实施"的原则实施，在镇平管理处和方城管理处渠道两侧种植高秆红叶石楠树、高秆大叶女贞、高秆月季等苗木数量约 137878 株。积极推进义务植树活动，在沿线 5 处植树点共种植玉兰、樱花、松柏、黄杨、红叶石楠、香樟、桂花树、大叶女贞、树状月季、黄金梨、侧柏、杏树、李子树等 13 类树种，义务种植各类苗木 337 棵。

在国家"水污染源防治攻坚战"的大背景下，在省、市各级政府部门的大力支持下，在渠首分局水质人的不断努力下，污染源总数从年初的 19 处降至 5 处，首次降至个位数，年度整改率达到 73.68%。2019 年渠首段Ⅰ类水 340 天，Ⅱ类水 25 天，全年Ⅰ类水天数占比 93.2%。渠首段水质保护工作主要包含水质监测、污染源管理、应急管理等内容。水质监测主要开展了 15 次地表水检测，出具 1875 组检测数据；2 次地下水检测，出具 324 组检测数据；43 次藻类检测，出具 264 组检测数据；3 次 113 条总干渠交叉河流检测，出具 5763 组检测数据。水质自动监测站进行标准化达标创建，全年安全平稳运行。为提升水污染应急处置能力，2019 年 11 月联合南阳市政府在方城管理处组织开展了南水北调中线干线水污染应急演练。完成陶岔和姜沟 2 个水质自动监测站标准化达标建设并通过中线建管局验收。完成实验室紫外测油系统、

无人采样机、水污染应急物资补充采购等采购，制定了移动实验室管理办法。深化与河南大学、河南师范大学和南阳师范学院等单位合作，与南阳师范学院达成校企战略合作协议，水质保护科研工作取得新进展。

（王朝朋　陈雪兵　董玉增）

【验收工作】　配合南阳建管处先后于 2019 年 1 月、4 月组织开展了膨胀土试验段工程（南阳段）、白河倒虹吸、南阳市段、方城县段等 4 个设计单元工程档案移交接收。7 月，将 4 个设计单元工程档案一套、三套案卷移交至中线建管局档案馆。

按照水利部关于水土保持设施验收和弃渣场稳定性评估工作的要求，配合中线建管局开展弃渣场稳定性评估，根据评估结论意见，组织完成了辖区 8 个局部边坡不稳定渣场加固及 7 个基本稳定渣场、3 个五级渣场整治处理。先后完成了辖区各设计单元弃渣场占地面积、弃渣量、水环保完成工程量及投资、现有植物措施面积、种类等相关信息梳理统计，协调地方南水北调办公室征迁移民部门完成辖区弃渣场用地移交、返还签证手续收集，协调督促河南省建管局南阳建管处完成委托段工程水保设施工程质量评定资料补充完善，组织完成环保公众参与调查表收集提供。按照中线建管局南水北调中线一期工程水保环保专项验收"决战一百天"协同攻坚活动工作方案，分别于 2019 年 10

月16日、10月18日组织完成陶岔渠首—沙河南段水土保持设施自主验收和陶岔渠首—黄河南段竣工环境保护验收。

按照2019年验收计划，先后于5月、6月组织完成湍河渡槽、膨胀土试验段工程（南阳段）及白河倒虹吸三个设计单元工程完工验收项目法人验收自查；9月，配合水利部完成了湍河渡槽设计单元工程完工验收；11月，配合河南省水利厅完成了白河倒虹吸设计单元工程完工验收；12月，配合河南省水利厅完成了膨胀土试验段工程（南阳段）设计单元工程完工验收。

2019年，渠首分局按照中线建管局及水利部时间节点要求完成了合同完工结算工作及编制上报工作；12月9日，水利部批复核准了淅川、镇平段的完工财务决算报告。

（王朝朋　陈雪兵　董玉增）

【尾工建设】　渠首分局所辖工程共布置各类桥梁191座，涉及国省干道跨渠桥梁12座，城市道路桥梁5座，县、乡、村道174座。2019年，渠首分局辖区174座农村道路跨渠桥梁及5座城市道路跨渠桥梁已全部完成竣工验收，并与桥梁接收单位签订了病害处理委托建设协议。12座国省干线跨渠桥梁均已与各县（区）公路局签订了病害处理委托建设协议，跨渠桥梁竣工验收移交完成率为93.7%。

（王朝朋　陈雪兵　董玉增）

天津干线工程

【工程概况】　天津干线工程西起河北省保定市徐水县西黑山村附近的南水北调中线一期工程总干渠西黑山进口闸，东至天津市外环河西。起点桩号为XW0＋000，终点桩号为XW155＋305，全长155.305km。途经河北省保定市的徐水、高碑店，雄安新区的容城、雄县，廊坊市的固安、霸州、永清、安次和天津市的武清、北辰、西青，共11个区（县）。

天津干线工程以现浇钢筋混凝土箱涵为主，主要建筑物共268座，其中通气孔69座、分水口门9处、控制建筑物17座、河渠交叉建筑物49座、灌渠交叉建筑物13座、铁路交叉建筑物4座、公路交叉建筑物107座。

根据初步设计，天津干线工程设计流量为$50\sim18m^3/s$，加大流量为$60\sim28m^3/s$。工程建成后，多年平均向天津市供水10.15亿m^3（陶岔水量）和8.63亿m^3（口门水量），向河北省供水1.2亿m^3（口门水量）。

（许先水　屈亮　开小三　李成
许兆雨　哈达）

【工程管理】

1. 土建及绿化维护　2019年土建绿化维护以重点场区和渠道维护为主，土建维护项目包括渠道排水沟截流沟修复、物资仓库消防整改、运行维护道路维护、场区保洁、建筑物场区维护、通气孔维护等。完成了天津干线4～5号保水堰右边孔排空检查和维护、子牙河倒虹吸与子牙河南岸防洪堤交叉部位堤防修复、部分建筑物logo标识整治等项目。绿化维护项目主要是渠道边坡除草、西黑山管理处绿化重点整治、建筑物场区绿化日常养护等项目。完成了西黑山明渠段11座跨渠桥梁的移交验收，完成了天津干线地下水分布探查项目等。

2. 技术管理　2019年，天津分局组织编制了天津管理处仓库设计、天津干线邻近取土坑箱涵防护边坡加固设计、logo设计、西黑山防汛物资仓库消防改造设计、地下水探查实施方案、保护范围占压评估及标准、天津干线主要建筑物现地生产用房维修设计、岗头隧洞出口和釜山隧洞进口闸站及边坡维修设计、西黑山管理处节制闸下游渠道衬砌板维修设计、天津管理处临时用房设计、容雄管理处职工公寓设计、西黑山管理处新增管理用房设计等。完成了相关技术审查和施工图管理、技术交底等工作。

3. 科研管理

（1）完成复杂条件下长距离地下有压箱涵不断水渗水修复技术研究项目。该项目在理论、材料、设备、工法等方面均进行深入研究，研究成果紧贴运行管理实际，经济效益明显，具有较强的创新性，为有压箱涵输水工程检修、安全运行提供了有力保障，也可推广应用于南水北调中线倒虹吸和落地型渡槽等工程。

（2）完成天津干线地下水探查项目研究工作。对天津干线箱涵结构缝两侧基础地下水分布情况进行探索，获取了相关基础资料，为后期对箱涵开展各类工程评价、工程建设提供有力的数据支撑。

4. 防汛、应急

（1）建立健全组织机构、落实责任。天津分局成立了应急指挥部、防洪度汛领导小组，明确了岗位职责，定期召开会议，安排部署2019年度防洪应急工作。

（2）梳理风险项目、修订预案。根据中线建管局统一安排，结合天津分局防汛风险项目组织编制了《天津分局2019年防洪度汛方案》和《天津分局2019年防洪度汛应急预案》，报地方政府防汛抗旱应急指挥部备案；同时分别与工程沿线所属地方政府建立了防汛联动机制，将南水北调工程纳入了地方政府防汛应急体系，在防洪度汛过程中实现了信息共享，取得了较好的效果。

天津分局修订了《天津分局综合应急预案》，明确了组织机构、职责分工、风险分析、应急措施、处置流程等，理顺了应急工作流程，开展了安全事故、地震等专业科目的应急演练，锻炼了队伍，提高了应急水平。

（3）应急处置设备到位、物资齐全。配备了排水泵、应急电源车、应急探照灯等防汛应急物资，可满足分局局部应急抢险需要。与河北省、天津市防汛部门建立了防汛物资互调机制，各现地管理处对周边社会物资进行了调查，建立了联系，可保证工程防洪度汛和应急抢险期间物资、设备保障到位。

（4）引进应急保障队伍、开展演练。天津分局组建了一支社会应急保障队伍，主要由河北省水利工程局工作人员组成。主要工作包括：开展日常备防工作，配备应急车辆2台，专职工作人员6人，负责工作范围内各类应急物资的现场调查，交通抢险线路的运行信息收集等工作；开展主汛期驻汛值守，驻汛地点设在西黑山管理处和霸州管理处附近；开展防洪应急演练。

（5）开展应急值班工作。防汛应急值班主要由调度专业执行，工程处负责协调值班问题的处理和应急事件的处理等。

（6）开展防洪应急培训工作。参加中线建管局组织的培训，组织防汛应急人员到江苏防汛抗旱抢险中心（江苏省防汛抢险训练中心）开展2019年度防汛应急管理培训。

（7）及时发布预警信息、启动应急响应。汛期共接收到汛期预警及响应信息16次，接到预警及响应信息后，分局和现地管理处及时在内部进行通报，并启动相应预警及响应。

（8）加大汛期巡查排险工作。汛前组织全面检查，配合中线建管局开展重点防汛部位检查。积极开展防汛风险项目雨中、雨后巡查。

（9）积极开展汛前项目维护。汛前完成了西黑山明渠段截流沟、排水沟的系统排查和维护，确保汛期排水通畅，2019年度未发生较大水毁项目；完成了天津干线临近取土坑安全排查，对存在安全隐患的5处取土坑开展了应急加固，确保汛期工程万无一失。

5. 工程巡查　2019年，顺利完成工程巡查人员移交接管工作，工程巡查工作由保安公司顺利接管。加强了新入场工程巡查人员安全教育和业务培训，及时宣传贯彻工程巡查管理标准和考核办法，规范安全巡查工作，组织工程巡查人员业务知识考试，持续提高工程巡查人员业务水平。

监督检查各现地管理处工程巡查管理，及时更新工程巡查手册，加强现场检查，督促整改工程巡查管理中存在的问题，进一步规范了巡查人员着装、任务执行和问题传输等环节，各现地管理处每月对工程巡查人员进行考核。建立工程巡查工作群，巡查人员能及时交流巡查管理问题整改经验，提高了问题整改率。

大流量输水期间和庆祝新中国成立70周年期间，工程巡查重点加强了风险隐患部位、重要穿跨越部位、已发生过险情部位和参与调度的退水闸和分水口部位的巡查工作，实施"零"报告制度，各现地管理处巡查人员通过工程巡查群进行报送，工程处每周通过工程巡查APP或巡查现场检查加固措施落实情况，确保各项巡查措施落实到位。

2019年，工程巡查发现严重问题

15 项、较重问题 6 项。发现 16 项箱涵疑似渗水问题、5 项违规穿跨邻接工程施工问题，均及时得到妥善处理。

6. 穿跨越邻接项目　指导穿跨越单位按程序规范报送穿跨越项目相关文件，配合中线建管局开展穿跨越项目设计方案审查，组织审核穿越项目的工程施工方案、施工图以及第三方监测方案，并组织签订监管协议，施工完成验收后签订运管协议。2019 年完成施工方案、施工图及第三方监测方案审查 14 项。

组织各现地管理处对穿跨越项目实施进行全过程管理，不定期对现场施工进行抽查，对重要工序进行旁站，实时监控穿跨越实施情况，监督其严格按照施工图方案实施，并组织工程巡查人员加强穿跨越部位现场巡视，保证穿跨越项目规范安全实施。

对于工程难度大、工期长的项目分局委托专业单位进行现场监管。新建北京至雄安城际铁路项目和容易线（新区段）公路一期工程建设监管工作均引入了第三方单位，现场设置了项目部，每天 24 小时实时监管，实现了监管全面覆盖，定期组织各方召开例会，每周上报监管周报，同时建立工作交流微信群，实时上报工程进度及工作管理情况。通过引入专业性强的第三方监管单位，不仅解决了管理处因人员不足、监管不到位的问题，而且能及时发现并制止施工违规行为，更有效地监管施工进度、质量、安全和文明施工等，确保了天津干线工程安全、输水运行安全。

天津分局专业管理人员每月监督检查各现地管理处穿跨越项目监管工作情况，及时更新穿跨越项目台账，规范穿跨越项目资料整理填写。

7. 安全监测

（1）强化外委单位管理。完成 2019—2020 年安全监测内观监测模式优化和招标项目，补充了辅助监测力量，确保内观监测工作有序开展；完成 2019—2020 年安全监测变形监测招标项目，确保外观监测工作正常开展；完成安全监测自动化设施设备改造项目，积极推进实现全面自动化监测目标。加强外委维护单位管理和考核工作，全面提升监测水平和维护管理工作。

（2）提高数据分析能力。按规定频次组织采集工作，按期检定观测仪器，规范记录，及时提交，为工程安全运行提供可靠的监测数据；组织开展安全监测数据分析及月报规范编制培训工作，2019 年 1 月起全面组织现地管理处编制安全监测分析月报，提升成果分析能力，进一步掌控工程运行状况。系统梳理疑似异常监测部位，通过各项监测数据综合分析，提出处理措施。

（3）补齐短板落实措施。外环河出口闸埋设传感器仪器完好率较低，为确保工程运行安全，经研究分析后补埋了监测设施；西黑山管理处深挖方渠断内监测设施不足，为进一步提高汛期边坡位移监控手段，经研究分析后补埋外观监测设施；组织西黑山管理处增设安全防护措施，保障现场观测人员人身安全；根据工作内容，修订安全监测实施细则；根据中线建管局工作安排，全面开展"强监管"自查，举一反三强化整改。

8. 水质保护 2019年，天津分局水质监测中心每月围绕6个（其中天津干线4个及北京段2个）监测断面开展36项参数检测，截至12月底共计出具15份36项全指标监测报告，监测结果显示，水温较低季节，各断面水体多呈现Ⅰ类地表水状态，水温较高季节，多数断面为Ⅱ类地表水，主要超Ⅰ类水指标因子为高锰酸盐指数，其他指标均为Ⅰ类。辖区内西黑山及外环河两个自动监测站每天开展12参数的4次监测，水质自动监测站全年运行状态平稳。全年辖区水质状态优良。

水质监测中心完成紫外测油仪、高效液相色谱、荧光显微镜和等离子体质谱仪的采购工作。在检测硬件装备改善后，水质监测中心立即安排人员对有机项目检测方法进行摸索，水质监测中心已具备除2017年认证时的41项参数外的50项有机参数检测能力，水质监测中心整体检测能力大幅提升，为加快有机项目的计量认证打下良好基础。

分局水质监测中心继续主动参加水利部组织的能力验证活动，"水中铅和亚硝酸盐的测定"获得"满意"

结果，水质的检测能力持续满足认证工作要求，对工程水质保障提供良好的检测服务支撑。

中线建管局委托开展了中线渠道固定位置的淤泥清理项目，利用分局研发的清淤机器人，安排清淤队伍对外环河出口闸、西黑山进口闸、李阳河、邢台等多个淤积点的淤泥进行集中清理，截至2019年年底累计清除淤泥近千吨（泥浆水离心脱水后的淤泥重）。有效降低了淤泥扩散导致的水质变坏的风险，一定程度上排除了安全隐患，对中线下游水体保持良好的水质状态起到了重要作用。

2019年，按照中线建管局下发的《水质自动监测站标准化建设标准》要求完成了西黑山、外环河两个水质自动监测站的标准化建设工作和西黑山水质自动监测站的迁建工作。

9. 信息机电专业维修养护

（1）组织完成"中线建管局天津分局辖区2019年度金结、机电维护项目""中线建管局天津分局辖区2019年度供电系统维护项目""南水北调中线天津干线工程变压器局部放电在线监测系统项目""中线建管局天津分局部分自动化设备升级及机房地面整治项目"及"南水北调中线天津干线分水口闸控系统BM85通信改造项目"等多个日常及专项项目的施工。主要内容包括：西黑山进口闸拦污栅及拦冰筒整体更换、西黑山节制闸防鸟网改造、平面闸门及其他金属结构防腐、电动葫芦大修及加装防护设施、双号保水堰旁通井上盖改造、子牙河北分流井螺杆启闭机更换螺杆、紧急融冰车研制、子牙河北分流井箱变基础改造、主要厂区电动汽车及自行车专用充电桩安装、变压器增设局部放电在线监测系统、自动化机房地面整治、闸控通信系统改造等。

（2）依据《南水北调中线干线工程标准闸（泵）站生产环境达标验收办法》组织天津分局各现地管理处完成达标闸站的自检、自验及申报工作。

（3）分批次组织维护人员及闸站值守人员完成安全生产专项培训。

（4）组织机电维护人员参加高压电工操作证的取证培训工作。

（5）组织各信息机电设备维护单位做好辖区内设备巡查及维护工作，及时消除设备故障，保障设备安全运行。

（许先水　屈亮　开小三
李成　许兆雨　哈达）

【运行调度】

1. 调度特点　天津干线工程参与调度任务的建筑物主要有西黑山进口闸、分水口、王庆坨连接井、子牙河北分流井等，全线采用首闸（西黑山进口闸）控制，全箱涵无压接有压自流方式进行调度供水，调度任务重点在天津干线工程的首尾两端。

天津干线河北省境内工程设有9个分水口门向河北省供水，分水口最小设计流量为 $0.1m^3/s$，最大设计流量为 $2.1m^3/s$，总分水规模为 $7.5m^3/s$，同时分水流量不超过 $5m^3/s$，多年平均口门供水量为 1.2 亿 m^3；天津市境内工程通过子牙河北分流井、外环河出口闸向天津市供水，设计供水量流量为 $45m^3/s$，加大供水量流量为 $55m^3/s$，多年平均口门供水量为 8.63 亿 m^3。2019 年 7 月，天津干线工程开始向王庆坨水库供水，实现了王庆坨水库的"在线"调节功能，进一步保证了天津市供水安全。

2. 调度模式　天津干线工程按照"集中控制、分级管理、统一调度"的调度要求开展运行调度工作。中线建管局设置总调度中心（一级调度机构），天津分局设置分调度中心（二级调度机构），管理天津干线工程运行调度全部工作。沿线设置西黑山管理处、徐水管理处、霸州管理处、容雄管理处、天津管理处等 5 个调度中控室（三级调度机构），管理各自辖区范围内运行调度全部工作，分调度中心、中控室实行 24 小时调度值班制度。

3. 调度安全

（1）进一步完善调度标准化建设。

1）完成天津干线调度中控室标准化建设项目，提升了中控室工作环境。在项目实施过程中，分调度中心严格检查 5 个现地管理处中控室标准化建设工作，发现问题及时进行整改，并通过达标验收，完成"达标中控室"的授牌工作，进一步规范调度值班工作。

2）对天津干线工程运行管理标准进行修改完善。进一步完善天津干线工程运行标准化管理制度体系，2019年5月，正式出版《南水北调天津干线工程运行管理流程》《南水北调天津干线工程运行管理标准》和《南水北调天津干线运行管理制度》等运行管理标准化制度体系丛书。

3）做好输水调度内业资料归档工作，各类输水调度记录台账及时保存、装订成册。调度过程中，值班人员严格按照《南水北调中线干线输水调度管理工作标准（修订）》相关要求填写各类输水调度台账，事件记录完整并按照归档要求分门别类收集整理；输水调度过程中产生的各类重要文件及纸质和电子台账、图片和影像资料等保存完整，存放有序。

（2）做好日常输水调度安全管理。

1）做好调度安全检查工作。分调度中心、各现地管理处开展自查自纠，每月检查自身工作不足并及时整改；分调度中心采取定期现场检查、电话抽查的方式对各现地管理处输水调度工作进行检查；分调度中心在冰期、汛期前组织专人进行集中检查，形成问题清单并及时督促整改，确保特殊时期的调度安全；加强党建与业务融合，积极开展分调度中心、各中控室党员责任区、示范岗建设，充分发挥党员的模范带头作用。

2）落实各项专项安全活动。贯彻执行输水调度"汛期百日安全"专项行动，通过组织学习业务知识，提升业务水平，加强调度风险管控；开展"两个所有"活动，全面查改问题，规范调度工作，提升形象面貌；落实护网行动安全工作，编制护网行动安全加固方案并严格执行，保障分调度中心网络安全；落实大流量输水运行方案，制定安全保障措施，保障天津干线工程大流量运行期间调度安全；细化落实新中国成立70年期间运行安全加固方案，排查梳理调度风险点并制定保障措施，切实保障输水调度安全；做好冰期输水调度安全管理工作，密切关注冰情信息，确保冰期输水安全平稳。

3）加强调度应急管理工作。组织调度人员参加各类工程突发事件和度汛等应急演练和业务知识培训，提升应急能力；加强输水调度、应急（防汛）值班管理工作，要求调度人员及时上报重要调度数据，做好调度监控工作，强化调度值班人员安全意识，时刻保持高敏感，发现问题及时上报处理。　（许先水　屈亮　开小三　李成　许兆雨　哈达）

【工程效益】　截至2019年年底，向河北省累计供水6379万 m³；向天津市累计供水已达到46.37亿 m³，其中2014—2015调水年度供水3.31亿m³，2015—2016调水年度供水9.10亿m³，2016—2017调水年度供水10.41亿m³，2017—2018调水年度供水10.43亿m³，2018—2019调水年度供水 11.02 亿 m³，2019—2020 调水年度（2019 年 11—12 月）供水 2.10 亿 m³；工程效益显著。

"南来之水"已成为天津市民用水的主力水源，直接受益人口超千万，有效缓解了天津市水资源短缺局面，使天津市水资源保障能力实现战略性突破，改善了水系环境质量，为建设"美丽天津"提供了有力支撑，发挥了显著的经济、社会和生态环境效益。　　（许先水　屈亮　开小三
李成　许兆雨　哈达）

【环境保护与水土保持】　　根据中线建管局环境保护、水土保持相关规章制度，进一步加强环境保护、水土保持管理工作，对辖区内污染源、可能引发水土流失的薄弱部位进行了排查和处理。天津分局组织现地管理处开展水质巡查和水环境的日常监控，定期巡查、重点排查，确保水质安全。

在绿化方面，积极组织员工开展义务植树活动；组织绿化维护单位对枯死树苗进行了更换、补植，对绿化工程进行了提升和改造，工程形象进一步提升。　　（许先水　屈亮　开小三
李成　许兆雨　哈达）

【验收工作】

1. 工程档案验收　后续新增的天津分局办公楼、廊坊市段五街村大坑工程档案，顺利通过南水北调规划设计管理局检查，为设计单元工程完工验收奠定了基础。

2. 完工验收　2019 年，严格按照中线建管局总体要求，组织完成西黑山进口闸至有压箱涵段、保定市 1 段、保定市 2 段、廊坊市段和天津市 1 段完工验收相关报告的编制，组织完成完工验收项目法人验收；配合调水局开展技术性初验条件核查工作；配合调水局完成完工验收技术性初验；配合水利部完成完工验收工作，原计划 2020 年完成完工验收任务的天津市 1 段工程提前完成。天津市 2 段工程已于 2018 年在中线工程中第一个通过水利部组织的完工验收。截至 2019 年年底，天津干线 6 个设计单元工程已全部顺利通过水利部组织的完工验收，天津分局在中线各分局中率先完成完工验收工作任务。

　　（许先水　屈亮　开小三
李成　许兆雨　哈达）

中线干线专项工程

陶岔渠首枢纽工程

【工程概况】　　陶岔渠首枢纽工程位于丹江口水库东岸的河南省淅川县九重镇陶岔村，由引水闸和电站等组成。一期工程渠首枢纽设计引水流量为 350m³/s，加大流量为 420m³/s，年均调水量为 95 亿 m³，水闸上游为长约 2km 的引渠，与丹江口水库相连，水闸下游与总干渠相连。闸坝顶高程为 176.60m（吴淞高程），轴线长 265m，引水闸布置在渠道中部右侧，采用 3 孔闸，孔口尺寸 3×7m×

6.5m（孔数×宽×高）。电站为河床径流式，水轮发电机组形式为灯泡贯流式，安装2台25MW发电机组，水轮机直径为5.00m，机组装机高程为136.20m，最大工作水头为22.66m，年发电量为2.38亿kW·h。

工程下游900m总干渠右岸平台处设有陶岔渠首水质自动监测站，建筑面积为825m²，是丹江水进入总干渠后流经的第一个水质自动监测站，陶岔水质自动站是一个可以实现自动取样、连续监测、数据传输的在线水质监测系统，共监测89项指标，涵盖了地表水109项检测指标中的83项指标，主要监测水质基本项目、金属重金属、有毒有机物、生物综合毒性等项目，共有监测设备25台。陶岔水质自动站配置在国内处于较领先位置，以在线自动分析仪器为核心，每天进行4次监测分析，能够实现实时监测、实时传输，及时掌握水体水质状况及动态变化趋势，对输水水质安全提供实时监控预警。

（许凯炳　骆军峰　李仪）

【工程管理】

1. 组织机构　2019年根据中线建管局机构设置相关规定及运行管理实际情况，成立陶岔电厂。陶岔电厂和陶岔管理处运行管理遵循"统一管理、资源共享""管养分离，委托运行""共同服务，分别核算"的总体原则，下设综合科、合同财务科、安全科、工程科、运行维护科、调度科

6个科室，现地运行管理工作人员36人。陶岔电厂负责陶岔渠首枢纽工程水电站和引水闸的调度和运行维护管理，管辖范围为渠首水电站、渠首引水闸、110kV送出工程、坝顶门机、尾水门机等。陶岔管理处负责肖楼分水口和刁河节制闸、退水闸的调度运行管理，管辖范围调整为枢纽区工程（含管理处园区、大坝、引渠、消力池、总干渠、边坡、排水沟等）、大坝上游2km引渠、大坝下游至刁河节制闸下游交通桥下游侧总干渠、TS0＋300至TS14＋646.1渠段及沿线建筑物、电力线路、安防监控系统、信息机电等设施设备。

2. 安全生产　2019年按计划完成全年安全生产目标，重大事故和人员伤亡起数为零，安全隐患整改率为100％，特种作业持证人数为48人，持证上岗率为100％，开展安全生产教育培训31次，参与人数为626人次。召开安全生产例会12次，与运行维护作业队伍签订安全生产协议10份，组织对运维单位安全交底26次，安全生产问题整改率达到100％。进一步完善安全生产防控体系，全面排查工程区域各类危险源和风险点。组织陶岔警务室和陶岔安保分队完成2019年防恐应急演练工作。制定《陶岔管理处和陶岔电厂水利安全生产标准化一级达标创建实施方案》，开展水利安全生产标准化一级达标创建工作。

3. 工程维护　2019年陶岔电厂

和陶岔管理处开展"两个所有"工作,编制《南水北调中线干线陶岔管理处和陶岔电厂"两个所有"问题查改工作手册》和《南水北调中线干线陶岔管理处和陶岔电厂"两个所有"问题查改实施细则》,并建立问题缺陷台账,及时对"工程巡查"APP的问题进行消缺整改。加强北排河安全管理工作,对北排河进行系统治理修复,对防护网缺口进行封闭、损坏部位修复,内边坡进行除草,新增钢大门、安全警示牌、标识牌,在北排河坡顶进行树木补植,对渠道防护网顶部加装刺丝滚笼。

4. 应急度汛　成立防汛应急工作小组,建立与淅川县防汛抗旱办指挥部公室联系机制,纳入淅川县防汛抗旱指挥部成员单位。编制2019年度汛方案和防洪度汛应急预案,开展汛前检查,完成防汛物资仓库进场道路建设,增设防汛物资仓库大门,完成防汛仓库改造、新采购防汛物资进场验收等工作。为保障水质自动站浮桥安全,对浮桥钢缆进行更换加固,同时对防护柱进行除锈刷漆,对破损塑木板进行维修或更换。

5. 安全监测　开展渠首分局陶岔大坝及上下游岸坡外观监测自动化建设项目,增设坝前后38座观测墩,4座观测房。按规定频次开展内观观测,累计完成观测8826点次。

6. 金结机电　2019年3—7月,陶岔电厂利用丹江口水库水位较低时期对电站开展机组及公用系统C级检修、2号机组轮毂漏油检修、门机及台车专项检修、电厂电缆及桥架应急整治项目。同时实施了主变压器及透平油油罐防腐刷漆项目、主变下部鹅卵石更换项目、引水闸柴油发电机自启动改造项目、400kW柴油发电机项目、柴油发电机及配电室增加消防风机项目、10kV专用线路升级改造等项目,完成电厂门机、桥机、安装起重机安全监控系统升级改造项目。完成管理处园区视频扩容项目,完成园区中线建管局WiFi全覆盖项目,完成电厂电力调度网络安全加固项目。完成并网发电协议和购售电合同主体变更、发电业务许可证办理、电厂特种设备登记注册主体变更工作。

7. 标准化建设　2018年8月陶岔渠首枢纽工程(含电站)正式移交接管后,从南水北调中线工程标准化建设需要、工程安全管理和工程正常生产需要三个方面考虑均有诸多不利因素和问题需要整治,标准化建设亟须跟进。由于初次涉及电站业务,分局成立了陶岔渠首枢纽工程标准化工作领导小组并下设现场工作组,明确责任分工。通过一系列实地调研和学习,经历多次座谈和审查,南水北调中线陶岔渠首枢纽工程标准化建设技术咨询报告、设计报告最终得到批复。同时同步推进监理、施工项目招标工作,10月25日前各项招标工作顺利完成,年内建设任务有序开展。分局充分利用枯水期停电检修时机，基本完成了电站线缆及桥架应急整治，得到水利部和中线建管局领导的肯定。同时为更好地进行水质监测和标准化管理，提升水质自动监测站形象，2019年6月24日渠首分局召开陶岔水质自动监测站标准化建设方案审查会，确定改造的具体方案，并于8月15日开始进行进场施工，11月8日完成水质自动站标准化改造施工。

8. 研学教育 2018年12月，陶岔渠首枢纽工程被命名为教育部全国中小学生研学教育实践基地。2019年2月15日，渠首分局成立了专门领导小组及办公室，及时召开协调工作会，制定工作计划及要点，边学习边总结边落实，创建工作扎实有力。建立与地方教育部门联络机制，研学基地纳入淅川县爱国教育研学路线，全年高质量完成了9项特色课程开发，开设现场、电站、水质监测站工程实体观摩、工程运行现场学习、工程模型演示、手绘、拼图、防汛抢险演习、水质测验等课程。通过"走出去"和"迎进来"相结合，开展研学活动、公民大讲堂、"世界水日""中国水周""通水五周年"等宣传活动40余批次，受众群体4000余人，其中基地共接待研学活动32批次，接待学生3773人次，超额完成年度活动组织接待任务，为沿线中小学生课外研学教育增添了新平台，成为弘扬南水北调精神文化的重要窗口。

（许凯炳 骆军峰 李仪）

【运行调度】 2019年，陶岔管理处输水调度工作稳步推进，本调水年度（2018年11月1日至2019年10月31日）调水量为71.35亿 m^3，占年度调水计划60.82亿 m^3 的117%，截至12月31日，累计入总干渠水量为263.24亿 m^3，累计安全运行1847天。共接收总调中心下发流量调度指令46条，实现水调指令和电调指令执行成功率100%。2019年上半年将坝前水尺从起点标高160m扩展至150m，9月30日完成陶岔水文站基本建设，并投入使用。2019年4月14日开始实施陶岔中控室规范化建设，10月30日完成标准化中控室达标验收工作。2019年10月21日完成了陶岔电厂"机组事故停机紧急开启引水闸"应急预案演练。完成2019年陶岔管理处第一批和第二批值班长值班员持证上岗考试，增加调度持证上岗人员31人。2019年共开展日常培训工作14次，其中日常调度业务知识培训12次，专项培训2次。

（许凯炳 骆军峰 李仪）

【工程效益】 渠首枢纽工程是南水北调中线一期工程的重要组成部分，具有供水和发电的双重任务。其中渠首水电站安装两台灯泡贯流式发电机组，装机容量为50WM，多年平均年发电量为2.378亿 $kW \cdot h$。2019年年度发电量为12202万 $kW \cdot h$。2018年6月

1日开始试运行，截至2019年12月31日累计发电量为21062万kW·h，电站安全运行579天，平均日发电量为36.38万kW·h，最高日发电量为110万kW·h，创造直接经济效益6739.84万元。　　（许凯炳　骆军峰　李仪）

【环境保护与水土保持】　陶岔渠首水质自动监测站2019年共采集监测数据1436组，其中有效数据共102863个。完成渠首段面入渠水质89项监测参数的例行监测和预测预警工作，各项水质参数均稳定达标，总干渠水质常年稳定在Ⅰ类水平。同时开展渠首断面的水样采集、藻类及微生物生长情况等各项常规性监测，并配合长江科学院、北京大学、河南大学、南阳师范学院等科研单位及高校完成水中藻类采集、浮游生物采集、入渠水样采集、大气干湿沉降样品采集等科研性监测。对渠道周围沉淀池进行定期清理，保障了外来水的有效沉淀和排水畅通，在运行管理过程中，认真落实环境保护和水土保持等相关规定，做好施工区的环保、水保工作，防止因工程施工造成环境污染和破坏；联合淅川县政府开展渠道周边污染源排查工作，查处并关停违规排放污水农家乐2家。完成渠首交通桥右岸沉淀池优化改造，降低雨污水入渠风险。（许凯炳　骆军峰　李仪）

【验收工作】　陶岔渠首枢纽工程单位工程验收、施工合同及设备采购合同项目验收已全部完成；除工程档案外，消防设施、水土保持设施和环境保护设施等3个专项验收已完成。

　　截至2019年年底，建设、监理及主体施工单位对2015年后形成的工程建设资料进行了整理归档，陶岔渠首枢纽工程档案（4套）计整理归档7460卷，具备项目法人验收条件。

　　（许凯炳　骆军峰　李仪）

【尾工建设】　2019年4月9日，渠首枢纽工程自动化尾工建设施工单位进场施工，内容包括通信传输系统、程控交换系统、计算机网络系统、UPS电源系统、动力环境监控系统、管理处机房电源系统、机房工程、管道线路工程、中控室建设工程、视频监控系统工程、门禁系统工程、管理处综合布线工程、安全监测自动化系统工程及中控室LED大屏幕安装工程14项。12月6日，完成渠首枢纽工程自动化尾工建设项目验收工作，实现陶岔管理处通信和监测数据采集功能。　　（许凯炳　骆军峰　李仪）

丹江口大坝加高工程

【工程概况】　丹江口大坝加高工程是在原丹江口水利枢纽基础上培厚加高。加高后的坝顶高程为176.60m（原枢纽为162.00m），丹江口大坝加高工程自2013年8月29日通过蓄水验收后，正常蓄水位由157.00m抬高至170.00m，校核洪水位为174.35m，总库容达到339.1亿m³。电站装机容量为6台15万kW的机组，升船机由

150t 扩增为 300t。工程任务以防洪、供水为主，结合发电、航运等综合利用。近期实现调水 95 亿 m³，后期实现调水 120 亿～130 亿 m³，汉江中下游防洪能力自 20 年一遇提高到 100 年一遇。　　　　　　　　　　（米斯）

【工程管理】　　由于工程运管体制尚未完全明确，丹江口大坝加高工程整体的运行管理仍由工程的建设管理单位中线水源公司承担。2019 年 8 月，中线水源公司正式委托汉江集团公司承担丹江口大坝加高工程运行维护工作，加高工程主要金结机电设备由汉江集团公司丹江口水力发电厂运行维护。大坝安全监测、强震与地震监测、水文等其余项目分别委托长江空间信息技术工程有限公司、长江三峡勘测研究院有限公司、长江委水文局运行维护。

2019 年 9 月，中线水源公司与长江委综合管理中心签订运行维护管理考核办法编制技术服务合同、运行维护管理 2019 年度考核服务合同，委托长江委综合管理中心河湖保护与建设运行安全中心编制中线水源工程运行维护管理考核办法、对汉江集团公司承担的中线水源工程 2019 年度运行维护工作组织检查和考核。（米斯）

【运行调度】　　按照水调服从电调的原则，水调服从水利部、长江委防总及水资源局的调度，按照水利部下发的供水计划执行。电调服从湖北电网的调度。2018—2019 年度实现供水

71.27 亿 m³，其中生态补水 12.25 亿 m³（通过受水区接纳生态补水水量折算）。南水北调中线水源工程自正式通水以来（2014 年 12 月 12 日 14 时 32 分），已累计调水 253.08 亿 m³（截至 2019 年年底），水质稳定在地表水环境质量标准 Ⅱ 类以上。（米斯）

【工程效益】　　2019 年丹江口水库来水呈现整体正常、丰枯不均、前枯后丰等特点。全年水库仅在 8 月上中旬和 9 月中下旬发生 2 场入库洪峰大于 5000m³/s 的洪水，最大入库洪峰流量为 16000m³/s。在水利部和长江委的统筹安排和正确领导下，汛期水库水位严格按照汛限水位控制，工程安全度汛；汛末在满足向北方供水和生态补水的情况下，水库最高蓄至 166.51m，确保了工程和供水安全，充分发挥了工程防洪、供水、生态等综合利用效益。　　　　　（米斯）

【验收工作】　　2019 年，中线水源公司成立工程验收工作领导小组等机构，全面梳理影响验收进展的关键事项，制定验收进度计划图，印发了《督办管理办法》，加强过程控制，提高了验收质量和效率。全年清理设计通知和设计联系单 1800 余份，完成了 1500 余张施工图的绘制，在竣工图纸基础上，完成了工程量审核工作，为两个主标合同的验收打下了良好基础。工程变更索赔，左岸标段已基本处理完成，右岸标段正在抓紧洽商之中。

全年完成分部工程验收 1 项，合同验收 6 项。组织开展了水库蓄水及大坝缺陷处理效果评估，按水利部要求在规定时间内提交了相关成果报告。2019 年 10 月 26 日，大坝加高工程竣工环境保护验收通过。10 月 31 日，丹江口大坝加高工程消防项目通过丹江口市住建局组织的消防验收。

2019 年 7 月，完成坝区征地移民初步验收总报告（汇总省属、非省属项目）并上报水利部申请终验。

10 月 26 日，中线水源公司组织成立竣工环境保护验收工作组，开展了丹江口水利枢纽大坝加高工程竣工环境保护验收。12 月 6 日，坝区环境保护验收在公司官网上向社会公示结束。12 月 10 日，公司在全国建设项目环境影响评价管理信息平台中的全国建设项目竣工环境保护验收信息系统，填报了建设项目基本信息、环保设施验收等相关信息。按国家环保验收相关规定，坝区环境保护专项验收至此全部完成。公司随后将坝区环境保护验收完成情况行文报告水利部，并抄送湖北省发改委、水利厅等相关单位。

完成坝区水土保持专项验收方案编制、资料收集与整理分析工作。

（米斯　张乐群）

【尾工建设】　2019 年，中线水源公司较好地完成了丹江口大坝加高工程扫尾工作。通过开展大坝缺陷检查处理，完成了溢流坝段 20 个表孔的过流面缺陷处理和厂房坝段 6 个通气孔的缺陷检查与裂缝处理。172 电缆廊道缺陷处理已全面展开。右岸土石坝与混凝土坝连接段不均匀沉降问题已委托长江设计公司进行研究并提出相关处理方案。

委托设计单位完成了管理用房施工图及基坑支护方案设计，均已通过审图机构审查，积极与地方政府沟通，办理了管理用房选址意见书、用地规划许可、工程规划许可以及施工许可证。与丹江口市自然资源和规划局沟通确定管理用房外立面更改方案。

南水北调中线水源调度运行管理系统工程管理用房建设项目于 2019 年 4 月 19 日在湖北省公共资源交易电子服务系统发布资格预审公告，4 月 19—23 日接受潜在投标人报名。5 月 7—8 日，评标委员会在湖北公共资源交易中心进行了封闭评审并提交了资格预审报告。5 月 10 日向通过资格预审单位发出了资格预审通过通知书。5 月 23 日发出投标邀请书。6 月 19 日，评标委员会在湖北公共资源交易中心进行了封闭评标。评标结果按规定于 6 月 22—24 日在湖北公共资源交易电子服务系统上公示，公示期间未接到任何质疑和投诉。根据评标委员会提交的评标报告，同意将评标委员会推荐的排序第一的中标候选人新十建设集团有限公司确定为中标人。

除管理用房建设项目外，配套的暖通空调和生活热水系统设备采购与安装工程也正在进行招标工作。

南水北调中线水源调度运行管理专项工程管理码头趸船建造设计采用比价方式选择设计单位。9月10日进行了趸船建造设计比价采购评审，经评审确定武汉三通船舶技术工程有限公司为中标单位。

12月27日，召开丹江口水库综合管理平台第一阶段建设任务设计文件审查会，要求编制单位将根据专家评审意见对设计文件进行修改，拟于2020年初开展招标工作。

推进右岸施工营地改造方案，与汉江集团公司联合研究右岸营地处置方案，协商提出处置方案建议。

（米斯　赵伽）

闸站监控系统

【系统概况】　闸站监控系统是"南水北调中线干线自动化调度与运行管理决策支持系统"关键系统之一，其在通信和计算机网络系统建设的基础上，采用先进成熟的计算机、自动控制和传感器技术，通过现地监测、控制等自动化设施建设，实现对全线302座控制性建筑物引退水信息和运行状态的监测和控制；在实时水量调度业务处理系统和闸站视频监视系统的支持下，完成所有闸站的自动化、一体化日常调度。

闸站监控系统（见图1）分为远程闸站监控系统和现地站监控系统。远程闸站监控系统又分为总公司、分公司、管理处三级远程闸站监控子系统和监控服务4部分。

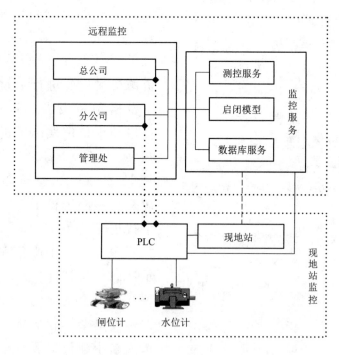

图1　闸站监控系统

远程闸站监控系统构架于统一监控服务平台之上，监控服务平台是总公司、分公司、管理处三级远程监控子系统运行的基础，它分布于总公司、分公司、管理处三级监控节点，是分布式监控平台，各监控平台节点按照统一的协议进行通信和交互，为各级远程监控系统提供监控和数据库服务。

对于关键监控平台节点，采用冗余配置。为远程监控系统与 PLC 的连接设置正常连接方式（通过监控服务连接）和备份连接方式（单站直连 PLC）。　　　　　　　　（王乃卉）

【系统运行及维护情况】

1. 运行维护方式　2019 年，闸站监控系统的维护继续执行原维护合同内容，由两家外委单位分别对京津冀段与河南段范围内的闸站监控系统进行运维。信息科技公司代中线建管局进行相关管理，并组建自有团队，配合外委单位完成维护工作，保障调水工作的有序进行。

2. 运行维护管理　2019 年，闸站监控系统工处理各类问题 6377 次，其中包括 318 次具有安全隐患、影响安全运行的问题，保障调度系统安全稳定运行。

3. 冰期运行　2019 年 12 月 1 日，2019—2020 年度冰期输水工作正式开展，派驻专人 24 小时对闸站监控系统进行监控，保障冰期输水工作的顺利进行。

4. 生态补水　2019 年，河北段全年生态补水总量为 9.35 亿 m^3，河南段 8 月、9 月两次生态补水总量为 1.49 亿 m^3，全线生态补水总量为 10.84 亿 m^3。

5. 灾备演练　总调度中心和备调度中心闸站监控系统是两个互为容灾热备的系统。根据南水北调中线干线工程总体工作安排，南水北调中线备调度中心闸站监控系统容灾进行了测试，确保各级调度机构应急响应能力及总调度中心与备调度中心联动机制顺畅。

6. 流量计率定　依照国家规定，结合南水北调中线工程实际，合理、精确地对沿线 64 座节制闸处安装超声波流量计进行了率定，保障计量精确性。

7. 服务器升级　南水北调中线干线工程闸站监控系统运行近 10 年，部分机型老旧，已经不能满足闸站监控系统安全稳定的发展要求。2019 年，对京石段设备进行升级改造，对备调中心设备进行调整，提升系统可靠性。

8. 重保　2019 年国庆、两会等重大节日、活动，派驻专人 24 小时对闸站监控系统进行监控，保障输水工作的顺利进行。

9. 安全加固　针对安全风险，从安全需求、安全属性和协议层次三个维度在控制专网建立安全防护逻辑模型，结合密码技术在调水控制系统的应用特点，从主机安全、网络安全、应用和数据安全等方面进行密码应用设计，并据此组织开展了安全改造，进一步提升了控制专网安全水平。

（王乃卉）

【系统效益】 2019年，闸站监控系统累计下发4万多门次的远程控制指令，成功率达98%以上，年度调水为69.16亿m³，保障了工程沿线地区6000多万人用水安全。 （王乃卉）

汉江中下游治理工程

【概述】

1. 工程概况 丹江口水库多年平均年入库径流量为388亿m³，南水北调中线工程首期调水95亿m³，丹江口水库每年将减少近1/4的下泄流量，为缓解中线调水对汉江中下游的影响，国家决定兴建汉江中下游4项治理工程：兴隆枢纽筑坝，形成汉江回水76.4km，缓解调水对汉江中下游的影响；引江济汉年引31亿m³长江水为汉江下游补水；改造汉江部分闸站，保障农田灌溉；整治汉江局部航道，通畅汉江区间航运。

汉江兴隆水利枢纽位于汉江干流天门与潜江分界河段，工程主要由泄水闸、船闸、电站、鱼道、两岸滩地过流段及其上部的连接交通桥等建筑物组成。上距丹江口水利枢纽378.3km，下距河口273.7km，正常蓄水位为36.20m，相应库容为2.73亿m³，设计、校核洪水位为41.75m，总库容为4.85亿m³，灌溉面积为21.84万hm²，电站装机容量为40万kW。兴隆枢纽作为汉江干流规划的最下一个梯级，其主要任务是枯水期壅高库区水位，改善库区沿岸灌溉和河道航运条件。

引江济汉工程主要是为了满足汉江兴隆以下生态环境用水、河道外灌溉、供水及航运需水要求，还可补充东荆河水量。引江济汉工程进水口位于荆州市龙洲垸，出水口为潜江市高石碑，渠道全长67.23km，设计流量350m³/s，最大引水流量500m³/s。工程可基本解决调水95亿m³对汉江下游"水华"的影响，解决东荆河的灌溉水源问题，从一定程度上恢复汉江下游河道水位和航运保证率。

部分闸站改造工程由丹江口下游汉江左右岸31座涵闸、泵站改造项目组成，工程范围分布于襄阳市（谷城县、樊城区、宜城市）、荆门市（钟祥市、沙洋县）、潜江市、天门市、仙桃市、孝感市（汉川市）境内，总占地面积为117.16hm²。项目于2011年11月开工，2016年3月完工。部分闸站改造工程的主要任务是恢复并改善因中线调水而引起下降的各闸站的灌溉水源保证率，维持农业灌溉供水条件。实施改造项目185处，其中较大闸站31处，小型闸站154处。

局部航道整治工程建设规模为Ⅳ级航道，整治范围为丹江口至汉川574km航道，其中丹江口至兴隆河段按照 500 吨级标准建设，兴隆至汉川段结合交通部门规划实施 1000 吨级航道整治工程。局部航道整治工程主要建设任务是对局部河段采用整治、护岸、疏浚等工程措施，恢复和改善汉江航运条件，整治范围为汉江丹江口以下至汉川断面的干流河段，工程建设规模为 Ⅳ（2）级航道，维持原通航 500 吨级航道标准。

（郑艳霞　朱树娥）

2. 工程投资　截至 2019 年年底，汉江中下游治理工程累计下达投资计划 116.23 亿元，其中，兴隆水利枢纽 34.69 亿元，引江济汉工程 70.82 亿元，部分闸站改造工程 5.73 亿元，局部航道整治工程 4.61 亿元，汉江中下游文物保护 0.36 万元。汉江中下游治理工程累计完成投资 110.31 亿元，占批复总投资 95%，占累计下达投资计划的 95%。其中，兴隆水利枢纽 33.30 亿元，引江济汉工程 67.04 亿元，部分闸站改造工程 5 亿元，局部航道整治 4.61 亿元，汉江中下游文物保护 0.36 亿元。

（袁静　谢录静）

3. 工程管理

（1）严格履行项目法人职责。根据 2019 年 2 月 3 日湖北省水利厅印发的《关于调整变更南水北调中线工程所属项目项目法人的通知》，2019 年 2 月起，兴隆水利枢纽管理局开始承担南水北调工程三个设计单元项目法人职责，引江济汉工程管理局承担南水北调工程一个设计单元项目法人职责。组建工程建设管理机构，制定完善了工程建设、合同、资金等多项管理制度，厘清权责，明确工作思路。组织地方建办和参建单位召开制度审查会、建设管理工作会议、档案工作联系会和项目法人结算验收会。

（2）强力推进验收结算工作。成立了以水利厅分管领导为组长的南水北调工程验收工作专班，明确了专班各成员单位的职责分工，制定了专班工作规则。组织召开了两次湖北省南水北调工程验收、决算工作推进会议，明确任务、压实责任。实行任务交办制度，逐月结账、逐节点销号。积极现场调研重难点问题，切实加强对项目法人的指导和协调。加强工程建设监管，调整了工程质量监督机构，进一步强化了质量监管力度；协调理顺了引江济汉调度运行管理系统工程监管体制，有力促进了项目实施进程。

（郑艳霞　朱树娥）

4. 工程验收　按水利部对湖北省南水北调 2019 年验收工作要求，圆满完成了闸站改造工程设计单元工程完工验收（含环保、水保、征迁、和档案等专项验收），兴隆水利枢纽环保、水保、征迁等专项验收，引江济汉工程征地拆迁安置省级专项验收。另引江济汉、兴隆工程完成了 19 个单位工程验收和 31 个合同验收。

（袁静）

【汉江兴隆水利枢纽工程】

1. 工程概况　兴隆水利枢纽位于

341

汉江下游湖北省潜江、天门市境内，上距丹江口水利枢纽378.3km，下距河口273.7km。其作为南水北调汉江中下游4项治理工程之一，是南水北调中线工程的重要组成部分，其开发任务是以灌溉和航运为主，兼顾发电。

该工程主要由泄水闸、船闸、电站、鱼道、两岸滩地过流段及交通桥等组成。水库库容约为4.85亿m³，最大下泄流量为19400m³/s，灌溉面积为21.84万hm²，规划航道等级为Ⅲ级，电站装机容量为40MW。工程静态总投资为30.49亿元，总工期为4年半。

2009年2月26日，兴隆水利枢纽工程正式开工建设。2014年9月26日，电站末台机组并网发电，标志着兴隆水利枢纽工程全面建成，其灌溉、航运、发电三大功能全面发挥，工程转入建设期运行管理阶段。

2. 运行管理

（1）安全生产常抓不懈。2019年年初，兴隆枢纽管理局与各部门和在建施工单位签订了《2019年安全生产目标管理责任书》，形成责任具体、环环相扣的"责任链"。定期或不定期排查生产过程中的安全隐患，全年开展安全生产检查14次，发现各类安全隐患问题28项，整改完成28项。加强设备管理，完成全局17台特种设备年检工作。组织了9次消防设施检查，共更换有安全隐患的消防设备40余个，保障了设备的完好率。全面推进安全生产标准化体系建设，将管理局的"八大体系，四项清单"和湖北省水利厅安全生产标准化达标创建相关要求相结合，建立健全了安全生产标准化体系，2019年年底向湖北省水利厅申报了安全生产标准化二级评审。

（2）防洪度汛提前谋划。认真落实防汛"节水优先、空间均衡、系统治理、两手发力"的治水思路，立足于"早部署、早检查、早落实"，组建了兴隆枢纽防汛抗旱指挥部，组织召开了兴隆枢纽防汛抗旱指挥部第一次指挥长会议，建立了新的防汛对外沟通协调机制，防汛保障措施和能力进一步加强。调整了防汛办公室成员和防汛应急抢险队人员，明确了防汛三个责任人；完成了《防洪度汛预案》与《运行调度规程》修编工作，对防汛风险分级进行了调整，在原有防汛响应机制基础上新增防汛预警机制；储备了防汛物资，认真开展了汛前隐患排查，组织开展了防汛演练，确保了枢纽安全度汛。

（3）标准化管理全力推进。2019年年初制定了《兴隆水利枢纽管理局2019年推进标准化管理工作年度计划》《湖北省汉江兴隆水利枢纽管理局标准化管理考核办法（试行）》，根据标准化管理工作总体安排，各运管单位已完成各类标识标牌的采购与更换，进一步规范了日常运管表单并于10月统一使用；电站管理处印制了《典型操作手册》口袋书，泄水闸创建了设备操作流程公示板，船闸制作了设备巡视路线图和设备维护二维码，使用通航规范文明用语等，通过"以点带面"推动了全局标准化建设向纵深发展。按照湖北省水利厅"不忘初心、牢记使命"第九指导组关于标准化工作的指导意见，兴隆枢纽管理局印发了运行管理标准化建设整改方案，每月开展专项检查，全年检查发现的 29 个大类问题已全部整改完成。

3. 工程效益

（1）电站超计划完成年发电量。电站年发电量设计值为 2.25 亿 kW·h，2019 年度计划发电量为 1.85 亿 kW·h，实际完成发电量 2.35 亿 kW·h，完成计划的 127%。

（2）船闸全力保障通航安全。2019 年累计过船量达 10643 艘，年累计实际载货量达 570.17 万 t，截至 2019 年 12 月底，船闸安全通航 2457 天，无一起通航安全事故。

（3）全力保障地方抗旱。兴隆水利枢纽的主要功能为枯水期抬高库区水位，改善两岸灌区的引水条件。枢纽兴建后，水库水位常年维持在 35.00m 以上，高出天门市罗汉寺闸底板高程 7.53m 左右，高出潜江市兴隆一闸底板高程 6.00m 左右，高出兴隆二闸底板高程 7.50m 左右，罗汉寺闸和兴隆一闸、二闸基本可以实现自流引水。2019 年出梅后，江汉平原连月大旱，兴隆水利枢纽管理局把抗旱保民生作为一项重要任务，严密跟踪

旱情发展，加强水资源调度管理，利用枢纽的优势全力保障地方抗旱。在旱情严峻时，天门罗汉寺进水闸可以其最大引水能力 120m³/s 进行引水，每天近 1000 万 m³ 水输送天门各地，为农作物送上及时水。潜江兴隆一闸、二闸以 75m³/s 的最大引水流量引汉江水流入兴隆河，保障了兴隆河水量充足，兴隆灌区内 9 成以上农田基本实现自灌。

（4）持续开展生态环保工作。2019 年 4 月 11 日，兴隆枢纽管理局在江汉边实施了增殖放流活动，共计放流青鱼、草鱼、鲢鱼、鳙鱼、鲤鱼等淡水类鱼苗 3.6 万余尾，为汉江水域再添生机。为确保生活污水达标排放，兴隆枢纽管理局 2019 年实施了生活污水检测项目，经过专业机构检测，兴隆总排污口所排污水各项指标全部合格，符合国家污水排放标准，相关检测报告已存档。为推进垃圾分类工作，兴隆枢纽管理局严格落实《湖北省生活垃圾分类技术导则》《湖北省城乡生活垃圾管理条例》《武汉市生活垃圾分类管理办法》等文件规定，高标准推进垃圾分类工作。按照规定设置生活垃圾分类收集容器，配置垃圾分类设施近 20 组。此外，兴隆枢纽管理局还认真落实《南水北调工程供用水管理条例》和湖北省水利厅节水处相关工作要求，2019 年大力推进节水工作。建立了节水日度巡查、用水计量等工作机制，建设雨水集蓄池，采用喷灌、滴灌等绿化灌溉

节水措施，对生活污水实行集中处理达标排放，多措并举逐步降低用水量。

（5）实施绿化景观提升改造。2019年，兴隆枢纽管理局实施了办公区域局部绿化工程。将502株橘树更换成694株水杉，增殖放流池区域共补栽12株柿子树、72株砂梨、7株芭蕉，生态桃林区补栽了50株黄桃；上坝公路防汛石料堆积场周边种植170株水杉；右岸滩地种植60株池杉。完善了排水灌溉系统。3月中旬对管理局生态区东区域进行了排水系统改造，开挖了排水沟，总长度约1800m，4月初已实施完成。枢纽左岸的天门绿化区域，设计建设了蓄水池，敷设了输水管网，完善了灌溉系统。7月底正式完工，夏季抗旱时取得了明显的效果。加强了日常养护和土壤改良。3月、5月、9月分别进行了一次苗木整体集中养护，对各类乔、灌木进行了一次整体追肥，共使用生物微肥近13t和过磷酸钙13t。

（湖北省兴隆水利枢纽管理局）

【引江济汉工程】

1. 工程概况　引江济汉工程主要是为了满足汉江兴隆以下生态环境用水、河道外灌溉、供水及航运需水要求，还可补充东荆河水量。引江济汉工程供水范围包括汉江兴隆河段以下的潜江市、仙桃市、汉川市、孝感市、东西湖区、蔡甸区、武汉市等7个市（区），及谢湾、泽口、东荆河区、江尾引提水区、沉湖区、汉川二站区等6个灌区，现有耕地面积43万hm²，总人口为889万人。工程建成后，可基本解决调水95亿m³对汉江下游"水华"的影响，解决东荆河的灌溉水源问题，从一定程度上恢复汉江下游河道水位和航运保证率。

工程从长江荆州附近引水到汉江潜江附近河段，工程沿线经过荆州、荆门、潜江等市，需穿越一些大型交通设施及重要水系，部分线路还将穿越江汉油田区，涉及面广，情况复杂，同时，工程连接长江和汉江，受三峡、丹江口两处大型水利工程影响较大，规划设计条件十分复杂。

引江济汉工程进水口位于荆州市李埠镇龙洲垸，出水口为潜江高石碑。在龙洲垸先建泵站，干渠沿东北向穿荆江大堤、太湖港总渠，从荆州城北穿过汉宜高速公路，在郢城镇南向东偏北穿过庙湖、海子湖，走蛟尾镇北，穿长湖后港湖汊和西荆河后，在潜江市高石碑镇北穿过汉江干堤入汉江。渠道全长67.23km，设计流量为350m³/s，最大引水流量为500m³/s，其中补东荆河设计流量为100m³/s，补东荆河加大流量为110m³/s，多年平均补汉江水量为21.9亿m³，补东荆河水量为6.1亿m³。进口渠底高程为26.50m，出口渠底高程为25.00m，设计水深为5.72～5.85m，设计底宽为60m，各种交叉建筑物共计78座，其中涵闸16座、船闸5座、倒虹吸15座、橡胶坝3

座、泵站 1 座、跨渠公路桥 37 座、跨渠铁路桥 1 座，另有与西气东输忠武线工程交叉一处。穿湖长度 3.89km，穿砂基长度 13.9km。渠首泵站装机 6×2100kW，设计提水流量为 200m³/s。

2. 工程投资　投资控制及合同管理上，引江济汉工程严格遵守国家法律法规及政策规定，认真执行湖北省南水北调办（局）有关合同管理办法，实行主管部门、专业管理部门和履约责任部门分层次的合同管理模式，严格工程变更程序和价款支付审核，强化合同履约和资金使用监管，建立合同结算台账，开展第三方审计咨询，有效地控制了工程投资。该工程总投资 70.82 亿元。截至 2019 年年底，累计下达计划投资 70.82 亿元，实际完成投资约 67.04 亿元。

3. 运行管理　2019 年，引江济汉工程管理局聚焦管理标准化建设，力阔运管之路，加强安全管控，多措并举提升运管水平，为保障汉江中下游供水安全和水生态安全奠定了坚实基础。

适应法人调整形势，为单位更好履职尽责起好步。2019 年 2 月 3 日，湖北省水利厅明确引江济汉工程管理局为引江济汉工程主体工程及其自动化运行调度系统项目法人。引江济汉工程管理局迅速适应法人下沉全新形势，及时成立项目法人调整变更工作领导小组，迅速制定了《引江济汉工程主体工程及其自动化运行调度系统项目法人内设机构组建方案》，组建了工程技术、文秘档案、安全征迁、财务统计等机构，并建立完善了工程文件档案、质量安全管理、财务管理等规章制度，及时变更了征迁资金账户、基建资金账户，工程验收、结算等工作正有序推进。

抓好防汛抗旱工作，为工程安全平稳运行谋好篇。引江济汉工程管理局始终坚持贯彻"安全第一、预防为主、综合治理"的方针，以落实安全生产责任制为核心、安全生产风险源头分级管控为抓手，积极开展安全生产检查、宣教、整治、监管等工作，工程始终安全平稳运行，保持了安全生产零事故的良好记录。为确保 2019 年度汛抗旱安全，从组织强化、预案制定、物资配备等方面着手，多措并举做好准备：成立了防汛抗旱领导小组，组织编制了 2019 年防洪度汛预案，就应急调水中出现的问题检修了设备、更换了进水闸闸门止水、开展了水下监测，组织了沿线倒虹吸除杂清淤，在进口、出口准备了充足砂石材料等防汛材料，组织各分局开展汛前自查，针对不同建筑物、防汛重点部位制定相应防汛措施及演练计划，于 4 月初在全线开展了防汛抗旱演练，召开了工程沿线防汛部门联席会议，将引江济汉工程纳入地方防汛体系。2019 年端午节，受上游区域强降雨影响，拾桥河水位迅猛上涨，及时通知航运部门禁航，关闭拾桥河左岸节制闸、开启拾桥河上下游泄洪闸泄洪，到 6 月 7 日凌晨 1 时许，洪峰顺利通过拾桥河枢纽，保证了引江济汉工程度汛安全。

推进标准化建设，为管理水平持续提高铺好路。引江济汉工程管理局以标准化建设为抓手，科学谋划，精心部署，分"三步走"细化落实，不断提高工程管理水平。组织召开了引江济汉工程标准化建设工作会，成立了以局领导为组长、各分管领导为副组长、责任科室和站所负责人为成员的工程运管标准化建设专班，明确了岗位职责，搭建了组织框架。按照"分级管理，责任到人，全员参与，持续改进"的原则，以"管理制度上墙，标识标牌上设备，巡视路线落地上，操作规范到手上，管养标准记心上"为目标，编制了《湖北省引江济汉工程管理局运行管理标准化建设实施工作实施方案》。结合工作实际，按照"准备阶段""试点阶段""推广阶段"三个阶段层层推进，并不断调整完善。

4. 在建工程　为规范在建工程管理工作，安排专人负责在建工程管理，协调和督办各参建单位的工作进度，并进一步明确了3个分局的工程技术人员辖区段质量管理责任。进一步健全和完善质量管理规章制度。主动谋划，积极推进，多次组织人员并协同质监项目站，对施工现场进行检查，了解施工进度，并要求现场管理人员和监理人员严格把控施工质量，确保在建工程质量目标实现。截至2019年年底，工程设施完善项目，合同总金额为2139.86万元，项目验收结算已完成，完成投资为2578.05万元；渠顶道路防护工程，全长约70.68km，合同总金额为2217.25万元，项目验收结算已完成，完成投资2212.33万元；膨胀土高边坡渠段加固工程，合同总金额为3269.29万元，项目已施工完成，完成投资3131万元。荆州段右岸渠堤局部险情处理项目，合同总金额为257.06万元，项目已施工完成，完成投资121.29万元。

5. 工程验收　在抓好工程运行管理工作同时，引江济汉工程管理局始终高度重视建设项目管理，不断加快建设项目的工程煞尾和验收结算工作，克服时间紧，任务重的困难，根据湖北省水利厅验收结算工作相关要求，精心组织，主动作为，进一步细化措施，全力推进验收结算工作。多次组织召开验收结算工作专题会和督办会，倒排工期，明确节点目标，重点攻坚特重难点。引江济汉主体工程和引江济汉调度运行管理系统两个设计单元工程项目施工合同总数共81个，至2019年年底，已完成67个标段合同项目完成验收，完成率为83%。共113个单位工程验收，已完成101个单位工程验收，完成率为89%。专项验收5个，至2019年底完成2个，完成率为40%。

6. 工程结算　2019年主体结算资金约为7943万元，其中建设资金金额约为3806万元，运管资金金额约为4137万元。2019年签订完工结算定稿

10 个、完工结算咨询报告 7 个。

7. **工程度汛**　引江济汉工程管理局严格按照上级"抓早、抓紧、抓实"的防汛工作要求，及时调整防汛工作领导小组，修订完善了 2019 年防汛预案并上报省局完成审查，成立了应急抢险队，储备了防汛物资，与地方防汛部门召开了联席会议，将引江济汉工程防汛纳入地方防汛体系。协调通航部门禁航、模拟汛期各类工况，组织开展了全线联动防汛演练、消防演练等 10 余次演练。坚持开展汛前检查，督促完成水毁工程修复。为防止工程沿线建筑物上游水草等杂物淤塞影响行洪，相关分局采用清污船配合挖机作业等方式对沿线倒虹吸进行了多次水草集中打捞，确保沿线河渠过流通畅，两岸堤防安全无虞。抓好重点部位防汛，分门别类制定了相应的应对方案和措施，及早安排、多措并举，扎实做好各项准备，引江济汉工程安全度汛。2019 年端午节，受上游区域强降雨影响，拾桥河水位迅猛上涨，引江济汉工程管理局及时通知航运部门禁航，关闭拾桥河左岸节制闸、开启拾桥河上下游泄洪闸泄洪，到 6 月 7 日凌晨 1 时许，洪峰顺利通过拾桥河枢纽，保证了引江济汉工程度汛安全。

8. **工程效益**　在湖北省水利厅的指导下，湖北省引江济汉工程管理局科学调度、应急谋远，全年调水 53.32 亿 m³，其中向汉江补水 35.87 亿 m³，汉江兴隆以下河段生态、航运、灌溉、供水条件得以改善；向长湖、东荆河补水 17.45 亿 m³，及时满足了荆州市江陵县、监利县等 10.67 万 hm² 农田灌溉和渔业用水需求；向荆州古城护城河补水 0.48 亿 m³，极大改善了城区水环境，且通过工程调度基本解决了拾桥河防汛难题。综合效益显著发挥，取得了良好社会反响。

2019 年伊始，为应对汉江中下游可能出现的"水华"，保障汉江中下游生态和供水安全，根据湖北省水利厅调度指令，引江济汉工程管理局紧急动员，干部职工放弃春节休假，先后开启进水节制闸，启动进口泵站实施应急调水。从 1 月 31 日开始至 2 月 10 日结束，引江济汉工程应急调水 11 天，累计调水 1.13 亿 m³，其中，向汉江调水 0.99 亿 m³，向长湖和东荆河调水 0.14 亿 m³。有效缓解了汉江水质恶化趋势，避免了"水华"发生。梅雨期间，湖北省大部分地区降雨偏少。7 月 18 日"出梅"后，湖北省出现持续高温酷热天气，工程沿线、汉江中下游局部地区出现不同程度旱情。引江济汉工程管理局认真研判，科学调度，不断加大引水流量，截至湖北省抗旱 Ⅳ 级应急响应终止，引江济汉工程累计引水 18.23 亿 m³，相当于 15 个东湖水量，其中，向汉江补水 10.77 亿 m³，向长湖和东荆河补水 7.46 亿 m³，为湖北省抗旱保丰收作出了积极贡献。

截至 2019 年年底，工程建成通水以来，已累计调水 195.44 亿 m³，其中向汉江补水 153.88 亿 m³，向长湖和东荆河补水 38.95 亿 m³，向荆州古城护城河补水 2.61 亿 m³，有效缓解了汉江中下游生产生活用水矛盾，改善了长湖等流域和荆州古城生态环境。通航方面，截至 2019 年年底已累计通航船舶 35950 艘次，货物 1483.07 万 t。其中，2019 年通航船舶 6045 艘次，货物 254.26 万 t。

（朱树娥　余红枚）

【部分闸站改造工程】　汉江中下游部分闸站改造工程由谷城至汉川汉江两岸 31 个涵闸、泵站改造项目组成。工程范围分布于襄阳市（谷城县、樊城区、宜城市）、荆门市（钟祥市、沙洋县）、潜江市、天门市、仙桃市、孝感市（汉川市）境内，总占地面积为 117.16hm²。项目于 2011 年 11 月开工，2016 年 3 月完工。工程对因南水北调中线一期工程调水影响的闸站进行改造，恢复和改善汉江中下游地区的供水条件，满足下游工农业生产的需水要求。

汉江中下游部分闸站改造工程交由原产权单位进行管理，工程发挥了巨大的效益，为助推地方经济社会发展发挥了重要作用。汉江中下游部分闸站改造工程为湖北省农业灌溉和农民生产生活发挥了重要作用。东荆河倒虹吸工程将谢湾灌区 2 万 hm² 农田灌溉调整为自流灌溉，使潜江市自流灌溉达 90% 以上。徐鸳泵站承担着仙桃、潜江两市共 12 万 hm² 农田灌溉任务，多次在抗旱排涝的关键时刻，

发挥过重要作用。

2018 年 12 月 14 日，原项目法人湖北省南水北调管理局主持召开了南水北调中线一期汉江中下游部分闸站改造工程竣工环境保护验收会。3 月 14 日，现项目法人湖北省汉江兴隆水利枢纽管理局将验收成果在湖北省水利厅门户网站上予以公示，并向湖北省生态环保厅报备。4 月 30 日，现项目法人湖北省汉江兴隆水利枢纽管理局在湖北省水利厅门户网站上将验收成果予以公示，并向水利部水土保持司报备。

（湖北省兴隆水利枢纽管理局）

【局部航道整治工程】

1. 基本情况　根据南水北调中线工程规划，局部航道整治工程作为汉江中下游 4 项治理工程之一，是南水北调中线一期工程重要组成部分，是为解决丹江口水库调水后汉江中下游航运水量减少、通航等级降低，恢复现有 500 吨级通航标准的一项补偿工程，全长 574km。其中丹江口—兴隆河段 384km 按 Ⅳ 航道标准建设，兴隆至汉川长 190km 河段结合兴隆—汉川 1000 吨级航道整治工程按 Ⅲ 航道标准建设。根据各河段特点，其主要工程内容是采用加长原有丁坝和加建丁坝及护岸工程、疏浚、清障和平堆等工程措施，以维持 500 吨级航道的设计尺度，达到整治的目的。

2. 建设情况　局部航道整治工程兴隆—汉川段（与汉江兴隆—汉川段 1000 吨级航道整治工程同步建设）于

2010 年 5 月开工建设，2014 年 9 月施工图设计的工程项目全部完工，并通过交工验收，工程进入试运行，基本达到 1000 吨级通航标准。

局部航道整治工程丹江口—兴隆段于 2012 年 11 月开工建设，截至 2014 年 7 月施工图设计的工程项目分 7 个标段全部按照设计要求建设完成，并通过交工验收，工程进入试运行。交工验收后，委托设计单位对全河段进行了多次观测，根据观测资料及沿江航道管理部门运行维护情况分析，库区部分河段仍存在出浅碍航、航路不畅或航道水流条件较差状况，根据航道整治"动态设计、动态管理"的原则，湖北省南水北调局又对不达标河段进行了 2 次完善设计，已于 2017 年 3 月底完工。

2018 年 8 月 14—15 日，湖北省南水北调管理局在襄阳市主持召开了南水北调中线一期汉江中下游局部航道整治工程竣工环保验收会。10 月 16 日，湖北省南水北调办召开汉江中下游局部航道整治工程设计单元工程项目法人验收会议。11 月 27—28 日，湖北省南水北调办在钟祥市主持召开了南水北调中线一期工程汉江中下游局部航道整治设计单元工程完工验收技术性初步验收会议。11 月 29 日，湖北省南水北调办在钟祥市组织召开了南水北调中线一期工程汉江中下游局部航道整治工程设计单元工程完工验收会议。

3. 资金情况　航道整治工程概算总投资为 4.61 亿元，截至 2018 年年底，已到位资金 4.61 亿元，已完成投资 4.61 亿元，该工程已经完成完工决算，并经水利部审核通过。

（湖北省水利厅）

生　态　环　境

北京市生态环境保护工作

【水环境治理】　2019 年，北京市水务局完成第 2 个 3 年治污方案，3 年来新建再生水厂 26 座，升级改造污水处理厂 8 座，建设污水收集管线 2407km，累计解决 1506 个村污水收集处理问题，全市污水处理率达到 94.5%，城镇地区基本实现污水全收集、全处理，农村治污取得重大进展。启动第 3 个 3 年治污方案。首次开展"清管行动"，汛前清掏雨水口近 42 万个、雨水及雨污合流管线 9060km，有效减少降雨初期污染物入河。农村污水处理设施在线监控系统正式运行，在线率达到 80%。实施基于量子点光谱传感技术的"水环境侦察兵"系统示范工程，探索对北京市重点河湖水环境实时监测。重要江河湖泊水功能区水质达标率提高到 87%，提前实现"十三五"国家考核目标，城乡水环境大幅改善。

（孙桂珍）

【水土保持】　强化水土保持监管，加大违法案件查处，2019 年结案 70

起，共处罚金 239 万元。实施建设项目遥感监管，组织完成 4700 余个疑似违法图斑核查，对其中 596 个疑似违法建设项目进行查处。完成建设项目"双随机"和重点项目监督检查 3214 个，基本实现建设项目水土保持监管全覆盖。完成 177 个建设项目水土保持补偿费征收和 95 个建设项目补偿费免缴工作，累计收缴补偿费 8600 余万元，基本做到水土保持补偿费征收全覆盖。加强生态清洁小流域建设，2019 年完成 43 条、828km² 生态清洁小流域建设任务。向社会公布全市 343 条生态清洁小流域名录，强化后期管护。协助完成密云水库上游张承地区 600km²、23 条生态清洁小流域治理任务。 （孙桂珍）

【水生态保护与修复】 2019 年，制定了京冀密云水库水源保护共同行动方案和密云水库上游潮白河流域（延怀密）生态清洁小流域建设方案。实现密云水库、怀柔水库、京密引水渠全封闭管理，推动一级保护区困难群众生活补贴标准由每人每年 1500 元提高到 2000 元。开展水生态健康年度评价，北京市监测的 7 座重要水库全部达到健康水平，23 个重点河道、湖泊中 15 个达到健康水平，同比增加 4 个；水生动植物种群稳步增加，白鹭、天鹅等珍稀水禽成为常客留鸟，全市水生态持续改善。 （孙桂珍）

【永定河综合治理与生态修复】
2019 年，实施"用水开路、用水引路"，探索用生态的方法驱动生态治理，官厅水库向下游生态补水 3.38 亿 m³，永定河山峡段 40 年来首次实现不断流。北京市内 76% 河段、近 130km 实现"有水的河"，河道生态状况有效改善。完成官厅水库八号桥湿地主体工程，完成永定河主河道管理保护范围划定，将原规划的基本农田调整为水域用地，制定山峡段、平原南段综合整治方案及水生态空间腾退规划，清理垃圾堆体 172 万 m³，拆除违法建设 18 万 m³。 （孙桂珍）

天津市生态环境保护工作

【概况】 截至 2019 年年底，南水北调中线一期工程累计向天津安全输水 46 亿 m³，在有效缓解天津水资源短缺问题、改善城镇供水水质的基础上，大大提升了城市水生态环境，对加快地下水压采进程起到了强大助推作用。 （刘丽敬）

【城市水生态环境】 由于水资源短缺，生态用水长期得不到补给，引江通水前，天津河道大多断流、河湖水域面积萎缩，河道水质难以保证。引江通水为生态补水创造了条件，2016 年，天津首次通过子牙河退水闸利用引江水向海河补充生态水量，截至 2019 年年底，累计利用引江水向中心城区及环城四区生态调水 9.92 亿 m³，其中，2019 年引江生态补水 2.46 亿 m³。同时，由于引江水有效补给了城市生产生活用水，替换出一部分引滦外调水，有效补充农业和生态环境用水，同时水系循环范围不断扩大，水生态环境得到有效改善。截至2019年年底，全市8条国控入海河流全部消除劣Ⅴ类，4条市控入海河流全部消除劣Ⅴ类；国考断面优良水体比例首次达到50%，劣Ⅴ类水体比例首次降至5%，较2014年（基准年）分别上升25%、下降60%，水环境质量达到近年来最好水平。 （刘丽敬）

【地下水压采】 地下水曾是天津最为可靠的供水水源之一，历史上开采量最高曾达到10亿m³。引江通水以来，天津加快了滨海新区、环城四区地下水压采进程，2015—2017年累计压采地下水6400万m³，到2016年，全市深层地下水开采量已降至1.76亿m³，提前完成《南水北调东中线一期工程受水区地下水压采总体方案》中明确的"天津2020年深层地下水开采量控制在2.11亿m³"的目标。同时，地下水压采一定程度上对减缓地下水位起到了积极作用，截至2019年年底，天津共设有地下水基本监测井692眼，45.4%的监测井水位埋深有所上升，44.7%的监测井水位埋深基本保持稳定，全市整体地下水位埋深呈稳定上升趋势，局部地区水位下降趋势趋缓。 （刘丽敬）

河南省生态环境保护工作

【南阳市】

1. "十三五"规划实施 《丹江口库区及上游水污染防治和水土保持"十三五"规划》范围涉及河南、湖北、陕西3省的14市、46县（市、区）以及四川省万源市、重庆市城口县、甘肃省两当县部分乡镇，面积为9.52万km²。规划基准年为2015年，规划期至2020年。2019年"十三五"水土保持和水污染防治规划纳入项目基本完成。

2. 申请生态补偿资金 2019年南阳市水源地及干渠两侧共申请到生态补偿资金18.24亿元。

3. 水源区水保与环保 2019年组建专业管护队伍，县、乡、村成立三级护林小组，分包路段、地块，明确管护责任，定期巡查看护。开展专项整治活动。市政府组织森林公安、林业稽查等执法部门，开展林业严打专项整治。加强病虫害防治，人工防治与机械防治相结合，重点对新造幼林进行病虫害防治。截至2019年年底，完成水源涵养林营造17133.4hm²，中幼林抚育8.2万hm²，低质低效林改造11333.4hm²，申报批建水源区淅川丹阳湖国家湿地公园、淅川凤凰山省级森林公园、淅川猴山省级森林公园。

4. 干线生态带建设 中线干渠生态带高标准率先建成，2019年完善提升干渠生态廊道绿化水平，干渠两侧按照100m宽的标准，对干渠缺株断带的地方，查漏补缺，补植补造，开展浇水施肥和林木病虫害防治工作。

（王磊）

【许昌市】

1. 安全度汛 为保证2019年南水北调总干渠安全度汛，许昌市南水北调工程运行保障中心与中线建管局派驻禹州、长葛两市工程管理处对接，全程查看总干渠沿线左岸排水情况，并对防汛风险点进行全面摸排查出18处防汛风险点，重点解决禹州段河西沟渡槽防汛隐患问题，4次与中线工程禹州管理处、长葛管理处对接，市、县南水北调部门与中线工程管理处三方联动，完善防汛方案，合力开展防汛工作。

2. 保护区标识、标志牌建设 按照许昌市污染防治攻坚战领导小组办公室关于在南水北调总干渠两侧饮用水水源保护区建设水源保护标志牌工作的安排部署，对饮用水水源保护区标识、标志牌建设情况进行专项督导。截至2019年10月31日，提前完成总干渠饮用水水源保护区标志牌49处98个界牌和9处36个交通警示牌安装任务，并通过市污染防治攻坚领导小组办公室验收。

3. 专项检查发现问题整改 按照《河南省水利厅关于对南水北调中线干线工程保护范围管理专项检查发现问题进行整改的函》（豫水调函〔2019〕10号），许昌市南水北调工程运行保障中心与禹州市、长葛市相关部门和人员对影响南水北调中线总干渠许昌段工程安全运行的7处隐患问题逐个到现场察看调研，制定整改方案。截至2019年12月31日，许昌市

南水北调中线工程总干渠工程保护范围内历次检查发现问题全部整改完成。

（盛弘宇）

【焦作市】

1. 干渠沿线生态建设 焦作市将2019年定位为南水北调绿化带天河公园项目"出规模、出形象、出成效"的关键一年，采用政府与社会资本合作的PPP建设模式，按照"全冠栽植、原冠移植、一次成景、一步到位"的工作要求，融入南水北调文化元素，建立"五个一""三级联动""四方到位"工作机制，全力推进绿化带工程建设。2019年7月20日，"锦绣四季""枫林晚秋""玉花承泽""临山印水"4处节点公园开园，绿化带开放的节点公园达到5个，开放面积达50万 m²，市民切身享受到家门口的生态红利。同时，"踏雪寻梅""丹水善流""千里云梦""槐荫山阳"4个节点公园已达到开园条件，开放面积将达到105万 m²。 （彭潜）

2. 南水北调水污染防治攻坚战实施方案落实 2019年，焦作市南水北调办（中心）制定《焦作市2019年水污染防治攻坚战实施方案》，依据《南水北调中线一期工程总干渠（焦作市段）两侧饮用水水源保护区图册》《南水北调中线一期工程总干渠（河南段）两侧饮用水水源保护区标志、标牌设计方案》，会同沿线县（区）开展界牌、交通警示牌的安装工作，2019年11月全面完成，共计

90 个界牌及 96 个交通警示牌。落实河南省委、省政府环境保护督查反馈意见。制定整改方案，按时上报《督查整改任务进展情况汇总表》，及时反馈相关信息。及时为河南省、焦作市人大常委会"一法一条例"检查提供南水北调相关材料；配合焦作市生态环境局，开展河南省生态环境厅对南水北调中线工程总干渠标志标牌安装情况、饮用水水源保护区环境问题整治相关调研工作；配合水利部南水北调司，对中站区村民紧邻南水北调工程围网建房问题处理情况进行复查。9 月，参加中线干线焦作管理处举办的交通事故水污染事件应急演练。

3. 水污染风险点综合整治　2019 年，全面完成南水北调总干渠焦作段保护区内 22 个污染风险点的整治任务。配合水污染防治攻坚办开展整治工作，协调中线干线穿黄管理处、温博管理处、焦作管理处对总干渠焦作段保护区内的 22 个污染风险点情况进行重点排查，拍摄现场照片，标注位置桩号，对每个污染风险点进行详细说明，及时汇总后报焦作市水污染防治攻坚办。10 月，焦作境内的 22 个污染风险点全部整治结束。

4. 饮用水水源保护区规范化建设　2019 年，全面完成总干渠两侧水源保护区标识、标牌的安装工作，共计 186 个标志牌。配合焦作市生态环境局、解放区政府、山阳区政府，开展对总干渠两侧排污企业的综合整治、关闭取缔、搬迁等环境监管，制定《焦作市南水北调办公室贯彻落实省委省政府环境保护督察反馈意见整改方案》。

5. 干渠保护区新改扩项目环境影响审查　根据机构改革职能转变，南水北调总干渠两侧水源保护区内新扩建项目专项审批工作由焦作市生态环境局负责，2019 年焦作市南水北调工程运行保障中心按时完成工作移交。

6. 地下水压采　2019 年，焦作市南水北调受水区共封闭自备井 184 眼，压采地下水 2800 万 m³。2015—2019 年，焦作市南水北调受水区共封闭自备井 713 眼，地下水累计压采量 1.03 亿 m³。

（樊国亮　彭潜）

【新乡市】

1. 干渠保护区管理　2019 年，根据新乡市环境污染攻坚办的工作安排，配合市环保局、凤泉区水利局、国土局等相关单位，对总干渠两侧水源保护区范围内违章别墅排查，共确定 4 座违章别墅、1 座疑似违章别墅。按照河南省水利厅工作安排，配合水利部南水北调司对干渠进行工程保护范围专项检查，严格按照有关规定按期整改。严格审核干渠保护区内新建、改建、扩建项目，2019 年审核县级立项建设项目 1 个。

2. 防汛度汛　按照新乡市防汛指挥部安排，汛期前制定度汛方案，完善应急预案，召开防汛专项会议进行安排部署，开展风险点排查处理，加强值班值守，配合水利部门完成 2019 年 6 月 20 日在南水北调总干渠十里河倒虹吸进行大规模防汛应急演练。

（新乡市南水北调工程运行保障中心）

【鹤壁市】 2019 年，鹤壁市开展南水北调中线工程鹤壁段总干渠两侧水源保护区管理工作，开展水源保护宣传。12 月 14 日，配合中线工程鹤壁管理处在鹤壁市世纪广场举行"美丽南水，我是志愿者，我是参与者"水质保护宣传活动。

2019 年配合鹤壁市生态环境局开展总干渠保护区水污染风险点整治工作；按照市自然资源和规划局《关于鹤壁市生态红线征求意见的通知》和《鹤壁市国土空间总体规划（2019—2035）》征求意见的函（涉及南水北调总干渠水源保护区划方面）协助市生态环境局开展南水北调总干渠饮用水水源保护区水污染风险点整改情况调研和完成标识标牌安装。

（姚林海 冯飞 王志国）

【安阳市】 2019 年，按照安阳市委、市政府和市环境攻坚办的安排部署，加强南水北调总干渠水源保护区规范化建设，市财政出资 100 余万元，设置南水北调总干渠水源保护区标志标牌 207 套，其中界牌 108 套、交通警示牌 44 套、宣传牌 55 套。排查整治南水北调总干渠水源保护区水污染风险源，会同市环境攻坚办，组织沿线县（区）政府对水污染风险源进行集中整治，共整治水污染风险源 21 处。

对南水北调总干渠水源保护区进行常态化督导检查，保持高压态势，发现问题及时处理。 （任辉 董世玉）

【卢氏县】

1. 流域污水治理工程建设 卢氏县累计投资超 5000 万余元，完善五里川镇、汤河乡、双槐树乡、瓦窑沟乡、狮子坪乡、朱阳关镇等 6 个乡（镇）污水处理厂及支管网建设。2018 年 5 月，项目通过竣工验收后投入使用；6 月，对各个污水处理厂水量收集情况进行统计，六乡镇污水收集总量从原每日 1560m³ 提高到 3000m³，项目运行情况良好；10 月开始，对试运行过程出现的问题，组织专家现场查看原因，同时委托第三方环保企业编制技改方案，并通过专家论证评审。截至 2019 年 9 月底，技改工程结束，6 个厂陆续进水添加活性污泥调试，运行基本稳定。

2. 农业面源综合治理 申请到 3750 万元政策性资金用于卢氏县丹江口库区及上游农业面源污染综合治理项目，建设农业废弃物收储利用中心，利用畜禽粪污、废弃菌棒、农作物秸秆等加工有机肥；建设水肥一体化工程 28.7hm²，节水节肥；设置物理性病虫害防太阳能杀虫灯 740 盏，进行物理防治，减少农药使用；建设粪便堆放棚＋污水收集池，共 44 处；建设 13 处生活污水处理终端，减少生活污水对老灌河的污染。2019 年除污水处理工程未完工外，其余建成完工。

3. 农村环境综合整治 2019 年，将改善农村人居环境与脱贫攻坚、乡村振兴、环境治理攻坚结合，投资 80 余万元，完成《农村生活垃圾处理专项规划》和《农村生活污水处理专项规划》编制工作，已经卢氏县政府批复，正在组织实施。投资 1682 万元，完成水源地安全保障区乡镇城乡环卫一体化政府购买服务工作，累计完成农村环境综合整治村庄 105 个（原计划农村环境综合整治村庄 32 个）。

（赵小慧 马兆飞）

湖北省生态环境保护工作

【南水北调水源区保护】 湖北省十堰市作为南水北调中线工程核心水源区，生态地位至关重要，环保责任十分重大。中线工程实施以来，十堰市把确保"一库净水永续北送"作为最大的政治任务，牢固树立"绿水青山就是金山银山"理念，坚持"共抓大保护、不搞大开发"，统筹"山水林田湖草"系统治理，以壮士断腕的决心强力治污，科学治水，坚决当好"守井人"，着力推进"现代新车城、绿色生态市"建设。

1. 创新机制 在全国率先探索建立河长制，形成了市、县、乡镇、村四级联动的"河长制"体系。在湖北全省率先出台了《环境保护"一票否决"制度实施办法》，实施责任考核。

2. 保护水质 实行最严格的水资源保护制度，对禁养区内 179 家养殖场（小区）关闭或搬迁。对丹江口大坝库区、太极湖核心区、饮用水源保护区等重点水域网箱养殖实施全面清理，累计清理网箱 18 万多只。拒批和关停有环境风险的重大项目 500 多个，取缔"十小"企业 329 家。

3. 生态修复 坚持将河流治理与"保障水安全、修复水生态、营造水景观、彰显水文化"有机结合，投资 15.6 亿元，完成汉江干支流、中小河流治理项目 45 个。近 3 年来，十堰市完成人工造林 13.3 万 hm^2、治理水土流失 708.8km^2，全市森林覆盖率达到 64.72%。全市累计成功创建省级生态文明建设示范县 1 个，省级生态区 2 个，生态乡镇 104 个，创建生态村 1301 个。

2019 年，全市地表水断面达标率由 2013 年的 82.4% 上升为 97.1%；35 个水质监测断面中，Ⅰ～Ⅲ类的断面 33 个，占 94.3%，其中Ⅰ类断面 7 个，Ⅱ类断面 23 个，Ⅲ类断面 3 个。丹江口水库水质常年保持国家地表水Ⅱ类及以上标准，109 项水质监测指标中，有 106 项达到了国家Ⅰ类水质标准，首批"中国好水"水源地名副其实。

（苏道伟）

【水污染防治规划实施】 国家发展改革委、原国务院南水北调办等五部委，2017 年 5 月联合印发《丹江口库区及上游水污染防治和水土保持"十三五"规划》，其中涉及十堰市的项目共 15 类 218 个，估算总投资 52 亿元。截至 2019 年年底，共实施 140 个，完成总投资 30 亿元。其中，中央预算内投资项目 42 个，占规划项目的 19.27%；中央投资 5.5 亿元，占规划投资的 10.58%。　　（苏道伟）

陕西省生态环境保护工作

【概况】　　陕西地处我国内陆腹地，跨越黄河与长江两大流域，处于承东启西，连接南北的战略地位。全省总土地面积 20.56 万 km²，秦岭以南属长江流域，总面积 7.21 万 km²，占全省面积的 35.1%，其中汉江、丹江流域在陕西省流域面积 6.27 万 km²，是我国水资源配置的战略水源地。丹江口水库总入库水量中有 70% 源自陕西境内，陕西对保护好南水北调水源负有重要而特殊的责任。　　（宫烁）

【南水北调中线工程陕西段水土保持工作】　　2019 年，陕西省水利厅紧紧围绕水土流失治理和水源区水质保护中心，落实"防灾减灾、改善生态、支持经济、服务民生"的治理理念，大力开展水土保持工作，从丹江口库区汉江上游水污染防治和水土流失治理工程（以下简称"丹治"工程）开始以来，已累计治理小流域 562 条，完成治理水土流失任务 12574.1km²，完成总投资 38.92 亿元。丹江、汉江流域水土流失得到有效控制，生态环境明显改善。

（1）持续加大长江流域水土流失综合治理。2019 年，陕西省通过国家水土保持重点工程、坡耕地水土流失综合治理、省级水利发展资金水土保持项目、生态清洁小流域建设、水保示范园建设等项目，在汉中、安康、商洛 3 市 29 县（区），共治理水土流失面积 831.53km²。坚持"山水田林路村"统一规划，以小流域为单元，因地制宜采用坡面整治、沟道防护、水保林草、疏溪固堤、治塘筑堰、自然封育等方式系统综合治理。全年实施坡改梯 7634.54hm²，营造水土保持林 22795.88hm²，种植经济林 14878.08hm²，实施种草措施 552.17hm²，实施封禁治理 33870.20hm²，实施其他措施 3422.57hm²；水土保持措施新增减少土壤流失量 286.37 万 t，水土保持措施增产粮食 805 万 kg，水土保持措施增加收入 2.7 亿元。水土保持系统综合治理将水土保持、环境保护和水资源开发利用有机结合，实现了生态安全、水质安全的同时，促进了当地社会经济可持续发展。

（2）强化生产建设项目监督管理。严格落实生产建设项目水土保持"三同时"制度，从源头把关，进一步规范水土保持方案行政审批，严格方案审批质量，对不符合法律法规、技术标准要求的项目一律不予许可，从源头上预防人为水土流失。全面加强生产建设项目事中事后动态监管，提高水土保持方案实施率。采取遥感监管、书面检查、现场检查等方式，对生产建设项目水土保持方案执行情况进行监督检查。2019 年汉中、安康、商洛 3 市累计核查违法违规项目 388 个，下发整改意见 348 份，确保了项目建设进度与水土保持方案实施进度基本同步和总体一致，促使生产建设单位自觉履行水土保持法定义务和责任，有效控制了人为水土流失。

（3）加强水土保持国策宣传教育。2019 年，陕西省结合实际，创新形式，把"创新、协调、绿色、开放、共享"的理念和"绿水青山就是金山银山"的发展理念贯穿于水土保持法治宣传活动的全过程和各领域。聚焦"不忘初心、牢记使命"主题教育和中华人民共和国成立 70 周年两大主题，结合"世界水日""科技之春宣传月"等活动，面向社会公众大力开展水土保持国策宣传；开展了陕西省水利系统 70 周年国庆献礼书法绘画摄影大赛；在陕西省水利厅网站增设"陕西水土保持"专栏，突出政务服务资讯功能，切实提升了水土保持宣传能力。使社会公众了解水土保持在涵养水源、净化水质、改善生态环境中的重要作用，广泛传递"水保有益、人人有责"的正能量，增强全民自觉保护水土资源的意识，全面提升社会公众的水土保持法制观念。

（宫烁）

【丹江、汉江流域水资源开发利用保护情况】 实行最严格水资源管理制度，强化河湖红线约束，实行水污染联防联控，积极采取项目带动策略，

强化基础设施建设，确保一江清水供京津。

（1）全面完善水资源配置体系。水利部已批复《汉江流域水量分配方案》，2020 水平年，汉江流域河道外地表水多年平均分配水量为 25.24 亿 m^3。陕西省汉江流域已建成水库 479 座，引提水工程 1.43 万处，有力地保障了汉江流域经济社会发展对水的需求。

（2）规范管理，有效保护水资源。为保证水质清澈，陕西省划出一条出境水质标准的"红线"，确保汉江水质不低于Ⅱ类，汇入丹江口水库的各主要支流水质不低于Ⅲ类。同时将目标任务完成情况纳入各地党委、政府目标责任考核体系，作为考核领导班子政绩的内容和干部任免奖惩依据；开展入河排污口普查登记和监测，核查污染物实际排放量；核定丹江、汉江干流水域纳污能力，提出限制排污总量意见；增设监测断面，加密监测频次，增加监测项目，加强实验室设施，严密监测水质状况；制定应对突发水污染事件应急预案。境内 657km 汉江流域水清如镜，出境水质完全达到国家Ⅱ类标准。

（3）全面开展汉江综合整治。遵循"安澜惠民、生态宜居、持续发展"的健康河流新理念，全面实施防洪保安、水资源配置、生态环境治理、沿江绿化、水景观建设，实现"江堤标准化、水系生态化、景观优美化"三大目标，努力打造"堤固洪

畅、水清岸绿、滩平航通、人水和谐"的新汉江，为国家南水北调工程提供优质水源涵养条件。

（4）扎实推进中小河流建设。2019年，陕西省下达中小河流治理资金4.54亿元，综合治理河长158.7km，发挥了显著的防洪效益、经济效益、生态效益。在全面提高中小河流的防洪能力、减少山洪灾害损失的同时，沿河周边生态环境得到极大改善，直接加快了城镇基础设施建设，带动了县域城镇化发展。　　　　　（宫烁）

征地移民

北京市征地移民工作

【扶持资金发放】　2019年，北京市拨付大中型水库移民后期扶持资金共计55895.496万元，其中中央资金37747万元，市级资金18148.496万元。北京市16个区核定登记符合政策的农业户口移民112493人，兑现资金6750.7万元；核定登记符合政策的非农户口移民24364人，兑现培训补贴资金1365.052万元。

（孙桂珍）

【扶持项目实施】　组织实施扶持项目共计160个，总投资6.75亿元，其中新建项目91个，续建项目69个。解决48个村供排水设施、14个村安全、12个村公共服务设施、18个村居住环境、3个村产业扶持等方面存

在的问题；医疗扶持村民1782人，为7803人上养老保险，实施大病医疗救助99人，为3726名学生发放一次性助学补助金。　　　　　（孙桂珍）

【移民收入保障】　2019年，北京市农业户口移民人均可支配收入为25898元，较2018年增长9.4%。全年市、区移民管理机构共接待移民来电、来访795人次，未发生越级上访事件，保持水库移民到市级零上访的良好态势。　　　　　（孙桂珍）

2019年完成南水北调配套工程征地拆迁投资共计2480万元。其中南干渠工程完成投资0.91万元；密云水库调蓄工程完成投资953.38万元；团城湖至第九水厂输水二期工程完成投资132.24万元；河西支线工程完成投资217.33万元；大兴支线工程完成投资1176.15万元。

完成干线检修临时占用林地和林木伐移工作，如期完成检修拆迁占地任务，为工程检修创造了条件。

完成干线工程房山段26个村征地补偿补充协议签订及征地手续盖章工作。　　　　　（孙桂珍）

湖北省征地移民工作

【移民安置总体验收】　《南水北调工程丹江口水库移民总体验收（终验）——湖北省移民安置技术性验收报告》中，对湖北省提出了3个整改要求，反馈问题清单28条，其中农村20个、城集镇3个、工业企业1

个、专业项目 4 个。湖北省水利厅针对验收指出的问题，狠抓南水北调工程移民安置总体验收技术性验收的问题整改督办，加快推进移民安置完工财务决算，认真排查并提出移民安置遗留问题解决方案，全力做好国家行政验收的准备工作。2019 年 10 月16—17 日，水利部南水北调规划设计管理局赴湖北省开展了验收问题整改情况核查，认定湖北省已经整改到位22 个。核查报告中指出 3 个正在履行程序的问题，湖北省已督办丹江口市和武当山特区抓紧编制实施规划调整报告，督促丹江口市尽快完成水厂的竣工验收手续，确保在 2020 年 3 月前全部整改到位。核查报告中指出需改进整改方法的郧阳区复建企业杨溪铺镇华恒汽配厂库岸稳定性问题，郧阳区已责令该厂停产，并委托有资质的单位编制了库岸工程治理方案，制定了库岸稳定观测方案和应急预案。核查报告中指出的郧阳区牛头岭和安阳集镇两个码头未验收问题，因码头为整合项目，移民投资已完成，码头175m 以下建设工程已完工并投入使用，但两个码头二期工程方案和资金尚未确定，导致项目无法整体验收。湖北省将进一步加大对郧阳区的指导和督办力度，争取尽快完成项目的整体验收。

2019 年 12 月 7 日，水利部在武汉召开南水北调中线工程丹江口水库移民行政验收会议，水利部副部长蒋旭光任验收委员会主任，水利部有关

司（局）和湖北、河南两省水利（移民）部门、文物和档案部门、长江水利委员会、中线水源公司、长江勘测规划设计研究有限责任公司、江河水利水电咨询中心的负责人和特邀专家参加会议。验收委员会认为丹江口水库移民安置规划任务已完成，库区文物保护项目全面完成，移民档案管理达到规范要求，一致同意安置通过总体验收。　　　　　　　（郝毅）

【移民美丽家园创建】　　湖北省以乡村振兴为契机，大力实施"三乡工程"（市民下乡、能人回乡、企业兴乡），按照"管理科学，产业发展，设施完善，村容整洁，乡风文明"的创建标准，着力培育移民村特色产业，加快开展移民村美丽家园建设，推进移民美丽家园创建常态化进行。抓好移民产业发展转型试点工作，推进移民产业扶持，努力增加移民收入。加大移民产业扶持力度，拓宽移民增收渠道；创新培训管理方式，统筹安排培训计划和培训资金，突出新型职业移民和移民村新型经营主体技能培训，突出贫困移民适龄劳动力培训，不断提升培训工作的质量效果，努力增加移民收入。2019 年对验收合格的 30 个南水北调移民示范村实施100 万元奖励，激励各地整合各类资金用于开展美丽家园创建。继续开展南水北调移民美丽家园示范村创建，通过县级自评申报、市级审查、省级复核，建设移民美丽家园示范村 15

个，每个示范村奖励 200 万元。

（郝毅）

【移民信访稳定】　湖北省紧紧咬住"两个不发生"（不发生大规模进京上访、不发生突发群体性事件）目标，全力做实做细移民信访稳定工作。严格落实领导干部接访、包案等制度，全面开展矛盾纠纷排查，大力化解信访积案，积极督办重点个案。建立健全移民维稳联动机制、赴京移民信访联络机制和兄弟省份协同机制，妥善处置越级赴京移民信访问题。全省移民总体稳定可控，为"新中国成立 70 周年大庆、武汉军运会"两个关键节点营造了稳定的环境。　（郝毅）

【移民资金计划情况】　根据与中线水源公司签订的投资包干协议，包干协议总金额为 2748794.73 万元，其中，大坝加高工程包干总投资为 18448.13 万元，丹江口水库移民包干总投资 2730007.42 万元（扣减原国务院南水北调办动用预备费用于丹江口水库建设征地永久界桩测设费用 3281.1 万元，实际协议包干资金为 2726726.32 万元），名树古木及珍稀植物保护 339.18 万元。

截至 2019 年 12 月 31 日，湖北省累计收到中线水源公司拨入的南水北调中线工程征地移民资金 2745505.77 万元（其中 2019 年拨入资金 61136.79 万元），累计下达南水北调移民投资计划 2626382.17 万元（其中 2019 年下达投资计划 1000 万元），

累计拨出南水北调征地中线工程征地移民资金 2497187.11 万元（其中 2019 年拨出 1000 万元）。　（郝毅）

文 物 保 护

河南省文物保护工作

【总干渠文物保护项目验收】　2019 年，整理自 2005 年以来开展南水北调总干渠文物保护工作出台的规章、制度、文件等材料，编制验收综合性资料；整理验收被抽查的 13 处地下文物保护项目的协议书、开工报告、中期报告、完工报告、验收报告、文物清单、发表成果等材料，1 处地面文物保护项目的搬迁复建工程勘察设计方案及批复文件、施工资料、监理资料、竣工验收等材料，编制每个项目的验收汇报材料；完成总干渠 26 个文物保护项目发掘资料的移交工作；完成总干渠已移交考古发掘资料的整理建档与集中存放工作；依据总干渠文物保护项目验收会议安排，准备验收备用资料，统筹有关单位完成验收工作。

2019 年 9 月，河南省通过总干渠文物保护项目最终验收，形成《南水北调中线工程总干渠河南段文物保护验收意见书》交国家文物局备案。开始收集整理受水区供水配套工程文物保护工作相关的规章制度和文件编辑综合性资料。　（王蒙蒙）

【南水北调文物保护项目管理】 2019年，维修维护淅川县地面文物搬迁复建后的古建筑，整治古建筑园区的绿化、道路等环境，修建停车场、卫生间等配套设施。对《南水北调工程丹江口水库移民总体验收——河南省文物保护项目技术性验收报告》提出的问题进行整改，明确文物收藏单位，加快考古发掘报告出版，完善全家大院保护档案和相关手续。

2019年，丹江口库区文物保护项目淅川坑南旧石器遗址、受水区供水配套工程文物保护项目鹿台遗址、新野东岗遗址、鲁堡遗址、武陟万花遗址等5个项目田野考古发掘工作结束并通过专家组验收。总干渠地面文物保护项目张家大院和王兰广故居通过验收。

2019年出版考古发掘报告《淅川泉眼沟》《宝丰廖旗营墓地》2本，课题成果《汉代空心砖墓研究》1本。《淅川沟湾遗址》《禹州崔张、酸枣杨墓地》《漯河临颍固厢墓地》报告完成校稿工作。

聘请专业档案公司对南水北调2018年文书档案和2019年移交的文物保护项目发掘资料进行标准化整理，均已完成并存放入档案室。

（王蒙蒙）

湖北省文物保护工作

【南水北调文物保护财务决算工作】
2019年，湖北省文化厅委托第三方审计机构湖北金地会计师事务所开展南水北调文物保护经费审核工作。2019年11月，完成《关于湖北省南水北调工程丹江口库区文物保护竣工项目财务决算及遇真宫垫高工程投资进度财务报告兼及竣工项目财务决算、遇真宫投资进度财务报表》《关于湖北省南水北调工程汉江中下游文物保护项目财务决算报告》，湖北省文化厅组织审核后及时报湖北省水利厅汇总并报水利部。决算报告内容完整，符合《南水北调工程建设文物保护资金管理办法》《湖北省南水北调中线工程丹江口水库文物保护管理办法》等规定，反映了湖北省南水北调工程文物保护经费收支与完成情况，为进一步做好下一步工作奠定了坚实基础。

（杜杰）

【武当山遇真宫垫高保护工程专项验收】
1. 武当山遇真宫垫高保护工程省级初验 2019年7月10日，按照水利部工作安排，湖北省文化和旅游厅邀请中国文化遗产研究院、北京市古代建筑研究所、湖北省古建筑保护中心、湖北省文物考古研究所等单位专家，对武当山遇真宫垫高保护工程（文物复建工程）进行竣工验收。中线水源公司、湖北省水利厅相关负责同志参加验收。验收组现场考察了武当山遇真宫垫高保护工程建设现场，审验了工程资料，召开会议听取了武当山文物局、清华大学建筑设计研究院文化遗产保护中心、北京市园林古建工程公司、北京方亭工程监理有限公司等单位关于工程管理、设计、施工、监理工作的汇报，重点就遇真宫文物复建工程实施情况进行了质询和评议，形成验收意见，同意通过竣工验收。

2. 武当山遇真宫垫高保护工程技术性验收　2019年9月2—5日，水利部南水北调规划设计管理局组织相关专家成立验收工作组，赴十堰市开展了南水北调工程丹江口水库移民总体验收（终验）——武当山遇真宫垫高保护工程技术验收。湖北省水利厅、湖北省文化和旅游厅、中线水源公司及武当山遇真宫垫高保护工程设计、施工、监理等单位代表参加验收。验收专家组观看了工程建设声像资料，听取了湖北省文化和旅游厅等单位的工作报告，察看了工程现场，查阅了相关资料，经咨询和充分讨论后，召开验收专家组全体会议，形成了《南水北调工程丹江口水库移民总体验收（终验）——武当山遇真宫垫高保护工程技术性验收工作报告》，报告指出："武当山遇真宫垫高保护工程已按批准的初步设计内容基本完成，工程设计、施工、监理资料基本完整；顶升工程、地下基础垫高工程达到了设计要求，确保了文物安全；文物修缮工程体现了文物保护的真实性；考研发掘报告已经出版；尾工项目已做出明确安排。按照《南水北调工程丹江口水库移民总体验收（终验）工作方案》确定的评定标准，工程设定为合格，同意通过技术性验收。"（杜杰）

【丹江口库区文物保护行政验收】　2019年12月6—7日，水利部、国家文物局组织有关专家赴湖北省开展南水北调工程丹江口库区文物保护行政验收。水利部副部长蒋旭光、国家文物局文物保护与考古司副司长刘洋、湖北省人民政府副秘书长费德平、湖北省文化和旅游厅党组成员黎朝斌参加有关活动。

本次验收是南水北调中线工程丹江口水库移民总体验收（终验）行政验收的一部分，在前期技术性验收工作的基础上，验收委员会抽查了武当山遇真宫垫高保护工程，听取了有关工作汇报，经充分讨论，形成总体验收报告。验收委员会认为，湖北省丹江口库区文物保护项目全面完成，文化遗产得到保护和利用，文物保护工作取得了丰硕成果，对延续库区文化脉络、传承地方优秀文化传统、加强社会主义文化建设、服务和满足群众精神文化需求发挥了积极作用。

湖北省南水北调中线工程丹江口库区文物保护工作顺利通过行政验收，标志着湖北省历时15年的南水北调中线工程丹江口库区文物保护全面完成。

（杜杰）

对 口 协 作

北京市对口协作工作

【扶贫支援】　年内协调资金10万元，

分三期为巴东县和南阳市开设水利干部培训专班，共48人参加培训，安排12人分3次参加机关处室业务培训班。组织专家赴巴东开展现场授课和技术指导，60人参加水利专业授课，指导改进在建工程施工工艺，保证工程质量。赴巴东看望慰问挂职干部并送医进村义诊，赠送药品687盒，发放宣传手册4000余份，为村民义诊1806人次，拓宽了水利扶贫渠道。

（孙桂珍）

【交流对接】 对接市扶贫支援办和水源区省市水利部门，研究深化南水北调对口协作工作。邀请湖北省和河南省水利厅相关部门到北京座谈交流。组织到十堰、南阳开展南水北调对口协作工作调研。 （孙桂珍）

【项目合作】 北京市出资1.98亿元，自2016年开始与河北张承地区合作开展22条生态清洁小流域建设，2019年12月完工。实现污水、垃圾、厕所、河道、环境五同步治理，构筑起"生态修复、生态治理、生态保护"三道防线，提升上游来水水质标准，改善小流域地区乡村旅游品质，助推生态旅游发展，助力脱贫帮扶工作。

（孙桂珍）

天津市对口协作工作

【概况】 根据《天津市对口协作陕西省水源区"十三五"规划（2016—2020年）》要求，2019年1月10日，天津市按时足额拨付陕西省2019年对口协作资金3亿元，用于天津市对口协作陕西省水源区项目建设。

2019年9月，根据陕西省发展改革委发来的《关于报送〈2019年津陕对口协作资金项目投资计划〉的函》，经报天津市领导批复后，函复陕西省发展改革委，同意该省上报的资金项目投资计划。2019年，津陕对口协作资金共3亿元，安排项目54个。其中汉中市安排项目12个，资金1.04亿元；安康市安排项目19个，资金1亿元；商洛市安排项目21个，资金0.85亿元；宝鸡市（太白县、凤县）安排项目2个，资金0.11亿元。

（任江海）

【合作对接】 2019年10月，时任天津市委副书记阴和俊率领天津市合作交流办、市发改委、市财政局、市水务局有关负责同志赴陕西考察调研，与时任陕西省省长刘国中就对口协作工作进行座谈交流，并赴陕西省汉中市水源区考察相关项目。充分体现出天津市委、市政府高度的政治责任担当，为确保天津市对口协作陕西省水源区工作任务的高质量完成奠定了坚实基础。 （任江海）

【项目建设进展】 2019年，津陕对口协作项目资金突出南水北调水源涵养和水质保护，共安排支持生态环境类项目32个，投资2.09亿元；产业转型类项目11个，投资0.49亿元；社会事业类项目8个，投资0.36亿元；经贸交流类项目3个，投资0.06

亿元。推动水源区城镇垃圾无害化处理率及污水集中处理率分别达到98%和90%以上，有力促进了水源区产业转型和高质量发展。　　（任江海）

河南省对口协作工作

【概况】　　2019年，河南省围绕"保水质、强民生、促转型、助扶贫"的中心任务，开展南水北调对口协作各项工作，在北京市的大力支持帮助下，水源区内生发展动力持续增强，人民生活日益改善，经济社会发展取得显著成效。

1. 对口协作项目　　聚焦"保水质、强民生、促转型、助扶贫"，共实施对口协作项目47个，其中建设类项目22个、合作交流类项目25个。截至2019年年底，22个建设类项目中，15个项目已经开工，7个项目正在推进前期工作；25个合作交流类项目中，8个已经完成，17个项目正在实施。

2. 生态型特色产业　　将生态优先、绿色发展作为推动水源区发展的主攻方向，促进水源区生态产业化、产业生态化，推动产业结构变"轻"、经济形态变"绿"、发展质量变"优"。2019年持续支持淅川县渠首北京小镇、西峡县丁河猕猴桃小镇、栾川县北京昌平旅游小镇、内乡县延庆月季小镇、邓州市生态旅游小镇等特色小镇建设，将水源区美丽资源转化为美丽经济。西峡香菇、淅川软籽石

榴等一批特色农业种植基地建成投用，打造"栾川印象""渠首印象"等一批绿色农产品品牌。

3. 京豫产业合作　　2019年，河南省将产业合作交流作为京豫对口协作的重要抓手，产业合作领域不断拓展。南阳市政府与中国光大集团签订战略合作协议，在环保、金融、文旅、康养、美丽乡村建设等领域开展合作。邓州市与北京市联合开展产业对接活动，双方就汽车产业开展深层次调研，并达成初步合作意向。洛阳市栾川县在北京市昌平区多次举办对外经济技术合作推介会，全面展示和推介栾川旅游、健康养老、钨钼新材料、特色农业等重点产业领域。北京园霖昌顺农业有限责任公司与栾川县达成意向，发展药用及观赏百合基地33.4hm^2。推动卢氏县与中国农科院蜜蜂研究所开展合作，促成双方发挥优势落地科技成果转化项目，打造卢氏"槐蜜"特色品牌，助推卢氏县产业结构调整。

4. 区县结对协作　　水源区6县（市）与北京朝阳、顺义等结对区县联系日趋密切，主要领导多次带队开展互访对接，形成齐抓共建、务实协作的工作机制。2019年，水源区6县（市）与北京市朝阳区、顺义区等结对区县积极开展交流互访45次，开展经贸交流17次，签订合作协议14项。

5. 人才交流合作　　2019年，北京选派12名干部，河南选派20名干

部开展交流挂职。举办专业人才培训班 6 个，为水源区培养教育、医疗、科技、旅游等领域的专业技术人才550 人；举办致富带头人培训班 6 个，为水源区培养贫困村致富带头人 270人。组织南阳理工学院、河南科技大学、三门峡职业技术学院等 11 所高校与北京市属 11 所高校开展"一对一"结对交流合作。北京市教委选派20 名优秀教师到水源区市、县进行巡回讲学，水源区 240 名中小学教师到北京参加短训或跟岗研修，水源区360 名医生到北京参加集中培训、短期培训或岗位培训。组织第二届北京院士专家南阳行活动，共开展各类专场讲座 47 场，受众 2489 人，达成合作意向 176 个，签订合作协议 12 个，搭建南阳与北京常态化制度化人才智力合作交流的平台。

6. 通水 5 周年宣传　2019 年以通水 5 周年为契机，摄制京豫南水北调对口协作 5 周年成效宣传片，组织实施南水北调中线工程通水 5 周年大型采访活动，邀请中央、北京市媒体赴南阳开展新闻采访报道，邀请全国网络媒体开展"水到渠成共发展"大型主题宣传推介活动。组织水源地县市在南阳市召开通水 5 周年经贸洽谈会，推进产业转移承接和对外经济合作项目对接洽谈展。

7. 豫京战略合作　2019 年推动河南省政府与中国人民大学在教育、科研、人才、产业等重点领域开展全面合作，拟设立中国人民大学国家发展与战略研究院（国发院）中原（南阳）分院、老龄产业研究中心（南阳）、水资源安全（产业发展）研究中心，成立南阳智慧康养协同创新联盟。南阳理工学院与中国知识产权运营联盟、派成国际技术转移中心和教育部相关机构合作，建立仲景智慧康养学院，培养高端实用型养老健康管理专业人才，推动健康产学研成果转化。

8. 扶贫协作　2019 年实施特色产业扶持、公共服务设施建设等精准扶贫项目 13 个，安排对口协作资金12612.458 万元，助推 2400 余户贫困户、14000 余名贫困人口脱贫。与卢氏县开展京豫协作支部共建，会同北京市扶贫支援办一处党支部、中国农科院蜜蜂研究所七支部、卢氏县发展改革委第一党支部与卢氏县瓦窑沟乡耿家店村党支部建立结对关系，围绕蜂产业发展困境，借助对口协作及科研力量，为贫困村人民群众脱贫致富贡献力量。推动栾川县水源区三川、叫河、冷水、陶湾 4 个乡镇分别与昌平区十三陵镇、南口镇、阳坊镇、北七家镇结成友好合作单位，昌平区霍营街道办事处与冷水镇结对。北京市八十中学等 16 所学校分别与淅川县第一高等学校开展结对协作。北京市顺义区支援资金 300 万元用于西峡县贫困村脱贫，延庆区政府捐赠帮扶资金 200 万元用于内乡扶贫特色产业发展和贫困村基础设施改善，怀柔区怀北镇提供 25 万元用于卢氏县产业发

展和公益性就业岗位开发。（孙向鹏）

【栾川县对口协作】

1. 协作对接 2019年3月16日至5月12日，参加第七届北京农业嘉年华活动，以"奇境栾川·自然不同"为主题布设栾川展厅，展出"栾川印象"品牌的无核柿子、栾川槲包、玉米糁、蛹虫草等六大系列81款特色农产品。5月22日，北京市昌平区发展改革委、农业农村局、昌平职业学校、十三陵镇、南口镇、阳坊镇、北七家镇等10余家相关单位负责人到栾川县考察指导对口协作工作。

6月11日，栾川县挂职副县长苗广生带队到昌平区进行项目考察对接。8月14日，南阳电视台摄制组到栾川座谈了解对口协作5周年项目开展情况。11月6日，南阳电视台摄制组来栾川拍摄对口协作5周年成果纪录片，取景昌平旅游小镇项目、美丽乡村工程、淯水福地养老院、栾川印象旗舰店。12月13日，北京市与河南省开展"中线通水5周年、京豫携手共发展"大型媒体集中采访活动，20余家平面媒体到栾川采访叫河镇"美丽乡村建设＋幼儿园民生"项目、栾川县陶湾镇西沟村昌平小镇特色建设项目。12月25日，洛阳市发展改革委副主任余爱国带队到北京市昌平区开展对口协作交流活动，参观考察昌平职业学校及未来科学城。

2. 协作项目进展 栾川县作为南水北调中线水源地，2019年实施对口协作项目9个，使用协作资金3146.4万元，其中精准扶贫类项目2个，协作资金1550万元；生态环保类项目1个，协作资金1500万元；交流合作类项目6个，协作资金96.4万元。北京市昌平区对口帮扶资金400万元。栾川县北京昌平旅游小镇建设项目、栾川县水源区乡村环境治理工程、栾川县伊源玉产业带贫示范项目正在实施。

3. 全新扶贫生态 "栾川印象"品牌农产品获得北京市民认可。栾川县川宇农业开发有限公司、洛阳市柿王醋业有限公司等7家公司自2019年1月入驻双创中心，"栾川印象"系列60余种农产品上架，直接间接带动建档立卡贫困户150余家。2019年，栾川通过线上、线下、社会动员三种营销模式，形成"电商＋龙头企业＋扶贫品牌"的全新扶贫生态。

（栾川县南水北调对口协作服务中心）

【卢氏县对口协作】

1. 申请项目资金 2019年，卢氏县主动与河南省发展改革委、洛阳市发展改革委对接，带领项目单位到河南省发展改革委和北京市支援合作办汇报工作，申请到对口协作项目9个，总资金3745.8万元，比2018年增加近1000万元。项目分别是：卢氏县五里川镇南峪沟美丽乡村示范工程，协作资金600万元；卢氏县朱阳关镇壮子沟特色民宿村建设项目，协作资金1000万元；卢氏县潘河乡生态改造示范项目，协作资金1500万元；卢氏县中国农科院蜜蜂所蜂产业培育工程，协作资金 500 万元；合作类项目，使用协作资金 145.8 万元。

2. 项目建设　2019 年全面完成 2017—2018 年度对口协作项目投资计划的年度审计。对项目建设过程中存在的问题，全年下达项目督办通知 21 份，实地督导 10 余次。2019 年卢氏县实施对口协作项目 9 个，其中交流合作类项目 5 个，使用协作资金 145.8 万元，全部完成。保水质项目 3 个，使用协作资金 3100 万元；助扶贫项目 1 个，使用协作资金 500 万元。助扶贫项目包括：建设蜜蜂现代养殖技术推广学校和标准化蜜蜂健康养殖示范基地 5 个、蜂种场 2 个、蜂旅结合示范点 2 个，种植蜜源植物 1333.4hm^2，打造卢氏蜂产业品牌。保水质项目包括：实施生态河道水涵养、生态水系涵养、生态环境整治提升，配套排水管道、污水管网及污水处理站，实施乡村民宿改造、民宿农家乐及相关附属设施建设。

3. 合作交流　北京怀柔河南卢氏两地部门通过多层次全方位协作交流，水源地区干部群众思维方式、发展理念有质的飞跃，两地乡镇、部门之间对接与互动更加全面。2019 年，北京市怀柔区的专家对卢氏县教育、旅游、农用技术、人才管理等方面 700 余人进行培训。贫困村创业致富带头人培训效果显著，19 个乡镇的农村致富带头人、合作社创办人共 120 人参加培训，其中 24 人成功创业，带动 300 余

名贫困户脱贫增收。2019 年，北京市怀柔区怀柔镇和怀北镇共援助 25 万元产业发展基金，资助 8 名贫困学生。

（赵小慧　马兆飞）

湖北省对口协作工作

【概况】　2019 年是实施南水北调对口协作行动计划的关键之年。湖北省水利厅积极配合湖北省发展改革委，紧紧围绕"保水质、强民生、促转型、助扶贫"工作主线，突出水质保护、精准扶贫、产业协作和人才智力协作等重点工作领域，强化两地多层次各领域深度融合，较好地完成了全年工作任务。　　　（程一平）

【协作项目谋划】　为科学、精准做好 2019 年对口协作项目计划的编制，早计划、早安排，自 2018 年 8 月开始要求各县（市、区）围绕发展产业优势和助力精准扶贫等重点工作精准做好项目的编制。经过反复沟通对接，最终确定 2019 年计划实施对口协作项目 64 个，总投资 53935.7 万元（协作资金 25000 万元）。其中：保水质项目 9 项，项目总资金 17772 万元，协作资金 7780 万元；助扶贫项目 13 项，项目总投资 28255 万元（其中神农架 7485 万元），协作资金 13390 万元（其中神农架 2080 万元）；公共服务项目 1 项，项目总投资 5050 万元，协作资金 1250 万元；交流合作项目 41 项（其中神农架安排 6 项），项目总投资 2858.7 万元（其中神农架 420

万元），协作资金 2580 万元（其中神农架 420 万元）。 　　　（程一平）

【协作项目推进】 十堰市所辖各县（市、区）协作项目进一步聚集水质保护和精准扶贫，有些项目连续几年投入支持，项目数量减少、质量提高，项目实施管理也越来越规范。截至2019年年底已全部开工，其中60%的项目已完工，发挥了较好的示范带动作用。神农架协作项目更具特色。神农架林区入驻北京市受援地区消费扶贫产业双创中心建设已完成中心"湖北馆"31m² 展示展销体验推介展馆的装修、运营；中医院医养结合住院综合楼及住院病房、医疗辅助用房等附属设施建设（19377m²，项目总投资7405万元，安排补助资金2000万元）正在实施基础护桩工程，累计完成投资2200万元；北京、神农架干部双向挂职，委托北京市专业院校开展党政干部、林业管理、致富带头人培训；两地政府、企业、乡镇开展协作交流等合作类项目有序推进，已举办各类培训5批次，累计培训54天，参训人员220人。 　　　（程一平）

【政务对接】 2019年年初，配合湖北省发展改革委召开2019年南水北调对口协作项目工作专题会议，邀请北京市有关方面参加会议，共同研究制定了北京市南水北调对口协作项目资金管理办法。年中，赴京参加北京市水务局组织的座谈会，就如何发挥水利部门在对口协作项目中涉水项目管理的作用进行了深入研讨。同时，两地及县（市、区）、乡镇结对交流活动异常活跃。十堰市人大常委会主任、政协主席、市委常委、副市长先后带队赴京拜访北京市有关单位和企业负责人，并就干部挂职、院士专家十堰行、对口协作宣传以及产业项目进行深入对接。北京市10多个单位和企业负责人先后到十堰进行对接考察。茅箭区区委书记、竹溪县县长分别带队赴大兴区、密云区对接工作。 　　　（程一平）

【产业协作和智力协作】 京东十堰"互联网＋"新经济项目进展顺利，共举办京东云电商及关联企业合作洽谈会11场，产业园注册企业45家（其中本地企业40家、外地企业5家），已入园19家；创新中心已入驻企业13家。北汽鹏龙汽车贸易有限公司与湖北天龙石墨有限公司就高纯石墨建设项目合作取得实质性成果；北京乡村民宿著名品牌寒舍集团与竹溪旅投公司正式签约，支持竹溪县乡村旅游发展。第六届"北京院士专家十堰行"活动成功举办，由中国工程院院士、创伤和组织修复与再生医学专家付小兵，中国工程院院士、环境工程专家侯立安，中国工程院院士、机械电子工程专家尤政，欧亚科学院院士、中医针灸学家刘保延等33名院士专家组成的北京专家团队深入企事业单位解决各类问题92个，开展学术交流讲座17场。 　　　（程一平）

柒 东线二期工程

概　　述

【概况】　2019年，淮委会同海委组织对南水北调东线二期工程规划进行了修改完善，并配合水利部完成规划审查等工作。2019年12月，水利部将审查通过的南水北调东线二期工程规划报告及审查意见报送国家发展改革委。

（王琳琳）

【工程建设的必要性】　南水北调东线是构建我国"四横三纵、南北调配、东西互济"水资源配置总体格局的重大战略性工程之一。南水北调东线一期工程已建成通水，有效缓解了江苏及山东受水区的用水矛盾，发挥了防洪、除涝和航运等综合效益，改善了输水沿线的生态环境，取得了显著的经济效益、社会效益和生态效益。

受人类活动和气候变化的影响，华北地区和山东半岛近年来出现干旱缺水、河道断流、地下水位下降等问题，影响了区域经济社会发展和生态安全。随着我国经济社会的快速发展，新的发展理念、治水思路以及京津冀协同发展和建设雄安新区等国家战略对区域水资源配置和供水保障提出了新的更高的要求，《南水北调工程总体规划》（以下简称《规划》）确定的原东线工程供水范围亟须结合国家战略拓展到京津冀缺水区。实施南水北调东线二期工程，可进一步完善我国水资源配置格局，提高南水北调供水保障能力，缓解华北地区和山东半岛水资源供需矛盾，保障北京、天津等重要区域的供水安全，改善区域生态环境。因此，建设南水北调东线二期工程是必要的。

（王琳琳）

前期工作进展

【专题研究】

1. 南水北调东线二期工程规划水资源供需平衡及配置　2019年5月，淮委会同海委组织对南水北调东线二期工程供水范围进行水资源供需分析与配置研究，重点分析了二期工程规划范围和供水范围，分析了现状水平年水资源开发利用与用水水平情况，预测了规划水平年需水量，开展了供需平衡分析和水资源配置方案研究，编制完成了《南水北调东线二期工程规划水资源供需平衡及配置》专题报告，并提交水规总院。5月22—23日，水规总院组织会议对专题报告进行了技术讨论。会后按照要求，设计单位对成果进一步补充完善。

2. 南水北调东线二期工程输水干线口门水价初步测算分析　2019年6月，淮委会同海委组织编制完成了《南水北调东线二期工程输水干线口门水价初步测算分析成果》并提交水规总院，干线口门水价测算分析设置两个供水规模、两种筹资方案共四种计算情景。7月3日，水规总院对设计单位提交的《南水北调东线二期工程输水干线口门水价初步测算分析成果》进行了技术讨论。会后按照要求，设计单位进一步补充完善成果。

3. 南水北调东线二期工程规划水资源配置与工程规模专题 在进一步完善南水北调东线二期工程供水范围进行水资源供需分析与配置相关成果后，7月16日，水利部就干线口门需调水量向沿线各省（直辖市）征求意见。结合各省（直辖市）反馈意见，淮委会同海委于8月编制完成了《南水北调东线二期工程水资源配置与工程规模专题报告》，并提交水规总院。8月21—23日，水规总院在北京组织召开会议，对《南水北调东线二期工程规划水资源配置与工程规模专题报告》进行了技术讨论，会后形成会议纪要。按照会议纪要要求，设计单位进一步对成果进行了修改完善。

4. 南水北调东线二期工程规划输水干线工程布局专题 按照东线二期工程规划工作总体安排，在水资源配置与工程规划等成果的基础上，淮委会同海委于8月编制完成了《南水北调东线二期工程规划输水干线工程布局专题》，并提交水规总院。8月21—23日，水规总院在北京组织召开会议，对《南水北调东线二期工程规划输水干线工程布局专题》进行了技术讨论，会后形成会议纪要。按照会议纪要要求，设计单位进一步对成果进行了修改完善。 （姚文锋）

【规划设计】 2019年4月18日，水利部总工程师刘伟平组织研究东线二期工程规划供水范围问题。5月20—22日，水规总院组织对淮委会同海委组织编制的东线二期工程规划水资源供需平衡及配置成果进行了技术讨论。7月3日，水规总院组织对水价测算初步成果进行了技术讨论。7月16日，水利部发函征求沿线各省（直辖市）关于东线二期工程需调水量的意见。8月21—23日，水规总院组织对水资源配置与工程规模、干线工程线路布局专题报告进行了技术讨论。9月16日，淮委会同海委将修改后的《南水北调东线二期工程规划报告》报送水利部。9月23—24日，水规总院组织对规划报告及规划环境影响报告书进行了审查。11月14—15日，水规总院组织对规划报告进行了审查复核。12月26日，水利部以水规计〔2019〕419号文将规划报告及审查意见报送国家发展改革委。 （王琳琳）

重大事件及重要会议

【前期及规划工作座谈会】 (1) 2019年1月24—25日，水规总院组织召开东线二期工程规划沟通协调会议。3月14日，淮委组织召开规划修改工作方案讨论会议，进一步明确了工作任务及分工，会后印发了规划修改工作方案。4月3日，水利部总工程师刘伟平组织研究部署东线二期工程规划下一步工作。4月10日，淮委会同海委组织编制了《南水北调东线二期工程规划修改工作计划》并报送水利部调水管理司。5月22日下午，水利部规划计划司组织召开东线二期工程规划专题会议，研究部署有关工作。 （王琳琳）

（2）12月3日，海委在天津召开南水北调东线二期工程东平湖以北部分前期工作座谈会，学习贯彻国务院南水北调后续工程工作会议精神，研究部署南水北调东线二期工程前期工作。海委一级巡视员户作亮主持会议并讲话，副总工何杉，规计处负责人，以及北京市、天津市、河北省、山东省水行政主管部门有关负责人参加。 （李伟）

捌　中线后续工程

在线调蓄工程

【前期工作组织】 2019 年 8 月，中线建管局作为南水北调中线雄安调蓄库项目法人，与南水北调中线实业发展有限公司签订《南水北调中线雄安调蓄池项目前期工作委托合同》，委托其开展南水北调中线雄安调蓄池项目前期工作并处理相关事宜。

按照《关于河北雄安新区建设项目投资审批改革试点实施方案》有关要求，工程采用"一会三函"方式开展开工前的相关工作。2019 年 12 月，工程先期建设所需"一会三函"前置程序已履行到位。 （陶李 李腾）

【雄安调蓄库工程】 雄安调蓄库是南水北调在线调蓄水库中最早开始实施的一座大型调蓄水库。2018 年 12 月，国务院批复《河北雄安新区总体规划（2018—2035 年）》，规划明确"建设南水北调调蓄水库"。2019 年 11 月，国务院总理李克强主持召开南水北调后续工程工作会议。为贯彻落实党中央国务院的决策部署，按照水利部及河北省的工作要求，中线建管局会同水利部有关司局、河北省及雄安新区等有关各方，全力以赴推进南水北调中线雄安调蓄库项目前期工作，并取得阶段性成果。

1. 前期工作组织 为加快推进调蓄库项目前期工作，中线建管局成立了于合群局长任组长的调蓄库项目工作领导小组，及时研究决策重要事项，协调解决项目推进中遇到的困难和问题，2018 年 9 月成立了全资子公司——南水北调中线实业发展有限公司（以下简称"实业发展公司"），全面负责项目的研究论证、规划设计、立项审批等各项前期工作，承担后续项目建设和投资运营等任务。河北省对调蓄库项目高度重视，成立了以省政府副秘书长为组长的南水北调雄安新区调蓄库项目建设工作专班，具体工作由省水利厅承担，及时协调解决项目推进过程中的困难和问题。在有关各方的共同努力下，调蓄库项目各项前期工作正在按计划有序推进并已取得阶段性成果。

2. 工程概况 雄安调蓄库工程位于保定市徐水区境内、南水北调中线总干渠西黑山节制闸西侧，距雄安新区约 50km，距北京约 120km，距天津约 150km。工程地理位置优越，交通便利，成库条件好，水质有保障。工程主要建设内容为上库、下库（含沉藻池）、联通工程及抽水蓄能电站。调蓄总库容约 2.15 亿 m³，其中上库 1.38 亿 m³，下库 0.77 亿 m³。上库利用三面环山的天然地形条件筑坝成库，正常蓄水位为 234.00m，主坝最大坝高 124m。下库（含沉藻池）结合骨料开挖形成，正常蓄水位为 75.00m，通过联通工程与中线总干渠相接。利用上库和下库之间约 150m 水头差布置抽水蓄能电站，装机规模 600MW。工程征地约 1266.7hm²，涉及农村人口 2071 人。按 2019 年第 4 季度价格水平，雄安调蓄库工程静态总投资约 116 亿元。调蓄库工程的主要任务包括以下 5 个方面。

（1）提高调节能力，保障雄安新区正常稳定供水。受丹江口水库径流的不均匀性和其调节性能影响，中线来水存在丰枯不均，当遭遇汉江连续枯水年或极端枯水年，丹江口水库可调水量少，供水保障率较低，对相关受水区的生活和生产供水将产生较大影响。建设调蓄库可有效调节总干渠的供水过程，丹江口水库来水充裕时利用总干渠富余输水能力充库存蓄水源，待上游来水不足时向下补水，满足雄安新区多年平均供水量 3 亿 m³、供水保证率 97% 以上的高标准供水要求。同时，还可适时为下游补水，提高河北下游受水区及京、津等地的供水保障率。

（2）总干渠停水检修期间，为雄安提供水源保障。根据《南水北调中线一期工程总干渠停水检修规划实施方案》，总干渠每 8～10 年就需进行分渠段停水检修，每次检修时长约 3 个月。中线工程明渠段为单线输水，上游任一渠段的停水检修，将导致位于总干渠下游的雄安新区停水，对新区供水安全和生产生活产生重大影响。建设调蓄库可保障 3 个月停水检修期间新区生产生活供水需求，同时还具有向下游河北其他地区及北京、天津等地的供水的能力。

（3）提升总干渠突发事件期间的应急供水能力。中线总干渠全长 1432km，工程穿越众多河流，沿线地质条件复杂，运行过程中一旦发生自然灾害、事故灾难、水质污染和社会安全事件等突发事件将导致总干渠中断输水。建设调蓄库，可快速应急响应输水至新区，保障突发事件影响造成 3 个月断水期间新区生活所需应急用水安全。调蓄库位于中线总干渠河北段、天津干线和规划的雄安干渠交汇之处，地理位置优越，不仅可保障总干渠突发事件期间雄安新区用水安全，同时还具有向下游河北其他地区及北京、天津等地的应急供水的能力。

（4）实现在线降速沉藻。因总干渠流速较缓，光照条件好，长距离输水过程为藻类生长提供了有利的自然环境，总干渠中的藻类生长及重点部位藻类夹杂泥沙的沉积物已成为影响中线水质和工程运行安全的重要风险源，尤其是总干渠和各类建筑物交叉的特殊部位、水流相对静止或者底部有挡坎的分水口门、退水闸等部位沉积较为严重。为进一步改善提升中线水质，保障工程运行安全，结合下库开挖建设沉藻池并与总干渠连通，实现在线降速沉藻，集中收集处置沉积物，消减总干渠藻类，降低藻类对西黑山以北总干渠水质和运行安全的影响。

（5）提升总干渠冰期输水能力。中线总干渠安阳以北渠段，冬季受冰情影响输水能力大幅下降，仅为设计流量的 40% 左右，无法满足雄安新区冬季用水需求。建设调蓄库，在冰期利用调蓄库存蓄水量向雄安新区供水，保障雄安新区冰期用水需求。同时，中线建管局正在研究利用调蓄库冬季水温高于总干渠的特点向总干渠补水，调节总干渠输水水温，降低冰情影响，进一步提高总干渠冰期输水能力。

在保障供水等基本功能的前提下，中线建管局依托工程开展综合开发利用充分发挥工程综合效益，创造水利工程建设运行管理的新模式。首先，利用调蓄下库开挖产生的弃料可加工生产砂石骨料，既可满足雄安新区及周边地区建筑骨料的需求，又可大幅节约调蓄下库开挖建设成本，同时还可引导带动周边区域矿山资源集中开采利用，通过填水成库破解矿山修复难题。其次，根据设计方案，调蓄库上、下库水位落差约 150m，结合工程布置和在线调蓄、应急检修备用等功能需求建设抽水蓄能电站，可满足工程充、放水需求，保持库区水体的持续稳定交换以保障水质安全，降低上库抽水运行成本。同时，通过建设抽水蓄能电站可提高电网调节能力，改善供电质量，进一步消纳吸收周边地区太阳能、风能等绿色能源，缓解河北南部电网调峰压力，保障新区供电安全及电网安全稳定运行，也符合雄安新区建设绿色智慧新城的要求。最后，利用雄安调蓄库上、下库建设的抽水蓄能电站，其具有上、下库容大，调节、备用能力显著等常规抽蓄电站不具备的特点和优势，更有利于开展光伏新能源和大数据中心综合开发产业布局，并通过市场化方式盘活资源，形成收益，探索全新的综合开发利用模式。　　（乔婧　刘洋）

【重大事件】　2019 年 5 月，京津冀协同发展领导小组会议将调蓄库项目列入 2019 年雄安新区 67 个重点项目建设计划；雄安调蓄库抽水蓄能站点作为河北南网地区推荐站点，并通过水电水利规划设计总院和河北省发展改革委组织的联合审查，上报国家能源局。6 月，水利部以水规计〔2019〕174 号文批复了长江委报送的《南水北调中线在线调蓄工程方案项目任务书》。8 月，河北省发展改革委印发《关于同意开展南水北调雄安调蓄库工程前期工作的函》，明确由中线建管局作为项目法人开展前期工作；中线建管局与实业发展公司签订雄安调蓄库项目前期工作委托合同。

2019 年 10 月 16 日，确定中国电建集团北京勘测设计研究院有限公司和长江勘测规划设计研究有限责任公司联合体为项目勘测设计中标单位后，实业发展公司组织设计单位集中力量、现场设计，并积极协调相关部门和地方政府，推动项目落地各项手续办理。

2019 年 11 月，河北省政府发布工程占地区禁止新增建设项目和迁入人口的通告；河北省自然资源厅批复工程项目选址意见，保定市徐水区发展改革局批复社会稳定风险评估意见；设计单位会同徐水区政府完成征地移民调查；实业发展公司如期完成了项目可行性研究报告编制。

2019年12月上旬，实业发展公司提交了可行性研究阶段工程设计方案；河北省水利厅印发《雄安调蓄库工程设计方案审查意见的函》和《雄安调蓄库下库开挖及场地平整项目施工意见登记的复函》。

2019年12月15日，按照河北省委、省政府要求，调蓄库工程场地平整项目先期开工。　　（乔婧　刘洋）

引江补汉工程

【工程概况】　引江补汉工程是南水北调中线工程的后续水源工程，从长江三峡库区引水入汉江，提高汉江流域的水资源调配能力，增加中线工程北调水量、汉江中下游水量和引汉济渭工程调水量，提升中线工程供水保障能力，为输水沿线城市供水生态改善创造条件。

按照2002年国务院批复的《南水北调工程总体规划》要求，在近年开展的南水北调中线后续水源方案研究工作的基础上，进一步开展引江补汉工程规划研究工作。　　（王磊）

【工程投资】　按2019年上半年价格水平匡算，推荐方案三峡归州自流引水工程静态总投资为5257658万元，其中工程部分静态总投资为4844491万元，建设征地移民静态总投资为87964万元，环境保护工程静态总投资为159868万元，水土保持工程静态总投资为145335万元，重大科研总投资为20000万元。投资中不含向湖北省沿程受水区补水的投资。

（李波）

【工程规划】

1. 工程建设的必要性　南水北调中线一期工程自2014年通水以来，为北方受水区经济社会发展提供了有力支撑，极大地缓解了北方受水区的用水矛盾，取得了显著的经济效益、社会效益和生态效益。陕西省为解决关中地区的缺水问题，正在实施引汉济渭工程；湖北省为解决鄂北地区缺水问题，正在实施鄂北水资源配置工程。

近年来，南水北调中线一期工程供水安全保障能力、汉江水资源来水持续偏枯、华北地区地下水超采和引汉济渭工程最终调水规模实现等一系列问题引起各界高度关注。实施引江济汉工程，在充分发挥中线一期工程输水能力的基础上，可增加中线一期工程北调水量和引汉济渭工程可调水量，提高中线供水保障能力，兼顾增加汉江中下游干流供水区和输水线路沿线城乡供水量，并相机为华北地下水压采创造条件，建设引江补汉工程是必要的。

2. 工程任务 引江补汉工程是南水北调中线工程的后续水源,从长江三峡库区引水入汉江,提高汉江流域的水资源调配能力,增加中线工程北调水量、汉江中下游水量和引汉济渭工程调水量,提升中线工程供水保障能力,为输水沿线城镇供水生态改善创造条件。

【水质保护】

1. 水环境现状调查评价 引江补汉工程规划水源区与水源下游区共涉及水功能一级区 15 个,二级功能区 23 个,一、二级功能区合并 34 个。总体来看,三峡水源区水质较好,2016—2018 年巴东、庙河断面综合评价各月水质为 Ⅱ~Ⅲ 类,部分月份总磷超过 Ⅱ 类标准。三峡坝下水源下游区水质尚可,宜昌、柳林洲、城陵矶、汉口等断面综合评价各月水质以 Ⅱ~Ⅲ 类为主,柳林洲断面个别月份为 Ⅳ 类,城陵矶断面个别月份为 Ⅳ、Ⅴ 类,均为总磷超标。

引江补汉工程规划调入区涉及水功能一级区 13 个,二级功能区 19 个,一、二级功能区合并 31 个。总体来看,2016—2018 年丹江口库区水质优良,浪河口下、坝上、陶岔等断面综合评价各月水质为 Ⅰ~Ⅱ 类。汉江中下游水质较好,2016—2018 年丹江口坝下、襄阳、皇庄、仙桃断面综合评价各月水质以 Ⅱ 类为主,皇庄断面个别月份水质为 Ⅲ 类、仙桃断面部分月份水质为 Ⅲ 类。

2. 水环境保护对策措施 加强水源保护与管理,在水源区一定范围内划定饮用水源保护区,加强水质监测与预警。加强水源区及水源下游区沿岸主要城镇污水处理设施除磷脱氮升级改造,加快工业污染治理和产业结构调整,逐步削减氮磷等污染物排放量。合理施用化肥农药,加强三峡库区沿岸规模化畜禽养殖场(小区)治理,以县为单位开展农村环境集中连片整治,实施农村清洁工程、农村污水处理工程,加快建立和完善农村生活污水、垃圾处理设施的运行机制。加强水源区水土流失防治,因地制宜采取坡面治理工程及林草措施等。

在受纳水域一定范围内划定饮用水源保护区,加强水质监测预警。削减调入区总磷污染负荷,全面实施汉江中下游污水处理厂除磷脱氮改造升级,综合整治唐白河、蛮河、竹皮河、汉北河等汉江支流面源污染。加强汉江中下游河岸带生态保护与修复,维持河流、湖泊、水库水生生态系统结构与功能完整性。组织开展汉江中下游流域水污染防治规划的编制工作,制定区域污染物总量控制方案与减排计划,提出针对性强的水污染防治措施。

3. 水环境风险防范对策措施 建立水源区水质监测系统和水质预警系统,一旦在引水水质出现严重超标或发生突发性污染事故时,根据污染影响的范围,迅速确定停止取、供水的范围,视事故地点与取水口的距离,适当减少渠首进水量或停止调水。开展水质污染及污染事故发生原因的调查，及时上报水质污染和污染事故的信息，采取防止污染扩散和降低污染的应急措施，采取有效措施使引水工程尽快恢复取水、供水。

在输水线路水质保护法规体系的建设中明确制订水质污染应急预案，建立在线水质自动监测系统，及时发现污染事故，并及时启动水质污染应急预案。加强输水工程水质管理系统的水环境保护和管理的现代化水平；可在现有研究资料的基础上，充分利用现代信息技术的最新成果，结合管理信息技术、地理信息技术和数据库技术等，开发建立输水工程的水质预警预报系统。加强输水线路水质污染的风险管理，在输水隧洞两端建立警示标志，采取隔离防护措施，加强对装载有毒有害物品的车辆的管理，并采取相应的措施。

调入区一是加强三峡库区水污染防治与水环境治理，降低水源区总磷浓度；二是深入开展汉江中下游富营养化及水华发生的驱动机理或影响因素研究，综合考虑调入区发生富营养化及水华期间的水文、气象、温度等外部条件，优化引水过程和引水时段，最大程度减缓富营养化及"水华"发生概率。

4. 水环境监测与跟踪评价　水环境监测方面，拟在长江干流巴东城区下游 1km、三峡归州取水口、安乐河受水点、安乐河入汉江口上、下游各

500m 处，共设置 5 个常规人工监测断面。水源下游区长江干流也设置了例行水质监测断面，以收集定期及实施监控水质数据为主，不再重复设置水质监测断面。监测 29 项水质指标。同时，在输水线路进出水口设置自动监测站，以达到实施监测水质动态变化的目的。规划实施后，对水环境影响进行跟踪评价，分析工程实施过程中及实施后对水源区、水源下游区、调入区水质的累积影响。　　（邓瑞）

【专题研究】　按照任务书要求，结合工作需要，规划阶段编制完成《引江补汉工程规划水文分析报告》《引江补汉工程规划工程地质勘察报告》《引江补汉工程规划引水规模》《引江补汉工程方案比选及规划》《江补汉工程规划环境影响报告书》等 5 个专题或附件，对工程水文形势、地质条件、工程规模、工程方案和环境影响等方面进行了详细论述。2019 年 8 月，水规总院对上述专题或附件进行了技术讨论，形成了会议纪要（水总设〔2019〕605 号）。编制单位在上述工作的基础上，按照要求修改完成了《引江补汉工程规划》。　　（张晓红）

【前期工作组织】　引江补汉工程规划时间紧、任务重、涉及范围广，组织形式以充分发挥各自优势、密切合作、共同完成为原则。规划工作在水利部领导下，由长江委负责组织实施，由长江勘测规划设计研究有限责任公司技术总负责，长江委和相关地

区的有关单位配合。具体工作安排在工作大纲编制阶段进一步明确。

2017年4月，水利部以水规计〔2017〕169号文批复了长江委报送的《引江补汉工程规划任务书》。2017年7月，长江委组织召开引江补汉工程规划工作大纲讨论会；2017年8月，长江委印发《引江补汉工程规划工作大纲》；2017年10月，长江委组织开展水源区综合查勘。

2019年2月，长江委将《引江补汉工程规划》及5个专题附件报送水利部。水利部（规计规函〔2019〕17号）要求"进一步深化工程多方案比选论证，明确调水水源和工程线路、工程布局及规模等调水方案的推荐意见"。按照水利部的意见，长江委组织报告编制单位对《引江补汉工程规划》进行了补充和完善，于2019年7月完成了相关专题报告的修改。

2019年8月，根据水利部的安排，水规总院对长江委报送的水文分析专题、工程地质专题、引水规模专题、工程方案比选专题和环境影响专题进行了技术讨论，形成了会议纪要（水总设〔2019〕605号）。编制单位按照要求修改完成了《引江补汉工程规划》（送审稿）。

2019年9月17—19日，水规总院在北京组织召开会议，对《引江补汉工程规划》（送审稿）进行了技术审查。形成了会议纪要（水总设〔2019〕655号）。按照审查会议纪要，编制单位完成了报告修改。

2019年11月16—17日，水规总院在北京召开会议，对修改后的《引江补汉工程规划》进行了复审。

（廖小永）

【重大事件】 2017年4月，水利部以水规计〔2017〕169号文批复了长江委报送的《引江补汉工程规划任务书》，明确了工程规划主要内容：水源区可调水量分析、水资源配置及引水规模论证、工程总体布局及方案比选、重点工程方案规划设计、调水影响分析、环境影响评价以及其他规划工作。2017年8月，长江委印发《引江补汉工程规划工作大纲》，进一步明确任务，并细化分工。2017年10月，长江委组织开展龙潭溪、香溪河和大宁河引水方案综合查勘。

2019年2月，长江委以长规计〔2019〕139号文向水利部报送《引江补汉工程规划》（含附件及图册共5个）。3月，水利部规划计划司以《关于进一步做好引江补汉工程规划工作的函》（规计规函〔2019〕17号）要求"进一步深化工程多方案比选论证，明确调水水源和工程线路、工程布局及规模等调水方案的推荐意见，具备条件后另行上报"。8月8—10日，水规总院组织召开引江补汉工程规划有关专题讨论会并形成会议纪要，经专家讨论，一致认为，鉴于中线一期干线工程扩建难度较大，宜以现状中线一期干线输水能力作为引江补汉工程可向北方供水的限制条件，以此为基础开展引江补汉工程可调水量和水资源配置方案研究工作，按照以供定需的原则，分析确定北调水量的配置方案。　　　　　（张晓红）

【重要会议】　2016 年 3 月 29 日，水规总院组织召开引江补汉工程规划项目任务书审查会。2017 年 7 月 19 日，长江委组织召开引江补汉工程规划工作大纲讨论会。2018 年 8 月 8—10 日，水规总院组织召开引江补汉工程规划有关专题讨论会。2019 年 9 月 17—19 日，水规总院在北京组织召开会议，对《引江补汉工程规划》（送审稿）进行了技术审查。11 月 16—17 日，水规总院在北京组织召开会议，对《引江补汉工程规划》进行了复审。　　　　　（张晓红）

玖　西线工程

重大事件及重要会议

【技术咨询会】

1. 黄河上中游地区及下游引黄灌区节水潜力深化研究、新形势下黄河流域水资源供需形势深化研究技术咨询会　2019年6月5日，黄委科学技术委员会在郑州召开技术咨询会，对黄河设计院编制完成的《黄河上中游地区及下游引黄灌区节水潜力深化研究》《新形势下黄河流域水资源供需形势深化研究》成果报告进行了技术咨询。参加会议的有黄委科技委，黄委规计局、水调局、节约保护局，以及黄河设计院等单位的专家和代表30余人。会议听取了黄河设计院主要研究成果的汇报，进行了认真讨论，提出了咨询意见。

2. 黄河上中游地区和下游引黄灌区节水潜力深化研究报告技术讨论会　2019年7月4日，水规总院在北京召开会议，对黄河设计院编制的《黄河上中游地区和下游引黄灌区节水潜力深化研究报告》进行了技术讨论。参加会议的包括：特邀专家，水利部调水管理司、南水北调规划设计管理局、黄河水利委员会，以及黄河勘测规划设计研究院有限公司、黄河水资源保护科学研究院、中国水利水电科学研究院等单位的领导、专家和代表。会议听取了编制单位主要研究成果的汇报，进行了认真讨论，会后水规总院印发了会议纪要（水

总规〔2019〕556号）。

3. 新形势下黄河流域水资源供需形势深化研究报告技术讨论会　2019年7月5日，水规总院在北京召开会议，对黄河设计院编制的《新形势下黄河流域水资源供需形势深化研究报告》进行了讨论。参加会议的包括：特邀专家，水利部调水管理司、南水北调规划设计管理局、黄河水利委员会，以及黄河勘测规划设计研究院有限公司、黄河水资源保护科学研究院、中国水利水电科学研究院等单位的领导、专家和代表。会议听取了编制单位主要研究成果的汇报，进行了认真讨论，会后水规总院印发了会议纪要（水总规〔2019〕557号）。

4. 南水北调西线工程调水线路方案论证报告及调水区重大环境影响研究技术讨论会　2019年8月12—14日，水规总院在北京组织召开会议，对黄河设计院编制的《南水北调西线工程调水线路方案论证报告》和黄河水资源保护科学研究院编制的《南水北调西线工程调水区重大环境影响研究》及两单位联合编制的《南水北调西线若干重大问题研究》进行了讨论。参加会议的有特邀专家，水利部规划计划司、全国节约用水办公室、南水北调工程管理司、调水管理司、南水北调规划设计管理局、黄河水利委员会，以及黄河勘测规划设计研究院有限公司、黄河水资源保护科学研究院

等单位的领导、专家和代表。会议听取了编制单位的汇报，进行了认真讨论，会后水规总院印发了会议纪要（水总函〔2019〕170号）。

5. 南水北调西线若干重大问题研究报告及4项专题成果审查会　9月5—6日，水规总院在京组织召开审查会，对黄委组织编制的《南水北调西线若干重大问题研究报告》和《黄河上中游地区及下游引黄灌区节水潜力深化研究报告》《新形势下黄河流域水资源供需形势深化研究报告》《南水北调西线工程调水线路方案论证报告》及《南水北调西线工程调水区重大环境影响研究报告》4个专题进行了审查。参加会议的有特邀专家，水利部水资源管理司、全国节约用水办公室、南水北调工程管理司、调水管理司、南水北调规划设计管理局、黄河水利委员会，以及黄河勘测规划设计研究院有限公司、黄河水资源保护科学研究院等单位的领导、专家和代表。会议听取了编制单位主要成果的汇报，进行了认真讨论，会后水规总院对四个专题成果印发了审查意见，分别为水总规〔2019〕788号文、水总规〔2019〕787号文、水总规〔2019〕786号文、水总规〔2019〕648号文。　　（黄河水利委员会）

【领导考察】　2020年5月18—26日，为落实习近平总书记重要讲话精神和党中央国务院一系列重大决策部署，深化南水北调西线工程规划方案比选论证，加快推进西线工程前期工作，按水利部领导指示，由黄委党组书记、主任岳中明带队，副主任苏茂林、牛玉国及有关局办、单位的领导和专家参加，对西线工程规划方案比选第一期工程调水线路方案的水源水库及输水线路进行了查勘调研，考察了一期工程上线方案、上下线组合方案、下线方案的工程总布置及关键技术问题，以及调水河流水文情势、生态环境、水资源状况及开发利用情况，与线路沿线部分地方政府有关部门及流域水电开发企业沟通情况，凝聚共识，研究加快推进西线前期工作的措施等。　　（黄河水利委员会）

拾　配套工程

北 京 市

【重点工程概况及进展】

1. 大兴支线工程 大兴支线工程位于北京市大兴区及河北固安县，主要连通南干渠与河北廊涿干渠，使北京与河北的南水北调水互联互通，为规划北京新机场水厂提供双水源通道，同时亦为北京市增加一条南水北调中线水进京通道。大兴支线连通管线采用1根DN2400球墨铸铁管，全长约46km，设计输水流量为6.1m³/s；新机场水厂连接线采用2根DN1800管线，全长约14km，设计输水流量为4.9m³/s；新建加压泵站一座。截至2019年年底，主体工程已完成。

2. 东干渠亦庄调节池扩建工程 东干渠亦庄调节池扩建工程位于北京市东南部南海子公园以东，已建亦庄调节池（一期）工程的东侧和北侧，承担第十水厂和亦庄水厂的水源切换任务。调节池总调节容积为260万m³，其中亦庄调节池（一期）调节容积为52.5万m³，扩建亦庄调节池调节容积为207.5万m³。扩建工程主要建筑物包括2号调节池、进水管、2号和3号进水口、2号泵站进水间、亦庄水厂2号取水口、2号退水溢流管等。截至2019年年底，调节池主体工程已完成。

3. 河西支线工程 河西支线工程为丰台河西第三水厂、首钢水厂、门城水厂供水，为丰台河西第一水厂、城子水厂及石景山水厂提供备用水源。设计规模10m³/s，自大宁调蓄水库取水，管线终点为三家店调节池，总长为18.8km，采用1根DN2600管道；于大宁调蓄水库中堤、东河沿村、坝房子村新建3座加压泵站；沿线为丰台河西第一水厂、丰台河西第三水厂、首钢水厂、门城水厂、城子水厂设5处分水口；末端出口于永引渠上设三家店连接站；新建调度中心一座（结合园博泵站建设）。截至2019年年底，隧洞工程完成5.7km，完成总工程量的30%。中堤泵站主体结构完成90%；园博泵站主体结构完成。

4. 团城湖至第九水厂输水工程（二期） 团城湖至第九水厂输水工程（二期）是北京市南水北调配套工程的重要组成部分，承担着向第九水厂、第八水厂、东水西调工程沿线水厂供水的任务。该工程是配套工程"一条环路"中的最后一段未建工程，该工程建成后，环路将会实现贯通，全线闭合。工程位于北京市海淀区颐和园与玉泉山之间，紧邻京密引水渠，隧洞从团城湖调节池环线分水口末端取水，终点与团城湖至第九水厂输水工程一期龙背村闸站预留的接口连接，总长度约为4.0km。隧洞工程主体采用盾构法施工，输水隧洞为1条内径4700mm的钢筋混凝土双层衬砌结构。沿线布置有排气阀井4座，排空阀井1座，东水西调分水口、龙背村进水闸改造、团北取水闸站及相关管理用房。截至 2019 年年底，输水隧洞一衬盾构施工完成 2.1km，工程成功穿越两处特级风险源、两处一级风险源，完成总工程量的 55%；二衬完成 1.15km，完成总工程量的 30%。

5. 工程管理设施建设　大宁调度中心主体工程已完成；密云水库调蓄工程调度中心主体结构已完成；通州支线工程调度中心主体工程已完成；河西支线园博调度中心主体工程已完成。

（孙桂珍）

【投资计划】　2019 年，北京市南水北调工程招投标全面进入北京市公共资源交易平台，确保工程招投标公正、公开、阳光透明。根据工程实际情况，主要对东干渠调度中心工程、河西支线工程自动化监控系统工程、南水北调中线干线北京段工程西甘池隧洞出口 PCCP 换管项目等工程进行了招标。共启动招标 6 批次、6 个标段，签订合同 5 份，金额约 8800 万元。

（孙桂珍）

【建设管理】　加强监督管理，督促建设单位每周报送工程周报，及时掌握工程建设进展情况；按时组织召开工程建设周例会，协调解决工程前期及建设过程中的难点问题，对各单位的工作限时督办，保障了工程建设的顺利进行。同时，加强与各相关单位的沟通协调，努力推动工程建设进展。2019 年共组织召开工程建设例会 25 次，编印《北京市南水北调配套工程建设周报》46 期。

（孙桂珍）

【运行管理】　以健全标准化制度、提升场区文明、提升工程形象、规范人员行为为重点，推进工程运行管理规范化建设。健全完善了标准化制度体系。以水库工程为重点，完成泵站电缆改造、节制闸交通桥路面提升及标识标牌更新工作。完成厂区道路、绿化、标识标牌、宣传阵地规范化设计。组织开展了标准化管理工作年终检查，标准化建设成效显著。

（孙桂珍）

【质量管理】

1. 监督水平稳步提升

（1）监督工作例会机制得到巩固加强。每月组织召开配套工程质量监督工作会，听取建设单位月度工程项目管理情况、扬尘治理情况等工作汇报，通报当月质量监督检查情况，分析质量问题，研究解决措施，部署下一步工作。

（2）监督工作精细化水平得到提升。依据《水利水电工程单元工程施工质量验收评定标准》等，编制涵盖 1 个质量监督抽查通用表格、48 个工序及单元工程质量监督抽查专用表格及 1 个空气重污染施工情况检查表的《质量监督抽查工作表》，规范质量监督工作，提高业务水平和工作效率。

2. 监督力度日趋加强

（1）质量监督高压态势继续保持。贯彻落实《水利工程建设质量与安全生产监督检查办法（试行）》精神，对大兴支线工程、亦庄调节池扩建工程、河西支线工程、团城湖至第九水厂输水二期工程和干线停水检修工程进行质量监督全覆盖，共组织质量抽查286次、专项检查6次、质量大检查2次，委托水利行业检测单位对原材料、中间产品及工程实体检测194组，雷达检测壁后回填灌浆密实度0.3km。参加首件（段）验收35次、出厂验收12次、进场验收6次、盾构始发条件验收等联合验收5次、重要隐蔽（关键部位）单元工程验收26次、分部工程验收16次、单位工程验收2次、合同项目完工验收2次、阶段验收1次。未发生质量事故。

（2）质量问题强势督促整改。共发现质量问题360个、质量违规行为233条，其中一般质量违规行为19条、较重质量违规行为177条、严重质量违规行为37条。采取填写抽查记录表、印发质量监督检查结果通知书和检查结果通报的形式，责成项目法人对责任单位进行停工、返工和经济处罚，并对有关单位进行约谈。发现问题和违规行为已全部整改完成。全年填写《质量监督抽查工作表》429份，印发《质量监督检查结果通知书》4份、《质量大检查结果通报》2份。 　　　　　　　（孙桂珍）

【文明施工监督】 按照《北京市建设工程施工现场管理办法》开展扬尘治理监督检查。完成重大活动期间、节日期间空气质量保障措施落实情况抽查及信息报送工作。督促责任单位将"六个百分百""门前三包"和空气重污染预警期间"六个确保"措施落实到位，要求施工单位加大空气重污染预警期间洒水频率、路面清洗、土方和物料苫盖的检查力度，切实做好抑尘降尘工作，确保北京市南水北调配套工程空气质量保障措施落实到位。共检查369次，形成检查记录369份。 　　　　　　　（孙桂珍）

【安全生产及防汛】 组织完成"防风险、保平安、迎大庆""三年隐患排查治理"等专项活动。组织安全、质量检查64次，发现问题108条并整改落实。落实上级有关部门专项检查安全问题400余条。汛期开展在建工程防汛演练4次。完成质量检测445组、雷达检测1800m。 　（孙桂珍）

【科技创新】 （1）科学研究助力探索与实践。编撰《大数据与互联网＋技术在南水北调的应用》和《信息系统国产密码技术研究》论文2篇，完成《北京市南水北调工程信息化探索与实践》编写工作，形成南水北调来水智能调度管理系统又一项科研成果。

（2）北斗技术助力高精度定位。积极开展北斗卫星精确定位方法研究项目。通过现场踏勘、数据采集和分析工作，重点研究定位坐标纠偏关键技术，实现了终端设备定位精度的提升，为工程巡查应用的进一步推广提供了助力。

（3）人工智能助力检查检测。采用水面无人船＋水下机器人的新技术，针对南水北调工程水下检查、检测缺少有效技术手段的难题，在工程不停水、不断水状态下，通过搭载相关传感器开展工程管道的检查、检测，为有压管道带水检测储备技术手段。

（孙桂珍）

【工程验收】　2019年南水北调中线干线北京段工程验收工作超前谋划，完成合同项目完工验收3个；保修期满验收1个；泵站机组启动验收1个。完成水土保持自主专项验收2次。完成南干渠工程、南水北调来水调入密云水库工程、东干渠工程（除五标外）及通州工程的档案合同项目验收工作。完成干线工程消防验收。

（孙桂珍）

【行政执法】　严格行政执法，保障工程安全。全年共出动执法人员5291人次，出动执法车辆1753次，巡查里程141587km。发现并处理违法行为104起，其中，协调处理完成95起，立案查处2起，跟进处理7起。

（孙桂珍）

天　津　市

【概况】　南水北调中线工程从湖北丹江口水库引水，通过中线总干渠，经天津干线向天津市供给长江水。南水北调天津市内配套工程（简称"配套工程"）肩负着从干线取水后将水送至各大水厂，让百姓喝上甘甜的丹江水的使命。天津市配套工程建成后，天津市形成了以调节引滦水的于桥水库、尔王庄水库，调节南水北调中线水的王庆坨水库、北塘水库和调节未来南水北调东线水的北大港水库（现有水库）为供水安全保障，以"一横（配套工程）一纵（引滦工程）"为骨干，覆盖全市的水资源配置工程网络。2018年10月30日，水利部印发南水北调中线一期工程2018—2019年度水量调度计划的通知，批复天津市引江调水计划总量为10.96亿 m^3。2018年11月1日至2019年10月31日，天津市实际引江输水量为11.02亿 m^3，完成调水计划的101％。

（丛英）

【前期工作】　2019年，完成了天津市南水北调中线市内配套工程西河泵站至凌庄水厂红旗路线DN2200原水管道重建工程和天津市南水北调中线市内配套工程管理信息系统初步设计审批，为2020年项目启动夯实基础。

（丛英）

【投资计划及使用管理】　2019年，共安排南水北调市内配套工程6项工程，完成投资19279万元。其中，南水北调市内配套工程续建项目，共4项工程，完成投资4678万元，包括：武清供水管线工程（A0＋000—A32＋880段），完成投资450万元；武清供水管线工程（A32＋880—武清规划水厂段），完成投资2580万元；宁汉供水管线工程（宁河及汉沽支线），完成投资998万元；王庆坨水库工程，完成投资650万元。南水北调市内配套工程新建项目，共2项工程，完成投资14601万元，包括：西河泵站至凌庄水厂红旗路线DN2200原水管道重建工程，完成投资11801万元；管理信息系统工程，完成投资2800万元。　　　　　　（丛英）

【建设管理】

1. 天津市南水北调市内配套工程建设　天津市南水北调市内配套工程建设包括宁汉供水管线工程（宁汉支线）、王庆坨水库工程、武清供水工程（两条管线）、西河泵站至凌庄水厂红旗路线DN2200原水管道重建工程及管理信息系统工程。

（1）宁汉供水管线工程。宁汉供水工程新建供水管线57.59km和改建泵站2座工程。工程起点为尔王庄水库东侧改建的宁汉供水泵站，终点为宁河水厂（规划新建）和汉沽龙达水厂（规划扩建）。天津市南水北调中线市内配套工程宁汉供水管线工程（宁河及汉沽支线）。该工程建设包括宁河支线及汉沽支线供水管线两部分工程。工程于2017年12月19日开工建设，2019年8月31日完成建设任务，并完成移交工作，累计投资37235.87万元，占总投资（37235.87万元）的100％。

（2）武清供水工程。武清供水工程输水管线起点为武清供水泵站，终点为规划武清水厂。分两段施工：①武清供水工程管线工程（A0＋000—A32＋880段），项目总投资为47800万元，工程于2017年11月24日开工，2019年6月30日完工，累计完成管道安装33344.65m，占总长度（33344.65m）的100％，累计完成投资为47800万元，占工程概算总投资的100％；②武清供水工程管线工程（A32＋880—武清规划水厂段），项目总投资为4880万元，工程于2018年12月10日开工，2019年6月30日完工，全线管道累计安装完成2169.25m，占总长度（2169.25m）的100％，累计完成投资4880万元，占工程概算总投资的100％。

（3）王庆坨水库建设工程。王庆坨水库是天津市南水北调中线"在线"调节和安全备用水库，主要功能是调节天津市引江来水和用水的不均衡性以及在应急情况下的安全用水，提高城市供水的可靠性和安全性。该工程位于天津市武清区王庆坨镇西部，距南水北调中线天津干线约800m。水库总库容为2000万m³，入库设计流量为18m³/s，出库设计流量为20m³/s。项目由围坝、泵站、引水箱涵、退水闸、退水渠、截渗沟、管理设施等其他建筑物组成。项目总投资为192435万元。工程于2016年4月8日开工建设，2019年完成引水箱涵穿越工程及水库绿化工程，同时完成水库大坝安全鉴定工作、泵站下闸蓄水验收工作、单位工程及合同工程验收工作、环评验收工作，并完成水库蓄水工作，水位达到设计工程。工程累计完成投资192435万元，占总投资（192435万元）的100％。

（4）西河泵站至凌庄水厂红旗路线DN2200原水管道重建工程。项目总投资27260万元。工程于2019年10月完成招标及合同签订工作，正在推动征迁单位开展工程征迁、专项切改等工作，同时组织施工单位做好施工准备等工作。2019年完成投资11800万元，占2019年投资任务指标（11800万元）的100％；累计完成投资11800万元，占总投资（27260万元）的43.3％。

（5）管理信息系统工程。开发建设覆盖天津市南水北调中线市内配套工程的自动化调度、工程管理、综合决策支持软件系统以及与调水业务相应的电子政务系统。建设覆盖调度中心（备调中心）、分调中心的应用支撑平台和数据存储与管理系统。建设覆盖调度中心（备调中心）、分调中心、各级管理单位以及各信息采集点的通信系统、计算机网络系统、系统运行实体环境。管理信息系统工程调度中心、调度分中心等选址在天津市水务投资集团有限公司购置的管理设施范围内。天津市南水北调中线市内配套工程调度中心设置在天津公馆，在现有北塘水库管理用房设置备调中心，在现有引滦潮白河分公司、引滦尔王庄分公司、引滦市区分公司、引江市区分公司、引江市南分公司等设置调度分中心。项目总投资9500万元。2019年，工程已完成初设批复和招投标工作。2019年完成投资2800万元，占2019年投资任务指标（2800万元）的100％；累计完成投资2800万元，占总投资的29.47％。

2. 天津市南水北调市内配套工程建设管理　在建设管理上，天津市水务局牢牢把握"水务工程补短板、水务行业强监管、转变作风提效能"的工作思路，坚持强化牵头推动重点水务工程和抓实建设市场管理"两手发力"，全力做好水务工程监管、服务和推动工作。　　　　（丛英）

【运行管理】　天津市配套工程主要包括：中心城区供水工程的西干线、西河原水枢纽泵站，负责向中心城区供水；滨海新区供水工程的曹庄泵站、南干线，负责向滨海新区供水；尔王庄水库至津滨水厂供水工程的引滦入津滨管线，负责向环城区域供水；北塘水库完善工程的北塘水库、塘沽水厂供水泵站、开发区水厂供水泵站，负责向滨海新区供水；引江向尔王庄水库供水连通工程的永清渠管线、永清渠泵站，负责向北部地区供水，尔王庄向武清供水的武清管线、武清泵站；尔王庄向宁河、汉沽供水的宁汉管线。2018—2019年度（2018年11月1日至2019年10月31日），水利部批复天津市引江调水总量10.96亿 m^3（《水利部关于印发南水北调中线一期工程 2018—2019 年度水量调度计划的通知》）。中线建管局向天津市输水量为 11.02 亿 m³（中线建管局王庆坨连接井进口流量计表读数），完成调水计划的 101%。为确保安全运行，调度人员 24 小时在岗值守，密切关注上游来水情况及沿线各用水户用水情况，依照年度调水计划及时与中线建管局沟通，调整引江上游来水流量和下游供水模式，并适时调控天津干线向天津市各分水口门引江输水流量，确保全市原水供给平衡。2019 年 10 月，随着新建成的南水北调天津市配套工程王庆坨水库成功蓄水，天津市城市供水保障率和调蓄能力得到提升，通过尔王庄水库、北塘水库、王庆坨水库三库联调联调，最大限度发挥出三座水库应急调蓄能力，保障城市供水安全。（丛英）

【质量管理】 为保证工程质量，天津市水务局分管局领导多次带队采取飞检的方式赴现场督促施工进度，加强质量管理，对可能影响施工进度及质量的问题，采用现场会方式，积极协调有关区及地方政府，及时化解各类问题，为实现既定目标扫除了障碍。同时，安排专人，每周 1~2 次赴现场督促检查施工进度与质量。截至 2019 年年底，宁汉供水工程、武清供水工程全部完工，准备开展通水验收；王庆坨水库完成首次蓄水，并实现向武清区供水。

2019 年 3 月 22 日，成立了天津

市南水北调工程竣工验收领导小组，天津市水务局副局长张文波任组长，先后 4 次组织召开验收工作推动会，有力地推动了验收工作进程。为项目建设单位及时办理竣工验收检测单位择定申请 4 项。受水利部委托，主持完成了南水北调中线一期天津干线天津市 1 段工程设计单元工程完工验收，作为 2019 年度天津干线首个完成的设计单元工程，受到了水利部领导的高度评价。同时，完成了南水北调中线一期工程市内配套北塘水库维修加固工程、中心城区供水工程竣工验收。 （丛英）

【文明施工监督】 为提高天津市南水北调市内配套工程建设文明施工意识，2019 年制定了质量、安全、进度、文明施工、扬尘等项目的监管制度，建立项目建设全过程监管体系，对日常检查及专项检查发现的问题及时更新汇总，并跟踪反馈，实现项目管控可视化管理。完善施工合同条款内容，将质量、安全、扬尘、进度、文明施工等目标列入合同要求，通过合同加强对参建单位的约束，对参建单位履约情况和能力进行考核评价。严格支付管理，依据参建单位人员每月出勤情况和履职情况，定期开展综合评价，评价结果与费用支付挂钩。扬尘管控严防死守，设立扬尘视频监控系统和大气污染监控系统，24 小时监控施工现场的扬尘污染，对不文明施工严肃批评，树立文明施工意识，

打造一流工程。重视工程质量监管，通过合同履约控制、过程管理、严明奖惩等措施，加强文明施工监督管控力度，树立文明施工标杆。　（丛英）

【安全生产及防汛】　2019年，南水北调天津市内配套工程安全生产工作，按照"安全第一，预防为主"的方针，严格落实安全生产责任制，组织签订《安全生产责任书》，在重大节日、节点加强安全生产大检查，定期组织安全生产自查。为加强安全教育，进一步提高职工安全意识，2019年开展了设备操作培训、七氟丙烷培训、微型消防站培训等，同时开展了应急演练、消防演练、反恐演练，召开安全生产会议学习各类安全生产文件，进一步提高了职工的安全生产意识和应急处置能力。强化安全检查。为保障设备运行平稳，确保输水安全，进一步细化安全检查内容，做到检查全面、细致、无死角，对检查中发现的问题积极进行整改，按期复查，跟踪整治，确保整改到位。

开展汛前、汛中、汛后安全检查，建立防汛物资使用台账，在重点区域放置防汛物资、检查各类防汛抢险设施，加强值班值守，确保防汛各项措施落实到位。组织职工开展防汛演练，锻炼了职工汛期的应急处置能力，有效保障了汛期安全。　（丛英）

【征地拆迁】

1. 市内配套工程征迁工作　2019年，天津市市内配套工程征迁工作完成了武清供水管线工程武清区公路管理所段工程设计变更产生的征迁工作；完成了宁汉供水支线工程芦台镇及大北镇剩余1.885km征迁工作；完成了武清供水管线末端工程征迁工作。王庆坨水库工程征迁工作涉及1个乡镇，5个村街，24家企业，该工程永久征地340.34hm^2，临时征地23.73hm^2（其中引水箱涵7.53hm^2，退水渠16.2hm^2），砍伐树木117.92万株，坟墓迁移3642丘，水井封堵1244眼。截至2019年年底，1家市属企业（动物检疫站，位于一级生态保护区范围内）尚未解决，其他征迁项目均已完成。此外，配合有关部门开展西河泵站至凌庄水厂红旗路线直径2.2m原水管道重建工程征迁实物量的前期调查工作。

2. 已完工工程征迁验收工作　按照南水北调市内配套工程验收工作安排，认真梳理已完工市内配套工程征迁安置工作，制定征迁专项验收进度计划表，指导推动有关区征迁机构抓紧开展已完工配套工程征迁区级自验收工作，确保按计划完成征迁安置市级复验收工作。

（1）引江向尔王庄水库供水连通工程。2019年3月14日，该工程临时用地通过市规划和自然资源局北辰分局复垦验收。3月25日，完成临时用地复垦保证金的退还工作。5月16日，完成该工程征迁工作区级自验收工作。12月19日，该工程征迁工作通过市级复验收。

（2）尔王庄水库至津滨水厂供水管线工程。8月21日，该工程东丽区段征迁工作通过区级自验收；完成该工程宁河区段区级征迁资金决算审计工作；完成北辰区段征迁工作区级自验收有关材料完善及上报工作。

（3）滨海新区供水一期曹庄泵站工程及供水管线工程。完成津南区段区级征迁资金决算审计工作；完成东丽区段区级征迁资金决算审计工作。

（丛英）

河 北 省

【前期工作】　为进一步完善工程体系，提升安全供水保障能力，充分发挥南水北调工程综合效益，谋划启动《河北省南水北调配套工程补充规划》编制工作。督导各市组织编制江水直供工程建设方案，邢台等6市拟新增江水直供项目共14项，可增加江水消纳能力4745万 m³。　（胡景波）

【资金筹措和使用管理】　河北省南水北调水厂以上配套工程概算总投资为 283.49 亿元。按照 40％资本金、60％贷款进行资金筹措。截至 2019年年底，累计落实建设资金 232.3634亿元；项目资本金共筹集落实 92.548亿元，其中，中央补助资金 21 亿元，省级预算资金 43.998 亿元，受水区市（县）22.65 亿元，省建投出资4.9 亿元。2019 年河北省财政安排预算资金 1.766 亿元。贷款资金共落实139.8154 亿元，其中，国家开发银行长期贷款 79.67 亿元，国家专项建设基金 41.88 亿元，农业发展银行贷款15.6914 亿元，河北银行贷款 2.574亿元。

河北水务集团根据基本建设财务管理相关要求，制定了《河北水务集团财务管理办法》《河北省南水北调水厂以上配套工程建设资金使用管理办法》《河北省南水北调水厂以上配套工程项目资本金使用管理办法》《河北省南水北调水厂以上配套工程价款结算管理办法》等 11 个配套管理制度，保障了配套工程建设资金使用管理的规范安全。截至 2019 年年底，累计完成投资 227.65 亿元；2019年完成价款资金支付 11.78 亿元。

（胡景波）

【建设管理】　2019 年 4 月，南水北调中线廊涿干渠固安支线工程开工，河北省水利厅深入工程一线对项目法人和建设管理单位进行现场督导，持续加强与北京市沟通协调，对进展情况实行周报月报制度，及时解决了改迁建 10kV 架空线路等一批影响工程征迁和建设的突出、重大问题，在保证工程质量的基础上不断抢抓进度。督导石家庄、衡水两市加快实施石津干渠沿线村镇截流导流工程，消除排污隐患，保障石津干渠输水水质安全。督导河北水务集团加快配套工程遗留问题处理和尾工建设，按计划对受水区 7 市逐一现场调研，针对不同情况提出处理意见和解决建议，在此基础上召开南水北调配套工程验收推进会议，对配套工程遗留问题处理、尾工建设以及验收计划进行再研究、再部署，全面推进南水北调配套工程验收工作。积极推进扩大江水直供范围，新建江水直供项目 4 项。

（胡景波）

【运行管理】 （1）高度重视供水工作。2019 年 2 月 21 日，河北省南水北调引江水利用工作会议在石家庄召开，河北省委常委、常务副省长袁桐利出席会议并讲话，副省长时清霜主持会议，要求把用足用好引江水作为解决地下水超采问题、推动可持续发展的一项重大政治任务，聚焦扩大城镇生活和工业用水量，畅通供水管网，及时关停自备井，加快水源切换，进一步增加引江水消纳量。2018—2019 调水年度（2018 年 11 月至 2019 年 10 月），河北省累计引调江水 22.37 亿 m^3，同时配置当地地表水 3.24 亿 m^3，南水北调工程实际供水 25.61 亿 m^3，其中，城镇生活和工业 16.27 亿 m^3，生态补水 9.34 亿 m^3。

（2）管理机构基本建立。按照河北省政府批复，2015 年河北水务集团与河北建投、河北建投水务共同出资成立了河北供水公司，负责南水北调配套工程的运营管理。2019 年，河北供水公司调度中心、工程维护中心以及 10 个二级管理机构正式开始运行。公司总部及各管理处对在岗职工进行理论知识和技能培训，提高了综合素质和业务能力，为工程运行提供了保障。

（3）规章制度不断完善。组织编写了《河北省南水北调工程供水运行应急预案（试行）》，待水利部上位预案发布后，报经河北省政府研究决定。编制印发了《河北省南水北调工程供水运行应急预案（部门预案）（试行）》《关于用足用好南水北调引江水的实施意见》《河北省南水北调工程水量调度计划编制与执行管理办法（试行）》《河北省南水北调受水区城镇供水水源保障应急预案（试行）》。组织开展了南水北调引江调度工作培训。制定完善了《河北省南水北调配套工程运行调度规程（试行）》《河北省南水北调配套工程供水调度管理办法》《河北省南水北调水量调度计划编制与执行管理办法》《河北省南水北调配套工程维修养护管理办法（试行）》等一系列规章制度，对运行调度、水量调度、工程维护、运行管理值班、物资管理、安全运行等方面作出了详细规定，使工程运行有章可循，促进了运行管理的制度化、规范化。

（4）水质监测科学规范。委托具有资质的第三方对配套工程特别是石津干渠明渠段水质进行检测，每月检测 6 个断面、24 项指标（农灌期间检测 29 项指示）。启用 2 处自动监测系统，对水质进行实时监测。加强与南水北调中线局河北水质监测中心及各地水厂水质监测部门交流联系，及时掌握上下游水质监测数据，相互印证，确保监测数据科学规范，保证了水质安全。2019年度，各检测断面水质均符合供水水质标准。

（5）专项维护有序开展。充分利用社会力量，对配套工程专业性较强的设备进行专项维护。2019年，进行了电力、电气设备，水机设备等专项维护标准制定、费用测算工作，招标选定了电力专业维护队伍，对管理站所、泵站电力设施开展维护，消除了安全隐患，保证了工程运行安全。

（6）安全管理不断强化。健全了安全组织机构，配备了专职安全管理人员，修订了安全生产管理制度。组织召开了应急管理工作会议，对各单位应急机制建设进行全面部署。修订完善了应急预案，招标选定了应急抢险队伍，开展了应急演练，提升了应对突发事件能力。

（7）管理理念持续创新。围绕管理体系和管理能力现代化，集团（公司）保定管理处应用"物联网水泵智能化运维系统"。通过数据采集通信模块实时将泵站水泵机组的运行数据采集并传输到"水泵智能化运维系统"云平台，优化水泵运行模式，及早发现运行隐患、指导设备运护，降低维护成本。保沧干渠管理处应用"信息化智能管理平台"全面提升运行管理数据传输、资源整合、共享利用、分析决策、综合运维及安全防护水平，构建"数字化管理＋智能化应用服务＋长效稳定机制"的智慧管理大格局，推动运行管理信息化工作从分散式管理转向智能一体化管理，从人工管理转向数字化管理。（胡景波）

河 南 省

【投资计划】

1. **变更索赔审批**　2019年年初，河南省南水北调建管局印发《关于加快河南省南水北调受水区供水配套工程合同变更索赔处理工作的通知》（豫调建投〔2019〕23号），将建管单位的批复限额由100万元调整至200万元，并明确目标任务、责任主体和工作要求。8月，根据第40次运管例会要求，研究提出配套工程监理延期服务费补偿的原则、标准和计算方法，部分建管单位已组织监理单位完成材料的编报工作。通过细化台账、座谈交流、现场督导等一系列措施，截至12月底，全年完成变更索赔审批239项，累计完成1972项，约占配套工程变更索赔台账2058项的96%，预计还有86项需审批。

2. **管理设施完善**　根据第40次运行管理例会要求，会同安阳、平顶山市建管局分别对汤阴、内黄管理所室外工程、阀井加设安全设施和叶县、鲁山、宝丰、郏县管理所室外工程施工图和预算进行联合审查，并会同郑州市配套工程建管局对郑州管理处外墙装饰工程设计变更和港区、中牟、荥阳、上街管理所室外工程及绿化项目施工图进行审查，有关单位按照工程变更程序对变更项目组织实施。

3. 结算工程量核查　印发《关于开展河南省南水北调受水区供水配套工程结算工程量专项检查的通知》（豫调建投〔2019〕79号），河南省南水北调建管局委托咨询单位进行全面核查，初步确定委托5家咨询单位承担核查工作并进行合同条款协商。

4. 自动化与运行管理决策支持系统建设　河南省配套工程自动化调度系统通信线路总长度为803.76km（设计长度为751.52km，新增供水项目长度为52.24km），截至2019年12月31日，累计完成设计线路施工717.38km，同比完成率95.5%，完成新增线路施工49.0km，同比完成率为93%。自动化设备包括河南省调度中心、11个管理处、43管理所、143现地管理房（含泵站）的设备安装。2019年完成5个管理处、28个管理所、100个现地管理房（含泵站）的设备安装。截至2019年年底，除因安阳、鹤壁管理处主体工程在建，焦作管理处正在建筑装修，临颍、舞阳管理所未建，淇县、浚县管理所主体未验收无法安装外，全省其他8个管理处、39个管理所、全部现地管理房（含泵站）的自动化设备全部安装完成。流量计总计174套（合同168套，设计变更取消3套，新增线路增加9套），2019年完成流量计安装15套。截至2019年12月31日整套安装完成161套，部分安装6套，未安装6套，备品备件1套（鹤壁金山水厂未建）。整套安装完成比例92.53%。2019年4月委托自动化代建部负责自动化调度系统试运行管理，开始与南阳、许昌、濮阳联网运行。

2019年，河南省南水北调建管局印发《关于简化和规范其他工程穿越邻接河南省南水北调受水区供水配套工程审批管理的通知》（豫调建投〔2019〕43号），简化部分后穿越项目的审批程序，全年组织审查穿越、邻接配套工程项目28项，批复13项。

（王庆庆）

【资金筹措和使用管理】　截至2019年年底，配套工程累计到位资金144.46亿元，其中，省、市级财政拨款资金56.95亿元，南水北调基金49.13亿元，中央财政补贴资金14亿元，银行贷款24.38亿元。2019年未拨入资金。全省南水北调配套工程累计完成基本建设投资126.03亿元，其中，完成工程建设投资94.32亿元、征迁补偿支出31.71亿元。河南省南水北调建管局本级货币资金10.95亿元。

1. 水费收缴　截至2019年年底，共收缴水费42.9亿元。其中，2014—2015供水年度收缴8.25亿元；2015—2016供水年度收缴6.85亿元；2016—2017供水年度收缴1.08亿元；

2017—2018 供水年度收缴 12.77 亿元；2018—2019 供水年度收缴 13.95 亿元。截至 2019 年年底，累计上缴中线建管局水费 27.6 亿元，其中 2014—2015 供水年度上缴水费 5.99 亿元，2015—2016 供水年度上缴水费 2.01 亿元，2016—2017 供水年度上缴水费 4 亿元，2017—2018 供水年度上缴水费 7 亿元，2018—2019 供水年度上缴水费 8.6 亿元。

2. 工程建设资金管理 2019 年，开展配套工程建设资金的筹资工作，与水利厅、财政厅等部门沟通协调，确保工程建设资金需要。加强资金监管，规范结算流程，提高结算支付质量。组织编制下半年资金使用计划并加强督促检查，取得较好的成效，加强与河南省财政厅评审中心沟通协调，整体推进配套工程财政评审工作。2019 年调度中心设计单元完工结算财政评审基本完成。向河南省财政评审中心报送配套工程 2020 年度评审计划，举办配套工程财务管理及竣工财务决算编制培训班，制定配套工程完工财务决算编制方案。

3. 工程运行资金管理 组织编制全省 11 个省辖市、2 个直管县（市）2019 年度运行管理费支出预算，报河南省水利厅厅长办公会核准后执行。每季度对运行管理费收支情况进行监督审核。2019 年运行管理支出预算 16.99 亿元，年度实际支出运行管理费 12.7 亿元。

4. 审计与整改 配合河南省审计厅开展省南水北调建管局 2018 年度预算执行和其他财政收支相关事项核查工作，通过审计未发现违反法律法规或政策规定问题。配合审计署河南审计组开展落实国家重大政策措施情况跟踪审计工作。截至 2019 年 10 月底，涉及审计的河南省配套工程调度中心内装饰、幕墙和消防三个合同项目未完成工程款支付问题，除消防项目未完成财政评审，未完成整改外，其他两个项目完成整改。2019 年组织财务人员参加中线建管局干线工程完工财务决算编制培训、水利厅基建项目竣工财务决算管理培训、行政事业单位全面预算绩效管理与新旧会计制度衔接培训。8 月下旬举办南水北调配套工程财务管理及竣工财务决算编制培训班。

（李沛炜 王冲）

【建设管理】 2019 年，河南省南水北调工程建设管理工作主要包括：南水北调中线干线工程跨渠桥梁竣工验收，设计单元工程完工验收，配套工程分部、单位和合同项目完工验收，配套工程尾工建设；制定印发《关于进一步规范我省南水北调配套工程损毁破坏修复监管有关事宜的通知》（豫调建〔2019〕38 号），进一步规范配套工程损毁破坏修复监管工作。

1. 完工验收 2019 年 2 月 18 日，河南省南水北调建管局编制《河南省南水北调受水区供水配套工程 2019 年度工程验收计划》，11 月 5 日河南省水利厅印发《河南省水利厅关于修订印发河南省南水北调配套工程验收工作导则的通知》（豫水调〔2019〕9号），修订后的《河南省南水北调配套工程验收工作导则》自2019年12月1日起实施。截至2019年12月底，全省配套工程供水线路（含泵站）累计完成97.0%分部工程、91.3%单位工程、92.0%合同项目验收任务。2019年全年共完成供水线路（含泵站）单元工程评定2021个，分部工程验收98个，单位工程验收40个，合同项目验收41个；配套工程管理处（所）和调度中心（含仓储中心及维护中心）累计完成89.5%分部工程验收，58.8%单位工程验收任务，其中调度中心分部工程、单位工程验收全部完成。2019年全年共完成管理处（所）分部工程验收108个，单位工程验收9个。

2. 尾工建设　2019年，对配套剩余工程建立台账，实行销号制度。对郑州21号分水口门尖岗水库向刘湾水厂供水剩余尾工项目进展严重滞后问题，分别于1月25日、5月31日、7月19日三次约谈承建单位河南水建集团有限公司。截至12月底，全省配套供水线路工程剩余尾工共3项：焦作27号分水口门府城输水线路设计变更项目基本完成，于7月20日通水，剩余泵站厂区内绿化、道路及围墙工程正在实施；郑州21号口门尖岗水库向刘湾水厂供水工程剩余穿南四环隧洞60m，已贯通，未衬砌；21号线尖岗水库出水口工程主体

工程完成，剩余库区内围堰清除不到位，已不影响水库正常蓄水。全省配套工程61座管理处（所）中，已建成35座、在建18座、处于前期阶段（未开工建设）的8座。2019年新增完工建设管理处（所）9座，无新增开工管理处（所）。　　　（刘晓英）

【运行管理】　按照河南省委、省政府机构改革决策部署，河南省南水北调办并入省水利厅，有关行政职能划归省水利厅。河南省南水北调建管局5个项目建管处在承担原项目建管处职责的基础上，分别接续省南水北调建管局机关综合处、投资计划处、经济与财务处、环境与移民处、建设管理处等5个处室职责。2019年，河南省南水北调配套工程运行平稳、安全，全省共有38个口门及21个退水闸开闸分水。

河南省南水北调建管局负责南水北调配套工程运行管理的技术工作及技术问题研究；组织编制工程技术标准和规定；协调、指导、检查省内南水北调配套工程的运行管理工作；提出河南省南水北调用水计划；负责配套工程基础信息和巡检智能管理系统的建设工作；负责科技成果的推广应用工作；负责与其他省配套工程管理的技术交流相关事宜；负责调度中心运行管理，按照全省南水北调配套工程年度调水计划执行水量调度管理。

各省辖市、省直管县（市）南水北调办（中心、配套工程建管局）负

责辖区内配套工程具体管理工作。负责明确管理岗位职责，落实人员、设备等资源配置；负责建立运行管理、水量调度、维修养护、现地操作等规章制度，并组织实施；负责辖区内水费收缴，报送月水量调度方案并组织实施；负责对河南省南水北调建管局下达的调度运行指令进行联动响应、同步操作；负责辖区内工程安全巡查；负责水质监测和水量等运行数据采集、汇总、分析和上报；负责辖区内配套工程维修养护；负责突发事件应急预案编制、演练和组织实施；完成河南省南水北调建管局交办的其他任务。

12月16—21日，河南省南水北调建管局委托河南水利与环境职业学院在郑州市举办河南省南水北调配套工程2019年度运行管理培训班，全省共有108名配套工程调度管理、运行管理、巡视检查、维修养护等人员参加培训。按照"管养分离"的原则，通过公开招标选定的维修养护单位继续承担全省配套工程维修养护任务。

2019年8月和9月累计生态补水1.49亿 m³。2018—2019年度河南省累计供水24.23亿 m³，完成年度计划21.96亿 m³ 的110%；扣除2019年8月和9月生态补水，河南省2018—2019年度累计供水22.74亿 m³，完成年度计划的104%（其中，南阳引丹灌区5.97亿 m³，完成年度相应计划6亿 m³ 的99%），完成年度供水目标任务。

自通水以来至2019年年底，河南省累计有38个口门及21个退水闸开闸分水，向引丹灌区、81座水厂供水、6个水库充库及南阳、漯河、周口、平顶山、许昌、郑州、焦作、新乡、鹤壁、濮阳和安阳等11个省辖市和邓州市生态补水，供水累计91.26亿 m³，占中线工程供水总量的36.6%，供水目标涵盖南阳、漯河、周口、平顶山、许昌、郑州、焦作、新乡、鹤壁、濮阳、安阳11个省辖市及邓州市、滑县2个省直管县（市），日供水量最高达1673万 m³，全省受益人口达2300万人，农业有效灌溉面积为76933.4hm²。

根据水利部部署，按照河南省水利厅编制的2019年生态补水计划，结合各地实际需求，省南水北调建管局与中线建管局沟通协商，2019年8月10—23日，通过总干渠13个退水闸向南阳、漯河、平顶山、许昌、郑州、焦作等6个省辖市和邓州市生态补水0.61亿 m³；9月13日至10月1日，通过总干渠14个退水闸向南阳、漯河、平顶山、许昌、郑州、焦作、新乡、鹤壁、安阳等9个省辖市和邓州市生态补水0.88亿 m³。（庄春意）

【征地拆迁】

1. 征迁资金计划调整 2019年，开展河南省配套工程征迁安置资金计划调整工作，2月底全省配套工程征迁资金梳理、复核、审核工作全部完成，形成资金复核报告、资金审核意见。对审核意见中提出的问题提出整改措施，编制《配套工程征迁安置资金调整报告》，组织征迁设计、监理单位到配套工程沿线现场调研、召开专题会等破解各项遗留问题。截至11月底，完成平顶山市、南阳市《配套工程征迁安置资金调整报告》批复工作，其余各市正在编制。

2. 征迁验收　河南省配套征迁县级自验涉及78个县（市、区），11个市级初验，最终省级验收。2019年平顶山市宝丰县、叶县作为试点组织完成县级自验，剩余76个县（市、区）正在做验收准备工作。

3. 征迁资金拨付　配套工程征迁安置工作已近尾声，基本不再发生大额征迁投资。2019年吸取2018年各市存量资金较多、回收沉淀资金的经验教训，要求各市结合自身实际编制年度资金使用计划，严格计划管理，明确兑付项目，细化兑付时间。及时拨付征迁资金，提高兑付效率，尽快完成相关税费缴纳工作。2019年，共拨付各市配套工程征迁安置资金7805.45万元。

4. 水保和环保专项验收　水保和环保专项验收是配套工程竣工验收的重要基础和前提条件，对水保和环保资金使用不规范、水保和环保监理缺失和相关技术资料收集困难三个难点，2019年7月10—12日赴新乡、焦作调研南水北调配套工程水保专项验收工作，下发《关于开展南水北调配套工程水土保持验收和环境保护验收的通知》（豫调建移〔2019〕9号），要求各省辖市建管单位负责本市辖区内水保环保专项验收，委托第三方机构协助指导，根据相关法规，分别委托水保和环保验收报告编制单位、监测总结报告编制单位和监理总结报告编制单位等第三方组织机构编制验收报告。

（赵南　马玉凤）

江　苏　省

【前期工作】　江苏省南水北调一期配套工程主要目标是统筹江水北调工程和南水北调东线一期新建工程，完善江苏境内输配水体系，充分发挥南水北调东线工程整体效益。

2010年年底，江苏省南水北调配套工程规划编制完成；2011年1月，通过江苏省发展改革委组织的专家审查。2011年，为保障南水北调东线的水质安全，江苏省政府决定新一轮治污工程，配套工程规划中的4个水质保护补充工程项目先期实施，其中新沂市、丰县沛县、睢宁县等3个尾水资源化利用和导流工程项目于2015年全部建设完成，宿迁市尾水导流工程项目于2017年6月开工建设。

2014年9月，江苏省水利厅、省南水北调办启动南水北调一期配套工程实施方案编制工作；2016年7月，江苏省政府以苏政复〔2016〕84号文批复一期配套工程实施方案，主要工程建设内容包括输水线路完善工程、输水干线水质保护完善工程、输水干线节水计量与监测监视工程3大类工程约20个单项工程，估算总投资约40.55亿元。工程建设按照"突出重点、远近结合、先急后缓、分步实施"的要求，合理确定实施计划，先行安排地方迫切需要、初步具备实施条件、直接影响主体工程效益发挥的单项工程，其余项目根据情况适时推进。

2017年年底，经与原国务院南水北调办建管司协商，江苏南水北调一期配套工程中宿迁市尾水导流工程（先期实施的尾水导流工程项目）、郑集河输水扩大工程（配套工程实施方案中输水线路完善工程中的重要项目）等两项工程，列入国家发展改革委、原国务院南水北调办的南水北调东、中线一期配套工程建设督导范围。

（薛刘宇）

【投资计划】　江苏省南水北调一期配套工程2019年度投资计划包括：宿迁市尾水导流工程年度计划投资0.6亿元；郑集河输水扩大工程年度计划投资5.0亿元。（薛刘宇）

【资金筹措和使用管理】　江苏南水北调一期配套工程规划中先期实施的4项尾水导流工程，建设资金主要由省级财政投资和地方配套组成，其中省级投资约67％，地方配套约33％。已实施完成的新沂市尾水导流工程，丰县、沛县尾水资源化利用及导流工程，睢宁县尾水资源化利用及导流工程，投资计划已完

成，省级资金全部到位，地方配套资金基本到位；宿迁市尾水导流工程省级投资计划36065万元已全部下达，地方配套资金到位8371万元。

根据江苏省政府关于江苏南水北调一期配套工程实施方案的批复意见，后续实施的配套工程项目，资金筹措方案根据工程性质和建设单位组建情况具体研定。2018年，郑集河输水扩大工程开工实施，该工程批复概算总投资83194万元，其中省级财政资金采取定补形式投资53600元，其余建设资金由工程所在地徐州市及所属区（县）地方财政自行筹措、配套到位。截至2019年年底，该工程已下达投资计划6.7亿元，其中省级投资计划已下达4.3亿元。（薛刘宇）

【建设管理】　江苏南水北调一期配套工程规划中的4项治污工程，其中新沂市尾水导流工程，丰县、沛县尾水资源化利用及导流工程，睢宁县尾水资源化利用及导流工程等3项，全部建成并移交管理运行，正在开展竣工验收准备，总计完成投资9.63亿元。

（1）宿迁市尾水导流工程。该工程2017年6月开工建设，至2019年年底完成沿通湖大道、开发大道、新扬高速管道铺设90.2km、顶管工程22处等，年度完成投资7100万元，总累计完成投资44600万元。

（2）郑集河输水扩大工程。该工程批复概算总投资为8.32亿元，2018年10月正式开工。截至2019年

年底，铜山除防汛道路、水土保持工程正在施工，其余部分基本完成；丰县、沛县正在进行电气设备安装、管理房施工；郑集东站正在进行进出水池及进水涵洞等工程施工。2019 年度完成投资 5.4 亿元，总累计完成投资 7 亿元，占工程概算总投资的 84％。

（薛刘宇）

【运行管理】　2019 年，江苏南水北调一期配套工程运行管理工作主要体现在已完建的尾水导流工程中。

（1）管理机构组建。截至 2019 年年底，江苏南水北调一期配套工程规划中的 4 项治污工程中，丰县、沛县尾水导流工程，睢宁尾水导流工程，新沂市尾水导流工程等 3 项工程均已完成并落实了运行管理单位，管理人员基本到位，管理责任体系和规章制度逐步健全完善。

（2）运行效益发挥。江苏南水北调一期配套工程中已完建的有关尾水导流工程与东线一期江苏境内主体工程中的其他 4 项截污导流工程一起，参与了 2018—2019 年度江苏南水北调工程向江苏省外调水运行，为江苏境内输水干线的水质保障起到了重要作用。

（薛刘宇）

【科技创新】　江苏省水利科技课题"南水北调尾水导流工程生态湿地净化尾水效果及不同季节最大水环境承载能力研究"开展验收准备工作，向江苏省水利厅科技处提交验收申请。

（薛刘宇）

山　东　省

【前期工作】　2015 年 6 月底，山东省续建配套工程 38 个供水单元工程已全部完成前期工作。　（孙玉民）

【建设管理】　截至 2019 年年底，全省南水北调配套工程已建成，列入山东省南水北调配套工程建设考核的 37 个供水单元（不包括引黄济青改扩建工程）总投资 213 亿元，已全部完成，分别为：济南市区、章丘，青岛市区、平度，淄博市区，枣庄市区、滕州，东营广饶、中心城区，烟台市区、招远、龙口、蓬莱、莱州、栖霞，潍坊寿光、昌邑、滨海开发区，济宁邹城、高新区、兖州曲阜，威海市区，德州市区、武城、夏津、旧城河，聊城冠县、莘县、临清、高唐、阳谷、东阿、茌平、东昌府区，滨州邹平、博兴，菏泽巨野。有 25 个供水单元已经完成验收，其中 2019 年完成了潍坊昌邑、潍坊滨海新区、济宁高新区、邹城、兖州和曲阜、聊城莘县、东阿、烟台市中、德州市武城、夏津、旧城河等 11 个配套工程供水单元工程验收工作。

寿光供水单元经施工单位申报，被山东省住房和城乡建设厅确定为 2019 年度山东省建筑质量"泰山杯"工程。

（孙玉民）

【年度水量调度计划】 2018 年 9 月，水利部批复下达了《水利部关于印发南水北调东线一期工程 2018—2019 年度水量调度计划的通知》（水南调函〔2018〕143 号），明确 2018—2019 年度山东省计划用水 5.223 亿 m^3，包括枣庄、济宁、聊城、德州、济南、滨州、东营、潍坊、青岛、烟台、威海 11 个受水城市；考虑调水损耗水量后，台儿庄泵站调入山东省境内水量 8.44 亿 m^3。

（孙玉民）

【水量调度计划执行情况】 2019 年度累计向各受水市供水 5.491 亿 m^3。各受水市供水量分别为：枣庄 3450 万 m^3、济宁 1620 万 m^3、聊城 4494.797 万 m^3、德州 2069.998 万 m^3、济南 5781.989 万 m^3、滨州 2200.36 万 m^3、东营 500 万 m^3、潍坊 4591.696 万 m^3、青岛 21600 万 m^3、烟台 5100 万 m^3、威海 3500 万 m^3。调水年度已实现向枣庄、济宁、聊城、德州、济南、淄博、滨州、东营、潍坊、青岛、烟台、威海 12 个受水地级市的 32 个配套工程单元供水，占全部配套工程供水单元的 84%。2019 年度还首次实现向东营供水单元输送长江水。

（孙玉民）

【配套工程受益效益发挥情况】 配套工程有效补给了工程沿线各水厂、水库水量，保障了城市居民生活用水、工业用水，同时向工程沿线受水区补源，置换当地地下水水源，逐步彰显了工程的社会、生态和经济效益。截至 2019 年年底，山东省南水北调总受益人口达 3313.8 万人。寿光供水单元在 2019 年"利奇马"台风过境期间，充分发挥配套工程建设优势，长距离满负荷稳定输送水源，帮助部分大型工业企业解决了他路水源中断造成的用水紧张问题。

（孙玉民）

拾壹　党建工作

水利部相关司局

【政治建设】 （1）扎实开展"不忘初心、牢记使命"主题教育活动。按照中央和水利部党组的统一部署，紧紧围绕"守初心、担使命，找差距、抓落实"的总要求，坚持一体谋划、整体推进、高质量落实，取得良好成效。支部充分运用学习教育、调查研究、检视问题、整改落实四项措施，组织12次专题集中研学，司领导带头开展专题调研，形成7篇调研报告。针对检视出来的6个方面25个问题，召开专题民主生活会，支部班子成员逐一对照检查，逐一制定整改落实方案和措施，明确整改时限、责任人和责任处室，详细列出整改清单，及时跟进整改进度，确保主题教育取得实效，以主题教育成果推进各项工作。主题教育期间，水利部副部长蒋旭光以部党组成员身份，亲自对主题教育进行指导，多次提议组织开展支部党建活动，并身体力行参与其中。

（2）强化思想引领和理论武装。聚焦学习贯彻习近平新时代中国特色社会主义思想这条主线，加强理论学习，坚定理想信念。

1）扎实开展理论学习，在学深悟透上下工夫。持续深入学习贯彻习近平新时代中国特色社会主义思想，推进"不忘初心、牢记使命"学习教育常态化制度化。深入领会习近平总书记在庆祝改革开放40周年大会上的重要讲话精神，习近平总书记关于意识形态、解放思想、改革开放和水利事业、南水北调工作等重要论述精神，不断提高思想理论素养。

2）组织做好智能学习和现场教学，拓宽学习平台和渠道、丰富学习形式和内容。充分运用"学习强国"手机APP、共产党员网、水利部公务员网上培训等在线学习平台开展学习教育。2019年，共开展集中学习41次，其中专题研讨12次，党员干部讲"微党课"5次，党员干部人均学时超260学时。集中参观了新青年党性教育基地、"伟大历程 辉煌成就——庆祝中华人民共和国成立70周年大型成就展"等，增强了党员干部对党史、国史的了解和掌握。

3）发挥模范带头作用，引领思想建设。支部班子成员带头讲党课5次，带头开展调研活动7次，做到先学一步、学深一层，发挥了示范引领作用。

4）加强联学联建，提升学习层次和质量。与水利部办公厅、三峡司、信息中心等机关司局和直属单位党组织开展联学联建活动，提升学习效果。

（3）持续推进党建业务深度融合。立足以党建促业务、以业务强党建，充分做好"融合"文章，深度推进党建业务融合，有效破解党建和业务"两张皮"的问题。

1）坚持党建和业务"同谋划、同部署、同落实、同检查"。每月月初召开党建及业务联席工作会，听取党建和业务工作开展情况汇报，研究党建和业务工作问题，同时抓好部署和落实。2019 年，共组织开展 12 次党建业务联席会，研究推动解决多项重点工作，特别是 11 月 18 日国务院南水北调专题工作会后，全司党员干部行动起来，发挥先锋模范带头作用，提出 16 项重点工作，明确责任、建立台账、推进落实，支部战斗堡垒作用明显增强，相关工作得到部机关党委的充分肯定。

2）创新做好"党建＋服务"工作。以党建文化服务好机关文化建设，打造党建墙、党建读书角等，购置包括党建、历史、哲学等方面书籍，营造浓厚的文化氛围；以党建活动服务好机关后勤保障，积极开展卫生大扫除、安全大检查等活动，提升了机关保障能力。

3）选树学习典型，强化正向激励。通过选树党建理论学习标兵，激励带动机关干部职工特别是青年职工不断夯实业务知识基础和理论水平，促进业务能力提升。

4）建立长效机制，强化措施保障。在 2019 年年初制定的党建工作计划中明确提出党建业务联席机制持续推进、长期开展，形成制度性惯例，刚性落实，保障了相关工作的长效性。

（南水北调司）

【干部队伍建设】 加强组织建设和队伍建设，自觉把讲政治放在首位，狠抓责任落实、严抓组织建设、实抓帮扶共建，支部战斗力、组织力、影响力得到新提升。

（1）抓履职尽责，提升战斗力。支部一把手认真履行主体责任，组织开展专题会、党课，对主题教育活动提出明确要求，作出具体部署；班子成员积极履行"一岗双责"，业务工作不松手、党风廉政建设工作抓得紧；各党小组以学习促业务和党建能力提升，既重政治又重业务，做到了政治过硬、业务精通。

（2）抓组织建设，提升组织力。自 2018 年 9 月首次成立南水北调司党支部，选举产生新的支委会，按照政治强、业务精、作风硬标准，选齐配强了机关支部班子队伍。全面落实"三会一课"、组织生活会、民主评议党员、谈心谈话等党内生活制度，充分利用好批评与自我批评武器，召开 1 次民主生活会、3 次组织生活会，开展廉政谈心谈话 40 人次。严格按照相关规定，接受党组织关系转入 8 人。全体党员按月足额交纳党费。

（3）抓帮扶共建，提升影响力。深入推进帮扶机制、双联系双服务及结对共建机制，激发党员干部队伍活力。与结对帮扶单位湖北省十堰市郧阳区开展支部联建活动，多次组织走访慰问、文体活动、文明创建等各类主题活动。

（南水北调司）

【党风廉政建设】 切实加强党风廉政建设，多举措抓好工作落实，积极营造风清气正的良好氛围。

（1）认真履行全面从严治党主体

责任和监督责任。签订党风廉政建设暨"一岗双责"责任书；加大对《中国共产党纪律处分条例》等党规党纪的宣传解读力度，提高党员干部的廉政理论水平；加强警示教育工作，用好警示教育典型案例，组织党员干部观看廉政警示教育片5次。

（2）组织参加部党组党风廉政建设工作大会。集中学习中纪委和驻水利部纪检监察组相关通报4次，推动全面从严治党责任落到实处、取得实效，2019年未发现党员干部违法违纪情况。

（3）做好党员服务工作。加大激励关怀和帮扶力度，积极做好借调交流人员思想工作，调动党员干部职工干事创业的积极性和主动性。

（4）加强对青年工作和妇女工作的指导。引导女干部在工作中发挥更大作用；做好困难职工慰问、社保转移、子女托管、心理疏导等工作，解决好职工的后顾之忧。年内帮扶困难职工1人，为5名职工办理子女托管，组织谈心30余人次。 （南水北调司）

【作风建设】 集中整治形式主义、官僚主义。认真贯彻落实中央和水利部党组"关于开展集中整治形式主义官僚主义专项行动"的工作部署，查找出的22项问题均已按照时间节点整改到位。针对在贯彻落实中央重大决策部署方面存在的问题，以台账式管理为抓手，增强整改落实的针对性；加大与相关司局协调力度，加强与其他部委司局、流域管理机构和地方单位的交流沟通，增进合作，保证进度。针对在检查稽察考核方面存在的问题，科学制定检查工作方案，更新完善专家库，充分发挥专家特长；主动担当担责，着力解决基层单位存在的实际困难。针对在文风会风方面存在的问题，明确了发文应当确有必要，可发可不发的坚决不发，文件内容力求简明扼要；增强会议计划性，严控三类、四类会议数量。针对在水利项目和投资安排方面存在的问题，明确监管职责，加大条例执行力度，确保南水北调供用水管理规范有序、科学高效。针对在履职尽责方面存在的问题，统筹制定年度调研计划，以问题为导向，组织开展生态效益研究，统筹做好生态效益宣传；加快推进东、中线运行管理信息化建设，提高信息安全管理水平。针对在服务基层和群众方面存在的问题，加强对基层工作指导帮助，多渠道充实干部队伍，科学制定工作计划，合力安排工作内容，更加注重工作实效。

（南水北调司）

有关省（直辖市）南水北调工程建设管理机构

北 京 市

【政治建设】

1. 健全机制保障，压实主体责任

（1）认真贯彻《中国共产党北京

市委员会关于深化落实全面从严治党主体责任的意见》，制定《北京市水务局党组落实全面从严治党主体责任清单》《2019年北京市水务局纪检工作监督责任清单》，初步建立主体明晰、重点突出、责任明确、操作性强的责任落实体系。抓好统筹谋划，根据《中国共产党党组工作条例》修订完善《北京市水务局局党组议事规则》。

（2）领导干部以身作则，率先垂范，带头履行"一岗双责"，签订目标责任书，切实落实党建工作责任制，推进全面从严治党。

2. 坚持教育为先，强化引领带动

（1）学习教育上多措并举。利用密云水库、十三陵水库教育基地开展革命传统教育，让党员干部感悟自力更生、艰苦奋斗、团结协作、无私奉献的建库精神。利用南水北调工程明渠纪念广场开展爱国主义教育，感恩千里调水、来之不易。举办北京水务70年成就展，开展职工水情、水史教育，感受首都水务70年来的风雨历程和沧桑巨变。利用身边榜样开展典型教育，"七一"前，表彰100名优秀党员、50名优秀党务工作者和50个先进基层党组织。举办新春主题联欢会，用文艺节目讴歌水务系统先进典型。组织"弘扬工匠精神建功首都水务发展"主题宣讲暨劳模事迹报告会专场。拍摄《初心·使命》宣传片，反映北京水务系统共产党员治水管水先进事迹，其中2部作品在北京长城网党员教育专栏展播。开展行业

标兵竞赛，在全国"人水和谐·美丽京津冀"河道修防工技能竞赛决赛中，北京市水务局4位参赛选手包揽前四名。

（2）调查研究上坚持"五到"。坚持到百姓群众涉水呼声多的地方、到急需提升服务能力的基层单位、到涉水公共服务相对薄弱的农村、到业务协作单位、到"四个中心"功能建设薄弱地区调研。北京市水务局领导班子围绕社会节水、城乡供排水、水生态修复、水环境治理、水务规范化管理等累计调研80余次，形成调研问题清单，推进问题解决。

3. 始终围绕中心，促进融合发展

（1）加强节水护水宣传。组织党员、团员开展"七进"活动，向市民普及节水常识，发出节水护水号召倡议。在"世界水日""中国水周"期间开展系列宣传活动，通过新闻发布会、发放宣传材料、水务知识答题活动、与居民座谈交流等多种形式，推动全社会形成珍惜水资源、爱护水环境的良好氛围。

（2）深化吹哨报到机制。以朝阳区、丰台区为试点，选派64名具有较高政治素养、较好水务专业、较强沟通协调能力的党员作为水务专员进驻64个乡镇街道，推动解决市民身边的涉水问题，形成"未诉先办、主动治理"的为民服务体系。成立回天地区水务服务临时党支部，推动做好"回天有我"社会服务，得到社区居民的一致好评。

（3）急难任务冲在一线。组织党员、团员开展清理污染物志愿活动，助力"清河行动"和"清管行动"；以党支部为单位，多批次、小编组安排巡河、走河活动，促进河湖"四乱"问题解决；建立汛期机关党员领导干部深入一线蹲点工作机制，组织党员领导干部重心下移、精力下移、服务下移，深入防汛重点任务一线，深入重要闸站所，参与值班职守、抢险防灾。

（孙桂珍）

【组织机构及机构改革】 精心谋划水务治理顶层设计，按照北京市委批复的北京市水务局新"三定"规定，围绕落实"节水优先、空间均衡、系统治理、两手发力"的治水思路和"四定"原则要求，遵循水的自然循环规律和社会循环规律，更加注重治水统筹、更加注重补齐短板、更加注重强化监管，重构城乡水生态修复等六大职能板块，以及河长制和党的建设两个平台。新调整、设立了水保生态处、地下水处等14个处室，拟制事业单位改革总体方案和水务综合执法改革方案。探索水务参与社会治理的工作机制，统筹开展水资源配置、用水管理、水环境治理、水旱灾害防御等四大业务系统总体设计，着力构建系统完整、职责明晰、精简高效、运转顺畅的水务管理体制机制。

（孙桂珍）

【干部队伍建设】 着力加强干部队伍建设，完善干部轮岗交流等制度，结合机构改革和职务职级并行改革，先后开展6轮较大规模干部交流调整和选拔任用。组织培训提高素质。分类分层次举办3期党支部书记、党务干部培训班，对北京市水务系统400多名党务干部进行专题培训，提高业务素质和专业能力。采取统分结合、以会代训的方式，对全系统党员进行覆盖式教育培训。

（孙桂珍）

【党风廉政建设】

1. 全面落实党风廉政主体责任 组织召开2019年水务系统全面从严治党暨党风廉政建设工作会议，部署全面从严治党和党风廉政建设工作。印发2019年北京市水务局深化全面从严治党加强党风廉政建设工作要点和党建工作要点，明确任务分工。组织全体干部职工签订党风廉政责任书，严格落实痕迹管理、情况报告、述职述廉和约谈制度。

2. 持续深化党风廉政教育 深入贯彻落实党中央、北京市委党风廉政建设和反腐败工作精神，通过组织专题学习、观看廉政教育片、参观廉政教育基地、开展警示教育等活动，加强廉政教育，筑牢党员干部思想防线。

3. 深入推进廉洁从业和规范化管理 将"三重一大"制度和班子建设、党风廉政建设和业务工作紧密结合起来，会议集体讨论决定重大问题决策、干部任免、重大项目和大额资金使用。

（孙桂珍）

【作风建设】　持续正风肃纪，净化政治生态。采取日常检查与节点检查相结合、全面排查与重点检查相结合、突击暗访与随机回访相结合的方式，加强监督检查。针对元旦、春节等节假日期间"四风"问题，以廉政会、通知、短信等形式进行提醒，严格公车封存、公务接待，加大节日期间明察暗访力度，做到节前警示、节中暗访、节后总结落实到位，多项检查合一，坚持跟踪问效。组织开展"三重一大"落实、人事任免和项目实施等自查工作，规范集体决策、干部任职、项目实施的过程管控，严防"四风"反弹。在新中国成立 70 周年等重大活动阶段对值班情况进行重点抽查。在北京市水务局网站建立监督举报平台，畅通群众监督举报渠道。

【精神文明建设】　在"不忘初心、牢记使命"主题教育中，引导全体党员领导干部发扬新时代首都水务精神，明确水务发展目标和重点工作任务，爱岗敬业讲奉献，履职尽责作表率，争当新时代奋斗者。坚持把中心工作作为党建工作的出发点和落脚点，发挥党组织的政治核心引领作用，切实将"两个维护"落实在实际工作中，有机推进党建工作和业务工作一起谋划、一起部署、一起落实、一起检查。立足岗位"守初心"，恪尽职守"担使命"，在供水调度、应急检修等重点难点工作中，敢于担当、积极有为，呈现出党建举旗定

向、业务保障有力的良好局面，展现了首都水务人奋勇争先、努力拼搏的精神风貌，为保障首都水安全做出应有贡献。

（孙桂珍）

天　津　市

【政治建设】　着力强化理论武装，坚持原原本本学、持续跟进学、联系实际学，切实做到用习近平新时代中国特色社会主义思想武装头脑、指导实践、推动工作。精心深学细悟，开展习近平新时代中国特色社会主义思想学习研讨，在读原著、悟原理中筑牢思想根基；坚决做到"两个维护"，以强烈的政治担当坚决贯彻落实中央和天津市委决策部署，扎实推进京津冀协同发展有关任务。积极开展庆祝中华人民共和国成立 70 周年系列活动，加深了对党的初心使命和根本宗旨的认识理解，增强了守初心、担使命的高度自觉，汇集了担当作为、推动发展的强大动力。通过开展主题教育，进一步提高了党员干部的政治站位，提振了干事创业的精气神，实打实解决了一批群众的操心事、烦心事、揪心事，得到了群众认可。

（高啸宇）

【组织机构及机构改革】　2003 年 12 月，按照原国务院南水北调工程建设委员会的要求，成立了天津市南水北调工程建设委员会。2004 年，天津市委、市政府印发《关于成立天津市南水北调工程建设委员会办公室的通

知》，文件明确：天津市南水北调工程建设委员会办公室是市南水北调工程建设委员会的具体办事机构，设在天津市水务局。其主要职责包括：决定事项的落实和督促检查，监督工程建设项目投资执行情况，协调、落实和监督市南水北调工程建设资金的筹措、管理和使用，对天津市南水北调工程建设质量进行监督管理，协调天津市南水北调工程项目区环境保护、文物保护和生态建设等工作。2004年7月，天津市编委批复天津市南水北调工程建设委员会办公室内设4个职能处：综合处、规划设计处、计划财务处、建设管理处。核拨事业编制25名，人员依照国家公务员制度管理，人员经费由市财政实行全预算管理。核定正处、副处级领导职数10名（含总工程师1名）。

2018年，天津市进行机构改革。11月7日，天津市委、市政府印发《天津市机构改革实施方案》，明确不再保留天津市南水北调工程建设委员会办公室。自2018年11月30日起，天津市南水北调工程建设委员会办公室印章收回，不再对外行使职责。12月30日，天津市委办公厅、市政府办公厅调整水务局职能，在《天津市水务局职能配置、内设机构和人员编制规定》中明确：天津市水务局负责南水北调工程初步设计的审批和建设管理工作，负责南水北调及其他外调水源相关管理工作，负责南水北调工程相关管理工作。为强化职能部门归

口协调和统筹管理，做到一类事项原则上由一个部门统筹、一件事情原则上由一个部门负责，设立建设与管理处（南水北调建设管理处），承担水利工程建设与管理工作；为集中高效、科学设置综合部门，原财务处、审计处职能及原天津市南水北调办财务审计相关职能合并，成立财审处。在编制减少的情况下，天津市水务局结合职能与人员情况，对现有处室进行统一整合，原天津市南水北调工程建设委员会办公室的职责和人员均并入天津市水务局。

上岗具体方法包括：每个人填报志愿报机构改革领导小组办公室，机构改革领导小组办公室进行汇总整理，将副处长人选由机构改革领导小组商分管局领导提出建议人员，提交局党委研究；将其他人员志愿交给各处处长，各处处长在征求分管局领导意见后提出本处室人员人选，交机构改革领导小组办公室统筹平衡；多个处室同要一人的，第一志愿优先；未被选择的，由组织出面沟通协调，给予妥善安置，确保人人有岗、人人有事做。2019年1月底，天津市水务局完成机关人员岗位调整工作。（丛英）

【纪检监察工作】 坚持政治巡察定位，聚焦职责职能和"三定"规定，深化政治监督；灵活运用巡察工作方式，落实巡视、巡察上下联动工作要求；深化巡察监督与纪检监察监督、组织监督、审计监督贯通融合，形成

监督合力。做好巡视、巡察"后半篇文章"，开展巡视、巡察、审计整改"回头看"，压实整改主体责任，落实巡察整改情况报告制度。进一步深化巡察整改日常监督责任落实，确保巡察整改见底见效，综合用好巡视巡察成果，充分发挥巡察利剑作用。

（高啸宇）

【党风廉政建设】 坚持把监督挺在前面，持之以恒正风肃纪，推动反腐败斗争。坚定不移深化政治巡察，聚焦党组织职责职能，突出"五个持续""四个落实"监督重点。全面提升巡察规范化水平，加强制度建设，落实巡察整改评价、联席会议和"书记约谈"等工作机制，强化巡察整改日常监督责任落实和巡察成果运用，扎实做好"后半篇文章"。加大巡察宣传力度，营造良好工作氛围。强化对权力运行的制约监督机制，召开代表委员座谈会，设立局领导接待日，设置意见箱，开通举报电话，畅通监督渠道。开展廉政风险排查，梳理和完善廉政风险点，通过完善制度约束权力运行。开展领导干部利用名贵特产类特殊资源谋取私利问题、利用职务便利为亲属和其他特定关系人经商谋取利益问题、违规干预金融活动谋取私利问题专项治理，纳入巡察和日常监督检查，形成常态化监督格局。

（高啸宇）

【作风建设】 巩固拓展落实中央八项规定精神成果，深入开展自查自纠，围绕隐形变异新问题，健全完善精简会议文件等8项配套制度。坚决整治形式主义、官僚主义，持续推进不作为、不担当问题专项治理。深入推进为基层减负，制定39条具体措施，实行文件会议数量月通报制度，严控督查、检查、考核总量和频次，全年文件、会议、检查、考核同比减少41%、43%、82%，取消2项责任状和2项"一票否决"。 （高啸宇）

【精神文明建设】 以习近平新时代中国特色社会主义思想为指引，深入学习贯彻党的十九大精神，认真落实习近平总书记关于精神文明建设的重要论述及"节水优先、空间均衡、系统治理、两手发力"的治水思路，紧密围绕"水务工程补短板、水务行业强监管、转变作风提效能"的水务工作总基调，自觉承担起举旗帜、聚民心、育新人、兴文化、展形象的使命任务。同时，深入推进习近平新时代中国特色社会主义思想和党的十九大精神，大力营造庆祝新中国成立70周年浓厚氛围，大力宣传弘扬新时代南水北调精神，广泛深入开展群众性精神文明创建活动，进一步完善精神文明建设工作机制。 （高啸宇）

河 北 省

【党风廉政建设】 2019年，始终坚持认真学习、深刻领会、全面贯彻、坚决落实，把思想和行动统一到党风廉政建设的一系列部署要求上来，进一步增强"四个意识"、坚定"四个自信"、做到"两个维护"。

（1）定期专题学习。每月定期召开专题学习会议，全体党员干部共同学习最新的党风廉政建设文件，重点学习习近平总书记关于党风廉政建设方面的重要讲话，学习新华社、人民日报等系列评论文章和习近平总书记相关批示精神及党的政治纪律、组织纪律、廉洁纪律、群众纪律、工作纪律、生活纪律；学习《中国共产党党员领导干部廉洁从政若干准则》《中央八项规定实施细则》《中国共产党问责条例》等文件；认真研讨文件内容，深入领会文件精髓，全面贯彻文件要求，进一步强化廉洁从政意识，持续纠正"四风"，筑牢拒腐防变防线。

（2）定期讲授党课。领导干部坚持以身作则，率先垂范，带头学习。支部书记定期总结学习体会，与党员干部开展研讨交流。科学安排学习内容，研究制订学习计划，着力提高学习效果，引领带动党员干部持之以恒强化理论学习，始终紧绷纪律作风学习教育这根弦，以永远在路上的执着把党风廉政建设引向深入。

（3）拓宽学习渠道。坚持把集体学习研讨作为学习的主要形式，通过深入开展学习讨论和互动交流，理清思路、研究对策，提高运用党的基本理论解决实际问题的能力。结合"学习强国""河北干部网络管理学院"等网络讲堂，拓宽学习渠道，增强学

习吸引力、针对性和时效性。

（4）开展警示教育。组织学习典型案例警示教育，不断增强党员干部廉政意识，持续强化廉政风险防控建设。以党性党风党纪教育为重点，结合"不忘初心、牢记使命"主题教育，通过集中观看电视专题片、召开民主生活会等方式，深入开展廉政警示教育，确保做到警钟长鸣。 （胡景波）

【作风建设和精神文明建设】 （1）深入学习领会习近平总书记新时代中国特色社会主义思想。结合《习近平新时代中国特色社会主义思想学习纲要》《习近平新时代中国特色社会主义思想学习问答》等辅助读本，深入学习这一重要思想的科学理论体系、内在逻辑脉络和重大原创性贡献，努力做到知其言更知其义、知其然更知其所以然，不断在思想上、政治上提高认识，更加自觉地用其武装头脑、指导实践、推动工作。

（2）深入学习领会习近平总书记生态文明思想和治水重要讲话精神。牢固树立和践行"绿水青山就是金山银山"的理念，积极践行"节水优先、空间均衡、系统治理、两手发力"的治水思路，深入研究新时代治水的新内涵、新要求、新任务，确保补短板到位、强监管有力。

（3）深入学习领会习近平总书记关于意识形态工作的重要论述。深刻认识意识形态工作规律，全面准确把握当前意识形态领域态势，大力弘扬

社会主义核心价值观，切实使全体干部职工在理想信念、价值理念、道德理念上紧紧团结在一起，有效推动各项决策部署贯彻落实。 （胡景波）

河 南 省

【组织机构及机构改革】 依据原国务院南水北调工程建设委员会有关文件精神，2003年11月，河南省成立南水北调中线工程建设领导小组办公室（以下简称"河南省南水北调办"）（豫编〔2003〕31号），作为河南省南水北调中线工程建设领导小组的日常办事机构。2004年10月，成立河南省南水北调中线工程建设管理局（以下简称"河南省南水北调建管局"）（豫编〔2004〕86号），与河南省南水北调办为一个机构、两块牌子。河南省南水北调办与河南省水利厅为一个党组，主任任河南省水利厅党组副书记，副主任任河南省水利厅党组成员。

河南省南水北调办设行政编制40名，工勤编制12名；设主任1名，副主任3名；设7个处室，机关处级领导职数10名（含总经济师、总工程师、总会计师），调研员3名，副处级领导职数10名，副调研员4名。经2018年机构改革后，河南省南水北调办编制、人员、职能均已划分至河南省水利厅，相关环保职能划分到河南省生态环境保护厅。

河南省南水北调建管局为财政全供事业单位，编制100名，另设局总工程师1名。根据河南省编委〔2008〕13号文件精神，先后成立南阳、平顶山、郑州、新乡、安阳等5个建设管理处（各建管处处级领导职数为1正2副），为河南省南水北调建管局派驻现场管理机构。

河南省南水北调建管局的主要职责包括：贯彻执行国家南水北调工程建设管理的法律、法规和政策；参与河南省境内南水北调干线及配套工程前期工作；依法负责河南省内南水北调配套工程的建设管理工作；受国家有关部门和单位委托，承担河南省境内部分南水北调干线工程的建设管理工作；负责河南省管理或委托管理的南水北调工程项目部的组建与管理工作；执行和实施有关部门下达的南水北调工程建设投资计划；配合有关方面开展南水北调工程的征地、拆迁安置、环境保护和文物保护工作；协调配合有关方面保障河南省境内南水北调工程建设环境；组织协调解决河南省境内南水北调工程的重大技术问题；根据有关规定，组织或参与河南省境内南水北调工程的验收工作。

机构改革期间，经河南省水利厅党组研究决定，2019年原河南省南水北调办（建管局）承担的事业性职能暂由5个建管处接续负责。（樊桦楠）

【党风廉政建设】 2019年，河南省南水北调办撤销，河南省南水北调建管局5个项目建管处（南阳、平顶山、郑州、新乡、安阳）党支部在河南省水利厅党组和厅机关党委的领导和指导下开展党建工作。郑州建管处党支部负责协调各党支部，并与厅机关党委日常联系，上传下达。以贯彻党的十九大精神、推进全面从严治党为主线，以提高党员干部素质为根本，重视理论学习，加强作风建设，党建工作水平全面提升。

1. 政治理论学习 2019年，学习贯彻习近平新时代中国特色社会主义思想和党的十九大四中全会精神，学习《习近平关于"不忘初心、牢记使命"重要论述选编》《习近平新时代中国特色社会主义思想学习纲要》。开展"不忘初心、牢记使命"主题教育，持续推进"两学一做"常态长效化。

2. 党建工作责任制 把党建工作放在首位，坚持党建工作和业务工作一起谋划、一起部署、一起检查、一起考核。各支部书记带头履行党建"第一责任人"职责，支部成员认领全面从严治党责任，落实"一岗双责"。

3. 日常党务工作 郑州建管处党支部于6月14日召开党员大会，选举产生新一届支部委员会。2019年，2名预备党员转为正式党员。根据机构改革人员岗位变化情况，及时调整理顺党员组织隶属关系，党员全部纳入党组织的管理之中。按照河南省水利厅机关党委要求，对2016—2019年党费缴纳使用管理情况进行自查，经自查党费用途和使用范围符合规定，账目清楚，票据凭证齐全，资金无截留，无挤占或挪用。参加河南省水利厅基层党组织观摩交流活动、"学习强国"河南学习平台答题挑战赛活动、"我和我的祖国"微型党课系列活动。

4. "不忘初心、牢记使命"主题教育 按照河南省水利厅党组印发的"不忘初心、牢记使命"主题教育实施方案要求，组织召开主题教育动员会，对干部职工进行宣传动员，对各项重点工作进行具体安排。在学习研讨活动期间开展学习周活动，集中学习5次、开展学习研讨1次，组织集中观看专题视频讲座3部、观看教育纪录片2部、观看警示教育片2部。保持与河南省水利厅主题教育办公室和厅主题教育巡回指导组的沟通协调，及时传达上级对主题教育工作的新精神新任务新要求，按要求报送主题教育工作阶段性总结、汇报等文件材料共计3万余字。

5. 巡视整改落实 根据河南省水利厅党组关于开展河南省委第四巡视组反馈意见整改落实工作的安排部署，进行对照检视，梳理出4项共性问题并形成整改台账，每2周向河南省水利厅纪检组反馈落实整改工作情况。坚持问题整改落实与贯彻党中央、河南省委重大决策部署相结合，坚持问题整改落实与推进"不忘初心、牢记使命"主题教育专项整治相结合，与推进南水北调业务工作相结合，与加强机关作风建设相结合，反馈问题整改纠正到位。

6. 综合服务保障 2019年机构改革过渡期，单位各部门职责分工还未理顺，工作职责范围、工作量倍增，工作任务繁重，具体事务繁杂。郑州建管处党支部发挥局机关"参谋部""通联站"作用，结合河南省南水北调工作实际，坚持综合部门"协调业务、参与政务、管理事务、提供服务"的理念，提高公文运转效率，提升文字服务质量，加大重点工作督查力度，完成省级文明单位创建工作。依托主流媒体宣传南水北调中线工程供水效益、生态效益和社会效益。

7. 严守政治纪律 把严守政治纪律摆在首位，以政治纪律为纲，推动纪律作风逐步走向"严紧硬"。组织党员干部学习并贯彻执行《中国共产党纪律处分条例》《关于新形势下党内政治生活的若干准则》《中国共产党党内监督条例》，定期组织党员干部开展党风廉政建设警示教育，观看廉政教育宣传片；党员签订《不信仰宗教承诺书》。

8. 强化廉洁自律 组织党员学习贯彻《中国共产党廉洁自律准则》，全面贯彻执行中央八项规定及实施细则精神和河南省委、省政府20条意见，在支委会委员中明确一名纪检委员。以偃师市水利局非法采砂监管失职案和信阳新县水利局河道管理站站长、水政监察大队大队长柯四虎违纪案作为开展以案促改的典型案例，加

强党性教育，一体推进不敢腐、不能腐、不想腐，发挥以案促改在深化标本兼治中的综合效应。

9. 驰而不息反"四风" 2019年，以河南省水利厅"作风建设年"活动为契机，要求党员干部继续加强作风建设，打造务实、清廉、高效的工作作风。按照厅机关党委要求，开展"天价烟"背后"四风"问题排查整治工作，党员干部利用名贵特产类特殊资源谋取私利问题集中整治工作。在后勤管理、会务接待和综合保障中，严格各项管理，接待不违规不超标。 (崔堃)

【作风建设】 2019年，支部书记作为意识形态工作第一责任人，按照"一岗双责"要求，把意识形态工作作为监督检查、执纪问责的重要内容。组织全体党员干部学习习近平总书记关于意识形态工作的重要批示精神，以及河南省委、省政府关于意识形态工作的决策部署。在党员活动日和每周五集体学习两个关键节点，明确学习内容和要求，坚定理想信念、强化宗旨意识，旗帜鲜明地反对错误观点，弘扬正能量，确保意识形态安全和政治安全。针对复杂的意识形态形势，及时采取整改措施。进一步加强思想引领，深化理想信念教育。支部书记讲党课，普通党员运用多媒体学习理论书籍，畅所欲言谈体会。从国家历史、现实成就、国际比较中汲取真理和道义的力量。支部委员带头

与错误观点、错误倾向作斗争，增强党员干部的政治敏锐性和政治鉴别力。加强网络舆情监测，定期研判形势，加强网络信息管控，对苗头性、倾向性问题及时引导纠偏，及时回应和解决群众关心的热点问题。加强南水北调精神宣传，发挥先进典型的示范引领作用，营造良好社会氛围。

（崔堃）

【精神文明建设】 2019年，河南省南水北调建管局精神文明建设工作以习近平新时代中国特色社会主义思想为指导，围绕南水北调中心工作，贯彻落实省直精神文明建设工作会议精神，以培育和践行社会主义核心价值观、弘扬中华传统美德为根本，以"不忘初心、牢记使命"主题教育和精神文明创建活动为抓手，以提升广大干部职工文明素质为重点，为南水北调事业发展提供强大的精神动力，进一步提升南水北调的软实力和公信力。

1. 加强政治引领 把增强"四个意识"、坚定"四个自信"、做到"两个维护"作为精神文明创建第一位的要求，坚持把学习贯彻习近平新时代中国特色社会主义思想和党的十九大精神作为首要任务，把习近平总书记关于精神文明建设的新思想新观点新要求作为根本遵循和行动指南，深学细照笃行，找到解决问题打开局面的新方法，在融会贯通中坚定精神文明建设的正确方向。河南省南水北调建管局领导班子和各支部承担起精神文明建设的主体责任，把精神文明建设工作摆上重要位置、列入议事日程，与党建工作一起部署、一起检查、一起考核，同步推进，相互促进，建立常态化工作措施和考核评价机制，完善统一领导、统筹协调、齐抓共管、全员参与的工作机制，在创新统筹协调中保障常态长效。学习贯彻河南省委关于精神文明建设的总体要求，落实省直精神文明建设工作会议精神，坚持以人民为中心，深化理论武装，强化价值引领，把为民、利民、惠民的工作理念贯穿精神文明创建全过程。

2. 开展社会主义核心价值观教育 2019年，继续开展道德讲堂活动，提升自身职业道德和个人品德，传承家庭传统美德和社会公德。在传统节日和庆祝新中国成立70周年重大纪念日期间，组织党员干部参观中原英烈纪念馆、竹沟革命烈士纪念馆、二七纪念塔等，缅怀英烈；参观南水北调精神教育基地，重温入党誓词；组织开展"我和我的祖国"诗歌朗诵活动；组织观看《厉害了，我的国》《建国大业》等爱国主义电影。开展评先选树活动，积极开展"省直好人"和学雷锋志愿服务先进典型网上投票活动；持续开展文明处室、文明职工评选活动。开展"诚信，让河南更加出彩"主题活动。通过宣传展板、发送短信、"两微一端"推送等形式，宣传《河南省文明单位诚信公约》，组织干部职工观看公益宣传片和专题教育片。制定完善南水北调人员考核和奖励制度、文明创建奖惩暂行办法，进一步完善干部职工诚信考核评价制度。开展《网络安全法》《南水北调供用水管理条例》《保密法》学习与宣传，进社区普及法律知识。推进"六文明"系列活动，制作文明有礼提示牌60余块，修订完善员工行为规范和工作服务准则，并在单位明显位置公示6项优质服务承诺；在门岗设立志愿服务站，提供急救药箱、雨伞、打气筒、针线包、开水等便民利民服务。贯彻落实习近平总书记提出的"三个注重"，持续举办以"传承好家规、涵养好家风"为主题的道德讲堂，组织干部职工集体学习古代杰出人物和老一辈革命家的优良家风。连续3年开展文明家庭评选活动，对表现突出的29个文明家庭进行表彰。

3. 拓展精神文明建设载体 2019年，组织党员志愿者到社区报到，定期参加社区组织开展的"全城大清洁"行动、党员进社区政策宣讲等活动；组织开展义务植树、义务献血、维护市容市貌等志愿服务活动；组织志愿者先后到帮扶村小学开展夏季防溺水宣传和慰问活动，开展以"清洁家园"为主题的文明乡风活动；持续开展"微爱环卫"公益活动等。持续开展志愿服务活动35次，参加人员350余人次。实名注册志愿者占在职职工总人数的92.4%，在职党员注册

人员占在职党员总人数的97.3%。进社区开展"移风易俗树新风"和低碳环保宣传活动，倡导市民及干部职工养成科学、文明、绿色、健康的生活方式，破除陈规陋习。修订完善文明上网制度和规范要求，规范干部职工的网络行为；成立网络文明传播志愿小组，定期开展网络正能量传播活动，营造文明办网、文明上网、文明用网的网络新生态。在第十一届全国少数民族传统体育运动会期间，开展网上火炬传递活动、文明观赛承诺活动，助力文明城市建设。在春节、元宵节、清明节、端午节、中秋节等传统节日里，开展具有传统民俗特色的活动，不断增强民族文化认同感。举办"迎通水五周年"全民健身活动，组建乒乓球、羽毛球、篮球爱好者微信群，定期开展乒乓球、羽毛球、篮球友谊赛。在"三八"妇女节、"五一"劳动节期间，组织开展健步走、演讲比赛、书画展、观影等活动。

（龚莉丽）

湖 北 省

【政治建设】 2019年，湖北省水利厅坚持以习近平新时代中国特色社会主义思想为指导，深入学习贯彻习近平总书记在中央和国家机关党的建设工作会议上的重要讲话精神和湖北省委、省直机关党的建设工作会议精神，围绕水利中心工作，始终坚持以党的政治建设为统领，着力深化理

论武装,夯实基层基础,强化正风肃纪,推进精神文明建设,机关党建各项工作取得了新成绩,为水利事业高质量发展提供了有力保障。湖北省水利厅人事处党支部和鄂北局丹襄部党支部被评为省直机关"红旗党支部"。根据省直机关党建工作考核的要求,认真对照考核细则,湖北省水利厅圆满完成各项考核任务。

(1)坚持以政治建设为统领,深入开展"不忘初心、牢记使命"主题教育,政治机关本色进一步彰显。2019年,湖北省水利厅始终坚持把政治建设放在首位,牢固树立政治机关的意识,将学习贯彻落实习近平新时代中国特色社会主义思想作为长期政治任务,坚决贯彻落实中央的重大决策部署和湖北省委省政府的工作要求,推动各方面工作取得新进展。扎实开展"不忘初心、牢记使命"主题教育,坚守为民治水兴水的初心使命。按照中央和省委统一部署,湖北省水利厅第一时间启动了主题教育工作,成立了由厅党组书记、厅长周汉奎任组长的厅主题教育领导小组,抽调人员组建了工作专班和10个厅指导组;认真学习"一章三书",厅党组集中1周时间举办主题教育读书班,开展集中交流研讨2次,厅直单位共举办读书班18期,推动学习入脑入心;聚焦水利民生抓调研,厅党组成员成立10个调研组,深入厅直单位和基层开展调研20余次,形成调研报告10篇,讲专题党课17次,

厅直单位共开展调查研究180余次,形成调研报告90余篇;坚持刀刃向内抓整改,召开专题民主生活会,厅党组成员以普通党员身份参加支部组织生活会,带头认真开展批评和自我批评,列出清单,逐项整改,先后解决群众反映强烈的问题8项,厅党组班子完成整改问题15项,厅直单位党委班子完成整改问题335项。特别是在解决"安陆解放山水库发生'水华'事件,近30万群众生活用水受影响"问题上,湖北省水利厅切实提高政治站位,成立工作专班,制定工作方案,厅主要负责同志多次赴现场调研。11月11日,"引徐济安"饮水工程已进行开工动员,力争2020年12月底前主体工程完工,具备通水条件。着力深化理论武装,不断提高政治学习实效性。充分发挥厅党组中心组领学促学作用,2019年年初制定了《省水利厅党组理论学习中心组2019年学习计划》,全年开展党组中心组理论学习14次,集中研讨6次以上,及时上报中心组学习的半年和年度总结报告,不断完善"思想引领,学习在先"机制,推动习近平新时代中国特色社会主义思想往深里走、往心里走、往实里走。加强指导支部党员学习,采取支部主题党日、办培训班、基层宣讲和到红色教育基地实践教学等方式,利用学习强国APP等平台,组织全体党员学习党的十九届四中全会精神,实现党员学习全覆盖。通过深入学习,全厅党员干部进一步增强了"四个意识"、

坚定"四个自信"、做到"两个维护"，自觉将学习成果转化为推进水利事业高质量发展的强大动力。

（2）坚决扛起全面从严治党的政治担当，党建主体责任进一步强化。2019年，湖北省水利厅党组始终牢固树立抓党建是本职、不抓党建是失职、抓不好党建是渎职的理念，坚决履行好全面从严治党责任。2019年年初，厅党组会专题研究党建工作，结合水利实际，制定2019年党建工作要点，印发2019年度省水利厅党建项目清单，坚持与中心工作同谋划同部署同考核。厅党组带头深入学习贯彻习近平总书记在中央和国家机关党的建设工作会议上的重要讲话精神和省直机关党的建设工作会议精神，组织厅直单位和厅机关各支部进行专题学习讨论，结合实际抓好落实贯彻，持续加强和改进机关党建工作。严格落实厅领导基层党建联系点制度，结合主题教育等工作，厅党组成员和机关党委专职副书记全年到联系点指导党建工作均2次以上，累计全年深入基层党建联系点指导党建工作20余次。厅党组大力支持党员活动阵地建设，2019年在机关办公楼4楼为厅机关党员建成1间党员活动室，厅机关党委也采取多种形式积极支持厅直单位的基层阵地建设。认真开展三级联述联评联考，对17家厅直单位党委书记和37个厅机关党支部书记开展述职评议。认真组织半年党建调研检查，进一步加大对厅直机关各级党组织的党建调研指导力度。继续实行党建问题清单化管理，认真对照湖北省委直属机关工委每季度下发的问题情况，结合湖北省水利厅实际自查，向厅直机关各基层党组织分4批共下发17个整改问题，点对点地督导有关问题整改到位，倒逼党建责任落实。同时，坚持深入贯彻落实中央《关于加强和改进党的群团工作的意见》和《中国共产党统一战线工作条例（试行）》等有关要求，坚持党建带群建，切实发挥工会、共青团等群团组织的桥梁纽带作用，广泛开展各类帮扶济困和文体活动，进一步激发了广大干部职工的干事创业热情。

（3）坚定不移地抓基层打基础，推动党支部的标准化、规范化建设，基层组织力进一步提升。2019年，湖北省水利厅党组始终树立大抓基层的鲜明导向，结合机构改革实际，认真学习落实党支部工作条例，推动基层党组织全面进步、全面过硬。召开厅直属机关第六次党员代表大会，科学谋划和部署今后厅党建重点工作，选举产生了新一届"两委"委员。建立健全机关党委双月例会制度，全年召开厅直属机关党委会6次，集中研究解决基层党组织管理、党员发展、大额党费使用等重大问题。结合机构改革实际，向厅直机关专门下发规范党支部设置和换届的通知，新成立机关支部14个，17个机关支部完成了换届选举。积极开展"红旗党支部"和优秀基层党建品牌创建活动，其中鄂北局丹襄党支部和厅人事处党支部被评为省直机关"红旗党支部",受到了省委机关工委通报表扬,还有20个基层党支部和5个优秀基层党建品牌在厅"七一"大会上被表彰;开展庆祝新中国成立70周年"向祖国报告"系列活动,集中表彰10个"我身边的好党员",编印支部工作法和先进事迹材料,有6名好党员的先进事迹被"学习强国"登载,营造了争先创优的良好范围。扎实开展党务干部培训,先后举办厅直机关党支部书记培训班、党员发展对象和入党积极分子等专题培训班,累计培训350人次以上,不断提升党务干部政治素养和业务能力。结合主题教育、庆祝建党98周年和新中国成立70周年等重大时刻,各支部积极组织党员干部赴湖北省内党建教育基地开展党性教育。进一步优化湖北省水利厅智慧党建系统,积极推行党建工作台账电子化,严把发展党员入口关,突出政治标准,规范程序流程,认真严肃地做好党员发展工作。增设了困难党员动态管理功能,进一步扩展了对厅党员及基层党组织的管理服务,进一步提升了智慧党建系统的科学精细化管理水平,得到了湖北省委党建办考核组的好评,省直多家单位前来调研学习。严格落实领导干部谈心谈话和党员思想动态分析制度,每季度定期开展党员思想动态分析,创新规范党员过"政治生日"的形式,明确领誓、赠书、我说、说我4个环节,引导党

员回归初心,强化党员身份意识,加强党员管理和思想教育,进一步激发党员更好地发挥先锋模范作用。

（湖北省水利厅）

【党风廉政建设】 2019年,湖北省水利厅始终高度重视党风廉政建设工作,认真学习和全面贯彻落实习近平新时代中国特色社会主义思想和中央纪委、湖北省纪委三次全会精神和水利部党风廉政建设工作会议精神,对照全面落实水利部"水利工程补短板、水利行业强监管"的要求,切实履行主体责任,深入推进党风廉政建设和反腐败斗争。围绕"四融入一压实"要求,深入推进"十进十建"活动,确保纪检监察宣传教育工作全覆盖、无盲区。以第二十个宣教月活动为契机,组织120余名干部职工观看廉政书画展;4600余名党员参加宣教月的知识测试;召开专题组织生活会;观看《重整行装 利剑反腐》教育片,厅党组书记、厅长周汉奎为厅直系统党员干部和公职人员330余人讲廉政党课"警钟长鸣方得始终";向干部家属发放《家庭助廉倡议书》370余份,进一步增强党员干部廉洁意识。驰而不息纠正"四风",认真落实中央八项规定精神和省委实施办法要求,加大重大节日期间"四风"问题明察暗访力度,认真开展检查;向党员干部发送廉洁短信,确保党员干部节日安全。认真贯彻落实"基层减负年"要求,采取更加严格有效的

措施落实"三短一简",2019 年,全厅重点精简类文件、会议、督查检查考核事项较 2018 年分别减少 53.8%、39.4% 和 92.5%,切实转变机关工作作风,切实为基层减负。组织对厅机关、厅直单位 36 名新提任处级领导干部进行集体廉政谈话。机关纪委书记分别为县(市)水利局长、基层水利站长、机关新进干部等进行党风廉政教育专题授课 7 次。强化行业监管,加强水利廉政风险防控。严格监督执纪问责,持续加强纪律建设。深化运用监督执纪"四种形态",加强对党员干部的日常教育和监督,组织对 3 家厅直单位开展政治巡察,坚持违纪必究、执纪必严。截至 2019 年年底,厅直系统有 12 人受到党纪处分。 (湖北省水利厅)

【精神文明建设】 湖北省水利厅始终加强对精神文明建设的领导,健全完善党组(党委)统一领导、党政齐抓共管、文明办组织协调、有关部门各负其责、广大干部职工积极参与的领导体制和工作机制,积极开展群众性精神文明创建活动。大力弘扬社会主义核心价值观,广泛开展向余元君、张富清等先进典型学习活动,引导广大党员干部自觉以先锋模范为榜样,进一步增强"四个意识"、坚定"四个自信"、做到"两个维护"。通过开展网络宣传、开设专版专栏、举办辅导讲座、张贴宣传画等形式,大力宣传"忠诚、干净、担当,科学、求实、创新"的新时代水利精神,积极承办全国水利系统"我心中的新时代水利精神"巡回演讲(武汉会场)活动,不断增强广大干部职工对新时代水利精神的认知认同和自觉践行。积极派出选手参加全国水利系统"我心中的新时代水利精神"演讲比赛,获得全国二等奖,湖北省水利厅荣获"优秀组织奖"。广泛开展读书活动,营造"读好书、好读书"的浓厚氛围,组织广大党员干部赴红色教育基地参观学习。注重加强文明细胞建设,结合纪念"五四"运动 100 周年,举办主题"青年讲堂""道德讲堂"和演讲比赛。广泛开展网络文明行为宣传和引导,倡导文明办网、文明上网,引导广大干部职工争做中国好网民。积极开展"节水型机关""垃圾分类进机关"等活动。组织参与并开展"关爱山川河流"志愿服务活动暨公益宣传活动。深入推进"爱我千湖"和"在职党员进社区"等志愿服务活动,组织参与"迎军运——志愿者在行动"系列活动,持续开展扶贫帮困、环境保护、社会救助、周末大扫除、文明过马路劝导等公益活动。紧紧围绕庆祝新中国成立 70 周年,组织"礼赞新中国、讴歌新时代"朗诵会和围绕水利中心任务开展"送温暖、献爱心"及丰富多彩的文体活动,举办厅直机关羽毛球比赛,组建干部职工合唱班,开展"我和我的祖国"短视频征集、征文评比、美术书法摄影作品展,提振干部职工精神状态，凝聚团结向上精神力量。

（湖北省水利厅）

山 东 省

【政治建设】

1. 坚持把党的政治建设放在首位
把"两个维护"作为最大的政治、最重要的政治纪律和政治规矩，突出强化政治引领，不折不扣贯彻落实党中央各项决策部署，确保党中央政令畅通。健全完善管党治党责任体系和从严治党工作制度，深入学习中央和国家机关党的建设工作会议及山东省党的建设会议精神，修订印发《厅党组履行全面从严治党主体责任清单》，制定年度履行机关党建主体责任清单，山东省水利厅党组会全年研究党建任务48项。督促指导各级党组织修订责任清单，建立层层抓落实的责任体系。制定印发厅领导班子成员基层党支部联系点制度，厅（局）领导带头践行"一岗双责"。2019年，厅党组组织理论中心组集体学习18次，开展交流研讨90余人次。严格落实意识形态工作责任制，召开厅党组会专题研究意识形态工作，对全厅思想政治工作进行专题分析，形成分析研判报告。全年组织开展形势任务和国情、省情教育7次。

2. 扎实开展"不忘初心、牢记使命"主题教育 注重加强组织领导，及时成立主题教育领导小组、巡回指导组，设立主题教育办公室。坚持部署从严、措施求实、落实求深、督导从细，建立"1＋3＋7"组织体系，制定"1＋4＋N"工作方案，厅党组通过党组会、专题会等方式研究部署主题教育10余次，扎实推进4项重点措施。按照上级部署要求，全厅分两个批次开展"不忘初心、牢记使命"主题教育，主题教育开展情况被湖北省委主题教育巡回指导组评为"优"等次。

（高雁 徐妍琳）

【组织机构及机构改革】
根据《中共山东省委 山东省人民政府关于山东省省级机构改革的实施意见》（鲁发〔2018〕42号）精神，将山东省南水北调工程建设管理局并入山东省水利厅，其承担的行政职能一并划入山东省水利厅。山东省水利厅加挂山东省南水北调工程建设管理局牌子。

山东省水利厅根据《关于印发山东省水利厅机关各处室主要职责的通知》（鲁水人字〔2019〕13号），明确了厅有关处室关于南水北调工作的相关职责。2019年南水北调工程管理处在职人员为14人。

（郑洪霞）

【党风廉政建设】
坚持"严"字当头，坚定不移推进党风廉政建设和反腐败斗争，逐级压实党风廉政建设责任，签订党风廉政建设承诺书，层层传导压力，逐级压实责任。建立动态督导机制，对承诺践诺情况定期进行调度督导，实时掌握履职尽责和任务落实的真实情况。2019年，厅党组研究党风廉政建设和反腐败工作5次，组织各级党组织梳理廉政风险点 4800 余个。筑牢拒腐防变思想防线，把监督检查落实中央八项规定精神及省委实施细则作为经常性工作来抓，深入开展"守纪律、讲规矩"警示教育，全年开展警示教育活动 12 次，共计 1900 余人次接受警示教育。紧盯重要节点加强廉洁教育，在中秋、春节等传统节日及国庆、元旦节假日前下发通知，强调廉洁纪律，倡导文明、简朴过节，坚决防止不良风气反弹回潮。通过水利办公内网等及时转发中纪委、湖北省纪委通报曝光典型案例，始终保持警钟长鸣。

（高雁　徐妍琳）

【精神文明建设】　坚持以习近平新时代中国特色社会主义思想为指导，全面贯彻落实党的十九大精神，牢牢把握社会主义核心价值体系。深入落实习近平总书记提出的"节水优先、空间均衡、系统治理、两手发力"的新时期治水思路，紧紧围绕"水利工程补短板、水利行业强监管"总基调，以新时代水利精神为指引，引导干部职工担当作为、狠抓落实，推动精神文明建设工作再上新台阶。印发《山东省水利厅 2019 年精神文明建设工作要点》。组织完成 2018 年度省级、省直文明单位复查，2019 年度新申报省级、省直文明单位检查考核，以及 2019 年度全国水利文明单位复审工作等。截至 2019 年年底，全省水利系统共有全国文明单位 8 个，全国水利文明单位 12 个，省水利系统文明单位 186 个；厅直系统共有省级文明单位 34 个，其中 2019 年 12 月新增省级文明单位 9 个、省直文明单位 1 个。

（高雁　徐妍琳）

江 苏 省

【干部队伍建设】　2019 年，江苏省南水北调办严格按照人事工作相关要求，紧密结合实际，着力加强能力建设，认真开展各项工作，圆满完成年度任务。

1. 提升干部队伍素质　不断把学习贯彻习近平新时代中国特色社会主义思想引向深入，统筹集中学习和个人自学，引导党员学原文、读原著、悟原理；注重现场教育，江苏省南水北调办和江苏水源公司党员干部赴上海嘉兴重温入党初心，接受教育；积极参与"不忘初心、牢记使命"主题教育，开展支部组织生活会和"四重四亮"等活动，每位党员开展个人检视剖析。

2. 开展干部队伍考核　对照《江苏省水利厅公务员平时考核实施办法（试行）》，认真落实日记录、月记实、季评鉴各个环节，将平时考核结果作为年度考核的主要依据；认真对待年度考核工作，严格落实处级干部述职述廉、民主测评、专题讨论研究考核等次等环节，增强考核结果的说服力。

3. 人员信息统计变更　完成全国公务员管理信息系统、全国公务员统计系统、江苏省公务员信息采集、水利人事管理信息系统、江苏省直单位工资年报系统录入上报；及时做好养老保险、工伤保险和医疗保险申报等工作，保障人员福利待遇及时落地。

（宋佳祺）

【党风廉政建设】

1. 强化全面从严治党责任 坚持以政治建设为统领，以充分发挥南水北调基层党组织战斗堡垒和党员先锋模范作用为目标，坚持思想建党、组织建党和制度建党相结合，推进南水北调党建工作再上新台阶，为业务工作提供坚实思想基础和政治保障。统筹党建与业务工作，将党建工作与业务工作同部署、同推进、同落实、同检查、同考核；通过细化主体责任清单，层层签订党风廉政建设责任状和承诺书，运用经常性督查、党建考核等多种手段，落实廉政目标管理、责任管理、监督管理责任。

2. 营造风清气正工作环境 按照全面从严治党要求，加强警示教育，引导党员干部充分认识党风廉政建设的重要性和紧迫性，营造风清气正的良好氛围。强化党风廉政教育，开展典型案例学习讨论和党纪党规专题警示教育活动；强化节假日前的八项规定、反"四风"要求和廉政操守的警示与提醒，落实节假日后的遵规守纪情况报告。深入开展形式主义、官僚主义集中整治问题排查和整改行动。

（宋佳祺）

【作风建设】 江苏省南水北调全系

统人员严格执行中央八项规定和江苏省委十项规定精神，深化"四风"整治，形成浓厚的务实作风。严格落实党风廉政"两个责任"，做到党风廉政建设与业务工作同部署、同落实、同检查，加强资金、征迁安置等重点环节领域监管，全年未发生违纪违法案件。

（宋佳祺）

【精神文明建设】 完成江苏省南水北调办支部"党员之家"建设，提升硬件、添置学习书籍，实现硬件、软件双提升；与江苏水源公司联合开展"贺祖国70华诞，迎通水6周年"环城墙徒步公益宣传等活动。（宋佳祺）

项目法人单位

南水北调中线干线工程建设管理局

【政治建设】 2019年，在水利部党组的坚强领导下，中线建管局紧紧围绕"供水保障补短板、工程运行强监管"的水利改革发展总基调，充分发挥党组织战斗堡垒作用。以习近平新时代中国特色社会主义思想为指导，深入学习贯彻党的十九大及历次全会精神，全面贯彻落实新时代党的建设总要求。以党的政治建设为统领，认真开展"不忘初心、牢记使命"主题教育，扎实推进党建与业务工作深度融合，大力推动党支部建设标准化、规范化，致力于创新党建工作信息化，努力提高党的建设质量和水平，为中线各项工作提供坚强有力的保障。

1. 主题教育工作　中线建管局组织开展两批"不忘初心、牢记使命"主题教育，成立4个指导组（第二批）。参加两批主题教育领导班子专题研讨128次，形成调研成果50余篇；按照"静控动管"原则梳理检视问题清单373条，共接受中央主题教育巡回督导组、水利部主题教育领导小组、部直属机关党委、两批主题教育指导组督导16次；编制主题教育周报13期，中线党建通讯（主题教育专刊）12期，主题教育大事记、成果等成果集7份。两批主题教育工作强化了真学、真抓、真干，取得良好成效，得到水利部的充分肯定。

2. 思想政治工作　制定印发《南水北调中线建管局2019年党组中心组学习计划》（中线局机党〔2018〕19号），组织局党组理论学习中心组（含扩大）学习会议18次，切实把政治、思想和行动同以习近平同志为核心的党中央保持高度一致；聚焦"两个维护"抓政治思想建设，深入学习贯彻习近平新时代中国特色社会主义思想，督促使用"学习强国"等新媒体，组织领导干部参加水利部党校2019年春季和秋季学期处级干部进修班、水利部主题教育示范培训班、水利部党风廉政建设主体责任专题培训班、水利系统文明单位创建工作培训班等；举办井冈山、大别山、天津等理论学习培训班，选派215名党员干部接受党性教育、提升党建工作本领，并撰写心得体会200余篇；严格落实意识形态工作责任制，做好每半年一次的意识形态工作总结报告，发挥全局60余个党员活动室阵地作用，组织开展谈心活动，尤其是"七一"、春节等重要节点谈心周活动，共组织开展谈心谈话2000余次；开展主题教育征集意见建议工作和年度机关干部职工思想状况调研工作，共访谈15个部门、45名党员干部。

3. 组织建设工作　进一步完善党组织结构，1月23日，成立中国共产党南水北调中线干线工程建设管理局直属机关委员会，根据新"三定"方案对机构调整后的局机关党支部进行变更、成立或撤销，指导三家直属公司成立了党组织（保安公司、信息科技公司成立党委，实业发展公司成立党支部）。截至2019年年底，中线建管局共有党员1147名，127个基层党组织，包括1个直属机关党委、16个直属党支部（含退休人员党支部）、8个直属单位党组织（渠首、河南、河北、天津、北京分局党委，保安公司党委，信息科技公司党委，实业发展公司党支部）及其下属102个党支部。推进党支部标准化规范化建设，按照局标准化规范化建设强推工作方案，梳理局党群工作部、分局、现地管理处党建业务名录，绘制各直属单位发展党员工作流程图和局直属单位党委届中增补委员流程图，为全局搭建一个符合工作实际的覆盖全局党工团主业的中线智慧党群系统。积极开展创先争优活动，2019年年底，考核认定表彰局级优秀"党员示范岗"115名，优秀"党员责任区"35个；评选表彰2018—2019年度局先进基层党组织16个，优秀共产党员54人，优秀党务工作者15人。严把发展党员工作，组织参加水利部举办的2019年入党积极分子培训班，指导河南分局党委举办入党积极分子和发展对象培训班，2019年确定党的发展对象156名、入党积极分子99名，认真做好61名拟发展对象的党员发展工作。

4. 党建与业务融合　组织党建调研，挖掘基层融合举措和鲜活案例，形成融合工作手册总册和直属单位分册，在"五抓五融合"工作法基础上，撰写了《国企机关党建与业务深度融合的探索与实践》论文；研究完善党建考核办法，将"党建业务融合"作为重要考核内容，纳入制度建设；创建"一岗一区""联系点""心连心""座右铭"党建品牌，引导广大党员干部在"两期"发挥"两个作用"。

5. 完善制度建设　修订并完善党建工作制度办法，印发《南水北调中线干线工程建设管理局文明部门（单位）、文明员工、文明家庭评选奖励办法》《南水北调中线干线工程建设管理局党员轮训管理办法（试行）》等制度；梳理中央、水利部有关制度目录，编制中线建管局党建制度汇编；抓好党建制度宣贯和对制度执行情况的督导检查力度，督促指导各党支部（党委）结合自身实际，逐步完善党建工作有关制度，为具体工作提供依据和指导。　　　　（李东海）

【组织机构及机构改革】　2019年2月12日，水利部人事司印发《关于南水北调中线干线工程建设管理局机构编制调整的通知》（人事机〔2019〕3号），批复中线建管局主要职责、内设机构和人员编制。组织架构仍按3个管理层级设置，另设南水北调中线工程保安服务有限公司、南水北调中线信息科技有限公司、南水北调中线实业发展有限公司、南水北调中线工程建设有限公司、南水北调中线工程技术有限公司、南水北调中线工程水质监测有限公司等6个直属企业。人员总编制为2460人，其中，一级管理机构261人，二级管理机构444人，三级管理机构1713人，6个直属企业高管编制42人。

5月6日，中线建管局印发《南水北调中线干线工程建设管理局组织机构、职能配置及人员编制规定》，对全局组织机构及人员进行调整。

1. 一级管理机构　一级管理机构为局机关，设15个部门，负责决策指挥、统筹协调和监督指导，分别为综合部、计划发展部、财务资产部、人力资源部、党群工作部、纪检监察部、审计部、宣传中心、档案馆、总工办（科技管理部）、总调度中心、工程维护中心、水质与环境保护中心（移民环保局）、安全生产部、稽察大队。

局机关增设总审计师1名，领导

班子职数由 10 名增加到 11 名；部门正职 22 名，部门副职 32 名。

2. 二级管理机构　二级管理机构维持不变，渠首、河南、河北、天津、北京等 5 个分局负责组织和部署管理范围内的生产运行。

5 个分局各增设 1 名党委副书记（纪委书记），渠首分局另增设 1 名副局长兼任陶岔电厂厂长。

3. 三级管理机构　三级管理机构维持不变，44 个现地管理处负责落实具体生产业务。　　　（闫海）

【干部队伍建设】

1. 干部选拔任用　2019 年 5 月 23 日，水利部党组决定：任命陈伟畅为中线建管局总审计师（试用期一年）。

11 月，中线建管局修订了《南水北调中线干线工程建设管理局干部选拔任用办法》（中线局党〔2019〕36 号），进一步推进干部选拔任用工作制度化、规范化、科学化。根据新"三定方案"，在局党组的领导下，完成了 60 名部门职级干部配备调整的程序手续，其中，调整部门正职级干部 7 名、副职级干部 7 名，选拔部门正职级干部 2 名、副职级干部 44 名。各分局、直属单位完成 205 名内设机构干部配备调整的程序手续，其中，调整内设机构正职干部 41 名、副职干部 38 名，选拔内设机构正职干部 36 名、副职干部 90 名。

2. 干部考核　组织修订完善了绩效考核办法，将运行问题查改、审计问题整改、预算编制执行、劳动纪律遵循、督办事项落实等纳入绩效考核内容，并充分运用信息化管理手段量化考核指标，减少考核的主观随意性和人为干扰，保证绩效考核的公平公正。强化绩效考核结果运用，单位考核结果与个人考核结果相结合，直接与绩效工资、职级调整等挂钩，充分体现干与不干不一样、干好干坏不一样、干多干少不一样，充分调动各方积极性。

3. 人才队伍建设　组织完成局机关和其他在京单位高校毕业生及海外留学人员招录，择优录用 12 名优秀毕业生；解决了 33 名长期交流学习人员的安置问题，接收军转干部 1 名；协调水利部批准了 5 名非京籍员工的北京户口落户计划；同时指导各分局认真开展人员管理工作。合理编制全年培训工作计划，督促各部门各分局深入开展多层次、多专业、多领域、广覆盖的员工教育培训，组织相关人员积极参加上级单位的各类培训活动，集中组织了新入职员工业务培训、中层干部能力提升培训、办公软件应用培训、职称申报审核培训等工作，不断提高全局各层级员工的职业素养和业务水平。组织全局员工积极参加勘察设计大师推荐、水利国际化人才联合培养人员选拔、全国水利行业劳动模范评选、青年科技奖评选等，河南分局杨旭辉同志被评为全国水利行业劳动模范，总调度中心李景刚同志获得水利国际化人才联合培养名额。组织完成 2019 年度职工职称评审及认定工作，全局 2019 年获得各级专业技术职称人员共计 127 人。

（闫海）

【纪检监察工作】

1. 积极开展执纪审查专项整改工作　2019 年上半年组织力量开展了执纪审查专项整改工作，深入查找执纪审查工作中存在的问题和薄弱环节，及时加以整改落实，进一步推动执纪审查工作的规范化、制度化、标准化。在开展执纪审查工作过程中，不断查找工作存在的不足，边查边改、逐步规范。为系统掌握核查工作进展情况，引入了工程进度管理的理念，建立问题线索核查进度时间轴，针对反映的问题建立分析框架图，通过查、判、研，提高执纪审查工作的针对性和有效性。

2. 严格执纪审查，善用"四种形态"　2019 年，共收到并处置受理范围内的问题线索 29 件，其中驻部纪检监察组转来 16 件。对于收到的问题线索，均按照问题线索处置标准进行及时处理。各级党组织和纪检组织以中医"治未病"的态度对广大干部实施"望""闻""问""切"，全面提高关注度和警觉性，对出现的苗头性、倾向性问题，真正做到早介入、早提醒、早纠正。2019 年，共给予诫勉谈话 2 人、谈话提醒 3 人、谈话提醒并责令检查 3 人，给予党内警告 1 人。同时，扎实开展受处分人员回访

教育工作，加大对受处分人员的思想教育力度，尽快引导这些同志回归到干事创业的正确轨道上来。

3. 加强日常监督　2019 年 11—12 月，组织实施了中线建管局 2019 年落实全面从严治党主体责任专项检查，严格按照"六个围绕、一个加强""四不两直"开展监督，通过开展民主测评、问卷调查、主题教育知识测试、个别座谈、查阅资料、现场抽查等方式开展工作；重点对第二批"不忘初心、牢记使命"主题教育开展情况和贯彻落实中央八项规定精神工作进行了检查。四个检查组分别对局属 5 个分局、3 个公司进行了检查，检查下沉至 46 个基层党支部。对 307 名党员进行了应知应会测验，对 452 名职工进行了民主测评，与 164 名职工进行了单独座谈。在短时间内分别形成了片区专项检查报告，共检查出 72 个问题，提出 52 条整改意见及建议。在汇总梳理 4 份报告的基础上深入研讨，深度提炼共 25 条共性问题及 6 条整改意见，形成了《中线建管局 2019 年落实全面从严治党主体责任专项检查报告》。

4. 加强纪检监察组织机构和干部队伍建设　按照 2019 年"三定"方案，成立纪检监察部；并按水利部关于纪检监察机构设置的通知要求，明确局属各单位专职纪检干部，专职专责，进一步加强了专职纪检监察干部配备，不断完善纪检监察组织机构体系。2019 年 4 月，组织纪检监察干部

在井冈山干部教育学院开展"不忘初心、牢记使命"主题教育培训班，选派9名专兼职纪检监察干部参加驻部纪检监察组和水利部直属机关纪委举办的纪检监察干部培训班，不断提高纪检监察干部的思想政治素质和执纪审查工作水平，着力打造政治过硬、作风一流、清正廉洁的纪检监察干部队伍。　　　　　　（李飞　韩迪）

【党风廉政建设】　（1）不断修订完善廉政相关制度，进一步规范党风廉政建设和反腐败工作。制定印发《中线建管局干部选拔任用廉洁意见回复办法》，严把干部选拔任用廉政审查关。制定印发了调整差旅伙食费和市内交通费扣交方式等有关事项的通知、考勤休假管理办法等相关制度，进一步完善中线建管局管理制度体系。结合组织机构改革情况，制定廉政风险防控工作方案，深入查找各项业务流程存在的廉政风险点，研究制定防控措施，进一步修订完善了中线建管局廉政风险防控手册。进一步完善领导干部廉政档案的有关内容，把领导干部个人基本情况、纪律处分情况、谈话函询及问题线索调查情况、干部选拔任用廉洁意见回复情况、民主生活会对照检查情况等8个方面的内容纳入干部廉政档案；系统掌握党员干部的廉洁自律情况，建立廉政档案52份。

（2）筹备建立巡察机制，打通全面从严治党"最后一公里"。为深入贯彻落实水利部党组巡视工作相关部署，推动完善巡视巡察战略格局，严肃党内政治生活，净化党内政治生态，加强党内监督，确保党中央及水利部党组决策部署、中线建管局党组各项重大决策在全局范围内深入贯彻落实，结合中线建管局实际，局党组制定并印发了《中共南水北调中线建管局党组巡察工作规定》。这一制度的印发，标志着中线建管局巡察体系建设工作迈出了扎实的第一步。

（3）抓好监督检查，防范廉政风险。组织纪检监察组织定期或不定期对局属各部门、各单位及各现地管理处党风廉政建设、作风建设等情况进行检查，促进监督作用的真正发挥。组织开展了领导干部违规兼职情况自查工作，以及领导干部违规经商办企业专项治理工作，确保党员干部遵纪守规。加强干部交流，防范廉政风险。2019年，各分局推动现地管理处与分局机关之间处级干部交流102人，起到了强化干部监督、预防职务腐败、优化岗位效能的作用，进一步激发了干部干事创业的新活力。

（4）深入开展警示教育，加强廉洁文化建设。2019年6—8月，在全局组织开展警示教育月活动，通过组织党员干部观看警示教育片、开展学习座谈、开展廉政谈话、组织开展实地现场教学和专题辅导等形式，结合形式主义官僚主义集中整治、"两个所有"等活动中发现的典型问题，深入开展警示教育，不断提高党员干部的廉洁自律意识。此外，为响应中央的基层减负年精神，提高活动效果，力戒形式主义，机关纪委设计制作了《警示教育月活动统计表》，不再要求基层党组织提交活动情况报告，只要求做好活动记录。及时传达驻部纪检监察组和部直属机关纪委的相关典型案例通报，节假日发送廉政短信，确保党员干部知敬畏、存戒惧、守底线。

（5）开展形式主义、官僚主义问题集中整治工作。通过多种形式深入查找中线建管局目前在形式主义、官僚主义方面存在的问题，系统分析问题的成因，制定切实可行的整改措施，扎实推进形式主义、官僚主义问题集中整治工作。查找出在形式主义、官僚主义方面存在的15个问题，研究制定31条整改措施；各直属单位根据局党组查找出的问题清单，对形式主义、官僚主义问题进行了再认识，并结合各自工作实际对清单问题进行了再分解，分解出7类共24项主要问题，其中包括突出性问题9项，对照相关问题梳理出91条整改措施。通过扎实推进集中整治工作，进一步改进了干部作风，营造了干事创业、风清气正的良好氛围。（武娇　韩迪）

【精神文明建设】 营造积极氛围抓精神文明建设，组织深入学习张富清、黄文秀、余元君、"治沙六老汉"等同志的先进事迹；评选2018—2019年度文明部门（单位）16个、文明员

工110名、文明家庭75个；组织天津分局天津管理处参加"2017—2018年度全国青年文明号"评选并获殊荣，河南分局工程处杨旭辉同志获"全国水利系统先进劳动模范"称号；指导基层单位开展精神文明创建工作，沿线管理机构积极与地方开展文明创建、联学共建等活动，积极塑造中线工程服务沿线的良好形象。（李东海）

【群团工作】 2019年，中线建管局坚定不移地奉行"促进企业发展、维护职工权益"的企业工会工作原则，以文体协会为抓手，广泛开展群众性文体活动；以关爱员工为抓手，打造"特色职工之家"，做好送温暖和权益维护工作。全面落实"水利工程补短板、水利行业强监管"总基调，助力企业文化建设和通水运行工作，团结广大职工奋力谱写中线事业改革发展新篇章。

1. 开展民主选举　2019年，组织召开中线建管局第二次会员代表大会。选举产生17名局工会第四届工会委员会委员和3名经费审查委员会委员，并在第四届工会委员会第一次全体会议和第一次经费审查委员会上，选举产生新一任的工会主席、副主席、经费审查委员会主任。组织职工代表审议了《南水北调中线干线工程建设管理局企业年金方案（修订）》，构建和谐劳动关系，促进企业持续健康发展。

2. 组织文体活动　积极响应水利

部直属机关工会号召，参与中央和国家机关运动会各项赛事及水利部直属机关工会组织的比赛。举办了第四届"中线杯"篮球赛、第五届"中线杯"羽毛球赛、第三届"中线杯"乒乓球赛和足球赛，以及"健步走"活动。组织开展迎新春游艺等活动，丰富职工文体生活，有效助力企业文化建设与精神文明建设。

3. 落实困难帮扶　统计上报局2018年困难职工情况表，为22名员工申报争取了水利部直属机关工会的困难补助99000元，并为他们申请发放了局困难补助50500元。在2019年春节前夕开展了重点困难职工慰问工作。

4. 强化服务导向　开展"三室"（母婴室、瑜伽室、健身室）建设。加强健身房器械管理，开设瑜伽、舞蹈课程，丰富职工业余文化生活。强化实施教育服务职能，参与组织运行调度知识竞赛、安全生产知识竞赛等。

5. 组织女工活动　组织做好"恒爱行动——百万家庭亲情一线牵"公益活动，为新疆贫困地区儿童编织毛衣献爱心；积极开展2018年"全国三八红旗手标兵"候选人和"全国三八红旗手（集体）"推选工作。配合上级工会及女工组织积极开展妇女工作，采集信息并统计上报。（孙子淇）

南水北调东线总公司

【政治建设】　（1）加强理论武装，强化政治意识。以"不忘初心、牢记使命"主题教育和政治巡视整改为契机和动力，围绕党的十九大、十九届历次全会精神、习近平总书记重要讲话精神等，聚焦"水利工程补短板、水利行业强监管"的水利改革发展总基调，开展了15次涵盖21个专题的党委中心组集中学习研讨，理出了运用新思想、新理论指导解决现实问题的一些思路和措施。开展党员全员培训，开办学党史、学新中国史大讲堂，组织参观庆祝中华人民共和国成立70周年展览，观看《红星照耀中国》《中国机长》电影，观看警示教育纪录片等。成立青年理论学习小组，定期组织交流研讨，进一步增强"四个意识"、坚定"四个自信"、做到"两个维护"。

（2）推动党建"六大抓手"，增强政治能力。结合公司实际，将人人讲党课、人人"双对标"、人人读《中国纪检监察报》、以师带徒、强化党内监督、党建质量贯标等六大抓手作为落实加强党的政治建设意见的具体举措，并列入2019年重点工作。召开做实党支部工作研修会，着力提高政治能力，努力打造管党治党的优秀"施工队长"。

（3）坚决贯彻落实水利部党组各项决策部署，体现政治担当。注重发挥党委把方向、管大局、保落实作用，坚持融入企业中心工作不放松，将建设"党建、业务"双强干部队伍等4项党建重点工作纳入水利部督办事项，全部保质保量完成。编制具有东线总公司特色的《党建质量工作标准（试行）》，并组织实施，召开党建质量贯标工作推进会，推动公司党建工作向标准化、规范化建设迈进。

（4）严格执行党内政治生活若干准则，强化政治规矩。坚持发挥关键少数的"头雁效应"，加强领导班子自身建设，深入贯彻党内政治生活若干准则，严格落实民主集中制，严肃开好公司领导班子2018年度民主生活会、"不忘初心、牢记使命"专题民主生活会和巡视整改专题民主生活会，以敢于正视问题的自觉和"刀刃向内扎自己"的勇气深入开展批评与自我批评；认真开展"不忘初心、牢记使命"主题教育，深入推进"两学一做"学习教育常态化制度化，将"双对标"活动纳入支部日常学习教育内容，经常性开展政治体检和业务体检。认真落实"三会一课"、民主（组织）生活会、领导干部双重组织生活、民主评议党员、谈心谈话等制度，增强政治生活的政治性、时代性、原则性和战斗性。　（柴艳娟）

【组织机构及机构改革】　2019年7月3日，决定成立东线一期北延应急供水工程建设管理部筹备组。7月26日，成立网络安全与信息化工作领导小组。9月11日，东线总公司国家安全小组更名为"国家安全人民防线建设小组"。12月20日，成立北延应急供水工程建设管理部。　（范勇）

【干部队伍建设】　2019年2月14日，曹雪玲任东线总公司总工程师。

7月9日，聘任范勇为人力资源部副主任，金秋蓉、陈绍军为计划合同部副主任，金维琦为财务审计部副主任，郭绍坤为党委办公室副主任，于迪为总调度中心副主任，刘秀娟为档案中心副主任；明确闫飞副主任主持总调度中心工作。7月16日，聘任裴旭东、张亮为直属分公司副经理。7月30日，印发《选派年轻干部基层锻炼工作方案》。8月23日，印发《南水北调东线总公司干部日常监督管理暂行办法》。12月5日，印发《关于促进年轻干部成长成才的实施意见》。　（范勇）

【纪检监察工作】

1. 组织召开纪委会议　2019年3月5日，召开2019年纪检工作会议，公司党委书记李长春出席会议并讲话，公司党委副书记、纪委书记胡周汉就2019年纪检工作要点进行了部署，纪委副书记石泉就"两个责任"清单向会议做了说明。会后，印发了《2019年纪检工作要点》。8月27日，召开纪委全会（扩大），公司党委副书记、纪委书记胡周汉出席会议并讲话，系统总结了上半年工作，并对下半年重点任务进行了安排部署。纪委副书记石泉传达了中央纪委国家监委驻水利部纪检监察组2019年上半年查处违纪违法问题情况。

2. 修订《廉政风险防控手册》　按照《水利部党风廉政建设领导小组办公室关于做好水利廉政风险防控工

作的通知》和《南水北调东线总公司2019年廉政风险防控工作实施方案》有关要求，组织对《廉政风险防控手册》进行了全面修订并于6月顺利完成，使廉政风险防控体系全面覆盖各部门业务流程廉政风险点，实现了对管理流程的前置风险识别和预警。

3.开展专项监督检查 1月和7月，按照水利部直属机关纪委《关于贯彻落实习近平总书记重要指示精神坚决整治领导干部利用名贵特产类特殊资源谋取私利有关问题的通知》和《中共水利部党组驻部纪检监察组关于印发水利部直属系统领导干部违规经商办企业问题专项治理工作方案的通知》要求，分别开展了高质量的自查自纠工作，进一步涵养了公司良好政治生态。

4.持续强化警示教育 1月，转发并组织学习《中央纪委公开曝光六起违反中央八项规定精神典型问题》和《中央和国家机关纪检监察工委关于6起违反中央八项规定精神典型案例的通报》，教育引导广大党员干部从反面典型案例中深刻汲取教训，受警醒、知敬畏。9月，组织公司领导干部赴海淀区人民法院山后法庭参加旁听庭审活动，进一步强化不敢腐、不能腐、不想腐的教育效果。经常督促各支部认真落实主体责任，做到教育在先、警示在先、预防在先，真正管出自觉、抓出成效。

5.创新企业廉洁文化建设 创建由公司纪委委员、支部纪检委员组成

的"东线总公司纪检监察工作群"，并邀请公司领导入群指导工作。2019年全年，编发87期"清风东线"，及时有效地宣传了党中央的新精神、新要求和水利部党组的新决策、新部署；刊发130余篇《纪检监察报》上的重点文章，推动纪检监察干部先学一步、学深一层；推送40余起涉及违反中央八项规定及其实施细则精神，以及其他违纪行为的典型案例，有效提升公司纪检监察干部队伍整体业务素质和履职能力。 （徐飞华）

【党风廉政建设】 2019年1月11日，东线总公司党委召开2019年党风廉政建设工作会。会议紧紧围绕落实党风廉政建设主体责任和细化实化监督责任情况，全面回顾了2018年党风廉政建设各项工作，并以十九届中央纪委四次全会精神和水利部部长鄂竟平在2020年全国水利工作会议上对抓好廉政建设做出的重要部署为指导，紧密结合"水利工程补短板、水利行业强监管"水利改革发展总基调要求，研究部署了2019年工作，细化分解了党风廉政建设各项任务。 （徐飞华）

【作风建设】 （1）扎实开展"不忘初心、牢记使命"主题教育。落实水利部党组关于开展"不忘初心、牢记使命"主题教育工作安排，6—9月开展了东线总公司"不忘初心、牢记使命"主题教育，完成了学习教育、调查研究、检视问题、整改落实各项任务，

实现了"理论学习有收获、思想政治受洗礼、干事创业敢担当、为民服务解难题、清正廉洁做表率"的具体目标，取得了群众看得见、摸得着、感受得到的成效。及时开展主题教育"回头看"，确保并巩固主题教育工作成效。

（2）集中整治形式主义、官僚主义问题。严格落实水利部集中整治形式主义、官僚主义工作实施方案，在做好宣传发动、组织学习基础上，坚持问题导向，在公司党委、党支部、个人（副处长以上人员）三个层面开展形式主义、官僚主义问题集中整治，坚决把工作摆进去、把职责摆进去、把自己摆进去，深入查找本单位和个人在形式主义、官僚主义方面存在的问题。针对查摆出的"在考核指标上，存在着指标针对性和可操作性不够的问题""在发文上缺乏统筹管理，存在各部门'各吹各号'和以文件落实文件的现象"等16项形式主义、官僚主义问题全部完成整改。

（3）提高政治站位，配合完成水利部巡视组对东线总公司的政治巡视。成立了公司巡视整改工作领导小组及办公室，进一步加强组织领导，压实整改责任。针对水利部党组巡视组反馈的整改事项进行分析归类，细化整改措施，明确责任领导、责任部门、责任人、整改时限和督导工作要求。强化过程控制、监督和专项治理，针对专项问题多次召开党委会研究整改工作方案。动真碰硬召开巡视整改专

题民主生活会，推动整改落实到位。真刀真枪抓整改，针对巡视反馈的6个方面16类问题42个事项，全面自查整改，制定了70项整改任务。

（4）大力弘扬新时代水利精神。在以师带徒活动中，深入解读新时代水利精神，号召广大导师徒弟向余元君同志学习，作践行新时代水利精神的好导师、好徒弟；组织观看全国水利系统"我心中的新时代水利精神"巡回演讲活动；召开"寻找身边的榜样"报告会，邀请山东干线公司"山东省富民兴鲁劳动奖"获得者于涛来作主题报告；选拔参加水利部"我心中的新时代水利精神"主题演讲比赛。各党支部通过召开专题组织生活会、参加水利部征文，团委组织青年参加专题演讲、撰写心得体会等活动，深刻领会新时代水利精神实质和丰富内涵，使水利精神内化于心、外化于行，成为干部职工共同的价值观念和精神追求。

（柴艳娟）

【精神文明建设】 （1）坚持用习近平新时代中国特色社会主义思想凝魂聚气。坚持党建带群建，发挥群团组织合力，工会、团委、妇女工作小组运用各类平台载体，把学习贯彻习近平新时代中国特色社会主义思想与深化中国特色社会主义和"中国梦"宣传教育结合起来，把社会主义核心价值观和新时代水利精神结合起来，开展形式多样的学习宣传教育活动，引导员工坚定"四个自信"，在理想信念、价值理念、道德观

念上紧紧团结在一起。

（2）举办丰富多彩的文化体育活动，聚心聚志。组织职工参加水利部"水羽杯"羽毛球比赛，参加水利部"青春心向党、建功新时代"主题演讲比赛，挑选优秀选手参加水利部足球运动员选拔赛，等等，均获得较好名次；加强对外联系交流，与中铁油品销售公司举办篮球、羽毛球联谊赛，参加诺德中心业主羽毛球活动，促进了解、增进友谊；组织女职工庆"三八"参观故宫博物院活动；公司合唱团参加水利部新春联欢演出获得好评；直属分公司运行管理处被命名为"中央和国家机关青年文明号集体"等等；以丰富多彩的文化体育活动增强团队凝聚力。

（3）帮助解决员工的烦心事、闹心事，增强员工获得感。为满足党员成长成才需求，弥补实践方面的经验短板，通过调研查摆出以师带徒工作在开局阶段遇到的种种问题和不足，针对需求开展了业务大讲堂，弥补了"以师带徒"一对一、一对二的不足。为满足党员对美好组织生活的向往，公司党委编制了党建质量工作标准，通过广大党员对党建质量标准的认知理解和落实，使得各支部的党建工作在广大党员群策群力的基础上，质量进一步提高。结合女职工的特点和需求，启用三楼瑜伽室，购置视频播放等设备设施，方便大家开展健身活动；组织女职工体检，防患于未然；设立哺乳室，并采取多种形式对怀孕、生育和生病的女职工进行慰问；按照《北京市人口与计划生育条例》相关规定核发职工独生子女费。

（4）以寻找最美家庭为抓手，推进家庭文明建设。先后组织职工参与"最美家庭"推荐活动；举办沟通技巧培训班；组织"六一"儿童节读书慰问活动；参与水利部机关人口计生办组织的"向实行计划生育的贫困母亲献爱心"捐款活动，公司捐款人数共计115人，捐款金额7325元；参加"恒爱行动——百万家庭亲情一线牵"公益编织活动，完成各类爱心编织品22件，为新疆少数民族贫困儿童献爱心。

（柴艳娟　刘秀娟）

南水北调东线江苏水源有限责任公司

【政治建设】 （1）扎实开展"不忘初心、牢记使命"主题教育。根据中央和江苏省委统一部署安排，2019年6—8月，江苏水源公司集中开展了"不忘初心、牢记使命"主题教育。公司党委高度重视，做到思想认识到位、检视问题到位、抓整改落实到位、组织领导到位，扎实推进各项重点措施，认真组织召开专题民主生活会，圆满完成了预定任务。突出做到"三个坚持"：坚持把主题教育同推动公司发展相结合，以经营发展成果检验主题教育效果；坚持把主题教育作为推动改革发展、解决自身问题的重大契机，促进主题教育更深更实；坚持把主题教育作为锤炼党性、强化作风的重要抓手，有效提振全体干部干事创业的劲头。认真抓好主题教育整改落实"后半篇"文章。截至2019年年底，公司领导班子检视出的22个问题中，18个已经解决，4个正在解决。

（2）压紧压实党建工作责任。成立公司党建工作领导小组，公司党委与各党总支、直属支部签订了全面从严治党责任书，推动各级党组织书记切实履行本单位党建"第一责任人"责任，班子其他成员履行"一岗双责"，抓好分管领域党的建设，形成公司党委履行主体责任、书记承担第一责任、班子成员分工负责、职能部门牵头抓总、相关部门齐抓共管的党建工作格局。进一步完善党建工作督查、考核机制，年中组织开展了党建工作督查。完善党组织书记党建工作述职考核机制，落实基层党建年度述职评议制度，对基层党组织书记履职情况进行现场测评，对党建责任不落实、抓党建不力的基层党组织书记进行了约谈。组织召开新任基层党组织书记党建业务知识培训会议。认真开展全国全省国有企业党的建设会议精神重点任务自查自纠，围绕45项内容逐项对照检查、梳理汇总。自查自纠工作受到江苏省国资委督查组肯定。

（3）深入实施基层党建三年行动计划。认真学习贯彻新时代江苏省基层党建"五聚焦五落实"三年行动计划，结合实际制定公司计划，在基层党组织设置、人员配备、运行保障等方面进行集中攻坚。完善基层党组织设置。按照部门调整设立党支部，机关支部全部由公司党委直接管理。重要分公司党总支书记与总经理逐步分设，总经理兼任党总支副书记，子公司党组织书记兼董事长（执行董事），总经理兼任党组织副书记，实现交叉任职。完善党务工作机构。按照"管人管党建相统一"的原则，推动党群部门和人力资源部门合署办公，实现党建工作与人事工作一个领导分管、一个领导负责的深度融合。选好配强专兼职党群干部，配齐基层党务工作人员。完善党建工作阵地。推进党建活动室、廉洁教育室、职工活动室等基本阵地建设，逐步实现"六个规范化"。

（王山甫）

【组织机构及机构改革】 （1）深化机构改革，优化管理职能。2019年，江苏水源公司内设机构由10个调整为8个，压减层级，整合资源，优化流程，提高工作效率。公司本级现有职能部门为办公室、调度运行部、建设管理部、企业发展部、党群工作部（人力资源部）、财务资产部、法务审计部；纪检监察部门按上级要求设置，成立纪委办公室、监督检查部、审查调查部，同时，成立科技信息中心，加快推进公司信息化、现代化建设；恢复成立维修检测中心，加强泵站维修养护、电气试验、应急抢险、技术输出等专业化服务力量。

（2）在党组织设置方面，江苏水源公司党委结合内部资源整合和机构改革，同步谋划基层党组织设置。撤销基本不运转的机关党总支，机关支部由公司党委直接管理；对重要分（子）公司同步配备副书记，加强对党建工作的领导；对公司本部按照部门调整设立党支部，书记与部门主任"一肩挑"，切实做强机关支部。

（王山甫）

【干部队伍建设】 坚持党管干部人才原则，严把干部选拔任用标准关，严格程序性要求，上会研究前及时征求纪委意见。定期分析干部队伍结构，将内部选拔和外部引进相结合。截至 2019 年年底，江苏水源公司二级企业领导班子成员中"70 后"为 12 人，占 63.16%；"80 后"为 3 人，占 15.79%；研究生及以上学历 6 人，占 31.58%。积极开展培训，选派中层干部参加县处级干部进修班学习，组织省 333 工程人才、双创人才参加省属企业高层次人才专题培训，与南京大学联合举办高级经理管理人才培训班。多点组织培养，安排年轻干部到基层蹲点培养，安排 20 余名年轻干部到科研平台，参与公司博士后工作站、泵站技术中心进行科技攻关。安排 29 名基层干部到公司"一带一路"乌兹别克项目、新疆克州托帕水库工程一线，增强攻坚克难的实战能力。

（王山甫）

【纪检监察工作】

1. 落实纪委监督责任

（1）督促公司党委压实主体责任。督促公司党委认真学习贯彻党章党规，党委书记与分子公司党总支（直属支部）签订全面从严治党责任清单，推动分子公司党总支（直属支部）书记、纪检委员签订党风廉政建设责任清单。

（2）加强"一岗双责"履责纪实。提交党委研究印发《全面从严治党"两个责任"履责纪实工作管理办法》，2019 年共向江苏省纪委报送公司党委、纪委履责信息 275 条。

（3）组织召开党员干部警示教育大会，通报江苏省委、省纪委监委关于邹徐文处理决定，组织参观南京监狱、江苏省党风廉政警示教育基地。纪委书记对中层管理人员进行廉洁谈话提醒，2019 年度实现全覆盖，并对财务工作人员开展了集中廉洁教育。

2. 线索处置，加强执纪力度

（1）加强线索分析。畅通邮箱、信箱、电话三条信访举报渠道，每月月末及时向江苏省纪委上报问题线索情况。深入分析研究 4 封信访举报件反映的问题，及时审慎处置。

（2）严谨审查调查。对问题线索，组成核查组数次赴现场开展初步核实。坚持查审分离，对两起立案案件分别起草初核报告、审查报告、审理报告等，做到了手续完备、程序规范、证据充分。2019 年办理公司纪委设立以来首个立案案件。截至 2019

年年底，年内3件线索已按程序了结。全年立案2起，对2名中层干部予以党纪处分，对1名党员予以诫勉谈话。　　　　　　　　（王迪）

【作风建设】　（1）常态化开展作风监督。印发《贯彻落实中央纪委、省委工作部署集中整治形式主义、官僚主义工作方案》，2019年先后两次集中开展对分（子）公司整改情况督查。加强节假日作风监督，对公务车封存停驶和防汛值班进行专项督查，编发廉洁短信342条。根据查办案件情况，在公司范围内通报2019年查处的违反中央八项规定精神情况。

（2）有针对性地加强重点监督。根据案件办理发现的问题，公司监察专员办向公司有关部门下发《监察建议书》。组织对公司安全隐患、"三公经费"、公文办理、本部部门非公开招标合同、审计问题整改进行专项监督，提出相关建议。及时组织向江苏省纪委、省国资委党委报送公司"三重一大"事项决策监督执行情况。

（3）首次开展政治生态评估。按照江苏省纪委和江苏水源公司党委要求，研究提出2019年度公司政治生态评估指标和评估方案。结合公司年度考核，首次对二级单位党组织开展了政治生态评估。

（4）建立监督工作联动机制。印发公司《纪检监察、审计、法务监督工作联动机制实施办法》。组织召开联席会，就纪检监督、招投标、审计问题整改等监督问题会商研究，提高监督合力。　　　　　　（王迪）

【精神文明建设】　（1）加强意识形态管理。组织召开党委会专题研究意识形态工作，成立领导小组，落实工作责任，健全工作体系，将意识形态工作责任制落实情况纳入分子公司领导班子和班子成员年度考核内容。强化正面宣传力度，专门成立了科技信息中心，具体负责宣传工作的组织实施，修订《公司宣传工作管理办法》，要求讲好"水源故事"，打造"水源品牌"，公司宣传工作力量加强，职责更加清晰，责任更加明确，宣传工作体系逐步建立。以庆祝新中国成立70周年为主题主线，全面做好对外、对上宣传工作。在《新华日报》上刊发一整版专题报道，在公司门户网站开辟庆祝新中国成立70周年大型网络展厅，全方位宣传回顾公司在工程建设、调水运行、经营管理、科研技术方面的突出成就。协助做好南水北调东、中线全面通水5周年宣传活动，组织人民网记者赴东线江苏段深入采访。加强向江苏省国资委报送公司改革发展成就专题信息，报送量同比增长68%。大力宣扬先进，树立公司先进典型活动，在线上和线下设立公司8位劳模人物展，营造赶超先进、干事创业的良好氛围。

（2）加强企业文化和群团建设。抓好职工民主管理和民主监督，健全民主参与渠道，召开职代会、工代会，为职工搭建参政、议政渠道和平台，深入推进企务公开，通过座谈会、务虚会、调研会等形式，增强职工民主管理的透明度。在新办公区建设了职工文化活动室，使之成为职工交流的"友谊桥"、读书的"文化馆"和体育锻炼的"健身房"，保证了职工"有地方学习、有地方说话、有地方活动"。成立公司羽毛球、篮球、足球队，定期开展活动，召开迎新春联欢会，组织全体职工开展沿江、沿古城墙等公益宣传徒步走活动，不断丰富职工文化生活。组织公司基层单位积极开展文明单位、文明站所、文明班组、文明职工等创建活动，开展具有行业特色的教育实践活动。2019年，扬州分公司、徐州分公司、宿迁分公司泗洪站管理所被评为"省文明单位"。

（3）履行国企责任，积极参加社会公益活动。向泗洪县曹庙乡捐赠扶贫35万扶贫款，向江苏省对口援建地区募捐50万元，拨付公司"五方挂钩"扶贫点淮阴区徐溜镇戴梨园村帮扶资金，资助帮扶村庄戴梨园村建设0.46MW光伏项目成功并网发电，公司帮扶的2个贫困村顺利实现脱贫目标。按江苏省国资委部署，落实对口扶贫青海省资金50万元，进一步履行了国有企业的社会责任。

（王山甫）

南水北调东线山东干线有限责任公司

【政治建设】

1. 基层党组织结构及党员情况 山东干线公司党委下属党支部18个，现有在册党员203名，其中含预备党员14名。

2. 基层党建工作情况 山东干线公司党委紧跟山东省水利厅党组工作部署，紧紧围绕南水北调党建和运行管理重点工作，以深入学习党的十九大和十九届二中、三中、四中全会精神和习近平新时代中国特色社会主义思想为主线，以"不忘初心、牢记使命"主题教育为载体，以党的政治建设为统领，以标准化支部建设、规范"三会一课"和开展好主题党日活动等为抓手，抓党建、带队伍，稳步提高管理能力，确保工程安全平稳运行。

（1）压实党建责任，把牢政治方向。认真领会习近平总书记对国有企业党建工作的重要指示精神，切实发挥山东干线公司党委把方向、管大局、保落实的作用。2019年年初，召开党建专题会议，印发《党的建设工作要点》和《履行全面从严治党主体责任清单》，与业务工作同部署、同落实、同考核，层层传导压力。山东干线公司党委及所属党支部按时召开民主生活会和组织生活会2次，查摆存在问题80条，形成问题、责任及整改三张清单，确保每个问题落实整改到位。严格执行民主集中制、个人事项报告等制度，召开党委会37次，党委班子带头讲党课8次、宣讲十九届四中全会精神8场，谈心谈话154人次。深入开展"不忘初心、牢记使命"主题教育，紧盯制约党建工作和工程运行管理的重点问题和关键环节，召开座谈会8场，面对面听意见、解难题，形成了重实干、勇担当、善作为的良好风气。

（2）强化理论武装，筑牢思想根基。坚持山东干线公司党委理论中心组学习制度，组织集体学习30次，观看政论和廉政教育专题片14部，组织参观党性和廉政教育基地7次；强化"灯塔—党建在线""学习强国"APP自学活动，印发《主题教育应知应会手册》，举办专题讲座5次，开展业务培训5次，组织40名党员赴延安进行党性教育培训。通过走出去、请进来，"线上＋线下"等多种形式，使山东干线公司党员干部职工进一步增强"四个意识"、坚定"四个自信"，自觉同党中央保持高度一致。

（3）加强组织建设，夯实基层基础。调整党支部和党小组设置，共18个党支部，24个党小组。党员发展取得突破，2019年度14名同志被接纳为中共预备党员，培养发展对象51名、入党积极分子55名，另有46人提交了入党申请书。集中做好支部标准化建设，共有3个支部申报"过硬党支部"，5个支部申报"先进党支部"，6个支部申报"标准化党支部"。严格落实"三会一课"，规范主题党日和《党内生活记录》管理，做好党费收缴、"e支部"系统信息维护和党内统计工作。积极培树身边的先进典型，通过创建党员先锋岗、划分党员责任区，为党员过"政治生日""做一件公益事"等活动，有力提升了党员的党性修养和宗旨观念。

（4）唱响主旋律，筑牢意识形态主阵地。狠抓意识形态工作。完善了意识形态监督考核机制，开展经常性的谈心谈话活动，及时掌握干部职工思想动态，牢牢把握意识形态领域工作的主动权。开展"党内关怀"和"送温暖"活动，春节期间集中走访慰问困难党员，帮扶困难职工，及时把组织的关怀送到职工的心坎上。加强企业文化建设，开展企业文化识别系统设计，传承和弘扬南水北调精神，形成独具特色的企业文化品牌。

（5）创新宣传形式，丰富党建文化。公司党委着力抓好党建阵地建设，不断创新宣传形式，营造浓厚党建文化氛围，增强党组织的生机与活力。从硬件环境改善上入手，为各党支部建立了标准党员活动室，并在显要位置制作党建宣传栏，公司机关及所属单位共设置党建宣传栏34处。开办了《南水北调·山东》报纸，设置党建专栏；利用"灯塔—党建在线"、QQ等新媒体，及时传递党建动态、政策法规、理论学习等信息，不断提高教育的吸引力、感染力。组织开展演讲比赛，拍摄制作庆祝新中国成立 70 周年专题片《初心·使命》《创新·担当》及微电影《守望者》、《我和我的祖国》MV 等一系列视频作品并在山东电视台播放；举办"青春心向党·建功新时代"纪念"五四"运动 100 周年文艺汇演、"不忘初心、牢记使命"红色经典诵读会和社区"双报到"文艺汇演等一系列主题实践活动，唱响主旋律，弘扬正能量。 　　　　（晁清　郭桂邹）

【组织机构及机构改革】 　山东干线公司设董事会、监事会和经理层，实行董事会领导下的经理层负责制。

　　山东干线公司一级机构内设党群工作部（加挂党委办公室）、行政法务部、工程管理部、调度运行与信息化部、财务与审计部、资产管理与计划部、质量安全部（加挂安全生产办公室）、技术委员会办公室 8 个部门。二级机构设立济南、枣庄、济宁、泰安、德州、聊城、胶东 7 个管理局和济宁应急抢险分中心、济南应急抢险分中心、聊城应急抢险分中心、水质监测预警中心和南四湖水资源监测中心 5 个直属分中心。三级机构设立 3 个水库管理处、7 个泵站管理处、9 个渠道管理处、1 个穿黄河工程管理处等共 20 个管理处，按属地分别由 7 个管理局管辖。 　　　　（杨捷）

【干部队伍建设】 　（1）稳妥地推进山东干线公司综合改革，法人治理结构不断完善。根据《山东省水利厅关于印发改革国有企业工资决定机制实施办法》，委托中国劳动和社会保障科学研究院承担公司的人力资源规划项目，公司依据人力资源规划项目方案，稳妥推进组织机构和职位体系调整、全体人员岗位聘用、薪酬体系核定、绩效考核完善等改革工作。通过改革优化了组织架构、完善了管理体系，充实了一线力量，一大批勇于担当、年轻有为、实绩突出的干部脱颖而出，干部职工精气神得到很大提振。

　　（2）合理设置岗位、职级。为畅通公司员工职业发展通道，实行岗位管理，设立管理岗、专业技术岗和技能操作岗。三类岗位既可以独立地按照职位体系发展，也可以在满足一定条件的情况下跨体系发展。将原有的工勤人员和驾驶员全部转到技能操作岗，充实到管理处和中心一线岗位。

　　（3）优化薪酬制度。根据不同岗位员工的具体工作特点，构建以岗位绩效工资制为主的薪酬管理体系，由岗位工资、绩效工资和津补贴三部分构成。在核定工资总额的薪酬体系基本框架下，实行预算管理，使员工工资水平与公司总体发展紧密结合，形成长效管理机制。坚持以岗位价值和贡献作为薪酬分配依据，以岗定薪、以绩定薪，岗变薪变、绩变薪变，实行动态管理。

　　（4）做好日常管理工作。完成2019 年度职称评审工作，共评审通过正高级工程师 3 人、高级工程师 9 人、高级经济师 1 人、副研究馆员 1 人、工程师 20 人；认真做好公司员工基本养老关系转移、医疗保险关系转移、社保关系合户、社保费补缴、工伤保险申报、异地医院住院备案、生育保险报销、社会保险卡办理领取等服务工作；2019 年度完成人事档案整理工作，并做好日常的档案收缴、转移等工作；完成了残疾人就业保障金缴纳、党费缴纳基数核算、各类年报统计等工作；对中层副职以上人员及财务特岗人员的因私护照进行统一管理；做好公司全体人员年休假督促落实、跟踪统计工作。

（5）有的放矢地开展员工教育培训工作。为更好地适应公司综合改革和高质量发展的要求，本着按需实施实效化、形式灵活多样化的原则，2019 年，组织一期井冈山党性教育、各季度的安全生产培训、一期法律知识及预防职业犯罪讲座、电工专业技能培训和技能大赛赛前集训、一期信息化建设及智慧化管理方面的培训，并根据公司综合改革需要，请中国劳动科学研究院项目组专家就人力资源管理相关知识进行 3 期专题培训等，实现了全员参训。内容涵盖党建、企业管理、运行管理、专业技能、信息化管理等。培训计划制定科学周密，培训过程管理严格，达到了预期的培训效果。　　　　　　　　　（杨捷）

【纪检监察工作】　2019 年，在山东干线公司纪委和党委的坚强领导下，坚持以习近平新时代中国特色社会主义思想为指导，树牢"四个意识"、坚定"四个自信"，牢牢把握监督基本职责、第一职责，主动作为，精准履职，切实发挥监督作用。

（1）提高政治站位，强化责任担当。加强对巡视整改落实情况全过程监督督办，通过督任务、督进度、督成效，查认识、查责任、查作风，坚决纠正巡视整改重点问题。拓宽监督渠道，认真落实党务公开制度，设立举报信箱、开通举报电话，形成"人人可监督""人人可举报"的监督模式。

（2）持续传导压力，有效发挥专责监督作用。根据《关于落实全面从严治党主体责任的意见》和《履行全面从严治党主体责任清单》要求，坚持分管工作和党风廉政建设工作两手抓、两手硬的原则，推进"两个责任"落地生根。

（3）坚持纪律在前，做实做细日常监督。坚持在重要节点前下发通知，明确纪律要求，落实节日作风建设专项督查等工作；紧盯"关键少数"强化廉洁从政意识，组织干部职工 2 次去山东省监狱参加警示教育，引导干部职工知敬畏、存戒惧、守底线。

（4）强化监督执纪，加大问责力度。对信访举报及上级转办举报案件精准处置、妥善处理，加大对违规违纪问题的追责问责力度，并对处理情况进行通报，充分发挥了问责的威慑

作用，达到"问责一人、警示一片、教育一方"的效果。　　　（李秋香）

【党风廉政建设】　2019年，山东干线公司党委坚持以习近平新时代中国特色社会主义思想为指导，全面落实党的十九大、十九届四次全会精神，增强"四个意识"、坚定"四个自信"。坚持和加强党的全面领导，坚持党要管党，全面从严治党，持续推进干部作风好转，从严查处违纪问题，公司党风廉政建设不断取得新的成效。

（1）强化传导压力，管党治党责任进一步压实。定期召开党风廉政建设工作会议，坚持把管党治党与重点工作同谋划、同部署、同落实、同检查、同考核，将党风廉政建设工作融入工程运行管理全过程。按照"谁主管，谁负责"的原则，层层签订《党风廉政建设责任书》，层层压紧压实党风廉政建设主体责任和监督责任。形成人人有责、人人负责的工作机制，织密织牢横向到边、纵向到底的党风廉政建设责任网，全面落实党风廉政建设责任制。进行谈心谈话154人次，召开民主生活会和组织生活会两次，查摆存在问题80条，形成问题、责任及整改3张清单，确保每个问题落实整改到位。

（2）强化纪律教育，党内规矩意识进一步筑牢。扎实开展"不忘初心、牢记使命"主题教育。按照年初党风廉政警示教育制度，每月开展一

次廉政专题学习，每季度观看一部警示教育片，共观看政论和廉政教育专题片14部，及时转发学习上级纪委典型问题通报。通过上廉政党课、看廉政教育片、专题讨论、集中学习等形式，增强广大党员干部廉洁意识，不断提高拒腐防变的能力，营造忠诚、干净、担当的政治生态。分两批组织公司科级以上干部共计120余人，赴山东省监狱开展警示教育活动，不断增强干部职工的廉洁意识和拒腐防变能力。

（3）强化监督责任，监督执纪力度进一步加大。坚持关口前移、抓早抓小，发现苗头性、倾向性问题及时谈话提醒、诫勉批评，坚决防止严重违纪行为发生。定期排查廉政风险，完善防控措施，持续落实工程合同与廉政合同双签制度，不断深化廉政风险防控管理。加大对违规违纪问题追责问责力度，对违纪行为一律通报，达到了"问责一人、警示一片、教育一方"的效果。　　　（李秋香）

【作风建设】　山东干线公司把落实中央八项规定精神、纠正"四风"作为重要政治任务，聚焦监督执纪问责，从统一思想到标本兼治，持续正风肃纪、保持高压态势，作风建设不断深入。持之以恒落实中央八项规定及实施细则精神，规范公务接待、按规定使用公车、基层调研食堂就餐成为常态。强化监督，在重要节点前都下发通知明确纪律要求，落实节日作

风建设专项督查等工作，积极营造守纪律讲规矩氛围。坚持问题导向，在领导班子和党员干部中扎实开展以会议贯彻会议、以文件落实文件，深入基层调研不深不实不全，服务一线力度不够大等形式主义、官僚主义问题集中整治。落实兼职取酬和以专家身份领取报酬问题整改工作，开展了会议费使用管理、违规公款接待、公款吃喝，违规报销相关费用，违规公务用车，违规接受公款宴请、收受礼品等问题自查自纠工作。持之以恒纠"四风"，不断巩固拓展作风建设成果。

（李秋香）

【精神文明建设】 山东干线公司紧紧围绕党建引领、思想道德教育、提升业务水平、打造特色品牌、防范"负面清单"等创建任务，以培育和践行社会主义核心价值观为根本宗旨，积极投身创建，开展志愿服务、传统文化、道德模范评选系列活动，营造浓厚的工作氛围，提升职工文明素质，展示队伍良好形象，扩大南水北调社会影响力。经过大家的不懈努力，山东干线公司于2019年12月通过山东省直文明委组织的考核，被评选为"2019年度省直文明单位"。

（1）加强组织领导。为确保文明创建工作的扎实顺利开展，公司成立了精神文明建设工作领导小组，印发了山东干线公司《2018—2020年创建文明单位工作规划》和《2019年度创建省直文明单位工作方案》，健全完善精神文明创建工作长效机制，明确指导思想、工作目标、工作任务、时间步骤和保障措施，坚持精神文明创建与党建工作、业务中心工作紧密结合，为全面推进山东干线公司改革发展提供强有力的思想保证、精神动力和道德支撑。

（2）以培育和践行社会主义核心价值观和"中国梦"宣传教育为根本宗旨，通过组织开展演讲比赛、征文活动，拍摄微电影《守望者》、《我和我的祖国》MV、"青春心向党·建功新时代"纪念"五四"运动100周年文艺汇演、"不忘初心、牢记使命"红色经典诵读会等一系列主题实践活动，唱响主旋律，弘扬正能量。泰安局李君的《弘扬新时代水利精神 扬帆起航再出发》荣获水利部"我心中的新时代水利精神"征文三等奖。

（3）文体活动丰富多彩。规范"职工之家"、图书阅览室、健身活动室、党员活动室等阵地建设。组织职工运动会、篮球赛、乒乓球赛、春游、秋游、东湖竞走等健康向上、丰富多彩的文体活动。开展"三八"妇女节活动，倡导注重家庭、注重家教、注重家风，开展"我的家风家训""一封家书""我们的节日"等传统文化活动，评选文明家庭，促进家庭和睦，形成积极向上的文化氛围。开展青年先锋岗、"南水北调一线行"技术交流、建立青年"读书角"等活动引导青年建功南水北调、展现新作为。济宁局长沟泵站管理处和胶东局团支部获得"山东省省直青年文明号"荣誉称号。

（4）践行志愿服务精神。以山东干线公司志愿服务队为抓手，持续抓好志愿服务工作制度化、常态化。公司在"山东志愿服务网"注册人数达到486人，占员工总人数的91%，党员注册率达100%，已累计开展志愿者服务项目65项，累计志愿服务时长达11940小时。开展"弘扬雷锋精神"、"弘扬时代新风"、山东南水北调校园宣讲、无偿献血、扶贫济困等志愿服务活动。各现场管理局利用"世界水日""中国水周"宣传活动进村庄、进校园、进社区，进一步扩大了南水北调工程的社会影响力。其中，"南水北调山东公司安全教育进校园"参与了山东省直机关第二届最佳志愿服务项目的评选，在水利部组织的"关爱山川河流·湖泊"志愿服务暨公益宣传活动中，公司代表山东省水利厅作了典型发言。王成建荣获"省直机关诚实守信模范"称号。

（5）深化社区"双报到"工作。积极与社区联系沟通，开展党员到社区"双报到"工作，安排1名同志作为"双报到"社区党组织联络员，组织开展"助力城市创卫"、"节能节水教育宣讲"、文艺演出等活动。单位获得凤凰社区"2019年度优秀双报到单位"称号。

（6）加强诚信法治教育增和谐。加强诚信文化教育，开展党员承诺践诺，增强服务意识。积极开展普法宣传教育培训活动，编制了公司《2018年普法工作实施方案》，组织普法知识大赛网上答题和宪法知识网络答题活动，并获水利部2018年度水法知识大赛优秀组织奖。邀请常年法律顾问开展专题法律知识讲座，逐渐增强干部职工的诚信理念、规则意识和契约精神，树立了公司诚信守法的良好形象。

（晁清 郭桂邹）

南水北调中线水源有限责任公司

【政治建设】

1. 坚定政治站位 中线水源公司始终把政治建设摆在首位，党委中心组集中或扩大学习习近平新时代中国特色社会主义思想，习近平总书记在出席庆祝中华人民共和国成立70周年系列活动、深入推动长江经济带发展座谈会、黄河流域生态保护和高质量发展座谈会重要讲话精神、党的十九届四中全会精神等专题24次，深刻领会习近平总书记"节水优先、空间均衡、系统治理、两手发力"的治水思路和"水利工程补短板、水利行业强监管"的水利改革发展总基调，以及国企改革和党的建设总要求，进一步增强"四个意识"、坚定"四个自信"、做到"两个维护"。

2. "不忘初心、牢记使命"主题教育 成立了主题教育领导小组及办公室、指导组，制定了主题教育实施方案及工作安排、学习计划，印制了中心组学习参阅、指导工作手册、应知应会手册等，发放主题教育学习资料 276 本，召开了主题教育动员部署会、推进会，对扎实开展主题教育工作进行了周密的安排部署。

牢牢把握"守初心、担使命、找差距、抓落实"的总要求，把学习教育、调查研究、检视问题、整改落实贯穿全过程。公司党委、各党支部召开集中学习研讨会 48 次，讲授专题党课 13 次，赴各单位调研 9 批次 30 余人次。公司领导深入各部门了解员工思想动态，听取职工群众关于转变工作思路、提高工作效率、推进验收进度等方面的意见建议，形成了公司领导班子及成员检视问题清单。按要求严格召开专题民主生活会，开展批评与自我批评，认真制定整改方案。

主题教育期间，把开展主题教育同完成公司各项重点工作结合起来，把成果体现到增强党性、提高能力、改进作风、推动工作上。2019 年 9 月初，受汉江上游持续强降雨影响，丹江口水库水位迅速攀升，公司按照长江防总指示要求，严格落实工程防汛责任，及时进行隐患排查处理，确保了工程安全平稳运行；工程验收、尾工建设等按计划稳步推进，丹江口大坝加高工程消防、环保专项验收顺利通过，库区移民工程通过国家终验；通力协作，确保了供水安全，2019 供水年度实际供水近 75 亿 m^3，累计供水量达 255 亿 m^3。坚持刀刃向内，把解决问题作为检验主题教育效果的关键手段，修订了管理类员工绩效考核

办法、员工考勤及休假管理办法、督办管理办法，各部门工作责任意识明显提高；对员工反映的公司发展、干部队伍建设、食堂伙食、生活福利设施等相关问题分类提出解决办法，稳步推进，持续改进，已初见成效。

3. 严肃党内政治生活　严格执行《关于新形势下党内政治生活的若干准则》，贯彻执行好民主生活会、组织生活会、重大事项请示报告等制度，落实公司党委工作规则及"三重一大"决策制度实施办法，落实党组织研究讨论重大问题前置程序的要求。2019 年召开党委会 8 次，专题研究公司改革发展、主题教育、党建及党风廉政建设任务、干部任用、重大项目等相关事项。印发了《中线水源公司临时党委落实 2019 年度党建和党风廉政建设工作责任清单》《中线水源公司党支部 2019 年度党建和党风廉政建设工作责任清单》等，实行党建和党风廉政建设清单管理。以"三级联述联评联考"和年终述职述廉为主要形式，召开党支部书记述职评议会，主动接受党员和职工群众的监督评议。坚持实行"一岗双责"，逐级签订党建及党风廉政建设责任书、承诺书 27 份，将完成情况纳入绩效考核指标，做到了压力层层传导、不留死角。

4. 提升基层党组织组织力　认真贯彻《中国共产党支部工作条例（试行）》和长江委党组实施意见，扎实开展"党支部建设提升年"活动。公

司领导以身作则，加强对所在党支部和党建工作联系点的指导，全年参加支部活动76人次。坚持"三会一课"、组织生活会、主题党日活动、民主评议党员等基本制度，针对支部建设存在的问题和薄弱环节开展自查自纠，按照"一支部一清单"要求进行整改。试点推进党支部标准化、规范化建设，印发了《党支部标准化建设工作手册（试行）》，形成长效机制。结合中线水源工程特点和公司中心工作，巩固和拓展"支部工作法"创建成果，落实支部主题党日活动"四有"要求，开展微党课"人人讲"活动。组织参加省直机关工委及长江委举办的支部书记培训班，做到支部书记培训全覆盖。各党支部先后开展了赴"八七会址"纪念馆开展党史专题教育，与汉江集团相关党支部进行"联学联做""不忘初心、牢记使命、保一库清水永续北上"主题教育志愿服务等活动。全年发展党员1名，转正1名。

（徐军）

【组织机构及机构改革】 根据原国务院南水北调工程建设委员会批复的《南水北调中线水源工程项目法人组建方案》，2004年8月，水利部批准组建了中线水源公司。公司内设综合部、工程部、计划部、财务部、环境与移民部等5个部门。为落实建管责任，公司成立了董事会、监事会，2005年12月，成立中线水源公司临时党委、纪委和工会组织。

公司作为南水北调中线水源工程项目法人，负责丹江口大坝加高工程、水库征地移民工程和中线水源调度运行管理专项等3个设计单元的建设管理。公司自成立以来全面履行项目法人职责，较好地完成了工程建设任务。2014年12月，中线工程通水后，公司工作转入建设期运行管理阶段，公司在继续履行好中线水源工程项目法人职责的同时，履行好水源工程运行管理的主体责任，保证供水安全、工程安全、库区安全和国有资产的保值增值。

2019年11月4日，长江委对公司内设机构及处级干部职数进行了批复（长人事〔2019〕685号），公司内设7个部门：办公室、计划部、财务部、党群工作部（人力资源部）、工程管理部、供水管理部、库区管理部。核定公司部门领导干部职数18名，其中，部门正职7名，按正处级干部配备；部门副职11名，按副处级干部配备。公司纪委可配备副书记1名，按正处级干部配备。

（杨硕）

【干部队伍建设】 截至2019年12月31日，中线水源公司共有从业人员67人，其中经营管理人员47人（男性39人、女性8人）。47名经营管理人员包括公司领导5人（正局级1人、副局级4人），中层管理人员14人（正处级7人、副处级7人），科员28人（主任科员18人、副主任科员5人、其他科员5人）。其中，博士研究生学历 1 人，硕士研究生学历 6 人，大学本科学历 39 人，大学专科学历 1 人；教授级高工职称 6 人，副高级职称 31 人，中级职称 4 人，初级职称 6 人。从学历层次来看，大学本科及以上占到 97.88％；从专业技术职称来看，副高级及以上占到 78.73％；经营管理人员整体素质较高。

2019 年，公司从业人员共参加各类培训 79 个班次、988 人次，总计 14466.9 学时。培训类型上，政治理论学习 527 人次，2954 学时，占总学时的 20.42％；专门业务学习 279 人次，4534 学时，占总学时的 31.34％；综合知识学习 182 人次，6978.9 学时，占总学时的 48.24％。

2019 年，公司举办公文、论文写作培训班和工程档案验收培训班；开展了指定书目自学活动；外派培训 38 人次。按照《中共水利部党组关于印发 2019—2022 年水利干部教育培训规划的通知》精神，2019 年度公司处级及以上人员和其他经营管理人员均达到相应的脱产培训学时和网络培训学时。　　　　　　　　　　（杨硕）

【纪检监察工作】

1. 政治监督　按照"纪委的首要职责就是政治监督"的工作要求，公司纪委把维护习近平总书记在党中央和全党的核心地位、维护党中央的权威和集中统一领导作为首要的政治任务，督促各支部和全体党员干部坚决贯彻执行党中央的决策和战略部署。

通过参加支部学习研讨、检视问题等形式，对各支部开展"不忘初心、牢记使命"主题教育活动进行监督，确保达到理论学习有收获、思想政治受洗礼、干事创业敢担当、为民服务解难题、清正廉洁做表率的目标。公司纪委参加了支部组织生活会，对组织生活会召开情况进行全过程监督，确保支部组织生活会开出质量、达到目的。加强对扶贫工作的监督检查，督促责任部门按照扶贫工作计划，按时完成节点目标。加强对部督办工作的监督检查，先后 3 次参加了对淅川通用机场涉水违建项目的现场监督检查工作，相关设施已经拆除，并恢复原地貌。加强对纪委巡察问题整改情况的监督检查，开展了专项检查，确保改到位、改彻底。

2. 日常监督，长期监督　公司纪委聚焦主业、突出主责，细耕"责任田"，在日常监督上发力，在长期监督上探索创新。继续做好工程建设运行管理关键环节、重要节点的监督检查工作，参与了 2 次公开招标的监督工作。加强干部调动的监督，对 2 名调入干部档案资料进行了审查，严把政治关、品行关、作风关、廉洁关，防止"有病调入"。对 4 名新提拔干部进行了廉政考试和廉政鉴定。进一步推进了廉政风险防控工作，对廉政风险点和防控措施进行完善，修订了廉政风险防控手册。开展了廉政账户专项清理工作和纪律处分决定执行情况专项检查。为 14 名中层领导干部建立了廉政档案。通过查廉政档案、查会议记录等方式，开展了受处分人员的梳理工作。及时上报了信访举报统计表、四种形态统计表等资料。

3. 贯彻落实中央八项规定精神及其实施细则　公司纪委将重要时间节点的监督检查和廉政提醒作为一项经常性工作抓紧抓实。加强了对中央八项规定精神及其实施细则的学习，4月，支部主题党日专题学习了《水利部党组贯彻落实中央八项规定精神实施办法》。制定了《出差人员差旅伙食费和市内交通费收取管理规定》。开展了贯彻落实中央八项规定及实施细则精神自查工作，通过自查和抽查，重点对违规乘坐交通工具、超标准执行履职待遇、无公函（电话记录）公务接待、违规公款宴请、违反财经纪律等进行了自查，向长江委报送自查报告。2020年春节前，公司召开了节前廉政教育会，对春节期间党风廉政建设工作提出了要求，元旦、春节、清明、"五一"、端午，公司都下发了文件，对节日期间的廉政工作提出要求。建立了纪委节假日值班制度，公布了监督电话，加强了对公车使用等的监督检查，及时上报重要节假日监督检查情况报告表，没有发现违反中央八项规定精神的行为，也没有收到职工违纪的举报。

4. 廉政教育　公司将廉政教育融入党员干部日常工作生活之中，将党风廉政宣传教育的责任延伸到支部，充分发挥支部主题党日廉政宣传教育的平台作用，营造了崇廉、尚廉、守廉的氛围。组织开展了2019年党风廉政宣传教育月活动，召开了动员会，传达了长江委2019年党风廉政建设宣传教育月"廉政讲堂"暨警示教育会精神，收看了《重整行装　利剑反腐》警示教育片，开展了党规党纪测试活动。支部主题党日活动专题学习了修订的《中国共产党纪律处分条例》。2019年累计在公司内网刊登纪检监察信息45篇。

5. 纪检监察干部队伍建设　做好新任支部书记、纪检委员和纪检监察干部培训。2名纪检监察人员参加了人民大学举办的基层纪检监察干部综合业务能力提升培训班，2名纪检监察人员参加长江委纪检组纪检监察业务培训。纪委书记对各部门进行了专题调研，为支部书记、纪委委员上了专题党课。召开了纪检监察座谈会，传达了水利部第五次流域机构纪检组长座谈会精神，听取了各部门支部主题教育开展情况、党风廉政建设工作汇报，对下一步工作进行了部署。

（班静东）

【党风廉政建设】　中线水源公司党委高度重视党风廉政建设工作，认真落实好党风廉政建设主体责任。组织召开了2019年党建党风廉政建设工作会议，总结了2018年工作，对2019年党风廉政建设和反腐败工作进行了部署。印发了2018年党风廉政建设工作计划和纪检监察工作清单，进行了任务分解，明确了责任人。层层签订了党风廉政建设责任书、承诺书。开展了中层领导干部党风廉政建设责任制考核和述职述廉工作。

（班静东）

【作风建设】 印发了《中线水源公司临时党委关于集中整治形式主义、官僚主义问题的工作方案》，认真梳理形式主义、官僚主义在公司表现突出的 6 个方面 14 个问题。针对问题清单，在各部门制定整改措施的基础上，召开党委会逐项分析研究，深入剖析原因，细化了整改措施，印发了《中线水源公司临时党委关于印发整治形式主义官僚主义改进工作作风具体措施的通知》，坚持问题导向，着力解决干部履职尽责不到位、学风文风会风不扎实、服务职工群众改进不够等问题，通过强有力的监督检查，不断推进问题整改深入开展，取得实效。

（徐军）

【精神文明建设】 中线水源公司党委以纪念新中国成立 70 周年为契机，充分利用公司网站、宣传展板、微信、QQ 等平台，全方位、多角度开展精神文明创建工作，组织开展了"圆梦南水北调 奋进新时代"文艺作品征集、"丹心筑梦 清泉永续"暨南水北调通水 5 周年图片展等活动；观看了长江委党的十九届四中全会精神宣讲辅导报告会、余元君事迹报告会、省直机关优秀共产党员先进事迹报告会、《我和我的祖国》等。

引导职工积极参与民主管理，召开职工大会两次，征集意见建议 19 条；开展全民健身，举行公司趣味运动会等活动；坚持会员住院慰问和生日慰问，积极参加长江委扶贫工作；组织申报全国"五一"劳动奖状等工作。

（徐军）

湖北省引江济汉工程管理局

【组织机构】 湖北省引江济汉工程管理局为湖北省水利厅直属正处级事业单位，主要负责引江济汉工程运行管理等工作。机关设综合科、财务科、管理与计划科、信息化科、安全生产和经济发展科等 6 个科，下设荆州、沙洋和潜江 3 个分局。湖北省编办批复湖北省引江济汉工程管理局人员控编数为 205 名，湖北省引江济汉工程管理局首次设置人员控制数为 138 名。现有人员 85 人，其中副处级以上干部 5 名、科级干部 21 名，其他工作人员 59 人；其中，35 岁以下人员 69 人，占比 81.2%。湖北省引江济汉工程管理局党委下设 7 个党支部，党员人数为 61 名。

（朱树娥 吴永浩）

【政治建设】 （1）抓学习教育，强化干部理论武装。湖北省引江济汉工程管理局始终把思想政治建设作为管根本、抓长远的一项重要任务来推进落实，建立了以党委中心组理论学习为重点、以支部主题党日集中学习为常态、以个人自学为基础，学思用贯通、知信行统一的理论学习体系。全年共组织 10 次中心组理论学习、9 次专题党课、5 次辅导讲座、3 次专题交流、2 次知识竞赛，通过多种形式，深入学习贯彻习近平新时代中国特色社会主义思想，宣传党的路线方针政策，宣扬张富清、余元君等先进共产党员事迹，进一步坚定党员干部政治信念，增强干事创业热情和本领。

（2）抓主题教育，坚持"四个贯穿始终"。

1）坚持把学习教育贯穿始终。采取个人自学、专家辅导、交流讨论、讲专题党课、知识测试等多种形式，深入学习贯彻"一章三书"。结合主题党日活动，组织赴姚家山、中共五大会址开展革命传统教育、先进典型教育和警示教育，进一步筑牢党员干部的理想信念防线，确保主题教育活动扎实推进。

2）坚持把调查研究贯穿始终。2019 年 7 月 16—22 日，湖北省引江济汉工程管理局党委班子成员围绕运行管理标准化、基层年轻职工培养、食堂管理、防汛抗旱、一线职工合理作休等 5 个方面，深入一线进行调查研究，沉下去了解实情，倾听基层职工心声，形成解决问题的初步思路和举措。

3）坚持把检视问题贯穿始终。湖北省引江济汉工程管理局党委班子成员结合调查研究，通过书面征求、谈心谈话、问卷调查等方式多种方式，充分听取干部职工的意见和建

议，深入对照检查，实事求是查找在党的政治建设、思想建设、作风建设等方面的不足，共征求到意见和建议 23 条，其中涉及班子的 8 条、涉及班子成员个人 15 条，为整改提供精准靶向，确保主题教育活动高质量地推进。

4）坚持把整改问题贯穿始终。坚持边学边查边改，立查立改，对调研发现的问题、群众反映强烈的问题、巡视检查反馈的问题等，列出清单，逐项整改，已整改问题 2 条，2019 年年底正在整改和长期整改的问题 13 条，让问题件件有整改、事事有落实。通过对一些问题的查找和初步整改，进一步强化了干部队伍的责任担当和使命担当，进一步推动了各项工作的落实。

（3）抓责任落实，把党建工作摆在重要位置。湖北省引江济汉工程管理局党委牢固树立"抓好党建是本职、不抓党建是失职、抓不好党建是不称职"的意识。定期组织安排党委会，研究解决"三重一大"事项。截至 2019 年年底，承办党委会议 17 次，印发党委会议纪要 17 篇。2019 年年初，印发了 2019 年党建、党风廉政建设、精神文明建设 3 个工作要点和 2019 年度党建项目清单，建立了基层党建工作联系点，实行了党建和党风廉政建设季度检查考评机制，确保党建各项工作按时有序推进落实，切实增强基层党组织管党治党能力。组织开展了纪念建党 98 周年表彰会、优秀

党员和优秀党务工作者交流发言、"抓学习,强素质,促运管"党建知识竞赛,不断丰富党建活动形式,增强党员意识,增强干部职工"四个意识",切实做到"两个维护"。

（朱树娥　吴永浩）

【干部队伍建设】　健全基层组织,切实发挥战斗堡垒作用。认真学习贯彻落实党章、《支部工作条例》及省委3号文件精神,按照"支部建在科室,科长担任书记"的原则,将机关第一、第二党支部调整为综合科财务科、管理与计划科、安全生产和经济发展科信息化科4个党支部。及时完成了荆州、沙洋和潜江3个分局党支部换届选举工作及补选支委工作。办理了1名预备党员转正,发展了6名预备党员,组织13人次参加湖北省水利厅举办的入党积极分子和发展对象培训,党员队伍不断壮大,能力不断提高。举办了为期2天的党务干部培训,组织3人次参加了湖北省水利厅举办的支部书记培训,不断加强党务干部队伍建设,提高党务工作者业务能力。　　（朱树娥　吴永浩）

【党风廉政建设】　以宣教月为契机,推进党风廉政建设和反腐败斗争。2019年3月,组织承办了2019年党建和党风廉政建设工作会议,湖北省引江济汉工程管理局党委书记王旗与全体党员干部进行了集体廉洁谈话。第二十个党风廉政建设宣教月期间,组织开展了讲廉政党课、参加廉政知识测试、参观廉政书画展、家庭助廉承诺等"十个一"系列活动。及时组织学习了中央、湖北省委和湖北省水利厅机关党委关于解决形式主义、官僚主义问题,切实为基层减负相关文件精神。制定印发了《关于认真落实省纪委"五一"、端午期间严明纪律要求持续纠治"四风"的通知》《关于进一步严明中秋国庆期间纪律要求的通知》。通过系列活动,进一步严明了政治纪律和政治规矩,扎实筑牢了党员干部的思想防线,深入推进了湖北省引江济汉工程管理局党风廉政建设。

（朱树娥　吴永浩）

【对口扶贫和地方共建】　根据湖北省水利厅统一安排,2019年,湖北省引江济汉工程管理局对口帮扶竹溪县水坪镇纪家山村胡明珍一户。积极与厅驻村工作队联系,了解帮扶对象情况,及时制定了帮扶纪家山村建档立卡贫困户"一户一策"实施方案。同时,负责人在湖北省引江济汉工程管理局党委委员、副局长肖代文的带领下,到纪家山村进行了首次走访慰问,为下一步有针对性地做好帮扶工作打下了基础。"七一"前后,组织7个党支部赴驻地社区（村）慰问困难党员和老党员,进一步做好扶贫帮困工作,构建和谐邻里关系。

（朱树娥　吴永浩）

【精神文明建设和群团工作】　2019年,第七届世界军人运动会在武汉举行。积极保持与徐家棚街道办事处、徐东社区的紧密联系，积极支持和参与武汉市第七届世界军人运动会相关活动，调配全局力量投入武昌区"千家文明单位美化社区"周末大扫除活动，为武汉市军运会作出积极贡献。组织职工参加徐家棚街第二届"红耀徐家"红歌大赛并获得一等奖、参加徐家棚街"晒家规家训·讲家风故事"演讲比赛并获得三等奖，参加徐东社区"学习强国"APP知识竞赛并获得三等奖。组织职工参加湖北省水利厅厅直（徐东片）庆祝新中国成立70周年文艺汇演，节目获得湖北省水利厅领导和观众的一致好评。选派李杰参加水利厅举办的"青春心向党建功新时代"主题演讲比赛并获得二等奖。建立了篮球、羽毛球、乒乓球队，增配了部分文体设施器材，开展了"三八"妇女节踏青活动、"五四"团队素质拓展活动，组织了"4·23"读书日湖北省图书馆主题实践活动、清明节辛亥首义烈士陵园祭奠英烈活动，举办了4期"道德讲堂"。通过系列活动，增强了职工归属感、活跃了工作氛围、提高了单位的凝聚力，有利推动各项工作的开展。

（朱树娥　吴永浩）

湖北省汉江兴隆水利枢纽管理局

【组织机构】　根据湖北省机构编制委员会办公室批复，湖北省汉江兴隆水利枢纽管理局（以下简称"兴隆枢纽管理局"）为正处级、公益一类事业单位，人数控制为117名。兴隆枢纽管理局的主要职责包括：承担兴隆水利枢纽运行管理、设施设备维修检修及工程运行安全等工作；承担兴隆水电站发电运行管理；协调处理工程水事、环保、减灾等工作。2014年，根据实际工作需要，兴隆枢纽管理局机关内设6个科室，分别为综合科、党群科、财务科、管理与计划科、信息化科、安全生产和经济发展科。下设4个直属单位，分别为电站管理处、泄水闸管理所、船闸管理所、后勤服务中心。截至2019年12月，兴隆管理局在册职工93人，党委成员4人，领导班子成员4人，共有科级干部29名（10名正科、19名副科）。全局设有8个党支部，共有党员55名（其中包含2名预备党员）。（郑艳霞）

【政治建设】　（1）压实党建主体责任。兴隆枢纽管理局始终把政治建设放在首位，2019年在全局组织开展了"不忘初心、牢记使命"主题教育，举办主题教育读书班，引导党员干部进一步增强"四个意识"、坚定"四个自信"、做到"两个维护"。严格清单管理，2019年年初根据湖北省水利厅工作安排，制定2019年度党建、党风廉政建设、精神文明创建等工作要点和责任清单，每季度开展检查并下发问题清单，在全局构建"一级抓一级、层层抓落实"的党建工作格局。

（2）抓好政治思想引领。兴隆枢纽管理局始终把学习贯彻落实习近平新时代中国特色社会主义思想、习近平总书记最新重要讲话精神、党的十九届四中全会精神等作为重要政治任务，采取集中学习、研讨交流、专家辅导等方式开展党委中心组理论学习15次，落实"一学一报"制度。领导干部认真参加双重组织生活，以普通党员身份参加支部组织生活会，带头开展批评与自我批评。指导各支部分别开展支部主题党日12次、专题学习7次，不断推进学习教育往深里走、往心里走、往实里走。在全局全面推广"学习强国"APP，为党员自主学习提供优质服务平台。组织党员干部赴恩施店子坪当代红色教育基地开展2019年度"不忘初心、牢记使命"红色教育实践活动。结合中央、湖北省委和省水利厅要求，制定主题教育工作安排，在全局开展学习教育、调查研究、检视问题、整改落实等各项工作，深化了党员干部对初心使命的认识，提振了担当作为精神。充分利用宣传栏、LED屏等媒介进行宣传教育，将学习教育融入日常、抓在经常，确保干部职工入脑入心。严格落实意识形态工作责任制，牢牢掌握意识形态工作主动权，建立健全党员干部思想动态分析机制，督促各支部开展了4次党员思想动态分析。兴隆枢纽管理局党委开展了2次党员干部思想状况调研并形成分析报告，及

时发现苗头性、倾向性问题。

（郑艳霞）

【干部队伍建设】 2019年，兴隆枢纽管理局进一步规范基层党组织设置，在全局推行"支部建在科室（直属单位），负责人担任书记"的工作机制，指导各科室新成立党支部，指导直属单位党支部及时进行换届，2019年4月，管理局由原5个党支部增加到8个党支部，换届工作圆满完成。2019年，新发展2名预备党员并进行了宣誓仪式，完成了3名预备党员的培训和转正工作。建立领导班子基层党建联系点机制，指导各支部科学化、规范化建设。组织党员干部积极参加上级举办的支部书记培训班、科级干部党校培训等，在兴隆枢纽管理局举办为期2天的党务干部暨纪检干部培训，培训党务纪检干部20余人，不断提升党务纪检干部政治素养和业务能力。深化"红旗党支部"和基层党建品牌创建活动，督促各支部形成各具特色的"支部工作法"。"七一"泄水闸党支部荣获湖北省水利厅"红旗党支部"称号。电站支部魏巍被评为湖北省水利厅"我身边的好党员"，并邀请相关单位拍摄了典型事迹宣传片，目前已推广到"学习强国"平台和《党员生活》杂志，扩大了兴隆先进典型影响力。在春节和"七一"活动期间，兴隆枢纽管理局党委走访慰问了5名困难党员和社区2名困难党员，为他们送去了党组织

的关怀和温暖。　　　　　（郑艳霞）

【党风廉政建设】　严格落实中央八项规定实施细则精神及湖北省委实施办法要求，不定期对各部门落实中央、省委决策部署，省水利厅工作要求，落实管理局规章制度、工作纪律等方面开展监督检查，紧盯重大节假日，防控节日腐败。通过学习宣传、知识测试、廉政文化建设、警示教育等方式，组织开展第二十个党风廉政建设宣教 13 项活动。持续开展形式主义官僚主义专项整治，分别于 2019年 6 月、8 月、10 月、12 月及时上报反馈了管理局整改情况，在全局营造风清气正的政治生态。（郑艳霞）

【精神文明建设】　2019 年，新建党员活动中心、职工书屋和值班用房，改善职工的学习和生活条件，组织道德讲堂、演讲比赛、周末大扫除及社区街道迎军运等活动，丰富了职工的精神文化生活，强化了干部职工社会主义核心价值观和文明创建社会责任感。切实执行《兴隆管理局党委对口帮扶纪家山村贫困户实施方案》，几次前往十堰竹溪县对扶贫对象开展了走访慰问，帮助扶贫对象搬进安置房，2019 年扶贫对象脱贫，实现了扶贫的成效。高度重视社会管理综合治理（平安创建）工作，通过多形式开展普法宣传，加强与地方治安机构的联系，认真开展扫黑除恶专项活动，积极参加 2019 年湖北省水利系统社会管理综合治理、信访维稳、国家安全工作培训，认真开展"七五"普法知识竞赛，及时处理阳光信访事件等，确保了兴隆枢纽区域的安定环境，维护了当地社会治安的平稳和谐。积极开展迎军运、新中国成立 70周年和南水北调通水 5 周年宣传，制作兴隆工程专题图片展，在湖北省水利厅网站和《湖北日报》登载兴隆船闸通航 5 周年和迎国庆专版宣传文章，参加湖北省水利厅直属事业单位（徐东片）新中国成立 70 周年文艺汇演等，进一步提升兴隆枢纽对外声誉；以工会、共青团、妇委会等群团组织为依托，广泛开展各类文体活动和精神文明创建活动，使干部职工精神面貌焕然一新。　　　（郑艳霞）

拾贰　统计资料

基建投资统计

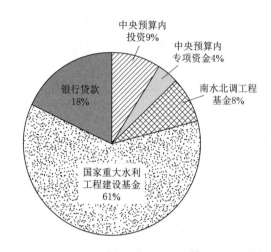

【概况】 截至 2019 年年底，水利部和原国务院南水北调办累计安排南水北调东、中线一期主体工程建设项目投资计划 2704.7 亿元，按投资来源分：中央预算内投资 254.2 亿元，中央预算内专项资金（国债）106.5 亿元，南水北调工程基金 215.4 亿元，国家重大水利工程建设基金 1652.7 亿元，贷款 475.9 亿元。累计安排投资计划如图 1 所示。

图 1　南水北调东、中线一期主体工程建设项目累计安排投资计划

其中，工程建设投资 2524 亿元，前期工作投资 21 亿元，文物保护工作投资 10.9 亿元，待运行期管理维护费 10.9 亿元，中线一期工程安全风险评估费 0.8 亿元，丹江口大坝加高施工期电量损失补偿 1.1 亿元，过渡性资金融资费 136 亿元。

2001—2019 年分年度安排投资计划如图 2 所示。　　　　（王熙）

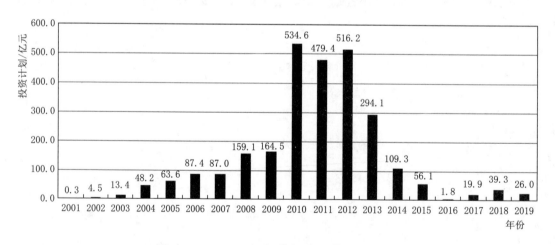

图 2　2001—2019 年分年度安排投资计划

【2019 年投资安排情况】 2019 年，国家安排南水北调主体工程建设项目投资计划 26 亿元，全部为国家重大水利工程建设基金。其中，用于东、中线一期工程价差投资 10.9 亿元，中线一期丹江口库区移民安置 5.9 亿元，

中线一期干线工程安防系统建设 4.9
亿元，中线一期总干渠河南段压覆矿
产资源补偿 3.9 亿元，中线一期丹江
口初期大坝缺陷检查与处理 0.3 亿
元，中线一期丹江口库区地质灾害防
治工程紧急项目等尾工 0.1 亿元。按
工程线路划分，安排东线一期工程
4.8 亿元，中线一期干线工程 8.9 亿
元，中线一期水源工程 10.4 亿元，
中线一期汉江中下游治理工程 1.9 亿
元。2019 年安排投资计划如图 3
所示。

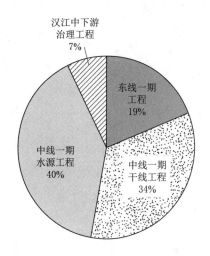

图 3　2019 年安排投资计划

（王熙）

投资计划统计表

南水北调东、中线一期设计单元项目投资情况表

（截至 2019 年年底）

序号	工程名称	在建设计单元工程总投资/万元	累计下达投资计划/万元	2019 年下达投资计划/万元	累计完成投资/万元	投资完成比例/%	2019 年完成投资/万元
	总计	27047104	27047104	259791	26521796	98	150097
	东线一期工程	3394110	3394110	47863	3366367	99	31097
	江苏水源公司	1156156	1156156	17489	1147128	99	5670
一	三阳河、潼河、宝应站工程	97922	97922		97922	100	
二	长江—骆马湖段2003 年度工程	109821	109821		109821	100	
1	江都站改造工程	30302	30302		30302	100	
2	淮阴三站工程	29145	29145		29145	100	
3	淮安四站工程	18476	18476		18476	100	
4	淮安四站输水河道工程	31898	31898		31898	100	
三	骆马湖—南四湖段工程	78518	78518		78518	100	

续表

序号	工程名称	在建设计单元工程总投资/万元	累计下达投资计划/万元	2019年下达投资计划/万元	累计完成投资/万元	投资完成比例/%	2019年完成投资/万元
1	刘山泵站工程	29576	29576		29576	100	
2	解台泵站工程	23242	23242		23242	100	
3	蔺家坝泵站工程	25700	25700		25700	100	
四	长江—骆马湖段其他工程	710961	710961	17173	710961	100	
1	高水河整治工程	16256	16256	260	16256	100	
2	淮安二站改造工程	5832	5832	368	5832	100	
3	泗阳站改建工程	34759	34759	1312	34759	100	
4	刘老涧二站工程	24078	24078	1155	24078	100	
5	皂河二站工程	30567	30567	1299	30567	100	
6	皂河一站更新改造工程	13854	13854	606	13854	100	
7	泗洪站枢纽工程	61928	61928	2144	61928	100	
8	金湖站工程	41421	41421	1467	41421	100	
9	洪泽站工程	53325	53325	1508	53325	100	
10	邳州站工程	34450	34450	1312	34450	100	
11	睢宁二站工程	26908	26908	1390	26908	100	
12	金宝航道工程	103632	103632	910	103632	100	
13	里下河水源补偿工程[①]	184639	184639	2521	184639	100	
14	骆马湖以南中运河影响处理工程	12924	12924	397	12924	100	
15	沿运闸洞漏水处理工程	12252	12252		12252	100	
16	徐洪河影响处理工程	28133	28133	524	28133	100	
17	洪泽湖抬高蓄水位影响处理江苏省境内工程	26003	26003		26003	100	
五	江苏段专项工程	118929	118929	316	109901	92	5204
1	江苏省文物保护工程	3362	3362		3362	100	
2	血吸虫北移防护工程	4959	4959	316	4959	100	
3	江苏段调度运行管理系统工程	58221	58221		49193	84	5000
4	江苏段管理设施专项工程	44505	44505		44505	100	204
5	江苏段试通水费用[②]	4010	4010		4010	100	

续表

序号	工程名称	在建设计单元工程总投资/万元	累计下达投资计划/万元	2019年下达投资计划/万元	累计完成投资/万元	投资完成比例/%	2019年完成投资/万元
6	江苏段试运行费用②	3872	3872		3872	100	
六	南四湖水资源控制、水质监测工程和骆马湖水资源控制工程	**17240**	**17240**		**17240**	**100**	**466**
1	姚楼河闸工程③	1206	1206		1206	100	
2	杨官屯河闸工程③	4164	4164		4164	100	
3	大沙河闸工程③	6793	6793		6793	100	
4	南四湖水资源监测工程③	1996	1996		1996	100	466
5	骆马湖水资源控制工程	3081	3081		3081	100	
七	南四湖下级湖抬高蓄水位影响处理（江苏省）	**22765**	**22765**		**22765**	**100**	
	安徽省南水北调项目办	**37493**	**37493**		**37089**	**99**	
一	洪泽湖抬高蓄水影响处理工程安徽省境内工程	**37493**	**37493**		**37089**	**99**	
	东线总公司④	**22579**	**22579**		**20585**	**91**	**1139**
一	东线其他专项	**22579**	**22579**		**20585**	**91**	**1139**
1	苏鲁省际工程管理设施专项工程	3793	3793		3793	100	0
2	苏鲁省际工程调度运行管理系统工程	14461	14461		12833	89	893
3	东线公司开办费	4325	4325		3959	92	246
	山东干线公司	**2177882**	**2177882**	**30374**	**2161565**	**99**	**24288**
一	南四湖水资源控制、水质监测工程和骆马湖水资源控制工程	**46879**	**46879**	**1206**	**46740**	**100**	**412**
1	二级坝泵站工程	33168	33168	1206	33168	100	322
2	姚楼河闸工程③	1206	1206		1326	110	
3	杨官屯河闸工程③	1650	1650		1692	103	
4	大沙河闸工程③	4927	4927		4849	98	

续表

序号	工程名称	在建设计单元工程总投资/万元	累计下达投资计划/万元	2019年下达投资计划/万元	累计完成投资/万元	投资完成比例/%	2019年完成投资/万元
5	潘庄引河闸工程	1497	1497		1591	106	
6	南四湖水资源监测工程③	4431	4431		4114	93	90
二	南四湖下级湖抬高蓄水位影响处理（山东）	40984	40984		40984	100	
三	东平湖蓄水影响处理工程	49488	49488		49488	100	
四	济平干渠工程	150241	150241		150241	100	
五	韩庄运河段工程	86785	86785	1290	87979	101	742
1	台儿庄泵站工程	26611	26611		26874	101	
2	韩庄运河段水资源控制工程	2268	2268		2268	100	
3	万年闸泵站工程	26259	26259		27190	104	
4	韩庄泵站工程	31647	31647	1290	31647	100	742
六	南四湖—东平湖段工程	266142	266142	5650	268204	101	4548
1	长沟泵站工程	31301	31301	1210	31301	100	1063
2	邓楼泵站工程	28916	28916	1186	28916	100	231
3	八里湾泵站工程	30393	30393	1710	30393	100	1710
4	柳长河工程①	53194	53194	695	53194	100	695
5	梁济运河工程①	80294	80294	849	80294	100	849
6	南四湖湖内疏浚工程	23348	23348		24132	103	
7	引黄灌区影响处理工程	18696	18696		19974	107	
七	胶东济南至引黄济青段工程	812951	812951	14255	813714	100	8145
1	济南市区段工程	311429	311429	6110	312192	100	
2	明渠段工程	275017	275017	3646	275017	100	3554
3	东湖水库工程	103259	103259	1160	103259	100	1160
4	双王城水库工程	89732	89732	2928	89732	100	2928
5	陈庄输水线路工程	33514	33514	411	33514	100	503
八	穿黄河工程	72871	72871	2626	72871	100	2626
九	鲁北段工程	500457	500457	5347	500457	100	5347
1	小运河工程	265164	265164	2563	265164	100	2563
2	七一·六五河段工程	67385	67385	713	67385	100	713

序号	工程名称	在建设计单元工程总投资/万元	累计下达投资计划/万元	2019年下达投资计划/万元	累计完成投资/万元	投资完成比例/%	2019年完成投资/万元
3	鲁北灌区影响处理工程	35008	35008		35008	100	
4	大屯水库工程	132900	132900	2071	132900	100	2071
十	**山东段专项工程**	**151084**	**151084**		**130887**	**87**	**2468**
1	山东段调度运行管理系统工程	81736	81736		77478	95	2468
2	文物保护	6776	6776		6776	100	
3	山东段管理设施专项工程	57521	57521		41582	72	
4	山东段试通水费用②	2887	2887		2887	100	
5	山东段试运行费用②	2164	2164		2164	100	
	中线一期工程	**22275794**	**22275794**	**211928**	**22081478**	**99**	**116663**
	中线建管局	**15564033**	**15564033**	**88023**	**15473027**	**99**	**98376**
一	**京石段应急供水工程**	**2311299**	**2311299**		**2313877**	**100**	**9353**
1	永定河倒虹吸工程	37138	37138		38240	103	
2	惠南庄泵站工程	87037	87037		85066	98	
3	北拒马河暗渠工程④	15991	15991		19561	122	
4	北京西四环暗涵工程	117506	117506		116591	99	
5	北京市穿五棵松地铁工程	5872	5872		5823	99	
6	北京段铁路交叉工程	19595	19595		20505	105	
7	惠南庄—大宁段工程、卢沟桥暗涵工程、团城湖明渠工程	417973	417973		459461	110	
8	滹沱河倒虹吸工程	67060	67060		63956	95	
9	釜山隧洞工程	24773	24773		24389	98	
10	唐河倒虹吸工程	33187	33187		32117	97	
11	漕河渡槽段工程	102610	102610		102387	100	
12	古运河枢纽工程	22677	22677		22445	99	
13	河北境内总干渠及连接段工程④	1170788	1170788		1164962	100	
14	北京段永久供电工程	7586	7586		7624	101	3500
15	北京段工程管理专项	4673	4673		0	0	

序号	工程名称	在建设计单元工程总投资/万元	累计下达投资计划/万元	2019年下达投资计划/万元	累计完成投资/万元	投资完成比例/%	2019年完成投资/万元
16	河北段工程管理专项	9369	9369		10758	115	4853
17	河北段生产桥建设	36944	36944		36675	99	
18	北京段专项设施迁建	26926	26926		0	0	
19	中线干线自动化调度与运行管理决策支持系统工程（京石应急段）	55970	55970		54330	97	1000
20	滹沱河等七条河流防洪影响处理工程	6224	6224		5777	93	
21	南水北调中线干线工程调度中心土建项目	22684	22684		25569	113	
22	北拒马河暗渠穿河段防护加固工程及PCCP管道大石河段防护加固工程	18716	18716		17641	94	
二	**漳河北—古运河南段工程**	**2571061**	**2571061**		**2521214**	**98**	
1	磁县段工程	378089	378089		381106	101	
2	邯郸市—邯郸县段工程	224446	224446		231076	103	
3	永年县段工程	143980	143980		149127	104	
4	洺河渡槽工程	39342	39342		36038	92	
5	沙河市段工程	196493	196493		191590	98	
6	南沙河倒虹吸工程	104640	104640		101995	97	
7	邢台市段工程	197490	197490		193328	98	
8	邢台县和内丘县段工程	290084	290084		285804	99	
9	临城县段工程	247039	247039		241429	98	
10	高邑县—元氏县段工程	316964	316964		312948	99	
11	鹿泉市段工程	129802	129802		126825	98	
12	石家庄市区工程	207191	207191		207367	100	
13	电力设施专项迁建	34979	34979		34979	100	
14	邯邢段压矿及有形资产补偿	27602	27602		27602	100	
15	征迁新增投资	32920	32920		0	0	

续表

序号	工程名称	在建设计单元工程总投资/万元	累计下达投资计划/万元	2019年下达投资计划/万元	累计完成投资/万元	投资完成比例/%	2019年完成投资/万元
三	**穿漳河工程**	**45750**	**45750**		**42477**	**93**	
四	**黄河北—漳河南段工程**	**2601250**	**2601250**	**10235**	**2672883**	**103**	**10235**
1	温博段工程	193175	193175		192667	100	
2	沁河渠道倒虹吸工程	42636	42636		41882	98	
3	焦作1段工程	279498	279498		312794	112	
4	焦作2段工程	450111	450111		453463	101	
5	辉县段工程	519256	519256		517778	100	
6	石门河倒虹吸工程	31716	31716		29900	94	
7	新乡和卫辉段工程	231701	231701		229574	99	
8	鹤壁段工程	293142	293142		308033	105	
9	汤阴段工程	228222	228222		227917	100	
10	膨胀岩（潞王坟）试验段工程	31222	31222		34422	110	
11	安阳段工程	268964	268964		314218	117	
12	征迁新增投资	21372	21372		0	0	
13	压覆矿产资源补偿投资	10235	10235	10235	10235	100	10235
五	**穿黄河工程**	**373670**	**373670**		**366169**	**98**	
1	穿黄河工程	357303	357303		364046	102	
2	工程管理专项	1527	1527		2123	139	
3	征迁新增投资	14840	14840		0	0	
六	**沙河南—黄河南段工程**	**3158075**	**3158075**	**28272**	**3123755**	**99**	**28272**
1	沙河渡槽工程	309244	309244		307321	99	
2	鲁山北段工程	73396	73396		72577	99	
3	宝丰—郏县段工程	477019	477019		476736	100	
4	北汝河渠道倒虹吸工程	68904	68904		66896	97	
5	禹州和长葛段工程	572356	572356		571886	100	
6	潮河段工程	554387	554387		550887	99	
7	新郑南段工程	169912	169912		168665	99	
8	双洎河渡槽工程	81887	81887		79331	97	
9	郑州2段工程	391097	391097		389887	100	

续表

序号	工程名称	在建设计单元工程总投资/万元	累计下达投资计划/万元	2019年下达投资计划/万元	累计完成投资/万元	投资完成比例/%	2019年完成投资/万元
10	郑州1段工程	166467	166467		164602	99	
11	荥阳段工程	251356	251356		246695	98	
12	征迁新增投资	13778	13778		0	0	
13	压覆矿产资源补偿投资	28272	28272	28272	28272	100	28272
七	**陶岔渠首—沙河南段工程**	**3171516**	**3171516**		**3149177**	**99**	
1	淅川县段工程	874725	874725		872805	100	
2	湍河渡槽工程	49486	49486		48221	97	
3	镇平县段工程	386393	386393		383978	99	
4	南阳市段工程	507907	507907		506212	100	
5	膨胀土（南阳）试验段工程	22291	22291		22448	101	
6	白河倒虹吸工程	56680	56680		60073	106	
7	方城段工程	619408	619408		612102	99	
8	叶县段工程	364860	364860		363833	100	
9	澧河渡槽工程	45653	45653		43189	95	
10	鲁山南1段工程	138741	138741		136867	99	
11	鲁山南2段工程	100431	100431		99449	99	
12	征迁新增投资	4941	4941		0	0	
八	**天津干线工程**	**1074149**	**1074149**		**1035469**	**96**	
1	西黑山进口闸—有压箱涵段工程	87354	87354		83042	95	
2	保定市1段工程	292561	292561		279729	96	
3	保定市2段工程	96940	96940		91409	94	
4	廊坊市段工程	384505	384505		376044	98	
5	天津市1段工程	178088	178088		171319	96	
6	天津市2段工程	27081	27081		26306	97	
7	天津干线河北段输变电工程迁建规划	7620	7620		7620	100	

续表

序号	工程名称	在建设计单元工程总投资/万元	累计下达投资计划/万元	2019年下达投资计划/万元	累计完成投资/万元	投资完成比例/%	2019年完成投资/万元
九	中线干线专项工程	251983	251983	49516	244486	97	50516
1	中线干线自动化调度与运行决策支持系统工程	199496	199496	49516	192080	96	50516
2	中线干线文物专项	41025	41025		38567	94	
3	中线干线测量控制网建设（京石段除外）	2400	2400		3524	147	
4	北京2008年应急调水临时通水措施费	9062	9062		10315	114	
十	特殊预备费	5280	5280		3520	67	
1	中线京石段漕河渡槽防洪防护工程	2723	2723		1701	62	
2	中线邢石段槐河（一）渠道倒虹吸防洪防护工程	2557	2557		1819	71	
	淮委建设局	60161	60161	1314	59349	99	502
一	陶岔渠首枢纽工程⑤	60161	60161	1314	59349	99	502
	中线水源公司	5489284	5489284	103722	5445900	99	7086
一	丹江口大坝加高工程	317925	317925	8395	308280	97	1000
二	库区移民安置工程	5105978	5105978	94894	5077433	99	5190
三	中线水源管理专项工程	11356	11356	433	6162	54	896
四	中线水源文物保护项目	54025	54025		54025	100	
	湖北省南水北调管理局	1162316	1162316	18869	1103202	95	10699
一	兴隆水利枢纽工程	346993	346993	4204	333010	96	8687
二	引江济汉工程	708235	708235	13775	670402	95	2012
1	引江济汉工程	698513	698513	13775	661603	95	1865
2	引江济汉调度运行管理系统工程	9722	9722		8798	91	146
三	部分闸站改造	57313	57313	890	50020	87	
四	局部航道整治	46142	46142		46137	100	
五	汉江中下游文物保护	3633	3633		3633	100	

续表

序号	工程名称	在建设计单元工程总投资/万元	累计下达投资计划/万元	2019年下达投资计划/万元	累计完成投资/万元	投资完成比例/%	2019年完成投资/万元
	设管中心	17000	17000		15691	92	2338
1	前期工作投资	8500	8500		8500	100	
2	东、中线一期工程项目验收专项费用	500	500		418	84	109
3	中线一期工程安全风险评估费	8000	8000		6774	85	2229
	过渡性资金融资费用	1360200	1360200		1058260	78	

① 里下河水源补偿工程、梁济运河工程和柳长河工程总投资和累计完成投资为南水北调工程分摊投资，不含地方分摊投资。

② 江苏段试通水费用和山东段试通水费用各含苏鲁省际段试通水费用40万元；江苏段试运行费用含苏鲁省际试运行费用为42万元，山东段试运行费用含苏鲁省际试运行费用为43万元。

③ 姚楼河闸总投资为2412万元，杨官屯河闸总投资为5814万元，大沙河闸总投资为11720万元，南四湖水资源监测工程总投资为6427万元，由江苏和山东两省各执行一部分投资。

④ 按照中线建管局以中线局计〔2018〕67号文备案的材料，项目法人根据工程建设实际情况和验收需要，将2017年下达北拒马河暗渠工程的防洪防护项目投资5227万元调整至河北总干渠及连接段工程中。

⑤ 陶岔渠首枢纽工程总投资和累计完成投资不含电站投资。

（牛文钰）

拾叁 大事记

2019年中国南水北调大事记

1月

6日，水利部部长鄂竟平主持召开部长专题办公会议，听取淮河水利委员会关于南水北调东线二期规划成果有关情况的汇报。

7日，水利部副部长蒋旭光研究南水北调重点工作。

10日，水利部部长鄂竟平陪同国务院副总理胡春华赴山东、河北调研，考察南水北调东线一期北延应急供水设施、节水灌溉及相关配套设施建设、河湖地下水回补试点等情况。

14日，水利部副部长蒋旭光主持召开水利部南水北调工程建设企业改革工作领导小组第一次会议。

15—16日，水利部部长鄂竟平在2019年全国水利工作会议上表示，要抓紧开展东线二期工程、中线引江补汉水源工程和沿线调蓄工程前期工作，持续深化西线工程前期论证，为早日开工建设创造条件。

17日，水利部副部长蒋旭光出席东线总公司年度工作会议。

同日水利部副部长蒋旭光出席定点扶贫郧阳区工作会。

29—30日，水利部副部长蒋旭光飞检南水北调工程运行管理和冰期输水情况。

2月

12日，水利部副部长陆桂华赴南水北调中线建管局调研指导工作。

13日，水利部副部长蒋旭光研究南水北调工程运行安全工作。

同日水利部副部长蒋旭光研究南水北调工程建设企业体制改革有关工作。

14日，水利部部长鄂竟平主持召开专题办公会议，研究南水北调东线二期工程规划及一期北延应急工程前期工作下步工作计划。

同日水利部副部长蒋旭光研究南水北调工程建设企业体制改革有关工作。

15日，水利部副部长蒋旭光赴天津、河北检查南水北调工程运行管理和冰期输水情况。

21—22日，水利部副部长蒋旭光赴江苏省沟通协调南水北调工程建设企业体制改革有关工作。

25日，水利部副部长蒋旭光研究南水北调工程建设企业体制改革有关工作。

27—28日，水利部副部长蒋旭光赴山东省沟通协调南水北调工程建设企业体制改革有关工作。

3月

1日，水利部副部长蒋旭光研究南水北调司脱贫攻坚巡视整改有关工作，完善督办事项。

4日，水利部部长鄂竟平会见山

东省副省长于国安一行。

5日，水利部副部长蒋旭光研究南水北调工程建设企业体制改革工作。

7日，水利部副部长蒋旭光研究南水北调中线有关科技教育基础设施项目。

8日，水利部副部长蒋旭光研究南水北调工程有关安全问题。

12日，水利部副部长蒋旭光听取中线建管局工作汇报。

同日水利部副部长蒋旭光研究南水北调工程监督管理及专家委有关事项。

13日，水利部副部长蒋旭光调研南水北调中线工程北京段。

15日，水利部副部长蒋旭光研究南水北调工程安全有关工作。

26日，水利部副部长蒋旭光研究南水北调工程重点项目。

27—28日，水利部副部长蒋旭光赴湖北十堰郧阳调研定点扶贫有关工作。

4月

1—2日，水利部副部长蒋旭光赴长江委调研南水北调工程、三峡工程相关工作。

3日，水利部副部长蒋旭光研究南水北调体制改革有关工作。

4日，水利部副部长蒋旭光研究分管单位反对形式主义、官僚主义自查有关工作。

8日，水利部副部长蒋旭光研究南水北调防汛工作及重点项目。

15日，水利部副部长蒋旭光研究南水北调体制有关工作。

同日水利部副部长蒋旭光研究南水北调重点项目。

16日，水利部副部长蒋旭光赴南京出席南水北调工程验收工作推进会并讲话，水利部总工程师刘伟平参加，水利部总经济师张忠义主持。

28日，水利部副部长蒋旭光研究南水北调工程防汛和运行安全工作。

30日，水利部副部长蒋旭光研究南水北调体制改革有关工作。

同日水利部报经中央机构编制委员会办公室批准，将南水北调工程政策及技术研究中心更名为水利部节约用水促进中心，南水北调工程建设监管中心更名为水利部河湖保护中心，撤销南水北调工程设计管理中心，有关职责和编制并入水利部南水北调规划设计管理局。水利部南水北调规划设计管理局主要承担大型调水工程规划设计，以及南水北调工程运行和后续工程建设相关论证评估、技术支持、信息统计等工作。

5月

5日，水利部副部长蒋旭光研究南水北调科技工作。

7日，水利部副部长蒋旭光研究

南水北调重点项目有关工作。

同日水利部副部长蒋旭光研究南水北调东线应急北延试通水有关工作。

8日，水利部部长鄂竟平主持召开专题办公会议，听取规计司关于南水北调后续工程前期工作情况的汇报。会议要求，围绕尽早开工这一目标，找准前期工作的关键，集中力量需求突破。

同日水利部副部长蒋旭光研究南水北调体制有关工作。

同日水利部部长鄂竟平、副部长蒋旭光、副部长叶建春听取关于南水北调后续规划情况汇报，水利部总工程师刘伟平参加。

9日，水利部副部长蒋旭光赴河南暗访南水北调工程防汛及安全运行情况。

10日，水利部副部长蒋旭光出席南水北调工程防汛工作座谈会。

13日，水利部副部长蒋旭光研究南水北调体制改革及重点项目有关工作。

17日，水利部副部长蒋旭光赴天津主持召开南水北调东线一期北延应急试通水工作座谈会。

20日，水利部副部长蒋旭光研究南水北调体制改革有关工作。

23—24日，水利部部长鄂竟平陪同中共中央政治局委员、国务院副总理胡春华赴天津、河北调研水利工作。

28日，水利部副部长蒋旭光出席

《中国南水北调工程》丛书出版座谈会，水利部总工程师程殿龙参加。

同日水利部副部长蒋旭光研究南水北调工程防汛及安全工作。

同日水利部副部长蒋旭光研究南水北调重点项目。

6月

3日，水利部副部长蒋旭光研究南水北调体制改革有关工作。

5日，水利部副部长蒋旭光研究南水北调生态工作。

12日，水利部副部长蒋旭光研究南水北调重点项目。

13日，水利部副部长蒋旭光研究南水北调东线应急北延试通水有关工作。

18日，水利部副部长蒋旭光研究南水北调防汛工作。

同日水利部副部长蒋旭光研究南水北调东线北延应急试通水工作。

24日，水利部副部长蒋旭光研究南水北调东线北延应急试通水总结评估工作。

同日水利部副部长蒋旭光研究南水北调体制改革有关工作。

同日水利部副部长蒋旭光研究南水北调管理设施建设有关事项。

26日，水利部部长鄂竟平、副部长蒋旭光研究南水北调体制改革有关工作。

27日，水利部副部长蒋旭光赴河北、天津飞检南水北调防汛及运行安全情况。

7月

2日，水利部副部长蒋旭光听取南水北调司领导班子工作汇报。

7日，水利部部长鄂竟平、副部长叶建春听取关于南水北调后续工程有关工作的汇报。

9日，水利部副部长蒋旭光专题研究南水北调体制改革有关工作。

同日水利部副部长蒋旭光听取南水北调司2019年上半年工作情况汇报。

12—13日，水利部副部长蒋旭光赴江苏、山东协调有关工作。

15日，水利部副部长蒋旭光研究南水北调体制改革有关工作。

同日水利部副部长蒋旭光研究南水北调中线重点项目落实工作。

同日水利部副部长蒋旭光赴东线总公司调研。

16日，水利部部长鄂竟平主持召开专题办公会议，听取南水北调西线工程前期工作汇报。

22日，水利部副部长蒋旭光研究南水北调工程防汛有关工作。

23日，水利部副部长蒋旭光研究南水北调体制改革有关工作。

24日，水利部副部长蒋旭光研究南水北调重点项目。

25日，水利部副部长蒋旭光研究南水北调体制改革有关工作。

26日，水利部副部长蒋旭光赴河北参加南水北调工程有关项目完工验收会。

8月

13日，水利部副部长蒋旭光研究南水北调中线调水工作和防汛工作。

14日，水利部副部长蒋旭光飞检南水北调工程防汛及运行安全。

19日，水利部部长鄂竟平主持召开水利部2019年第12次部长办公会，对2019年5—6月到期剩余考核事项进行考核，审议《农村供水工程监督检查管理办法（试行）》《加强穿越、跨越、邻接南水北调中线干线一期工程总干渠项目管理的意见》；水利部副部长田学斌、蒋旭光、田野、陆桂华出席，水利部总工程师张忠义、水利部副总经济师程殿龙参加。

20日，水利部副部长蒋旭光研究三峡、南水北调有关社会热点问题。

同日水利部副部长蒋旭光研究南水北调体制改革有关工作。

同日水利部副部长蒋旭光研究南水北调中线北京段有关工作。

21日，水利部副部长蒋旭光研究南水北调体制改革有关工作。

22—23日，水利部副部长陆桂华赴江苏省调研水生态文明建设、南水北调东线调水等工作。

27日，水利部副部长蒋旭光研究南水北调体制工作。

28日，水利部副部长蒋旭光参加南水北调司党支部"不忘初心、牢记使命"专题组织生活会。

9月

11日，水利部副部长蒋旭光研究南水北调安全运行有关工作。

同日水利部副部长蒋旭光研究南水北调中线北京段 PCCP 管有关事项。

12日，水利部副部长蒋旭光研究南水北调体制改革有关工作。

18日，水利部副部长蒋旭光协调南水北调体制改革有关事项。

24日，水利部副部长蒋旭光研究南水北调水费收缴有关工作。

同日水利部副部长蒋旭光研究南水北调工程维修养护有关工作。

同日水利部副部长蒋旭光研究南水北调工程运行安全及加固措施有关工作。

26—27日，水利部副部长蒋旭光赴河北省飞检南水北调工程运行安全加固措施落实情况。

29日，水利部副部长蒋旭光研究南水北调体制改革有关工作。

同日水利部副部长蒋旭光研究《南水北调百年大计》书稿有关事项。

10月

8日，水利部副部长蒋旭光研究南水北调体制改革有关工作。

同日水利部副部长蒋旭光听取南水北调司季度工作汇报。

14日，水利部副部长蒋旭光研究

三峡工程、南水北调工程宣传和舆情有关工作。

14—15日，水利部副部长蒋旭光赴河南南阳飞检南水北调工程运行安全工作，并调研督导"不忘初心、牢记使命"主题教育开展情况。

16日，水利部副部长蒋旭光研究南水北调东线应急北延工程建设。

17日，水利部副部长蒋旭光研究南水北调中线北京段工程有关工作。

24—25日，水利部副部长蒋旭光赴河北邯郸及河南安阳、焦作飞检南水北调中线工程，督导第二批"不忘初心、牢记使命"主题教育活动。

25日，水利部副部长蒋旭光会见湖北省十堰市郧阳区负责同志。

28日，水利部副部长蒋旭光研究南水北调重点项目事项。

31日，水利部副部长蒋旭光会见湖北省政协副主席、十堰市委书记张维国一行。

11月

1日，水利部副部长蒋旭光研究南水北调通水5周年宣传工作。

4日，水利部副部长蒋旭光研究南水北调东线北延应急工程建设。

7日，水利部副部长蒋旭光研究南水北调体制改革有关工作。

8日，水利部副部长蒋旭光研究南水北调中线重点项目。

11日，水利部副部长蒋旭光研究南水北调通水5周年宣传工作。

12日，水利部副部长蒋旭光检查南水北调工程北京段PCCP工程。

13日，水利部副部长蒋旭光检查南水北调中线穿黄工程。

15日，水利部副部长蒋旭光赴湖北十堰郧阳专题调研水利定点扶贫有关工作。

16日，水利部副部长蒋旭光在湖北出席中国生态文明论坛十堰年会。

18日，中共中央政治局常委、国务院总理李克强主持召开南水北调后续工程工作会议，研究部署后续工程和水利建设等工作。会上，水利部、国家发展改革委汇报了南水北调后续工程建设总体考虑。

同日水利部部长鄂竟平赴国务院参加南水北调后续工程工作会议。

19日，水利部副部长蒋旭光主持召开南水北调通水5周年宣传部署会。

20日，水利部副部长蒋旭光主持召开南水北调验收工作推进会。

同日水利部部长鄂竟平主持召开部长专题办公会，研究南水北调有关工作，副部长蒋旭光出席。

25日，水利部副部长蒋旭光研究南水北调重点工作。

同日水利部副部长蒋旭光研究南水北调东线应急北延工程建设。

同日水利部副部长蒋旭光研究南水北调宣传有关事项。

26日，水利部副部长蒋旭光研究落实南水北调有关工作任务分工。

27日，水利部副部长蒋旭光研究南水北调质量管理工作。

同日水利部部长鄂竟平主持召开部长专题办公会，听取华北地下水超采综合治理行动实施进展和华北地下水超采综合治理河湖地下水回补试点工作终期评估汇报，水利部副部长叶建春出席。

27—28日，水利部副部长蒋旭光赴山东聊城调研南水北调东线北延应急工程并参加开工动员会。

12月

2日，水利部副部长蒋旭光研究南水北调宣传工作。

同日水利部副部长蒋旭光研究南水北调检修重点项目。

3日，水利部副部长叶建春研究南水北调后续工程前期论证工作，水利部总工程师刘伟平参加。

4日，水利部副部长蒋旭光主持召开水利部南水北调东、中线一期工程验收工作领导小组会议，水利部总工程师刘伟平、水利部总经济师张忠义参加。

5—6日，水利部副部长蒋旭光赴武汉参加南水北调中线工程丹江口水库移民总体验收（终验）行政验收。

9日，水利部副部长蒋旭光研究南水北调有关工作。

12日，国务院新闻办公室就南水北调东、中线一期工程全面通水5周年有关情况举行发布会，水利部副部长蒋旭光、规划计划司司长石春先、南水北调工程管理司司长李鹏程出席新闻发布会。

同日水利部副部长蒋旭光出席南水北调东、中线一期工程全面通水 5 周年新闻发布会。

16 日，水利部副部长蒋旭光听取南水北调工程重要事项分工进展情况汇报。

17 日，水利部副部长蒋旭光赴河北保定调研南水北调调蓄水库建设准备和冰期输水相关工作。

同日水利部副部长叶建春研究南水北调后续工程前期工作。

18 日，水利部副部长蒋旭光研究南水北调体制改革有关工作。

同日水利部副部长叶建春研究中线水源公司有关项目。

26 日，水利部部长鄂竟平，副部长田学斌、叶建春听取水文司、防御司和南水北调司工作报告。

（南水北调司）